Gustav Wagener

Die Waldrente und ihre nachhaltige Erhöhung

Gustav Wagener
Die Waldrente und ihre nachhaltige Erhöhung
ISBN/EAN: 9783743401129
Hergestellt in Europa, USA, Kanada, Australien, Japan
Cover: Foto ©berggeist007 / pixelio.de

Manufactured and distributed by brebook publishing software (www.brebook.com)

Gustav Wagener

Die Waldrente und ihre nachhaltige Erhöhung

Die Waldrente
und ihre nachhaltige Erhöhung.

Von

Gustav Wagener,
Forstrat i. Pens.

Neudamm.
Verlag von J. Neumann,
Verlagsbuchhandlung für Landwirtschaft, Fischerei, Gartenbau,
Forst- und Jagdwesen.

Seinem langjährigen und treuen Freunde, dem

Oberforstrat Dr. Carl von Fischbach

im Hinblick auf die Verdienste desselben um die Fortbildung der Forstwissenschaft

gewidmet

vom Verfasser.

Inhalt.

                                                                                       Seite

I. Die Regelung der einträglichsten Waldproduktion nach ihren Zielen und Aufgaben . . . . 1—27
   1. Allgemeine Grundsätze für die Feststellung der ertragreichsten Wachstumszeiten . . . . 2—10
   2. Welche Verfahrungsarten haben die Besitzer nachhaltig bewirtschafteter Waldungen mit jährlicher Rentenlieferung zu wählen, um die einträglichsten Erntezeiten für die vorhandene Waldbestockung zu ermitteln? . . . . 10—15
   3. Welche Ermittelungsarten haben die Besitzer von Waldparzellen und kleineren Waldungen mit aussetzendem Betrieb zu wählen, um die einträglichsten Verjüngungszeiten und die reichlichste Verzinsung des Kapitalaufwandes aufzufinden? . . . . 15—17
   4. Andere Methoden der Walderrragsregelung . . . . 17—21
   5. Auswahl der anzubauenden Waldbäume nach ihren Aufgaben 21—25
   6. Ermittelung der zuwachsreichsten Kronendichtigkeit während der Erziehung der Hochwaldbestände . . . . 25—26
   7. Wahl der Betriebsart . . . . 26—27

II. Die Nutzholzzucht in den deutschen Waldungen nach ihrer gesamtwirtschaftlichen Leistungsfähigkeit . . . . . 28—34

III. Die Wirtschaftsziele der Staatsforstverwaltung . . . . 35—43

IV. Die Produktionsziele der Bodenreinertrags-Wirtschaft . . 44—64

V. Die Produktionsziele der sogenannten Waldreinertrags-Wirtschaft . . . . 65—73

VI. Die einträglichste Bewirtschaftung der Nieder- und Mittelwaldungen und der Plenterbetrieb . . . . 74—89
   1. Niederwaldbetrieb . . . . 74—80
   2. Mittelwaldbetrieb . . . . 81—88
   3. Femel- oder Plenterbetrieb . . . . 89—89

VII. Die einträglichste Bewirtschaftung der Waldparzellen und kleineren Waldungen im Hochwaldbetriebe mittels aussetzendem Rentenbezug . . . . 90—126
   1. Feststellung des Waldvermögens und der Wertproduktion der Waldbestände . . . . 92—96
   2. Rentabilitäts-Vergleichung nach dem Gang der laufend jährlichen Verzinsung der Bestands-Verkaufswerte durch die laufend jährliche Wertproduktion . . . . 96—100

— VIII —

Seite

3. Ermittelung der Gewinn- und Verlustbeträge bei Einhaltung verschiedener Abtriebszeiten nach der laufend jährlichen Verzinsung der Bestandsverkaufswerte . . . . 100—109
4. Ermittelung der Gewinn- und Verlustbeträge bei Einhaltung verschiedener Abtriebszeiten nach der Zineszinsrechnung . . 109—114
5. Vergleichung der Ergebnisse verschiedener Ermittelungsarten der einträglichsten Abtriebszeiten . . . . 114—117
6. Ermittelung der Herstellungskosten und der Verlustbeträge pro Festmeter des erweiterten Starkholzangebots . . . . 117—118
7. Die Nutzleistungen des gesamten Waldvermögens . . . . . 118—121
8. Ermittelung der einträglichsten Abtriebszeit mittels der Weiser-Prozentformel . . . . 121—126

VIII. Die Bemessung der brauchbarsten Holzsortenproduktion in größeren Waldungen . . . . 127—169
1. Welche Rundholzsorten werden für die Nutzholzverarbeitung auf den Sägewerken erforderlich? . . . . 127—131
2. Welche Rundholzmassen und Rundholzsorten werden für den Nutzholzverbrauch der inländischen Kohlengruben und Zellstoffwerke erforderlich? . . . . 132—138
3. Welche Umtriebszeiten sind für die maximale Nutzholzproduktion erforderlich? . . . . 138—146
4. Bei welchen Umtriebszeiten kulminiert die jährliche Brennstoff-Gewinnung? . . . . 146—150
5. Die Entwickelung der Baumkörper im Kronenschluß . . . 150—156
6. Mit welchen Umtriebszeiten erreicht die Holzsorten-Gewinnung in größeren Beständen mit Kronenschluß allseitige Gebrauchsfähigkeit? 156—169

IX. Die Ermittelung der nachhaltig einträglichsten Bewirtschaftung des Waldvermögens im Hochwaldbetrieb im allgemeinen . . . . 170—210
1. Bewertung des Waldbodens . . . . 173—175
2. Bewertung der Holzvorräte . . . . 175—179
3. Aufstellung von Altersklassen-Tabellen . . . . 180—183
4. Aufstellung von örtlichen Wertertragstafeln . . . . 183—187
5. Rentabilitäts-Vergleichungen zur Auffindung der einträglichsten Umtriebszeiten in Fichten-, Kiefern- und Buchenwaldungen . 187—208
6. Zur Beurteilung der Rentabilitäts-Verhältnisse des Eichen-Hochwaldbetriebes mit Kronenschluß 209
7. Anwendung der Bodenreinertragslehre auf den nachhaltigen Betrieb . . . . 209—210

X. Die maximale Gewinnung gebrauchsfähiger Nutzholzsorten im Deutschen Reich nach der Durchführbarkeit und nach den gesamtwirtschaftlichen Nutzleistungen . . . . . . 211—223
1. Kann die Einführung der maximalen Gewinnung gebrauchsfähiger Nutzholzsorten ermöglicht werden, ohne in Deutschland eine bedenkliche Abwärtsbewegung der Nutzholzpreise hervorzurufen 212—218
2. Kann der Erlös für die entbehrlich werdenden Altholzbestände in der Gesamtwirtschaft des Deutschen Reiches mit nachhaltig besseren Nutzleistungen als durch die geringfügige Durchmesser-Verstärkung der Waldbäume untergebracht werden? . . . . 219—223

XI. Die praktische Durchführung der einträglichsten Hochwaldwirtschaft in Fichten-, Kiefern-, Eichen- und Buchenwaldungen . . . . 224—271
   1. Die Leistungsfähigkeit der Betriebsarten . . . . 228—232
   2. Die Bemessung der Zeitdauer für den nächsten Rundgang der
      Jahresnutzungen nach den privatwirtschaftlichen Ausgangs-
      punkten . . . . 232—235
   3. Die einträglichste Bewirtschaftung der Fichtenwaldungen . . 235—247
   4. Die einträglichste Bewirtschaftung größerer Kiefernwaldungen . 247—260
   5. Die einträglichste Bewirtschaftung der Eichenhochwaldungen . 260—264
   6. Die einträglichste Bewirtschaftung der Buchenhochwaldungen . 264—271
XII. Die Erziehung der Hochwaldbestände und die Erhaltung
der Bodenthätigkeit . . . . 272—322
   1. Die Triebkräfte der Waldproduktion . . . . 272—288
   2. Welche Grundsätze für die Erziehung der Hochwaldbestände
      waren bisher maßgebend? . . . . 288—292
   3. Welche Rücksichten sind bei der Erziehung gemischter Bestände
      wahrzunehmen? . . . . 292—301
   4. Kann die Anregung zu vergleichenden Untersuchungen über die
      leistungsfähigste Kronenstellung gerechtfertigt werden, und können
      die Ergebnisse eine beachtenswerte Rentenerhöhung hinlänglich
      begründen? . . . . 301—322
XIII. Die Auswahl der Holzgattungen für die Nachzucht der
Hochwaldungen . . . . 323—358
   1. Die Auswahl der anzubauenden Holzarten nach den Standorts-
      eigenschaften, insbesondere nach der Beschaffenheit des Mutter-
      gesteins . . . . 324—330
   2. Die Leistungsfähigkeit der Waldbäume auf den vorherrschenden
      Waldbodenarten . . . . 330—354
      a) Die Eichen . . . . 335—339
      b) Die Rotbuchen . . . . 339—341
      c) Die Lärchen . . . . 342—343
      d) Die Fichten . . . . 343—348
      e) Die Weißtannen . . . . 348—349
      f) Die Kiefern . . . . 349—352
      g) Die übrigen Holzarten . . . . 352—354
   3. Die Form, die Art und die Zeitdauer der Bestandsbegründung 355—358
XIV. Die Einträglichkeit der Nutzholzproduktion auf ertragsarmen Feldböden . . . . 359—368
   1. Die Auswahl der Holzarten für die zukünftige Waldbestockung 361—363
   2. Die Rentabilität des Fichtenanbaues . . . . 363—366
   3. Die Rentabilität des Kiefernanbaues . . . . 367—368
XV. Die Streunutzung und ihre Wirkungen auf den Holzwuchs 369—376
Anhang. Wertertragstafeln für größere Fichten-, Kiefern- und
Buchenbestände mit mittlerem Kronenschluß . . . 377—382

Vorwort.

Von der nahezu 14 000 000 ha großen Waldfläche des Deutschen Reichs befinden sich 9 309 484 ha im Privat-, Gemeinde-, Stiftungs- und Genossenschaftseigentum. Die Besitzer, in erster Reihe die Großgrundbesitzer, wollen den herrlichen deutschen Wald nicht zertrümmern und abschwenden, sondern pfleglich und nachhaltig, aber im Einklang mit der einträglichsten Bewirtschaftung ihres Gesamtvermögens benutzen. Sie sind berechtigt, der Forstwirtschaft die privatwirtschaftlich einträglichste Nutzbarmachung des Waldvermögens, dessen realisierbarer Wert in größeren Forstbezirken oft nach Millionen zählt, abzuverlangen und die überzeugende Beweisführung aufzuerlegen, daß die Produktionsziele und Wirtschaftsverfahren nicht nach forsttechnischem Gutdünken angeordnet worden sind, sondern die befürworteten Nutzungspläne auf umsichtiger und umfassender Erforschung der andauernd erreichbaren Nutzleistungen beruhen. Die Privatwaldbesitzer und die waldbesitzenden Gemeinden und Körperschaften sind befugt, die Beweisführung zu beanspruchen, daß die realisierbaren Wald-Vorrats- und Wald-Bodenwerte durch die privatwirtschaftlich ertragreichste Holzzucht nachhaltig einträglicher verwertet werden als durch die Einstellung des Waldbetriebs mit Übertragung der Holzerlöse in andere Wirtschaftszweige und außerforstliche Benutzung des Waldbodens. In diesem großen Waldgebiet ist der Nutznießung auch nicht gestattet, das Waldvermögen auszurauben. Angesichts der unabwendbaren Zunahme der Kohlenfeuerung sind alle für das Wohlergehen ihrer Nachkommen besorgten Waldeigentümer verpflichtet, diesen Wirtschaftsnachfolgern eine Ausgestaltung der Waldvorräte mit Alters- und Stammstärkeklassen planmäßig sicher zu stellen, welche mit den Ernteerträgen die maximale Gewinnung der ausnutzungsfähigsten Rundholzsorten für die Nutzholzverarbeitung im Absatzgebiet darbieten wird — insbesondere im Hochwaldbetrieb mit jährlicher Rentenlieferung. Die waldbaulichen Wirtschaftspläne haben den Beweis zu erbringen, daß die Erreichung dieses Produktionszieles maßgeblich der örtlichen Vorrats-, Standorts- und Absatzverhältnisse vereinbart worden ist mit der andauernd rentenreichsten Waldbenutzung während der Übergangszeiträume, die den größten Teil des beginnenden Jahrhunderts umfassen werden, ohne die Bodenkraft und die günstigen immateriellen Wirkungen der Waldbestockung zu beeinträchtigen. Wir werden darlegen, daß der Holzzucht durch dieses privatwirtschaftliche Nutzungssystem eine hervorragende Rangstellung innerhalb der vaterländischen Bodenwirtschaft verschafft und gleichzeitig eine reich fließende Quelle für die nachhaltige Befruchtung der nationalen Volkswohlfahrt erschlossen werden kann — im Einklang mit dem gesamtwirtschaftlichen Fundamental-Gesetz: „Erzeugung eines Maximums von Gebrauchswerten mit einem Minimum naturaler Kosten". In dem genannten großen Waldgebiet ist die beweisfähige und zielsichere Begründung der Betriebsmaßnahmen nach der privatwirtschaftlichen Leistungsfähigkeit für das konkrete Waldvermögen ein Gebot der Selbsterhaltung für die Forstwirtschaft.

Grundlegend für die Normierung der waldbaulichen Produktionsziele aus privatwirtschaftlichen Gesichtspunkten ist sonach die **Abwägung der Nutzleistungen, welche die örtlich wählbaren Wirtschaftsverfahren für das vorhandene Waldvermögen während gleicher Rentenbezugszeiten einbringen.** Die bisher unterbliebene Bemessung des thatsächlichen, realisierbaren Wertes des letzteren und der bisherigen durchschnittlichen Waldreinerträge hat demgemäß vorauszugehen. Wenn in größeren Waldungen mit jährlicher Rentenlieferung die vorhandenen Holzvorräte dürftig und unzureichend sind für die maximale Gewinnung brauchbarer Nutzholzsorten in der Zukunft, welche das privatwirtschaftliche Nutzungssystem principiell zu bevorzugen und zu erstreben hat, so wird die Waldertragsregelung zu prüfen haben, ob die Herstellungskosten für die Verstärkung der Holzvorräte eine Erhöhung der bisherigen Waldrente bewirken werden, welche für die gleiche Kapitalanlage in anderen, gleich sicheren Wirtschaftszweigen nicht oder wenigstens nicht zweifellos zu erreichen ist. In diesen Fällen sind die Endsummen der durch Rentenausfälle aufzubringenden Herstellungskosten der erzielbaren Rentenerhöhung gegenüberzustellen. Wenn andererseits in größeren Waldungen mit reichhaltigen Holzvorräten beachtenswerte Bestandteile des Waldvermögens in den älteren Hochwaldbeständen mit Kronenschluß vorgefunden werden, die für die maximale Nutzholzgewinnung entbehrlich sind, so werden die waldbaulichen Reinerträge derselben den Nutzleistungen der realisierbaren Reinerlöse in anderen Wirtschaftszweigen gegenüberzustellen sein. Wenn während einer etwa 30- bis 40 jährigen Verlängerung der Wachstumszeiten lediglich eine im Mittel zwei bis drei Finger breite Verstärkung der Baum-Durchmesser bewirkt werden kann, wenn demgemäß der für diese minimale Nutzleistung erforderliche Kapitalaufwand ca. 1 bis $1\frac{1}{2} \%$ durch die erreichbare Rentenerhöhung rentiert, wie in der Regel gefunden werden wird, wenn ferner diese unbeträchtliche Zunahme des Körpergehalts der Baumstämme für die Nutzholzverarbeitung im Absatzgebiet kaum berücksichtigenswert ist und die Herstellungskosten dieser im Mittel 3 bis 5 cm erreichenden Durchmesserverstärkung, bemessen nach den berechtigten Verzinsungsforderungen, die Erlöse weitaus übersteigen, so wird das privatwirtschaftliche Nutzungssystem das massenhafte Angebot dieser entbehrlichen Stämme (mit über 1,0 fm Körpergehalt anstatt der 3 bis 5 cm schwächeren Nutzholzstämme) nicht rechtfertigen können. Die Waldertragsregelung wird den unentbehrlichen Starkholzbedarf der Nutzholzverarbeitung im Absatzgebiet zu ermitteln haben und diesen Prozentsatz des gesamten Nutzholzangebots den Produktionszielen wegen der Verwertbarkeit der zukünftigen Ernteerträge beigesellen, andererseits jedoch eine Überproduktion von Kleinnutzholz möglichst fern zu halten suchen. Aber für alle Standorts- und Holzvorrats-Verhältnisse wird zu ermitteln sein, welche Wachstumszeiten diese maximale Gewinnung brauchbarer und marktgängiger Nutzholzsorten für die örtlich anbaufähigen und dabei ertragreichsten (eventuell brennstoffreichsten) Holzgattungen in gemischten Hochwaldbeständen bedingt. Von Stufe zu Stufe der prüfungswerten Normalvorräte wird zu erforschen sein, ob den Nutzungsnachfolgern größere Nutzleistungen durch die Belassung der erforderlichen Vorratsverstärkung im Walde (bezw. der Herstellung derselben) zugebracht werden, oder mittels der gleich sicheren Kapitalanlage in außerforstlichen Wirtschaftszweigen, die für alle Eingriffe in die ererbten Vermögensbestandteile Obliegenheit der Nutznießung ist.

Das privatwirtschaftliche Nutzungssystem, welches wir befürworten, vermeidet sonach die Bemessung der Boden- und Vorratswerte nach den Formeln der Zineszins-Rechnung, weil die letztere wandelbare Kapitalbeträge für das Waldvermögen zu Tage fördert, welche praktisch zumeist imaginär bleiben. Eine beweiskräftige Grundlage kann der privatwirtschaftlichen Waldertragsregelung nur verliehen werden durch die Ermittelung des thatsächlich vorhandenen Waldvermögens nach dem Kapitalwert, welcher bei Einstellung der Holzzucht mit Übertragung der Erlöse in andere Wirtschaftszweige und fortgesetzte außerforstliche Bodenbenutzung realisierbar werden würde. Anzuschließen ist die Vergleichung der Nutzleistungen, welche die örtlich wahlfähigen Wirtschaftsverfahren und Umtriebszeiten für dieses thatsächliche Waldvermögen einbringen werden. Umfassende Rentabilitätsvergleichungen haben für alle örtlich wählbaren Umtriebszeiten die Wertunterschiede der von den letzteren beanspruchten, den Wirtschaftsnachfolgern zu überliefernden Normalvorräte zu bemessen und hierauf die durchschnittlich jährlichen Reinerträge, welche die projektierten Normalvorräte nachhaltig liefern werden, gegenüberzustellen und abzuwägen. Ergänzend ist auf Grund summarischer Wirtschaftspläne zu ermitteln, ob die Verkaufswerte dieser Vorratsunterschiede infolge der dermaligen Altersklassengestaltung oder sonstiger örtlicher Wirtschaftsbedingungen erheblich abgeändert werden und welche Herstellungskosten bei unzureichenden wirklichen Vorräten für dieselben aufzuwenden sind. Nach den in der Regel finanziell bedeutungsvollen Rentenunterschieden werden die Waldeigentümer beurteilen können, ob die

Belassung der fraglichen Vermögensbestandteile in den älteren Holzbeständen, be=
ziehungsweise die Einsparung der Vorratsverstärkungen während des Übergangs=
Zeitraumes andauernd nutzbringender für die Wirtschaftsnachfolger werden wird
wie die Zubringung durch gleich sichere Kapitalanlage in anderen Wirtschafts=
zweigen. Kann die maximale Nutzholzproduktion mittels 70= bis 90jähriger
Umtriebszeiten maßgeblich der Standortsgüte und Absatzlage erstrebt und die
verlustbringende Verlängerung des nächsten Rundgangs der Abtriebsfällungen
vermieden werden, so wird die Rentabilitätsbemessung für Fichten=, Kiefern und
Buchenwaldungen und für die mittelguten Standorte und Ortslagen in der
Regel eine durchschnittliche Verzinsung des realisierbaren Waldvermögens von
$3\frac{1}{2}$ bis 4% nachweisen.

Während einer nahezu 40jährigen, der praktischen Verwirklichung der Wald=
Reinertrags=Wirtschaft gewidmeten Thätigkeit hat der Verfasser die Überzeugung
gewonnen, daß die privatwirtschaftlich ertragreichste Waldproduktion, insbesondere
die maximale Gewinnung brauchbarer Nutzholzsorten, welche der zukünftigen Holz=
zucht den sichersten Ankergrund darbieten wird, durch die genannte, die Wald=
eigentümer überzeugende Beweisführung mit der Sicherheit fundamentiert werden
wird, welche für diesen Zweig der Bodenwirtschaft beansprucht werden kann. Die
aufsteigende und absteigende Bewegung der Holzpreise, welche sich auf die
schwächeren und stärkeren Holzsorten gleichmäßig erstreckt, kann die Ergebnisse
dieser Rentabilitätsvergleichung nicht wesentlich ändern, da die maximale Nutzholz=
abgabe erstrebt wird, und es wird lediglich zu würdigen sein, ob es wahrscheinlich
ist, daß in der Zukunft das Wertverhältnis zwischen den schwächeren und stärkeren
Holzsorten zu Gunsten der letzteren tiefgreifend umgestaltet werden wird. Wird
im übrigen diese zielbewußte Begründung der Holzzucht (insbesondere der maximalen
Nutzholzproduktion durch die leistungsfähigsten, gemischte Bestände bildenden Wald=
bäume) auf die umfassende und tiefgehende Erforschung der Wachstums= und
Rentabilitätsfaktoren gestützt und werden nur beträchtliche Ertragsunterschiede als
beweisfähig erachtet, so werden die Epigonen anerkennen müssen, daß die zur
Zeit lebenden Forstwirte bestrebt waren, sorgsam und umsichtig ihre Pflicht zu erfüllen.

Seit 40 Jahren debattieren die Forstwirte über die berechtigten waldbaulichen
Produktionsziele. Der erbitterte Meinungsstreit ist nicht frei geblieben von
persönlicher Herabwürdigung der Wortführer, und es ist für einen praktischen, der
Algebra entfremdeten Forstmann gefährlich, die allseitig ersehnte Beendigung der
formelreichen Ausführungen pro und contra Unternehmergewinn anzubahnen.
Aber ohne die Gegenüberstellung der Streitfragen nach ihrer sachlichen Bedeutung
würde die bezweckte Information der Waldbesitzer und der betriebsführenden Forst=
wirte lückenhaft geworden sein. Die Grundsätze der Staatsforstverwaltung, die
man als konservativ zu rühmen pflegt, waren bisher in den größeren Waldungen
außerhalb des Staatsbesitzes fast ausnahmslos grundlegend für die planmäßigen

Endziele der Holzzucht, und die Waldbesitzer werden fragen, ob es nachhaltig nutz=
bringend werden wird, andere Wege einzuschlagen. Wir werden deshalb die
Beweisführung nicht umgehen können, daß die Staatsforst=Verwaltung dem im
Mittel 3 bis 5 cm breiten Zuwachsring, den die Waldbäume im normalen Kronen=
schluß von der 70= bis 90jährigen Wachstumszeit bis zur 100= bis 120jährigen
Wachstumszeit auflagern, eine weitgehende Wertschätzung widmet und ohne Be=
rücksichtigung des Kostenaufwands und des oben erwähnten Produktionsverlustes
ein möglichst massenhaftes Starkholzangebot den Wirtschaftsnachfolgern, welche
nach Ablauf des kommenden Jahrhunderts bezugsberechtigt werden, zu erhalten
bestrebt ist. Der Verfasser hat gleichzeitig im Interesse der Privat=Forstwirtschaft
für nötig erachtet, die Ergründung der leistungsfähigsten waldbaulichen Produktions=
ziele in typischen Waldgebieten durch die Staatsforstverwaltung anzuregen,
insbesondere die Bemessung der Prozentsätze der gesamten Nutzholzverarbeitung,
welche der von der maximalen Nutzholzproduktion zu berücksichtigende Starkholz=
verbrauch beanspruchen wird. Hinblickend auf diesen Zweck werden wir die
Untersuchung der Verlustbeträge befürworten, welche die Waldbesitzer nach den
bis jetzt bekannt gewordenen Ertrags=Untersuchungen auf jeden Festmeter der
entbehrlichen Starkholzproduktion bei den berechtigten Verzinsungsforderungen
aufzuwenden haben, wenn die derzeitigen Preisverhältnisse fortbestehen.

Andererseits wird in den letzten Jahrzehnten die mathematische Unfehlbarkeit
der Bodenreinertrags=Wirtschaft vielen Waldbesitzern und Privatforstbeamten
verkündigt worden sein. Es war leider in dieser Schrift die Prüfung der Fragen
nicht zu umgehen, ob der Unternehmergewinn, den die Bodenwert=Theorie der
zukünftigen Forstwirtschaft auch in den mit Holz bewachsenen Waldungen als
Leitstern voranstellen will, mit richtigen Beträgen beziffert wird, ob dieser Zinsen=
gewinn einem außerforstlichen Geldgeschäft entstammt und erst nach Ablauf der
bekämpften Wachstumszeiten realisierbar werden wird, indem unsere Nachkommen
die Reinerträge der sogenannten finanziellen Abtriebszeiten in der Zwischenzeit
nicht antasten, sondern mit Zinsen und Zinseszinsen anhäufen, und ob es gerecht=
fertigt ist, die Verzinsung eines derartigen, sicherlich problematischen „Unternehmer=
gewinns" allen derzeitigen Waldbeständen zu belasten. Es war vor allem zu
prüfen, ob die grundlegende, aber die Rentabilität der Forstwirtschaft diskreditierende
Voraussetzung dieser Theorie, daß alle Einnahmen und Ausgaben im nationalen
Wirtschaftsleben unabsehbare, mindestens ein halbes Jahrhundert übersteigende Zeiten
mit Zinsen und Zinseszinsen anwachsen, in Deutschland die Regel bildet oder auf
Ausnahmefälle zurückzuführen ist.

In größeren Waldungen mit jährlicher Rentenablieferung kann die Bewirt=
schaftung nicht auf die Bodenwert=Theorie begründet werden, weil die obligatorische
Verzichtleistung der Nutznießer auf den Rentenbezug zu Gunsten der Wirtschafts=
nachfolger nicht angeordnet und die freiwillige Verzichtleistung nicht gewährleistet

werden kann. In kleineren Waldungen und Waldparzellen mit aussetzendem Betrieb kann man auch ohne Befragung der Zinseszinsformeln den Wendepunkt im Wachstumsgange der verwertbaren Bestände finden, mit welchem die Wertproduktion aufhört, für den Bestandsreinerlös einen Zinsenertrag zu liefern, welcher in anderen Wirtschaftszweigen eingebracht werden kann und der Sicherheit der Kapitalanlage entspricht.

Zur Rechtfertigung der befürworteten maximalen Gewinnung brauchbarer Nutzholzsorten war die ausführliche Darstellung der bisher bekannt gewordenen Forschungsergebnisse über den Zuwachsgang und die Holzsortenbildung der in den deutschen Hochwaldungen vorherrschenden Waldbäume und andererseits die Erörterung des Holzsortenverbrauchs der Sägewerke, Kohlengruben, Zellstoff-Fabriken ꝛc. erforderlich, und dadurch ist die Schrift umfangreicher geworden, als dem Verfasser wünschenswert war. Die ursprünglich beabsichtigte Beigabe einer kurzen Darstellung der praktisch bewährten Verfahrungsarten auf dem Gebiete des Waldbaus, des Forstschutzes, der Forstbenutzung, der Wald-Ertragsregelung und Waldwertberechnung mußte deshalb unterbleiben. Die Leser finden eine ausführliche Wiedergabe des Inhalts dieser Lehren in den Seite 35 zuerst genannten Werken.

Koburg, Februar 1899.

Der Verfasser.

Erster Abschnitt.

Die Regelung der einträglichsten Wald-Produktion nach ihren Zielen und Aufgaben.

Kann die andauernd einträglichste Nutzbarmachung der deutschen Waldungen, insbesondere der nicht zum Staatseigentum gehörigen Waldungen*), durch ein überzeugendes Beweisverfahren erfolgsicher begründet werden? Kann glaubwürdig dargelegt werden, daß der Forstwirtschaft eine hervorragende Rangstellung

---

*) Von der Gesamtfläche des Deutschen Reichs = 54,048 Millionen ha waren 1893 13,957 Millionen ha mit Wald bewachsen. Diese Waldfläche verteilt sich nach dem Besitzstand wie folgt:

Staatsforste	4 252 000 ha	Stiftungsforste	0 184 000 ha
Kronforste	0 389 000 „	Genossenschaftsforste	0 320 000 „
Gemeindeforste	2 180 000 „	Privatforste	6 625 000 „

Sonach entfallen auf den Staats- und Kronbesitz nur 33 % der gesamten Waldfläche.

Im Jahre 1893 wurde die folgende Verteilung der Holz- und Betriebsarten gefunden:

Kiefernhochwaldbestände	41,8 %
Fichten- und Tannen-Hochwaldbestände	22,5 %
Buchen-Hochwald mit beigemischten Laubhölzern	14,6 %
Eichenhochwaldungen	3,6 %
Birken, Erlen, Aspen	3,0 %
Gemischte Nadelholzwaldungen (in Preußen)	1,9 %
Gemischte Laubholzwaldungen (in Preußen)	0,8 %
Lärchenbestände	0,3 %
Mittelwaldungen	5,5 %
Eichenschälwaldungen	3,2 %
Sonstige Niederwaldungen	2,5 %
Weidenheger	0,3 %
Summa	100,0 %

Der Hochwaldbetrieb wird sonach 88 bis 89 % der gesamten deutschen Waldfläche umfassen. Die Nadelholz-Bestände erstrecken sich zwar nur auf ca. ²/₃ der deutschen Waldfläche, werden aber mit erheblich größeren Prozentsätzen bei der Nutzholz-Gewinnung beteiligt sein.

innerhalb der Gesamtwirtschaft der Grundbesitzer verschafft werden kann, indem die Nutzleistungen der anbaufähigen Waldbäume und der wählbaren Betriebsarten und Wachstums-Zeiten vergleichend gewürdigt und die ertragreichsten Produktions-Richtungen bevorzugt werden?

Die Waldertragsregelung, welche privatwirtschaftliche Rücksichten voranzustellen hat, kann den Wegen nicht überall folgen, welche der Staatsforstbetrieb bisher eingeschlagen hat. Aber auch der Ausbau der „Forststatik", welche die Kapital-Aufwendungen für die wählbaren Forstwirtschafts-Verfahren mit den privatwirtschaftlichen Nutzleistungen derselben vergleichen soll, hat kaum begonnen, und wir werden darlegen, daß derselbe weder theoretisch unbestrittene, noch praktisch direkt anwendbare Ergebnisse zu Tage gefördert hat.

Wir werden parteilos die Hauptaufgaben der nachhaltig einträglichsten Produktion gebrauchswerter Wald-Erzeugnisse kurz überblicken, und wir hoffen die Lösung dieser Aufgaben auf praktisch erprobte, den Waldbesitzern verständliche Beweisverfahren begründen zu können.

I. Allgemeine Grundsätze
für die Feststellung der ertragreichsten Wachstums-Zeiten.

1. Die Waldertrags-Regelung hat sowohl für die Waldparzellen und kleineren Waldungen mit aussetzendem Fällungs-Betrieb, als für die großen Privatforste, Gemeinde- und Körperschafts-Waldungen mit jährlicher Holzfällung und Rentenlieferung die nachhaltig einträglichste Bewirtschaftung des Gesamtvermögens der Waldeigentümer als Leitstern voranzustellen.

Die Forstwirtschaft ist nicht befugt, eine Sonderstellung im nationalen Wirtschaftsleben zu beanspruchen, und nicht berechtigt, die Klarstellung der Nutzleistungen dieses Zweiges der Bodenbebauung zu verweigern.

Durch die Maßnahmen, welche die nachhaltig einträglichste Verwertung der Waldvorräte und des Waldbodens bezwecken, wird die Schönheit des Waldes nicht merkbar beeinträchtigt werden, und völlig unberührt bleiben die günstigen Wirkungen des Waldes auf die Regenmenge, die Quellenspeisung, die Verhütung von Überschwemmungen, Abrutschungen und Versandungen, auf die Frische und Reinheit der Waldluft u. s. w. Die Sicherheit der Kapital-Anlage ist in den Holzbeständen keineswegs eine außergewöhnlich hohe, am allerwenigsten in den Altholzbeständen, die durch Windwurf und Insektenfraß ꝛc. gefährdet werden. Für jede Vermögens-Verwaltung ist der Kapitalwechsel, wenn für dürftig rentierende Bestandteile der Stammguts-Substanz eine beträchtlich höher rentierende Anlage in anderen Wirtschaftszweigen in sichere Aussicht zu nehmen ist, nicht nur gestattet, sondern geboten. Weitaus überwiegend sind in Deutschland die Grundbesitzer, welche ihre Waldungen nicht zertrümmern und abschwenden, aber die

Waldwirtschaft mit den erreichbar höchsten Nutzleistungen in die haushälterische, nachhaltig ertragreichste Bewirtschaftung ihres Gesamtbesitzes einfügen wollen. Die Verringerung des Holzreichtums in den Privatwaldungen, insbesondere in den Waldungen des Großgrundbesitzes, welche in der Forstlitteratur befürchtet wird, läßt sich nicht dadurch abwenden, daß auf den Zinsen-Ertrag des Waldvermögens kein Wert gelegt und den Nutznießern eine möglichst knapp bemessene Waldrente zugebilligt wird.

Die deutsche Forstwirtschaft hat die Aufklärung ihrer Nutzleistungen keineswegs zu fürchten und durch übermäßige Starkholz-Produktion,*) nationalökonomische Beweggründe vorschützend, zu hintertreiben. Die maximale Produktion gebrauchsfähiger Nutzhölzer, die für die in Deutschland vorherrschenden mittelguten Waldstandorte in erster Linie zu begründen sein wird, vermag immerhin, wie wir nachweisen werden, das realisierbare Waldkapital mit $3^1/_2$ bis 4 % nachhaltig zu verzinsen, und wird auf den guten und sehr guten Bodenarten eine 4 % übersteigende Rente einbringen — abgesehen von der ständigen, nur vorübergehend kurze Zeit unterbrochenen Preissteigerung der Holzvorräte. Wenn die Forstwirtschaft verlustbringende Produktions-Richtungen zu vermeiden oder wenigstens thunlichst zu beschränken bestrebt ist, so wird die ausgiebige Nutzholz-Produktion im Deutschen Reiche infolge des stetig steigenden inländischen Nutzholz-Verbrauchs und der überaus günstigen Lage unseres Vaterlandes in der unmittelbaren Nachbarschaft der waldarmen westeuropäischen Länder eine reichlich fließende Quelle für die Befruchtung der vaterländischen Volkswohlfahrt erschließen. Die Regelung der Waldproduktion kann, wie wir sehen werden, in Einklang gebracht werden mit dem Grundgesetz für die volkswirtschaftliche Entwickelung, indem die maximale Gewinnung gebrauchswerter und ausnutzungsfähiger Waldprodukte mit dem erreichbaren Minimum des volkswirtschaftlichen Kostenaufwandes erzeugt wird.

2. Die Waldbesitzer sind berechtigt, der Waldertrags-Regelung Aufschluß über den realisierbaren Wert des Waldeigentums und die Nutzleistungen des Waldvermögens bei der bisherigen Bewirtschaftungsart abzuverlangen. Die Beweisführung, daß durch die Einstellung der Holzzucht (durch die Übertragung der Holzvorrats-Erlöse in andere Wirtschaftszweige und durch die außerforstliche Benutzung des Bodens) Rentenausfälle entstehen würden, ist zu erbringen, bevor die Rentabilitäts-Vergleichung der forstlichen Wirtschaftsverfahren beginnt.

---

*) Zu Starkholz werden in dieser Schrift die Baumstämme mit über 1,00 fm Derbholz-Gehalt, zu Mittelholz die Baumstämme mit 0,51 bis 1,00 fm Derbholz, zu Kleinholz die Stämme und Stangen bis 0,50 fm Derbholz gerechnet werden. Vorausgesetzt wird, daß die Fichten und Weißtannen bei einer Zopfstärke von 7 cm, die Kiefern und Lärchen bei einer Zopfstärke von 14 cm und die Laubhölzer in ortsüblicher Weise abgelängt werden.

Die Waldbenutzung ist bisher im wesentlichen auf die jährliche Entnahme der durchschnittlich jährlich produzierten Rohstoffmasse beschränkt worden. Selten werden die Waldbesitzer den realisierbaren Wert der Holzvorräte und des Bodens ihres Waldeigentums kennen gelernt haben und die bisherige und die nachhaltig erreichbare Rente des Waldvermögens beurteilen können. Die Unterschiede in den Kapital-Anlagen, über welche die übliche Forsteinrichtung (Betriebs-Regelung, Forsttaxation 2c.) nach forsttechnischem Gutachten verfügt, zählen in kleinen Forstbezirken nach Hunderttausenden und in ausgedehnten Waldgebieten nach Millionen.*)

3. Die Waldbesitzer sind berechtigt, der Waldertrags-Regelung die Beweisführung aufzuerlegen, daß die befürworteten Produktions-Richtungen und Wirtschaftsverfahren die nachhaltig einträglichste Verwertung des Waldvermögens auf den örtlich erreichbaren Höhepunkt bringen werden.

Diese Beweisführung bildet für die Forsttechnik, wie wir sehen werden, kein unlösbares Problem. Jedoch ist bei den Anforderungen zu beachten, daß in diesem Zweige der Gesamtwirtschaft infolge der langen Reifezeit der Waldbäume nur beträchtliche Unterschiede in den Nutzleistungen der Kapitalaufwendungen beweisfähig werden können.

4. Die Nutznießer des Waldvermögens sind verpflichtet, in erster Linie die allseitige Branchbarkeit und Marktgängigkeit der Ernteerträge nach derzeitigem Ermessen zu erforschen und den Wirtschaftsnachfolgern sicherzustellen. Erstrebenswert ist vor allem die maximale Produktion der dauerhaftesten, tragkräftigsten oder auch der brennstoffreichsten Waldbäume und die maximale Gewinnung der für die Nutzholzverarbeitung im Absatzgebiet branchbarsten und ausnutzungsfähigsten Rundholz-Stärkeklassen. Die Untersuchung, ob die wirkungsvollste Abstufung der letzteren vereinbart werden kann mit der nachhaltig einträglichsten Verwertung der herzustellenden Normalvorräte bildet den Kernpunkt der Waldertragsregelung aus privatwirtschaftlichen Gesichtspunkten.

---

*) Die Verteidiger möglichst langer Umtriebszeiten haben die Unterschiede in den Holzvorräten, welche in den Nadelholz- und Rotbuchen-Hochwaldungen im Staatsbesitz bei Einführung der sogen. Bodenreinertrags-Wirtschaft entbehrlich werden würden, auf $4^{1\cdot 4}$ Milliarden Mark veranschlagt. Die bisherige Jahresrente dieses Kapitalaufwands wurde mit 1,04 % berechnet. Zur Zeit kann, wie wir sehen werden, diese Veranschlagung nicht in verläßiger Weise kontrolliert werden. Man kann nur vermuten, daß bei der genaueren Bewertung innerhin der Milliarden-Maßstab anzuwenden sein wird und die jährliche Verzinsung in der Regel 1 bis $1^{1\cdot 2}$ % einhalten wird. Wir werden in dieser Schrift die maximale Gewinnung gebrauchsfähiger Nutzholzsorten befürworten, und wir werden zu fragen haben, welche Nutzleistungen der gesamtwirtschaftlich immerhin beachtenswerte Kapitalaufwand bewirkt, ob die letztere verringert wird, um die Baumkörper etwa zwei bis drei Finger zu verstärken, bezw. diese Verstärkung für die zweite Hälfte des nächsten Jahrhunderts zu erhalten und den betreffenden Konsumenten reichlich darzubieten.

In der Forstlitteratur ist allerdings befürchtet worden, daß die eben genannten Milliarden, die in den deutschen Staatswaldungen entbehrlich werden würden, bei dem

5. Andererseits haben die Nutznießer unzweifelhaft berechtigten Anspruch auf die Waldrente, welche bei Erhaltung des ererbten Waldwertvorrates resultiert, und die Forstwirtschaft ist nicht befugt, die Rente der Nutznießung im Übergangszeitraum in gutdünkender Weise weitergehend zu verringern, als es durch die leistungsfähigste Ausgestaltung der vorgefundenen Vorratswerte geboten ist, ohne die Einträglichkeit dieser Vorratseinsparung im Hinblick auf die ertragreichste Bewirtschaftung des Gesamtvermögens der Besitzer glaubwürdig nachzuweisen.

6. Andererseits ist wiederum die Forstwirtschaft nicht befugt, den Wechsel der Kapitalanlage für Bestandteile des Waldvermögens, welche kärglich rentieren, zu hintertreiben. Die Forstwirte können jedoch diese Transferierung nur dann verantworten und befürworten, wenn das dem Forstbetriebe entzogene, Eingriffen in das ererbte Waldvermögen entstammende Kapital unverringerte Wiederanlage als Stammguts-Substanz mit gleicher Sicherstellung des nachhaltigen Rentenbezuges wie im Walde findet und eine erhebliche und ständige Steigerung der Nutzleistungen zweifellos nachweisbar ist und garantiert erscheint.

Schon seit Jahrzehnten hat die Brennstoff-Produktion im Walde infolge der steigenden Verbreitung der Kohlenfeuerung aufgehört, ein waldbauliches Produktionsziel zu bilden. In der Zukunft wird die Forstwirtschaft den sichersten Ankergrund nur in der ausgiebigen Gewinnung gebrauchsfähiger Bau-, Werk- und Nutzhölzer finden können, entweder durch den Hochwaldbetrieb oder durch die Bewirtschaftung oberholzreicher Mittelwaldungen.

Die Ertragsregelung der nachhaltig bewirtschafteten Staatswaldungen mit Hochwaldbetrieb stellt die normale Altersklassenabstufung für die gutachtlich bemessenen Umtriebszeiten als erstrebenswertes Wirtschaftsziel den generellen Nutzungsplänen voran, und maßgeblich dieser Normalvorräte wird die aus den vorhandenen Holzbeständen zu beziehende Rohmassenfällung berechnet, welche der

---

Kapitalreichtum Deutschlands nicht mit gleicher Sicherheit wie im Walde unterzubringen seien. Der Verfasser kann diese Befürchtung nicht teilen. Allgemein wird zugestanden, daß der unleugbare Niedergang der Zahlungskraft unserer Landbevölkerung verursacht wird durch die erdrückende Zinsen-Belastung des landwirtschaftlich benutzten Bodens, und es wird kaum zu bestreiten sein, daß die mit über 3% zu verzinsende hypothekarische Belastung den Erlös übersteigen würde, der nach Einführung des befürworteten Wirtschaftsprincips in den nächsten 25 bis 30 Jahren für die in den Staatswaldungen entbehrlich werdenden Altholz-Bestände realisierbar werden würde. Gern und willig würde die Landwirtschaft ein Kapital auch mit einer 1 bis 1½ % übersteigenden Zinsforderung hypothekarisch zweifelsfrei sicher stellen, und wir werden demgemäß zu untersuchen haben, ob die unten nach Mittelbeträgen zu beziffernde Durchmesser-Verstärkung die Gebrauchsfähigkeit der Baumstämme für die Nutzholz-Verarbeitung wesentlich zu verbessern vermag. Auch ohnedem wird die pekuniäre Unterstützung der Starkholz-Konsumenten minder gemeinnützige Wirkungen haben und auch für die Forstwirtschaft minder ersprießlich sein, wie die Erhaltung der Zahlungskraft unserer Landbevölkerung.

Nutznießung in der nächsten zehn= oder zwanzigjährigen Wirtschaftsperiode zuge=
billigt wird. Vom privatwirtschaftlichen Standpunkte aus wird, wenn die Ein=
stellung des Forstbetriebes als verlustbringend nachgewiesen worden ist, in vorderster
Reihe zu untersuchen sein, ob die eben erwähnte maximale Nutzholzgewinnung
nicht nur vereinbart werden kann mit der ausreichenden Brauchbarkeit der Ernte=
erträge für die Nutzholzverarbeitung, sondern auch mit der zufriedenstellenden
Verzinsung des erforderlichen Produktionsaufwandes. Kann dieses erwünschte
Wirtschaftsziel infolge von Trockenheit, Flachgründigkeit des Bodens, überhaupt
unzulänglicher Produktionskraft des Standortes nicht verwirklicht werden, ist
vielmehr die Wachstumszeit der Hochwaldbestände wegen Beschaffung des unent=
behrlichen Starkholzbedarfs der Nutzholzverarbeitung zu verlängern, so hat immerhin
die Nutznießung die erforderliche Ausdehnung des nächsten Rundganges der Jahres=
fällung unweigerlich zu bewilligen und die hieraus resultierende Beschränkung der
jährlichen Rente zuzugestehen — vorausgesetzt, daß die derzeitigen Nutznießer für
das Wohlergehen ihrer Nachkommen besorgt sind und keine unverwertbar bleibende
Überproduktion von Klein=Nutzholz für dieselben erstreben.

Mit Ausnahme selten vorkommender, besonders günstiger Produktionskräfte
und Verwertungsrichtungen (sehr guter Boden, ausgiebige und ständige Nachfrage
nach Grubenholz und Zellstoffholz rc.) haben demgemäß die Rentabilitäts=Ver=
gleichungen für nachhaltig bewirtschaftete Hochwaldungen den Ausgangspunkt zu
finden in der Herstellung normal abgestufter Altersklassen für Umtriebszeiten,
deren Ernteerträge von Baumstämmen mit der Körperstärke gebildet werden, welche
für die Nutzholzverarbeitung im Absatzgebiet unentbehrlich ist. Es ist nutzlos,
eine hohe Kapitalverzinsung für Wachstumszeiten der geschlossenen Hochwald=
bestände herauszurechnen, welche vorherrschend stärkere Stangen und schwache
Baumhölzer liefern, aus denen man weder Bauhölzer noch Fußbodendielen
schneiden kann — auf die Gefahr hin, daß bei einem unberechenbaren Preissturz
für Kleinnutzholz (infolge Überproduktion bei zunehmender Präponderanz der
Kohlenfeuerung) die hypothetischen Verzinsungssätze illusorisch werden.

Vom privatwirtschaftlichen Standpunkte aus kann den Waldbesitzern anderer=
seits keine reichliche Produktion von Starkhölzern, welche für die Nutzholzver=
arbeitung im Absatzgebiet entbehrlich sind, auferlegt werden, wenn die
Rentabilitätsvergleichung ergiebt, daß die Produktionskosten selbst bei ermäßigten
Verzinsungsforderungen weitaus höher sind als die Erlöse — und zu diesem
Ergebnis werden wir leider für die Produktion der über 1,0 fm messenden
Nutzholzstämme fast durchgängig gelangen. Die Privatforstwirtschaft wird eine
derartige, auf forsttechnisches Gutdünken begründete Erweiterung der Starkholz=
produktion neidlos dem Staatsforstbetriebe überlassen dürfen.

7. Die Regelung der nachhaltigen Hochwaldwirtschaft aus privat=
wirtschaftlichen Gesichtspunkten wird sonach ihre oberste Aufgabe in
der Erforschung des Wendepunktes im Wachstumsgange der ge=
schlossenen Hochwaldungen zu suchen haben, mit welcher die Ge=
winnung allseitig brauchbarer Nutzholzsorten beginnt und die
Verzinsung der Vorratsverstärkung durch die Wertproduktion mit

dem Zinsenertrag sicherer Kapitalanlagen aufhört. Demgemäß würde die Ermittelung des Ganges der Rohstoffzunahme in den Hochwaldbeständen mit Kronenschluß, ohne Berücksichtigung der für die Versorgung der Gesellschaft maßgebenden Gebrauchswerte, offenbar zwecklos bleiben und kann nur die Vorstufe bilden für die Erforschung des Entwickelungsganges der Erzeugung von Gebrauchswerten, in erster Linie von brauchbaren Nutzholzsorten. Für die Bemessung des Gebrauchswertes der Holzarten und Rundholzsorten hat vorläufig das nach den Durchschnittspreisen in den letzten 10 oder 20 Jahren festgestellte Preisverhältnis den Maßstab zu bilden. Diese Ermittelungen sind zu ergänzen durch die Beurteilung des unentbehrlichen Starkholzverbrauchs (der Stämme über 1,0 fm Körpergehalt), welcher der Nutzholzverarbeitung im Absatzgebiet ständig zu erhalten ist. Für diese Beurteilung wird die Untersuchung grundlegend werden, welche Erhöhung des Gebrauchswertes der Nutzholzstämme die während der fraglichen Verlängerung der Wachstumsdauer aufgelagerten, nach 30 bis 40 Jahren zwei bis drei Finger breiten Zuwachsringe bewirken können. Nicht minder beachtenswert wird die Starkholzverarbeitung des Sägebetriebes in waldarmen, dabei aber gewerbe- und industriereichen Ländern werden.

Während die Holzmasse und der Gebrauchswert der dominierenden Waldbäume in den Hochwaldbeständen, die in möglichst dichtem Kronenschluß aufwachsen, in den Jugendperioden reichlich vermehrt wird, solange das Aufstreben zum Licht durch einen lebhaften Höhenwuchs kräftig unterstützt wird, kann nach dem Eintritt in das Baumholzalter diese Wachstums-Energie nicht mehr gleichen Schritt halten mit den steigenden Verzinsungs-Anforderungen, welche durch das ständig erhöhte Vorratskapital maßgeblich der Sicherheit der Kapitalanlage bedingt werden.

Würde die Forstwirtschaft die Gewinnung der größten Rohstoff-Quantitäten als Wirtschaftsziel erachten dürfen, so würde nach den zuverlässigen bisherigen Untersuchungen dieser Höhepunkt bei Einhaltung der folgenden Umtriebszeiten im großen Durchschnitt der Standortsklassen und Holzarten und in Hochwaldbeständen mit möglichst lückenlosem Kronenschluß erreicht werden:

Standortsklassen:	I	II	III	IV	V
Kiefern-Bestände durchschnittlich im Jahr	50	55	60	65	70
Fichten- " "	55	65—70	75—80	90—100	100
Rotbuchen-Hochwald-Bestände durchschnittlich im Jahr	80	80	80	80	80

Der Gang der Derbholz-Entwickelung ist bis jetzt weder für die Eichenhochwaldungen und die Weißtannenbestände noch für die (allerdings selten vorkommenden) reinen Bestände der Lärchen, Eschen, Ahorne, Erlen mit genügender Zuverlässigkeit erforscht worden. Indessen werden sich erhebliche Abweichungen voraussichtlich nicht ergeben, und überdies sind die Fichten= und Kiefernwaldungen maßgebend für die Nutzholzgewinnung im Deutschen Reich.

Nach der mittleren Wachstumszeit von 80 Jahren kann die Forstwirtschaft in diesen geschlossenen Hochwaldbeständen eine hervorragende körperliche Verstärkung der Waldbäume nicht erreichen — selbst nicht durch die 40jährige Verlängerung der Wachstumszeit.

Die im 120jährigen Alter in den Hochwald=Beständen mit normalem Kronen=schluß vorhandenen Stämme sind nach den bis jetzt vorliegenden vergleichenden Messungen während je zehn Jahren in den Wachstumsperioden vom 80= bis 120jährigen Alter im Brusthöhen=Durchmesser mit Rinde im großen Durchschnitt und im Mittel aller Standortsklassen wie folgt verstärkt worden:

	Fichtenbestände cm	Kiefernbestände cm	Rotbuchenbestände cm
vom 80—90jährigen Bestandsalter . . .	1,3—1,6	1,2—1,6	1,7—2,1
„ 90—100 „ „ .	0,9—1,3	1,0—1,3	1,6—1,8
„ 100—110 „ „ .	0,5—1,1	0,8—1,0	1,5
„ 110—120 „ „ .	0,9	0,7	?

Die vorstehenden Angaben, für welche die speciellen Belege im achten Abschnitt folgen, beziehen sich auf die Abtriebsstämme, welche im 120jährigen Alter den Ernteertrag der Hochwaldbestände mit Kronenschluß bilden. Die Zunahme der unter= und zwischenständigen Stangen und Stämme, welche den Vornutzungen zufallen, ist natur=gemäß minder beträchtlich.

Die Abnahme der Durchmesser aufwärts an den Baumschäften verringert die oben für Brusthöhe — 1,3 m über dem Boden — angegebene Verstärkung der Baum=körper. Diese Abnahme beträgt bei Fichten und Kiefern in der Regel 0,7 bis 0,8 cm mit jedem Längenmeter, und die noch nicht ermittelte Abnahme der Laubhölzer wird etwas beträchtlicher sein als bei den Nadelhölzern.

Die Zunahme der mittleren Baumhöhe der Abtriebsstämme beträgt nach den genannten Ermittelungen durchschnittlich in je zehn Jahren:
Fichten 0,70—0,77 m
Kiefern 1,08—1,17 m
Buchen 1,33—1,35 m

Dieselbe hat bei der Nutzholz=Verarbeitung geringe Bedeutung, da die Hauptmasse der Rundhölzer beim Sägebetrieb in kurze Abschnitte gebracht wird und nur die schweren Balkenhölzer größere Längen erfordern.

Für Lärchen, Eichen, Eschen, Ahorne, Ulmen u. s. w. liegen dem Verfasser zweifels=freie Durchschnitts=Ergebnisse größerer Untersuchungen nicht vor. Diese Holzarten haben in reinen Beständen eine geringe Verbreitung gefunden und werden im allgemeinen mit den gleichen Umtriebszeiten bewirtschaftet werden wie die Holzarten, welche den Hauptbestand bilden. Die Untersuchungen in den reinen Weißtannen=Beständen sind noch nicht abgeschlossen.

Wenn die Waldbesitzer mittels 30= bis 40jähriger Verlängerung der Umtriebs=zeiten mit maximaler Nutzholz=Gewinnung die jährliche Nutzholz=Verwertung ver=ringern und nur eine einige Meter breite Verstärkung der Baum=Durchmesser hervorzubringen vermögen, so wird die Prüfung, ob die den durchschnittlich 80jährigen Stämmen aufgelagerte, hohlkegelförmige Zuwachsschicht eine erhebliche Verbesserung der Gebrauchsfähigkeit der gesamten Stammmasse zu bewirken ver=

mag, nicht unterlassen werden dürfen. Leider sind die Untersuchungen über die qualitativen Eigenschaften, welche beim älteren und beim jüngeren Holz die Gebrauchsfähigkeit bewirken — über die Dauer, Tragfähigkeit u. s. w., auch über die Heizkraft — noch nicht abgeschlossen. Aber nach den bisherigen Ergebnissen ist nicht anzunehmen, daß der Gebrauchswert von Centimeter zu Centimeter der Brusthöhenstärke in einer den Produktionsaufwand lohnenden Weise steigen wird. In erster Reihe wird für die Preiserhöhung die Wertsteigerung des Rundholzes bestimmend werden, welche durch die Erweiterung der Bretterbreite und des Bauholzbeschlages (auch der Balkenlänge bei großen Spannweiten ꝛc.) verursacht wird. Nur für einzelne Brettersorten (im Rheinhandel für die sog. Holländerbretter) wirkt die zunehmende Breite preiserhöhend, wenn auch die Verwendung der sehr schmalen Parkettriemen und der meist unter 18 cm breiten sog. Hobelbretter zur Fußbodendielung vorherrschend geworden ist. Für die Bauholz-Verwertung wirkt die Verstärkung des Beschlags und die Verlängerung zwar fast durchweg pro Festmeter Schnittholzmasse preiserhöhend, jedoch nur unerheblich von Centimeter zu Centimeter und von Meter zu Meter fortschreitend.

Wenn man sachkundige Bautechniker, Leiter größerer Sägewerke, Holzhändler ꝛc. befragt, für welche Verwendungszwecke Starkhölzer mit über 1,0 fm Körpergehalt massenhaft verbraucht werden und nicht durch hochkantigen Beschlag, Verringerung der Spannweiten, Zusammenfügen schmaler Bretter ꝛc. ersetzt werden können, so wissen dieselben einen unentbehrlichen Massenverbrauch für die betreffenden Starkholzsorten, außer zu Eisenbahnschwellen, nicht namhaft zu machen, und es bleibt zweifelhaft, ob im Kronenschluß die breiten Schnittholzsorten, welche zu Eisenbahnschwellen, Treppenstufen, Gerüstdielen ꝛc. aus Nadelholz (neuerdings Eisenbahnschwellen aus Rotbuchen) verbraucht werden, selbst bei Einhaltung 120jähriger Umtriebszeiten mit ausschlaggebenden Massen erzeugt werden können, oder ob für die Erziehung des Schwellenholzes und des sonstigen Starkholzes die Kronenfreiheit wie im Eichenhochwalde und im Oberholze des Mittelwaldes zu wählen ist und zureichend werden wird. Die Sachverständigen behaupten, daß die Verwendung der eisernen Träger, der schmalen Hobelbretter u. s. w. stetig zunehme, daß ein Starkholzangebot, welches das bisherige reichliche Angebot der über 1,0 fm messenden Stämme wesentlich verringere, etwa von 60 bis 70 % der gesamten Nutzholz-Gewinnung auf 20 bis 30%, der letzteren, ausreichend sein werde und die bisherige, bei reichlichem Starkholz-Angebot entstandene Preisbildung beim Gebrauchswert der Stämme mit über 1,0 fm und über 30 cm Durchmesser nicht mehr entsprechend, sondern für diese Stammklassen zu ermäßigen sei.

Vom privatwirtschaftlichen Standpunkte aus wird man leider als Regel konstatieren müssen, daß die Holzvorratsbestandteile, welche das 70- bis 90 jährige Alter überschreiten, eine Verzinsung der realisierbaren Bestandsverkaufswerte von 1 bis $1^1/_2 \%$ selten erlangen werden und daß die Waldbesitzer, welche die bei der maximalen Nutzholzgewinnung erzielbare Verzinsung von $3^1/_2$ bis 4 % fordern, für jeden Festmeter der erweiterten Starkholzgewinnung erhebliche Zinsenverluste erleiden, weil die Herstellungskosten weitaus höher zu beziffern sind wie die Erlöse. In Forstbezirken, in denen die Altholzbestände beträchtliche Teile der

Vorratswerte umfassen, sinkt begreiflicherweise die gesamte Waldrente unter den Zinsenertrag sicherer Kapitalanlagen. In absehbarer Zukunft ist eine einseitige Steigerung der Starkholzpreise durchaus unwahrscheinlich, und es ist fraglich, ob die in der Forstlitteratur verlautete Hoffnung auf alsbaldiges Sinken der hypothekarischen Zinsenerträge im kommenden Jahrhundert verwirklicht werden wird.

Die Produktionsziele der Waldwirtschaft wird man für die Waldungen außerhalb des Staatseigentums (9,3 Millionen Hektar, 66% der gesamten deutschen Waldungen) in der Regel zuverlässiger normieren können, indem die Holzsortenabstufung der Nutzholzverarbeitung in den Ländern mit vorgeschrittener gewerblicher und industrieller Thätigkeit erforscht wird. Für die Nadelholz= waldungen werden die Produktionsergebnisse in den Staatswaldungen des Königreichs Sachsen möglicherweise als mustergiltig erachtet werden. In den vorherrschend von Fichtenbeständen gebildeten Staatswaldungen dieses industrie= und gewerbereichen Landes werden nachweisbar seit einem halben Jahrhundert 71= bis 80jährige Umtriebszeiten planmäßig eingehalten, und gleichzeitig hat sich ein blühender Sägebetrieb ohne nennenswerte Starkholzeinfuhr entwickelt, die Nach= frage nach Starkholz ist nicht gestiegen, und die Forstrente pro Hektar ist uner= reichbar geblieben für die Staatsforstbehörden in den größeren deutschen Ländern mit ähnlicher Bodengüte. Es ist, wie man sieht, unverkennbar, daß die Beurteilung des Gebrauchswertes der eben bezifferten Durchmesser=Verstärkung ein Erfordernis für die beweisfähige Begründung der wählbaren, waldbaulichen Produktions= richtungen werden wird.

8. Die in der Forstlitteratur befürwortete, gutdünkende Annahme eines ermäßigten, sogenannten waldfreundlichen Zinsfußes zu Gunsten der Umtriebsverlängerung ist weder notwendig noch berechtigt. Die Lieferung des unentbehrlichen Starkholzbedarfs der Nutzholz= verarbeitung ist eine Existenzbedingung für die nachhaltige Waldwirtschaft, die bei allen Zinsforderungen unabweisbar ist. Die Sicherheit der Kapitalanlage ist insbesondere für die von Windbruch und Insektenfraß bedrohten Altholzbestände keineswegs hervorragend. Die Hoffnung auf eine zukünftige, einseitige Preis= steigerung der Starkhölzer ist, wie gesagt, an sich problematisch und im Hinblick auf die stetig steigende Starkholzeinfuhr für absehbare Zeiten doppelt fragwürdig, kann ebenso getäuscht werden wie die frühere Hoffnung auf steigende Brennholz= und Eichenrinden=Preise.

II. Welche Verfahrungsarten haben die Besitzer nachhaltig bewirtschafteter Waldungen mit jährlicher Rentenlieferung zu wählen, um die einträglichsten Erntezeiten für die vorhandene Waldbestockung zu ermitteln?

A. Für Nadelholz= und Rotbuchen=Hochwaldungen.

1. Vorbedingung ist die Bewertung des vorhandenen Wald= eigentums nach den realisierbaren Vorrats= und Bodenwerten.

Dieselbe ist auf Holzmassenaufnahmen, Probeholzfällungen und Wertberechnungen nach den bisherigen 10= oder 20jährigen Durchschnittspreisen der Holzarten und Rundholzsorten (nach Abzug der Gewinnungskosten) zu begründen und nach Werteinheiten (à 10, 100 oder 1000 Mark bisheriger Decenniumserlös) auszudrücken. Mit den gleichen Wertfaktoren sind die Fällungsergebnisse im nächsten Jahrzehnt dem nach denselben Werteinheiten bemessenen Etat gegenüberzustellen und zu bilanzieren. Die Vergleichung der geschätzten und der gefällten Rohholzmasse widerstreitet den gesamtwirtschaftlichen Aufgaben der Waldproduktion, kann leicht hinsichtlich der Werterträge trügerisch werden und hat keinen erkennbaren Zweck.

2. Anzuschließen ist die Erforschung des Ganges der Produktion von Gebrauchswerten in den Hochwaldbeständen mit mittlerem Kronenschluß für die vorherrschenden Holzgattungen und Wachstumsklassen.

Für die örtlich geeignete Abstufung der Derbholz-Vorräte im 80jährigen Alter sind auf Grund der Holzmassen-Ermittelung und mit Benutzung zuverlässiger, allgemeiner Untersuchungs-Ergebnisse über den Verlauf der Rohstoffzunahme örtliche Derbholz-Ertragstafeln aufzustellen. Hierauf ist die Entwickelung der Rundholz-Stärkeklassen zu erforschen, und mit Anwendung der Wertfaktoren der Gang der Wertproduktion sowohl nach Haubarkeits-Erträgen als für die Vornutzungen zu verzeichnen.

3. Nach diesen örtlichen Wertertragstafeln werden die Werterträge der vorfindlichen Bestockungsgruppen und Altersklassen, deren Wertvorräte in Altersklassen-Tabellen übersichtlich verzeichnet werden, für die Einhaltung der örtlich wohlwürdigen Umtriebszeiten, beginnend mit der Gebrauchsfähigkeit der Ernteerträge, berechnet und in generellen Wirtschaftsplänen etwa für die 70=, 80=, ... 120jährigen Umtriebszeiten und die 10= oder 20jährigen Wirtschaftsperioden derselben summarisch nachgewiesen.

Das gefällte Probeholz (Traudt'sches Verfahren) wird für die 70= bis 120jährigen Bestände auf benachbarten Sägewerken zu den im Absatzbezirk verbrauchten Bretter=, Bau= und Werkholzsorten, getrennt nach Holzarten, Alters= und Standortsklassen, verarbeitet. Es ist nicht nur die Abstufung der Rundholz-Stärkeklassen mit zunehmendem Alter der Hochwaldbestände wissenswert, sondern vor allem die Steigerung des Gebrauchswertes durch den je 10jährigen Zuwachsring zu beurteilen.

4. Die generellen Wirtschaftspläne haben, falls die vorhandenen Holzvorräte die für Nutzholz-Zwecke erforderliche Brauchbarkeit der Ernteerträge nicht vollständig besitzen und eine Vermehrung derselben prüfungswert erscheint, mit den Umtriebszeiten zu beginnen, welche der Erhaltung der wirklichen Vorräte entsprechen, damit die Zahl der Werteinheiten bemessen werden kann, zu deren Verbrauch die Nutznießung berechtigt ist.

5. In den anzuschließenden Rentabilitäts-Vergleichungen für die prüfungswerten Umtriebszeiten sind, falls die Rentabilität einer

Vorratsverstärkung zu prüfen ist, die Herstellungskosten derselben zu ermitteln und den Nutzleistungen gegenüberzustellen. Nachdem den aus den Abtriebserträgen zu gewinnenden Werteinheiten die Werteinheiten der Vornutzungs-Erträge in den betreffenden Perioden hinzugefügt und die Anbau- und Betriebskosten abgezogen worden sind, hat die Waldertrags-Regelung die Herstellungskosten für die Verstärkung der vorhandenen Vorräte zu ermitteln und nach Werteinheiten auszudrücken. Diese Herstellungskosten sind für die Rentabilitäts-Vergleichung maßgebend — nicht die vorherrschend hypothetischen Vorrats- und Bodenwerte, welche mittels der Zinses-Zinsrechnung gefunden werden und einen sogenannten Unternehmer-Gewinn einschließen, der einem in der zweiten Hälfte des nächsten Jahrhunderts zu unternehmenden Geldgeschäft entstammt.*)

Aus den Altersklassen-Tabellen und den generellen Wirtschaftsplänen kann man ermitteln, welche Umtriebszeiten und Normalvorräte annähernd gleiche Werteinheiten beanspruchen werden, als den jetzigen wirklichen Vorräten der betreffenden Forstbezirke entsprechen und bei Nutzung der durchschnittlich jährlichen Wertproduktion den Nachkommen überliefert werden würden. Die hiernach bemessene Wertproduktion bildet den Ausgangspunkt der Rentabilitäts-Vergleichung. Zunächst ist zu prüfen, ob die Rundholzsorten der Ernteerträge die erforderliche Brauchbarkeit für Nutzholzzwecke haben. Im verneinenden Falle ist zwar, wie gesagt, die Ergänzung der Wertvorräte Obliegenheit des Nutznießer, jedoch sind die Waldbesitzer zu informieren über den entstehenden Rentenausfall. Die Verstärkung der Baumschäfte kann auch, wie wir sehen werden, durch rechtzeitige Umlichtung der späteren Abtriebsstämme, etwa im 35- bis 45jährigen Alter, bewirkt werden, und es ist sehr fraglich, ob die Vorratsverstärkung ohne Lockerung des Kronenschlusses als einträglich gerechtfertigt werden kann. Keinenfalls ist der Forstwirtschaft gestattet, eine Erhöhung der Umtriebszeiten diktatorisch und beweislos anzuordnen. Zweitens ist zu prüfen, ob die genannte Wertproduktion und Umtriebszeit die maximale Gewinnung brauchbarer Nutzholzsorten feststellt und welche Beschränkung der Waldrente erforderlich wird, um die letztere dem Wirtschaftsnachfolger zu verschaffen. Die Waldertrags-Regelung hat gleichzeitig die Waldbesitzer zu informieren über die Festmeterzahl der Mehrgewinnung von Starkhölzern, welche durch die Herbeiführung der maximalen Nutzholzgewinnung erreichbar werden wird, damit dieselben beurteilen können, ob die Kapitalanlage im Walde die Nutzleistungen übersteigt, die in anderen Wirtschaftszweigen den Nachkommen zugeführt werden können.

Über alle diese Fragen kann die Rentabilitäts-Vergleichung auf Grund der generellen Wirtschaftspläne mit der in der Waldwirtschaft erreichbaren Zuverlässigkeit Auskunft erteilen. Wenn die von den Waldbesitzern zu treffende Entscheidung über die maßgebenden Zinssätze und die Zinsenberechnungsart ausständig ist und eine Verstärkung der vorhandenen Wertvorräte nach ihren finanziellen

---

*) Siehe unten ad IV und vierten Abschnitt.

Nutzleistungen zu untersuchen ist, so hat die Waldertragsregelung offenbar die Waldbesitzer zu informieren über den erforderlichen Kostenaufwand und die Rente des letzteren, die in Aussicht gestellt werden kann.

Wenn beispielsweise der dermalige Wertvorrat einer 1000 ha großen Fichtenwaldung auf 1130 Werteinheiten à 1000 Mk. festgestellt worden ist und die Berechnung der normalen Wertvorräte für die verschiedenen Umtriebszeiten ergiebt, daß die 60jährige normale Altersstufenfolge einen Wert von 1128 Werteinheiten à 1000 Mk. erfordert, so ist zunächst zu prüfen, ob bei Herstellung dieses 60jährigen Vorrats nicht nur das unentbehrliche Starkholz für die Nutzholz-Verarbeitung im Absatzgebiet geliefert wird, sondern auch eine Überproduktion der Stangen und schwachen Stämme bis 0,5 fm (etwa infolge ausreichender Verwertung zu Zellstoffholz, Grubenholz ze.) ausgeschlossen ist. Ergiebt die Untersuchung, daß die Verwertung des Kleinholzanfalls — etwa mit 50 bis 60% des gesamten Nutzholzanfalls — bedenklich wird, während die Einhaltung der 80jährigen Umtriebszeit eine genügende Ausbeute von Sägeholz ze. erwarten läßt, so sind die generellen Wirtschaftspläne über die Herstellungskosten und die Nutzleistung der 80jährigen Normalvorräte zu befragen. Gesetzt den Fall, daß die durchschnittlich jährlichen Reinerträge des 60jährigen Normalvorrats auf 63,7 Werteinheiten, des 80jährigen Normalvorrats auf 82,0 Werteinheiten (à 1000 Mk.) in den generellen Ertragsberechnungen festgestellt werden, sonach die erreichbare Rentenerhöhung nach dem derzeitigen Preisverhältnis dem durchschnittlich jährlichen Reinertrag von 18300 Mk. nahe kommen würde, so ist klar, daß der Kostenaufwand 610000 Mk. nicht wesentlich übersteigen darf, wenn die Rente 3% erreichen soll. Soll der Rentenausfall gleichmäßig auf die nächsten 80 Jahre verteilt und die normale Altersabstufung der 80jährigen Umtriebszeit direkt hergestellt werden, beansprucht ferner der Waldbesitzer Zinsen und Zinseszinsen für die Rentenausfälle mit 3%, so ist weiter klar, daß die jährlichen Rentenausfälle nach der Zinseszins-Rechnung $\frac{610000}{321363}$ = 1898 Mk. = 1,9 Werteinheiten (von 63,7 Werteinheiten) nicht erheblich übersteigen dürfen, wenn die dreiprozentige Kapitalverzinsung erreicht werden soll. Über die entstehenden Rentenausfälle giebt die Vergleichung der generellen Wirtschaftspläne für die 60jährige und die 80jährige Umtriebszeit Auskunft. Es wird hierauf die Rentabilitäts-Vergleichung für die Voraussetzung, daß die Rentenausfälle oder die Zinsen derselben jährlich verbraucht werden, für die Zinssätze von 2½%, für andere Arten des Überganges mit Abkürzung der Zeit und vorteilhafter Ausstattung der periodischen Werterträge ze. vorzunehmen und zu würdigen sein.

Entscheidend ist selbstverständlich für die Entschließungen der Waldbesitzer, die Klarstellung der erhöhten Starkholzgewinnung (nach Festmeterzahlen), welche aus den betreffenden Kostenaufwendungen schließlich resultieren wird.

6. Wenn im umgekehrten Falle die Bewertung der vorhandenen Holzvorräte eine beträchtlich größere Zahl von Werteinheiten ergiebt, als im normalen Waldzustand für die maximale Gewinnung gebrauchsfähiger Nutzhölzer erforderlich werden, so sind die realisierbaren Verkaufswerte für die Unterschiede zwischen den konkreten Vorräten und den Normalvorräten für die letzteren in erster Linie zu ermitteln, und es sind die Nutzleistungen zu bemessen, welche den betreffenden Vorratsbestandteilen bei Belassung der erreichbaren Reinerlöse im Walde zufallen würden. In diesen Fällen, in denen Vorrats-Reduktionen zu prüfen sind, führt die bisher befürwortete Berechnung der Vorratswerte nach den abmassierten Zinsen und Zinseszinsen der maximalen Boden-Erwartungswerte wiederum zu

unzutreffenden und unbrauchbaren Ziffern, weil hierbei vorauszusetzen ist, daß Idealvorräte für Umtriebszeiten mit maximalen Boden-Erwartungswerten vorhanden sind, die nirgends existieren. Die einträglichsten Verwertungsarten des vorhandenen Waldvermögens werden in anderer Weise zu ermitteln sein.

Mit den Umtriebszeiten, welche die reichlichste Gewinnung brauchbarer Nutzholzsorten bewirken, werden die generellen Wirtschaftspläne und die hierauf gestützten Rentabilitäts-Vergleichungen am zweckmäßigsten beginnen können. Grundlegend für den Fortgang der letzteren ist die Prüfung, ob eine Erweiterung der Starkholz-Lieferung und eine Verringerung des Klein-Nutzholz-Angebots örtlich erforderlich ist oder sofort von den Waldbesitzern als eine von vornherein verfehlte und verlustreiche privatwirtschaftliche Spekulation erkannt werden wird. Es ist demgemäß klarzustellen ob es nutzbringender werden wird, den Nachkommen die derzeitigen, beispielsweise 110jährigen Wertvorräte ungeschmälert zu erhalten und die Altersklassen regelrecht auszugestalten, oder ob es nachhaltig nutzbringender werden wird, die Umtriebszeiten mit der genannten reichlichsten Gewinnung brauchbarer Holzsorten, an Stelle der 110jährigen Umtriebszeit die 80jährige Umtriebszeit oder die 100jährige, 90jährige Umtriebszeit einzurichten (oder auch auf sehr gutem Boden Normalvorräte für die 70jährige, selbst bei reichlichem Kleinnutzholzabsatz für die 60jährige Umtriebszeit planmäßig herzustellen), während die resultierenden Mehr-Erträge, soweit dieselben Eingriffen in die Stammgutssubstanz entstammen, zur Tilgung kündbarer, Stammgutsschulden, zu Waldankäufen, hypothekarisch sicheren Kapitalausleihungen, zum Zweck der Ansammlung eines Waldreservefonds, überhaupt für andere Verwertungsarten des Gesamteigentums unverkürzt zu verwenden sind. Für diese Entscheidung ist die Untersuchung grundlegend, ob den Nachkommen der Starkholzbedarf, welcher für die Nutzholzverarbeitung im Absatzgebiet unentbehrlich ist, geliefert und eine Überproduktion der Stangen und Stämme bis 0,5 fm Körpergehalt vermieden werden wird oder Bedenken in diesen Richtungen bestehen bleiben. Die Jahres- und Periodenrenten, welche bei Erhaltung und regelrechter Ausgestaltung der vorfindlichen Wertvorräte für die zugehörigen Umtriebszeiten resultieren würden, sind aus den generellen Wirtschaftsplänen ebenso zu ersehen wie die Jahres- und Periodenrenten bei Abkürzung der letzteren. Die Wahl des Zinsfußes und der Zinsenberechnungsart ist Obliegenheit der Waldbesitzer, und die Motive für die Entscheidung hat die Waldertragsregelung durch Rentabilitätsvergleichungen für verschiedene Zinssätze klarzustellen — nicht nur für die meistens maßgebende Voraussetzung, daß die Nutznießung zum jährlichen Rentenverbrauch der nachhaltig und sicher angelegten Stammgutsbestandteile berechtigt ist und Zinsen- und Zinseszinsansammlungen nicht entstehen können, sondern auch für die Voraussetzung, daß die Nutznießung bei Fortbezug der bisherigen Waldrente auf die Jahreszinsen der fraglichen Kapitalanlage verzichtet und dieselben mit dem Kapital zu Gunsten der Nachkommen angesammelt werden. Zu diesem Zweck sind überall dem nach Werteinheiten bemessenen Kapitalaufwand die nach gleichem Maßstab bemessenen Renten und Nutzleistungen für gleiche (gewöhnlich 100- oder 120jährige) Zeiträume der Zukunft gegenüberzustellen, die Gewinn- und Verlustbeträge nach Prozentsätzen nachzuweisen und überzeugend darzulegen, daß hinreichende Deckung für die nach Beendigung des erstmaligen Nutzungsrundgangs eintretenden Ausfälle an Waldrente gewährleistet worden ist — entweder durch einen anzusammelnden Waldreservefonds oder durch sonstige höher rentierende und gleich sichere Eigentumserweiterung. Das Vergleichungsverfahren wird kaum der in den späteren Abschnitten folgenden Erläuterungen bedürfen.

7. Ergeben die genannten Rentabilitätsvergleichungen, daß die in den vorhandenen Vorräten gefundenen Werteinheiten den Normalvorräten, welche örtlich die maximale Gewinnung gebrauchsfähiger Nutzholzsorten gewährleisten, vollständig oder annähernd entsprechen, so wird sich die Waldertragsregelung im wesentlichen auf die Ermittelung der nützlichsten Abtriebsreihenfolge (cf. ad 8) und die Untersuchung der zuwachsreichsten Bestandserziehung (cf. Abschnitt XII) zu beschränken haben.

8. In diesen generellen Wirtschaftsplänen wird die Reihenfolge der Verjüngung innerhalb der benutzbaren Bestände nach dem Wertzuwachs gleicher Werteinheiten in den Bestandsvorräten bemessen, und die Bestände mit der dürftigsten Wertproduktion werden zuerst für die Verjüngung designiert.

B. Eichen-Hochwaldungen.

Die Eichen-Hochwaldungen sind mit Rücksicht auf die freie Kronenentwickelung zu erziehen.

Die maximale Nutzholzgewinnung wird in der Regel eine sekundäre Bedeutung erlangen, nur bei vorherrschendem Absatz von Eichengrubenholz zulässig werden. Für die langsam wüchsigen Eichen werden maßgeblich der Standortsgüte 120- bis 160jährige Umtriebszeiten (mit Lichtung und Anbau von Bodenschutzholz etwa im 50- bis 60jährigen Alter) zu befürworten sein.

III. Welche Ermittelungsarten haben die Besitzer von Waldparzellen und kleineren Waldungen mit aussetzendem Betrieb zu wählen, um die einträglichsten Verjüngungszeiten und die reichlichste Verzinsung des Kapitalaufwandes aufzufinden?

1. Die Anordnung der einträglichsten Bewirtschaftung findet bei Einhaltung des aussetzenden Betriebs (mit kumulativer Ablieferung des jährlich produzierten Wertzuwachses der Gesamtflächen) ihren Schwerpunkt in der Beweisführung, daß die Wachstumsdauer in sämtlichen Beständen nicht weiter erstreckt wird, als die jährliche Wertproduktion den landesüblichen Zinsenertrag sicherer Kapital-

anlagen einbringt. Der Letztere ist für die realisierbaren Reinerlöse der verwertbaren Bestände nach Abzug der während der Erntezeit zu verausgabenden Anbaukosten zu berechnen. Die verfrühte Verjüngung würde bei der hervorragenden Waldverzinsung der meistens geringen Erlöse im jugendlichen Alter der Hochwaldbestände eine finanzielle Mißwirtschaft begründen.

Gestattet die Bodengüte den Anbau von Feldfrüchten, Futtergewächsen 2c., und übersteigt die landwirtschaftliche Bodenrente den Wert der Holznachzucht, so ist außerdem der Rückersatz der landwirtschaftlichen Reinerträge den fortwachsenden Holzbeständen zu belasten. Auch auf absolutem Waldboden kann der Rückersatz des waldbaulichen Nachzuchtwertes, welcher durch die sofortige Verjüngung erzielt werden würde, der ferneren Wertproduktion der abtriebsreifen Bestände belastet werden. Diese Belastung ist jedoch nicht mit Sicherheit zu bemessen und praktisch unerheblich für die Feststellung der einträglichsten Abtriebszeiten der vorhandenen, benutzbaren Bestände.

2. Die Bewertung des vorhandenen Waldvermögens, die Ermittelung des Entwickelungsganges der Holzmassen- und Gebrauchswertproduktion 2c. hat die gleichen Verfahrungsarten einzuhalten wie in den größeren Waldungen mit jährlicher Rentenlieferung. (Durchmessermessung, Probeholzfällung, Berechnung der Rundholzsorten nach den 10- oder 20jährigen Durchschnittspreisen, Verzeichnung der Ergebnisse nach den Standortsklassen und Altersstufen der Bestände mit mittlerem Kronenschluß.) Die Ausführung wird im neunten Abschnitt näher erläutert werden.

3. Die Bemessung der Zinsforderungen und die Entscheidung, ob einfache Zinsen oder Zinseszinsen den nächsten, zumeist 5jährigen oder 10jährigen Wachstumsperioden zu belasten sind, ist im aussetzenden, wie im jährlichen Betrieb Obliegenheit der Waldbesitzer. Die Rentabilitätsvergleichung wird jedoch in der Regel ergeben, daß die Berechnung mit Zinseszinsen eine praktisch unerhebliche, selten drei bis vier Jahre übersteigende Vorrückung des Einzeljahres der einträglichsten Abtriebszeit, welches durch die Vergleichung der laufend jährlichen Wertproduktion mit den laufend jährlichen Verzinsungsverpflichtungen gefunden worden ist, motivieren würde, falls eine mathematisch genaue Bemessung der Rentabilitätsfaktoren ermöglicht werden könnte. Zudem wird diese Vergleichung der Produktionsleistungen mit den Verzinsungsverpflichtungen zumeist ergeben, daß bis etwa zum 80. Wachstumsjahr die Zinsen-Ausfälle selbst bei dem Zinssatz von $3^{1}/_{2} \%$ praktisch unerheblich bleiben und erst im späteren Baumholzalter ausschlaggebend werden.*)

4. Wird bewiesen, daß die benutzbaren Hochwaldbestände bis zum genannten Alter die landesübliche Verzinsung sicherer Kapitalanlagen für die realisierbaren Waldwerte vollständig oder nahezu vollständig einbringen, so ist es zweifellos, daß die gesamten Bestandteile

---

*) cf. Abschnitt VII.

des Waldeigentums eine genügende Rentenbildung abmassieren, weil die realisierbaren Bestands= und Bodenwerte durch die Wertproduktion in den jüngeren Beständen reichlicher verzinst werden wie in den älteren Beständen.

5. Sind mehrere Bestände verwertbar, so wird die Reihenfolge der Verjüngung wie oben ad II ermittelt.

6. Für die Beurteilung der Rentabilität der gesamten, der Holz= zucht gewidmeten Bodenflächen und des realisierbaren Wertes der Holzbestockung sind die Zinsen=Sollbeträge des konkreten, bei Ein= stellung des Waldbetriebs liquid werdenden Kapitalaufwands mit den planmäßigen Reinerträgen der einträglichsten Wirtschaftsver= fahren zu bilanzieren.

7. Zur Rentabilitäts=Bemessung der dringend zu befürwortenden Begründung der Nutzholzzucht auf ertragsarmen Feldflächen ist der meistens unbeträchtliche Ausfall an landwirtschaftlichen Reinerträgen des Gesamt= besitzes den waldbaulichen Vornutzungs= und Hauptnutzungserträgen gegenüber= zustellen und dadurch der Reinertrag zu bemessen, den die Holzzucht abmassieren und in später Zeit abliefern wird.*) Die örtlich anbauwürdigsten Holzgattungen sind nach Maßgabe der Standortsbeschaffenheit und durch sorgsame Abwägung der gegenseitigen Wertproduktion auszuwählen.**)

IV. Andere Methoden der Waldertrags-Regelung.

1. Die Wirtschaftssysteme der Staatsforstverwaltung und die hierauf gestützten Wirtschafts=Pläne können für die Begründung der ein= träglichsten Bewirtschaftung des Waldeigentums, welches nicht zum Staatsbesitz gehört, nicht befürwortet werden. Der staatliche Forst= betrieb beschränkt sich im wesentlichen auf die Entnahme der von den vorhandenen Waldbeständen durchschnittlich jährlich produzierten Rohstoffmasse und die möglichst gleiche Verteilung des vorhandenen und des zuwachsenden Rohstoffs auf die Wirt= schaftsperioden der nach forsttechnischem Gutdünken festgesetzten Umtriebszeiten, und oft wird auch nur die Gleichstellung der periodischen Nutzungsflächen für aus= reichend erachtet. Die für die Bedarfsbefriedigung der Bevölkerung maßgebenden Gebrauchswerte der Holzarten und Holzsorten werden nicht bemessen und nicht beachtet. Es ist jedoch bei dieser Art der Ertragsregelung die Gefahr nicht aus= geschlossen, daß bei beträchtlichen Wertunterschieden der vorhandenen Holzbestände die Wertvorräte des Waldes ausgeraubt werden, obgleich der Massenetat auf dem Papier aufrecht erhalten wird. Die Ermittelung des Waldvermögens nach dem derzeitigen Werte und nach der leistungsfähigsten Ausgestaltung der Waldvorräte ist von den Staatsbehörden bisher ebenso abgelehnt worden, wie die Vergleichung

---

*) cf. Abschnitt XIV.
**) Siehe unter ad V. und XIII. Abschnitt

der wählbaren Wirtschaftsverfahren nach ihren gesamt- und privatökonomischen Nutzleistungen für das konkrete Waldvermögen. Die oben bezifferte Durchmesserverstärkung zu Gunsten der Starkholzkonsumenten wurde prüfungslos als gemeinnütziger und ersprießlicher für die Forstwirtschaft erachtet als die Gewinnung maximaler Nutzholzerträge. Diese Ablehnung war gegenüber den Bestrebungen der Bodenreinertragspartei nicht völlig unberechtigt, aber die Wirtschaftsziele der Staatsforstverwaltung sind unvereinbar mit der Verwirklichung des gesamtwirtschaftlichen Grundgesetzes: Erzielung eines Maximums von Gebrauchswerten mit einem Minimum naturaler Kosten.*)

2. Die algebraische Begründung der bisher üblichen Wirtschafts-Systeme durch die sogenannte Waldrenten-Theorie ist auf unstatthafte Ausgangspunkte gestützt worden, und es ist keine Aussicht vorhanden, daß dieselbe eine beweisfähige Begründung erlangen wird, solange die Zinseszinsrechnung grundsätzlich beibehalten wird. Geht diese Methode von gleichen Bodenwerten aus, so führt die Zinseszinsrechnung unabweisbar zu den bekämpften Ergebnissen der Bodenrenten-Theorie. Wird die einträglichste Bewirtschaftung eines vorhandenen Vorrates nach den Formeln der Zinses-Zinsrechnung geregelt, so findet die Diskontierung der Renten den Gipfelpunkt der Jetztwerte bei Umtriebszeiten, welche die von der Boden-Reinertragspartei befürworteten Umtriebszeiten kaum erreichen.**)

3. Die hervorragend verdienstvolle Begründung der Bodenreinertrags-Theorie hat nach ihrer wissenschaftlichen Tragweite einen unvergänglichen Wert. „Das wirtschaftliche Gewissen unserer Forstleute ist angeregt und geschärft worden," sagt der National-Ökonom Helfferich sehr richtig. In der That ist die Aufklärung des bisher dunklen Gebietes, welches die Daseinszwecke und die Leistungskraft des waldbaulichen Zweiges der Gesamtwirtschaft verschleierte, angebahnt worden. Aber leider ist die konsequente Verwirklichung der zumeist hypothetischen Schlußfolgerungen der Lehre vom Unternehmer-Gewinn mittels Steigerung der Boden-Erwartungswerte nicht nur praktisch unthunlich und würde den herrlichen deutschen Wald der Entwertung nahe rücken; es sind auch die Ausgangspunkte der Beweisführung nicht völlig einwandsfrei.

Wir wollen an dieser Stelle die gewichtigsten Bedenken, deren ausführliche Begründung im vierten Abschnitt nachfolgen wird, kurz überblicken.

a) Die Grund-Annahme, daß alle Einnahmen und alle Ausgaben — nicht lediglich die Erübrigungen — der Waldbesitzer mit Zinsen und Zinseszinsen ebenso viele Jahrzehnte fortwachsen und mit den Endsummen den Nachkommen überliefert werden, wie die Waldbäume zu ihrer Reife gebrauchen, bildet keineswegs die Regel, sondern eine seltene Ausnahme im nationalen Wirtschaftsleben. Der maßgebende Boden-Wertgewinn, d. h. der Zinsengewinn bei einem (später zu erörternden) Geldgeschäft, wird zumeist fiktiv bleiben.

---

*) cf. Abschnitt III.
**) cf. Abschnitt V.

b) Für den aussetzenden Betrieb ist die Ermittelung der nach den Zinses=
zinsfaktoren einträglichsten Abtriebszeit für die auf den holzleeren Waldflächen
anzubauenden Hochwaldbestände, welche den Ausgangspunkt der genannten Theorie
bildet, verfrüht und entbehrlich. Es genügt, wenn die ertragsreichsten Holzarten
ermittelt und angebaut werden. Die Ermittelung der „finanziellen" Abtriebszeit,
welche erst von den Nutznießern in der zweiten Hälfte des nächsten Jahrhunderts
nach Maßgabe der zukünftigen Rentabilitäts=Faktoren zu vollziehen sein wird,
wird als maßgebend und zutreffend nicht erachtet werden können.

c) In den jährlich benutzten Forstrevieren erstreben die Nutznießer in der
Regel die nachhaltig erreichbare Steigerung der jährlich eingehenden Renten,
und nur in seltenen Fällen wird der als unabweisbar unterstellte Zinsenzuschlag
zum Kapital zur Ansammlung von Zinseszinsen praktisch verwirklicht werden. Werden
Bestandteile der vorhandenen Vorräte entbehrlich, so sind dieselben mit nachhaltiger
Erhöhung der Jahresrenten wieder anzulegen. Die Jahresrenten des gesamten
Stammvermögens können nur in Ausnahmefällen dem Revenuenbezug der Nutz=
nießung verweigert und Teile derselben durch Zinsenzuschlag zum Kapital an=
gesammelt werden.

d) Die allgemeine Giltigkeit des grundlegenden Princips ist lediglich wegen
der Konkordanz der algebraischen Ausdrücke behauptet worden. Die konsequente
Durchführung würde bei dem Wachstumsgange der Hochwaldbestände die Stangen=
hölzer und schwachen Brennholz=Bestände vorherrschend im deutschen Walde
verbreiten. Die ausgiebige Nutzholzproduktion, die bisher erstrebt wurde und auch
zukünftig als sicherste Grundlage der Waldproduktion unentbehrlich ist, würde als
privatwirtschaftlich nicht leistungsfähig diskreditiert werden.

e) Es ist längst bekannt, daß die Wertproduktion der Baumhölzer den ein=
schlägigen Endwerten der Zinseszinsformeln für 3 oder $3^1{/}_2 \%$ p. a. nur etwa bis zum
60= bis 70 jährigen Alter zu folgen vermag. Der Zinsengewinn, der aus diesen Formeln
gegenüber der genannten Wertproduktion nach der 60= bis 70 jährigen Wachstumszeit
resultiert, bildet nicht nur die Quelle des für die Wahl der Abtriebszeit maß=
gebenden „Unternehmer=Gewinns" der Bodenreinertrags=Theorie, der Jetztwert des
Zinsengewinns bei diesem problematischen Geldgeschäft unserer Nachkommen wird
auch der Holzzucht als sofort realisierbares Kapital mit Zinsen und Zinseszinsen
belastet. Bei Ausschluß der Holzzucht würden für den durchgängig vorherrschenden
absoluten Waldboden keine nennenswerten Reinerträge durch Viehweide, Streu=
nutzung 2c. eingehen. Größere Bodenrenten werden auch durch die bisher
eingehaltenen Staatswald=Umtriebszeiten abmassiert und die Zinsen und Zinses=
zinsen mit 3 und $3^1{/}_2 \%$ abgeliefert, wenn der Boden gut ist und die Betriebs=
kosten mäßig sind. Nun berechnet die Bodenreinertrags=Theorie, indem der
Zinsengewinn des genannten Geldgeschäftes auf die Gegenwart diskontiert wird,
Gewinnsummen für die Bodenverwertung mittels der Produktion von Stangen=
hölzern und schwachen Baumhölzern, welche in ausgedehnten Waldgebieten nach
Millionen zählen. Es würde ohne Zweifel freudig zu begrüßen sein, wenn
derartige Produktions=Richtungen im deutschen Walde gefahrlos und erfolgsicher
eingehalten werden könnten. Da wir aber in Deutschland keine tropische Vegetation

haben und die maximale Gewinnung brauchbarer Nutzhölzer Wachstumszeiten bedingt, welche 60 bis 70 Jahre übersteigen, da außerdem die Einhaltung dieses Wirtschaftszieles weitaus größere finanzielle Nutzleistungen hat wie alle außerforstlichen Boden=Benutzungsarten, so ist es meines Erachtens nicht gerechtfertigt, die Nutzholzproduktion als eine Verlustwirtschaft zu qualifizieren, wenn der genannte weitere Zinsen= oder Unternehmergewinn nicht realisierbar werden sollte.

Es ist zudem im hohen Grade fragwürdig, ob das genannte Geldgeschäft von unseren Nachkommen in der zweiten Hälfte des nächsten Jahrhunderts unternommen und konsequent durchgeführt werden wird. Die Vermutung, daß mit Annahme der Bodenreinertrags=Wirtschaft die Erlöse für die im 60= bis 70jährigen Alter abgehauenen Bestände von den Nutznießern den Revenuenkassen zugeführt werden dürfen, würde unzutreffend sein. Bei einer Abkürzung der Wachstumszeit (z. B. von 100 auf 60 Jahre) kann der berechnete Bodenwertgewinn nur dann hervorgebracht werden, wenn die Hochwaldbestände nach kürzerer (hier 60jähriger) Wachstumszeit abgehauen, aber die Erlöse nicht angetastet, sondern mit Zuschlag der Zinsen und Zinseszinsen zum Kapital ebenso lange abmassiert werden, wie die längere, früher eingehaltene oder aus anderen Gründen zur Vergleichung gebrachte Wachstumszeit angedauert haben würde (sonach im genannten Beispiel vom 60. bis 100. Jahre). Diese Voraussetzung wird nicht nur für größere Waldungen mit jährlicher Rentenentnahme, sondern auch für kleinere Waldungen mit aussetzendem Betrieb vielen Waldbesitzern gewagt erscheinen.

f) Wenn die Betriebskosten und die Anbaukosten den Ausgaben der Staatsforstverwaltung nahe kommen und im großen Durchschnitt selbst die höchsten erntekostenfreien Erträge der deutschen Staatswaldungen erzielt werden, so werden die Erträge von den Endwerten der Kostenaufwendungen (bei Annahme eines der Sicherheit der Kapitalanlage entsprechenden Zinsfußes) überstiegen. Der Bodenwert wird negativ; die Holzzucht würde, um eine Verlustwirtschaft zu vermeiden, einzustellen sein. Dagegen werden in den deutschen Staatswaldungen jährlich Millionen nach Abzug der Ernte=, Anbau= und Betriebskosten erübrigt, weil die postulierte Vergütung der Bodenwertzinsen und Zinseszinsen an die Nutznießer der Vergangenheit nicht stattfindet.

g) Nach den bisherigen Formeln der Bodenreinertrags=Theorie werden unzutreffende Rentabilitätsunterschiede für alle im aussetzenden Betriebe bewirtschafteten Waldungen berechnet, deren Bestockung das 60= bis 70jährige Alter überschritten hat. Will man den Unternehmergewinn nach der Bodenverwertung ausdrücken, so sind für die mit älterem Bauholz bewachsenen Waldungen die genannten Formeln abzuändern, wie wir im vierten Abschnitt darlegen werden.

h) Die Rentabilitätsvergleichungen der Bodenreinertrags= Theorie sind für die Ertragsregelung von Waldungen, welche jährlich benutzt werden, selten verwendbar.

Allerdings ist von den Interpreten der genannten Theorie nachgewiesen worden, daß eine ideale Bestands=Altersstufenfolge für die sogenannte finanzielle Umtriebszeit, deren Ernteerträge den Zinsen des maximalen Bodenerwartungs=

wertes gleichstehen, Jahr für Jahr diese Zinsen den Waldbesitzern abzuliefern vermag. Aber derartige ideale Altersklassen-Bildungen existieren selbst dann nicht, wenn die Holzvorräte in größeren, jährlich benutzten Waldungen nur bis zum 60- bis 70jährigen Alter vorhanden sind, und dieselben werden voraussichtlich bei der zukünftig maßgebenden Nutzholzwirtschaft niemals lebensfähig werden.

i) Die Ermittelung der Unterschiede im Bodenwert und die hierauf gestützte Ermittelung der Bestandserwartungswerte und der Bestandskostenwerte wird nachweisbar, wie gesagt, für alle Hochwaldbestände illusorisch, welche das 60- bis 70jährige Alter überschritten haben. Die Formelergebnisse sind sonach weder für die Bewertung des Waldeigentums, noch für die Bemessung der effektiven Gewinn- und Verlustbeträge, welche mit den wählbaren Wirtschaftsverfahren verbunden sind, brauchbar.

Zudem ist unersindlich, aus welchen Gründen der bei dem eben genannten Geldgeschäft erreichbare Zinsengewinn lediglich für die nach 60 bis 70 Jahren abzuhauenden, zur Zeit noch nicht angebauten Hochwaldbestände ermittelt worden ist und nicht für die jetzt erntereifen Waldbestände. Wenn lediglich die für die jetzt holzleeren Waldflächen durch die wählbaren Abtriebszeiten zu erreichenden Zinsengewinnbeträge durch eine fragmentarische Anwendung der Zinseszinsrechnung ermittelt werden, so werden selten die in der Regel diminutiven Beträge der jährlichen Rentenerhöhung praktisch beachtenswert werden. Die Waldbesitzer werden meistens finden, daß die Schwankungen in den Holzpreisen erheblicher sind.

k) Durch die sog. Weiser-Prozentformeln, welche die laufende Wertproduktion mit der laufenden Verzinsung der Bestandsverkaufswerte und des Produktionsaufwands vergleichen, kann lediglich die Erkenntnis erneuert werden, daß die Wertproduktion nach dem Bestandsalter mit maximalem Bodenerwartungswert die Zinsenerträge nicht mehr auszugleichen vermag, welche nach den Zinseszinsformeln und für den gleichen Zinsfuß gefunden werden. Man kann die rentabelste Reihenfolge der Verjüngung für die abtriebsfähigen Bestände und für verschiedene Zinsforderungen, aber nicht die maßgebenden Beträge der Zinsenverluste und deren Schwankungen beurteilen. Sobald die jährlichen Nutzungsflächen ungleich große Wertvorräte haben, ist die direkte Bemessung der Gewinn- und Verlustbeträge zu bevorzugen.

V. Die Auswahl der anzubauenden Waldbäume nach ihren Aufgaben.

Seit vielen Jahrzehnten hat, wie schon oben bemerkt wurde, die Gewinnung von Brennholz aufgehört, ein beachtenswertes Wirtschaftsziel zu bilden. In den Steinkohlen- und Braunkohlenlagern, welche wir, unterstützt durch die Entwickelung der Verkehrsverhältnisse, namentlich in der zweiten Hälfte des 19. Jahrhunderts ausbeuten, wird die Wärmemenge, die untergegangene Wälder von riesenhaften Farnkräutern, Bärlapp- und palmenartigen Gewächsen einstmals den Sonnenstrahlen entnommen haben, in konzentrierter Fassung dargeboten. Bevor die kürzeste Waldumtriebszeit abgelaufen und die jetzige Brennholz-Nachzucht hiebsreif geworden ist, wird die Produktion des Heizstoffes innerhalb des voluminösen Holzes die Segel streichen müssen gegenüber der übermächtigen Konkurrenz der billigen Kohle. Schon jetzt beruht die Beibehaltung der Holzfeuerung in den Landesteilen, welche von Eisenbahnen durchzogen werden, vielfach auf den Vorurteilen und den Gewohnheiten der Landbevölkerung und dem Festhalten an veralteten Heizungseinrichtungen. Nur bei einem sehr niederen Stande der Holzpreise wird sich im nächsten Jahrhundert der Brennholzverbrauch im Wettbewerb mit dem Kohlenbrand, der durch vortreffliche Ofen- und Herdkonstruktionen unterstützt wird, ein bescheidenes Plätzchen erhalten können — abgesehen von der Gasfeuerung, welche bei der Entwickelung der elektrischen Beleuchtung stetig zunehmen wird.

Die Forstwirtschaft hat schon seit Jahrzehnten einen besseren Untergrund aufgesucht.

Kein Forstmann bestreitet, daß die bestehenden Brennholzwaldungen, die Buchenhochwaldungen und die sonstigen Laubholzwaldungen mit geringen Nutzholzerträgen, die oberholzarmen Mittelwaldungen, die Niederwaldungen ꝛc. bei der Verjüngung umzuwandeln sind in gemischte Hochwaldbestände, in denen die brauchbarsten Nutzhölzer vorherrschend den Ertrag zu liefern haben. Die Brennholzproduktion wird in der Zukunft hauptsächlich beschränkt bleiben auf die letzten Ertragsklassen der Kiefernbestände — auf den trockenen dürftigen Boden, welcher in Nord- und Ostdeutschland auf größeren Waldflächen gefunden wird, strichweise Süd- und Westdeutschland durchzieht und außerdem auf den parzellierten Waldbesitz, welcher mit landwirtschaftlichen Betrieben des Kleingrundbesitzes verbunden häufig angetroffen wird. Es läßt sich zwar nicht beurteilen, wie weit in den pfleglich behandelten Kiefernwaldungen, die namentlich östlich der Elbe einen kümmerlichen Nutzholzertrag bis jetzt geliefert haben, die ausgiebige Nutzholz-Verwertung durchführbar werden wird. Dieselbe würde erweitert werden, wenn die Zurückdrängung der dermaligen Nutzholzeinfuhr in das Deutsche Reich auf die Durchfuhrwege zur Ostsee und nach den Westländern Europas ermöglicht werden könnte. Es ist auch mit Sicherheit vorauszusagen, daß die Grubenholzverwertung bei der stetig zunehmenden Kohlenförderung (namentlich nach Ausbau des sogenannten Mittellandkanals) in Waldgebiete eindringen wird, welche das jetzige Bezugsgebiet der Kohlengruben ostwärts begrenzen. Allein in dem großen ostelbischen Kieferngebiet wird immerhin noch lange Zeit die Brennholzverwertung in denjenigen Waldgebieten, welche abseits von den Wasserstraßen liegen, bestehen bleiben müssen. Und vor allem wird die Brennholzgewinnung in den bäuerlichen Privatwaldungen noch lange fortdauern. Die Privatwaldungen unter 10 ha Größe, welche mit Gutswirtschaften verbunden sind, haben 1883 die beachtenswerte Fläche von 1 680 653 ha im Deutschen Reiche umfaßt. Der deutsche Bauer, der sich bekanntlich schwer vom Hergebrachten trennt, ist namentlich in Gegenden mit unzureichendem Strohertrag und starker Viehzucht gewöhnt, aus seinem kleinen Waldbesitz in erster Linie Waldstreu zu benutzen, während der kümmerliche Holzwuchs, vielfach als Ausschlagwald benutzt, zur Ofen- und Herdfeuerung verwendet wird.

In den verbleibenden Waldgebieten des Deutschen Reiches, deren Flächengröße immerhin auf 6 bis 8 Millionen Hektar geschätzt werden kann, finden die ertragreichsten und gebrauchsfähigsten Nutzholzbäume günstige Wachstumsverhältnisse — nicht nur im Gebiete des gutwüchsigen Nadelwaldes, sondern auch im bisherigen Laubholzgebiet. Im Verlaufe unserer Untersuchungen wird kein Zweifel darüber bestehen bleiben, daß die Nutzholzgewinnung vordringen darf in das Gesamtgebiet des deutschen Waldes, bis ungünstige Standortsverhältnisse Halt gebieten. Eine Überproduktion von Nutzholz ist nicht zu befürchten — angesichts des beträchtlichen und nach kurzen Unterbrechungen stetig vorwärts schreitenden inländischen Nutzholzverbrauchs und im Hinblick auf die unmittelbare Nachbarschaft der waldarmen Westländer Europas, die enorme Nutzholzmassen schon jetzt verbrauchen, während die industrielle und gewerbliche Thätigkeit andauernd erweitert wird.

Bei der Verjüngung der bestehenden Hochwaldungen werden die Waldbesitzer, welche die ertragreichste Waldbestockung ihren Nachkommen überliefern wollen, die anbaufähigen Holzarten einer gründlichen Musterung hinsichtlich des Wertertrags, zu dessen nachhaltiger Produktion diese wählbaren Holzgattungen nach Lage und Boden befähigt sind, zu unterwerfen haben. Bisher war die Fortpflanzung der heimisch gewordenen Holzarten durch natürliche Verjüngung oder durch Saat und Pflanzung ohne weitere Untersuchung der genannten Leistungsfähigkeit vorherrschend in Übung. Den Forstwirten haben bisher die erforderlichen Anhaltspunkte gemangelt für die Bemessung und Vergleichung der Werterzeugung, zu welcher die Waldbaumgattungen befähigt sind. Wir haben keinen unmittelbaren Gradmesser für die Produktionsthätigkeit des Waldbodens. Wir wissen nicht einmal genau, welchen quantitativen Jahreszuwachs die Eiche, die Fichte, die Kiefer, die Weißtanne im großen Durchschnitt auf einem Boden hervorbringt, auf dem geschlossene Buchenbestände einen jährlichen Haubarkeits-Durchschnittszuwachs von 3, 4, 5 . . . . fm Derbholz pro Hektar haben. Zudem ist die Derbholzproduktion nicht maßgebend. Vielmehr tritt der Gebrauchswert der rohen Holzmasse als weiterer Produktionsfaktor hinzu. Die Untersuchungen über die Nutzholzgüte der Holzarten und Holzsorten, über die Dauer, Tragkraft, Festigkeit u. s. w. haben bis jetzt keine abschließenden Ergebnisse geliefert, die man als Richtpunkte für die Anbauwürdigkeit der Holzarten verwerten kann. Aber diese Lücke läßt sich ergänzen, und sie wird ergänzt werden. Inzwischen kann man als vorläufigen Maßstab für die Wertertragsleistungen die örtliche Derbholzproduktion der Fichten, Eichen, Kiefern, Rotbuchen u. s. w. schätzungsweise bestimmen und mit den örtlichen Verkaufspreisen vervielfältigen. In einem späteren Abschnitt werden wir annähernd genau zu bemessen suchen, zu welchen Wertertragleistungen unsere deutschen Waldbäume befähigt sind — die Eiche, die man als die Königin des Waldes seit alten Zeiten besonders verehrt, die Rotbuche, welche von den Forstwirten hochgeschätzt, die Mutter des Waldes genannt wird und in der That in mütterlicher Weise den Waldboden dicht mit Laub bedeckt, frisch und humusreich erhält, die Fichte, diese im geselligen Leben der Waldbäume gewaltthätige, aber für die holzverarbeitende Industrie und die holzverarbeitenden Gewerbe bedeutungsvolle Holzart, die genügsame Kiefer, welche den trockenen Sandboden im Flachland ertragsfähig gestaltet und bei günstigen Standortsverhältnissen zu prächtigen Nutzholzbeständen emporwächst, die Lärche, welche im Alpenlande ihre Heimat hat, die Weißtanne, welche im Schwarzwald, im Frankenwalde und in den Vogesen beachtenswerte Verbreitung gefunden hat, endlich die Fremdlinge im deutschen Walde, die bei uns mit der Winterkälte zu kämpfen haben.

Wir werden die Leistungen der Waldbäume, die nach der Standortsbeschaffenheit und der Höhenlage überaus verschieden sind, zu überblicken haben, und wir werden finden, daß neben der Eiche, die durch ihre Holzqualität hervorragt, vor allem die Nadelhölzer den Vorrang verdienen, und wiederum die Fichte, sowohl hinsichtlich der Rohstoffproduktion als wegen des Gebrauchswertes des Rohstoffes auf den frischen und kräftigen Bodenarten, auf denen die Fichte gedeiht, den anderen Nadelhölzern voraneilt, wenn auch die Lärche auf Standorten, auf denen dieser Gebirgsbaum Fortkommen findet, der Fichte den Rang streitig macht.

Wir werden ferner zu untersuchen haben, ob die Erziehung der Waldbestände in sogenannten reinen Beständen, im wesentlichen gebildet von ein und derselben Holzart, die bisher zumeist üblich war, zu ersetzen ist durch die Vermischung von Holzgattungen, die sich in ihren Wachstumsleistungen gegenseitig ergänzen.

Die gemischten Bestände haben beachtenswerte waldbauliche Vorzüge. Die lichtbedürftigen Holzarten lassen sich nur im Zusammenleben mit schattenertragenden Holzarten dauernd erhalten. Unter den lockeren Baumkronen der lichtbedürftigen Holzarten wird der Boden erwärmt, die Feuchtigkeit verflüchtigt und die Bildung des Humusgehalts gestört. Durch die Vereinigung mannigfacher Holzgattungen wird die individuelle Entwickelung der Waldbäume gefördert, wenn die erstere nach Höhenwuchs und Lichtbedürfnis richtig bemessen wird. Vor allem sind jedoch gemischte Bestände an die Stelle der jetzigen reinen Nadelholzwaldungen zu setzen, weil die ersteren die Waldverheerungen vermindern, welche Nonnen, Kiefernraupen, Borkenkäfer und zahllose Genossen den reinen Fichten- und Kiefernbeständen zufügen. Aber auch eine weitere Erwägung veranlaßt uns zur Befürwortung gemischter Bestände. Im Walde wird die heutige Aussaat erst in der zweiten Hälfte des nächsten Jahrhunderts erntereif. Es würde unvorsichtig sein, nur einzelne Holzgattungen mit konzentrierten Massen der Holzverarbeitung darzubieten, lediglich diejenigen Holzgattungen in reinen Beständen anzubauen, welche nach den heutigen Annahmen hinsichtlich der Wertertragsleistungen auf den höchsten Stufen stehen. Zwar werden die technischen Eigenschaften, welche die Holzgüte bestimmen, unverrückbar auch nach Jahrhunderten fortbestehen. Auch nach hundert Jahren wird die Dauer, die Tragkraft, die Biegsamkeit u. s. w. den Gebrauchswert der Holzarten und Holzsorten vorherrschend bestimmen — mit rasch faulendem Holze wird man keine Häuser bauen. Es würde sicherlich nicht zu rechtfertigen sein, wenn man in den gemischten Beständen den Holzarten mit ungenügenden Wertertragsleistungen eine größere Verbreitung geben würde, als die Rücksicht auf den Bodenschutz gebietet. Aber wir können nicht wissen, welche Verwendungszwecke die fortschreitende Technik für das Holzmaterial ausfindig machen wird, und welche Eigenschaften des letzteren später bevorzugt werden; es soll nur an die seit wenigen Jahrzehnten bestehende Verarbeitung des Holzes zu Papierstoff und die Vorzüge, welche das Fichtenholz für dieselbe darbietet, und an die Tränkung des Buchenholzes mit antiseptischen Flüssigkeiten erinnert werden. Auf den tiefgründigen und frischen Bodenarten kann man eine reiche Mannigfaltigkeit der Holzbestockung bis zu den höheren Lebensaltern der Waldbestände erhalten, ohne den Wertertrag wesentlich zu schmälern. Wenn die durchgreifende Vermischung der Holzgattungen, die Karl Heyer schon vor 50 Jahren dringend befürwortet hat, im Buchengebiet des Deutschen Reiches schon damals allgemeine Regel der forstlichen Praxis geworden wäre, so würde durch dieses vorsorgliche Assortiment der Wertvorrat der noch vorhandenen reinen und fast reinen Buchenbestände wesentlich gesteigert worden sein.

Wir werden im dreizehnten Abschnitt die erworbenen Kenntnisse über das Leistungsvermögen der anbaufähigen Waldbäume hinsichtlich der Wert-Produktion überblicken. Um jedoch eine sichere Grundlage für die Auswahl der Holzgattungen, die Bildung gemischter Bestände und die Erziehung der letzteren zu gewinnen, werden wir nicht nur die Triebkräfte, welche die Waldproduktion im Boden für die Assimilation der atmosphärischen Kohlensäure findet, sondern auch das Verhalten der Holzarten gegen Licht und Schatten und im Höhenwuchs nach den bis jetzt gesammelten Forschungs-Ergebnissen darzulegen haben.

VI. Die Ermittelung der zuwachsreichsten Kronen-Dichtigkeit während der Erziehung der Hochwaldbestände.

Die Entscheidung der in den beiden letzten Jahrzehnten erörterten Frage, ob die Waldbäume fortgesetzt im möglichst dichten, lückenlosen Kronenschluß zu erziehen sind oder innerhalb einer mäßigen, noch näher zu bemessenden Kronen-Lockerung, welche den stärksten und wüchsigsten Nutzholz-Stämmen freien Wachsraum für eine etwa sechs bis zehnjährige Kronen-Entwickelung öffnet, ist zur Zeit noch ausständig. Nach den bis jetzt vorliegenden Ergebnissen der vergleichenden Untersuchungen ist zu vermuten, daß durch diese rechtzeitige Umlichtung der nächste Rundgang der Jahresfällung in den nachhaltig bewirtschafteten Nadelholz- und Rotbuchen-Hochwaldungen unbeschadet der Brauchbarkeit der späteren Wald-Ernten abgekürzt werden kann und nicht nur hierdurch, sondern auch durch eine erhebliche Steigerung der Vornutzungs-Erträge die Waldrente und die Kapital-Verzinsung im nächsten Jahrhundert sehr wesentlich erhöht werden wird. Übereinstimmend ist gefunden worden, daß in dem geräuschlosen, aber erbitterten Kampfe der Waldbäume um Erhaltung des Daseins, welcher im Kronenschluß die Wachstumsleistungen beherrscht, die höchsten und kräftigsten Stämme auf den überschirmten Bodenflächen eine weitaus größere Holzmasse produzieren als die nebenständigen und unterständigen, im Wachsraum beengten

Stämme. Von der gesamten Holzproduktion für die Hanbarkeits- und die Vorerträge vom 40. bis zum 120. Jahre werden die im 120jährigen Alter noch vorhandenen, früher zumeist dominierenden Stämme im Durchschnitt reichlich 85 bis 90 Prozent produzieren. Die Pflanzen-Physiologen haben gefunden, daß ein Lichtstrahl, welcher durch ein lebendes Blatt hindurch geht, die Fähigkeit verliert, in den weiter berührten chlorophyllhaltigen Organen Stärkebildung zu bewirken. Wird dieses experimentelle Ergebnis bestätigt, so würden die überraschenden Wachstumsleistungen der hoch aufgebauten Baumkronen erklärlich werden. Der Produktion von Gebrauchswerten würde die Aufgabe zufallen, den Wachsraum vorgreifend zu öffnen, den sich die höchsten und kräftigsten Stämme im lückenlosen Kronenschluß in den nächsten sechs bis zehn Jahren mühsam durch eigene Kraft, behindert durch die nur vegetierenden Kronen des Zwischen- und Nebenbestandes, erkämpfen müssen. Die oben bezifferte körperliche Verstärkung, welche die Forstwirte bisher durch eine Anhäufung von Altholz-Beständen hervorgerufen haben, würde während einer abgekürzten Wachstumszeit hergestellt werden können, wie die bisher gefundenen Durchmesser-Zunahmen der mäßig umlichteten Stämme übereinstimmend ergeben haben. Indessen ist nicht nur die Vollholzigkeit und Astreinheit der Schaftbildung nach der Umlichtung, sondern auch die Rückwirkung der letzteren auf die Bodenthätigkeit und auf die Qualität des gebildeten Rohstoffes zu erforschen. Der Verfasser hat vorgeschlagen,*) die Stämme im dichten Kronenschluß bis zur möglichst astreinen und vollholzigen Ausbildung des wertvollsten unteren Schaftteils auf 8 bis 10 m Höhe zu erziehen und hierauf vorsichtig den standfesten, späteren Abtriebsstämmen einen Wachsraum von etwa 50 bis 70 cm mit steter Erneuerung dieser für die späteren Wachstums-Perioden noch näher festzustellenden Umlichtung zu öffnen, während der Nebenbestand vorläufig im Kronenschluß erhalten wird.

Bis jetzt sind jedoch die Untersuchungs-Ergebnisse noch nicht spruchreif. Im Hinblick auf die Tragweite der Entscheidung dieser Umlichtungsfrage hinsichtlich der Feststellung der einträglichsten Umtriebszeiten und der beträchtlichen Steigerung der Vornutzungs-Erträge auch bei minder reichhaltigen Holzvorräten können wir zur Zeit nur die Anlage vergleichungsfähiger Probeflächen mit verschiedenen Auslichtungsgraden für die höchsten und stärksten Stämme in angemessener Entfernung anregen, in denen die Holzproduktion während eines genügend langen Wachstums-Zeitraumes genau gemessen, die Schaft- und Astbildung, die Bodenbegrünung beobachtet wird 2c.**)

VII. Die Wahl der Betriebsart

wird bei der Erörterung des Mittelwaldbetriebes, der Verbindung der Baumholzzucht mit der Benutzung der Stock- und Wurzelausschläge und der

---

*) Der Waldbau und seine Fortbildung. Stuttgart, Cotta. 1884.
**) cf. Abschnitt XII.

Niederwaldwirtschaft, die sich auf die Gewinnung von Brennholz und Eichenrinde aus den letzteren beschränkt, gewürdigt werden.*)

In den folgenden Abschnitten dieser Schrift werden die vom Verfasser praktisch bewährt befundenen Anhaltspunkte für die Lösung der vorstehend zusammengefaßten Aufgaben ausführlich dargestellt werden. Wir werden nicht nur versuchen, die einträglichste Bewirtschaftung der deutschen, nicht zum Staatseigentum gehörigen Waldungen anzuregen und anzubahnen, sondern auch die Überzeugung wachzurufen, daß die nachhaltig ertragreichste Nutzbarmachung des vorhandenen Waldvermögens durchführbar ist und mit dem beginnenden zwanzigsten Jahrhundert zeitgemäß werden wird — im Einklang mit dem oben (ad IV. 1) erwähnten Grundgesetz für die gedeihliche Entwickelung der vaterländischen Volkswohlfahrt.

---

*) Siehe Abschnitt VI.

Zweiter Abschnitt.

Die Nutzholz-Zucht in den deutschen Waldungen nach ihren gesamtwirtschaftlichen Leistungen.

Die in dieser Schrift zu erörternde Festsetzung der waldbaulichen Produktions-Ziele hat unverkennbar beachtenswerte Bedeutung für die nationale Gesamt-Wirtschaft, da die Waldungen außerhalb des Staats-Eigentums $^2/_3$ des gesamten deutschen Waldbesitzes umfassen. Nirgends wird durch die Wirtschafts-Verfahren, welche die materielle Leistungsfähigkeit der Waldproduktion dem Höhepunkt entgegenführen, die günstige Einwirkung des Waldes auf die Reinheit, Frische und Kühle der Luft, auf die Quellenspeisung, die Verhütung von Überschwemmungen u. s. w. merkbar beeinträchtigt und die Ausschmückung verringert werden, welche der deutsche Wald den Bergen und Thälern und selbst dem Flachland verleiht.

Die Leistungskraft des deutschen Waldbaus innerhalb der nationalen Gesamtwirtschaft ist bisher nicht nach ihrer vollen Bedeutung gewürdigt worden. Zwar hat zu allen Zeiten die Vorliebe der Deutschen für den vaterländischen Wald volltönend Ausdruck gefunden und die günstigen Einwirkungen des Waldes auf die Bewohnbarkeit unseres Heimatlandes sind bereitwillig und rückhaltlos zugestanden worden. Dichtung und Sage haben den deutschen Wald verherrlicht. Innig verwachsen mit dem Gefühlsleben unserer Nation sind die grünen, schattigen Wälder der Heimat. Sie bieten in der That eine nie versiegende Quelle der köstlichsten Erfrischung für Geist und Körper. Und namentlich im neunzehnten Jahrhundert ist diese Waldliebe allgemein verbreitet und neu belebt worden. Ermüdet von dem aufreibenden Wettbewerb im materiellen Erwerbsleben finden nicht nur die Gebildeten des deutschen Volkes im Walde die erquickende Erholung, wenn „über allen Wipfeln Ruhe ist" und das leise Flüstern der Blätter im hoch aufgebauten Kronendach ahnen läßt: „was sich der Wald erzählt". Auch der schlichte Arbeiter vergißt mit Wohlbehagen die dumpfe, rauchgeschwängerte Atmosphäre der Städte in der frischen, kühlen und reinen Waldluft.

Aber diese tiefempfundene Waldliebe hat bisher die Würdigung der materiellen Nutzleistungen der Waldproduktion für die vaterländische Gesamtwirtschaft in den Hintergrund gerückt. Die Waldfreunde blicken widerwillig und besorgnisvoll auf jeden neuen Hiebsschlag. Jede Maßnahme, welche die Benutzung des Waldes schmälert, wird freudig willkommen geheißen. Das waldreiche Deutschland ist im tiefsten Frieden den Nord=, Ost= und Südostländern Europas, den Russen, Galiziern, Ungarn und Slovenen tributpflichtig geworden. Für geliefertes Nutzholz erheben die genannten Nachbarvölker nach den bisherigen Grenzpreisen alle sieben Jahre ungefähr 1 Milliarde Mark. Diese Nutzholz=Einfuhr bewirkt selbstverständlich eine Zurückdrängung der Holzverwertung aus den reichhaltigen Holzvorräten der inländischen Waldungen. Dieselbe ist fortgesetzt durch die Beschlüsse der gesetzgebenden Faktoren erleichtert worden. Bis jetzt hat man nicht untersucht, wie weit durch diese friedliche Kontribution die Rein=Einnahmen aus den deutschen Staatswaldungen verringert worden — zwar zu Gunsten der importierenden Holzhändler im Inland, aber auf Kosten der steuerzahlenden Staatsangehörigen. Man hat auch nicht festgestellt, wie weit die gesteigerte Nutzholz=Aussonderung in den deutschen Waldungen diese Mehr=Einfuhr quantitativ und qualitativ mit Verringerung der Erwerbungskosten ersetzen und dieselbe abdrängen würde auf die Durchfuhr nach den waldarmen Ländern Westeuropas. Es ist, wie es scheint, vermutet worden, daß die deutschen Waldungen, durch die bisherige Kultur=Entwickelung zurückgedrängt auf die unfruchtbaren Bodenflächen, nicht zureichend seien für die Gewinnung der besseren Holzsorten in genügender Menge. Werden in der That in dem Waldreichtum Deutschlands nur minderwertige Nutzhölzer und große Brennholz=Massen vorgefunden? Man hat die deutsche Holzzucht der Unterstützung und Wertschätzung nicht für würdig erachtet. Kann der deutsche Wald nur eine geringfügige Rente gewähren, welche den Nutzleistungen der Ödungen und der ertragsarmen Weideflächen anzureihen ist?

Bevor wir die Grundsätze eingehend erörtern, welche die Nutzbarmachung der Waldbestockung nach Maßgabe des genannten gesamtwirtschaftlichen Fundamental=Gesetzes zu regeln haben, wollen wir mit wenigen Worten den Kapitalreichtum andeuten, den die deutsche Nation in den vaterländischen Wäldern besitzt.

In der Forstlitteratur ist in den letzten Jahrzehnten die Waldrentenfrage eifrig erörtert worden. Im Kernpunkt handelt es sich bei diesem Meinungsstreit um eine Änderung der herkömmlichen Betriebs=Systeme. Die Verteidiger der sogenannten finanziellen Umtriebszeiten haben vermutet, daß es nicht erforderlich sei, den aufwachsenden Waldbeständen 100= bis 120jährige Wachstumszeiten planmäßig einzuräumen, wie es bisher üblich war, sondern 60= bis 70jährige Wachstumszeiten genügen würden. Diese Abkürzung der Umtriebszeiten sei unerläßlich, wenn die erreichbar höchste Verwertung des Waldbodens maßgeblich der Zinseszins=Rechnung erzielt werden solle.

Man hat hierauf gegnerischerseits, wie oben gesagt, berechnet, daß der Wert der über 60= bis 70jährigen Waldbestände, welche lediglich im deutschen Staatsforst=Besitz bei der geplanten Herabsetzung der 120jährigen Umtriebszeiten in den

Buchenhochwaldungen, der 100jährigen Umtriebszeiten in den Fichtenwaldungen und der 90jährigen Umtriebszeiten in den Kiefernwaldungen verfügbar werden würden, etwa mit $4^1/_4$ Milliarden Mark zu veranschlagen sein werden. Die Schulden des Deutschen Reichs haben am 31. März 1895 2,201 Milliarden Mark, die Schulden der deutschen Einzelstaaten mit Ausschluß der Eisenbahnschulden und der sonstigen rentierlichen Anlagen ungefähr 1,4 Milliarden Mark (nach dem Stande von 1891, für Preußen nach Ausscheidung der Eisenbahnschuld im Jahre 1887) betragen.*) Die unterstellte weitgehende Herabsetzung der Waldumtriebszeiten wird man allerdings nicht befürworten können. Aber wir werden zu fragen haben, ob die Vorratswerte, die bei einer die Gebrauchsfähigkeit der späteren Waldernte nicht beeinträchtigenden Reduktion der Altholzbestände verfügbar werden würden, in der That mit dem Milliarden=Maßstab gemessen werden müssen, wenn der gesamte Waldbesitz des Deutschen Reichs in Betracht zu ziehen ist. Für die oben genannte Vorratsansammlung von $4^1/_4$ Milliarden Mark haben die Verteidiger der herkömmlichen Umtriebszeiten eine Verzinsung von 1,08 % berechnet, und in der That wird die Rente, welche die fraglichen Altholzbestände einbringen, selten mehr als 1 bis $1^1/_2$ % betragen. Man wird fragen dürfen, ob diese Anhäufung von Holzvorräten in den älteren Waldbeständen hervorragende gesamtwirtschaftliche Nutzleistungen haben wird. Nach den bisherigen Untersuchungen ist, wie schon im vorigen Abschnitt bemerkt wurde, zu vermuten, daß durch die 30= bis 40jährige Verlängerung der Umtriebszeiten mit maximaler Nutzholzabgabe eine kaum zwei bis drei Finger breite Verstärkung der Baumkörper herbeigeführt werden wird, und es wird deshalb zu prüfen sein, ob die Eigenschaften, welche die Holzgüte bewirken, durch die Auflagerung von 30 bis 40 älteren Jahrringen wesentlich verbessert werden können, und ob der Wegfall dieser Durchmesser=Verstärkung die inländische Nutzholz=Verarbeitung einer Katastrophe entgegenführen kann. Andererseits sind nicht nur in den deutschen Staatswaldungen, auch in den Privatwaldungen, in den Gemeinde= und Körperschafts=Waldungen unseren Nachkommen wertvolle Holzvorräte mit verkaufsfähigen Ernteerträgen zu erhalten – darüber kann kein Zweifel obwalten. Selbst für Waldbesitzer, welche Zinseszinsen für ihre Kapitalanlagen erzielen können, sind Rentabilitäts=Vergleichungen wertlos, welche die höchste Bodenrente für die 60= bis 70jährige Wachstumszeit mittels der Zinseszinsformeln gefunden, aber Erlöse für Stangenholz und schwaches Bauholz zu Grunde gelegt haben, welche dem bisherigen, meistens quantitativ geringfügigen Angebot entstammen. Vor allem ist eine Überproduktion von Klein=Nutzholz zu verhüten.

Aber für die Wahl der waldbaulichen Produktionsziele bleibt immerhin ein beachtenswerter Spielraum bestehen. Wird im nächsten Jahrhundert die maximale Produktion brauchbarer Nutzhölzer leitendes Wirtschaftsziel, und wird die pekuniäre Unterstützung der Starkholzkonsumenten (durch reichlicheres Angebot der 4 bis 5 cm

---

*) Der beträchtlich größere Schuldenstand der deutschen Einzelstaaten entstammt hauptsächlich dem Bau und dem Ankauf von Eisenbahnen. Lediglich für vollspurige Eisenbahnen ist bis zum Betriebsjahr 1894/95 ein Anlagekapital von 11,18 Milliarden Mark verwendet worden. Der Überschuß der Betriebseinnahmen über die Ausgaben hat dieses Anlagekapital in den letzten zehn Jahren mit 4,4 bis 5,6 % verzinst.

stärkeren Baumstämme, als dieser maximalen Nutzholzabgabe entsprechen würde, beschränkt auf den unentbehrlichen Starkholzbedarf der Nutzholzverarbeitung, so werden möglicherweise in den größeren Waldungen, welche der forsttechnischen Betriebsleitung unterstellt sind, Vorratswerte mit einem Verkaufserlös von mehreren Milliarden Mark entbehrlich, die im Walde 1 bis $1^1/_2\%$ rentieren, und die verbleibenden, im mittleren Baumdurchmesser wenige Finger breit abgeschwächten Waldvorräte werden auf die im ersten Abschnitt angeführten Renten von durchschnittlich $3^1/_2$ bis 4% erhöht.

Man hat zwar in der Forstlitteratur behauptet, daß die Fortsetzung der vorwiegenden Starkholz-Verwertung schon deshalb geboten sei, weil die Holzvorräte, welche bei jeder erheblichen Reduktion der bisherigen Umtriebszeiten entbehrlich werden würden, die Nachfrage wesentlich übersteigen und einen tiefgehenden Preissturz herbeiführen würden. Wir werden im zehnten Abschnitt darlegen, daß diese Behauptung sehr fragwürdig werden wird, wenn wir Frieden in den ersten Jahrzehnten des nächsten Jahrhunderts behalten und der inländische Nutzholz-Verbrauch die bisherige Steigerung beibehält.

Man hat ferner in der Forstlitteratur behauptet, daß der Milliarden-Zufluß aus den entbehrlich werdenden Wald-Vorräten bei dem Kapital-Reichtum Deutschlands nicht nur unnötig, sogar schadenbringend sein werde, indem derselbe ähnliche Wirkungen hervorrufen würde, wie seiner Zeit der Milliarden-Segen nach dem Frankfurter Frieden. Man hatte hierbei die älteren Holzvorräte in den Staatswaldungen im Auge. Es wird jedoch übersehen worden sein, daß lediglich zu fragen ist, ob die fraglichen Milliarden mit gleicher Sicherheit, aber mit einem höheren, nachhaltigen Zinsenertrag als etwa 1 bis $1^1/_2\%$ in der inländischen Gesamtwirtschaft untergebracht werden können, ohne Kapital-Vergeudung zu bewirken, dagegen im nationalen Erwerbsleben fruchtbringender wirken werden als durch die bezifferte Durchmesser-Verstärkung zu Gunsten der Starkholz-Konsumenten. Weder die schwankende Rentabilität der Börsengeschäfte und die vielfach überstürzte Bauthätigkeit in den großen Städten noch der Betrieb der Handels- und der gewerblichen Unternehmungen kann die gleiche Sicherheit gewähren wie die Waldwirtschaft, sondern vorherrschend die hypothekarische Beleihung des vaterländischen Grundbesitzes zur ersten Stelle und innerhalb zuverlässiger Beleihungs-Grenzen. Allgemein wird anerkannt, daß die Ackerbau treibende Bevölkerung, soweit dieselbe durch die Bodenbeschaffenheit auf Körnerbau hauptsächlich angewiesen ist, infolge des Weltverkehrs und der Weltmarktpreise verarmen muß, wenn die bestehende Zinsenbelastung nicht wesentlich verringert wird.

Die Erhaltung der Zahlungskraft unserer Landbevölkerung wird aber für die Fortbildung der Forstwirtschaft fruchtbringender sein als die fragwürdige Unterstützung der Starkholz-Konsumenten durch das Angebot von Baumstämmen, welche 4 bis 5 cm in Brusthöhe stärker sind als die Baumkörper der Umtriebszeiten mit maximaler Nutzholzgewinnung — fragwürdig, weil wir noch nicht wissen, ob für die

Nutzholzverarbeitung diese unbeträchtliche Zunahme der Durch=
messer beachtenswert ist. (Für die Waldbestände mit vorherrschender Brenn=
stoffgewinnung hat die Verstärkung der Baumkörper zudem geringe Bedeutung,
da die Verkleinerung vor dem Verbrauch stattfindet.)

 Bedeutungsvolle gesamtwirtschaftliche Nutzleistungen kann endlich
die Bebauung der ertragsarmen Felder und Weideflächen mit den
leistungsfähigsten Nutzholzgattungen herbeiführen. Bei der günstigen
Lage des Deutschen Reiches in der unmittelbaren Nachbarschaft der holzarmen,
industriell und gewerblich weit vorgeschrittenen Westländer Europas ist eine Nutzholz=
überproduktion nicht zu befürchten, und zudem wird die Waldfläche Deutschlands
nicht ausreichen, um den inländischen Nutzholzbedarf zu decken, wenn derselbe in
friedlichen Zeiten die bisherige Entwickelung fortsetzt. Die Zunahme der Bewaldungs=
ziffer des Deutschen Reiches kann, wie wir darlegen werden, ungünstige Wirkungen
auf Luft und Boden nicht ausüben, wird vielmehr die Quellenspeisung verstärken,
den Wasserabfluß und die Überschwemmungen mäßigen, die Abrutschungen in den
Bergländern verhüten u. s. w.

 Die erfreuliche Wertschätzung des Waldes, welche unter den Gebildeten des deutschen
Volkes vorherrschend ist, hat vielfach, wie schon eben bemerkt wurde, die Befürchtung
hervorgerufen, daß die Schönheit des Waldes und die Einwirkungen der Waldbestockung
auf Luft und Boden geschädigt werden können durch die materielle Nutzbarmachung der
Waldproduktion. Selbstverständlich können die unbeträchtlichen Unterschiede im Durch=
messer, welche die einträglichste Bewirtschaftung möglicherweise (wenn die Änderung der
bisherigen Erziehungsweise der Hochwaldbestände, die wir im zwölften Abschnitt
erörtern werden, unterbleibt) in späterer Zeit hervorrufen wird, weder die Schönheit
des Waldes, noch die Frische und Reinheit der Waldluft, die Speisung der Quellen,
den Wasserzufluß zu den Flüssen u. s. w. bemerkenswert beeinflussen. Aber die Dar=
stellung der immateriellen Einwirkungen des Waldes, welche in hervorragender Weise auf
die Bebauung und Bewohnbarkeit der Länder einflußreich werden können, muß in jeder
dieser Blätter innerhin interessieren. Durch die bisherigen Forschungsergebnisse sind
leider die Einflüsse des Waldes auf die Luft und den Boden im Walde und in der
Umgebung desselben noch nicht mit der wünschenswerten Zuverlässigkeit ermittelt worden.
Sicher ist vor allem, daß die Gesundheit der Menschen durch die Reinheit
der Waldluft und die Abwesenheit gesundheitsschädlicher niederer Or=
ganismen erhalten und gefördert wird. Fraglich ist bis jetzt noch, ob die
Lufttemperatur durch den Wald in einem beachtenswerten Stärkegrade ermäßigt
wird. Man hat allerdings früher angenommen, daß die Luft im geschlossenen Wald
im Hochsommer etwas kälter sei wie im Freien, wenn auch bisher nur selten einen Grad
übersteigende Differenzen der mittleren Jahrestemperatur konstatiert werden konnten.
Man hat ferner gefunden, daß die Temperatur-Extreme und die täglichen Temperatur=
schwankungen durch die Waldbestockung abgeschwächt werden. Neuerdings wird jedoch
behauptet, daß die Beobachtungsmethoden nicht völlig verläßlich waren und die Ein=
wirkung bei einem richtigen Beobachtungsverfahren als nahezu bedeutungslos nach=
gewiesen werden kann. Vor allem scheint aber eine Fernwirkung des Waldes auf
seine Umgebung ausgeschlossen zu sein.

 Während früher angenommen wurde, daß zwar ein erheblicher Unterschied in der
absoluten Luftfeuchtigkeit innerhalb und außerhalb des Waldes nicht existiert,
jedoch die relative Luftfeuchtigkeit in den Sommermonaten im Walde etwa 10 $^0/_0$
größer sei als im Freien, will man gleichfalls durch die neueren Beobachtungsmethoden
gefunden haben, daß ein bemerkenswerter Unterschied nicht nachweisbar ist, sondern
lediglich der Wassergehalt der Luftschichten innerhalb und oberhalb des Kronenraumes

der Waldbäume im Sommer infolge der starken Wasserverdunstung der Belaubung mehr gesteigert wird wie in den gleichen Luftschichten über Freiland.

Die frühere Vermutung, daß der Wald die Regenmenge beträchtlich vermehre, ist nicht mehr aufrecht zu erhalten. Die Regenmenge wird durch Einflüsse im Luftmeer bewirkt, welche weitaus mächtiger sind als die Wirkung der Bodenbedeckung durch Waldbäume. Wenn mit Feuchtigkeit gesättigte Luftmassen über die Ebene ziehen und in die Berge eintreten, so kann die geringe Erhebung des Holzwuchses über die Bodenoberfläche die Entladung des Wassergehaltes nur unwesentlich fördern. Der häufigere und stärkere Regen- und Schneefall in den Gebirgswaldungen ist durch die Höhenlage erklärlich. Die Einwirkung des Waldes auf die Niederschläge kann möglicherweise sowohl in den Bergen als in der Ebene bemerkbar werden, indem die Luftbewegung mehr abgeschwächt wird wie im Freien und die Luftfeuchtigkeit durch den Wassergehalt der Waldluft innerhalb und oberhalb des Kronenraumes frühzeitiger gesättigt wird wie außerhalb des Waldes. Aber entscheidend ist, ob sich diese größere Luftfeuchtigkeit auch auf die hinter dem Walde befindlichen Bodenflächen erstreckt und zweifellos nachgewiesen werden kann, daß auch hier die Niederschläge regelmäßig stärker werden wie ohne vorstehende Waldungen. Zur Entscheidung dieser Frage sind die bisherigen Untersuchungsergebnisse nicht ausreichend.

Ein Zusammenhang der Häufigkeit der Hagelschläge mit der Bewaldung ist bis jetzt nicht konstatiert worden; für einzelne norddeutsche Länderstriche wird ein günstiger Einfluß des Waldes behauptet, für Württemberg und Baden übereinstimmend bestritten.

Unzweifelhaft günstig wirkt der Wald durch die Hemmung der Luftströmung auf die hinterliegenden Bodenflächen, indem dieselben Schutz gegen Stürme finden. Es ist auch wahrscheinlich, daß diese hinter der Waldschutzmauer liegenden Bodenteile im heißen Sommer durch die im Walde etwas feuchter gewordene Luft erfrischt werden.

Die wichtige Frage, ob durch die Waldbestockung die Speisung der Quellen verstärkt wird, ist bis jetzt nicht entschieden worden. Der Quellenzufluß ist in erster Linie von der Schichtung und Zerklüftung des Grundgesteins abhängig, ferner von der Neigung und der Mächtigkeit des Verwitterungsprodukts. Hierzu kommt die noch nicht genügend festgestellte Verdunstungsmenge der Waldbäume, die den Boden austrocknet. Zweifellos verlangsamt der Wald den Quellenzufluß und erhält demselben längere Dauer. Aber bei anhaltender Dürre versiegt derselbe ebenso im bewaldeten wie im unbewaldeten Boden, zumal im Jurakalk, Quadersandstein u. s. w.

Auch der Abfluß des Regen- und Schneewassers wird verlangsamt und dadurch nicht nur die Quellenspeisung, sondern auch der Wasserstand der Flüsse und Bäche gleichmäßiger gestaltet und in der heißen Jahreszeit etwas länger erhalten. Jedoch ist eine Abnahme der transportierten Wassermassen infolge der Entwaldung für Deutschland bis jetzt nicht nachgewiesen worden. Andererseits wird die Einwirkung des Waldes auf die Verhütung der Überschwemmungen häufig überschätzt. Der Einfluß starker und andauernder Regengüsse, die Zeitdauer der Schneeschmelze beim Eintritt warmer Witterung wirkt weitaus mächtiger, zumal bei der meistenteils gesättigten Waldbodendecke, als das Durchsickern des Wassers vor dem Sättigungspunkt der Streudecke und des Bodens.

Dagegen wirkt wieder die Waldbestockung unverkennbar günstig durch die Befestigung des Verwitterungsbodens, wodurch Wildbachverheerungen im Gebirge, die Bildung von Trümmerablagerungen und Schutthaufen, Abschwemmungen u. s. w. verhütet oder wenigstens verringert werden, besser wie Grasboden. Nicht minder wirkt der Wald günstig durch die Bindung des Flugsandes, vor allem im Küstengebiet.

Unzweifelhaft sind ferner die Einwirkungen der Waldluft, die wir schon im Eingang dieses Abschnitts gepriesen haben — die Einwirkungen der Reinheit und Frische der Waldluft auf die Gesundheit der Menschen, deren Atmungsorgane in den größeren Städten und namentlich in den industriereichen Gegenden belästigt worden sind von Rauch und Staub. Die Waldluft bleibt nicht nur befreit von gesundheitsschädlichen

Gasen und Dünsten, sie ist vor allem arm an pathogenen Mikroben. Der Aufenthalt im kühlen, schattigen Walde wirkt nicht nur belebend auf die Nerventhätigkeit, sondern auch in hervorragender Weise fördernd auf die Kräftigung der menschlichen Gesundheit. Neben der Schönheit und Erhabenheit des Waldes ist schon die Befreiung der Waldluft von Staubteilen und krankheiterregenden Bacillen vollkommen genügend, um die Wertschätzung des Waldes zu begründen.

Aber diese vorstehend ausführlich erörterten Wirkungen der Waldbestände auf die Gesundheit und Bewohnbarkeit der Länder werden, wie gesagt, durch die Bewaldung als solche und nicht durch die Verstärkung der Baumkörper durch einige Centimeter hervorgerufen, die bei der Betrachtung der älteren Hochwaldbestände für das Auge nur wenig sichtbar werden wird. Man wird vermuten dürfen, daß diese geringfügige Verstärkung der Baumkörper die Schönheit und Erhabenheit der älteren Hochwaldsbestände nicht im gleichen Maße fördern wird wie die später zu befürwortende, rechtzeitig begonnene und richtig bemessene Umlichtung der späteren Abtriebsstämme zum Zweck der alsbaldigen Erstarkung und die reichliche Durchstellung der Waldbestände mit sog. Oberständern, welche während einer zweiten Hochwald-Umtriebszeit die bewundernswerten, umfangreichen und vollkronigen Waldbäume den bisherigen gleichalterigen Hochwaldbeständen zugesellen wird.

Vom speciell waldbaulichen Standpunkt aus ist endlich zu untersuchen, ob die verlängerten Umtriebszeiten günstiger auf die Bewahrung der Bodenthätigkeit wirken als die abgekürzten Umtriebszeiten. Am wichtigsten wird in dieser Hinsicht die Bewahrung der Bodenfeuchtigkeit sein. Wenn auch noch nicht die Wirkung der den Wald durchziehenden Luftströmungen auf die Austrocknung des Bodens konstatiert ist, so ist doch selbstverständlich, daß die Erhöhung der Kronen über die Bodenoberfläche, die mit dem Alter der Hochwaldbestände zunimmt, minder günstig wirken wird, als die minder große Erhebung des Kronendachs der Bestände.

Mit dem zunehmenden Alter der Hochwaldbestände wird die jährliche Düngung des Bodens durch den Laub- und Nadelabfall wahrscheinlich nicht verstärkt werden können, weil der letztere nach den vergleichenden Untersuchungen vom 30- bis 60 jährigen Alter in Fichten- und Buchenbeständen größer ist als vom 60- bis 90 jährigen Alter. Der jährliche Streuertrag scheint zwar in Kiefernbeständen mit dem zunehmenden Alter unbeträchtlich zu steigen. Aber im höheren Alter der reinen Kiefernbestände wird wieder die Bodenaustrocknung durch die natürliche Lichtstellung der lichtbedürftigen Kiefern gefördert.

Die vorstehenden Andeutungen werden genügen, um zu erkennen, daß auch aus gesamtwirtschaftlichen Gesichtspunkten die Untersuchung nutzbringend werden kann, ob im praktischen Forstbetriebe das oben genannte volkswirtschaftliche Grundgesetz: „Erzeugung eines Maximums von Gebrauchswerten mit einem Minimum naturaler Kosten" durchführbar ist und in Einklang gebracht werden kann mit der privatwirtschaftlich einträglichsten Verwertung des vorhandenen Waldvermögens.

Dritter Abschnitt.

Die Wirtschaftsziele der Staatsforstverwaltung.

Seit mehr als hundert Jahren sind in den größeren Waldungen des Deutschen Reichs, welche der forsttechnischen Betriebsleitung unterstehen, die Grundsätze der Staatsforstbehörden maßgebend geworden. Die Privat-Waldbesitzer werden fragen, welche Wirtschaftsziele die Staatsforstverwaltung bisher festgestellt und verwirklicht hat.*) Zwar gehört es nicht zu den Aufgaben dieser Schrift, die Grundsätze der Staatsforstverwaltung zu würdigen. Aber es wird immerhin nicht zu vermeiden sein, die Produktionsziele der staatlichen Holzzucht klar zu stellen, um beurteilen zu können, ob diese Bestrebungen als mustergiltig für die Waldwirtschaft des Privatbetriebs, der Gemeinden und Körperschaften anzuerkennen

---

*) Eine umfassende Darstellung der Lehren auf dem Gesamtgebiete der Forstwissenschaft, welche bisher für die Staatsforstwirtschaft maßgebend waren, findet man in folgenden Werken:

Karl von Fischbach, „Lehrbuch der Forstwissenschaft." 4. Auflage, Berlin 1886. — Richard Heß, „Encyklopädie und Methodologie der Forstwissenschaft." München 1885. — „Handbuch der Forstwissenschaft", bearbeitet von verschiedenen Professoren, herausgegeben von Lorey. Tübingen 1888.

Die einzelnen Disciplinen der Forstwissenschaft behandeln zahlreiche Werke, unter anderen in neuerer Zeit auf dem Gebiete des Waldbaus:

Karl Heyer, „Waldbau". 4. Auflage. Leipzig, Teubner. 1893. — Burckhardt, „Säen und Pflanzen". 6. Auflage. Hannover, Rümpler. 1893. — Geyer, „Waldbau". Berlin 1889. — Ney, „Waldbau". Berlin 1884. — Borggreve, „Holzzucht". Berlin 1891. — Weise, „Waldbau". Berlin 1894. — Der Waldbau des Verfassers (Stuttgart, 1884) enthält eine Zusammenstellung der Lehren der Waldbau-Schriftsteller und Anregungen zu einer Bestands-Erziehung im sogen. Lichtwuchsbetrieb.

Ferner auf dem Gebiete des Forstschutzes: Kauschinger, „Waldschutz". Berlin 1883. — Heß, „Forstschutz". Leipzig 1878 u. f. — Nördlinger, „Forstschutz". Berlin 1884.

Auf dem Gebiete der Forstbenutzung: Geyer, „Forstbenutzung". Berlin, Parey.

Endlich über Waldertragsregelung, Waldwertrechnung und Forst-Statik: Karl Heyer, „Waldertragsregelung". Leipzig 1883. — Grebe, „Betriebs-

sind. In den Staatswaldungen hat die Gewinnung der sog. Starkhölzer (mit über 1,0 fm Nutzholzgehalt) ein ausgesprochenes Übergewicht erlangt. Wir haben schon eben vermutet, daß die Herstellungskosten dieser Starkhölzer den Erlös überlasten und den Niedergang der Waldrente bewirken werden. Wir haben andererseits befürchtet, daß die Privatwirtschaft in der Produktion von Kleinnutzholz mittels Abkürzung der üblichen Umtriebszeiten zu weit gehen kann. Die Feststellung der einträglichsten Wachstumszeiten in den außerstaatlichen Waldungen würde einen größeren Spielraum gewinnen, wenn zweifelsfrei dargelegt werden könnte, daß die vorherrschende Starkholzproduktion eine volkswirtschaftliche Notwendigkeit ist und für absehbare Zeiten von den Staatsbehörden nicht verlassen werden wird. Wenn auch die Staatswaldungen nur den dritten Teil des deutschen Waldbesitzes umfassen, so sind dieselben beträchtlich holzreicher als die übrigen Waldungen, und es wird immerhin bei den folgenden Untersuchungen in die Wagschale fallen, ob die ersteren das Kleinnutzholz mit 10 bis 12% der gesamten Nutzholzgewinnung andauernd im nächsten Jahrhundert wie bisher liefern oder zu befürchten ist, daß in den Staatswaldungen die maximale Nutzholzproduktion mit ca. 40% Kleinnutzholz eingeführt werden wird. Vom finanzwirtschaftlichen Standpunkt aus wird der Staatsforstverwaltung, wie wir sehen werden, die Lieferung des Starkholzverbrauchs unserer Nation neidlos überlassen werden dürfen. Aber die Verwaltungsgrundsätze der maßgebenden Staatsbehörden sind im Laufe der langen Zeiträume, mit welchen die Forstwirtschaft zu rechnen hat, wandelbar, und wir werden immerhin zu prüfen haben, ob die Konkurrenz des Staatswaldes durch reichliches Angebot der Mittel- und Kleinnutzhölzer mindestens für die erste Hälfte des beginnenden Jahrhunderts ausgeschlossen bleiben wird.

In dem nahezu vierzigjährigen Meinungskampf über die nutzbringendste Feststellung der waldbaulichen Erntezeiten haben die Verteidiger der hergebrachten Waldwachstumszeiten lebhaft beteuert, daß nur die letzteren „national-ökonomisch" zulässig seien. Nach dem Urteil der namhaftesten Vertreter der Volkswirtschaftslehre, welche in diesen Streit eingegriffen haben, sind die

und Ertragsregelung". Wien 1879. — Judeich, „Forsteinrichtung". Dresden 1885. — Borggreve, „Forstabschätzung". Berlin 1888. — Graner, „Forstbetriebseinrichtung". Tübingen 1889. — Näß, „Waldertragsregelung". Frankfurt a./M. 1891. — Weber, „Forsteinrichtung". Berlin 1891. — Preßler, „rationeller Waldwirt". Dresden 1858 und 1859. — Bose, „Beiträge zur Waldwertrechnung". Darmstadt 1863. — Gustav Heyer, „Waldwertrechnung". Leipzig 1892. — Baur, „Waldwertrechnung". Berlin 1886. — Gustav Heyer, „Handbuch der forstlichen Statik". Leipzig 1871. — Ferner die Werke von Burckhardt, Stötzer, Endres, Wimmenauer u. a.

Des Verfassers „Anleitung zur Regelung des Forstbetriebs" (Berlin 1875) behandelt ausführlich die Arbeiten zur Ermittelung und Etatisierung der Erträge — nach Gebrauchswerten und nicht nach roher Holzmasse —, die Waldvermessung, Erforschung des Vorrats und der Produktionsverhältnisse in Hochwald-, Mittelwald- und Niederwaldbeständen, die Feststellung der Zielpunkte, planmäßige Einrichtung des Hochwald-, Mittelwald- und Niederwaldbetriebs und die periodische Revision derselben.

Produktionsziele der Staatsforstverwaltung möglichst in Einklang zu bringen mit dem oben erwähnten Grundgesetz für die gedeihliche Entwickelung der Volkswohlfahrt: Erzeugung eines Maximums von Gebrauchswerten mit einem Minimum naturaler (volkswirtschaftlicher) Kosten. Diese Volkswirtschaftslehrer, die offenbar in erster Linie zur maßgebenden Entscheidung befähigt und berechtigt sind, befürchten jedoch einerseits, daß die gesamtwirtschaftlichen Nutzleistungen der Waldproduktion durch die Vorliebe der Forstwirte für Altholzbestände verkümmert werden und andererseits, beirrt durch die abstrakten Lehren der Bodenreinertragsmethode, daß die reichliche volkswirtschaftliche Versorgung der Gesellschaft mit gebrauchswerten Hölzern geschädigt werden könne durch das privatwirtschaftliche Streben nach kapitalistischer Steigerung der Zinsen für die langjährigen Vorschüsse von Arbeit und Kapital.

Schon vor nahezu 100 Jahren hat der bahnbrechende Begründer der heutigen Forsttechnik, Georg Ludwig Hartig, das eben genannte, gesamtwirtschaftliche Produktionsgesetz fast mit gleichen Worten der Forstwirtschaft vorangestellt: „Auf der zu Wald bestimmten Fläche ist in möglichst kurzer Zeit mit einem möglichst geringen Kostenaufwand möglichst vieles und nutzbares Holz zu erziehen."

Aufgabe der Staatsforstverwaltung war demgemäß die Untersuchung, ob die Abstufung der Altersklassen, welche mit ihren Ernteerträgen die leistungsfähigsten Holzarten und die brauchbarsten Rundholzsorten darbieten, vereinbart werden kann mit der Kapitalverzinsung, welche den volkswirtschaftlichen Nutzleistungen bei gleicher Kapitalsicherheit entspricht — die gleiche Untersuchung, welche nach den obigen Ausführungen in erster Linie die Produktion in den Privat-, Gemeinde- und Körperschafts-Waldungen zu regeln hat. Die Erstrebung einer derartigen Ausgestaltung der nachzuziehenden Holzvorräte ist, wie wir gesehen haben, eine unabweisbare Obliegenheit der Nutznießung und eine Existenzbedingung für die Forstwirtschaft. Die Erreichung dieses Wirtschaftszieles bildet kein unlösbares Problem und läßt sich, wie unten nachgewiesen werden wird, mit einer nachhaltigen Rente des konkreten Waldkapitals, welche der Sicherheit der Kapitalanlage reichlich entspricht, vereinbaren.

Die bisherigen Wirtschaftsziele der Staatsforstverwaltung werden dagegen charakterisiert durch die Fürsorge für die Erhaltung der vorhandenen Holzvorräte, die Fortpflanzung der örtlich eingebürgerten Holzgattungen und die Erziehung der Hochwaldbestände im Kronenschluß. Die Forstwirtschaft hat die reichhaltigen Holzvorräte in den älteren Hochwaldbeständen, die teils aus dem vorigen Jahrhundert herrühren, teils im laufenden Jahrhundert angesammelt sind, bewahrt und beschützt und noch zu vermehren gesucht, indem die jährliche Nutzung bei ausreichenden Vorräten dem durchschnittlich jährlichen Holzzuwachs gleichgestellt, bei dürftigen Holzvorräten dem letzteren nachgestellt wurde. In den Staatswaldungen waren (mit Ausnahme des Königreichs Sachsen und einiger kleiner Länder) Holzvorräte für die

100jährigen und mehrjährigen Umtriebszeiten vorherrschend vorhanden, und diese Wachstumszeiten wurden bei Feststellung der Wirtschaftspläne bevorzugt.*) Der Rundgang der Verjüngung innerhalb dieser Zeiträume bildete den umspannenden Rahmen für die allgemeinen Wirtschaftspläne, welche die Forsteinrichtung aufstellte. Die Abstufungen in der Lieferung von Gebrauchswerten, welche durch die Wahl der Holzarten für die Nachzucht und durch die Wahl der Erntezeiten hervorgerufen werden, sind nicht berücksichtigt worden. Neben der Nachzucht der Eiche war zwar der Buchenwald besonders beliebt wegen der bodenschirmenden Eigenschaften der Belaubung. Aber auch die Fichten-, die Kiefern-, Weißtannenwaldungen ec. wurden, wo sie vorhanden waren, fortgepflanzt, ohne den Wirtschaftsplänen die nutzfähigste Ausgestaltung der Holzsortenlieferung zur Erntezeit zu Grunde zu legen. Für die vorhandenen Bestände wurden die dem Alter und dem Zustand der Bestockung entsprechenden Abtriebszeiten gutachtlich bestimmt, die Erträge an roher Holzmasse schätzungsweise veranschlagt, zuweilen auch auf Grund von Holzmassen-Aufnahmen und Zuwachsermittelungen für die nächste Wirtschaftsperiode genauer berechnet. Die periodischen Erträge an roher Holzmasse suchte man hierauf annähernd gleich zu stellen, indem Ungleichheiten durch Vorschiebung und Zurückschiebung der Roherträge in die nächstliegenden Perioden beseitigt wurden. Hieraus resultierten schließlich die Nutzungsmassen, welche den Waldbesitzern und der Bevölkerung forsttechnisch zugebilligt wurden. Anstatt dieser Zuteilung der Rohstoffproduktion ist mitunter die Dotation der Nutzungsperioden auch auf die gleichheitliche Verteilung der Nutzungsflächen gestützt worden, indem die Jahresschlagfläche, welche aus der Division der gesamten produktiven Waldfläche durch die angenommene Umtriebszeit resultierte, als Betriebsregulator erachtet wurde.

Es ist meines Erachtens nicht völlig zutreffend, wenn die Verteidigung dieser Bewirtschaftungsart behauptet hat, daß die Waldungen nach einem „gewissen forsttechnischen Instinkt", nach einem „sich an die Verhältnisse anschließenden praktischen Blicke" bewirtschaftet worden seien. Unverkennbar war das Wirtschaftsziel auf die Erhaltung der bisherigen Rohstoffgewinnung und die Überlieferung des hierzu erforderlichen Materialkapitals an die Wirtschaftsnachfolger gerichtet. Allerdings ist bisher die Leistungsfähigkeit der angeordneten Produktionsrichtungen für die Lieferung von Gebrauchswerten ebensowenig klargestellt worden wie die Größe des realisierbaren Waldkapitals und die Einwirkung der gewählten Wirtschaftsverfahren auf die nachhaltige Waldrente. Man hat nicht genügend beachtet, daß in den Staatswaldungen des Deutschen Reichs ein realisierbares Vorratskapital von mehreren Milliarden Mark aufzuwenden ist, um die Baumkörper einige Finger breit zu verstärken,

---

*) In Preußens Staatswaldungen ist bisher die Altersabstufung für die 110 jährige Umtriebszeit annähernd erhalten worden. In Bayerns Staatswaldungen waren über 108 jährige Umtriebszeiten für 71% der Fläche (1880) angeordnet, jedoch nur planmäßig, während die thatsächlich eingehaltenen Umtriebszeiten weitaus höher sein werden. In den badischen Domänen-Waldungen findet man die über 100jährige Umtriebszeit mit 80%, in den Gemeinde- und Körperschafts-Waldungen mit 76% der Fläche. In den Staatswaldungen Württembergs ist die Altersabstufung für 110 jährige Umtriebszeiten erhalten worden wie in Preußen.

und man hat ebensowenig den unentbehrlichen Starkholzbedarf der inländischen Nutzholzverarbeitung zu bemessen versucht.

Bei der Durchführung dieser Wirtschaftsgrundsätze würden die anfallenden Waldnutzungen möglichst hoch zu verwerten gesucht. Die mit großen Waldbeständen örtlich heimischen Holzgattungen, die Kiefern-, Fichten-, Tannen-, Rotbuchen-, Eichen-Bestände, wurden teils rein, teils in den Laubholzbeständen und untergeordnet auch in den Kiefernbeständen mit Beimischung von Eichen, Eschen, Ahorn, Lärchen fortgepflanzt. Während der Wachstumszeit der Hochwaldbestände war die Erhaltung des normalen Kronenschlusses Grundregel des Waldbaus, deren Verletzung strengstens untersagt war. Die Vornutzungen hatten sich auf die Aufarbeitung des abgestorbenen oder bald absterbenden Gehölzes zu beschränken. Es war bei der Erziehung der Hochwaldbestände im wesentlichen ein Durchforstungssystem üblich, welches der Verfasser „Bestattung der Toten" genannt hat. Waldbauliche Verbesserungen wurden in den letzten Jahrzehnten vornehmlich auf dem Gebiete der Waldverjüngung erstrebt. An Stelle der früheren Vorbereitungs-, Besamungs-, Licht- und Abtriebsschläge ist in vielen Gegenden Deutschlands der sogenannte Kahlschlagbetrieb mit künstlicher Bepflanzung der kahl abgeholzten Flächen getreten, und man hat für diese Kahlschläge häufig die Form schmaler sogenannter Saumschläge und die Einpflanzung stärkerer, „verschulter" Pflanzen in Löcher bevorzugt. Neuerdings wird wieder die Rückkehr zur natürlichen Verjüngung und zur Saat und Pflanzung unter Schutzbestände befürwortet. Für die Anordnung und Fortführung der Verjüngungsschläge wird teils eine kesselförmige, teils eine ringförmige, teils eine schachbrettförmige Ausformung derselben vorgeschlagen. In den sächsischen Fichtenwaldungen ist die Jahresschlagfläche für die (bisher auf nahezu 80 Jahre) angenommene Umtriebszeit grundlegend für die Wirtschaftspläne.*) Die Verjüngung dieser Bestände sucht man mit „wohlgeordneten Hiebszügen" zu vereinbaren — mit einer Aneinanderreihung der Bestände, welche den Stürmen möglichst wenig Angriffspunkte darbietet. Innerhalb dieser Hiebszüge und des angenommenen Flächenetats werden nicht nur die hiebsreifen Bestände mit unzureichender Kapitalverzinsung, deren Prozentsätze nach der „Weiser-Prozentformel" bemessen werden (c. nächsten Abschnitt), in der nächsten Wirtschaftsperiode verjüngt, sondern auch Absäumungen wegen der Waldmantelbildung vorgenommen. Omnipotent für die sächsische Forsteinrichtung ist die bisherige, der Erfahrung entsprechende Jahresschlagfläche, weder Bodenerwartungswert noch Weiserprozent, wie man vermutet hat, wenn auch eine Ermittelung der Weiserprozente nebenher läuft. Auch in Fichtenwaldungen wird, bevor der Wirtschaft die Zwangsjacke der Hiebszüge mit beträchtlichen Produktionsverlusten auferlegt wird, zu prüfen sein, ob die Waldmantelbildung, die im Harz, im Thüringerwald, in Bayern

---

*) Auch die von Judeich in Tharand befürwortete Bestandswirtschaft begründet die Wirtschaftspläne auf diesen „Regulator des Betriebs", wenn das Altersklassenverhältnis der Normalität für die angenommene Umtriebszeit entspricht. Bei abnormem Altersklassen-Verhältnis wird der nächsten Wirtschaftsperiode bald etwas mehr, bald etwas weniger Fläche in den minder hiebsbedürftigen Beständen zugeteilt.

und Württemberg als ausreichend erachtet wird, eine dauernde Sicherstellung gegen Windwurf und Windbruch herbeizuführen vermag. Gegen Orkane werden auch die wohlgeordnetsten Hiebszüge ohnmächtig bleiben.

In der Forstlitteratur ist die Aufgabe des Waldbaues in verschiedener Weise definiert worden. Nach Georg Ludwig Hartig wird die „physikalische Umtriebszeit" eingehalten, wenn man die Bäume so lange stehen läßt, bis sie nicht mehr beträchtlich wachsen. Dagegen wird die „ökonomische Umtriebszeit" gewählt, wenn man die Waldbestände so lange wachsen läßt, bis sie den beträchtlichsten Zuwachs geliefert haben und jährlich Holz geben, welches eine den Bedürfnissen vorzüglich entsprechende Stärke und Güte hat. Will aber der Waldbesitzer die „merkantile Umtriebszeit" einhalten, so kann derselbe das Holz nutzen, wenn es so stark geworden ist, um den Eigentümer von seiner Waldfläche den höchsten Geldertrag zu verschaffen, der durch Berechnung des Erlöses aus dem Holz und der Zinsen in einem angenommenen Zeitraum zu erlangen ist.

Später hat Hundeshagen diese Hartig'sche Definition dahin ergänzt, daß neben der natürlichen, die Fortpflanzung ermöglichenden Haubarkeitszeit eines Bestandes und der ökonomischen, dem wirtschaftlichen Bedürfnisse gerade entsprechenden Haubarkeitszeit auch das „technische Haubarkeitsalter" der Bestände berücksichtigt werden könne; das Holz soll hierbei „genau die zu einem gewissen Behuf durchaus notwendige Größe, z. B. zum Schiffsbau" c. erreichen.

Die Namhaftmachung dieser theoretischen Richtpunkte, die weitaus abweichende Hiebsalter bei ihrer praktischen Verwirklichung erheischen würden, ist jedoch bei Feststellung der Wirtschaftsverfahren ohne hervorragende Wirkung geblieben. Es mangelten die Anhaltspunkte, um die Leistungsfähigkeit der Holzarten, Bestockungsformen und der Bestandsaltersstufen nach der einen oder der anderen Richtung zu würdigen. Diese theoretischen Zielpunkte bedingen auch sehr verschiedenartige Produktionsrichtungen. Von der mittels Zinsenberechnung festgestellten „merkantilen" Umtriebszeit bis zur „physikalischen" Umtriebszeit, bei welcher die Bäume so lange stehen bleiben sollen, bis sie nicht mehr beträchtlich wachsen, ist ein weiter Sprung. Es ist in der That auffallend, daß der geniale Hartig unterlassen hat, die etwas vieldeutige Definition dahin zu präzisieren, daß in Brennholzwaldungen die reichhaltige Gewinnung der größten Brennstoffmenge und in Nutzholzwaldungen der höchste jährliche Nutzholzertrag in gebrauchsfähiger Beschaffenheit zu erzielen sei, daß aber stets, wie der Genannte an einem anderen Orte sagt, dahin zu streben sei, „auf der zu Wald bestimmten Fläche in möglichst kurzer Zeit mit einem möglichst geringen Kostenaufwand möglichst vieles und nutzbares Holz zu erziehen".

In der forstlichen Praxis sind im wesentlichen gutdünkende Umtriebszeiten für die Hochwaldungen, welche bis zum 18. Jahrhundert und während desselben aus den früheren, teils plenterartigen, teils mittelwaldähnlichen Bestandsformen durch dichtere Stellung der stärkeren Stämme allmählich hervorgegangen waren, fortgesetzt beibehalten worden. Die reichliche und die dürftige Rente des Staatswaldeigentums ist volkswirtschaftlich keineswegs gleichbedeutend, und wir werden zu fragen haben, ob die erreichbare und andauernde Nutzbarmachung der vorhandenen Holzbestockung für die holzkonsumierende Bevölkerung gründlich erforscht und beharrlich erstrebt worden ist. Hat man überzeugend nachgewiesen, daß die maximale Produktion gebrauchsfähiger Holzarten und Holzsorten mit dem erreichbar geringsten Produktionsaufwand erzeugt worden ist und andauernd erzeugt wird? Oder gebietet die Rücksicht auf die günstigen Einwirkungen der Waldbestockung auf Luft und Boden die eben gekennzeichnete Verstärkung der Baumkörper mittels reichhaltiger Holzvorräte in den älteren Hochwaldbeständen der deutschen Staatswaldungen, Sachsen ausgenommen?

Die Grundsätze der Staatsforstverwaltung sind im wesentlichen wie folgt motiviert worden: Die Staatsforstverwaltung habe, „im Gegensatz zur Privatforstwirtschaft, das Gesamtwohl der Einwohner des Staates ins Auge zu fassen". Sie habe zwar „der Gegenwart einen möglichst hohen Fruchtgenuß zur Befriedigung des Bedürfnisses an Waldprodukten und an Schutz durch den Wald zukommen zu lassen". Da aber die Staatsforsten „ein der Gesamtheit der Nation gehöriges Fideikommiß bilden", so sei der Zukunft ein mindestens gleich hoher, möglichst aber gesteigerter Fruchtgenuß von gleicher Art zuzuführen.

Diesem Wirtschaftsprogramm der preußischen Staatsforstverwaltung (Darstellung der forstlichen Verhältnisse Preußens, Berlin 1894, S. 117) hat sich die bayerische Staatsforstverwaltung angeschlossen (Sitzung des Petitionsausschusses der Abgeordnetenkammer vom 28. Mai 1894). Auch die württembergische Staatsforstverwaltung befolgt die gleichen Grundsätze, hält jedoch eine mäßige Abkürzung der früheren Umtriebszeiten in Nadelholzbeständen (des Jagstkreises) für zulässig, weil der Sturm in den überständigen Nadelholzbeständen beträchtliche Verheerungen angerichtet hatte (Die forstlichen Verhältnisse Württembergs, Stuttgart 1880, S. 198). Die badische Forstverwaltung steht „abweichend von den Lehren des höchsten Bodenreinertrags und im Gegensatz zur Privatforstverwaltung auf dem Standpunkt, welchen die meisten deutschen Forstverwaltungen einnehmen". (Die badische Forstverwaltung, Karlsruhe 1891, S. 71.) Für diese Staatswaldungen wird man nach den obigen Angaben als Durchschnitt der planmäßigen Umtriebszeiten 100 bis 120 Jahre annehmen dürfen, während die nach der Schlagfläche wirklich befolgten Umtriebszeiten in Bayern und auch neuerdings in Preußen wesentlich höhere Ziffern für den thatsächlich eingehaltenen Nutzungsumlauf ergeben werden. (In den preußischen Staatswaldungen hat die Fläche der über 100jährigen Kiefernbestände von 1880/81 bis 1892/93 eine Erweiterung von 46765 ha erfahren. Nach den Angriffsflächen wurden die Hochwaldumtriebszeiten in den bayerischen Staatswaldungen (zuletzt in der amtlichen Darstellung von 1861) auf durchschnittlich 171 Jahre angegeben, und es ist nicht bekannt geworden, welche Umtriebszeiten zur Zeit thatsächlich eingehalten werden.)

Dagegen haben die planmäßigen Umtriebszeiten in den Staatswaldungen des Königreichs Sachsen von 1850/79 71 bis 80 Jahre betragen und eine Reduktion der Jahresschlagflächen unter das planmäßige Soll ist, wie angegeben wird, durch Ankauf von Blößen und jungen Beständen, Umwandlung von Laubholzbeständen und durch die Windbruchkalamitäten von 1868/72 bewirkt worden. Die sächsische Staatsforstverwaltung erstrebt sonach eine Benutzung der Staatswaldungen, welche dem oben genannten gesamtwirtschaftlichen Fundamentalgesetz im großen und ganzen entsprechen wird. Die ungewöhnlich hohen Reinerträge, welche die Staatswaldungen dieses Landes seit langer Zeit gewährt haben, werden wir später kennen lernen.

Die Bestrebungen, welche mit diesen Worten bekundet werden, sind leider nicht völlig einwandfrei. Die Staatsforstverwaltung hat mit

vollem Recht das Eindringen der Bodenreinertragswirtschaft in die Staats=
waldungen abgewehrt, wie wir im nächsten Abschnitt darlegen werden. Aber die
oben erwähnte, für die Regelung der einträglichsten Privatwirtschaft wichtige
Besorgnis, daß im nächsten Jahrhundert die bisherigen gesamtwirtschaftlichen
Nutzleistungen derartiger Produktionsziele gründlich geprüft und als verbesserungs=
fähig befunden werden, kann durch schöne Worte nicht beseitigt werden. Im
kommenden Jahrhundert wird die Staats=Verwaltung die bisherige Verwirklichung
dieser Bestrebungen und ihre Erfolge zu beachten haben.

Die zahlreichen Feinde des Waldes werden möglicherweise im
beginnenden Jahrhundert behaupten, daß die Staatsforstwirtschaft
eine Sonderstellung nicht nur im nationalen Erwerbsleben, sondern
auch für ihre Bewirtschaftung des Staatseigentums beanspruche,
aber für die Berechtigung dieser Forderung nur wortreiche Be=
teuerungen vorbringen könne. Die Staatsforstwirtschaft gehe von
der Voraussetzung aus, daß durch ihr Wirtschaftssystem die vorzüg=
lichste Beschaffenheit der Waldvorräte hergestellt worden sei und den
Nachkommen erhalten bleibe, ohne jemals versucht zu haben, diese
leistungsfähigste Beschaffenheit und Ausgestaltung der Holzvorräte
mit den allseitig brauchbarsten Ernteerträgen kennen zu lernen. Es
werde behauptet, daß der Gegenwart der möglichst höchste Frucht=
genuß zugeführt werde. Aber bisher seien niemals die Nutz=
leistungen der Holzgattungen und Holzsorten, welche den jährlichen
Waldertrag bilden, für den Nutzholz= und Brennstoffverbrauch der
Bevölkerung aufgeklärt und von der Staatsforstwirtschaft beachtet
worden. Die praktische Verwirklichung der sogenannten national=
ökonomischen Bewirtschaftungsart der Staatswaldungen habe zwar
zu einem reichlichen Angebot der sogenannten Starkhölzer geführt.
Aber die Forstwirtschaft habe für die Produktion derselben die
Erziehung im Kronenschluß beibehalten und erreiche mit einem
Kostenaufwand, der mit dem Milliardenmaßstab zu messen sei, eine
um wenige Finger breite Verstärkung der Baumkörper ohne Verbesse=
rung der Holz= und Bodengüte. Es sei sehr fraglich, sogar von
vornherein unwahrscheinlich, daß diese unerhebliche Durchmesser=Zu=
nahme für die Nutzholzverarbeitung Bedeutung habe und nur wahr=
scheinlich, daß die Herstellungskosten der Baumstämme mit über
1,0 fm Derbholzgehalt etwa den doppelten Betrag der bisherigen
Erlöse erreicht haben, daß ferner die maximale Nutzholzproduktion
das Waldkapital mit durchschnittlich $3^1/_2$ bis $4^0/_0$ verzinsen werde,
während die Staatsforstverwaltung, um nicht die genannten Stark=
hölzer mit 60 bis $70^0/_0$ der jährlichen Nutzholzgewinnung anbieten zu
müssen, sondern mit 75 bis $85^0/_0$ anbieten zu können, für den
beanspruchten Kapitalaufwand, den wir in den nächsten Abschnitten
kennen lernen werden, der Gesamtwirtschaft 1 bis $1^1/_2^0/_0$ einbringe.
Die Feinde des Waldes werden möglicherweise im beginnenden

Jahrhundert fragen, ob diese pekuniäre Unterstützung der Starkholz=
Konsumenten gemeinnützig genannt zu werden verdient. Man wird
fragen, aus welchen Gründen die Staatsforstverwaltung im neun=
zehnten Jahrhundert beharrlich die Wertbemessung des Wald=
vermögens und die Ermittelung des unentbehrlichen Starkholz=
bedarfs der Nutzholzverarbeitung abgelehnt und die vergleichende
Würdigung der Nutzleistungen, welche die anzubauenden Holzarten
und die wählbaren Umtriebszeiten im Hinblick auf die thatsächlichen
Verbrauchsansprüche der Bevölkerung maßgeblich der Standortsgüte
und Höhenlage haben, besorgnisvoll verhindert hat.

Niemand wird gewährleisten können, daß man im nächsten Jahrhundert den
Nutzleistungen der oben erwähnten Durchmesser=Verstärkung prüfungslos die gleiche
Bedeutung beilegt wie die derzeitige Staatsforstverwaltung. Vielmehr ist zu
befürchten, daß die Staatsforstwirtschaft die bisher eingeräumte Sonderstellung schon
in der ersten Hälfte des nächsten Jahrhunderts verlieren wird und derselben die Unter=
suchungen auferlegt werden, welche durch die Einführung der maximalen Nutzholz=
produktion mit der erreichbaren Verringerung der Herstellungskosten bedingt werden.

Andere materielle Nutzleistungen, welche nach der genannten Verstärkung der
Brusthöhen=Durchmesser beachtenswert in die Wagschale fallen würden, sind bisher
nicht namhaft gemacht worden und werden auch nicht auffindbar sein. Der
Besitz eines größeren Waldvorratskapitals giebt allerdings der Forstwirtschaft
„das Gepräge der Wohlhabenheit". Wenn aber das Mehrkapital, welches dieses
wohlthuende Gefühl erzeugt, kümmerliche Nutzleistungen hat, so wird man nicht
von gesamtwirtschaftlichen Vorzügen reden können, zumal die Umtriebszeiten,
welche in Anwendung des oben genannten Grundgesetzes für die Entwickelung der
Volkswohlfahrt einzuhalten sein würden, keineswegs ein notdürftiges Auskommen,
sondern maximale Nutzholzerträge herbeiführen werden, wie die Staatswaldungen
im Königreich Sachsen beweisen, die seit 1850 mit 71= bis 80 jährigen Umtriebs=
zeiten, wie gesagt, bewirtschaftet werden und nachhaltig weitaus größere Netto=
erträge einbringen wie alle übrigen Staatswaldungen gleicher Größe.

Die immateriellen Nutzleistungen des Waldes haben wir im zweiten Abschnitt
erörtert und dargelegt, daß dieselben durch die nachhaltig einträglichste Bewirt=
schaftung niemals ungünstig beeinflußt werden können.

Die Versicherung, daß die bisherige Starkholzabgabe in den
Staatswaldungen unwandelbar im kommenden Jahrhundert ohne
Rücksicht auf die Qualität der erreichbaren Bäumeverstärkung und
deren Herstellungskosten fortbestehen wird, würde sonach gewagt sein.

Vierter Abschnitt.

Die Produktionsziele der Bodenreinertrags-Wirtschaft.

Seit nahezu 40 Jahren erstrebt eine kleine, aber rührige Partei unter den Forstwirten die Bemessung der einträglichsten Wirtschaftsziele mittels der Zinseszinsrechnung und nach der aus den Zinseszinsformeln resultierenden höchsten Verwertung des holzleeren, erst mit Holzpflanzen zu bebauenden Waldbodens. Sowohl im aussetzenden als im jährlichen Betrieb sollen diejenigen Wachstumszeiten eingehalten werden, für welche sich der höchste Jetztwert des Bodens berechnet, wenn man die Vorerträge und die nach je 50, 60, 70 ... Jahren eingehenden Abtriebserträge mittels der Zinseszinsrechnung und für die Zinsätze, welche jeweils für sichere Kapitalanlagen landesüblich sind, auf die Gegenwart diskontiert und den Jetztwert der Kulturkosten und sonstigen Verwaltungs- und Betriebskosten abzieht.

Kommen beispielsweise zwei Abtriebszeiten, die bisher übliche Abtriebszeit u und die abgekürzte Abtriebszeit u zur Vergleichung, so werden zunächst die Vorerträge Da . . . . . Dq und die Abtriebserträge Au und Au, welche dieselben liefern werden, auf die Gegenwart diskontiert. Von diesem Boden-Bruttowert wird der Jetztwert der Kulturkostenausgabe = c, die sofort und hiernach alle u und u Jahre zu bestreiten ist, abgezogen. Da aber auch der Waldbesitzer fortdauernd Jahr für Jahr Ausgaben für Forstverwaltung, Forstschutz, Steuern, Wegbau und Wegunterhaltung rc. zu bestreiten hat, so sind diese Betriebskosten = v zu kapitalisieren, und das Kapital ist gleichfalls vom Boden-Bruttowert in Abzug zu bringen. Wird ferner der geforderte Zinsfuß p genannt, so wird auf Grund der Zinseszinsrechnung durch die Vergleichung

$$\frac{Au + Da \cdot 1{,}0\,p^{u-a} + \ldots + Dq \cdot 1{,}0\,p^{u-q} - c \cdot 1{,}0\,p^{u}}{1{,}0\,p^{u} - 1} - \frac{v}{0{,}0\,p}$$

$$\gtrless \frac{Au + Da \cdot 1{,}0\,p^{u-a} + \ldots + Dq \cdot 1{,}0\,p^{u-q} - c \cdot 1{,}0\,p^{u}}{1{,}0\,p^{u} - 1} - \frac{v}{0{,}0\,p}$$

der erreichbare Bodenwertgewinn und diejenige Abtriebszeit gefunden, welche den Boden am besten verwerten wird.

Die Bodenreinertragslehre unterstellt hierauf in Gemäßheit der Prämissen der Zinseszinsrechnung, daß der Holzwuchs nach dem Anbau der holzleeren Fläche die Zinsen des maximalen „Bodenerwartungs=Wertes" abmassieren und zur zugehörigen Erntezeit dem Waldeigentümer abliefern, auch die Zinsen und Zinseszinsen der Kulturkosten und die übrigen Jahresausgaben für Verwaltung und Betrieb mit Zinsen und Zinseszinsen zurückersetzen wird.*) Die vorhandenen Waldbestände haben, wie die Bodenrententheorie fordert, mit ihrem laufenden Wertzuwachs den im Laufe der Zeit immer stärker steigenden Zinseszinsfaktoren zu folgen, mit denen die maximale Bodenrente zu vervielfältigen ist.**) Die Begründer der Bodenrententheorie haben diese Forderung für berechtigt erachtet, weil sie geglaubt haben, daß alle Einnahmen und alle Ausgaben im Wirtschaftsleben unserer Nation mit Zinseszinsen bis zur Unendlichkeit fortwachsen, vor allem aber, weil die Diskontierung unendlicher Erträge mathematisch korrekter sei als die Diskontierung endlicher Erträge. Auch sei nicht zu bezweifeln, daß die Waldbesitzer den Rückersatz der Zinsen und Zinseszinsen der maximalen „Bodenerwartungswerte" vereinnahmen könnten, sobald dieselben die Abtriebszeiten, welche sich mittels der Zinseszins=Rechnung ergeben, einhalten. Da aber die Bestockung größerer Waldungen aus Einzelbeständen zusammengesetzt werde und stets das Ganze gleich der Summe seiner einzelnen Teile sei, so sei die Anwendbarkeit der gleichen Ermittelungsart auf Waldungen mit jährlicher Holzfällung nicht zu beanstanden. Sobald man für den jährlichen Forstbetrieb annehme, daß nicht die konkreten Waldbestockungen, sondern normale Hochwaldbestände, welche mit ihren Ernteerträgen die Zinsen und Zinseszinsen der maximalen Bodenwerte abliefern, zur Zeit vorhanden seien, so sei auch nicht zu bestreiten, daß die letzteren volle Verzinsung finden.

Praktisch ist die Anwendung der Bodenreinertrags=Wirtschaft bis jetzt noch nicht in nennenswerter Weise verwirklicht worden, obgleich dieselbe seit nahezu 40 Jahren in den forstlichen Hörsälen befürwortet wird. Die Entwickelung dieser Lehre, bei deren Taufe unverkennbar der Doktrinarismus Pate gestanden hat, ist leider nicht frei geblieben von fragwürdigen Unterstellungen. Wir werden die

---

*) Die Formel für den Bestandskostenwert lautet:

$$HKm = (B+V)(1{,}0\,p^{\tfrac{m}{}} - 1) + c \cdot 1{,}0\,p^{\tfrac{m}{}} - Da \cdot 1{,}0\,p^{m-a},$$

worin B den Bodenwert, V das Kapital der jährlichen Betriebskosten, c die Kulturkosten, Da die bereits bezogenen Vornutzungen, m das jetzige Bestandsalter und p den Zinsfuß angiebt.

Die Formel für den Bestandserwartungswert, welche in normalen, dem finanziellen Abtriebsalter noch zuwachsenden Beständen mit der Bestandskostenwertformel übereinstimmende Ergebnisse liefert, lautet:

$$HEm = \frac{Au + Dq \cdot 1{,}0\,p^{u-q} - (B+V)\,1{,}0\,p^{u-m} - 1)}{1{,}0\,p^{u-m}},$$

worin ferner Au den Abtriebsertrag im Jahre u für maximalen Bodenwert und Dq die noch ausständigen Durchforstungen vom Jahre q.... bis zum Jahre u angiebt.

**) Siehe ad 8 in diesem Abschnitt.

Kernpunkte der Bodenrententheorie zu überblicken suchen und hierauf fragen, ob selbst die Waldbesitzer, welche mit Zinseszinsen rechnen wollen, auf Grund der bisherigen Ausbildung dieser Theorie umfassend informiert werden können über die Lösung der Aufgaben, welche der privatwirtschaftlichen Nutzungsordnung obliegt. Wir werden auch die angeblich mathematisch unfehlbare Begründung dieser Lehre zu prüfen haben, und wir werden finden, daß die Anwendung der Zinseszinsrechnung fragmentarisch geblieben ist und der Fortbildung und Ergänzung bedarf. Wir werden an diesem Orte, um zu rechtfertigen, daß der Bodenreinertrags-Lehre nicht die erste Stelle unter den nächsten Abschnitten der vorliegenden Schrift eingeräumt worden ist, lediglich hinweisen auf die wesentlichsten Bedenken, welche der Abstammung und der praktischen Durchführung der Bodenreinertrags-Wirtschaft entgegenstehen.

1. Die Anhäufung von Zinsen und Zinseszinsen während eines Zeitraumes von mindestens 60 bis 70 Jahren zählt im praktischen Erwerbsleben zu den selten vorkommenden Ausnahmefällen. Die Belastung der Holzzucht mit den Endwerten der Zinseszinsrechnung ist nicht von den Waldbesitzern gefordert, sondern denselben unnötigerweise von der Bodenrententheorie octroyiert worden.

Die Bodenrenten-Theorie untersucht, zu welcher Zeit die Holzbestockung, welche auf einer Waldblöße angebaut wird, in der zweiten Hälfte des nächsten Jahrhunderts zu verwerten ist, wenn die Waldbesitzer alle Einnahmen mit Zinsen und Zinseszinsen anhäufen und die in gleicher Weise abmassierten Zinsen der Ausgaben abrechnen. Wenn bisher eine längere als 60- bis 70jährige Wachstumszeit den Hochwaldbeständen gestattet wurde, so wird nach den Prämissen der Zinseszinsrechnung nachgewiesen, daß ein mehr oder minder großer Zinsengewinn zur genannten Zeit eingebracht werden kann, wenn die Bestände schon nach 60 bis 70 Jahren abgehauen und die Flächen angebaut werden, aber der Erlös nach der Verwertung unverkürzt als Kapital mit Ansammlung der Zinsen und Zinseszinsen ebenso lange angelegt wird, wie die bisher eingehaltene Verlängerung der Wachstumsdauer Jahre umfaßt hat.

Diese Methode der Rentabilitäts-Vergleichung beschränkt sich auf die Untersuchung, ob der Zinsengewinn bei dem in der zweiten Hälfte des nächsten Jahrhunderts zu effektuierenden Geldgeschäft größer oder kleiner werden wird, wenn dasselbe einige Jahrzehnte früher oder später unternommen wird. Deshalb wird der Gewinn des genannten Geldgeschäfts für verschiedene Beginnzeiten, nach 60, 70 . . . . . Jahren, für die derzeitigen Holzpreise, Verzinsungsverhältnisse rc. berechnet. Der Zinsenüberschuß wird auf die Gegenwart diskontiert, weil angenommen wird, daß die Waldbesitzer während der genannten Wachstumszeit ununterbrochen Zinsen und Zinseszinsen für ihre Kapitalanlagen anhäufen würden. Nach den diminutiven Beträgen des zur Zeit für die Waldblöße erreichbaren „Unternehmer-Gewinns" sollen die Waldbesitzer die Abtriebszeit für alle mit Holz bewachsenen Waldflächen festsetzen und vor allem sämtliche über 60- bis 70jährige Hochwaldbestände so bald als möglich abhauen. Bei der Begründung der Lehre

von den Erwartungswerten und vom Unternehmergewinn*) maßgeblich der Zinses=
zinsformeln war zunächst bezüglich des kahlen, anbaufähigen Waldbodens zu fragen:
welche Zinsenerträge vom außerforstlichen Bodenwert bringen die längeren und die
kürzeren Wachstumszeiten der zu begründenden Hochwaldbestände den Nutznießern
ein, z. B. die Abtriebszeiten u und die Abtriebszeiten u + x? Wann und wie
können die Nutznießer einen vermehrten Zinsenertrag realisieren? Bei dieser Ver=
gleichung waren selbstverständlich gleich lange Zinsen=Bezugszeiten gegenüber zu
stellen, für die genannten Abtriebszeiten die Bezugszeit u + x. Es war zu unter=
suchen, ob, wann und wie ein etwaiger Zinsengewinn durch die Waldwirtschaft
an sich mittels der Abkürzung der Wachstumszeit hervorgebracht werden kann,
oder ob zur Ergänzung desselben ein Geldgeschäft oder ein Gewinn erforderlich
wird, welcher nicht der Waldwirtschaft entstammt, sondern Quellen, welche nicht
in Verbindung mit der letzteren stehen.

Bei der Beantwortung dieser Fragen mittels der Zinseszinsrechnung würde
sofort klar geworden sein, daß es unzulässig ist, den erstmaligen, waldbaulichen Ernte=
ertrag (im Jahre u) oder auch nur die Zinsen desselben der Nutznießung zuzuweisen,
sondern die Nutznießer die Wachstumszeit u + x abzuwarten haben, bevor sie den sog.
Unternehmergewinn und die Zinsen und Zinseszinsen desselben vereinnahmen können.

Die Nachwertformel der Zinseszinsrechnung beruht auf der Voraussetzung,
daß die Reineinnahme im Jahre u mit Zinsen und Zinseszinsen bis zum Jahre
u + x abmassiert wird. Der fortwachsende Bestand würde den vorhandenen
Bestandswert durch die jährliche Wertproduktion gleichfalls abmassieren, jedoch im
späteren Bestandsalter nicht mit der Gradation der Zinseszinsrechnung, wenn
auch bis zum 60= bis 70jährigen Alter die jährliche Wertproduktion größer ist
wie die Zinsen und Zinseszinsen. Den Unterschied zwischen den abmassierten
Zinsen und Zinseszinsen und der Wertproduktion im Zeitraume u bis u + x dis=
kontiert die Bodenrententheorie auf die Begründungszeit der Bestände und nennt
diesen Jetztwert für holzleere Waldflächen „Unternehmergewinn".

Nun hat aber die Verteidigung der Bodenreinertrags=Wirtschaft
bisher niemals betont, daß die Vorrückung der Fällungszeit keine
Abkürzung der Rentenbezugszeit bewirken kann, daß die Verwertung
des Bestands im Jahre u den zu dieser Erntezeit lebenden Waldbesitzern keinen
Pfennig vom Erlös einbringt, weder im aussetzenden noch im nachhaltigen Betriebe.
Diese Nutznießer dürfen nicht einmal die Zinsen der Erlöse angreifen. Zinsen und
Zinseszinsen sind sorgsam bis zum Jahre u + x zu abmassieren. Man darf nicht
glauben, daß die abgekürzte Wachstumszeit einen größeren Zinsenertrag in der
Zukunft (oder jetzt nach dem Vorwert) als die verlängerte Wachstumszeit schon
deshalb einbringe, weil die nachhaltige Zinsenbildung unterbrochen werde und
$\dfrac{Au}{1{,}0p^u - 1}$ nach den Zinseszinsformeln größer als $\dfrac{Au+x\ldots}{1{,}0p^{u+x} - 1}$ wird.

---

*) Die Ermittelung der einträglichsten Abtriebszeit mittels der sogenannten Weiser=
Prozentformel wird später erörtert werden. Die Vergleichung der Boden=Erwertungs=
werte bildet die Grundlage und charakterisiert die Bestrebungen der Bodenreinertrags=
Wirtschaft und war deshalb in erster Linie zu würdigen.

Diese rechnerische Steigerung des Bodenwertes wird von der Bodenrententheorie dadurch verursacht, daß dieselbe für die Abtriebszeit u und für den Zeitraum u + x dieser Abtriebszeit eine erheblich geringere Kapitalbelastung unterstellt als für die Abtriebszeit u + x. Nach den Vorwert=Formeln der Zinseszinsrechnung findet man den erzeugenden Kapitalstock, indem von den späteren Reineinnahmen die bis dahin aufgewachsenen Zinsen und Zinseszinsen abgerechnet werden. Die Bodenrententheorie bringt für die Zeit vom Jahre u bis zum Jahre u + x einerseits für die Einhaltung der sog. finanziellen Abtriebszeit u lediglich die Zinsen des Bodenwertes, dagegen andererseits für die Einhaltung der Abtriebszeit u + x die Zinsen des Bodenwertes und die Zinsen des Bestandswertes im Jahre u in Abzug, und diesen Vorgang wiederholt dieselbe regelmäßig nach u Jahren. Da sonach fortgesetzt von den Einnahmen für u und für den Zeitraum x eine kleinere Zinsenansammlung abgezogen wird, als diese Abtriebszeit u gegenüber der Abtriebszeit u + x zu leisten verpflichtet war, so ist es erklärlich, daß der Jetztwert, der sog. Bodenerwartungswert für u rechnungsmäßig größer ausfällt als für u + x. Der erzeugende Kapitalwert wird beständig größer, je weniger die angesammelten Zinsen und Zinseszinsen betragen, welche abgezogen werden. Die waldbauliche Rentabilitäts=Vergleichung für den aussetzenden Betrieb hat offenbar zu fragen, ob die Zinsen und Zinseszinsen, welche den Nachkommen kumulativ abgeliefert werden, während gleicher Zeiträume, z. B. während u + x, größer oder kleiner bei Einhaltung der Wachstumszeit u oder bei Einhaltung der Wachstumszeit u + x werden. Die Bodenrententheorie betrachtet dagegen, wie gesagt, die Jetztwerte der Erträge verschieden langer Wachstumsperioden als gleichberechtigt, und deshalb kommen die verschieden großen Zinsenabzüge nicht zum Ausdruck. Wenn aber der Besitzer des kahlen Waldbodens glauben sollte, daß seine Nachkommen schon bei der Verwertung des Bestandes im Jahre u infolge der kürzeren Wachstumszeit den Unternehmergewinn und dessen Zinsen und Zinseszinsen beziehen können, so würde eine Enttäuschung nicht zu vermeiden sein. Die gesamten Einnahmen und deren Zinsen und Zinseszinsen sind für das fragliche finanzielle Unternehmen während der Zeit u bis u + x nicht zu entbehren, wenn der in Aussicht genommene Unternehmergewinn realisiert werden soll, weil der fortwachsende Bestand nicht nur die Bodenwerte im Jahre u, sondern auch die bis zum Jahre u abmassierten Zinsen dieser Bodenwerte und der sonstigen Aufwendungen bis zum Jahre u + x verzinst, wenn auch nicht mit den maximalen Beträgen der Abtriebszeit u.

Es ist nicht zu leugnen, daß die Ergebnisse der Zinseszinsrechnung für Kapitalisten beachtenswert sein können, welche bei Geldanlagen auf einen raschen, mit Zinsenfruktifikation verbundenen Umschlag ihrer Kapitalwerte bedacht sind und die Voraussetzung, daß in der Bodenwirtschaft Zinsen auf Zinsen gehäuft werden können, als allgemein maßgebend erachten. Aber auch für diese Kapitalisten können dann, wenn die einträglichste Bewirtschaftung eines ständigen Waldbesitzes zu regeln ist, die wandelbaren Bodenerwartungswerte und Bestandskostenwerte nicht maßgebend werden, weil dieselben nicht greifbar und nicht realisierbar sind. Vielmehr sind durchweg die Bestands=Verkaufswerte maßgebend. Solange die jährliche Wertproduktion für die Bestands-Verkaufswerte die geforderte Verzinsung liefert und den jährlichen Bodenertrag ersetzt, ebenso lange sind die Waldbestände noch nicht finanziell haubar. Für die verwertungsfähigen Bestände — und nur für diese ist die Abtriebszeit zu ermitteln — ist es bedeutungslos, ob der sog. Bestandskostenwert mit dem Verkaufswert übereinstimmt oder nicht, weil der Bestandskostenwert nirgends flüssig gemacht werden kann und auch dieses mit den Zinsjätzen wechselvolle und im Laufe der Zeit flatterhafte Kind der Zinseszinsrechnung niemals greifbar werden wird.*)

Für die derzeitigen Waldbesitzer wird überhaupt die Ermittelung, ob die in der zweiten Hälfte des beginnenden Jahrhunderts bezugsberechtigten Nutznießer das genannte finanzielle Unternehmen einige Jahrzehnte früher oder später beginnen werden, den ausschlaggebenden Wert ebensowenig haben als die Berechnung des Gewinns, welchen die Vorfahren, die zur Begründungszeit der jetzt haubaren Bestände bezugsberechtigt waren, für die Jetztzeit kalkulieren konnten. Man wird immerhin fragen dürfen, ob der Schwerpunkt der seit 40 Jahren wegen der mathematischen Unfehlbarkeit in erster Reihe befürworteten Bodenrententheorie in der Beweisführung liegt, daß nach 60 bis 70 Jahren ein Geldkapital, dessen Zinsen und Zinseszinsen vom Jahre u bis zum Jahre u + x abmassiert werden, schließlich einen größeren Zinsenertrag einbringe als die Bestandswertproduktion im höheren Alter der Hochwaldungen.

a) Aussetzender Betrieb. Aus welcher Quelle fließt der Bodenwertgewinn?

Während des Buschholz- und Stangenholzalters kann kein Ertrag, sonach auch kein Unternehmergewinn eingebracht werden — auch dann nicht, wenn die kürzere Wachstumszeit planmäßig festgestellt worden ist, sobald eine Veränderung des Bestands nicht beabsichtigt wird. Selbstverständlich kann erst nach Erreichung der sogenannten „finanziellen Hiebsreife" ein Unternehmergewinn in Frage kommen.

Werden die der Rechnung zu Grunde liegenden Erlöse thatsächlich sowohl mittels der abgekürzten als der verlängerten Wachstumszeit erzielt, so ist nicht zu bezweifeln, daß die Waldbesitzer durch die Kapitalanlage der Erlöse, welche im jüngeren Bestandsalter zu erreichen sind, mit Zinsenzuschlag zum Kapital einen größeren Zinsengewinn zu erzielen vermögen als durch die Wertproduktion der fortwachsenden Hochwaldbestände. Diese Erkenntnis ergiebt sich schon, wie im siebenten Abschnitt dargelegt werden wird, durch die Vergleichung der jährlichen Wertproduktion mit dem jährlichen Zinsenertrag der in Geld umgewandelten Bestandswerte. Wenn die Bodenrententheorie mit ihrem komplizierten Formelapparat lediglich die Erkenntnis erneuert, daß die Wertproduktion der Hochwaldbestände im höheren Alter den ausgiebig ansteigenden Rentenendwert-Faktoren der Zinseszinsrechnung nicht zu folgen vermag, so wird diese Beweisführung nahezu bedeutungslos für die Information der Waldbesitzer bleiben.

---

*) Die gründliche Erörterung dieser Fragen würde hier zu weit führen und ist der forstlichen Journal-Litteratur vorzubehalten.

Wir haben oben behauptet, daß sich die Waldbesitzer mit der Annahme, daß der Reinertrag der Waldbestände in dem Altersjahr der Hochwaldbestände, welches der sogenannten finanziellen Abtriebszeit mit höchstem Bodenerwartungswert entspricht, dem Nießbrauch zugebilligt werden könne, in einem schweren Irrtum befinden würden. Wir haben oben erwähnt, daß nach den Grundannahmen der Zinseszinsrechnung der berechnete Unternehmergewinn mit den Nachwerten nur dann eingebracht werden kann, wenn der Bestandsreinerlös zur finanziellen Abtriebszeit unverringert während der Wachstumszeit, welche der stehen bleibende Bestand zurücklegt, mit Zinsen und Zinseszinsen abmassiert wird. Wird diese Bedingung nicht erfüllt, lediglich der Erlös als Kapital reserviert oder beispielsweise zur Schuldentilgung mit Wegfall des Zinsenzuschlags zum Abtriebserlös verwendet, so verwandelt sich der Unternehmergewinn, wie wir vermutet haben, in einen erheblichen Unternehmerverlust.

Der Beweis für diese Behauptungen wird am anschaulichsten durch die Betrachtung eines Beispiels erbracht werden.

Es ist ungemein schwer, die Beweisführung, daß die bisherigen Bodenrenten-Lehre für die umfassende Anwendung der Zinseszinsrechnung zur Bemessung der erreichbaren Gewinnbeträge für den holzleeren Waldboden und die Waldbestockung umzugestalten ist, selbst für diejenigen Waldbesitzer durchsichtig zu gestalten, welche mit Zinseszinsen rechnen wollen. Die algebraische Ausdrucksweise hat diese Klarstellung nicht herbeigeführt, wie unter anderen der langwierige Streit, ob $q^{\underline{n}}1$ des Zählers gegen $q^{\underline{n}}1$ des Nenners gestrichen werden darf, bezeugt. Für diese Klarstellung werden, wie wir glauben, einfache Beispiele fördersamer sein.

Eine anzubauende Waldfläche wird im 60. Jahre einen Ertrag von 1000 Mark, im 120. Jahre einen Ertrag von 3000 Mark liefern. Vorerträge und Kosten werden wegen Vereinfachung des Beweises nicht berücksichtigt. Der Zinssatz beträgt $3^{1/2} \%$. Der Bodenerwartungswert beträgt für die 60jährige Abtriebszeit 145,356 Mk. pro ha, für die 120jährige Abtriebszeit 49,128 Mk. Es ist zu beweisen, daß der Gewinn von 96,228 Mk. in einen Bodenwertverlust verwandelt wird, sobald die Nutznießer nach 60 Jahren den Erlös angreifen und nicht mit Zuschlag der Zinsen und Zinseszinsen zum Kapital unverkürzt bis zum 120. Jahre ansammeln.

Zunächst ist zu beachten, daß der Bestand bei Wahl der 120jährigen Abtriebszeit in den ersten 60 Jahren eine Wertproduktion von $49{,}128 \cdot 1{,}035^{60} - 1 = 337{,}9$ Mk. hat, dagegen in den weiter folgenden 60 Jahren eine Wertproduktion von $3000 - 337{,}9 = 2662{,}1$ Mk. pro ha. Wird dagegen der Bestand im 60jährigen Alter gefällt, aber nicht der Erlös, sondern nur die Jahreszinsen des dem Nachkommen als Kapitalvermögen reservierten Erlöses verbraucht, so haben die letzteren im 120. Jahre 2000 Mk. anstatt 3000 Mk. pro Hektar. Alle 120 Jahre tritt ein Verlust von 1000 Mk. pro Hektar ein, dessen Jetztwert 16,4 Mk. pro Hektar beträgt. Da die Bodenrententheorie einen Bodenwertgewinn in Aussicht stellt, so muß zum Jetztwert von $96{,}2 + 16{,}4 = 112{,}6$ Mk. aus anderen Quellen fließen. In der That beträgt der Endwert der Zinsen für 1000 Mk. des 60jährigen Abtriebsertrags im 120. Jahre 6878,1 Mk., der Jetztwert 112,6 Mk. pro Hektar.

Soll die Summe des jährlichen Zinsenverbrauchs bis zum 120. Jahre berücksichtigt werden, so beträgt der Unternehmergewinn nicht 96,228 Mk. pro Hektar, sondern 18,014 Mk. pro Hektar.

b) **Jährlicher Betrieb.** Die Bodenrenten-Theorie will nachweisen, daß der Unterschied im Bodenwert, welcher zwischen der finanziellen Umtriebszeit u und einer längeren, minder rentablen Umtriebszeit u obwaltet, sofort mit Anbau der Jahresschlagflächen im jährlichen Betriebe zinstragend wird — daher die unten ad 3 zu erörternde Unterstellung einer Idealbestockung. Dazu gehört jedoch wiederum die verzinsliche Anlage der Erlöse zur sogenannten finanziellen Abtriebszeit auf allen Jahresschlägen im Alter u, u + 1, u + 2 und so fort während der untersuchten Wachstumsdauer von u bis u und so fort. Wenn diese Behauptung richtig ist, so würde, bevor von einem Unternehmergewinn die Rede sein kann, nachzuweisen sein, daß die Nutznießer in der zweiten Hälfte des nächsten Jahrhunderts allgemein die Verzichtleistung auf alle Waldrenten für die in Frage stehende Zeitdauer bevorzugen, aber die Kultur-, Verwaltungskosten und sonstigen Betriebskosten bestreiten werden — für den jährlichen Betrieb offenbar eine gewagte Voraussetzung.

Für eine 1000 ha große, anzubauende Waldfläche mit den oben genannten Erträgen von 1000 Mk. pro Hektar im 60 jährigen Alter und 3000 Mk. pro Hektar im 120 jährigen Alter würden bei Wahl der 120 jährigen Umtriebszeit jährlich 49,123 Mk. $\times$ 8,333 ha = 409,404 Mk. Bodenkapital 120 Jahre lang zinstragend werden, deren Jetztwert im

derzeitigen Berechnungsjahr $= \dfrac{409{,}404 \cdot 1{,}035^{120} - 1}{1{,}035^{120} \cdot 0{,}035}$ . . . . 11 509 Mk.

Dagegen bei Wahl der 60 jährigen Umtriebszeit 145,389 $\times$ 16,666 = 2423,15 Mk. jährlich 60 Jahre lang, deren Jetztwert . . . . . . 60 445 Mk.

Folglich Unternehmergewinn 48 936 Mk.

Bei Wahl der 120 jährigen Umtriebszeit erfolgen vom 120. Jahre an jährlich ständige Erträge von 25 000 Mk., deren Jetztwert wie oben $\dfrac{25\,000}{0{,}035 \cdot 1{,}035^{120}}$ . . 11 509 Mk.

Bei Wahl der 60 jährigen Umtriebszeit und jährlichem Verbrauch der vom 60. bis 120. Jahre eingehenden 16666 Mk. beträgt der Rentenbezug zusammen 1 000 000 Mk. Vom 121. Jahre an gehen ständig 16666,6... Mk. ein, deren Kapitalwert 476 190 Mk.

Zusammen im 120. Jahre 1 476 190 Mk.

Jetztwert $\dfrac{1\,476\,190}{1{,}035^{120}}$ . . . . . 23 785 Mk.

Unternehmergewinn nach Abzug obiger 11 509 Mk. . . . . 12 276 Mk.
Gegen oben . . . . 48 936 Mk.

Fehlen 36 660 Mk.

Es ist nachzuweisen, daß der Mehrbetrag des Unternehmergewinnes von 36 660 Mk. den die Bodenreinertrags-Theorie verrechnet, den Zinsen und Zinseszinsen des Ertrags der 60 jährigen Umtriebszeit von 16666,6... Mk. vom 61. bis 120. Jahre entstammt.

Es ist mit den letzteren im 120. Jahre $\dfrac{16\,666{,}6\ldots \times 1{,}035^{60} - 1}{0{,}035}$ . . . . 3 275 285 Mk.

Hiervon ab den obigen Rentenbezug ohne Zinsen und Zinseszinsen . 1 000 000 Mk.

Bleiben 2 275 285 Mk.

Jetztwert $\dfrac{2\,275\,285}{1{,}035^{120}}$ . . . . 36 660 Mk.

2. Die Beweisführung, daß in der zweiten Hälfte des nächsten Jahrhunderts eine Kapitalanlage durch Ansammlung der Zinsen

4*

und Zinseszinsen mehr einbringen wird als der Zuwachs der Holzbestände, war sowohl für den aussetzenden als für den jährlichen Betrieb entbehrlich, und zudem ist die Berechtigung der Zinseszinsrechnung als Grundlage der Waldertragsregelung nicht einwandsfrei nachgewiesen worden.

Die Berechnung des in der zweiten Hälfte des nächsten Jahrhunderts entstehenden Unterschiedes zwischen der Kapitalverzinsung und der Wertproduktion wird zunächst den Waldbesitzern etwas verfrüht erscheinen, und zudem wird die größte Zahl der Waldbesitzer bereits wissen, daß die viele Jahrzehnte lang angesammelten Zinsen und Zinseszinsen ihren Erben mehr einbringen als die Waldproduktion. Ferner werden wir, wie gesagt, finden, daß die Waldbestände nach 60= bis 70jähriger Wachstumszeit mit ihrer laufend jährlichen Wertproduktion den laufend jährlichen Kapitalzinsen der Bestandsverkaufswerte nachstehen und die Vorrückung dieses Wendepunkts, welchen man mittels der Zinseszinsrechnung herausrechnen kann, praktisch bedeutungslos bleibt. Für den aussetzenden Betrieb wird sonach die Konstatierung dieser Thatsache mittels der Zinseszinsrechnung entbehrlich werden.

Im jährlichen Betrieb wird die Zinseszinsrechnung in den seltensten Fällen zu berücksichtigen sein, weil die nachhaltig erhöhten Renten der Nutznießung gebühren und Zinseszinsen selten entstehen. Die Voraussetzung, daß unsere in der zweiten Hälfte des kommenden Jahrhunderts bezugsberechtigten Nachkommen mehrere Jahrzehnte lang auf alle Walderträge verzichten, vielmehr dieselben zur Erzeugung von Zinseszinsen einem Geldgeschäft anvertrauen — diese Voraussetzung, welche die Bodenrententheorie nach ihren Grundannahmen als selbstverständlich erachtet, erscheint mir nicht hinlänglich beglaubigt. Die Waldeigentümer werden zumeist fragen, welchen realisierbaren Kapitalwert die vorhandenen Holzvorräte und die produktiven Waldflächen haben, welche Jahresrenten diese Kapitalwerte bisher geliefert haben und ob in absehbarer Zeit die bisherigen Waldreinerträge durch Einhaltung des einträglichsten Wirtschaftsverfahrens ausgiebig und nachhaltig erhöht werden können. Mit dem Beweis, daß jährlich die gewählten Abtriebszeiten das Höchsterreichbare für die nachhaltige Rentabilität des derzeitigen Waldvermögens leisten, mit oder ohne Rektifikation der dermaligen Holzvorräte, werden die Waldbesitzer in der Regel zufrieden gestellt werden. Aber auch Waldeigentümer, welche in den letzten 60 bis 70 Jahren Zinsen und Zinseszinsen für ihre Kapitalanlagen aufgespeichert haben, werden selten Wert auf die Ermittelung legen, ob für die wenigen Blößen in ihrem Waldeigentum ein größerer Gewinn erzielt werden kann, wenn für die nachwachsenden Bestände das genannte Geldgeschäft einige Jahrzehnte früher oder später in der zweiten Hälfte des nächsten Jahrhunderts begonnen wird. Diese Waldbesitzer werden vielmehr den Zinsengewinn kennen zu lernen wünschen, der von jetzt an in absehbarer Zeit für die mit Holz bewachsenen und für die holzleeren Waldteile einzubringen ist, wenn die Jahreszinsen des Bestands= verkaufswertes nicht verbraucht, sondern abmassiert werden und gleichzeitig ein junger Bestand auf den holzleer werdenden Boden= flächen begründet wird. (Wir werden später untersuchen, ob behufs um= fassender Information dieser Waldbesitzer die „Weiserprozent"=Berechnung der Bodenrententheorie durch die direkte Berechnung der Gewinn= und Verlustbeträge zu ergänzen ist.)

Welche Beweggründe haben die Begründer der Bodenrenten= theorie zu dieser eigentümlichen Art der Rentabilitätsvergleichung veranlaßt? Hat man geglaubt, daß es für die Waldbesitzer einen besonderen Wert habe, die Zinsenüberschüsse zu fixieren und auf die Gegenwart zu dis= kontieren, welche durch das genannte Geldgeschäft im 21., 22. Jahrhundert erreicht werden können?

In der Theorie der Waldwertrechnung war zur Ermittelung des Jetztwerts zeitlich auseinander liegender Nutzungen vorherrschend die Zinseszinsrechnung gewählt worden. Man hat nun betont, daß dieselbe zu algebraisch korrekten Ergebnissen führe, während die einfache Zinsrechnung bei Ermittelung des Jetzt= werts der in späteren Jahrhunderten eingehenden Renten inkorrekt werde. Be= trachte man nämlich die Rente r als die n maligen Zinsen eines Kapitals K, so werde dieses Kapital $K = r \frac{100}{np}$ bei öfterer Wiederholung größer, als der gegenwärtige Wert unendlicher Renten. Denke man sich zweitens „jede einzelne Rente als aus einem Anfangskapital derart entstanden, daß dasselbe mit Zinsen bis zum Betrage der Rente erwächst und dann mit diesen Zinsen verzehrt wird, so sei die Summe aller Anfangskapitalien unendlich groß". In beiden Fällen gelange man zu absurden Ergebnissen.

Man hat indessen nicht genügend gewürdigt, daß bei der Rentabilitäts= Vergleichung der wählbaren Abtriebszeiten die Herbeiziehung der mehr oder minder hypothetischen, zudem nach dem Jetztwert überaus geringfügigen Zinsen= erübrigungen in späteren Jahrhunderten entbehrt werden kann, sogar der Beweis= führung anfechtbare Faktoren beigesellt. Wenn ein wirtschaftliches Unternehmen nur durch die Ansammlung von Zinseszinsen rentabel werden kann, so wird jede vorsichtige Eigentumsverwaltung von demselben absehen. Auch für die Waldbesitzer, welche mit Zinseszinsen rechnen wollen, sind lediglich die Rentenunterschiede wissenswert, welche in absehbarer Zukunft, in der Regel im nächsten Jahrzehnt durch die Abkürzung oder die Verlängerung der Wachstumszeit der vorhandenen Waldbestände herbeigeführt werden — sowohl im aussetzenden als im jährlichen Waldbetriebe, sowohl bei jährlichem Zuschlag der Zinsen zum Kapital als für Waldbesitzer, welche die Jahreszinsen für den Lebensunterhalt verbrauchen wollen. Wir werden in den nächsten Abschnitten die Richtigkeit dieser Behauptung hin= reichend belegen.

Zum Zweck der Rentabilitäts=Vergleichung der wählbaren Wirtschaftsverfahren war sonach die Grundannahme der Bodenrenten=Theorie, daß alle Waldbesitzer von ihren sämtlichen Einnahmen Zinsen und Zinseszinsen anhäufen und von ihren sämtlichen Ausgaben Zinsen und Zinseszinsen entbehren, nicht notwendig.*) Man hat allerdings geltend gemacht, daß nach Aufhebung der Wuchergesetze die vertragsmäßige Ausbedingung von Zinseszinsen nicht mehr verboten sei oder wenigstens die verbietenden landesgesetzlichen Bestimmungen leicht zu umgehen seien. Auch sei der Zinsenzuschlag zum Kapital, z. B. bei Pupillengeldern, üblich.

Es wird jedoch zu erwägen sein, daß die Anhäufung der Zinsen und Zinseszinsen, welche ein halbes Jahrhundert überdauert, keineswegs die Regel im nationalen Erwerbsleben bildet, sondern bisher auf seltene Ausnahmefälle beschränkt worden ist, über welche die öffentlichen Blätter zu berichten pflegen. Welchen Nationalreichtum würde Deutschland zur Zeit besitzen, wenn alle Nettoerträge seit Jahrhunderten mit Zinsen und Zinseszinsen aufgespeichert und nicht für den Lebensunterhalt verbraucht worden wären? Wo sind die Geldinstitute zu finden, welche sich bereit erklären, lediglich die Milliarden aufzunehmen, welche nach Durchführung der Reinertragswirtschaft mit ihren 60- bis 70 jährigen Wachstumszeiten im deutschen Walde verfügbar werden würden, wenn die Bedingung gestellt wird, daß das Kapital mit Zinsen und Zinseszinsen unberührt zu bleiben hat und mit den letzteren nach 60 bis 70 Jahren abzuliefern ist? Nur für kurze Zeit vergüten die Geldinstitute Zinseszinsen im Conto-Corrent-Verkehr, und eine Zinsenanhäufung, welche ein halbes Jahrhundert überdauert, wird nirgends gewährleistet und auch als Regel sicherlich nirgends erreicht. Zwar ist bei den waldbaulichen Rentabilitäts-Vergleichungen die Zinseszinsrechnung nicht grundsätzlich auszuschließen. Für kurze Zeit können die Kapitalisten, welche die Kapitalanlage im Grundbesitz bevorzugen, die vorübergehende Anlage der Holzvorratserlöse mit Zinsenzuschlag zum Kapital in vereinzelten Fällen (günstige Vermögenslage, bei Vormundschaften für Minderjährige u. s. w.) bewerkstelligen. Aber in der Regel werden wirtschaftliche Veränderungen nicht beschlossen werden, wenn nicht nur die jetzt lebenden, sondern auch die bis gegen Ende des nächsten Jahrhunderts lebenden Nutznießer auf die erreichbare Rentenerhöhung verzichten sollen, und diese Verzichtleistung kann den Nutznießern auch von keiner Eigentumsverwaltung auferlegt werden, wenn der ständige Bezug einer sicheren Rentenerhöhung durch Ankauf von Hypothekenbank-Pfandbriefen, von Grundbesitz oder von Waldbeständen mit weit höherem Rentenertrag, als die älteren Hochwaldbestände einbringen, für absehbare Zeiten gewährleistet worden ist.

---

*) Neben dem Hinweis auf die algebraische Korrektheit der Zinseszinsrechnung ist diese Grundannahme wie folgt motiviert worden: „Zinsen, welche wirtschaftlich verzehrt (nicht vergeudet) werden, sind als zinstragend anzusehen, wenn sich ihre Rentabilität auch nicht unmittelbar in Geld ausdrücken läßt." (Heyer, „Waldwertrechnung". 4. Auflage von Wimmenauer. Leipzig, Teubner. 1892, S. 293). „Man verschließe vor allem sein Auge nicht vor der wohl kaum bestrittenen Wahrheit, daß jeder Wert, den wir dem Walde abwirtschaften, in unserem eigenen und somit im Volkshaushalt mit durchschnittlich 4% fortwächst." „Die Annahme, daß die Zinsen nicht wieder Zinsen tragen, ist an sich ein ganz ungesundes Princip" (Preßler). Alle weiteren Wortführer der Bodenrenten-Theorie (Judeich, Lehr u. a.) gehen ausdrücklich von der gleichen Annahme aus.

3. Die Anwendung der Bodenrententheorie auf den **jährlichen Betrieb größerer Waldungen** wird selten durchführbar. Dieselbe würde auf die Voraussetzung zu begründen sein, daß nicht die mehr oder minder unregelmäßig und ungleichmäßig bestockten Waldungen vorhanden sind, die wir thatsächlich in Deutschland vorfinden, sondern Holzvorräte für die 60- bis 70jährigen Umtriebszeiten mit idealer Abstufung der jährlichen Altersklassen für die Umtriebszeiten, für welche der Boden-Erwartungswert nach der Zinseszinsrechnung gipfelt. Es ist nicht zu bezweifeln, daß man, um die Konkordanz der Boden- und Bestandswerts-Formeln auch für den jährlichen Betrieb in größeren Waldungen nachzuweisen, zu der Unterstellung genötigt war, daß die abnorme Waldbestockung mit Einführung der Reinertrags-Wirtschaft verschwindet und die genannte Ideal-Bestockung für die Umtriebszeit mit maximalem Bodenwert an ihre Stelle tritt. Alsdann ist freilich nicht zu bestreiten, daß „das Ganze gleich der Summe seiner einzelnen Teile" auf der gesamten Waldfläche ist. Da aber thatsächlich die Herstellung dieser Ideal-Bestockung erst zu erstreben ist, so würde zu beachten sein, daß die Jahresschläge selten im holzleeren Zustande vorfindlich sind und selten mit ihrer derzeitigen, vielfach finanziell überreif gewordenen Bestockung den maximalen Bodenwert verzinsen können. Die Beweisführung, daß etwa vom Ende des nächsten Jahrhunderts an die maximale Bodenverwertung eintreten wird, würde offenbar keine nennenswerte Nutzleistung haben — selbst nicht für Waldbesitzer, welche mit Zinseszinsen rechnen wollen.

4. Vor allem wird aber zu beachten sein, daß die Bewertung der Waldvorräte nach der Verzinsung der maximalen Boden-Erwartungswerte einen erkennbaren Zweck für die derzeitige Walderstrags-Regelung nicht haben kann. Ist die von der Bodenrententheorie angeregte Vorratsreduktion zu untersuchen, so haben die Unterschiede in den Vorrats-Verkaufswerten und die realisierbaren Erlöse bei dieser Vorratsreduktion die entscheidende Bedeutung. Die Unterschiede in den Kostenwerten oder Erwartungswerten würden unbrauchbare Ziffern ergeben und können als sowohl theoretisch, wie praktisch bedeutungslos überhaupt nicht in Frage kommen. Ist andererseits eine Vorratsverstärkung nach ihrer Leistungsfähigkeit zu untersuchen, so sind die Rentenersparungen maßgebend, welche die Waldbesitzer für den genannten Zweck darzubringen haben, indem die Rente, welche beim Fortbestand der bisherigen Vorräte beziehbar sein würde, zu verringern ist. Der Endwert dieser Rentenverluste hat selbstverständlich einen ganz anderen Ursprung als die Unterschiede der Boden-Erwartungswerte zur Begründungszeit der derzeitigen Bestockung und die hieraus hervorgegangenen Vorratskostenwerte und ist auch weitaus verschieden vom Unterschiede der Vorrats-Erwartungswerte.

Nach den Formeln der Bodenrententheorie kann sonach der jeweilige Wert des Waldeigentums und die bisherige und erreichbare Rente desselben niemals ermittelt werden.

Werden die Boden- und Vorratswerte nach den maximalen Boden-Erwartungswerten berechnet, so gelangt man zu Waldwerten, welche bis zur

Herstellung der zugehörigen Normalvorräte, sonach mindestens 60 bis 70 Jahre lang, fiktiv bleiben, und die Berechnung des Unternehmergewinns oder vielmehr die Beweisführung, daß bei der vorausgesetzten Normal-Bestockung kein Unternehmergewinn erzielt werden könne, wird zwecklos. Werden die Boden- und Vorratswerte für die Boden-Erwartungswerte berechnet, welche der bisherigen Umtriebszeit und der konkreten Bestockung entsprechen, so werden alle Rechnungsergebnisse à priori fiktiv, weil die Veränderung dieser Vorrats- und Bodenwerte Zweck der Untersuchung ist und für die nächste Zeit zu unterstellen ist.

Die Normalvorräte für die sog. finanziellen Umtriebszeiten sind niemals vorhanden und werden wohl auch nimmer hergestellt werden oder stabil bleiben. Die Bemessung der derzeitigen Waldwerte nach den Boden-Erwartungswerten der bisherigen Umtriebszeiten und deren Zinsen ist, wie gesagt, ebenso zwecklos, weil dieselben mit den realisierbaren Vorratswerten nicht übereinstimmen, auch der Fortbestand der derzeitigen Bestockung vorauszusetzen sein würde, während die Umgestaltung derselben Zweck der Untersuchung ist. Die realisierbaren VorratswertUnterschiede und die von der Bodenwerttheorie berechneten Unterschiede in Gemäßheit der Zinsen- und Zinseszins-Ansammlungen liefern weitaus verschiedene Beträge.

Infolge Einführung der einträglichsten Umtriebszeiten werden in den konkreten Waldungen nicht selten bei reichhaltigen, bisher für die 100- bis 120jährigen Umtriebszeiten bemessenen Holzvorräten Hunderttausende, oft mehrere Millionen entbehrlich, über deren Verbleib Auskunft zu geben sein wird. Es entstehen nach Beendigung des nächsten Rundganges der Nutzung beträchtliche Rentenausfälle, und es war nachzuweisen, daß der verbleibende „Unternehmer-Gewinn", der von dem Mehrertrag der Zinsen des höher rentierenden Kapitalwechsels gebildet wird, reichlichen Ersatz für die entstehenden Rentenausfälle einbringt. Im entgegengesetzten Falle, wenn z. B. der 60jährige Normalwald vorhanden ist und die 70- oder 80jährige Umtriebszeit höheren Bodenerwartungswert hat, müssen die Waldbesitzer beträchtliche Rentenverluste, wie oben erwähnt, aufwenden, um den Vorratsmehrwert einzusparen. Es wird zu untersuchen sein, ob für die Verzinsung des Endkapitals dieser Entbehrungen die Rentenerhöhung genügend ist, welche zwischen dem 60jährigen und 70- oder 80jährigen Waldvorrat obwaltet, bezw. in späteren Zeiten herbeigeführt werden wird.

5. Anstatt die Rentenerhöhung zu ermitteln, welche für die Waldböden und die Waldbestockung bei Wahl der einträglichsten Wirtschaftsverfahren sofort beginnen wird, will die Bodenrententheorie die Gewinnbeträge berechnen, welche unsere Vorfahren zur Begründungszeit der jetzt ältesten Bestände für die holzleere Verjüngungsfläche kalkulieren konnten und unsere in der zweiten Hälfte des kommenden lebenden Nachkommen kalkulieren werden. Die Gewinnbeträge, welche die Waldbesitzer thatsächlich für die derzeitigen Boden- und Bestandswerte zu realisieren vermögen, werden durch diese lückenhafte und fragmentarische Ermittelungsart bis zur wirtschaftlichen

Bedeutungslosigkeit verkleinert zum Ausdruck gebracht und zudem für die wertvollsten Glieder der derzeitigen Waldbestockung unzutreffend berechnet.

Die Begründung der einträglichsten Bewirtschaftung gestaltet sich nach der genannten Theorie ungemein einfach. Man hat die Abtriebszeit, welche den höchsten Boden-Erwartungswert liefert, zu ermitteln und alle Bestände, welche die Zinsen für diesen maximalen Bodenwert und den Verkaufswert der vorhandenen Holzbestockung in der Zukunft nicht mehr mit ihrer Wertproduktion aufbringen können, so rasch als möglich abzuhauen. Maßgebend für diese Nutzungsanordnung ist der Unternehmergewinn.

Dieser Unternehmergewinn wird jedoch sowohl für den aussetzenden als für den jährlichen Betrieb unzutreffend bestimmt, sobald der Wald mit Holz bewachsen ist und diese Bestockung nicht völlig normal im Sinne der Bodenrententheorie, d. h. für die Umtriebszeit mit maximalem Boden-Erwartungswert beschaffen ist (in welchem Fall die letztere fortzusetzen sein würde und ein Unternehmergewinn nicht entstehen könnte).

a) Aussetzender Betrieb. Wenn in der That die Waldbesitzer in der Lage sind, alle über 60- bis 70 jährigen Baumholzbestände sofort abzuholzen, so kann immerhin der von der Bodenrententheorie in Aussicht gestellte Bodenwertgewinn nicht realisiert werden. Es war zu beachten, daß diese Gewinnberechnung für alle vorhandenen Bestände, welche die sogenannte finanzielle Hiebsreife überschritten haben, nicht richtig wird, weil der Zeitpunkt der Einheimsung des Gewinnes verpaßt worden ist. Diese Bestände können lediglich die Bodenrente abliefern, welche dem derzeitigen Abtriebsalter und der fortgesetzten Einhaltung des letzteren während der zukünftigen Haubarkeitsnutzung entspricht, der erreichbare Gewinn beschränkt sich auf die Unterschiede zwischen der maximalen Bodenrente und der letzteren, beginnend mit der Verjüngung. Die Rechnungs-Ergebnisse der Bodenreinertragswirtschaft würden hinsichtlich des bei Einhaltung der finanziellen Hiebszeiten eingehenden Unternehmergewinns wesentlich zu verringern sein, weil der Nachwert des für die letzteren berechneten Bodenwertgewinnes durch den Abtriebsertrag der über 60- bis 70 jährigen Bestände auch bei sofortiger Verjüngung nicht mehr zu erlangen ist. Der Unternehmer-Gewinn der Bodenrententheorie kann nur für diejenigen normalen Bestände erzielt werden, welche die sogenannte finanzielle Hiebsreife noch nicht erreicht haben, aber im Abtriebsjahre mit maximalem Boden-Erwartungswert verjüngt werden können, während dieselben früher in einem minder einträglichen Altersjahr verjüngt worden sind. Man wird stets finden, daß der Gewinn an Bodenrente auch für die letzteren Bestände diminutio und im Hinblick auf die Oscillation der Rentabilitätsfaktoren kaum beachtenswert ist, daß aber in diesen älteren Beständen der Gewinn an Bodenrente wesentlich erhöht werden kann durch den Gewinn an Bestandsrente. Die Bodenrententheorie hat, wie es scheint, nicht genügend beachtet, daß das gleiche Geldgeschäft, welches die Bodenrententheorie für das Ende des kommenden Jahrhunderts anberaumt, auch sofort für alle verwertbaren Bestände vorgenommen werden kann. Dabei bleibt der Gewinn an Bodenrente bestehen. Aber es tritt der Gewinn durch die

Zinsen und Zinseszinsen der Geldanlage hinzu, und dieser Gesamtgewinn wird alsbald eingebracht und braucht nicht auf die Begründungszeit der Bestände diskontiert zu werden.

Schon 1879*) hat der Verfasser nachgewiesen, daß der von der Bodenrententheorie berechnete Gewinn lediglich für die Bestände realisiert werden kann, welche das Alter mit maximalem Bodenwert noch nicht erreicht haben und normal beschaffen sind. Will man den thatsächlich realisierbaren Unternehmergewinn nach den Unterschieden im Bodenerwartungswert mit Anwendung der Zinseszinsrechnung ausdrücken, so ist für alle Bestände welche das genannte Bestandsalter überschritten haben, zu unterscheiden, ob dieselben sofort im jetzigen Alter m oder, wenn die radikale Abholzung aller über 60= bis 70jährigen Bestände wirtschaftlich unburchführbar ist, im späteren Alter x genutzt werden Nennt man den Bodenwert, welcher diesen Abtriebszeiten bei immerwährender Einhaltung derselben nach der obigen Erwartungswert=Formel entspricht, Bm und Bx, den maximalen Bodenwert Bu und den Bodenwert der zu vergleichenden, in der Regel längeren Wachstumszeit Bu, so ist der Unternehmergewinn G im Jahre m bei sofortiger Abholzung: $G = (Bm - Bu)\, 1{,}0\, p^m + Bu - Bm$, weil bisher die Verzinsung nicht für den Bodenwertunterschied Bu — Bu ausgefallen ist, sondern lediglich für den Bodenwertunterschied Bm — Bu, während vom Jahre m an der Bodenwertunterschied Bu — Bm verzinst wird. Dagegen ist bei Abholzung in einem späteren Jahre x der Unternehmergewinn $G = (Bx - Bu)\, 1{,}0\, p^m + \dfrac{Bu - Bx}{1{,}0\, p^{x-m}}$ im Jahre m, weil bis zum Jahre x lediglich der Bodenwertunterschied Bx—Bu verzinst wird, vom Jahre x an dagegen der Bodenwertunterschied Bu—Bx.

Ermitteln wir beispielsweise, welche pekuniäre Bedeutung diese unzutreffende Ermittelung des erreichbaren Gewinns seitens der Bodenrententheorie für eine 600 ha große Fichtenwaldung zweiter Standortsklasse mit den Erträgen der „Schwappach'schen Ertragstafeln für Nord= und Mitteldeutschland" (Berlin 1890) exfl. Vornutzungen und Kosten hat. Dieselbe wird, wie wir annehmen, wie folgt gebildet und benutzt:

50 ha im Mittel 94 Jahre alt, Abtrieb im 95jährigen statt früher im 100jährigen Alter
80 „ „   82   „   „   „   „ 85   „   „   „   „   „   „   „
120 „ „   74   „   „   „   „ 80   „   „   „   „   „   „   „
80 „ „   66   „   „   „   „ 75   „   „   „   „   „   „   „
20 „ „   54   „   „   „   „ 64   „   „   „   „   „   „   „
70 „ „   44   „   „   „   „ 60   „   „   „   „   „   „   „
40 „ „   36   „   „   „   „ 60   „   „   „   „   „   „   „
60 „ „   25   „   „   „   „ 60   „   „   „   „   „   „   „
20 „ „   15   „   „   „   „ 60   „   „   „   „   „   „   „
60 „ „   8   „   „   „   „ 60   „   „   „   „   „   „   „

Die Auskunft, welche die Bodenrententheorie für die Zinsforderung von $3^0/_0$ zu geben vermag, wenn die 60jährige und 100jährige Abtriebszeit als Wirtschaftsziel in Frage steht, würde wie folgt lauten: Für die Begründungszeit der vorhandenen Bestände verzinst die 60jährige Abtriebszeit einen Bodenwert von 1410,8 Mk., die

---

*) Maiheft des österreichischen „Centralblattes für das gesamte Forstwesen".

100jährige Abtriebszeit einen Bodenwert von 731,5 Mf. Der Unternehmergewinn beträgt sonach 659,3 Mf. pro Hektar, für 600 ha 395586 Mf.

Dagegen ergiebt die Berechnung nach den Formeln des Verfassers als Unternehmergewinn bei Einhaltung der örtlich statthaften, oben genannten Abtriebszeiten, anstatt der 100jährigen Abtriebszeit:

$$(Bx-Bu) \; 1,0 \; p^{in} = 1331830 \text{ Mf.}$$
$$\frac{Bu-Bx}{1,0 \; p^{x-in}} = 106880 \text{ „}$$

zusammen Gewinn 1438710 Mf.

Wird diese Gewinnberechnung erprobt, indem für alle Einzelbestände der jetzige Waldwert für die Einhaltung der 60jährigen und 100jährigen Abtriebszeit durch Diskontierung der bei beiden Abtriebszeiten eingehenden Reinerträge auf die Jetztzeit für den Zinssatz von $3^0/_0$ ermittelt wird, so findet man

Waldwert für die 60jährige Abtriebszeit . . . . 4478090 Mf.
Waldwert für die 100jährige Abtriebszeit . . . . 3039380 „
Gewinn bei 60jähriger Abtriebszeit 1438710 Mf.
Dagegen oben nach dem Unterschied der Bodenerwartungswerte 395586 Mf.
Von der Bodenrenten-Theorie nicht gefundener Mehr-Gewinn 1043124 Mf.

Man wird nicht einwenden wollen, daß die Gewinn- und Verlustberechnung, wenn dieselbe für das gegenwärtige Alter der Waldbestände Giltigkeit erlangen soll, den für die Begründungszeit der derzeitigen Bestände berechneten Gewinn und Verlust zu prolongieren habe. Diese Bodenwerte haben, wie oben ausgeführt, in allen über 60- bis 70jährigen Beständen die Verzinsung nicht gefunden, welche die Bodenrententheorie unterstellt.

Im obigen Beispiel würde diese Prolongation einen Gewinnbetrag von 2666883 Mf. ergeben, während thatsächlich mit Einführung der 60jährigen Abtriebszeit nach der Zinseszinsrechnung 1438710 Mf. zu erzielen sind.

Sonach wird die Gewinnberechnung der Bodenrententheorie auch für die Waldbesitzer, welche mit Zinseszinsen rechnen wollen, der Ergänzung bedürfen, indem man die Zinseszinsrechnung auch auf die vorhandenen Bestandswerte erstreckt.

b) **Jährlicher Betrieb.** Betrachten wir den fast stets vorkommenden Fall, daß das Waldvermögen hauptsächlich vom Wert der über 60- bis 70jährigen Bestände gebildet wird, so ist leicht einzusehen, daß die vorstehend ad a betrachteten Vorgänge für alle Jahresschlagflächen herbeigeführt werden, bis die Altersklassen in das Bestandsalter mit maximalem Bodenerwartungswert eintreten. Nun ist aber auch hier, wie man stets finden wird, der von der Bodenrententheorie berechnete Bodenwertgewinn an sich schon gegenüber dem erreichbaren Gesamtgewinn aus Vorrat und Boden und im Hinblick auf die Oscillation der Holzpreise u. s. w. überaus harmlos, und dabei wird derselbe Jahr für Jahr, Altersklasse zu Altersklasse verringert, bis endlich gegen Ende des nächsten Jahrhunderts die Zinsenverluste (die infolge Verzögerung der Verjüngung über die finanzielle Hiebsreife der Bestände hinaus entstehen) allmählich aufhören. Dieser Zeitpunkt kann nach Herstellung des Normalvorrats für die sogenannte finanzielle Umtriebszeit noch nicht eintreten, sondern erst nach Ablauf der längeren, zur Vergleichung gebrachten Umtriebszeit, weil vorher der Zinsengewinn des oben erörterten Geldgeschäfts eingebracht werden muß, wie aus den früheren Ausführungen hervorgeht.*)

Die Steigerung der jährlichen Reineinnahmen der Waldbesitzer, welche die Bodenrententheorie nachweist, wird sonach auch im jährlichen Betriebe, wie alle praktischen Rentabilitäts=Vergleichungen ergeben, schwerlich beachtenswert werden, wogegen die Steigerung der Jahresrenten, welche durch Einführung der einträglichsten Wirtschaftsverfahren für das konkrete Boden= und Vorratskapital alsbald vereinnahmt werden kann, ungleich höhere finanzielle Bedeutung beansprucht, auch wenn man nur die einfachen Jahreszinsen berücksichtigt.

Die Vorführung eines praktischen Beispiels wird im Hinblick auf das obige Beispiel nicht notwendig werden. Wenn man für dasselbe annähernd gleiche Werterträge für die Wirtschaftsperioden durch Wirtschaftspläne für die 100jährige und für die 60jährige Umtriebszeit ermittelt und die Durchschnittserträge dieser Umtriebszeiten aus der vorhandenen und hierauf aus der herzustellenden Normalbestockung auf die Gegenwart diskontiert, so werden die Unterschiede der Boden=Erwartungswerte in ähnlicher Weise gegenüber den thatsächlich erreichbaren Gewinnbeträgen differieren, wie im genannten Beispiel.**)

---

*) Vor 23 Jahren hat der Verfasser, auf die Erkenntnis gestützt, daß der thatsächlich für größere Waldungen erzielbare Zinsengewinn von der Bodenreinertrags= Partei unzutreffend berechnet wird, die Vergleichung der sogenannten Walderwartungs= werte, welche die wählbaren Umtriebszeiten für das konkrete Waldeigentum einbringen, befürwortet („Anleitung zur Regelung des Forstbetriebs.“ Berlin 1875. Springer.) Nachdem durch generelle Wirtschaftspläne die Waldnettoerträge der vorhandenen Bestockung für die wählbaren Umtriebszeiten festgestellt worden sind, kann man diese divergierenden Waldrenten auf die Gegenwart diskontieren und der Jetztwert der jährlichen Nettoerträge, welche von den nachzuziehenden Normal=Vorräten nach Ablauf des nächstmaligen Rundgangs der Jahresschlagfolgung eingehen, hinzurechnen. Man kann beurteilen, welche Gewinn= und Verlustbeträge die Rente der wählbaren Umtriebszeiten nach Maßgabe und im Lichte der Zinseszinsrechnung hervorbringen wird. Es werden, wie man sieht, unausgesetzt eingehende Jahresrenten diskontiert, und die ad 1 erörterten Bedenken werden beseitigt.

Inzwischen habe ich mich überzeugt, daß die Zinseszinsrechnung für die Waldertragsregelung entbehrlich ist und die Anwendung derselben gefahrbringend werden kann. Die Diskontierung der Rentenunterschiede auf die Jetztzeit mittels der Zinseszinsrechnung kann für die Information der Waldbesitzer einen erheblichen Nutzen nicht gewähren, wird vielmehr wegen Verringerung der in der späteren Zeit entstehenden Rentenunterschiede bedenklich, während die Gegenüberstellung der wählbaren Umtriebszeiten nach den thatsächlichen Unterschieden in den einzelnen Wirtschafts= perioden und für die gesamte Rentenbezugszeit ohne und mit Rektifikation der derzeitigen Vorräte instruktiver und anschaulicher werden wird. Ich habe deshalb diese Ermittelung der Waldwerte, die selbstverständlich für die thatsächliche Waldbestockung und nicht für wechselvolle Normalvorräte gemäß der Unterstellungen der später zu erörternden Waldreinertrags=Partei zu ermitteln sein würden, nicht mehr befürwortet.

**) Ein derartiges Beispiel ist in des Verfassers „Anleitung zur Regelung des Forstbetriebs" (S. 110 ff.) berechnet worden. Für eine Buchenwaldung von 100 ha und dem Zinsfuß von nur 2% berechnet die Bodenreinertrags=Methode für die Einführung der 70jährigen an Stelle der 100jährigen Abtriebszeit einen Unternehmergewinn von 4656 Mk. Wenn der 100jährige Normalvorrat vorhanden ist, so beträgt der thatsächliche Gewinn durch Einführung der 70jährigen Umtriebszeit 8254 Mk. nach dem Jetztwert.

6. Die Bodenrentenlehre als Grundlage der Forstwirtschaft würde die privatwirtschaftliche Leistungskraft der Nutzholzproduktion diskreditieren, indem diese Lehre die Holzzucht mit der Verzinsung von Kapitalerhöhungen belastet, welche dem Holzanbau zu verdanken sind.

Wenn der Waldboden zum Feldbau nicht tauglich ist, so wird in den meisten Fällen lediglich die Benutzung zur Waldweide, vorzugsweise Schafweide erübrigen und diese Benutzung als jährlichen Reinertrag kaum wenige Mark pro Hektar einbringen. Der bisherige Jagdertrag wird nach Entfernung der Holzbestockung sinken. Dagegen wird durch die Waldwirtschaft, und zwar schon mittels der in den Staatswaldungen vorherrschenden 100- bis 120 jährigen Umtriebszeiten für die besseren Standorte ein weitaus höheres Bodenkapital mit Zinsen und Zinseszinsen verwertet. Wenn die Rentabilität der Holzzucht mit der Rentabilität anderer Wirtschaftszweige zu vergleichen ist, so wird es nicht einmal gestattet sein, die Rentabilität des Waldbaues mit der Verzinsung der Bodenwert-Erhöhung zu belasten, welcher der Waldproduktion bei Einhaltung der oben genannten Umtriebszeiten entstammt, vielmehr wird offenbar die Bodenrente zu vergleichen sein, welche die außerforstliche Bodenbenutzung einbringt. Die Bodenrenten-Theorie belastet aber nicht nur der Holzzucht die Bodenrente, welche der Begründung der Waldproduktion zu verdanken ist. Die Bodenrententheorie geht noch weiter. Dieselbe berechnet, daß ein weiterer sog. Unternehmergewinn zu erzielen ist, wenn die 60- bis 70 jährigen Umtriebszeiten eingehalten werden und das oben erwähnte Geldgeschäft mit der Forstwirtschaft verbunden wird. Der Waldbau wird hierauf auch mit dem Jetztwert dieses in der zweiten Hälfte des nächsten Jahrhunderts realisierbaren Unternehmergewinns belastet und als ungenügend rentabel qualifiziert, wenn derselbe nicht befähigt wird, diesen weiteren, der Waldproduktion mit den sog. finanziellen Umtriebszeiten entstammenden Gewinn zu verzinsen.

Es ist demgemäß auch die Annahme der genannten Theorie, daß der Vorratswert in größeren Waldungen mit jährlicher Rentenlieferung aus den abmassierten Zinsen des maximalen Boden-Erwartungswertes entstanden sei, nicht völlig zutreffend.

Diese Annahme setzt zudem nicht nur die fortdauernde Einhaltung der Umtriebszeit mit höchstem Boden-Erwartungswert, sondern auch das Vorhandensein des Normalvorrates für die letztere voraus. In allen anderen Fällen können die abmassierten Bodenrenten nicht durch die Ernteerträge abgeliefert werden. Es sind die Vorratswerte, welche die Bodenrententheorie berechnet, fiktiv und werden mindestens bis zur zweiten Hälfte des nächsten Jahrhunderts fiktiv bleiben. Die Berechnung der Vorratswerte und deren Wertunterschiede, die schon aus dem ad 3 erörterten Grunde nicht einwandsfrei bleiben kann, gelangt zu einer Vorratsbewertung, deren Herkunft auf Hypothesen zurückführt.

7. Wenn die Wirtschaftsbezirke den mittelguten und den minderwertigen, noch weniger produktiven Standortsklassen angehören und die jährlichen Aufwendungen den Ausgaben der Staatsforstverwaltung nahe kommen, so gelangt die Bodenwertberechnung meistens für alle

wählbaren Umtriebszeiten zu negativen Bodenwerten, d. h. die Kulturkosten mit den anwachsenden Zinsen- und Zinseszinsen, mit Hinzurechnung der abmassierten jährlichen Ausgaben für Forstverwaltung, Forstschutz, Steuern 2c., übersteigen zumeist, und zwar in allen Wachstumsperioden die Abtriebserträge und die prolongierten Vorerträge.*) In allen größeren Waldgebieten, in denen die jährlichen Nettoeinnahmen viele Millionen Mark betragen, würden die Rentabilitäts-Vergleichungen mittels der Zinseszinsrechnung ergeben, daß der Forstbetrieb einzustellen ist, wenn die aufzuwendenden Kosten mit Zinsen- und Zinseszinsen an die Nutznießer seit der Begründungszeit zu vergüten sind.

Die Waldnettorente in den Staatsforsten des Königreichs Sachsen wird in keinem anderen größeren Staat des Deutschen Reiches erreicht. Der durchschnittlich jährliche Nettoertrag hat in diesem Lande in der Periode 1888 bis 1892 = 7,802 Millionen Mark betragen, pro Hektar 4820 Mk. Nach den Lehren der Bodenrententheorie sind aber an die Nutznießer seit der Begründungszeit der derzeitigen Waldbestände für vorgelegte Verjüngungs- und Betriebskosten 6700 Mk., für 80 jährige Umtriebszeit mit $3^{1}/_{2} \%$ Zinsen und Zinseszinsen berechnet, zurückzuvergüten. An die Stelle des oben bezifferten Nettoertrags von 7,802 Millionen Mark tritt nach dieser Theorie ein jährlicher Verlust von ca. 3 Millionen Mark. Dieser Beweis, daß die vernachwerteten Kosten die Erlöse übersteigen, läßt sich für alle Staatsforst-Verwaltungen führen, welche die Gelderträge, die Kosten und die eingehaltenen Umtriebszeiten veröffentlicht haben, und man würde finden, daß die forsttechnische Bewirtschaftung der größeren Privatwaldungen mit ähnlichen finanziellen Mißerfolgen abschließt, sobald mit den Zinsenerträgen sicherer Kapitalanlagen und mit Zinseszinsen gerechnet wird.

8. Die ausgiebige Nutzholzproduktion, welche eine Existenzbedingung für die deutsche Forstwirtschaft ist, würde mit der konsequenten Durchführung der Boden-Reinertragswirtschaft nicht vereinbart werden können. Derselben würden sich fast in allen Forstbezirken, da wir keine tropische Vegetation haben, unübersteigliche Hindernisse entgegenstellen.

Wenn man die Vorerträge und die Abtriebserträge der wählbaren Abtriebszeiten pro Flächeneinheit, sonach für den aussetzenden Betrieb, auf die Gegenwart diskontiert und die in gleicher Weise behandelten Kosten abzieht, so berechnet sich gewöhnlich für die der Sicherheit der Kapitalanlage entsprechenden Zinssätze von 3 und $3^{1}/_{2} \%$ der höchste Boden-Erwartungswert für die 60- bis 70 jährigen Abtriebszeiten. Für diesen maximalen Bodenwert werden die jährlichen Bodenrenten bei einer Zinsforderung von 3 % mittels der 60 jährigen Abtriebszeit 163 fach und mittels der 70 jährigen Abtriebszeit 231 fach für die Ernteerträge vervielfältigt, bei der Zinsforderung von $3^{1}/_{2} \%$ mittels der 60 jährigen Abtriebszeit 197 fach und mittels der 70 jährigen Abtriebszeit 289 fach. Von diesem Zeitpunkte

---

*) Die in den bisherigen Musterbeispielen unterstellten Gelderträge sind weitaus größer und die Kosten weitaus geringer als die Durchschnitts-Ergebnisse der forsttechnischen Bewirtschaftung bei mittlerer Standortsgüte.

an ist die folgende Vervielfältigung der jährlichen Bodenrente erforderlich, wenn die Verzinsung des höchsten Bodenwertes nachhaltig bleiben soll:

		3 %	3½ %
80 jährige	Wachstumszeit	321 fach	419 fach
90	„	443 „	603 „
100	„	607 „	863 „
110	„	828 „	1229 „
120	„	1124 „	1765 „

Es ist begreiflich, daß die geschlossenen Hochwaldbestände mit ihrer oben charakterisierten Wertproduktion dieser Steigerung der Verzinsungsforderungen nicht nachkommen können. Bei dem Niedergang der Brennholzpreise würde der herrliche deutsche Wald der Entwertung entgegengeführt werden, wenn der Zinsengewinn durch das mehrfach erwähnte Geldgeschäft der Leitstern der deutschen Forstwirtschaft werden sollte.

Man hat zwar einen sogenannten „waldfreundlichen" Zinsfuß für die Bemessung der Abtriebszeiten vorgeschlagen. Aber derselbe ist nicht nötig, sobald man den realisierbaren Waldwert und nicht die Produkte der Zinseszinsrechnung den Rentabilitäts-Vergleichungen zu Grunde legt. Diese Ermäßigung der Verzinsungsforderungen für sichere Kapitalanlagen hat auch keine Berechtigung, weil für die alten Holzbestände, deren Verbreitung der Zweck derselben ist, keineswegs eine außergewöhnliche Sicherheit gewährleistet werden kann. Wir können außerdem nicht wissen, ob in der Zukunft die Holzpreise steigen oder die Kapitalverzinsung sinkt, oder ob der Kapitalreichtum nach langjährigen Kriegen, inneren Umwälzungen ec. sinkt, während die Kapitalnachfrage steigt u. s. w. Nach welchem Maßstab soll diese Einschätzung der Zinssätze stattfinden, um dem Gutdünken entrückt zu werden und beweiskräftig für die Waldbesitzer zu werden? Wo soll die Einwirkung der „Waldfreundlichkeit" auf den Zinssatz beginnen, und wo soll dieselbe aufhören?

Aus diesen Gründen und von der Überzeugung geleitet, daß die nachhaltig einträglichste Bewirtschaftung sichergestellt werden wird, wenn in den kleineren, dem aussetzenden Betrieb unterstellten Waldungen für alle Waldparzellen die ausreichende Verzinsung der vorfindlichen Eigentumswerte durch die jährliche Wertproduktion der Waldbestände ohne Berechnung von Zinseszinsen für hypothekische Bodenerwartungswerte und deren Zinsen gewährleistet wird und für die größeren jährlich benutzten Waldungen bewiesen wird, daß die befürworteten Wirtschaftspläne die jährlich in absehbarer Zeit erreichbare Rentenerhöhung des Gesamteigentums ohne Verkürzung der nachkommenden Nutznießer erstreben — von dieser Überzeugung geleitet wird in den späteren Abschnitten dieser Schrift die Lösung der im ersten Abschnitt überblickten Aufgaben befürwortet werden.*)

---

*) Der Verfasser hat niemals die unvergänglichen Verdienste verkannt, welche sich die Begründer und Verteidiger der Bodenrentenmethode durch die Beleuchtung der forstlichen Wirtschaftsverfahren aus finanzwirtschaftlichen Gesichtspunkten erworben haben, und wird fortfahren, die fruchtbringenden Anregungen rühmend zu betonen, welche die Forstwirtschaft der lebhaften Befürwortung dieser Methode verdankt. „Das wirtschaftliche Gewissen unserer Forstleute ist angeregt und geschärft und die Erkenntnis befestigt worden, daß die Holzerzeugung ein Gewerbe ist und als solches betrieben werden soll", sagt der namhafte National-Ökonom Helferich, wie oben erwähnt, treffend. In dieser

Für Waldparzellen und kleine Waldungen, welche im aussetzenden Betrieb bewirtschaftet werden, ist für gleich lange Zeitabschnitte die Wertproduktion der verwertbaren Bestände den Verzinsungs-Verpflichtungen gegenüberzustellen, welche für den ernte- und kulturkostenfreien Erlös dieser Bestände zu bemessen sind. Man wird finden, daß es nahezu gleichbedeutend ist, ob diese Zinsen mit der Summe der Jahresbeträge oder mit Ansammlung der Zinseszinsen berechnet werden und ferner die Berücksichtigung der Bodenwertzinsen, der waldbaulichen Werte der Nachzucht berücksichtigt oder nicht berücksichtigt werden (siehe siebenten Abschnitt). Für die größeren Waldungen mit jährlicher Benutzung werden Zinseszinsen in denjenigen Fällen nicht verrechnet werden, in denen Zinseszinsen nicht entstehen können, vielmehr auch die jährlichen Rentenerhöhungen, wenn nachhaltig, den Nutznießern gebühren — und diese Fälle werden die Regel bilden. Im jährlichen Forstbetriebe hat die jährlich und nachhaltig erreichbare Erhöhung der bisherigen Waldrente den Leitstern der Waldertragsregelung zu bilden.*)

Schrift waren jedoch Verfahrungsarten zu bevorzugen, welche die Waldbesitzer aufklären über die thatsächlich erreichbaren Gewinnbeträge und die entstehenden Verlustbeträge. Während einer nahezu 40jährigen, der praktischen Durchführung der Reinertragswirtschaft gewidmeten Thätigkeit hat der Verfasser stets von neuem erkannt, daß die letztere niemals auf die Formeln der Bodenrententheorie fundamentiert werden kann. Wir haben nicht nötig, den Waldbesitzern die Zinseszinsrechnung, die kein Waldbesitzer gefordert hat, zu octroyieren. Gewinnsüchtige Kapitalisten, welche langdauernd angehäufte Zinsen und Zinseszinsen für ihre Geldanlagen im Grundbesitz beanspruchen, werden dem Hochwaldbetriebe mit Nutzholzproduktion fern bleiben dürfen, auch meistens das entscheidende, von der Bodenrententheorie für die zweite Hälfte des nächsten Jahrhunderts postulierte Geldgeschäft sofort vorzunehmen suchen.

*) Die Anwendung der Boden-Reinertragslehre und der Zinszinsrechnung beim Ankauf und Verkauf von Waldungen ist in dieser Schrift nicht zu erörtern.

Fünfter Abschnitt.

Die Produktionsziele der sogenannten Waldreinertrags-Wirtschaft.

Im Verlaufe des forstlitterarischen Streites über die Lösung der Waldrentenfrage ist der algebraische Beweis mittels der Formeln der Zinseszinsrechnung versucht worden, daß die Verzinsung des Vorratskapitals und des höchsten Bodenwertes im jährlichen Betriebe größerer Waldungen bei jedem beliebigen Zinssatz durch die jährlichen Nettoerträge erfolge, die nach Abzug der jährlichen Ausgaben für Kulturkosten, Verwaltungs- und Betriebskosten von der Forstkasse eingeliefert werden, sonach der Kapitalaufwand nicht zu berücksichtigen und die Rentabilität der Wirtschaftsverfahren nach der Steigerung dieser Nettorente zu bemessen sei. Da die Erhöhung der letzteren ohne die Beachtung des zugehörigen Kapitalaufwands und dessen Verzinsung in der Regel die 100- bis 120jährige Umtriebszeit überdauert, so würde eine weitgehende Verlängerung der bestehenden Umtriebszeiten zu befürworten sein. Eine große Partei unter den Forstwirten, die sich zum Unterschiede von der Bodenreinertrags-Partei „Waldreinertrags-Partei" genannt hat, glaubt aus diesen mathematischen Deduktionen die Berechtigung der möglichst hohen Umtriebszeiten auf Grund der Zinseszinsrechnung herleiten zu können.

Wir könnten uns auf den im siebenten Abschnitt ziffernmäßig für die einfache Zinsrechnung geführten Beweis beschränken, daß ein derartiges Ergebnis der Rentabilitätsvergleichung überhaupt nicht möglich ist — weder bei der einfachen Zinseszinsrechnung, noch viel weniger bei der Zinseszinsrechnung. Aber die genannte, unzweifelhaft scharfsinnige, algebraische Beweisführung ist in den letzten 40 Jahren, wenn auch vielfach vom Standpunkt der Bodenrententheorie aus bekämpft, nicht durch umfassende und allseitig überzeugende Aufklärung der unzulässigen Voraussetzungen, von denen dieselbe ausgegangen ist, widerlegt worden.*) Die Wortführer der Waldreinertragspartei behaupten

---

*) Nach Niederschrift der nachfolgenden Ausführungen hat Denzin darauf hingewiesen, daß die Rentabilitäts-Vergleichung von gleichen Bodenwerten auszugehen habe.

fortdauernd, daß die vorgebrachte algebraische Beweisführung obsiegend bei der bisherigen Diskussion der sogenannten Waldrentenfrage geblieben sei.

Der Waldreinertragswirtschaft werden besondere „**nationalökonomische Nutzleistungen**" beigelegt, und wir werden die letzteren in erster Linie aufzusuchen und zu würdigen haben.

Die programmäßige Durchführung dieser Waldbenutzungsart würde unverkennbar zu einer Erweiterung der bestehenden Starkholzzucht in den deutschen Hochwaldungen hinführen und in Widerstreit geraten mit dem gesamtwirtschaftlichen Fundamentalgesetz, welches die erreichbare Verringerung der nationalen Produktionskosten vorschreibt. Man wird zu fragen haben, ob die Erhöhung des jährlichen Nettoertrages der Forstkassen das erstrebenswerte Endziel aus gesamtwirtschaftlichen Gesichtspunkten ist oder die nutzbringende Verwertung des möglichst zu beschränkenden Kapitalaufwands und die vollendete Ausgestaltung der Nutzleistungen des letzteren im Waldbetriebe, wie überhaupt in allen Zweigen des nationalen Erwerbslebens, im Sinne des allseitig verehrten Georg Ludwig Hartig.

Nach den Wirtschaftsgrundsätzen der Waldreinertragspartei soll man, da das Betriebskapital und die Kapitalverzinsung desselben angeblich nicht in Betracht kommt, die Hochwaldbestände so lange wachsen lassen, als dieselben noch erkennbaren Wertzuwachs haben. Im aussetzenden Betrieb würde die Einnahme der Forstkasse nach den bisherigen Ertragsuntersuchungen steigen, bis die Waldbäume mehr faulen, als sie zuwachsen. Im jährlichen Betriebe vermehrt sich der jährliche Geldertrag bis zu dem Zeitpunkt, mit welchem der Wertertrag aufhört, dasjenige Sinken des Jahresertrags auszugleichen, welches durch die Verkleinerung der Jahresschlagflächen bewirkt wird. Die bestehenden Umtriebszeiten und Holzvorräte würden dem Programm nicht genügen können.

Demgemäß wird die Annahme, daß die allgemeine Durchführung eines derartigen Wirtschaftsprogramms zu einer beachtenswerten Vermehrung der Forstkasseneinnahmen führen werde, nicht völlig zutreffend sein. Infolge der Vorratseinsparung, welche mit jeder Umtriebserhöhung verbunden ist, würde man die bisherigen Einnahmen der Forstkasse im nächsten Jahrhundert viele Jahrzehnte lang herabsetzen müssen. Wenn der Einnahmeausfall im Haushalt der deutschen Staaten, Gemeinden 2c. durch Steuererhöhung zu decken sein wird, so wird vorher zu untersuchen sein, welche volkswirtschaftlichen Nutzleistungen die Verringerung der Revenüen haben wird. Die jährlichen Reineinnahmen durch die Kassen der Waldbesitzer, die man in erster Linie ins Auge gefaßt hat, will auch die Bodenreinertragstheorie erhöhen. Niemals ist von der letzteren meines Wissens gefordert worden, daß die überschüssig werdenden Vorratsteile vergeudet werden sollen. Allerdings finden sich in jedem Berufszweige gewissenlose Verschwender. Aber man wird derartige Eingriffe in das ererbte Stammvermögen nicht zu verhindern vermögen, indem man die erreichbaren Nutzleistungen des Waldkapitals herabmindert. Die überwiegende Mehrzahl der deutschen Waldbesitzer, zumal der Großgrundbesitzer, erstrebt jedoch die nachhaltig einträglichste Bewirtschaftung des Waldeigentums.

Wenn lange Hochwaldumtriebszeiten wegen der national-ökonomischen Nutzleistungen gewählt werden sollen, so müssen die letzteren auch namhaft gemacht werden können. Wie sind dieselben beschaffen? Nach den Ausführungen in den vorhergehenden Abschnitten ist nicht zu leugnen, daß die Abtriebsstämme einige Finger breit verstärkt werden. Den Starkholzkonsumenten wird eine gewisse pekuniäre Unterstützung erteilt und ermäßigte Einkaufspreise werden andauernd für diese stärkeren Holzsorten herbeigeführt werden. Aber es wird immerhin andererseits zu beachten sein, daß zu diesem Zwecke einige Milliarden vom Volksvermögen mit einem Zinsenertrag, welcher etwa 1 bis $1^1/_2\%$ erreicht, festgelegt werden würden, daß nicht nur die Anbrüchigkeit der Holzbestände, sondern auch die Windwurf- und Insektengefahr vermehrt, dem austrocknenden Luftzug erweiterte Wirksamkeit in den Waldbeständen gestattet, der Laub- und Nadelabwurf verringert werden würde, ohne andererseits die Schönheit des Waldes, die günstigen Wirkungen des letzteren auf die Quellenspeisung, den Wasserabfluß, die Frische und Reinheit der Luft merkbar zu erhöhen. Zudem ist es wahrscheinlich, daß die Nutzholzverarbeitung auf die Verstärkung des Durchmessers der Abtriebsstämme, die wir in den vorhergehenden Abschnitten kennen gelernt haben, keinen ausschlaggebenden Wert legt, während die Erweiterung des Scheitholz-Angebots die Brennstoffgewinnung im Walde nicht wesentlich fördern wird. Man kann vermuten, daß die Konsumenten der Starkhölzer die letzteren abnehmen werden, solange derartige Stämme mit billigen Preisen zu haben sind. Aber sie würden beharrlich eine Preissteigerung ablehnen, welche einen Teil der Herstellungskosten bei mäßigen Zinsforderungen ausgleichen würde. Welche gesamtwirtschaftlichen Nutzleistungen kann man nachweisen, um der Verstärkung der mittleren Brusthöhen-Durchmesser durch wenige Centimeter, welche besten Falls erreicht werden würde, besonderen Wert beizulegen? Weshalb sollen wir der Nutzholzverarbeitung massenhaft Starkhölzer darbieten und die Produktion der hauptsächlich gebrauchsfähigen mittelstarken Stämme herabdrücken?

Gemeinnützig würde man die befürwortete Richtung der Forstwirtschaft meines Erachtens nicht nennen können. Hinblickend auf das oft genannte Grundgesetz der volkswirtschaftlichen Produktion und die bisherigen Ausführungen in dieser Schrift kann man nur sagen, daß eine privatwirtschaftliche Spekulation ohne alle gemeinnützige Folgen begründet werden würde, die schon vom Anbeginn als verfehlt bezeichnet werden muß.

Der Verfasser weiß recht wohl, daß die Befürwortung einer wesentlichen Erhöhung der bestehenden Umtriebszeiten von den Anhängern der sogenannten Waldreinertragswirtschaft weniger beabsichtigt wird als die Erhaltung der bestehenden Holzvorräte und Umtriebszeiten. Aber ein wirtschaftliches Programm muß klare und unzweideutige Zielpunkte haben, und man weiß in der That nicht, welche Grenzen der Umtriebsbestimmung bei der befürworteten Methode zu ziehen sein würden.

Mit um so größerer Aufmerksamkeit werden wir zu prüfen haben, ob die Verteidiger der Waldreinertrags-Methode unwiderleglich mathematisch nachgewiesen haben, daß man mit den Formeln der Zinseszinsrechnung alle örtlich wählbaren

5*

Umtriebszeiten rechtfertigen kann und sonach die Umtriebszeiten mit den höchsten Nettoerträgen einzuhalten hat, oder ob diese mathematische Beweisführung zu den Ergebnissen führt, die wir im vorhergehenden Abschnitt gefunden haben.

Die Angriffspunkte der Waldreinertrags-Partei stützen sich zunächst auf folgende Argumentation:

Wenn man mit der Bodenrententheorie annimmt, daß die Vorratskostenwerte von den Zinsen und Zinseszinsen der Boden-Erwartungswerte gebildet werden, so werden zur Erntezeit bei jeder Umtriebszeit und jedem Normalvorrat diese Zinsen und Zinseszinsen des zugehörigen Boden-Erwartungswertes abgeliefert, sobald der Normalvorrat für die betreffende Umtriebszeit hergestellt worden ist. Bei allen Umtriebszeiten und allen Normalvorräten wird nach dieser Herstellung die Bodenrente durch die Vorratsrente zur Waldrente ergänzt — nicht nur für den Idealvorrat der finanziellen Umtriebszeit, dessen Ernteerträge nach den Nachweisungen der Bodenrententheorie die Jahresrente des Bodenkapitals und die Jahresrente des Vorratskapitals mit der jährlichen Waldrente abliefern. Diese Ergänzung ist nicht nur für alle hergestellten Normalvorräte, sondern auch für alle Zinssätze obwaltend. Folglich bleibt die rechnungsmäßige Steigerung der Bodenrente für die Rentabilität der Waldwirtschaft ohne finanzielle Wirkung, vielmehr ist die Steigerung der Waldrente, der höchsten Nettoeinnahme der Forstkasse maßgebend. Je mehr die Bodenrente auf dem Papier gesteigert wird, desto mehr wird im Walde nach der Durchführung der sogenannten finanziellen Umtriebszeiten die Vorratsrente sinken und umgekehrt.

A. Beweisführung für den Aufbau der Normalvorräte.

Die Bodenrententheorie hat für den jährlichen Betrieb, den auch die Waldrententheorie fast ausschließlich voraussetzt, die Herstellung der zinsenreichsten Normalvorräte auf einer holzleeren Waldfläche untersucht, und dabei ist, wie im vorigen Abschnitt bemerkt wurde, (erstmals 1865 von Gustav Heyer) nachgewiesen worden, daß bei dem Vorhandensein des normalen Vorrats für die Umtriebszeit mit höchstem Boden-Erwartungswert die beste Verwertung des holzleeren Waldbodens maßgeblich der Zinseszinsrechnung und für den geforderten Zinssatz stattfindet.

Die Waldrenten-Methode hat gleichfalls die Boden-Erwartungswerte der Zinseszinsrechnung als Ausgangspunkt für ihre Beweisführung gewählt und den Aufbau der Normalvorräte mittels der Zinsen und Zinseszinsen der Boden-Erwartungswerte, Kulturkosten ꝛc. unterstellt.

Bei der oben genannten Argumentation hat die Waldreinertragspartei zwar, wie die Boden-Reinertragstheorie, den Aufbau des Normalvorrats auf der holzleeren Waldfläche unterstellt, aber zwei Punkte nicht genügend beachtet. Vor allem, daß es nicht gestattet ist, die Vorräte und Erträge bei Wahl der kürzeren Umtriebszeit mit sehr hohen und bei Wahl der längeren Umtriebszeit mit sehr niedrigen Bodenwertzinsen zu belasten und zweitens, daß es ebensowenig gestattet ist, Renten, welche mit ungleich langer Zeitdauer eingehen, ohne Berücksichtigung der früheren oder späteren Beginnzeit der Jahresrenten zu vergleichen. Wenn man untersuchen will, mit welchen Wachstumszeiten der Boden am höchsten verwertet wird, so hat man offenbar von gleichen Bodenwerten auszugehen, wenn nicht die Untersuchung von vornherein verfehlt begründet werden soll. Die Beweisführung der Waldrentenpartei unterstellt aber für die verteidigten Umtriebszeiten, z. B. die 120jährige Umtriebszeit, die niedrigen Bodenwerte, welche die Zinseszinsrechnung für diese Umtriebszeit findet, und bildet aus den Zinsen derselben die zu belastenden Vorratswerte, dagegen für die bekämpften finanziellen Umtriebszeiten, z. B. die 60jährige Umtriebszeit, keineswegs dieselben Bodenwerte und deren Zinsen, welche ohne Änderung der 120jährigen Umtriebszeit eingehen werden, sondern beträchtlich höhere, oft doppelt bis dreifach so hohe Bodenwerte, welche die Bodenrententheorie für die 60jährige Umtriebszeit gefunden hat. Hierauf wird angenommen, daß die Zinsen dieses durch den höchsterreichbaren Gewinn verstärkten Bodenwertes den Vorratswert bilden. Sonach kann offenbar der vom Waldbesitzer thatsächlich zu erreichende Gewinn niemals zum Ausdruck gelangen. Derselbe ist in den erhöhten Kapitalansätzen enthalten und wird bei der Ermittelung der Verzinsungsleistungen verhüllt durch die höhere Kapital- und Zinsenbelastung der abgekürzten Umtriebszeiten.

Es ist z. B. zu ermitteln, ob eine höhere Verwertung des Bodens erzielt wird, wenn eine 1000 ha große holzleere Fläche anstatt bisher in 120 Jahren, zukünftig in 60 Jahren angebaut wird und die Ernte 60 Jahre früher beginnt als bisher. Die anzubauenden Bestände liefern im 60jährigen Alter 1000 Mk. pro Hektar, im 120jährigen Alter 3000 Mk. pro Hektar — abgesehen von Vornutzungen und Kosten. — Die Zinsforderung beträgt $3\frac{1}{2}\%$. Wenn man die Zinseszinsformeln bedingungslos als maßgebend erachtet, so würde nach der Zinseszinsrechnung der Boden im aussetzenden Betriebe durch die 60jährige Abtriebszeit mit 145,389 Mk. pro Hektar, durch die 120jährige Umtriebszeit mit 49,128 Mk. pro Hektar verwertet werden. Ferner würde bei Einhaltung der 120jährigen Abtriebszeit der 60jährige Bestand $49{,}128 \cdot 1{,}035^{60} - 1 = 337{,}911$ Mk. pro Hektar wert sein und hierzu der Bodenwert mit 49,128 Mk. pro Hektar treten, zusammen Waldwert 357,039 Mark pro Hektar. Dagegen würde bei Einhaltung der 60jährigen Abtriebszeit der Bestandswert 1000 Mk. und der Bodenwert 145,389 Mk. pro Hektar betragen. Mit Wahl der 60jährigen Abtriebszeit würde sonach der Grundbesitzer, Verwertbarkeit der Produkte vorausgesetzt, einen Kapitalgewinn von 96,261 Mk. pro Hektar verzinst erhalten. Gleichfalls, ausgehend von der Herstellung des Normal-Vorrats aus den admassierten Zinsen und Zinseszinsen des Bodenwertes, behauptet die Waldreinertragspartei, daß im jährlichen Betriebe dieser Gewinn lediglich auf dem Papier stehe, im Walde nicht realisiert werden könnte. Können in der That die späteren Nutznießer, wenn die Zinsen und Zinseszinsen angesammelt werden, den berechneten Gewinn für den blanken Boden durch die Wahl der Abtriebszeit mit höchstem Erwartungswert bei unbeschränkter Verwertbarkeit der Produkte derselben und bei Einhaltung der gleichen konkreten Abtriebszeiten in den vorhandenen Beständen nicht vereinnahmen? Soll auf der 1000 ha großen holzleeren Fläche der 120jährige Normalvorrat direkt mit gleichen Jahresschlagflächen hergestellt werden, so ist jährlich eine Schlagfläche von $8^1/_3$ ha anzubauen. In den nächsten 120 Jahren wird Jahr für Jahr ein Bodenkapital von 49,128 . 8,333 = 409,4 Mk. pro Schlagfläche zinstragend. Sonach ist der Jetztwert des Bodenkapitals im derzeitigen Berechnungszeitpunkt

$$\frac{409,4 \cdot 1,035^{120} - 1}{1,035^{120} \cdot 0,035} = \ldots \ldots \ldots \ldots \ldots \ldots \ldots \ldots 11\,509 \text{ Mk.}$$

Für den 60jährigen Normalvorrat berechnet sich für eine Jahresschlagfläche von $16^2/_3$ ha à 145,389 Mk. = 145,389 . 16,666 = 2423 Mk.

Bodenkapital und ein Jetztwert $\frac{2423 \cdot 1,035^{60} - 1}{1,035^{60} \cdot 0,035} = $ \hspace{2em} 60 445 Mk.

Sonach jetziger Kapitalwert des Bodenwertgewinns . . . . **48 936 Mk.**

Bleibt dieser Gewinn auf dem Papiere stehen oder kann derselbe realisiert werden?
a. Bei Einhaltung der 120jährigen Umtriebszeit hat die Waldung einen Bodenwert von 49,128 Mk. pro ha = 11 509 Mk. pro 1000 ha, im Jetztwert mit 120jährigen

Zinsen zurück zu ersetzen = 11 509 . $1,035^{120}$ . . . . 714 298 Mk.

Der 120jährige Kapitalwert beträgt $\frac{3000 \cdot 8,333}{0,035}$ gleichfalls . . . . 714 298 Mk.

b. Wenn dagegen die 60jährige Umtriebszeit den gleichen Bodenwert von 49,128 Mk. pro Hektar mit Zinsen und Zinseszinsen ersetzen soll, so hat dieselbe schon infolge des Anbaues von jährlich 16,666 ha, in den nächsten 60 Jahren nach den Annahmen der Bodenrententheorie den jährlichen Boden-Erwartungswert für 16,666 ... ha 120 Jahre lang zu verzinsen, im Jetztwert 20 425 Mk. und es ist 20 425 . $1,035^{120}$ \hspace{2em} 1 267 660 Mk.

Außerdem soll nach den Lehren der Bodenreinertrags-Theorie ein weiterer Bodenwertgewinn von 145,389 — 49,128 Mk. = 96,261 Mk. pro Hektar verzinst werden, im Jetztwert 40 020 Mk. und es ist 40 020 . $1,035^{120}$ \hspace{6em} 2 483 816 Mk.

Der 60jährige Umtrieb müßte sonach bis zum und im 120. Jahre liefern \hspace{20em} 3 751 476 Mk.

Thatsächlich liefert der 60jährige Umtrieb nach den von der Waldreinertrags-Partei acceptierten Grundannahmen der Bodenrententheorie an Erträgen, Zinsen und Zinseszinsen: Vom 60. bis 120. Jahre jährlicher Ertrag 16 666,6 ... Mk., Rentenendwert 16 666,6 .. × 196,517 . . . . 3 275 285 Mk.
Vom 120. Jahre an ständig 16 666,6 ... Mk., kapitalisiert . . . \hspace{2em} 476 191 Mk.
\hspace{30em} 3 751 476 Mk.

Es ist jetziger Kapitalwert des Bodenwertgewinnes $\frac{3\,751\,476 - 714\,298}{1,035^{120}}$ \hspace{2em} **48 936 Mk.**

wie oben. Wenn man die Ergebnisse der Zinseszinsrechnung als irrtümlich nachweisen will, so darf man, wie ersichtlich, die Zinseszinsrechnung nicht zu Grunde legen. Beide Umtriebszeiten ergänzen die Bodenrente durch die Vorratsrente zur Waldrente.

Will man, konform der Waldrententheorie, annehmen, daß der Vorratswert aus den abmassierten Zinsen des Boden-Erwartungswertes gebildet wird, so hat man selbstverständlich zu beachten, daß die Waldbesitzer, wenn dieselben die kürzere Umtriebszeit wählen, viele Jahrzente lang die zugehörigen Renten vereinnahmen werden, während der Aufbau des Normalvorrats für die längere Umtriebszeit noch im

Gange ist und Kosten erfordert. Bei der Rentabilitäts-Vergleichung der genannten Waldrentenmethode werden dagegen die fertigen, aus den abmassierten Zinsen des blanken Bodenwertes und des sonstigen Produktions-Aufwandes hervorgegangenen Normalvorräte gegenübergestellt — einmal für die 60- bis 70jährigen Normalvorräte und andererseits für die 100- bis 120jährigen oder ähnliche Normalvorräte und dabei unterstellt, daß diese verschiedenartigen Vorräte gleichzeitig zu rentieren beginnen. Die Leistungen der 60- bis 70jährigen Vorräte vom 60. bis 70. Jahre bis zum 100. bis 120. Jahre kommen sonach in Wegfall. Dieselben können aber selbst dann nicht verschwinden, wenn man die einfache Kapitalverzinsung oder überhaupt keine Zinsen berechnet.

Geht andererseits die Rentabilitäts-Vergleichung von den maximalen Boden-Erwartungswerten aus, so ist die Beweisführung nicht minder leicht, daß die Rentenverluste beginnen, sobald diese Bodenwertzinsen und die Zinsen der sonstigen Bestandteile des Produktionsfonds nicht mehr durch die jährliche Wertproduktion mit dem geforderten Zinssatz eingebracht worden. Diese Zinsenverluste zeigen mit der Erhöhung der Umtriebszeit eine stetige und ausgiebige Zunahme. Die Berechnung führt gleichfalls ziffernmäßig genau zu den Ergebnissen der Boden-Rententheorie.

B. Beweisführung für das Vorhandensein des Normalvorrates.

Die Waldreinertrags-Partei hat zweitens nachzuweisen gesucht, daß die jährlichen Nettoerträge und auch die Jetztwerte derselben größer sind, wenn an Stelle der herzustellenden Normalvorräte für die 60- bis 70jährigen Umtriebszeiten Normalvorräte für 100- bis 120jährige Umtriebszeiten auf der Fläche verbleiben. Das bedarf keiner algebraischen Beweisführung. Die Besitzer von Waldungen mit Holzvorräten für 60- bis 70jährige Umtriebszeiten bezweifeln keineswegs, daß durch die Herstellung der Normalvorräte für die 100- bis 120jährigen Umtriebszeiten erheblich größere jährliche Nettoerträge zu erzielen sind und auch die Waldwerte vergrößert werden. Aber diese Waldbesitzer wissen auch, daß dazu beträchtliche Herstellungskosten erforderlich sind, welche sie durch einschneidende Rentenentbehrungen aufzubringen haben. Wenn die Waldertrags-Regelung die Endsumme dieser Rentenverluste nach den Zinseszinsfaktoren berechnet und derselben die Unterschiede im Nettoertrage zwischen den 60- bis 70jährigen und den 100- bis 120jährigen Umtriebszeiten gegenüberstellt, so wird in der Regel gefunden werden, daß die Verzinsungs-Forderung von 1 bis $1\frac{1}{2}\%$ für eine derartige Kapitalanlage kaum erfüllt werden kann.

Da außerdem die Forstkasseneinnahme, wenn dieselbe bisher der durchschnittlich jährlichen Wertproduktion annähernd gleichgestellt worden ist, während langer Zeiträume im beginnenden Jahrhundert zu verringern sein würde, während die genannte Methode auf die Vermehrung dieser Nettoerträge das ausschlaggebende Gewicht legt, so ist der Zweck der Gegenüberstellung verschiedener

Normalvorräte für ein und dieselbe Fläche zunächst für Waldungen mit dürftigen Holzvorräten nicht erkennbar.

Wird andererseits das Vorhandensein eines größeren Normalvorrats, als den 60- bis 70jährigen Umtriebszeiten entsprechen würde, etwa für die 100- oder 120jährigen Umtriebszeiten vorgefunden und sollen Normalvorräte für 60- oder 70jährige Umtriebszeiten an die Stelle treten, so werden in mäßig großen Forstbezirken Vorratsbestandteile, welche nach Millionen zählen, entbehrlich. Dieselben können weder spurlos verschwinden, noch sind die Nutznießer zur Vergeudung der Erlöse, welche Eingriffen in die Eigentumssubstanz entstammen, befugt, die auch im allgemeinen nur als seltene Ausnahme, nicht als Regel, befürchtet werden kann. Ergiebt die Prüfung der Nutzleistungen mittels der vorzunehmenden Rentabilitäts-Vergleichungen, daß diese Vorratsbestandteile kaum 1 bis $1^1/_2\%$ rentieren, während dieselben nach Übertragung in andere Wirtschaftszweige der Waldbesitzer, Anlage in gut fundierten Hypotheken, durch Ankauf jüngerer Waldbestände u. s. w. 3 bis $3^1/_2\%$ jährlich mit gleicher Sicherheit der Kapitalanlage einbringen, so würde wiederum der Zweck der genannten Gegenüberstellung verschiedener Normalvorräte für ein und dieselbe Fläche von keinem Waldbesitzer erkannt werden können.

Völlig unverständlich ist die mit besonderem Nachdruck betonte Forderung der Waldreinertragspartei: „Richte deine Waldungen so ein, daß sämtliche Zukunftsreinerträge des Normalwaldes, auf die Gegenwart diskontiert, ein Maximum bilden."

Entsprechen die vorhandenen Altersklassen dem Normalvorrat für irgend eine Umtriebszeit, welche länger andauert als die Umtriebszeit mit höchstem Bodenerwartungswerte, z. B. für die 100jährige Umtriebszeit, und soll der höchste Jetztwert der Waldrente mittels der Zinseszinsrechnung durch Diskontierung aller zukünftig (auch nach der nächsten Umlaufszeit der Nutzung) eingehenden Reinerträge aufgesucht werden, so gipfelt dieser Jetztwert sowohl bei der gleichen periodischen Flächennutzung als bei der gleichen Geldwertnutzung regelmäßig in der Nähe der Wachstumszeit mit maximalem Bodenerwartungswert, wie der Verfasser schon vor 20 Jahren nachgewiesen hat.[*]) Dieses Ergebnis der Zinseszinsrechnung ist aus nahe liegenden Ursachen erklärlich. Ergiebt die Diskontierung mittels der Zinseszinsrechnung, daß die Wachstumszeit der Bestände, für welche der Jetztwert der Nettoerträge gipfelt, früher eintritt als die bisher eingehaltene, dem konkreten Vorrat entsprechende Wachstumszeit, so ist damit bewiesen, daß die jährliche Wertproduktion der Bestände den Verzinsungsforderungen, welche die sofortige Verjüngung erfüllen würde, nachsteht. Alle Bestände in den zwischen liegenden Altersklassen produzieren in diesem Falle in Gemäßheit der Zinseszinsrechnung mit Zinsenverlusten. Sie verzinsen Bodenwerte, welche den maximalen Bodenerwartungswerten nachstehen, und auch die im Bestandskostenwert

---

[*]) „Anleitung zur Regelung des Forstbetriebs." Berlin, 1875. Springer. S. 112.

angesammelten Zinsen und Zinseszinsen sind den entsprechenden Beträgen des höchsten Bodenerwartungswertes nachstehend. Je mehr die Wachstumsdauer verlängert wird, desto geringer werden Bodenwert und Zinsen desselben. Nach der Verjüngung findet dagegen nicht nur der maximale Bodenerwartungswert, sondern auch der Bestandsverkaufserlös nach den von der Waldrentenmethode mit der Zinseszinsrechnung angenommenen Voraussetzungen der Bodenrentenlehre volle Verzinsung mit dem geforderten Zinsfatz. Je rascher sonach die Bestockung übergeführt wird in die Abtriebszeiten mit höchstem Bodenwert, desto höher steigt der Jetztwert der ferneren Erträge. Der sogenannte strengste Nachhaltbetrieb ist bei diesen Bestockungsverhältnissen und bei der Zinseszinsrechnung mit 3 bis $3^1/_2\%$ minder einträglich als die reichliche Dotation der nächsten Nutzungsperioden mit Werterträgen. Eine Erhöhung der sogenannten finanziellen Umtriebszeiten wird niemals in Frage kommen, sobald man die Zinseszins=Faktoren ausschließlich als maßgebend erachtet.

Aus diesen Gründen wird es vorsichtiger sein, die Information der Wald= besitzer über die nachhaltig einträglichste Verwertung des konkreten Waldkapitals vorläufig nicht auf die Beweisführung der Waldreinertragspartei zu stützen.

Sechster Abschnitt.

Die einträglichste Bewirtschaftung der Nieder- und Mittelwaldungen und der Plenterbetrieb.

I. Der Niederwaldbetrieb.

Der Niederwaldbetrieb hat im Jahre 1893 im Deutschen Reiche umfaßt (exkl. Weidenheger).

Eichenschälwald	445 156 ha
Sonstiger Stockausschlag ohne Oberbäume	357 045 „
Zusammen	802 201 ha

In den Landesteilen Deutschlands, in denen Laubhölzer heimisch geworden sind und seit Jahrhunderten gedeihen, sind namentlich in dem waldwirtschaftlichen Kleinbesitz die starken Stämme des früheren Femelwaldes, auch vielfach des früheren Mittelwaldes nicht immer zusammen gewachsen zu mehr oder minder holzreichen Hochwaldungen wie in den Staatswaldungen und in den Waldungen des Großgrundbesitzes. In Zeiten wirtschaftlicher Bedrängnis wurde stets der Wald als Nothelfer zu Hilfe gerufen, und im Laufe der Zeit sind die früheren Althölzer im Hochwald, die Oberständer im Mittelwalde stetig mehr geschwunden. Die Bodenkraft ist im waldwirtschaftlichen Kleinbesitz infolge übermäßiger Streunutzung nicht selten rückgängig geworden. Insbesondere in den bäuerlichen Privatwaldungen des Laubholzgebiets ist vielfach der armselige Ausschlagwald übrig geblieben. Der weitere Niedergang der Waldproduktion von Stufe zu Stufe wird nicht abzuwehren sein, wenn nicht der Bodenverhärtung, der Bodenaustrocknung und dem Entzug der Bodennährstoffe, welche die Holzpflanzen auf die Dauer nicht entbehren können, Einhalt geboten wird. Wir werden später die Nutzleistungen erörtern, welche die Beschränkung der Streunutzung auf die Notjahre und die minder empfindlichen Waldstandsorte den Waldbesitzern zubringen wird.

Die Laubhölzer, welche in den deutschen Waldungen ihr Fortkommen finden, liefern sämtlich im jugendlichen Alter Ausschläge aus den Wurzelstöcken, welche beim Abhieb im Boden verbleiben. Die meisten Holzarten treiben nur Stocklohden (von den senkrecht hinabgehenden Wurzelstöcken). Stock- und Wurzel-

Lohden zugleich liefern Weißerlen, Rüstern, Maßholder, Pappeln, Weiden; ältere Stöcke von Aspen treiben nur sogenannte Wurzelbrut. Allein alle Holzarten, welche nur Stocklohden treiben — Rotbuchen ausgenommen — lassen sich zum tieferen Austrieb der Lohden zwingen, wenn man die Schäfte tief am Boden abhaut. Man nimmt an, daß die Lohden nicht so lange wuchsfähig bleiben, als der unverstümmelt gebliebene Schaft ausgedauert haben würde. Aber erfahrungsmäßig kann man die Stockausschläge, namentlich die Eichenstockausschläge zu einer nach vielen Jahrhunderten zählenden Ausdauer im vollen Wuchs befähigen, wenn man die Lohden beständig sehr tief abhauen läßt. Es werden in diesem Falle Wurzel= oder Stocklohden aus dem Boden herausgetrieben, die sich unterhalb bewurzeln und zu selbständigen Pflanzen ausbilden.

A. Die Brennstoffproduktion im Niederwaldbetrieb.

Die Leistungsfähigkeit gut gepflegter Niederwaldungen ist nicht armselig nach der Produktion roher Holzmassen, wenn man das Reisholz einrechnet, sondern nach der Lieferung von Gebrauchswerten. Man wird annehmen dürfen, daß die Ausschlagwaldungen im großen Durchschnitt, wenn die entstandenen Bestandslücken und Blößen sorgsam durch Jungholz ergänzt worden sind, etwa 70 bis 80% des Massenertrags der Hochwaldungen (mit Einschluß der Vorerträge der letzteren) bei gleicher Bodengüte liefern werden. Aber die Materialerträge der Hochwaldungen werden in der Regel mindestens den doppelten Gebrauchswert der Materialerträge der Niederwaldungen haben, deren überwiegender Teil vom Reisholz gebildet wird.

Der Niederwaldbetrieb ist in erster Linie für die Besitzer kleiner Privatwaldungen, von Gemeindewaldungen, Körperschaftswaldungen rc. geeignet, welche ihren Brennholzbedarf jährlich aus dem eigenen Besitz ohne Kostenaufwand decken wollen. Im Niederwaldbetrieb kann nur ein geringes Betriebskapital verwendet werden. Nur in sehr seltenen Fällen würde der Waldboden, außerforstlich für landwirtschaftliche Zwecke benutzt, eine beachtenswerte Bodenrente liefern, da die besseren Bodenflächen in allen Gegenden Deutschlands seit Jahrhunderten für den Feldbau hergerichtet worden sind, zumeist nur der absolute Waldboden verblieben ist und keine nennenswerten Reinerträge (durch Viehweide rc.) zu berücksichtigen sein werden. Kosten für Saat und Pflanzung werden nur in untergeordnetem Maße erforderlich, und selten werden die Kleingrundbesitzer für die Bewirtschaftung und die Beschützung des Waldbesitzes beachtenswerte Ausgaben aufwenden. Untersucht man, welche realisierbaren Werte der Niederwald bis zur Fällungszeit zu verzinsen hat, so wird außer dem Kapital der jährlichen Rein=Einnahme für Viehweide, welche pro Hektar für die Bodenarten mit Heidewuchs oft nur wenige Pfennige eintragen wird, hauptsächlich nur der Verkaufswert der Stockausschläge namhaft gemacht werden können. Für dieses geringe Boden= und Betriebskapital leistet der Niederwaldbetrieb, obgleich die Gelderträge dem Hochwaldbetrieb weit nachstehen, zumeist eine reichliche Verzinsung.

Wenn beispielsweise eine Gemeinde einen vorherrschend Brennholz produzierenden Niederwald von 200 ha Größe besitzt, der auf mittelgutem Boden eine ziemlich regelmäßige Schlagfolge für den 20jährigen Umtrieb hat, einen 20jährigen Abtriebsertrag von 66 fm pro Hektar und einen erntekostenfreien Erlös von 6 Mk. pro Festmeter = 396 Mk. pro Hektar oder 3960 Mk. pro Jahr liefert, wenn ferner gefunden wird, daß bei Einstellung des Waldbetriebs das Buschholz bis zum 10jährigen Alter keinen beachtenswerten Reinerlös nach Abzug der Gewinnungskosten liefern würde, dagegen von diesem Alter an der Holzvorrat von 33 bis 66 fm pro Hektar gleichmäßig von Jahr zu Jahr steigt und der Reinerlös fortgesetzt 6 Mk. pro Festmeter betragen wird, so berechnet sich ein realisierbares Vorratskapital von 30690 Mk. Würde dieses Kapital mit jährlichem Zinsenbezug ad $3^1/_2 \%$ angelegt, so würden die Waldbesitzer nach Einstellung der Waldwirtschaft jährlich vereinnahmen . . . . 1074 Mk.
Rechnet man ferner als Reinerlös bei Verpachtung der Weidenutzung für die genannten 200 Hektar jährlich . . . . 200 Mk.

zusammen 1274 Mk.
so würde durch die Einstellung des Waldbetriebs ein jährlicher Verlust von 3960 — 1274 = 2686 Mk. herbeigeführt werden. Durch die Niederwaldwirtschaft wird das realisierbare Waldkapital von 36404 Mk. (der Weideertrag mit $3^1/_2 \%$ kapitalisiert) jährlich mit 10,9 % verzinst werden. Die angenommenen Erträge werden im südlichen und westlichen Deutschland nicht selten erreicht werden.

Die wesentlichsten Wirtschaftsregeln für den Niederwaldbetrieb sind schon von dem Begründer der heutigen Forsttechnik erschöpfend dargestellt worden. Man haut den Schlag, sagt Georg Ludwig Hartig, von Mitte Februar bis Mitte April, und noch heute wird im Niederwalde — mit Ausnahme des Eichenschälwaldes, der nach Eintritt der Saftbewegung im Frühjahr gehauen wird — der Schluß des Winters vor Eintritt der Saftbewegung als Hiebszeit gewählt. Man führt den Hieb an den Stangen und Stämmen so tief als möglich; nur bei alten knorrigen Stämmen bleiben 2 bis 3 Zoll lange Stifte mit weicher Rinde stehen. Überhaupt ist der Hieb stets dann, wenn die Rinde des Stockes weich und borkig geworden ist und das Ausbrechen der Lohden erschwert, stets im jungen Holze zu führen, möglichst mit südlicher Neigung der glatten Abhiebsfläche. Die Schläge werden vor Ausbruch des Triebes geräumt. Zum Schutz gegen Sonnenhitze kann man auch im Niederwalde (nach Hartigs Vorschlag) geringe Stämme oder Reidel und Stangen stehen lassen, bis der 20. oder 16. Teil der Fläche beschirmt ist. Diese Oberhölzer sollen durch ihren Samenabwurf die abgehenden Stöcke ersetzen. Zumeist wird jedoch Saat und Pflanzung für die Rekrutierung der Niederwaldungen angewendet.

Zu Niederwald sind Eichen, Hainbuchen, Birken, Ahorn, Eschen und (auf feuchtem bis nassem Boden) Erlen die tauglichsten Holzarten. Die Rotbuchenstöcke versagen häufig im höheren Alter den Ausschlag, und Georg Ludwig Hartig hat deshalb die Belassung vieler Stangen und die Verjüngung im 60jährigen Alter (mit hierauf folgender Niederwaldwirtschaft in gleicher Art) befürwortet.

Zur Lösung der wichtigsten Frage, mit welcher Wachstumsdauer die höchste nachhaltige Brennstoffgewinnung im Ausschlagwalde herbeigeführt werden wird, ist das vorliegende Untersuchungsmaterial nicht ausreichend. Es bleibt den Besitzern von Niederwaldungen überlassen, auf kleinen Versuchsflächen zu erproben, welche Produktion verschiedenartige Bestockungsformen des Ausschlagwaldes in den in Frage kommenden Jahren entwickeln. Für die vorherrschende Bestockung wird eine Verlängerung der Wachstumszeit über das 20. bis 25. Lebensjahr hinaus selten befürwortet werden können, weil die Reproduktionskraft der Wurzelstöcke, wenn die Wachstumszeit dem Erlöschen der Ausschlagfähigkeit näher gerückt wird, zurückgeht — auf magerem Boden und in rauhen Lagen früher als bei entgegengesetzten Verhältnissen, bei Buchen und Birken früher als bei Eichen, Eschen, Ulmen, Ahorn, zumeist infolge der größeren Dicke der abgestorbenen Rinde und der Borkenschicht, die an Stelle der ausschlagfähigen dünnen und saftigen Rinde tritt. Das Alter, in welchem die einzelnen Holzarten die Ausschlagfähigkeit verlieren, liegt bei den Schwarzerlen und Eichen zwischen dem 40. und 60. Jahre, bei den Ulmen, Ahorn, Akazien, Hainbuchen und Eschen zwischen dem 35. und 50., bei den Buchen und Birken zwischen dem 30. und 45. Jahre, bei den Weißerlen und Weiden zwischen dem 20. und 30. Jahre. (Karl von Fischbach, „Lehrbuch der Forstwissenschaft." 4. Auflage. Berlin, 1886. S. 166.)

Eine Verlängerung der Wachstumsdauer bis zur Zeit, mit welcher dieser Rückgang der Ausschlagskraft beginnt, ist für die Hauptmasse der Bestockung bedenklich. Ohne Zweifel wird die schon von Hartig befürwortete Belassung einer großen Zahl von Stangen und Reideln während einer zweiten Wachstumszeit der Niederwaldungen den Niederwaldwertertrag beträchtlich verstärken. Gestützt auf nahezu dreißigjährige Erfahrungen glaubt der Verfasser vermuten zu dürfen, daß diese Stangen in den nächsten 20 Jahren auf den Bodenarten mittlerer Güte den Holzkörper mindestens verdoppeln werden. Es wird Aufgabe der örtlichen Untersuchung sein, durch nebeneinander angelegte vergleichende Probeflächen zu ermitteln, welche Zuwachsleistungen hervorgerufen werden, wenn bei dem Hieb nicht nur einzelne, sondern eine reichliche, nach der örtlichen Standorts- und Bestandsbeschaffenheit zu bemessende, aus den wuchskräftigsten Stockausschlägen zu bildende Zahl von Stangen und Reideln eine zweite Wachstumszeit übergehalten werden, namentlich auf den besseren Bodenarten. Mit der Belassung derartiger Stockausschläge in der erreichbar dichtesten, jedoch den Kronenschluß nicht erreichenden Stammstellung hat der Verfasser eine überraschende Zuwachs- und Ertragssteigerung der vorherrschend aus rückgängigen Stockausschlägen bestehenden Laubholzbestände erzielt.

Bei fortbestehendem Niederwaldbetrieb ist auf eine reichliche Beimischung der Eichen wegen der Ertragserhöhung, die durch die ad 2 zu erörternde Rindennutzung auch bei niedrig stehenden Rindenpreisen bewirkt wird, besonderer Wert zu legen, da auch die Brennkraft des Schälholzes hervorragend ist und dasselbe für manche Verwendungszwecke ein schätzbares Brennmaterial liefert.

Waldbesitzer in günstigerer Vermögenslage, welche einige Jahrzehnte auf die Niederwaldsträge verzichten und die erforderlichen Pflanzungskosten aufwenden können, werden zumeist auch in den bestehenden Niederwaldungen eine vorzügliche Sparbüchse errichten können, um den Wirtschaftsnachfolgern ohne drückende Belastung eine hervorragende Vermehrung der Waldeinnahmen zuführen zu können, indem nicht nur die wuchskräftigsten Eichen beim Niederwaldhieb belassen, sondern auch die abgeholzten Schlagflächen durchpflanzt werden mit den örtlich ertragreichsten, möglichst lichtbedürftigen und am meisten gebrauchsfähigen Nutzholzgattungen*) — in erster Linie mit Lärchen an allen Orten, wo dieser anspruchsvolle Waldbaum gedeiht, auf den besseren Bodenarten mit Eichen, für welche allerdings etwa die doppelte Wachstumszeit der Nadelhölzer erforderlich werden wird für die volle Gebrauchsfähigkeit. — sodann mit Kiefern, auf dem frischen bis feuchten Boden mit Eichen, ferner mit Birken. Jedoch ist dafür zu sorgen, daß die eingepflanzten Nutzhölzer durch die umringenden Stockausschläge nicht unterdrückt, sondern möglichst astrein bis etwa zum 25= bis 30jährigen Altersjahre emporgetrieben werden. Die Einpflanzung kann nicht nur auf die Lücken der Niederwaldbestockung gruppenweise geschehen, sondern auch außerhalb derselben reihenweise, da die Reihenform eine leichtere Auffindung der angebauten Pflanzen bei den Freihieben ermöglicht. Diese Freihiebe der wuchskräftigsten Nutzhölzer sind rechtzeitig nach erlangter Standfestigkeit zu beginnen und sorgfältig mit Abrückung der Kronen bis zum nächsten Freihieb zu wiederholen, sobald die Kronen durch die mitwachsenden Stockausschläge eingeengt werden, bis das Oberholz einen genügenden Höhenvorsprung gewonnen hat und das Unterholz nur noch die Astreinheit und Ausformung des unteren Schaftteils fördern kann. Auf den tiefgründigen und frischen Bodenarten kann auch die Durchstellung der Niederwaldbestockung mit Fichten in Betracht kommen, mit dem Zweck, beim zweiten oder dritten Niederwaldhieb durch Verwertung von Zellstoffholz ansehnliche Mehrerträge zu gewinnen.

Bei der Einmischung von Nadelhölzern wird behufs Bemessung der einzumischenden Stammzahl und des Abstandes der Stämme zu beachten sein, daß auf mittelgutem Boden nach den bisherigen Untersuchungen das Verhältnis des Durchmessers der Stämme in Brusthöhe zur Quadratseite des Wachsraumes wahrscheinlich 1 : 16 betragen wird. Will man z. B. einen durchschnittlichen Durchmesser von 20 cm zur Abtriebszeit erzielen, so werden die Nadelhölzer im Mittel einen Standraum von 10,24 qm haben, und es würden ca. 980 Stämme pro Hektar Kronenschluß bilden, für 30 cm 23,04 qm im Mittel pro Stamm und 435 Stämme pro Hektar. Für Eichen und andere Laubhölzer ist diese Abstandszahl noch nicht hinlänglich genau ermittelt worden, wird aber für Eichen jedenfalls 1 : 20 überschreiten.

Die örtliche Rentenvergleichung, welche auf die ad II zu besprechende Erforschung der Wachstums=Leistungen der einzubauenden Holzarten, die Preisverhältnisse rc. zu stützen ist, wird ergeben, daß diese Beimischung weitaus höhere Werterträge liefert wie die Fortsetzung des reinen Ausschlagbetriebes und die Anbaukosten reichlich lohnt.

Wenn man beispielsweise den Kieferneinbau für die oben betrachtete Standortsgüte und die Werterträge des oben angeführten Niederwaldes vergleicht und erproben will, ob die letzteren wesentlich erhöht werden können, wenn etwa 300 Kiefern pro Hektar im Abstand von etwa 7 Schritt (Quadratverband), die in 60 Jahren keinen vollen Kronenschluß bilden werden, eingepflanzt werden, so würde sich für die nachstehend angenommenen Ertrags= und Preisverhältnisse die folgende Rentabilitäts=Vergleichung für den 10 ha großen Jahresschlag der im 20jährigen Umtrieb bewirtschafteten Niederwaldung von 200 ha Größe ergeben:

---

*) Siehe elften Abschnitt.

Der letzte Niederwaldschlag würde bei Fortsetzung des Niederwaldbetriebes im 20., 40. und 60. Jahre pro Hektar nach der obigen Annahme 66 fm liefern, bei einem Verkaufspreis von 6 Mk. pro Festmeter = 396 Mk., für 10 ha 3960 Mk., bei dreimaliger Wiederholung 11880 Mk.

Nach den Ermittelungen des Verfassers für die nahezu übereinstimmende Standortsgüte*) haben freiwüchsige Kiefern im 60jährigen Alter einen Derbholzgehalt von 0,96 fm pro Stamm, sonach 300 Stämme einen Ertrag von 288 fm Derbholz. Der Verkaufspreis pro Hektar wurde auf 11,4 Mk. ermittelt, sonach pro Hektar 3283 Mk., für 10 ha = 32830 Mk. (anstatt 11880 Mk. Niederwaldertrag).

Rechnen wir die Anbaukosten (Pflanzungs- und Freihiebskosten) mit 40 Mk. pro Hektar, 400 Mk. für 10 ha an, so betragen dieselben mit 60jährigen Jahreszinsen à 3$\frac{1}{2}$% 1240 Mk. pro 10 ha, und es verbleiben 31590 Mk. pro Hektar als Kiefern-Reinertrag. Es ist jedoch zu berücksichtigen, daß der Niederwaldertrag durch den Einbau der Kiefernoberstünder nicht verdrängt werden soll, in den beiden ersten Jahrzehnten nur unbeträchtlich und erst später stärker abnehmen wird, während derselbe bei dieser Rentabilitäts-Vergleichung nicht berücksichtigt worden ist.

B. Der Eichenschälwald-Betrieb.

Die Werterträge der Niederwald-Bestockung wurden bis vor kurzer Zeit durch die Beimischung der Eiche bis zur vollen Eichenbestockung zum Zweck der Gewinnung von Eichenrinde, zumeist sogenannter Spiegelrinde mittels 15- bis 16jähriger, seltener 20jähriger Abtriebszeit, wesentlich erhöht. Im letzten Jahrzehnt sind die Rindenpreise durch den Import der ausländischen Rinden, vielfach im gemahlenen Zustande, und der Rindenextrakte immer mehr zurückgegangen, und es ist fraglich, ob der Preis der inländischen Rinde nicht noch weiter herabgedrückt werden wird. Unter diesen Umständen hat die Rentabilitäts-Berechnung für den Eichenniederwald keinen Wert, und ebensowenig ist die Erweiterung der bestehenden Schälwaldungen zu befürworten. Der Verfasser muß sich darauf beschränken, die bewährtesten Wirtschafts-Verfahren für die letzteren zu überblicken.

Der Schälwald-Betrieb ist im Odenwald, am Neckar und am Rhein heimisch und kommt mit geringerer Ausdehnung im Siegenschen und in der Eifel, am Donnersberg in der Rheinpfalz und im linksrheinischen Hessen, im Regierungsbezirk Kassel, in der Nähe von Hildesheim und parzellenweise in zahlreichen anderen Gegenden vor, zusammen im Deutschen Reich mit 445156 ha (1893).

Eichenstockausschlag gedeiht selbst auf flachgründigem Boden bei tiefem Hieb der Stöcke seit Jahrhunderten mit ungeschwächter Produktionskraft, in der Eifel bis zu einer Höhe von 500 m über dem Meere, aber weitaus besser auf tiefgründigem und humusreichem Boden.

Die Frage, ob die Stieleiche oder die Traubeneiche besser für die Rindenproduktion sei, ist noch nicht entschieden. Die Stieleiche soll von Spätfrösten weniger beschädigt werden.

Die Begründung der Schälwaldungen geschieht sowohl durch Eicheln-Saat (namentlich Stecksaat) als durch Eichenpflanzung (namentlich durch sogenannte

---

*) „Allgemeine Forst- und Jagd-Zeitung" von 1879, Juliheft.

Stutzerpflanzung, bei welcher stärkere Eichenpflanzen dicht über den Wurzelknoten scharf abgeschnitten werden). Eine dichtere Bestockung als 10000 Stück pro Hektar scheint den Rindenertrag zu vermindern, während eine die Entfernung von $1\frac{1}{2}$ m überschreitende Stellung der Stöcke nicht ratsam sein wird.

Wird die 20jährige Abtriebszeit eingehalten, so scheint eine im 15jährigen Alter vorgenommene Durchforstung günstig auf den Holz= und Rindenertrag zu wirken, wie in der Wetterau und am Rhein beobachtet worden ist. Regel ist jedoch zur Gewinnung der besten und glattesten Spiegelrinde die 15= bis 16jährige Abtriebszeit, und es ist fraglich, ob die Erhöhung der letzteren auf 20 Jahre den durchschnittlich jährlichen Holz= und Rindenertrag erhöhen wird.

Als vorzüglichste Schälmethode wird das Ablösen der Rinde im Stehen, soweit erreichbar, hierauf im teilweisen oder vollem Liegen mit dem sogenannten Löffel befürwortet. Das Klopfen der Rinde ist möglichst zu vermeiden. Zum Trocknen wird die Rinde an dachförmig gestellten Stangen aufgestellt. Regel ist der Rindenverkauf nach dem Gewicht. Über die Rätlichkeit von Schutzdächern mangeln noch Erfahrungen bezüglich des Rückersatzes des Kostenaufwandes.

Die dauernde Beimischung anderer Holzarten (sogenanntes Raumholz) schädigt den Rindenertrag. Die Verdrängung wird am zweckmäßigsten durch oft wiederholte Aushiebe bewirkt, bei Hasseln im zweiten bis dritten Jahre nach dem Aushieb zu wiederholen.

Bei Anlage von Schälwaldungen und Ausbesserung von Blößen und Lücken wird es im Hinblick auf den Rückgang der Rindenpreise vorsichtig sein, auf den ärmeren Bodenarten die Kiefer zur vollen Bestandsbildung bei= zumischen. Bis zum 15= bis 20jährigen Alter erhalten sich die Eichengerten zumeist auch im geschlossenen Kiefernwuchs und bilden nach dem Aushieb der Kiefern zureichende Eichenbestockung. Man kann zu dieser Zeit entscheiden, ob zukünftig Eichenschälwald oder Kiefernhochwald zu wählen ist. Über die Frage, ob die Ausschläge alter Eichenstöcke bis zum Eisenbahn=Schwellenholz gesund empor= wachsen werden, mangeln Erfahrungen. Die Ausschläge junger Eichenstöcke haben nach den ausgedehnten Erfahrungen des Verfassers zumeist diese Ausdauer. Wenn auch der Rindenertrag und die Rindenqualität durch einen dichten Ober= holzstand geschädigt wird, so dürfte doch bei den dermaligen Aussichten der inländischen Eichenrinden=Produktion dieses Aushilfsmittel und die reichliche Beimischung lichtbedürftiger und ertragreicher Nutzholzgattungen, die wir oben erörtert haben, in der Regel der Vorsicht entsprechen und auch bei der zu hoffenden Aufwärtsbewegung der Rindenpreise nicht schadenbringend sein.

Zu den Niederwaldungen kann man auch die Weidenheger (mit 42444 ha im Deutschen Reich), die Faschinenwaldungen und die Flächen mit Kopfholzbetrieb und Schneidelholzbetrieb rechnen. Die Erörterung der Rentabilität und Bewirtschaftung würde hier zu weit führen.[*]

---

[*] Besonderschriften über Korbweidenkultur: R. Schulze, „Die Korbweide, ihre Kultur, Pflege und Benutzung." Breslau, 1885; J. A. Krahe, „Lehrbuch der rationellen Korbweidenkultur." 4. Auflage. Aachen 1886. Eine kurze Besprechung ist in dem „Waldbau" des Verfassers (Stuttgart, 1884) enthalten.

II. Der Mittelwaldbetrieb.

Während der früheren regellosen, den Wald durchplenternden Abholzung hatte sich die Bestockung zumeist durch die Regeneration der Wurzelstöcke gebildet. Da aber auch Bau- und Werkholz gebraucht wurde, so ließ man, als die haushälterische Benutzung der Waldungen begann, Stangen und stärkere Bäume in die Stockausschläge einwachsen. Durch die sogenannten Laßreidel, die bei jedem Abtrieb des Unterholzes aus den schönen, wüchsigen Stangen ausgewählt wurden, bildete sich eine gewisse Gradation im Oberholz. Vor dem fünften Hieb des Unterholzes waren vier Altersstufen, herrührend aus den jeweils bei den vier Unterholzhieben belassenen Laßreideln, vorhanden, und beim fünften Hiebe blieben wieder Laßreidel stehen. Die forstliche Technik hat hierauf die Abstufung und Verteilung dieser Oberholzklassen, die man Laßreidel (Laßreiser, Bannreiser), Oberständer, angehende Bäume, Bäume und (während des sechsten und folgenden Umtriebs des Unterholzes) Hauptbäume und alte Bäume genannt hat, zu regeln gesucht. Diese Bestockungsform, die noch 1893 mit 762 203 ha im Deutschen Reich vertreten war, ist Mittelwald genannt worden.

Die Produktionsleistungen des Mittelwaldbetriebes gegenüber dem Hochwaldbetrieb und andererseits gegenüber dem geregelten Femelbetrieb und dem Niederwaldbetrieb sind bis jetzt nicht durch vergleichende Ertragsuntersuchungen klargestellt worden. Man kann nach den bisherigen Veröffentlichungen über die Massenerträge dieser Betriebsarten im gesamten Staats- und Gemeinde-Waldgebiet größerer deutscher Länder nur vermuten, daß der Mittelwald im Massenertrag dem Hochwald jedenfalls gleichkommen, wenn nicht übertreffen wird und etwa 30 bis 40 % größere Materialerträge liefern wird als der Niederwaldbetrieb. Über die Produktion von Gebrauchswerten durch die verschiedenen Betriebsarten mangeln alle vergleichungsfähigen Angaben. Nicht nur auf den Massenertrag, sondern vor allem auf den Wertertrag hat die Menge und die Altersabstufung des Oberholzes den größten Einfluß, und die Angaben in der Forstlitteratur schwanken hinsichtlich der Überschirmung der Fläche durch den Oberstand zwischen $1/10$ der Fläche (G. L. Hartig für trockenen Boden und starke Nachfrage nach Reisholz) und $7/10$ bis $8/10$ der Fläche (Hundeshagen und Karl von Fischbach für guten Boden), während hinsichtlich der Altersabstufung einzelne Schriftsteller (Hundeshagen, Stumpf u. a.) die Zahl der Laßreidel, Oberständer, angehenden Bäume, Hauptbäume und alten Bäume für die ortsüblichen Flächeneinheiten schematisch für Lehrzwecke verzeichnet haben, ohne die Wachstumsleistungen der verschiedenen Holzarten in den einzelnen Altersperioden und den Entgang an Unterholzproduktion bei Zunahme der Beschattung, welche der steigende Oberholzvorrat im Gefolge hat, zu untersuchen und hiernach das Optimum der gesamten Mittelwaldproduktion zu bemessen. Will der Waldbesitzer nicht nur den erreichbaren Wert- und Reinertrag für den bestehenden Mittelwaldbetrieb, sondern auch die thatsächliche und die erreichbare Verzinsung des realisierbaren Vorratskapitals kennen lernen, so erübrigt nur die Erforschung des Wachstumsganges der Mittelwald-Oberholzstämme an einer genügenden Zahl von Probestämmen, die zerschnitten und nach der Zunahme der Durchmesser und der Höhe von Altersstufe zu Altersstufe analysiert werden, und die Ermittelung des Unterholzertrags für die 20- bis 30 jährigen (selten höheren oder niedrigeren) Altersstufen auf Probeflächen.*) Man wird finden, daß die Mittelwaldstämme in den Jugendperioden den jeweiligen Wertvorrat mit sehr hohen Prozenten durch die Wertproduktion verzinsen, daß jedoch diese Verzinsung, wenn Mittelwaldstämme mit über 1,0 fm das Wirtschaftsziel nach Maßgabe der örtlichen Verbrauchs-Verhältnisse zu bilden haben, auf Mittelboden schon früher unter 3 bis $3^{1}/_{2}\,^0/_0$ sinkt, als die Stämme diesen Körpergehalt erreichen.

Für die Bewirtschaftung des waldwirtschaftlichen Kleinbesitzes mittels des Mittelwaldbetriebes wird die Produktion von Eichen- und Kiefern-Eisenbahnschwellenholz besonders beachtenswert sein, und diesen beiden Holzarten wird man Lärchen, Birken, Eichen (diese in feuchten Lagen), ferner in Ermangelung der zuvor genannten lichtbedürftigen Holzarten, Rotbuchen, Fichten und Tannen beigeben dürfen. Es wird hierauf die Wachstumszeit festzustellen sein, welche die gewählten Holzarten gebrauchen, um für die im Absatzbezirk gesuchten Nutzholzsorten gebrauchsfähig zu werden, und hierbei werden in vorderster Reihe die Dimensionen, welche für Eisenbahnschwellen gefordert werden, zu beachten sein.

Für die Unterholzbestockung sind als besonders brauchbar Hainbuchen, Rotbuchen, Eschen, Maßholder, Akazien, Ulmen, Ahorn, Weißerlen und einige andere weniger verbreitete Laubhölzer (Traubenkirschen, zahme Kastanien, Birken, Pappeln, Weiden, Schwarzerlen, Linden) zu bezeichnen.

Es ist selbstverständlich an diesem Orte unmöglich, die leistungsfähigste Zusammensetzung des Oberholzes und Unterholzes nach Holzarten und Altersabstufungen allgemein giltig zu normieren. Diese Ermittelung ist Aufgabe der örtlichen Untersuchung, die sich nicht nur auf den Wachstumsgang der im Oberstand vorhandenen verschiedenen Holzarten, sondern auch auf den Unterholz-Ertrag nach 15-, 20-, 25-, 30 jähriger Wachstumszeit zu erstrecken hat. Eine Verlängerung der letzteren bis zum 35 jährigen oder 40 jährigen Unterholzalter wird seltener zu befürworten sein, weil die Reproduktionskraft der alten, weit ausgedehnten Unterholzbüsche rückgängig wird und die Nachzucht von jungen Stockausschlägen aus Samenpflanzen sehr erschwert wird (siehe unten). An dieser Stelle können wir nur die Aufgaben und den Gang der Untersuchung im allgemeinen andeuten und durch ein Beispiel erläutern.

Wenn der Waldboden nicht flachgründig, trocken und verarmt ist, so wird man in der Regel finden, daß der Ertrag und die Leistungsfähigkeit des Mittelwaldes mit der Reichhaltigkeit des aus den brauchbarsten Nutzholzgattungen gebildeten Oberstandes zunimmt und sein Optimum mit einer hervorragenden Kapitalverzinsung bei einem so dichten Oberstand erreicht, daß das Unterholz zum Bodenschutzholz herabsinkt. Für die besseren Standorte ist nicht zu bezweifeln, daß der Wertzuwachs des Oberholzes reichlich den Ausfall an Unterholz-Ertrag infolge

---

*) cf. des Verfassers „Anleitung zur Regelung des Forstbetriebes". Berlin 1875, Seite 209 bis 223.

Überschirmung ersetzt. Bodenschutz wird durch die Stockausschläge nach dem Unterholzhieb erzielt, und wenn Lücken entstehen, so läßt sich der Samenabwurf des Oberstandes zur Ergänzung von Jungholz benutzen, aus dem beim nächsten Unterholzhieb wieder Stockausschläge entstehen. Der Mittelwald entwickelt sich in diesem Falle immer mehr zur Ähnlichkeit mit seinem später zu bebetrachtenden Zwillingsbruder, dem Hochwald mit Umlichtung der aufwachsenden Abtriebsstämme mittels des sogenannten Lichtwuchsbetriebs. Wenn die Stämme im oberholzreichen Mittelwalde auch nicht alle Vorzüge der im dichten Kronenschluß von Jugend auf astrein und vollholzig aufwachsenden Hochwaldstämme erreichen, so ersetzt der oberholzreiche Mittelwald etwaige Nachteile reichlich durch frühzeitige Erstarkung der Stämme und eine wesentlich gesteigerte Wertproduktion pro Hektar. Zudem werden die qualitativen Vorzüge der im Kronenschluß erwachsenen Hochwaldstämme nicht selten überschätzt. Nirgends ist meines Wissens die Verkaufsfähigkeit der Mittelwaldstämme wegen der mangelnden Astreinheit und Vollholzigkeit beeinträchtigt oder auch nur beanstandet worden. Aus dem Hochwaldholz wird nur ein kleiner Prozentsatz „reiner" Bretter gewonnen, und die einige Millimeter größere oder kleinere Abnahme der Durchmesser pro Längenmeter ist beim Sägebetrieb für die Ausnutzung des sogenannten Blochholzes nicht ausschlaggebend.

Wenn die Unterholzbestockung im Mittelwalde gutwüchsig ist, aus nicht zu alten und rückgängig gewordenen Ausschlagstöcken besteht und keine beachtenswerten Bestandslücken entstanden sind, wenn ferner für die Nachzucht der für Nutzholzzwecke brauchbarsten Oberständer erfolgreich gesorgt worden ist und fortdauernd gesorgt wird, so wird selten die Einstellung der Holzzucht oder der Übergang zur Hochwaldwirtschaft in Frage kommen. Ist die Bestockung in dieser Weise günstig für die nächste Umtriebszeit beschaffen, so bietet die Bewirtschaftung keine außergewöhnlichen Schwierigkeiten. Vor dem Hiebe des Unterholzes zeichnet man die schönwüchsigsten und standfesten (stusig gewachsenen) Unterholzstangen, möglichst Kernpflanzen, zum Stehenbleiben aus. Nach Fällung des verbliebenen Unterholzes, wobei die oben ad 1 angeführten Regeln für die Niederwaldhiebe maßgebend werden, bezeichnet man, da nunmehr die Stellung des Oberholzes besser übersehen werden kann, die Oberholzstämme, welche wegen Alters, Anbrüchigkeit ꝛc. zur Fällung zu bringen sind. Eine gleichmäßige Verteilung des Oberholzes über die Fläche ist zwar erwünscht, aber selten im vollen Maße zu erreichen, und die theoretischen Normen über die Stammzahlen, welche die einzelnen Altersklassen des Oberholzes zu bilden haben, gewähren bei der Schlagauszeichnung keine brauchbaren Anhaltspunkte. Mit Begünstigung der wuchskräftigsten Stammklassen sind die gesunden und gut geformten Nutzholzstämme und -Stangen an allen Orten zum Fortwachsen auszuwählen, wo man sie findet, und nur dann, wenn dieselben so dicht beisammen stehen, daß einzelne Stämme freien Wachsraum bis zur nächsten Wiederholung des Unterholzhiebes nicht finden, werden nebenstehende schlechtwüchsige und schlecht geformte Exemplare ausgehauen. Das zur Fällung ausgezeichnete Oberholz ist in der Regel unmittelbar nach dem Hiebe des Unterholzes zu hauen und abzuräumen.

Will man den Mittelwald gutwüchsig erhalten, so wird nicht nur die Komplettierung des Oberholzes durch kräftige und sorgsam auf= erzogene Kernpflanzen notwendig werden — zumeist werden Eichenheister= pflanzen, kräftige Eschenpflanzen, vielfach auch Kiefern verwendet —, sondern auch die Rodung der alten, rückgängig werdenden Wurzelstöcke und die Bepflanzung der hierdurch entstehenden Bestandslücken durch kräftige Laubholzpflanzen.

Vor allem ist aber der Pflege der langsam wachsenden und den benachbarten Stockausschlägen nicht nachkommenden Kernpflanzen durch oft wiederholte Aushiebe der verdämmenden Stockausschläge dringend geboten.

Die Verjüngung der Mittelwaldungen läßt sich auch durch Schirmschlag= stellung und Einpflanzung von Hainbuchen, Buchen und anderen zu Unterholz geeigneten Laubhölzern bewirken, die nach der Lichtung des Schirmschlages durch Eichenpflanzung, Eschenpflanzung rc. behufs Nachzucht des Oberholzes ergänzt werden.

Diese gutwüchsigen, mit jungen Stockausschlägen und kräftigen, vollauf produzierenden, im mittleren Alter stehenden Oberhölzern reichlich ausgestatteten Mittelwaldungen findet man jedoch leider selten vor. Vielmehr endet der langjährige Mittelwaldbetrieb, wenn nicht die schwierige Ergänzung durch Samenwuchs unausgesetzt und erfolgreich durchgeführt worden ist, gewöhnlich mit einer rückgängigen Bestockung. Große, sperrige Stockausschläge der Rotbuche sind schlechtwüchsig geworden. Weichhölzer, namentlich Aspen und Birken, Dorngewächse, Himbeer= sträucher rc. haben sich angesiedelt. Auf den feuchteren Flächenteilen hat sich Gras und sonstiges Unkraut eingefunden; auf den trockenen Flächenteilen sind Blößen und Lücken entstanden. Der Boden trocknet aus und überzieht sich mit Anger= gräsern oder Heidelbeeren und Heidekräutern. Mit der Zeit tritt im Oberholz ein Mangel an Stämmen ein, die aus Samen erwachsen sind. Man muß entweder die vorhandenen Oberhölzer notgedrungen übermäßig lange beibehalten und dieselben werden infolge des hohen Alters im Zuwachs rückgängig und schließlich anbrüchig, oder man muß Stockausschläge als Oberholz stehen lassen. Schon im Anfang dieses Jahrhunderts hat Heinrich Cotta die Mißstände, welche die Mittelwald= wirtschaft begleiten, lebhaft geschildert.

In derartigen Mittelwaldungen wird man genötigt werden, die Bestockung umzuwandeln in eine Samenholzbestockung. Die Feststellung der wirtschaftlich und finanziell leistungsfähigsten Verfahrungsarten dieser Über= führung herabgekommener Mittelwaldungen in den Hochwaldbetrieb oder auch zunächst in eine Samenholzbestockung mit reichlichem Oberstand erfordert gründliche Kenntnis der neueren Forschungsergebnisse über die Wachstumsleistungen der Waldbäume im freieren Stande und im Kronenschluß, um beurteilen zu können, ob die in Unterfranken (im Guttenberger und Gramschatzer Walde) eingehaltenen Wirtschafts=Regeln oder die hiervon abweichende Überführungsart im Groß= herzogtum Sachsen=Weimar oder das vom Verfasser eingehaltene Verfahren leistungsfähiger ist.*) Die allgemeine Vergleichung der wählbaren Überführungsarten nach ihrer Rentabilität ist bei der unabsehbaren Verschiedenheit der örtlichen Ertragsfaktoren an diesem Orte nicht ausführbar. Aber bei einer beträchtlichen Ausdehnung des Mittelwaldbesitzes sollten die Waldbesitzer der Forsteinrichtung stets die Ermittelung und Vergleichung der bei den wählbaren Wirtschaftsverfahren zu erreichenden Waldreinerträge auferlegen.

Was endlich die Rentabilität der gutwüchsigen Mittelwaldungen betrifft, so wird man zwar in der Regel hohe Prozentsätze für die Verzinsung des realisierbaren Waldkapitals finden. Aber diese Rentabilität ist überaus verschieden nach der Stammzahl und der Altersabstufung des vorhandenen und herstellbaren Oberholzes. Mittelwaldungen mit einem reichlichen, aber größtenteils den höheren Altersklassen, vom 120. Jahre an aufwärts, angehörigen Altersklassen haben sehr oft nur eine geringe Kapitalverzinsung, während wieder ein reichlicher Oberstand aus Eichen, die in die Schwellenholzklasse hineinwachsen, das Vorratskapital vorzüglich verzinsen kann. Für die Privatwaldbesitzer, die Gemeinden und Körperschaften wird es in der Regel am nutzbringendsten sein, den Schwerpunkt in die Produktion des Eisenbahn-Schwellenholzes zu verlegen und einen so dichten Eichenoberstand der Bewirtschaftung als Vorbild voranzustellen, daß die Unterholzbestockung zum Bodenschutzholz herabsinkt. Die Erhaltungsfähigkeit des letzteren bedingt auf den verschiedenen Bodenarten einen verschiedenen Beschirmungsgrad des Oberholzes, und bei der Normierung des letzteren ist nicht nur die Leistungsfähigkeit der vorhandenen Bestockung hinsichtlich der Bildung dieses Oberstandes aus kräftigen Kernpflanzen von Eichen und sonstigen gebrauchsfähigen, vor allem lichtbedürftigen Holzgattungen, sondern auch der Brennholzverbrauch im Absatzbezirk zu berücksichtigen. Man wird, um eine Klarstellung der Rentabilitäts-Verhältnisse den Waldbesitzern vorlegen zu können, diese Rentabilitäts-Vergleichung für verschiedene Grade der Oberholzbeschirmung, etwa von 50 % der Beschirmung der Schlagfläche aufwärts, vorzunehmen haben. Dieselben haben sich auf die örtliche Ermittelung des Zuwachsganges und insbesondere der Wertproduktion des Oberholzes von Jahrzehnt zu Jahrzehnt zu stützen, und dabei ist der Unterholzertrag durch Probeflächen, die für die maßgebenden Altersperioden des Unterholzes unter verschiedener

---

*) Die Darstellung der zuerst genannten Verfahren findet man im Waldbau des Verfassers (Stuttgart, Cotta, 1884, Seite 470 bis 477). Das vom Verfasser gewählte Verfahren ist in der „Allgemeinen Forst- und Jagdzeitung" von 1892, Seite 296 veröffentlicht worden. Während der Übergangszeit wurden die früheren Mittelwaldbestände in eine Lichtwuchsstellung gebracht. Nachdem die Oberhölzer mit über 40 cm Brusthöhendurchmesser, welche gewöhnlich weniger als 1 1/2 bis 2 % zuwachsen, ausgehauen waren, wurde ein Lichtwuchsbestand aus den verbliebenen Oberhölzern und den wuchskräftigsten Unterholzstangen gebildet, indem den Stämmen und Stangen Wachsraum für die nächsten acht bis zehn Jahre geöffnet und nach wieder eingetretenem Kronenschluß die Lichtwuchsstellung erneuert wurde. Die überraschenden finanziellen Ergebnisse dieser Stammstellung in den ersten 20 Jahren sind a. a. O. ausführlich dargestellt worden. (Siehe den zwölften Abschnitt dieser Schrift.)

Beschirmungsdichte vergleichungsfähig anzulegen sind, festzustellen. Die Aufgaben derartiger Rentabilitäts=Vergleichungen, welche infolge der örtlichen Wachstums= und Absatzverhältnisse fast von Forstbezirk zu Forstbezirk wechseln, glaube ich durch die Behandlung eines Beispiels andeuten zu können.

Betrachten wir ein Beispiel für den jährlichen Betrieb der Mittelwaldungen, da derselbe im Privat= und Gemeindebesitz vorherrschend sein wird und ähnliche Rentabilitäts=Verhältnisse im aussetzenden Betrieb wiederkehren werden. Wir unterstellen eine 20 ha große, mit 20jähriger Umlaufszeit des Mittelwaldhiebes bewirtschaftete Waldbesitzung. Der Zuwachsgang des Oberholzes wurde untersucht und hat im Durchschnitt aller vorhandenen Holzarten die nachstehende Entwickelung pro Einzelstamm ergeben:

40jährig	0,32 fm	2,5 Mk.	80jährig	1,70 „	27,9 „
50jährig	0,60 „	5,4 „	90jährig	2,01 „	35,8 „
60jährig	0,96 „	10,8 „	100jährig	2,37 „	42,4 „
70jährig	1,31 „	18,2 „			

Es ist ermittelt worden, daß die Dichtigkeit des Oberstandes ca. 200 fm pro Hektar betragen darf, ohne die Fortexistenz des Unterwuchses zu gefährden, und es soll zunächst die der folgenden Berechnung zu Grunde gelegte Altersabstufung des Oberholzes untersucht werden:

a) Vor dem Hieb pro Hektar:

100jährige	24 Stämme	à 42,4 Mk.	1017,6 Mk.	
80jährige	31 „	à 27,9 „	864,9 „	
60jährige	52 „	à 10,8 „	561,6 „	
40jährige	130 „	à 2,5 „	325,0 „	
20jähriger Unterholzertrag			192,0 „	
		Summa	2961,1 Mk.	

b) Aushieb im 20jährigen Alter pro Hektar:

100jährige	24 Stämme	à 42,4 Mk.	1017,6 Mk.	
80jährige	7 „	à 27,9 „	195,3 „	
60jährige	21 „	à 10,8 „	226,8 „	
40jährige 78 „		à 2,5 „	195,0 „	
20jähriger Unterholzertrag			153,0 „	
		Summa	1787,7 Mk.	

c) Nach dem Hieb pro Hektar:

80jährige	24 Stämme	à 27,9 Mk.	669,6 Mk.	
60jährige	31 „	à 10,8 „	334,8 „	
40jährige	52 „	à 2,5 „	130,0 „	
20jährige	130 „	à 0,3 „	39,0 „	
		Summa	1173,4 Mk.	

Es soll untersucht werden, ob der jährliche Reinertrag die geforderte Verzinsung vom realisierbaren Waldwert = $3\frac{1}{2}\%$ einbringt oder die Ausstockung vorzuziehen ist. Nach der Abholzung ist ein außerforstlicher Ertrag nur durch die Weidenutzung mit 1 Mk. pro Hektar und Jahr zu erreichen. Die Ausgaben für Beschützung der Waldbestockung, Steuern 2c. betragen 4 Mk. pro Hektar und Jahr. Bei sofortiger Abholzung würde der Waldbesitzer ein Kapital realisieren für die genannten 20 ha:

a) Aus der Verwertung der 0- bis 19jährigen Jahresschläge des Vorrats, Ober- und Unterholz des 19jährigen Schlages . . . . 2871,7 Mk.
Oberholz des 0jährigen Schlages . . . . 1173,4 „
$\frac{2871{,}7 + 1173{,}4}{2} \cdot 20$ . . . . 40451,0 „
b) Bodenwert . . . . 572,0 „
c) Kostenkapital . . . . 2286,0 „

Summa 43309,0 Mk.

Sonach Verzinsung: $\frac{1787{,}7 \cdot 100}{43309} = 4{,}13 \, \%$.

Man hat hiernach zu ermitteln, ob eine andere Verteilung des Oberholzes nach Holzarten, der Zahl und der Altersabstufung den Verkaufswert des erforderlichen Betriebskapitals nachhaltig höher verzinsen würde, als oben für die herbeizuführende Gradation der Laßreidel, Oberständer ꝛc. angenommen worden ist. Diese Verzinsung kann jedoch erst erreicht werden, wenn der normierte Oberholzstand hergestellt worden ist, und es ist sonach nicht der Verkaufswert des Oberholzes maßgebend für die Verzinsung, sondern die Herstellungskosten. Demgemäß ist weiter nicht nur für die Fortsetzung der bisherigen Bewirtschaftung, sondern auch für die Herstellung des normierten Oberholzstandes die jährliche Nutzungsgröße für die nächsten Umlaufszeiten des Mittelwaldhiebes festzustellen, um beurteilen zu können, ob eine wesentliche Veränderung der bisherigen Rente eintreten wird, wenn die normale Verteilung und Abstufung des Oberholzes angebahnt und zu diesem Zweck eine weitaus größere Zahl von Laßreideln übergehalten wird als bisher. Man wird in der Regel finden, daß die letzteren eine vorzügliche Verzinsung bis zum Alter der „angehenden Bäume" und „Bäume" finden, während der Rentenausfall unbeträchtlich ist.

Wenn dagegen die Herstellung einer Samenholzbestockung nutzbringender erscheint und der Waldbesitzer Auskunft verlangt über die Leistungsfähigkeit des Hochwaldbetriebes an Stelle des Mittelwaldbetriebes, so sind Wirtschaftspläne in der im neunten Abschnitt dieser Schrift beschriebenen Weise für die verschiedenen Überführungsarten der konkreten Mittelwaldbestockung erforderlich, und zugleich ist die Rente der etwa 60-, 80-, 100jährigen Hochwald-Normalvorräte zu bemessen, welche nach den örtlichen Rentabilitätsfaktoren zu erwarten ist. Man kann hierauf nach den Unterschieden in den jährlichen Renten während der Übergangszeit die Herstellungskosten für die einträglichsten Formen des Mittelwaldbetriebes und für die einträglichsten Umtriebszeiten des Hochwaldbetriebes aufklären und der späteren Erhöhung der jährlichen Renten gegenüberstellen, damit die Waldbesitzer den Zinsenertrag der Endsummen, der Herstellungskosten bemessen und vergleichen können.

Die Aufklärung über die einträglichsten Bewirtschaftungs-Verfahren in Mittelwaldungen erfordert, wie man sieht, gründliche Untersuchungen über die Wachstumsleistungen der vorfindlichen Bestockung nach der Beschaffenheit derselben und den Verwertungs-Verhältnissen im Absatzgebiet. Im höchsten Maße dann, wenn die Überführung zum Hochwaldbetrieb geboten ist. Für diese Untersuchungen bildet nicht der Wachstumsgang der Oberhölzer im Freistand das schwierigste Problem, sondern der Wachstumsgang der früheren Mittelwaldbestockung nach Eintritt in den Kronenschluß. Für diese Bemessung wird man selten bessere Anhaltspunkte finden, als durch örtlich aufzustellende Wertertragstafeln für größere Hochwaldbestände mit mittlerem Kronenschluß dargeboten werden können. Die schließlichen Rentabilitäts-Vergleichungen erfordern, wenn die Abtriebsflächen und Werterträge sowohl für 20=, 25=, 30jährige Mittelwald-Umtriebszeiten als für die wahlfähigen Hochwald-Übergangszeiten ermittelt und für die Normalbestockung des Mittel= und Hochwaldbetriebes bemessen worden sind, einen geringen Arbeitsaufwand. Aus den generellen Wirtschaftsplänen gehen die Unterschiede in den Herstellungskosten hervor, und durch Gegenüberstellung der Unterschiede und der Nutzleistungen durch spätere Erhöhung der Jahresrenten — in der Regel zu Gunsten der Nutzungsnachfolger — kann man den Waldbesitzern die in der Waldwirtschaft erreichbare Aufklärung über das Verhalten der konkreten Rentabilitätsfaktoren verschaffen — sowohl auf Grund der jährlichen Kapital= verzinsung als mit Anwendung der Zinseszinsrechnung.*)

III. Der Femel- oder Plenterbetrieb.

Wenn verschiedenalterige Stämme, regellos über die Fläche verteilt, die Be= stockung bilden, Jungholz, Mittelholz und Altholz bunt durcheinander gemischt, so kann man denken, daß die höchste Rente und die höchste Kapitalverzinsung erzielt werden wird, wenn man jährlich etwa den zehnten Teil des Waldes durch= sucht und diejenigen Stämme aushauen läßt, welche die hinlängliche Gebrauchs= fähigkeit erlangt haben oder im Zuwachs augenscheinlich bald rückgängig und nach ihrer körperlichen Beschaffenheit bald anbrüchig werden, auch durch ihre Wert= produktion nach den vorgenommenen Untersuchungen den Verkaufswert nicht mehr in den nächsten zehn Jahren zu verzinsen vermögen. Bei diesem Rundgang der Nutzung würden zu gleicher Zeit die zwischenliegenden Flächen durchsucht, in den Gartenhölzern und schwachen Stangenhölzern das abgestorbene und auch das unter= ständige und total eingezwängte Holzmaterial entfernt werden können. In den genügend erstarkten Stangen= und Baumhölzern würden die bisherigen oder die (im zwölften Abschnitt zu erörternden) vorgreifenden Durchforstungen vorgenommen werden, während die Lücken, die durch den Aushieb der stärkeren Stämme ent= stehen, nötigenfalls künstlich verjüngt werden können.

In der That wird in der neueren Forstlitteratur (namentlich von Bayern aus**) das „Arbeiten auf der Rückfährte zum Plenterwald" befürwortet. Aber selbst in Schutz= und Bannwaldungen (die im genannten Lande die größte Ver= breitung besitzen) hat die forstliche Praxis den reinen Plenterbetrieb verlassen, da die Erfahrungen hinsichtlich der Verjüngung und der Beschädigungen bei der Holzabfuhr ungünstig waren. Ein endgiltiges Urteil über die Licht= und Schatten= seiten des Femelbetriebs ist zur Zeit noch nicht zu ermöglichen. Wir wissen noch nicht, ob der Einfluß der gleichalterigen und der ungleichalterigen Bestockung auf die Erhaltung und Mehrung der Produktionskraft des Waldbodens erhebliche

---

*) Das Ermittelungsverfahren hat der Verfasser schon früher erörtert, cf. „Regelung des Forstbetriebs", Berlin, 1875, Seite 38 bis 47, 64, 65.
**) Geyer, „Der Waldbau". 1. Auflage. Berlin 1880.

Unterschiede zeigt und die natürliche Verjüngung durch die Löcherform der Verjüngungshiebe wesentlich erleichtert wird, gegenüber der Dunkelschlagstellung und der allmählichen Lichtung mittels etwas größerer Angriffshiebe. Andererseits wird nicht zu bestreiten sein, daß die entstandenen Jungwüchse und auch die Stämme des stehen bleibenden Bestandes durch die Holzernten des Femelwaldes mehr beschädigt werden wie durch den Transport innerhalb des schlagweisen Betriebs, zumal an Bergwänden.

Zur vergleichenden Würdigung der Rentabilitätsverhältnisse mangeln zudem alle Anhaltspunkte. Über die Wachstumsleistungen des Plenterbetriebs, über die Astbildung, Schaftausformung der Stämme :c. sind bis jetzt komparative Untersuchungen nicht vorgenommen worden. Es ist jedoch selbstverständlich, daß der Plenterbetrieb nicht zur regelrechten Stammstellung und richtig bemessener Ausnutzung des Wachstumsraumes führen kann, sondern zur regellosen Löcherwirtschaft, zu excentrischem Wuchs der Nutzholzstämme u. s. w. zumeist führen wird.

Siebenter Abschnitt.

Die einträglichste Bewirtschaftung der Waldparzellen und kleineren Waldungen im Hochwaldbetrieb mittels aussetzendem Rentenbezug.

Die Waldfläche des Deutschen Reiches, welche nicht zum Staats- und Kron-Eigentum gehört, hat nach der Aufnahme von 1893 = 9 309 000 ha betragen. Ein beachtenswerter Teil dieser Waldfläche ist mit landwirtschaftlichen Betrieben verbunden, wie die Aufnahme dieser Holzflächen im Jahre 1883 gezeigt hat. Es haben damals umfaßt die mit landwirtschaftlichen Betrieben verbundenen Holzflächen

		von 1 ha und weniger			185 664	ha
von über	1	„ bis zu	10	ha	1 494 989	„
„ „	10	„ „ „	100	„	1 494 363	„
„ „	100	„ „ „	1000	„	1 251 730	„
„ „	1000	„			525 229	„
			Zusammen		4 951 975	ha

Die Verteilung dieser Gutswaldungen und der weiteren, ca. 1 700 000 großen Privatwaldungen, welche ohne Verbindung mit landwirtschaftlichen Betrieben bewirtschaftet werden, ferner der Gemeinde-, Genossenschafts- und Stiftungs-Waldungen nach dem aussetzenden und jährlichen Hochwaldbetrieb, dem Mittelwald- und Niederwaldbetrieb ist forststatistisch noch nicht ermittelt worden. Von der gesamten Waldfläche des Deutschen Reiches (1893 wurden einschließlich der Weidenheger 13 957 000 ha ermittelt) werden jedoch nur ca. 1 600 000 ha im Mittel- und Niederwaldbetrieb bewirtschaftet werden. Wenn man auch vermuten darf, daß die Staatsforsten am Besitz dieser Mittel- und Niederwaldungen nur untergeordnet beteiligt sein werden, so bleibt es immerhin wahrscheinlich, daß der Hochwaldbetrieb auch im außerstaatlichen Waldbesitz die entscheidende Bedeutung haben wird. Zur Beurteilung der weiteren Frage, ob in den außerstaatlichen Hochwaldungen der nachhaltig-jährliche Verjüngungs-Betrieb, der in den späteren Abschnitten dieser Schrift erörtert werden wird, vorherrschend sein wird oder die aussetzende Ablieferung der Waldrente, die hier zunächst besprochen werden soll — zur Beantwortung dieser Frage mangeln bis jetzt statistische Anhaltspunkte.

Bei der Untersuchung, welche Rente die bisherige Bewirtschaftung im aussetzenden Betrieb für das konkrete Waldkapital geliefert hat und welche Rente das einträglichste Wirtschaftsverfahren liefern wird, werden wir in erster Linie ausgehen von der Grundannahme, daß die Waldeigentümer den aussetzenden Betrieb, die kumulative Ablieferung der Waldrenten fortgesetzt beibehalten und die Verjüngung der Waldbestände erst dann anordnen werden, wenn die Wertproduktion der letzteren den Nutzleistungen erheblich nachzustehen beginnt, welche durch die gleich sichere Anlage der Vorrats-Erlöse in anderen Wirtschaftszweigen der Waldbesitzer nachhaltig zu erreichen sind und außerdem durch die alsbaldige der Holznachzucht eingebracht werden würden. Die privatwirtschaftlichen Nutzleistungen des jährlichen Rentenbezugs im Hochwaldbetrieb maßgeblich der wählbaren Wirtschaftsverfahren werden wir später erörtern.

Die Rentabilitäts-Vergleichung, welche wir befürworten, hat demgemäß die Waldbesitzer in erster Linie zu informieren über die Verjüngungszeiten der vorhandenen Waldbestände, welche bewirken, daß die Wertproduktion auf allen Parzellen des Waldeigentums Zinsenerträge für die realisierbaren Bestands- und Bodenwerte einbringt, welche der Sicherheit der Kapitalanlage entsprechen. Für die Bemessung dieser zu fordernden Verzinsungssätze, die den Waldbesitzern obliegt, wird im allgemeinen die Rente sicherer Boden-Kredit-Pfandbriefe am meisten geeignet sein.

Die Waldertrags-Regelung hat zweitens die Leistungsfähigkeit der anbaufähigen Holzgattungen, insbesondere der Nutzholzgattungen, zu überblicken und drittens die zuwachsreichste Stammstellung während der Erziehung*) der Waldbestände zu erörtern.

Bei Beginn der örtlichen Waldertrags-Regelung haben die Waldbesitzer zu entscheiden, ob die Zinsen und Zinseszinsen der Kapitalerübrigungen, welche nach der Verwertung der Waldbestände verbleiben, nachdem laufende Verpflichtungen gedeckt worden sind, dem Kapital hinzugefügt werden sollen, oder ob die Jahreszinsen der Nutznießung zugewiesen werden sollen. Immerhin wird die Rentabilitäts-Vergleichung behufs Information der Nutznießer sowohl für die Voraussetzung vorzunehmen sein, daß die Zinsen der Erlöse jährlich verbraucht werden, als für die Voraussetzung, daß Zinsen und Zinseszinsen admassiert werden. Im ersteren Falle wird die Untersuchung genügen, ob die der Nutznießung zufallenden Jahreszinsen eine größere oder kleinere Summe ausmachen wie die Wertproduktion der fortwachsenden Waldbestände und der Wert der Nachzucht im gleichen Zeitraum. Im zweiten Falle wird zu vergleichen sein, ob die Zinsen und Zinseszinsen des

---

*) Siehe die Ausführungen im 12. und 13. Abschnitt. Für die Besitzer kleinerer Waldungen wird namentlich die Darstellung der wählbaren Erziehungsarten im 12. Abschnitt beachtenswert sein.

erreichbaren Erlöses und des Boden=Erwartungswertes größer oder kleiner werden als die Wertproduktion der fortwachsenden Bestände während des gleichen Zeitraums. Wenn der Unterschied zwischen den beiden Verzinsungsarten nicht beträchtlich wird und die aus der Zinseszinsrechnung resultierende Abkürzung der Wachstumszeit nur wenige Jahre beträgt, gegenüber der nicht meßbaren Oscillation der Holzpreise und der übrigen Rentabilitätsfaktoren nicht ins Gewicht fällt, so wird die mathematisch genaue Fixierung des Einzeljahres der einträglichsten Abtriebszeit, welche die Bodenrenten=Theorie bisher erstrebt hat, nicht die entscheidende Bedeutung behalten. Vielmehr wird diese Ermittelung des Zeitpunktes der „finanziellen Hiebsreife" durch die bisher nicht berücksichtigte Ermittelung der Gewinn= und Verlustbeträge zu ergänzen sein, damit die Waldbesitzer beurteilen können, ob die verfrühte Verjüngung, namentlich aber die Verlängerung der Wachstumszeit Verlustbeträge hervorruft, welche gegenüber den genannten Unsicherheiten in die Wagschale fallen oder (etwa vom 70= bis 90jährigen Bestandsalter) nicht ausschlaggebend werden.

Die später zu erörternde „Weiser=Prozentformel" bezweckt in erster Linie die Ermittelung des einträglichsten Abtriebsjahres und ist auch auf die mittels Zinseszinsrechnung einseitig zu berechnenden Maximal=Bodenerwartungswerte zu stützen. Die Ergänzung durch direkte Berechnung der Gewinn= und Verlustbeträge wird anschaulicher werden.

Grundlegend für die Einführung der nachhaltig einträglichsten Bewirtschaftung in kleinen Waldungen mit aussetzendem Betrieb ist demgemäß die sorgfältige Ermittelung des realisierbaren Werts der hiebsfähigen Waldbestände und des Waldbodens. Für die Holzproduktion, insbesondere für die Nutzholzproduktion, ist vor allem die wirtschaftliche Existenzberechtigung nachzuweisen. Man muß zu erfahren suchen, ob die Waldwirtschaft lediglich eine gewisse Duldung beanspruchen kann, weil der absolute Waldboden ohne Holzzucht veröden würde, oder ob der Waldbetrieb befähigt ist, zu einer hervorragenden Rangstellung innerhalb der Wirtschaftszweige der Grundbesitzer vorzurücken. Man hat vor allem festzustellen, wie groß der realisierbare Kapitalwert des vorhandenen Waldeigentums ist, welche Rente dasselbe bisher geleistet hat und bei der einträglichsten Bewirtschaftung zu leisten befähigt ist.

I. Die Feststellung des Waldvermögens und der Wertproduktion der Waldbestände.

1. Aufnahme der vorhandenen Rohholzmassen und der Holzsorten. In den Baumhölzern sind alle Stämme und Stangen, in den Stangenhölzern die Stangen und Stämme auf Probeflächen, die möglichst zahlreich in der mittleren Bestandsbeschaffenheit aufzusuchen sind, in Brusthöhe (1,3 m

über dem Boden) zu messen (zu „kluppieren"). Da der Wertvorrat und sonach das Holzsorten=Verhältnis zu ermitteln ist, so wird die Berechnung, Aufsuchung, Fällung, Vermessung und Aufarbeitung von Probestämmen erforderlich. Hierfür ist das Drandt'sche Verfahren mit der Urich'schen Modifikation am meisten empfehlenswert. Nach der Zahl der Probestämme werden die Stammzahlen mit den zugehörigen Durchmessern in Gruppen gebracht, für jede Gruppe wird die Stammgrundfläche, und durch Division mit den Stammzahlen der Gruppen werden die Stammgrundflächen und Durchmesser der Probestämme berechnet.*) Hiernach werden für die Fällung der letzteren regelmäßig geformte Exemplare ausgesucht, das Nutzholz wird kubisch vermessen, das Derb=Brennholz und Reisholz in die orts= üblichen Verkaufsmaße aufgearbeitet und die gesamte Holzmasse des Bestandes nach dem Verhältnis der Grundfläche der Probestämme zu der Grundfläche des Gesamtbestandes berechnet. Die in den Beständen vorkommenden Holzarten werden getrennt behandelt. Wenn die vorkommenden, wertvollen Eichen= oder Kiefern= Oberständer nicht zahlreich vertreten sind, so wird das Robert Hartig'sche Ver= fahren zu bevorzugen sein (gleichheitliche Verteilung der gemessenen Stamm= grundflächen, nicht der Stammzahlen, nach der Zahl der zu fällenden Probe= stämme und Fällung der Probestämme, welche der mittleren Kreisfläche entsprechen, Vermessung des Nutzholzes und Brenn=Derbholzes gesondert für jeden Probe= stamm und Berechnung der Holzmasse und der Holzsorten des Gesamtbestandes nach dem von Stamm zu Stamm wechselnden Verhältnis zwischen der Grund= fläche des Probestamms und der Grundfläche der Gruppe). Das Nutzholz der Probestämme wird auf benachbarten Sägewerken zu den gangbarsten Schnittholz= sorten verarbeitet.

2. **Ermittelung des mittleren Bestandsalters.** Das Alter der sämt= lichen Probestämme wird durch Zählung der Jahresringe zu ermitteln und das mittlere Alter nach den Formeln von Smalian und Gümpel zu bestimmen sein. Nennt man die Kreisflächen der Altersstufen $g, g', g'' \ldots$, das zu= gehörige Alter a, a', a'', so ist das mittlere Alter A nach Smalian.

$$A = \frac{g + g' + g'' \ldots}{\frac{g}{a} + \frac{g'}{a'} + \frac{g''}{a''} \ldots}$$

Nach Gümpel:

$$A = \frac{g \cdot a + g' a' + g'' a''}{g + g' + g''}$$

Das mittlere Alter wird nach den Ergebnissen dieser Formeln fast übereinstimmende Ziffern zeigen.

3. **Berechnung des Wertvorrats der meßbaren Bestände.** Schon im ersten Abschnitt wurde darauf hingewiesen, daß die Ermittelung der Erträge nach Gebrauchswerten für die Nutzholzverarbeitung bezw. für den Brennstoffverbrauch stattzufinden hat, da die Feststellung und Ausgleichung der Festmeter= oder Raum= meterzahl von roher Holzmasse zwecklos ist, besten Falls für die Gleichstellung

---

*) Siehe neunten Abschnitt.

der jährlichen Holzhauerlöhne Bedeutung haben kann, aber nicht für die nachhaltige Versorgung der menschlichen Gesellschaft mit Waldprodukten. Durch Nachweisung der erntekostenfreien Durchschnittsholzpreise, bei den Versteigerungen in den letzten 10 oder 20 Jahren wird es möglich werden, das Preisverhältnis von den schwächeren zu den stärkeren Holzsorten annähernd genau zu bemessen. Auch werden die durchschnittlichen Waldpreise nach Abzug der Gewinnungskosten in benachbarten Waldungen mit jährlichem Betrieb zu ermitteln sein. Solange keine besseren Anhaltspunkte für die Bemessung der Gebrauchswerte dieser Holzsorten benutzbar sind, werden wir anzunehmen haben, daß die Nutzleistungen der Holzarten und Holzsorten im bisherigen Preisverhältnis Ausdruck gefunden haben. Der Berechnung der Holzvorräte, der Ermittelung der Ernteerträge und der Verbuchung der Fällungsergebnisse sind Werteinheiten zu Grunde zu legen, für welche sich in größeren Waldungen, nach des Verfassers Vorschlag, der Name „Wertmeter" eingebürgert hat. In kleineren Waldungen mit aussetzendem Betrieb kann man den Vorrat und Abgabesatz auch nach Werteinheiten bestimmen. Jedoch ist bei dieser Wertertragswirtschaft zu beachten, daß die Vergleichung zwischen Schätzung und Erfolg gleichfalls nach den etatisierten Durchschnittspreisen der Vorzeit und nicht nach den laufenden Waldpreisen stattzufinden hat.*)

4. Aufstellung örtlicher Wertertragstafeln. Sind regelmäßige Bestände mit mittlerem Kronenschluß für die hauptsächlich vorkommenden Holzarten, für die vorherrschenden Standortsklassen mit einer Altersabstufung vorhanden, welche die Aufstellung örtlicher Wertertragstafeln ermöglicht, so sollte niemals unterlassen werden, diese Aufstellung zu versuchen.**)

Der zuverlässigen Aufstellung örtlicher Wertertragstafeln werden jedoch fast überall schwer zu besiegende Schwierigkeiten entgegenstehen. Selbst in größeren Waldungen werden die Hochwaldbestände höchst selten die regelmäßige Altersabstufung für alle Standortsklassen und für alle vorkommenden Holzarten zeigen, welche unentbehrlich ist, um den Verlauf der Kurven des Wertertrags zweifellos darstellen zu können, und die ortskundigen Forstwirte werden die ergänzenden Aufschlüsse nicht zu geben vermögen, auch wenn dieselben der sogenannten Bodenreinertragspartei angehören. Die bisherigen Annahmen der letzteren hinsichtlich des Wachstumsganges der Hochwaldbestände sind zumeist auf die Burckhardt'sche Gelderstragstafel für die zweite Standortsklasse begründet worden und haben lediglich die Anwendung der algebraischen Ausdrücke für Bodenwert, Bestandswert, laufende Verzinsung des Produktionsaufwands u. s. w. durch Zahlen-

---

*) Die Reduktion der anfallenden Holzsorten auf etatsmäßige Wertmeter wird nach der nahezu 40jährigen Erfahrung des Verfassers mit Hilfe der Crelle'schen Rechentafeln unbeträchtlich zeitraubender werden als die Reduktion auf festen Holzgehalt.

**) Die Ermittelung der Produktionsfaktoren für den Hochwald-, Mittelwald- und Niederwaldbetrieb, die Aufstellung der Wirtschaftspläne und die Vergleichung des Abgabesatzes mit den Fällungsergebnissen nach Wertmetern u. s. w ist in des Verfassers „Anleitung zur Regelung des Forstbetriebs" (Berlin 1875, Springer) ausführlich dargestellt worden.

beispiele zu erläutern bezweckt. Der thatsächliche Entwickelungsgang größerer Hochwaldbestände nach der Zunahme der Gebrauchswerte wird für die Standorts-klassen mit gleicher Ertragsfähigkeit erst in der Zukunft umfassend und zureichend erforscht werden.

Indessen lassen die bisherigen Untersuchungsergebnisse vermuten, daß hierbei tiefgreifende Abweichungen von dem bisher gefundenen Gange der Rohmassen-entwickelung nicht zu Tage treten werden. Nach der Holzsortenaufnahme in Beständen mit dichter und etwas mehr gegenseitig abgerückter Stammstellung ist ferner zu vermuten, daß die bisher veröffentlichten Sortimentstafeln, deren Material dicht geschlossenen Probeflächen entstammt, die unterste Entwickelungsstufe der Holzsortenausbildung angeben werden.

Es würde zudem die Waldbesitzer, welche Belehrung in dieser Schrift suchen, sicherlich nicht befriedigen, wenn der Verfasser lediglich die Ergebnisse mitteilen würde, zu denen die bisherige algebraische Entwickelung der Bodenwertformeln, Bestandswertformeln und der Weiserprozentformeln für die oben erörterten Voraussetzungen der Bodenrentenlehre gelangt ist. Der Verfasser hat geglaubt, die Information der Waldbesitzer ausführlicher und eingehender gestalten zu sollen, und hat deshalb versucht nach den bisher veröffentlichten Forschungsergebnissen und nach der Vergleichung der letzteren mit den Ermittelungen in den größeren Beständen verschiedener Verwaltungsbezirke **Derbmassen und Wertertrags-tafeln für größere Hochwaldbestände mittlerer Beschaffenheit** aufzustellen, die sich im Anhang dieser Schrift befinden und für zwei in den mittleren Holzpreisen abweichende Absatzlagen und für verschiedene Derbholz-Erträge der Holzernte im 80jährigen Alter, wie dort ersichtlich, abgestuft worden sind. Mit allem Nachdruck muß jedoch betont werden, daß der Anwendung derselben die **gründliche Prüfung der örtlichen Wachstums- und Preisverhältnisse** vorauszugehen hat und die in dieser Schrift enthaltenen nur allgemeine Anhaltspunkte darbietenden Wertertragstafeln nach den Ergebnissen dieser Untersuchung zu korrigieren und entsprechend umzugestalten sind, überhaupt nur in ergänzender Weise benutzt werden dürfen, wenn die umfassende Aufstellung örtlicher Wertertragstafeln infolge unzureichenden Bestandmaterials nicht durchgeführt werden kann.

Diese Prüfung und Berichtigung nach Maßgabe der örtlichen Wachstums- und Verwertungsverhältnisse wird sich allerdings nicht immer auf den Gang der Rohstoffproduktion erstrecken können, wohl aber auf Grund des Holzsortenanfalls bei den Probeholzfällungen auf die Ausbildung der Verkaufssorten in den größeren Beständen und die entsprechende Anordnung von Änderungen der Angaben in den genannten Wertertragstafeln. Vor allem ist zu ermitteln, ob die bisherige Abstufung der Durchschnittspreise, die in längeren Nutzungsperioden für diese Verkaufssorten erzielt worden sind, dem Verhältnis entspricht, welches in den Wertertragstafeln dieser Schrift zu Grunde gelegt worden ist, und ob namentlich der Preissteigerung von den Mittelholz- zu den Starkholzsorten beträchtlicher ist, als in den letzteren angegeben. Der hohe oder niedere Preisstand an sich ist nicht maßgebend, sondern das Preisverhältnis der Holzsorten. Wenn in diesen Tafeln auch zwei Absatzlagen — Verwertung der Stämme und Nutzholzstangen unter 0,5 fm als Nutzholz und als Brennholz — ausgesondert worden sind, so ist es doch unmöglich, die mit zahllosen Modulationen von Bezirk zu Bezirk wiederkehrende örtliche Gestaltung dieser Rentabilitätsfaktoren allgemein zu bemessen und nach Absatzlagen zu klassifizieren.*)

Nur mit diesem Vorbehalt der örtlichen Prüfung kann die oben genannte Abwägung der waldbaulichen Produktionsleistungen mit den Verzinsungsverpflichtungen in dieser Schrift versucht werden. Vorläufig kann dieselbe auch nur auf die Fichtenhochwaldungen, die Kiefernhochwaldungen und die Buchenhochwaldungen, soweit diese Holzarten in den Beständen entweder ausschließlich oder mit geringfügiger Beimischung anderer Holzgattungen vorkommen, erstreckt werden. Allerdings werden die genannten Hochwaldungen ungefähr mit 80% die Waldbestockung des Deutschen Reiches bilden und werden neben den mit 3,6% beteiligten Eichenhochwaldungen und den mit 5,5% beteiligten Mittelwaldungen den inländischen Nutzholzertrag fast ausschließlich geliefert haben.

II. Rentabilitätsvergleichung nach dem Gang der laufend jährlichen Verzinsung der Bestandsverkaufswerte durch die laufend jährliche Wertproduktion.

Bei der Abwägung der Produktionsleistungen und der Verzinsungsverpflichtungen der Hochwaldbestände, welche die Feststellung der einträglichsten Abtriebszeiten zu motivieren hat, ist die Verzinsung des Bestandsverkaufswertes der einflußreichste Faktor. Es wird sogar zu untersuchen sein, ob die Rentabilitätsvergleichung lediglich auf diese laufend jährliche Verzinsung gestützt werden darf.

Angesichts der nicht mit mathematischer Genauigkeit zu fixierenden Rentabilitätsfaktoren, mit denen die Waldertragsregelung zu rechnen hat, ist von vornherein die Ermittelung des Einzeljahres der einträglichsten Abtriebszeit nutzlos. Man kann weder den Gang der Holzpreise, noch den Aufwand für Kulturkosten vorausbestimmen. Man muß mit Durchschnittssätzen für längere Zeitperioden rechnen, und man wird zumeist finden, daß es keinen Zweck hat, unter die Vergleichung fünfjähriger Wachstumsperioden herabzugehen.

---

*) Im neunten Abschnitt wird dargelegt werden, daß die von Burckhardt, Robert Hartig und Schwappach veröffentlichten Wertertragstafeln beachtenswerte Abweichungen von der in den Wertertragstafeln dieser Schrift enthaltenen Wertzunahme der Hochwaldbestände nicht verzeichnen, wenn auch eine weniger ausgiebige Aufwärtsbewegung mit der verlängerten Wachstumszeit.

In der Regel werden die Durchschnittspreise des letzten Jahrzehnts für die jährlich anfallenden Holzsorten zu Grunde zu legen sein.

Die Ermittelung der einträglichsten Abtriebszeit kann sich, wenn nur eine annähernd genaue Information gewünscht wird, auf die Vergleichung der Zuwachsprozente des Wertvorrats, der im Anfang der betreffenden Zuwachsperiode vorhanden ist, mit der vom Waldbesitzer geforderten Verzinsung beschränken. Sicherer und instruktiver wird allerdings die später zu erörternde Ermittelung der Gewinn- und Verlustbeträge für den geforderten Zinssatz werden. Indessen gestattet die hier zu erörternde Bemessung der Zuwachsprozente einen Überblick über die Verzinsungsverhältnisse der Hochwaldbestände nach Durchschnittsziffern, welcher von manchen Waldbesitzern als genügend informierend erachtet werden wird. Allerdings ist stets zu prüfen, ob die Wertproduktion in den späteren Wachstumsperioden erheblich steigerungsfähig ist und die Bestände das momentan verlorene Gleichgewicht zwischen Wertproduktion und Verzinsung möglicherweise wieder einholen können.

Es kann beispielsweise im 60jährigen Bestand durch die Wertproduktion vom 65- bis 70jährigen Bestandsalter die geforderte Verzinsung von 3,5%, nicht erreichen, sondern nur 3,3% leisten. Für das 70- bis 75jährige Bestandsalter berechnen sich noch geringere Verzinsungsprozente. Trotzdem kann die Verjüngung im 65jährigen Alter finanziell schadenbringend werden, wenn der Wertzuwachs vom 70- bis 75jährigen Alter nennenswert größer ist, als vom 65- bis 70jährigen Alter. Man darf nicht übersehen, daß sich die für das 70jährige Alter berechneten Verzinsungsprozente nicht auf den 65jährigen Vorrat, sondern auf den 70jährigen Vorrat beziehen. Der Waldbesitzer würde bei Vollzug der Verjüngung im 65jährigen Alter und Kapitalanlage des Reinerlöses nur den 65jährigen Bestandswert verzinst erhalten, sonach bei steigender Wertproduktion nach dem 70jährigen Alter einen Zinsenverlust erleiden. Der erforderliche Aufschluß über das Verhalten der sämtlichen Rentabilitätsfaktoren mit zunehmendem Bestandsalter wird durch die genannten, später zu erörternden Gewinn- und Verlustberechnungen in umfassender Weise geliefert werden.

Immerhin wird zu erproben sein, ob eine ausreichende Grundlage für die Wahl der einträglichsten Abtriebszeiten durch diesen Überblick über die fünfjährigen oder zehnjährigen Wertzuwachs-Prozente zu gewinnen ist und hinlänglich genau die Wachstumsperioden erkannt werden, mit denen die unzureichende, den Verzinsungs-Forderungen der Waldbesitzer nicht mehr genügende Wertproduktion beginnt. In der Regel wird die Berücksichtigung der weiteren Rentabilitätsfaktoren bei den anschließenden, unten zu erörternden Vergleichungen nur Vorschiebungen der Abtriebszeiten bewirken können, die selten 5 Jahre übersteigen werden, und bei den Oscillationen der Holzpreise, der Schwierigkeit, das mittlere Alter der Bestände zu bestimmen u. s. w., ist die mathematisch genaue Ermittelung des Einzeljahres, wie bereits erwähnt, selten nutzbringend.

In Tabelle I ist auf Grund der Wertertragstafeln im Anhang dieser Schrift eine derartige Übersicht über die Verzinsungsverhältnisse zu Beginn der einzelnen Jahrzehnte der Wachstumszeit für zwei Absatzlagen und die in diesen Ertragstafeln enthaltenen Standortsklassen berechnet worden.

Tabelle I.

Wertzuwachsprozente für den Wertvorrat im Anfang der je zehnjährigen Wachstumsperioden, berechnet nach der durchschnittlich jährlichen Wertproduktion in den kommenden Jahrzehnten auf Grund der Angaben in den Ertragstafeln dieser Schrift (mit Vornutzungserträgen am Ende der Jahrzehnte).

Standortsklasse und Absatzlage	Derbholzertrag pro Hektar im 50jährigen Alter fm	50./51. Jahr	60./61. Jahr	70./71. Jahr	80./81. Jahr	90./91. Jahr	100./101. Jahr	110./111. Jahr
			Jährliche Wertzuwachs-Prozente					

1. Fichtenbestände.

I. A	550	3,9	2,7	2,3	1,8	1,6	1,3	1,1
B	550	4,0	2,7	2,4	2,0	1,8	1,5	1,2
II. A	450	6,2	4,0	2,6	2,1	1,8	1,5	1,2
B	450	6,1	4,0	2,6	2,2	2,1	1,8	1,4
III. A	350	8,0	5,2	3,6	2,8	2,2	2,1	1,7
B	350	7,9	4,9	3,6	2,9	2,2	2,2	1,9
IV. A	250	10,5	7,0	4,2	3,1	2,4	2,1	
B	250	10,8	7,1	4,1	3,0	2,2	2,1	
V. A	150	13,0	10,0	5,9	5,3	2,1	—	—
B	150	13,7	11,0	6,5	4,1	3,0	—	—

2. Kiefernbestände.

I. A	350	6,0	3,8	3,4	2,8	2,3	2,2	1,3
B	350	6,0	3,8	3,5	2,8	2,3	2,2	1,3
II. A	300	5,8	4,6	3,6	2,7	2,3	2,4	1,9
B	300	5,9	4,8	3,6	2,9	2,5	2,4	1,6
III. A	250	4,8	4,9	3,3	2,7	2,9	2,3	1,9
B	250	5,2	4,1	3,0	2,7	2,5	2,8	1,9
IV. A	200	5,7	4,0	3,2	2,6	2,3	1,7	1,3
B	200	5,4	3,6	3,2	3,1	1,7	1,7	1,3
V. A	150	4,3	3,6	3,4	2,3	2,3	—	—
B	150	4,4	3,5	3,3	2,2	1,8	—	—

3. Rotbuchenbestände.

I. A	300	5,3	3,6	2,5	1,8	1,5	1,2	1,0
B	300	5,8	3,8	2,6	1,8	1,6	1,2	1,1
II. A	250	5,7	3,7	2,7	1,9	1,5	1,2	1,0
B	250	6,5	4,1	2,8	2,0	1,6	1,2	1,0
III. A	200	5,7	3,7	2,8	1,9	1,5	1,2	0,9
B	200	6,6	4,1	3,1	2,1	1,6	1,3	0,9
IV. A	150	6,0	3,7	2,7	1,7	1,3	0,9	0,8
B	150	6,6	4,2	3,1	1,8	1,5	1,0	0,9
V. A	100	6,6	3,8	2,7	1,5	1,2	0,8	0,6
B	100	7,4	4,7	3,1	1,8	1,4	0,5	0,6

Diese Tabelle verzeichnet demgemäß die Prozentsätze, welche die Wertproduktion mit Einschluß des Ertrags der am Ende des Jahrzehnts eingehenden Vorerträge durchschnittlich jährlich für den Wertvorrat am Anfang des Jahrzehntes einbringt

Man kann sonach die zehnjährigen Wachstumsperioden erkennen, in deren Anfang die Produktionsleistung der Bestände gegenüber einer bestimmten Verzinsungsforderung noch befriedigend war, in deren Verlauf aber infolge des anwachsenden Vorratskapitals die Verzinsung unter die beanspruchte Kapitalverzinsung oder den Zinsenertrag sicherer Kapitalanlagen sinkt.

Will man nun noch die Einzeljahre im Wachstumsgange kennen lernen, mit welchen dieser Wendepunkt eintritt, so wird nur die Annahme erübrigen, daß die Wertproduktion in den nächsten zehn Jahren mit gleichen Jahresbeträgen fortschreitet. Für den Wachstumsgang, welcher den Angaben in den Wertertragstafeln dieser Schrift entspricht, würde beispielsweise dieser Wendepunkt gegenüber einer Verzinsungsforderung von $3^1/_2\ ^0/_0$ in den folgenden Altersjahren der größeren, mittelmäßig geschlossenen Hochwaldbestände und für die Preisabstufung in die Absatzlagen A und B, welche auf dem Titelblatt der genannten Tafeln angegeben worden ist, eintreten:

Holzart und Absatzlage	Standortsklassen				
	I	II	III	IV	V
	Bestands-Alters-Jahre				
Fichten, A	54	64	71	75	90
„ B	54	64	72	75	85
Kiefern, A	62	71	67	64	61
„ B	72	72	65	64	61
Rotbuchen, A	61	62	62	62	63
„ B	63	64	65	65	66

Zur Vermeidung von Mißverständnissen ist darauf aufmerksam zu machen, daß die Rentabilitäts-Vergleichung für den jährlichen Betrieb eine Vorrückung dieser Abtriebszeiten für die Zinsforderung von $3^1/_2\ ^0/_0$ ergeben wird, die für den unterstellten Wachstumsgang einige Jahre betragen kann. Im jährlichen Betrieb werden die Jahresschlagflächen mit der Verlängerung der Umtriebszeiten verringert, während diese Verringerung im aussetzenden Betrieb nicht stattfindet.

Nach Aufstellung örtlicher Wertertragstafeln oder Umrechnung der Wertertragstafeln dieser Schrift wird diese Ermittelung der Wertzuwachs-Prozente für die betreffenden Waldungen den Waldbesitzern hinreichende Anhaltspunkte vorläufig gewähren.

Wir haben im vierten Abschnitt vermutet, daß die genauen Berechnungen der Verzinsungsprozente mit Berücksichtigung des wirtschaftlichen Wertes der herzustellenden Nachzucht, der Kultur- und sonstigen Betriebskosten entbehrlich sei, daß auch die Anwendung der Zinseszinsrechnung keinen erheblichen Einfluß auf die Vorrückung dieser nach der Jahresverzinsung des Bestandsverkaufswertes durch die jährliche Wertproduktion ermittelten Abtriebszeiten ausüben werde. Wir haben ferner vermutet, daß die bisher gelehrte Ermittelung des Zeitpunktes, nach welchem die laufend jährliche Wertproduktion dem Anwachsen der Zinseszinsfaktoren nicht mehr zu folgen vermag, ausschlaggebende Bedeutung für die

Begründung der einträglichsten Wirtschaftsverfahren nicht haben könne, vielmehr die durch die Verlängerung oder Abkürzung der üblichen Wachstumszeiten herbeigeführten Gewinn- und Verlustbeträge in erster Linie beachtenswert für die Waldbesitzer werden würden und nicht die Einzeljahre der sogenannten „finanziellen Hiebsreife" der Bestände. Wir werden zu prüfen haben, ob in der That im aussetzenden Betrieb die Rentabilitäts-Vergleichung der Wirtschaftsverfahren den Schwerpunkt in dieser Ermittelung der Gewinnbeträge finden wird und wie sich dieselbe voraussichtlich erstens nach der einfachen und zweitens nach der Zinseszinsrechnung gestalten wird.

III. Die Ermittelung der Gewinn- und Verlustbeträge bei Einhaltung verschiedener Abtriebszeiten nach der laufend jährlichen Verzinsung der Bestands-Verkaufswerte.

Vorbedingung ist auch für diese Art der Rentabilitäts-Vergleichung die ad I erörterte Aufnahme der Holzmassen und Holzsorten und die Aufstellung örtlicher Wertertragstafeln oder, wenn die letztere unmöglich ist, die Umrechnung der Wertertragstafeln dieser Schrift, falls die Prüfung derselben nach den örtlichen Rentabilitätsfaktoren wesentliche Abweichungen von den letzteren ergiebt.

Die fortwachsenden Bestände sind, wie wir gesehen haben, vom finanzwirtschaftlichen Standpunkt aus nicht nur mit dem Rückersatz der Zinsen des Verkaufswertes der gebrauchsfähig gewordenen Bestände zu belasten, sondern auch mit der Ersatzleistung für den Wert der Nachzucht, welcher bei alsbaldiger Verjüngung in der fraglichen Wachstumsperiode erzeugt werden kann. Dagegen sind andererseits die Zinsen der Aufwendungen für Anbau der Verjüngungsflächen den fortwachsenden Beständen gut zu bringen, da diese Zinsen erspart werden. (Auf die jährlichen Betriebskosten werden wir unten zurückkommen.)

Die Ermittelung des Bestands-Verkaufswertes und der ferneren Wertproduktion, die Aufstellung örtlicher Wertertragstafeln und die Umrechnung der Wertertragstafel dieser Schrift ist schon oben ad I erörtert worden. Wir haben ferner darauf hingewiesen, daß kein Grund vorliegt, von der Bemessung des Zinsfußes, welchen der Waldbesitzer in anderen Wirtschaftszweigen seines Eigentums erreichen kann oder der Sicherheit der Kapitalanlage (insbesondere dem Zinsenertrage der Pfandbriefe solider Bodenkreditbanken) entspricht, abzugehen und einen sogenannten waldfreundlichen Zinsfuß zu bewilligen, weil die alten, durch Stürme, Borkenkäfer, Nonne, Spinner und Spanner u. s. w. bedrohten Waldbestände in der That keine größere Sicherheit als erstklassige Hypotheken darbieten werden.

Was die Kulturkosten betrifft, so sind selbstverständlich örtliche Erfahrungen maßgebend, und die allgemein giltige Bemessung ist nicht ausführbar. Wenn das

Einsetzen der Pflanzen von den Gutsarbeitern ohne Beeinträchtigung der landwirtschaftlichen Verrichtungen ausgeführt werden kann, so werden sich häufig die Barausgaben auf den Ankauf von Samen und Pflanzen beschränken und oft nur wenige Mark pro Hektar betragen. In größeren Waldbesitzungen können diese Aufwendungen den Kulturkosten in den Staatswaldungen nahe kommen, die zumeist zwischen 80 und 150 Mark pro Hektar (mit Nachbesserungen) schwanken.

Wenn auch die zuverlässige Ermittelung der Kulturkostenausgabe sehr oft mit Schwierigkeiten verbunden sein wird, so kann doch nicht zweifelhaft sein, daß der Waldbesitzer dieselben, wie die Gewinnungskosten vom Verkaufs-Erlös der Bestände alsbald zu bestreiten hat und nur den verbleibenden Überschuß zinstragend anlegen oder in anderer Weise verwerten kann. Von einem Anwachsen der Zinsen und Zinseszinsen der Kulturkosten-Ausgabe bis zu den nächsten Abtriebs-Erträgen der aufwachsenden Bestände kann für die Praxis des Forstbetriebs keine Rede sein. Bei der sofortigen Verjüngung und der Kapitalanlage des Erlöses außerhalb des Waldes würde aber zu dem Zinsenertrag der letzteren eine weitere Nutzleistung im Walde hinzutreten: der wirtschaftliche Wert der Nachzucht. Mit anderen Worten: Wenn der Waldbesitzer den Bestand sofort und nicht erst nach fünf oder zehn Jahren mit dem Zweck verjüngt, zukünftig die Zinsen vom Reinerlös zu beziehen, so erhält er nicht nur die Zinsen von dem Reinerlös, welcher nach Verausgabung der Kulturkosten verbleibt, sondern auch den Wert der Nachzucht, welcher allerdings zumeist den Wirtschaftsnachfolgern zu vererben sein wird. Mit dem Rückersatz der aus diesen beiden Quellen fließenden Nutzleistungen ist der fortwachsende Bestand zu belasten. Vermag die Wertproduktion des fortwachsenden Bestandes dieser doppelten Verpflichtung nicht nachzukommen, so ist der Bestand aus finanziellen Gesichtspunkten hiebsreif.

Nur in sehr seltenen Fällen werden durch die Vorrückung der Abtriebszeiten die Forstschutz- und sonstigen Betriebskosten in beachtenswerter Weise verändert werden. In der Regel werden demgemäß bei der Feststellung der Abtriebszeiten für den aussetzenden Betrieb die sogenannten jährlichen Kosten den fortwachsenden Beständen nicht zu belasten sein, weil die Belastung mit Ausgaben, die thatsächlich nicht geleistet werden, zu unrichtigen Ergebnissen führen würde.

Zur Bemessung des Wertes der Nachzucht ist ein einwandfreies Verfahren schwer aufzufinden, und es ist deshalb in vorderster Reihe zu untersuchen, ob die Unterschiede in diesem Wert der Nachzucht einflußreich und beachtenswert werden können. Für Waldverkäufe, Waldankäufe, Zerstörung junger Bestände wird im vorliegenden Falle keine Wertermittelung gefordert und ist somit eine mathematisch genaue Bezifferung des Geldbetrages nicht erforderlich. Es wird die Beantwortung der Fragen für die Information der Waldbesitzer maßgebend werden: Welchen Höchstbetrag kann dieser Wert der Nachzucht nach den weitgehendsten Annahmen erreichen? Kann derselbe Beachtung gegenüber dem Zinsen-Erfordernis für den Bestands-Verkaufswert beanspruchen?

Wird die Verjüngung der derzeitigen Bestände alsbald und nicht erst nach x Jahren vollzogen, so erhalten die Wirtschaftsnachfolger einen um x Jahre älteren Bestand und damit in der zweiten Hälfte des nächsten Jahrhunderts einen Vermögenszuwachs.

Es entsteht nun die weitere Frage: Nach welchem Maßstab soll diese Erhöhung des Bestands-Verkaufswertes verteilt werden auf die einzelnen Wachstumsperioden? Nach der konkreten Wertproduktion kann diese Verteilung nicht stattfinden, weil der Verkaufswert bis zum Gerten- und Stangenholzalter dem Nullpunkt nahe steht und in der Regel bis zum dreißigsten bis vierzigsten Alter eine meßbare Wertproduktion nicht stattfindet. Soll als Verteilungsmaßstab irgend ein Prozentsatz für das Anwachsen der Geldkapitalien benutzt werden, so wird man einwenden, daß der Entwicklungsgang der Hochwaldbestände weder dem Anwachsen der einfachen Zinsen, noch dem Anwachsen der Zinseszinsen folgt, daß aber auch beliebige Bestandswerte, bald hoch, bald niedrig, herausgerechnet werden können, indem diese Prozentsätze verändert werden, bald mit einfachen Zinsen, bald mit Zinseszinsen gerechnet wird.

Diese auf Zinsrechnungen gestützte Wertbemessung wird schon darum anfechtbar werden, weil kein meßbares Geldkapital in den Junghölzern vorhanden ist und verzinslich werden kann. Soll dieselbe vermieden werden, so erübrigt nur die Annahme, daß diese Vermögenszunahme für die Wirtschafts-Nachfolger während der Zeitperiode der gewählten Wachstumszeit mit gleichheitlichen Beträgen hervorgebracht wird — und auf Grund dieser Unterstellung wird man in der Regel höhere Beträge für den Wert der Nachzucht ermitteln wie bei allen anderen Ermittelungsarten, insbesondere für die 20-, 30- und 40jährigen Nachzuchtwerte. Man wird bemessen können, ob die ausschlaggebende 5- oder 10jährige waldbauliche Bodenproduktion einflußreich oder unwirksam bei der Ermittelung der einträglichsten Abtriebszeiten werden wird.

Wenn beispielsweise der Wert der 10jährigen Nachzucht für Fichtenbestände mit dritter Bodenklasse zu bemessen ist und die Verjüngung der aufwachsenden Bestände im 70. Jahre am einträglichsten sein würde, so haben die Nutzungsnachfolger, wie gesagt, bei 10jähriger Verzögerung des derzeitigen Anbaus einen 60jährigen Bestand. Beträgt der Ernteertrag des 70jährigen Fichtenbestands mit der Einnahme aus Vornutzungen (die Zinsen-Unterschiede der letzteren werden der Geringfügigkeit halber außer Betracht bleiben können) 3066 Mk., nach Abzug der Kulturkosten von 60 Mk. pro Hektar = 3006 Mk. pro Hektar, dagegen der Ertrag der 60jährigen Umtriebszeit mit den in gleicher Weise summierten Vornutzungserträgen 2062 Mk., nach Abzug der Kulturkosten 2002 Mk. pro Hektar, so beträgt die Erhöhung des Nettoertrags 1004 Mk. pro Hektar. Diese Vermögenszunahme wird in 70 Jahren, von jetzt an gerechnet, hervorgebracht, jährlich mit 14,34 Mk. pro Hektar gemäß der Voraussetzung, und sonach ist der Wert des 10jährigen Bestands mit 143,4 Mk. pro Hektar zu veranschlagen.

Die Rentabilitätsvergleichung stellt sich für einen zur Zeit 70jährigen bereits durchforsteten, regelrecht beschaffenen Bestand der genannten Standortsklasse

für die nächste 10jährige Wachstumsperiode bei einer Zinsforderung von 3½%
wie folgt:

Ertrag des 80jährigen Bestands mit Vornutzung vom 70. bis zum 80.
Jahre und nach Abzug der Kulturkosten (siehe Ertragstafeln dieser Schrift)   3729 Mk.
Abtriebsertrag des 70jährigen Bestands nach demselben Abzug vom
Abtriebsertrag . . . . 2719 „

          Folglich Wertproduktion pro Hektar   1010 Mk.

Dagegen beträgt das 10jährige Soll der Nutzleistungen bei dem genannten Zinssatz von 3½%:

Zinsen des Verkaufserlöses . . .   . 951,65 Mk.
Wert der Nachzucht . . . . 143,43 „
                                    Summa   1095,08 Mk.
Gegen die obige Wertproduktion von   . . . . . 1010,00 Mk.
                           Verlust pro Hektar   85,08 Mk.

Jährlicher Verlust vom Hundert des derzeitigen Abtriebsertrags von 2719 Mk.
= 0,313 Mk. Bei den fast von Jahr zu Jahr schwankenden Holzpreisen kann man
nicht voraussagen, ob der Wertzuwachs vom 70. bis 80. Jahr 1010 Mk. pro Hektar oder
1095 Mk. pro Hektar betragen wird, oder ob der derzeitige Erlös 2719 Mk. pro Hektar oder
8,5 Mk. mehr oder weniger betragen wird. Immerhin wird die Waldertagsregelung
für die betreffenden Forstbezirke zu untersuchen haben, ob bei anderen Faktoren und
in älteren Beständen die mathematisch genaue Ermittelung des Zeitpunkts der
„finanziellen Hiebsreife" ohne die Nachweisung der Gewinn- und Verlustbeträge, welche
vor und nach dem oben genannten Wendepunkt im Wachstumsgange der Hochwaldbestände entstehen, und insbesondere die Berechnungsart des Nachzuchtwertes erheblichen
Einfluß auf die Vorrückung der Abtriebszeit und ausschlaggebende praktische Bedeutung gewinnen kann oder nicht.

Für die Angaben in den Ertragstafeln dieser Schrift, die dritte Standortsklasse,
Absatzlage A, die normale Abtriebszeit von 70 Jahren, ergeben sich nach dieser gleichmäßigen Verteilung der Eigentumsverluste durch die 10jährige, 20jährige, 30jährige
und 40jährige Verzögerung der Verjüngung, wenn man für die vor dem 70. Jahre
ausfallenden Vornutzungen 3½% einfache Zinsen anrechnet, die folgenden Werte für
die Nachzucht (Mk. pro Hektar).

Holzart, Standortsklasse und Absatzlage	Nach 10 Jahren	Nach 20 Jahren	Nach 30 Jahren	Nach 40 Jahren
Fichten, III, A	143	549	1095	1726
Kiefern, III, A	76	263	534	829
Buchen, III, A	61	258	585	990

Am meisten beachtenswert ist, wie gesagt, der Wert der 10jährigen Nachzucht, da
zumeist zu untersuchen ist, ob die verwertungsfähigen Bestände im nächsten Jahrzehnt
zu verjüngen oder länger überzuhalten sind. Es wird aufzuklären sein, ob die bisher
ausschließlich befürwortete Berechnung der Bestandswerte nach der Bodenrententheorie
wesentlich verschiedene Ergebnisse liefert gegenüber der vorstehend gewählten gleichmäßigen Verteilung des Ertrags der nachwachsenden Bestände.

Für die Vor- und Haupterträge in den Ertragstafeln dieser Schrift, die dritte
Standortsklasse, 60 Mk. Kulturkosten pro Hektar ergeben sich z. B. für den Zinssatz
von 3½% und für den Reinerlös im 70jährigen Alter (nach Abzug der Kulturkosten,

siehe unten) nach den Formeln der Bodenrententheorie für diesen Reinerlös die folgenden 10jährigen Bestandswerte, Mark pro Hektar.

	Fichten	Kiefern	Buchen
	127 Mk.	68 Mk.	88 Mk.
während vorstehend mittels gleichheitlicher Verteilung gefunden worden sind	143 Mk.	76 Mk.	61 Mk.

Für die umfassende Informierung der Waldbesitzer wird die örtliche Waldertragsregelung die Rentabilitätsvergleichung auf Grund selbständig aufgestellter Wertertragstafeln oder auf Grund der umgerechneten Wertertragstafeln dieser Schrift aufzustellen haben. Dieselbe wird am zweckmäßigsten für eine Verzinsungsforderung von $3^1/_2$ und von $2^1/_2\%$ und demgemäß für die Abtriebszeiten der Nachzucht, welche diesen Zinssätzen nach der Ermittelung in Tabelle I entsprechen, vorzunehmen sein, damit die Waldbesitzer die Gewinn- und Verlustbeträge bei etwaigem Sinken des Geldzinssatzes beurteilen können. Man wird vor allem zu prüfen haben, ob die Zinsenverluste bis zur 80jährigen Abtriebszeit überall so unbeträchtlich bleiben, wie nach der unten folgenden Tabelle II zu vermuten ist, dagegen nach der 80jährigen Wachstumszeit beachtenswert werden, und man wird erkennen, daß die Ermittelung des Einzeljahres der finanziellen Abtriebsreife nicht die hervorragende Bedeutung hat wie die Bemessung der Gewinn- und Verlustbeträge.

Für die dritte Standortsklasse, Absatzlage A und den Wachstumsgang, welcher den Wertertragstafeln dieser Schrift entspricht, eine Kulturkostenausgabe von 60 Mk. in Fichten- und Kiefernbeständen pro Hektar und von 30 Mk. pro Hektar in Buchenbeständen (Durchstellung der natürlichen Verjüngung mit Nutzholzgattungen) und die in vorstehender Tabelle S. 103 angegebenen, für gleichheitliche Verteilung der ferneren Wertproduktion berechneten Werte der Nachzucht ist die Tabelle II berechnet worden, welche die vorhergehenden Ausführungen erläutern wird. Die Zinsforderung ist mit $3^1/_2\%$ angenommen worden.

Wollen die Waldbesitzer den Wert der Nachzucht unberücksichtigt lassen und nur die oben ad II nach den Prozentsätzen berechneten Gewinn- und Verlustbeträge kennen lernen, welche durch die Kapitalanlage der Reinerlöse ohne Belastung der fortwachsenden Bestände mit dem Wert der Nachzucht entstehen, sonach den Zinsengewinn durch die Kapitalanlage der genannten Reinerlöse gegenüber der je 10jährigen Wertproduktion, so sind die oben (Seite 105) angegebenen Beträge für den Wert der Nachzucht in Spalte „Verpflichtung" abzuziehen. Die Waldbesitzer, welche keinen Wert auf die zukünftige Ertragserhöhung durch die vorgerückte Erntezeit der Nachzucht legen, werden dadurch unterrichtet über die Zeitdauer, für welche die laufend jährliche Wertproduktion die geforderte Verzinsung des Reinerlöses (exklusive Kulturkosten) liefern wird.

Für den Wachstumsgang in Tabelle II würde eine derartige Rentabilitätsvergleichung ohne Berücksichtigung des Wertes der Nachzucht die folgenden Unterschiede zwischen der Verzinsungsverpflichtung und der Wachstumsleistung für die maßgebenden Wachstumsperioden pro Hektar ergeben, mit deren in Spalte „Unterschied" einzusetzenden Beträgen die Wertproduktion größer und kleiner ist als die Verzinsungsverpflichtung mit Ausschluß des Wertes der Nachzucht, berechnet für die Verzinsungsforderung von $3^1/_2\%$ und einfache Zinsen:

70jähriger Fichtenbestand bis zum	80. Jahre	÷ 58 Mk.
70jähriger	„	„	90. „	÷ 175 „
70jähriger	„	„	100. „	÷ 307 „

80jähriger Fichtenbestand bis zum	90.	Jahre	— 237	Mk.
80jähriger „ „	100.	„	— 458	„
70jähriger Kiefernbestand „	80.	Jahre	— 10	„
70jähriger „ „	90.	„	+ 24	„
70jähriger „ „	100.	„	— 234	„
80jähriger „ „	90.	„	— 144	„
80jähriger „ „	100.	„	— 111	„
60jähriger Buchenbestand „	70.	„	+ 30	„
60jähriger „ „	80.	„	+ 89	„
60jähriger „ „	90.	„	— 104	„
60jähriger „ „	100.	„	+ 106	„
70jähriger „ „	80.	„	— 92	„
70jähriger „ „	90.	„	— 227	„
70jähriger „ „	100.	„	— 375	„

Tabelle II.

Gewinn- und Verlustberechnung behufs Wahl der Abtriebszeiten durch Vergleichung der Verzinsungsverpflichtungen mit den Wachstumsleistungen pro Hektar. Einfache Zinsrechnung, Zinsfuß = 3½ %, für die Angaben in den Ertragstafeln dieser Schrift, für Standortsklasse III, Absatzlage A und die Bestandsvorräte nach der Durchforstung.

Nach Jahren	60 Jahre alt			70 Jahre alt			80 Jahre alt			90 Jahre alt		
	Verpflichtung	Leistung	Unterschied	Verpflichtung	Leistung	Unterschied	Verpflichtung	Leistung	Unterschied	Verpflichtung	Leistung	Unterschied
	Mark pro Hektar.											
I. Fichtenbestände dritter Standortsklasse.												
0	—	1847	—		2719	—		3591	—		4468	—
10	2637	2851	+214	3814	3729	— 85	4991	4611	—380	6175	5454	—721
20	3689	3907	+218	5171	4797	—374	6654	5647	—1007	—	—	—
30	4881	5021	—140	6670	5882	—788	—	—	—	—	—	—
40	6159	6153	— 6	—	—	—	—	—	—	—	—	—
II. Kiefernbestände dritter Standortsklasse.												
0	—	1025	—		1480	—		1903	—		2337	—
10	1460	1556	+ 96	2074	1988	— 86	2645	2425	—220	3231	3023	—208
20	2005	2091	+ 86	2779	2540	—239	3498	3124	—374	—	—	—
30	2635	2671	+ 36	3568	3268	—300	—	—	—	—	—	—
40	3289	3424	+135	—	—	—	—	—	—	—	—	—
III. Buchenbestände dritter Standortsklasse.												
0	—	1128	—		1463	—		1796	—		2062	—
10	1584	1555	— 29	2036	1883	—153	2486	2143	—343	2845	2367	478
20	2176	2007	—169	2745	2260	—485	3311	2476	—835	—	—	—
30	2897	2416	—481	3584	2624	—960	—	—	—	—	—	—
40	3697	2813	—884	—	—	—	—	—	—	—	—	—

Wenn der von der Waldertragsregelung zu ermittelnde örtliche Wachstums= gang der Hochwaldbestände und die Abstufung der Holzsortenpreise annähernd den Annahmen in den Ertragstafeln dieser Schrift entspricht, so würden die Waldbesitzer, welche die Verwertung und Verjüngung der Bestände vornehmen wollen, um mit dem Erlös Schulden à $3^1/_2\%$ zu tilgen oder die Jahreszinsen bei der Kapitalanlage mit gleichem Zinsenertrag und gleicher Sicherheit jährlich als Nutznießung zu vereinnahmen, sonach von Aufspeicherung der Zinsen und Zinses= zinsen absehen, aber den Wert der Nachzucht nach Maßgabe der oben erörterten gleichheitlichen Verteilung der Ertragserhöhung auf die Wachstumsperioden (Tabelle II) berücksichtigen wollen, etwa wie folgt zu informieren sein:

Da im Waldbetriebe unbeträchtliche Rentabilitätsunterschiede nicht beweis= fähig sein können, so ist für die Nadelholzbestände die 80 jährige Umtriebszeit, für die reinen Buchenbestände, wenn der beschleunigte Übergang zur Nutzholz= produktion örtlich geboten ist, die 70 jährige Abtriebszeit auch aus privatwirtschaft= lichen Rücksichten zu befürworten. Den Beweis liefert die Rentabilitäts= vergleichung in Tabelle II. Ein Defizit von 85 und 86 Mk. pro Hektar kann bei einem Reinerlös von 3729 Mk. pro Hektar, bezw. 1988 Mk. pro Hektar in den Nadelholzbeständen um so weniger in die Wagschale fallen, als eine Steigerung der Holzpreise während der nächsten 10 jährigen Wachstumszeit von wenigen Prozenten finanzielles Gleichgewicht selbst für die Zinsforderung von $3^1/_2\%$ herstellen würde und außerdem dieses Defizit durch den nicht sicher zu bestimmenden 10 jährigen Wert der Nachzucht (mit 143 Mk., bezw. 76 Mk. pro Hektar) hervor= gerufen wird. Dagegen wird zu erwägen sein, ob bei der genannten Verzinsungsforderung die 90 jährige Abtriebszeit zu wählen ist. Wenn eine Erhöhung der Preise von ca. 8% bezw. 6% fraglich ist, so dürfte die Ver= jüngung im 80 jährigen Alter vorzuziehen sein. Für reine Buchenbestände wird zu prüfen sein, ob Eisenbahn=Schwellenholzverwertung in Aussicht zu nehmen ist und die örtlichen Untersuchungen ergeben, daß eine reichliche Zahl von Stämmen mit über 25 cm Zopfstärke durch die 20= bis 30 jährige Verlängerung der 70 jährigen Wachstumszeit gewonnen werden können und eine beträchtliche Preis= erhöhung bewirken werden.

Für die Information der Waldbesitzer durch diese Schrift ist endlich noch zu prüfen, ob das Einzeljahr der einträglichsten Abtriebszeit bei dem unterstellten Wachstumsgang und der Zinsforderung von $3^1/_2\%$ wesentlich vorgerückt werden würde, wenn anstatt der Belastung mit den Jahreszinsen der Bestandserlöse auch in Tabelle I die Kulturausgabe und vor allem der Wert der Nachzucht berücksichtigt wird.

Für die dritte Standortsklasse Absatzlage A und die genannte Zinsforderung tritt dieser Wendepunkt ein:
in Fichtenbeständen anstatt oben (Tabelle I) im 71. Jahr nach vollendetem 67 jährigen Alter
in Kiefernbeständen   „   „   „   „   67.   „   „   66 jährigen   „
in Buchenbeständen   „   „   „   „   62.   „   „   58 jährigen   „

Auf Grund dieser Tabelle II läßt sich weiter ermitteln, ob für einen aus= gedehnteren Waldbesitz mit aussetzendem Betrieb ein nennenswerter Zinsengewinn zu erreichen und bei Anlage mit einem bestimmten Zinssatz (hier $3^1/_2\%$) zu beziehen ist, wenn die bisher übliche Abtriebszeit verändert wird. Wir wählen für diese Berechnung das folgende Beispiel mit Berücksichtigung des Wertes der Nachzucht.

Eine Privatwaldung von 800 ha Größe ist bisher mit 100jähriger Abtriebszeit bewirtschaftet worden. Dieselbe gehört durchweg der mittleren (dritten) Standortsklasse und der Absatzlage A nach den Ertragstafeln dieser Schrift an und liefert die in denselben angegebenen Abtriebs- und Vorerträge. Die vorhandenen Waldbestände haben im Mittel das folgende Alter:

Durchschnittlich 80jährige Kiefernbestände	. . . . .	200 ha
„ 80jährige Fichtenbestände	. . . . .	120 „
„ 60jährige Kiefernbestände	. . . . .	160 „
„ 70jährige Buchenbestände	. . . . .	140 „
„ 20jährige Fichtenbestände	. . . . .	100 „
„ 5jährige Fichtenbestände	. . . . .	68 „
Blößen zum Fichtenanbau	. . . . .	12 „
	Zusammen	800 ha

Die Kulturkosten betragen 60 Mk. pro Hektar für die Nadelholzbestände und 30 Mk. pro Hektar für die Durchstellung der Buchenverjüngungen mit Nutzholzgattungen. Für den wirtschaftlichen Wert der Nachzucht sind die Seite 103 angegebenen Beträge einzurechnen. Die Zinsforderung beträgt 3½ %.

Der Überblick über die Gegenüberstellung in Tabelle II zeigt sofort, daß in den Fichtenbeständen einerseits der Abtrieb vor dem 70jährigen Bestandsalter und andererseits die fernere Einhaltung der bisher üblichen 100jährigen Abtriebszeit verlustbringend sein würde. Bei der Wertproduktion, die in den Ertragstafeln dieser Schrift zu Grunde gelegt wurde, wird für die Fichtenbestände die 80jährige Abtriebszeit zu wählen sein, da die 10jährige Verlängerung der 70jährigen Wachstumszeit dem Verzinsungs-Soll mit 3½ % bis auf eine kaum beachtenswerte Differenz nahe kommt. Ebenso verhält es sich mit den Wachstumsleistungen der Kiefernbestände vom 70. bis 80. Lebensjahr, während für die Buchenbestände die Verjüngung im 70jährigen Alter infolge der unzureichenden Wertproduktion, die schon vor dem 60jährigen Lebensjahr beginnt und vom 70. bis 80. Jahr immerhin beachtenswert wird, zu befürworten sein dürfte, falls die örtlichen Absatzverhältnisse die Verringerung der bisherigen Scheitholzabgabe gestatten.

Wenn die 80jährige Abtriebszeit in den Nadelholzbeständen und die 70jährige Abtriebszeit in den Buchenwaldungen vollkommen brauchbare Holzsorten liefert, wie es meistens der Fall sein wird, so werden die Waldbesitzer zunächst nach den Nutzleistungen fragen, welche die Verlängerung der Wachstumsdauer bis zum 100jährigen Bestandsalter bewirken wird. Auf diese Frage giebt die nachfolgende auf Tabelle II gestützte Berechnung des Verlustes, beginnend mit den 50jährigen Beständen des betrachteten Waldbesitzes, der in den Nadelholzbeständen vom 80. bis 100. Jahre und in den Buchenbeständen vom 70. bis 100. Jahre eintritt, näheren Aufschluß:

200 ha 80jährige Kiefernbestände,	Verlust	374 Mk. pro Hektar . . .	74800 Mk.
120 „ 80jährige Fichtenbestände,	„	1007	„ „ „ „ . . .	120840 „
160 „ 60jährige Kiefernbestände,	„	374	„ „ „ „ . . .	58840 „
140 „ 50jährige Buchenbestände,	„	960	„ „ „ „ . . .	134400 „
	Summa zwanzigjähriger Verlust			388880 Mk.

Gegen diese Verlustberechnung kann man die in der Forstlitteratur oft verlautete Einwendung nicht vorbringen, daß bei derartigen Rentabilitätsvergleichungen der Rentenausfall, welcher die Nachkommen bei der Vorrückung der Abtriebszeiten treffen würde, nicht berücksichtigt werde. Man würde übersehen, daß der nachgewiesene Verlust immer noch verbleibt, obgleich unterstellt worden ist, daß die Nutznießer im

100. Jahre den vollen Ernteertrag der 100jährigen Abtriebszeit und die Vornutzungen (die letzteren mit Zinsen) erhalten. Bei der Berechnung in Tabelle II ist keineswegs der volle Zinsengenuß, den die Kapitalanlage im 80= bezw. 70jährigen Alter der Bestände bewirkt, als Gewinn nachgewiesen worden, sondern nur derjenige Teil, welchen die Nutznießer nach Abzug der Erträge der 100jährigen Wachstumszeit als wirklichen Zinsengewinn erübrigen. Eine kurze Vergleichung wird hierüber Aufschluß geben:

	Fichten	Kiefern	Buchen
1. Bei Einhaltung der 100jährigen Abtriebszeit würden die Erträge bis zum 100jährigen Alter und in demselben betragen pro Hektar:	5647 Mk.	3124 Mk.	2624 Mk.
2. Bei Einhaltung der 80jährigen (beziehungsweise 70jährigen Abtriebszeit in Buchenbeständen) würden die Erträge bis zum 100. Jahre und in demselben betragen pro Hektar:			
a) Kapitalanlage	3591 Mk.	1903 Mk.	1463 Mk.
b) Zinsengenuß vom 81. (71jährigen) bis zum 100. Jahr	2514 „	1332 „	1536 „
c) Wert der 20jährigen (30jährigen) Nachzucht	549 „	263 „	585 „
Zusammen	6654 Mk.	3498 Mk.	3584 Mk.
Gewinn pro Hektar	1007 Mk.	374 Mk.	960 Mk.

wie oben S. 107.

Wenn die Waldertragsregelung die nachhaltig einträglichste Bewirtschaftung zu erstreben hat, so werden die Entscheidungen der Waldbesitzer durch derartige Rentabilitätsvergleichungen (zunächst ohne Zinseszins=Formeln) herbeizuführen sein und in denselben ihre Rechtfertigung finden. Die Bemessung der Gewinn= und Verlustbeträge in der in Tabelle II gezeigten Art wird instruktiver werden als die Ermittelung der Mehrung und Minderung der Prozentsätze. Selbstverständlich wird die Verschiedenheit der Holzpreise in den einzelnen Gegenden Teutschlands auf die Gewinn= und Verlustbeträge, auf die Kapitalerübrigungen zur Schuldentilgung, Erwerbung von Eigentum, Kapitalanlage ꝛc. einen Einfluß ausüben, der nicht allgemein bemessen werden kann, sondern durch örtliche Rentabilitätsvergleichungen festzustellen ist.

Beispielsweise ergiebt sich für die Holzpreise, welche in der jüngsten Zeit in den badischen Domänenwaldungen erzielt worden sind, für Fichtenbestände mit dem Wachstumsgang der zweiten Standortsklasse die folgende Gewinn= und Verlustberechnung (Mark pro Hektar):

Nach Jahren	50 Jahre alt		60 Jahre alt		70 Jahre alt	
	Soll mit 3½°/₀ Zinsen	Waldproduktion	Soll mit 3½°/₀ Zinsen	Waldproduktion	Soll mit 3½°/₀ Zinsen	Waldproduktion
10	4609	4941	6553	6302	8267	7416
20	5878	6519	8326	7756	10485	8863
30	7147	8030	10099	9291	12702	10515
40	8416	9621	11547	11031	—	—
50	9685	11418	—	—	—	—

Wenn der Besitzer von Fichtenbeständen mit der oben genannten Fläche von 120 ha die 100jährige Abtriebszeit anstatt der 70jährigen Abtriebszeit einhält, so berechnet sich ein Zinsenverlust von 262440 Mk. während 30jähriger Wachstumszeit.

IV. Die Ermittelung der Gewinn- und Verlust-Beträge bei Einhaltung verschiedener Abtriebszeiten nach der Zinseszinsrechnung.

Kapitalisten, welche zu Gunsten späterer Nutznießer Zinsen auf Zinsen häufen wollen, werden der Bodenwirtschaft und vor allem dem Hochwaldbetrieb fern bleiben, vielmehr die Anlage als Geldkapital mit jährlichem Zinsenertrag wählen — von dieser Annahme geleitet, habe ich in vorderster Reihe die jährliche Wertproduktion der hiebsfähigen Waldbestände den Nutzleistungen gegenübergestellt, welche die Waldbesitzer in anderen Wirtschaftszweigen für den jährlichen Verbrauch und ohne Aufsammlung von Zinsen und Zinseszinsen erlangen können. Im vierten Abschnitt wurde betont, daß die prinzipielle Beschränkung der Rentabilitäts-Vergleichung auf die Zinseszins-Rechnung unzureichend für die Information der Waldbesitzer sei, vielmehr von der Mehrzahl derselben entbehrt werden könne, wenn auch die Zinseszinsrechnung nicht grundsätzlich auszuschließen sei. In der That werden, wenn auch selten, begüterte Nutznießer gefunden werden, welche auf den jährlichen Bezug jeder Renten-Erhöhung verzichten, und dieselben können die Reinerlöse nach alsbaldiger Verwertung der verkaufsfähigen Hochwaldbestände ebensowohl mit Zinsen und Zinseszinsen anwachsen lassen wie im Walde. Damit ist allerdings nicht gesagt, daß ein Unternehmen, dessen Gewinn vorwiegend der Anhäufung der Zinsen und Zinseszinsen entstammt, ebenso leicht von einer vorsichtigen Eigentums-Verwaltung zu rechtfertigen ist als eine wirtschaftliche Maßnahme, welche auch nach Bezug der jährlichen Rentenerhöhung als erheblich und dauernd gewinnbringend nachgewiesen werden kann.

Immerhin hat die Waldertrags-Regelung, die wir hier erörtern, die Waldbesitzer, welche zur Entscheidung über die Zinsenberechnungsart und den Zinsfuß berechtigt sind, umfassend zu informieren und hat demgemäß auch zu prüfen, ob die finanzielle Hiebsreife der Bestände wesentlich früher bei der Zinseszinsrechnung als bei der einfachen Zinsrechnung eintreten wird und wie weit im ersten Falle die Gewinn- und Verlustbeträge größer werden als im zweiten Falle.

Es ist sonach die ad III vorgenommene Untersuchung, ob die Wertproduktion der Hochwaldbestände in den nächsten Jahren größer oder kleiner werden wird als der Zinsenertrag des Reinerlöses in anderen Wirtschaftszweigen mit Hinzurechnung des wirtschaftlichen Wertes der Nachzucht, durch Anwendung der Zinses-Zinsrechnung zu ergänzen.

Nennt man den derzeitigen, nach Abzug der Gewinnungs- und Anbaukosten verbleibenden Bestandsreinerlös Am, die Jahre der fraglichen Wachstumsverlängerung x, den Reinerlös nach der Wachstumsverlängerung $= A_{m+x}$, den Wert der Nachzucht N, den Zinsfuß p, so ist zu ermitteln, ob $A_m + x - A_m \gtreqless (A_m \, 1{,}0 \, p^{\frac{x}{1}} - 1 + N$. Die Wertproduktion und die Wertvorräte sind durch die oben ad I erörterten Untersuchungen bekannt geworden, und demgemäß kann $A_{m+x} - A_m$ für alle Bestände bemessen werden; der Faktor $1{,}0 \, p^{\frac{x}{1}} - 1$ ist aus jeder Zinses-Zinstafel zu ersehen: sonach erübrigt nur die Ermittelung des waldbaulichen Wertes der Nachzucht. Bei dieser Feststellung muß man auf unbedingte Zuverlässigkeit der Ziffern verzichten, da es nicht möglich ist, die in der zweiten Hälfte des nächsten Jahrhunderts eingehenden Ernteerträge und Zinsenerträge mathematisch genau zu bemessen.

Für die Ermittelung des Erwartungswertes, welchen die gegenwärtig prognostizierten Reinerlöse des nachwachsenden Bestandes bei Einhaltung der einträglichsten Erntezeit haben, kann man zunächst zwei Wege wählen. Man kann die Vermehrung des Waldvermögens, welches durch die Vorrückung der Verjüngungszeit in den z. B. hiebsfähigen Beständen bewirkt wird, berechnen, indem man den Endwert der Voreträge und die Abtriebsreinerträge für die Abtriebszeit u und hiernach für die Abtriebszeit u — x ermittelt. Durch Diskontierung dieses thatsächlichen Verkaufs-Mehrwertes der Nachzucht nach u Jahren, der bei sofortiger Verjüngung erzeugt wird, auf das Ende des für die z. B. verwertbaren Bestände fraglichen Wachstumszeitraums, sonach durch Division mit $1{,}0 \, p^{u-x}$, ergiebt sich der Wert der Nachzucht nach x Jahren.

Man kann auch zweitens mit der Bodenrenten-Theorie annehmen, daß die Nutznießer in der zweiten Hälfte des nächsten Jahrhunderts, wenn die Bestände sofort und nicht nach x Jahren verjüngt werden, den Zinsenertrag des Reinerlöses zur Abtriebszeit und der vernachwerteten Vornutzungen $= SDu$ während der Zeitdauer u bis $u + x$ ansammeln können $= (A_u + SD_u) \, 1{,}0 \, p^{\frac{u+x}{1}}$ und für diesen Zinsengewinn der Vorwert im betreffenden Alter der Nachzucht zu bestimmen ist. Die zuerst genannte Ermittelungsart werden die Waldbesitzer, wie ich aus nahe liegenden Gründen vermute, vielfach bevorzugen, und ich will dieselbe bei der folgenden Erörterung voranstellen. Vor allem ist jedoch wissenswert, ob die Anwendung der Zinseszinsrechnung zu einer erheblichen Vorrückung der Verjüngungszeit, des oben genannten Wendepunkts im Bestandswachstum führen wird, und es ist insbesondere zu prüfen, ob die Verlustbeträge bei einer Verlängerung der Wachstumszeit bis etwa zum 80jährigen Bestandsalter die oben (Tabelle II) nachgewiesenen Ziffern beträchtlich übersteigen werden.

1. **Rentabilitäts-Vergleichung auf Grund der Zinseszinsrechnung und für die Berechnung des Wertes der Nachzucht nach der Erhöhung der Bestands-Verkaufswerte in der zweiten Hälfte des nächsten Jahrhunderts.** Will man den Unterschied im Bestandsreinerlös

im Jahre u und im Jahre u — x (stets nach Abzug der Gewinnungs- und Anbaukosten) auf das Endjahr der Wachstumsverlängerung der derzeitigen Hochwaldbestände diskontieren und hierauf die Rentabilitäts-Vergleichung vornehmen und wird
der derzeitige Bestandsreinerlös Am, der Reinerlös nach x Jahren mit Einschluß
der inzwischen erfolgenden Vornutzungs-Erträge Am + x genannt, wird ferner der
Reinerlös der Nachzucht im einträglichsten Abtriebsjahre Au, der Endwert der
Vornutzungen für dieses Abtriebsjahr SDu, sodann der Reinerlös der Nachzucht
im Jahre u — x = Au — x und der Endwert der Vornutzungen im letzteren Jahre
SDu — x genannt und endlich der Zinsfuß mit p bezeichnet, so ist zu untersuchen, ob

$$Am + x - Am \lesseqgtr Am(1{,}0p^x - 1) + \frac{Au + SDu - (Au - x + SDu - x)}{1{,}0p^{n-x}}$$

Wenn man nach den Angaben in den Ertragstafeln dieser Schrift für die
dritte Bodenklasse, für die auf 70 Jahre angenommene einträglichste Abtriebszeit
der Nachzucht, für eine Kulturkosten-Ausgabe von 60 Mark pro Hektar in Nadel-
holz-Beständen und 30 Mark in Buchenbeständen, sowie für die gleichen Rentabilitäts-Faktoren wie ad III zunächst den Wert der Nachzucht berechnet, so ergeben
sich für diese dritte Standortsklasse, Absatzlage A, und für ernte- und kulturkostenfreien Erlöse die folgenden mit den Angaben auf S. 103 zu vergleichenden
Beträge pro Hektar:

	Fichten Mk.	Kiefern Mk.	Buchen Mk.
10jährige Nachzucht .	137	72	74
20jährige Nachzucht . .	358	169	201
30jährige Nachzucht . .	658	317	405
40jährige Nachzucht .	1058	520	690

Mit Einsetzung dieser Ziffern in die obige Formel ist die Tabelle III für
die Angaben in den Ertragstafeln dieser Schrift, die dritte Standortsklasse,
Absatzlage A, eine Kulturkosten-Ausgabe von 60 Mark pro Hektar in Nadelholzbeständen und 30 Mark in Buchenbeständen und den Zinssatz von $3\frac{1}{2}$ %
berechnet worden.

Nach Feststellung der örtlichen Wertvorräte und Wertproduktion kann man
diese Rentabilitäts-Vergleichung zwecks umfassender Information für verschiedene
Zinssätze vornehmen und für die Abtriebszeiten der Nachzucht, welche zu diesen
Zinssätzen nach der aus Tabelle I ersichtlichen Ermittelung gehören.

Ferner wird die örtliche Waldertrags-Regelung zu prüfen haben, ob
das einträglichste Abtriebsjahr durch die Forderung des unausgesetzten Zinsenzuschlags zum Kapital wesentlich vorausgerückt werden kann gegenüber dem
Abtriebsjahr, welches durch die Vergleichung der laufend jährlichen Wertproduktion mit den laufend jährlichen Verzinsungs-Verpflichtungen ermittelt
worden ist.

Tabelle III.

Gewinn- und Verlust-Berechnung auf Grund der Angaben in den Ertragstafeln dieser Schrift behufs Wahl der Abtriebszeiten mittels Zinseszinsrechnung für $3^1/_2 \,{}^0/_0$.

Nach Jahren	60 Jahre alt			70 Jahre alt			80 Jahre alt			90 Jahre alt		
	Verpflichtung	Leistung	Unterschied	Verpflichtung	Leistung	Unterschied	Verpflichtung	Leistung	Unterschied	Verpflichtung	Leistung	Unterschied
					Mark pro Hektar							

I. Fichtenbestände dritter Standortsklasse, Absatzlage A.

0	—	1847	—	—	2719	—	—	3591	—	—	4468	—
10	2743	2851	+108	3971	3729	—242	5203	4611	—592	6640	5454	—1186
20	4033	3915	—118	5768	4806	—962	7503	5656	—1847	—	—	—
30	5842	5069	—773	8289	5931	—2358	—	—	—	—	—	—
40	8400	6302	—2098	—	—	—	—	—	—	—	—	—

II. Kiefernbestände dritter Standortsklasse, Absatzlage A.

0	—	1025	—	—	1480	—	—	1903	—	—	2337	—
10	1518	1556	+38	2159	1988	—171	2756	2425	—331	3368	3023	—345
20	2208	2095	—113	3114	2545	—569	3955	3147	—808	—	—	—
30	3194	2696	—498	4471	3316	—1155	—	—	—	—	—	—
40	4579	3530	—1049	—	—	—	—	—	—	—	—	—

III. Buchenbestände dritter Standortsklasse, Absatzlage A.

0	—	1128	—	—	1463	—	—	1796	—	—	2062	—
10	1665	1555	—110	2138	1883	—255	2599	2143	—456	2983	2367	—616
20	2445	2007	—438	3112	2266	—846	3762	2481	—1281	—	—	—
30	3571	2449	—1122	4510	2654	—1856	—	—	—	—	—	—
40	5156	2913	—2243	—	—	—	—	—	—	—	—	—

Für die Zinseszinsrechnung, den Zinssatz von $3^1/_2 \,{}^0/_0$ und die oben genannte Voraussetzung hinsichtlich des Wertes der Nachzucht würde gegenüber der Berechnungsart mit einfachen Zinsen ad III (siehe S. 106) das Einzeljahr der finanziellen Hiebsreife eintreten, wenn die Annahmen in den Wertertragstafeln dieser Schrift für die dritte Standortsklasse, Absatzlage A, bei einer Kulturkosten-Ausgabe von 60 Mark bezw. 30 Mark pro Hektar maßgebend würden:

Für Fichten-Bestände anstatt nach 67jähriger nach 70jähriger Wachstumszeit
„ Kiefern- „ „ „ 66jähriger „ 70jähriger „
„ Buchen- „ „ „ 58jähriger „ 60jähriger „

Wenn die Waldbesitzer den keineswegs zweifelfrei zu ermittelnden Wert der Nachzucht nicht berücksichtigen wollen, so werden sich für die betrachteten Wachstumsgang, den Zinsfuß von $3^1/_2 \,{}^0/_0$ und für die sonstigen Rentabilitäts-Faktoren die folgenden Unterschiede zwischen der Verzinsungs-Verpflichtung und der Produktionsleistung pro Hektar für die maßgebenden Wachstumsperioden ergeben, mit deren Beträgen die Wertproduktion größer und kleiner ist als die Verzinsungs-Verpflichtung.

Wachstumsperiode	Fichten Mk. pro ha	Kiefern Mk. pro ha	Buchen Mk. pro ha
Vom 60= bis 70jährigen Alter	+ 245	+ 110	— 36
„ „ „ 80= „ „ . .	+ 240	+ 56	— 237
„ „ „ 90= „ „ . .	— 115	— 181	— 717
„ „ „ 100= „ „ . .	— 1010	— 529	— 1553
„ 70= „ 80= „ „ . .	— 105	— 99	— 181
„ „ „ 90= „ „ . .	— 604	— 400	— 645
„ „ „ 100= „ „ . .	— 1700	— 838	— 1451
„ 80= „ 90= „ „ . .	— 455	— 259	— 382
„ „ „ 100= „ „ . .	— 1489	— 639	— 1080
„ 90= „ 100= „ „ . .	— 1040	— 273	— 542

Aus der Spalte „Leistung" in Tabelle III ist die 10jährige Wertproduktion zu ersehen, und man kann beurteilen, mit welcher Wachstumsperiode die Verluste beachtenswert werden. Bleiben die Verluste vor der 80jährigen Wachstumszeit unerheblich, wie es nach der Wertproduktion in den Ertragstafeln dieser Schrift der Fall zu sein scheint, so verlieren selbstverständlich die Formeln der Bodenrenten=Theorie und die Ergebnisse der Zinseszins= rechnung die ausschlaggebende Bedeutung für den aussetzenden Forst= betrieb.

Im weiteren würde nun noch festzustellen sein (im Hinblick auf S. 99, 106 und 112), mit welchem Einzeljahr der oben genannte Wendepunkt im Bestandswachstum eintritt, wenn Ersatzleistung für den Wert der Nachzucht nicht beansprucht wird. Bei der Verzinsungs=Forderung von $3\frac{1}{2}\,^0/_0$ und der Zinseszinsrechnung wird dieses Einzel= jahr eintreten:

          in Fichtenbeständen mit dem 74jährigen Bestandsalter
          „ Kiefernbeständen „ „ 70jährigen „
          „ Buchenbeständen „ „ 61jährigen „

2. **Rentabilitäts=Vergleichung auf Grund der Zinseszinsrech= nung und für die Ermittelung des Wertes der Nachzucht nach den Zinserträgen der sofort zu begründenden Bestände, wenn die Nutz= nießer mit den Ernteerträgen der letzteren ein Geldgeschäft in der zweiten Hälfte des nächsten Jahrhunderts vornehmen."**[*)] Mit dieser Voraussetzung für die Berechnung der festzustellenden Bestandswerte begeben wir uns in das Bereich der Bodenrenten=Theorie. Sobald man von der Grund= annahme ausgeht, daß der erntekostenfreie Bruttoerlös (d. h. ohne Abzug der von den Waldbesitzern alsbald nach der Abholzung zu verausgabenden Kulturkosten) mit Zinsen und Zinseszinsen x Jahre lang anwächst, so führt die Diskontierung dieses Zinsertrages auf das Jahr u—x zu dem Bestandskostenwert der Bodenrenten= Theorie. Wir werden jedoch unten (S. 125) darlegen, daß es richtiger sein wird, nicht den Bruttoertrag, sondern den Reinertrag nach u Jahren dieser Ermittelung des Wertes der Nachzucht zu Grunde zu legen,

---

[*)] Ohne das genannte Geldgeschäft kann, wie im vierten Abschnitt nachgewiesen wurde, der maximale Bodenwert=Gewinn und die hier ad 2 maßgebende Verzinsung desselben nicht erreicht werden.

d. h. die alsbald nach der Bestands-Verwertung zu verausgabenden Anbaukosten vom Bruttoerlös abzuziehen. In diesem Falle ist der Wert der Nachzucht nach x Jahren $= \dfrac{(Au + SDn - c) \, 1{,}0p\frac{x}{-} 1}{1{,}0p\frac{u}{-} 1}$, wenn u stabil bleibt und die oben genannten Bezeichnungen beibehalten werden.

Wird ermittelt, daß die einträglichste Abtriebszeit des nachzuziehenden Fichtenbestandes mit dem 70. Jahre eintritt mit einem Abtriebsertrag und Nachwert der Vornutzungen von zusammen 3180 Mark pro Hektar, und verbleibt nach Abzug von 60 Mark Anbaukosten ein Reinerlös von 3120 Mark pro Hektar, so beträgt nach den (für den Reinerlös abgeänderten) Bodenerwartungs- und Bestandskostenwert-Formeln der Bodenrenten-Theorie bei 3½ % der 10jährige Nachwuchs $\dfrac{3120}{1{,}035^{70} - 1} \times 1{,}035^{10} - 1 = 126{,}7$ Mark pro Hektar. Werden die Zinsen und Zinseszinsen zehn Jahre lang angesammelt, so ist eine im 80. Jahre eintretende Einnahme von 1281,2 Mark pro Hektar auf das zehnjährige Alter der Nachzucht zu diskontieren = 126,7 Mark, da dieselbe alle 70 Jahre von diesem Zeitpunkt an wiederkehrt und selbstverständlich mit identischen Faktoren zu diskontieren ist.

Für den Reinerlös berechnen sich nach dieser berichtigten Bestandskosten-Formel und für die Angaben in den Wertertragstafeln dieser Schrift, ferner für 3½ % folgende Werte der Nachzucht (für die 40jährige Nachzucht ohne die Durchforstungs-Erträge im 40. Jahre) ohne Änderung der sonstigen ad 1 genannten Rentabilitäts-Faktoren:

	Fichten	Kiefern	Buchen
	Mk. pro ha	Mk. pro ha	Mk. pro ha
10jährige Nachzucht	127	68	85
20jährige "	305	164	206
30jährige "	558	299	375
40jährige "	913	489	615

Die Unterschiede im Wert der Nachzucht gegenüber der Berechnung ad 1 (S. 111) sind, wie man sieht, kaum beachtenswert. Da im übrigen die Verzinsungs-Verpflichtungen und Produktions-Leistungen in Tabelle III unverändert bleiben, so wird eine Umrechnung dieser Tabelle an dieser Stelle nicht erforderlich werden. Auch die Einzeljahre der einträglichsten Abtriebszeit werden nicht beachtenswert abgeändert werden. Jedoch wird zu prüfen sein, ob der Unterschied zwischen der Verzinsung des normalen Vornutzungs- und Abtriebs-Ertrages und der Bereicherung der Bestandswerte im nächsten Jahrhundert, der für die Verschiedenheit der Nachbauwerte bei den beiden Berechnungsarten maßgebend ist, im Vorwert beträchtlich werden kann.

V. Vergleichung der Ergebnisse verschiedener Ermittelungs-Arten der einträglichsten Abtriebs-Zeiten.

Nach dem dermaligen Stande der Diskussion über die Waldrentenfrage hat die Ermittelung der einträglichsten Abtriebszeit in den konkreten Waldbezirken in erster Linie zu untersuchen, ob die Feststellung des Einzeljahres der letzteren mittels der Vergleichung der jährlichen Wertproduktion mit der jährlichen Verzinsung des erntekostenfreien Bestandserlöses stattfinden kann oder ob hierzu die

Zinseszinsrechnung beizuziehen ist, welche bisher als allein zulässig von der Boden=
renten=Theorie erachtet wurde. Weitaus wichtiger ist aber die Bemessung, ob
überhaupt die Feststellung dieses Einzeljahres für den oft genannten Wendepunkt
im Bestandswachstum ausschlaggebende Bedeutung für die Wahl der Abtriebszeit
haben kann und ausreichend für die Information der Waldbesitzer werden wird.
Man kann vermuten, daß die Hochwaldbestände vor dem 80jährigen Alter (die
Buchenbestände vielleicht nur bis zum siebzigjährigen Alter) mehrere Jahrzehnte
lang mit ihrer Wertproduktion zwar nicht voll und ganz eine der Sicherheit der
Kapitalanlage angemessene Verzinsung liefern, aber auch nur mit geringfügigen
Beträgen zurückbleiben, welche gegenüber der erleichterten Verwertbarkeit der
Bestände im höheren Alter und der Wandelbarkeit der Waldpreise und sonstigen
Rentabilitäts=Faktoren für die Praxis der Holzzucht nicht in die Wagschale fallen.
Wir können zwar nicht voraussagen, ob die Holzpreise in der Zukunft bei der
zunehmenden Holzeinfuhr, dem gesteigerten Eisenverbrauch ꝛc. fallen oder steigen und
ob die derzeitige Kapital=Verzinsung eine aufsteigende oder absteigende Bewegung ein=
schlagen wird. Aber wir haben daran festzuhalten, daß im Gebiete des Waldbetriebs
lediglich beträchtliche Gewinn= und Verlustbeträge beweisfähig werden können.

Für die örtlichen Vorrats=, Wachstums= und Preisverhältnisse wird deshalb
zu ermitteln sein, mit welcher Wachstumsperiode die eintretenden Verzinsungs=
verluste beträchtlich werden. Vor allem wird jedoch zu bemessen sein, ob die
verschiedenen Ermittelungsarten des Wertes der Nachzucht, die wir kennen gelernt
haben, und die Berechnungsarten der Verzinsung — nach der Summe der
Jahresverzinsung in den fraglichen Wachstumsperioden oder mit Ansammlung der
Zinsen und Zinseszinsen — erheblich oder unerheblich auf die Ergebnisse der
Rentabilitätsvergleichung einwirken können. Ist der Waldbesitzer geneigt, auch
mit einer geringeren Verzinsung als die bisher unterstellten $3\frac{1}{2}$ v. H. vorlieb
zu nehmen, so wird selbstverständlich die Rentabilitätsvergleichung auch für
3, $2\frac{1}{2}$, $2^0/_0$ vorzunehmen sein.

Man kann nicht leugnen, daß insbesondere über die Ermittelung des Nach=
zuchtswertes Zweifel entstehen können. Die Bemessung der Erträge, Preise, Ver=
zinsungssätze für die zweite Hälfte des zwanzigsten Jahrhunderts ist mit mathe=
matischer Genauigkeit nicht zu ermöglichen. Da aber in der Regel nur zehnjährige
Wachstumsperioden für die Entscheidung in Betracht kommen, so ist nach den in
obigen Beispielen betrachteten Wachstumsgang für die mittleren Bonitätsklassen zu
vermuten, daß die Unterschiede nicht schwerwiegend in die Wagschale fallen werden.

Das Gleiche gilt für die Unterschiede in den Gewinn= und Verlustbeträgen,
welche sich für die Zinseszinsrechnung gegenüber der einfachen Zinsrechnung
ergeben, sobald man nur je zehnjährige und nicht 60= und 70jährige Wachstums=
zeiten, wie bei der Berechnung der Bodenerwartungswerte, vergleicht.

Nach der bisher für die dritte Bodenklasse, die Ertragsangaben in den Wert=
ertragstafeln dieser Schrift, die Verzinsung von $3\frac{1}{2}\%$, die normale Wachstumszeit
von 70 Jahren und eine Kulturkostenausgabe von 60 Mark bezw. 30 Mark pro Hektar
vorgenommene Rentabilitätsvergleichung ergeben sich zunächst hinsichtlich des
einträglichsten Einzeljahres der Verjüngung die folgenden Unter=
schiede:

Berechnungsarten	Fichtenbestände Jahre	Kiefernbestände Jahre	Rotbuchen-Hochwaldbestände Jahre
a) Wenn die Waldbesitzer mit einfacher Jahresverzinsung des erntekostenfreien Bruttoerlöses rechnen und die Waldbestände abholzen wollen, sobald diese Jahresverzinsung durch die mittlere Wertproduktion unter $3\frac{1}{2}\%$ sinkt	71	67	62
b) Wenn die Waldbesitzer mit einfacher Jahresverzinsung rechnen wollen, aber erwägen, daß nur die nach Abzug der Gewinnungs- und Kulturkosten verbleibende Kapitalanlage verzinslich werden kann, dagegen andererseits Ersatzleistung für den Wert der Nachzucht beansprucht werden kann und die Nutzleistungen der letzteren nach den durchschnittlich jährlichen Beträgen wie ad III veranschlagen wollen . .	67	66	58
c) Wenn die Waldbesitzer mit Zinsen und Zinseszinsen rechnen und den Wert der Nachzucht nach dem Jetztwert der Eigentumszunahme, herbeigeführt durch die sofortige Verjüngung, anstatt der Verjüngung nach 10 Jahren, bemessen wollen, wie ad IV	70	70	60
d) Wenn die Waldbesitzer mit Zinseszinsen rechnen, aber den Wert der Nachzucht unberücksichtigt lassen, vielmehr lediglich die Kulturkosten vom Bruttoertrag abziehen wollen .	74	70	61

Ferner entstehen in den entscheidenden Jahrzehnten durch die nachstehende Wertproduktion, Gewinn- und Verlustbeträge pro Hektar gegenüber der (sicherlich ausreichenden) Verzinsungsforderung von $3\frac{1}{2}\%$ und der genannten Kulturkosten:

	Fichten-Bestände Mk.	Kiefern-Bestände Mk.	Buchen-Bestände Mk.
Vom 61. bis 70. Jahre.			
Wertproduktion pro Hektar	1004	531	427
Gewinn und Verlust, nach Berechnung ad b . . .	+ 214	+ 96	— 29
„ „ „ „ „ c . . .	+ 108	+ 38	— 110
„ „ „ „ „ d . . .	+ 245	+ 110	— 36
Vom 71. bis 80. Jahre.			
Wertproduktion pro Hektar	1010	508	420
Gewinn und Verlust, nach Berechnung ad b . .	— 85	— 86	— 153
„ „ „ „ „ c .	— 242	— 171	— 255
„ „ „ „ „ d .	— 105	— 99	— 187
Vom 81. bis 90. Jahre.			
Wertproduktion pro Hektar	1020	522	347
Gewinn und Verlust, nach Berechnung ad b .	— 380	— 220	— 343
„ „ „ „ „ c .	— 592	— 331	— 456
„ „ „ „ „ d .	— 455	— 259	— 382

Sonach würde die oben ad III angegebene Information (Seite 106) im wesentlichen zutreffend bleiben.

Wegen allseitiger Information der Waldbesitzer wird diese Rentabilitäts-Vergleichung nach Maßgabe der örtlichen Rentabilitäts-Faktoren für Zinssätze von 3 %, auch 2½ % und für die wahrscheinlichen Änderungen der Preisabstufung durchzuführen sein, wenn auch die Frage, ob eine allgemeine Preisbewegung in aufsteigender oder absteigender Richtung zu erwarten ist, mit Sicherheit nicht beurteilt werden kann.

VI. Die Ermittelung der Herstellungskosten und der Verlust-Beträge pro Festmeter des erweiterten Starkholz-Angebots.

Die Information der Waldbesitzer wird verschärft werden können, wenn untersucht wird, welche Herstellungskosten für das erweiterte Starkholz-Angebot, welches durch die Verlängerung der Wachstumszeit erreicht wird, aufzuwenden sind, und zwar bei den Verzinsungsforderungen, welche der Sicherheit der Kapitalanlage entsprechen, und welche Verluste in den Wachstums-Perioden entstehen, welche nach der Rentabilitäts-Vergleichung eine unzureichende Wertproduktion haben. Diese leicht auszuführende Ermittelung wird am zweckmäßigsten für den Produktionsgang der dritten Standortsklasse, der in den Ertragstafeln dieser Schrift verzeichnet ist, eine Kulturkosten-Ausgabe von 60 Mark bezw. 30 Mark in Buchenbeständen und einen Zinsfuß von 3½ % erläutert werden.

Ein beachtenswerter Rentenausfall beginnt in den Nadelholzbeständen mit der 80- bis 90jährigen Wachstumszeit, in den Buchenbeständen mit der 70- bis 80jährigen Wachstumszeit. Kann der Waldbesitzer für den Reinerlös nach Verausgabung der Kulturkosten 3½ % Zinsen im nächsten Jahrzehnt für die jetzt 80jährigen bezw. 70jährigen Bestände vereinnahmen und wird der herstellbare Wert der Nachzucht nach Tabelle II eingesetzt, so ergiebt die Rentabilitäts-Vergleichung folgendes pro Hektar:

In den Wachstumsperioden vom 80. bis 90., bezw. 70. bis 80. Jahre wird in den Nadelholzbeständen die Starkholz-Abgabe (über 1,0 fm pro Stück) weniger gesteigert als die Starkholz- und Mittelholz-Gesamt-Abgabe (über 0,5 fm pro Stück). Das Umgekehrte gilt für die Scheitholz-Abgabe gegenüber der gesamten Derbholz-Abgabe in Buchenbeständen.

	Fichten	Kiefern	Rotbuchen
Die Mehrabgabe an Mittel- und Starkholz (bezw. Scheitholz) beträgt nach Ablauf des fraglichen Jahrzehnts 80/90, bezw. 70/80	76 fm	49 fm	52 fm
Der Verlust beträgt nach Tabelle II . . .	380 Mk.	220 Mk.	153 Mk.
Folglich pro Festmeter des Mehrangebots .	5,0 „	4,5 „	2,9 „
Bei einem Erlös pro Festmeter von .	13,4 „	11,4 „	9,0 „
	(Für Stämme über 0,5 fm pro Stück)		(Für Scheitholz)

Da eine Steigerung der Preise pro Festmeter der über 0,5 fm messenden Stämme auf 18,4 Mk. für Fichten, 15,9 Mk. für Kiefern und 11,9 Mk. für Buchen-Scheitholz in den nächsten zehn Jahren nicht zu erwarten ist (= 38%, 40 und 32 %), so wird die Feststellung der Abtriebszeit auf 80 Jahre bezw. 70 Jahre zu befürworten sein.

VII. Die Nutzleistungen des gesamten Waldvermögens.

Wenn die Waldbesitzer lediglich informiert werden wollen über die Abtriebszeiten, welche für die sämtlichen Waldparzellen eine der Sicherheit der Kapitalanlage entsprechende Rente gewährleisten, so genügt die oben erörterte Nachweisung der Gewinn- und Verlustbeträge für die älteren Bestände, welche bereits benutzungsfähig geworden sind oder bald verwertbar werden. Wenn aber die Waldbesitzer auch zu erfahren wünschen, wie die sämtlichen, der Holzzucht gewidmeten Eigentumsbestandteile, die Bestands- und Bodenwerte, die Kulturkosten und jährlichen Betriebskosten, rentieren, ob die waldbaulichen Kapitalanlagen zu vermehren oder zu beschränken sind, so wird man zunächst zu ermitteln haben, welche realisierbaren Kapitalbeträge das vorhandene Waldeigentum umfaßt.

Wir haben schon im Eingang dieses Abschnittes betont, daß die sorgfältige Aufnahme der vorhandenen Wertvorräte und der bisherigen und erreichbaren Produktion von Gebrauchswerten unerläßliche Vorbedingung für die Regelung der einträglichsten Bewirtschaftung der Waldungen ist. In den Hochwaldbeständen, welche in das Baumholzalter eingetreten sind, wird die Messung aller Stämme in Brusthöhe und in den durchforsteten Stangenhölzern die Messung der Durchmesser auf zahlreichen Probeflächen vorzunehmen sein. Da in erster Linie die Ermittelung der Wertvorräte und der Wertproduktion Zweck dieser Bestandsaufnahme ist, so wird die Auszeichnung, Fällung und Aufarbeitung von Probeholz mit reichlichem Prozentsatz für diese Ermittelung zu befürworten sein. Das Verfahren und die Aufstellung von örtlichen Wertertragstafeln ist oben ad I charakterisiert worden.

Wenn das erforderliche Grundlagenmaterial beschafft worden ist und entweder selbständige örtliche Wertertragstafeln aufgestellt worden sind oder die im Anhang dieser Schrift befindlichen Wertertragstafeln nach den örtlichen Preisverhältnissen u. s. w. umgerechnet worden sind, so kann man die weitere Frage mit ausreichender Zuverlässigkeit beantworten, ob die realisierbaren Waldwerte durch die einträglichsten Wirtschaftsverfahren eine Verwertung finden, welche der Sicherheit und Annehmlichkeit der Kapitalanlage entspricht, oder ob es privatwirtschaftlich gewinnbringender ist, die Waldwirtschaft einzustellen und das realisierbare Waldkapital, die Vorratserlöse und den kahlen Waldboden, in anderen Wirtschaftszweigen der Waldbesitzer mit einem nachhaltig höheren Rentenertrag zu verwerten. Selbst in kleinen Waldbesitzungen umfassen die Holzvorräte beträchtliche Kapitalbeträge, und die Grundbesitzer werden möglichst genauen Aufschluß über die bisherigen und die nachhaltig erreichbaren Renten derselben wünschen.

— 119 —

Tabelle IV.

Bilanz der außerforstlichen Benutzung des Waldkapitals und der einträglichsten forstlichen Bewirtschaftung desselben für den Zinsfuß von 3½ %.

Soll		Verzinsungsverpflichtungen für 3½ % des Bestands- und Bodenwertes	Wachstumsleistungen	Haben		Gewinn (+) Verlust (—)	
pro Hektar Mk.	pro Bestandsfläche Mk.			pro Hektar Mk.	pro Bestandsfläche Mk.	pro Hektar Mk.	pro Bestandsfläche Mk.
2106	421 200	1. 80jährige Kiefernbestände dritter Standortsklasse, 200 ha	Erlös (exkl. Kulturkosten) und Bodenwert im 80jährigen Alter	2046	409 240	—60	—12 000
2552	306 240	2. 65jährige Fichtenbestände dritter Standortsklasse, 120 ha	Der Reinertrag würde im 65jährigen Alter mit Bodenwert betragen	2492	299 040		
3892	467 040	Soll kein Vorrat mit Bodenwert und Zinsen im 80jährigen Alter	ist im 80. Jahre mit Vornutzungen abzüglich 15jähriger Betriebskosten	3923	470 760	+31	+3 720
1040	166 800	Zinsenerforderung bis zum 80jährigen Alter	Wertproduktion bis zum 80jährigen Alter	1431	171 720		
1228	196 480	3. 60jährige Kiefernbestände dritter Standortsklasse, 160 ha	Der Reinertrag würde im 60jährigen Alter mit Bodenwert betragen	1168	186 880		
2088	334 080	Soll kein Vorrat mit Bodenwert und Zinsen im 80jährigen Alter	ist im 80. Jahre mit Vornutzungen abzüglich 20jähriger Betriebskosten	2050	328 000	+22	+3 520
860	137 600	Zinsenerforderung bis zum 80jährigen Alter	Wertproduktion bis zum 80jährigen Alter	882	141 120		
939	130 200	4. 50jährige Buchenbestände dritter Standortsklasse, 140 ha	Der Reinertrag würde im 50jährigen Alter mit Bodenwert betragen	900	126 000		
1581	221 340	Soll kein Vorrat mit Bodenwert und Zinsen im 70jährigen Alter	ist im 70. Jahre mit Vornutzungen abzüglich 20jähriger Betriebskosten	1624	227 360	+73	10 220
651	91 140	Zinsenerforderung bis zum 70jährigen Alter	Wertproduktion bis zum 70jährigen Alter	724	101 360		
510 740		Haupt-Summa	Haupt-Summa		528 000		+5 260
12 660		Mehrproduktion, das Zinserfordernis von 3½ % übersteigend					
523 400					528 000		+5 260

Diese Information der Waldbesitzer wird übersichtlich durch Aufstellung einer Bilanz zwischen der außerforstlichen Rente, welche für das realisierbare Waldkapital nachhaltig erreichbar ist und der nachhaltigen forstwirtschaftlichen Rente dieses Waldkapitals erteilt werden können. Vor Aufstellung derselben (siehe Tabelle IV, S. 119) sind jedoch einige Vorfragen zu erörtern.

Soll entschieden werden, ob das realisierbare Waldkapital, wenn dasselbe im Walde verbleibt, einträglicher werden wird gegenüber der Übertragung in andere Wirtschaftszweige, so wird zunächst zu fragen sein, ob die derzeitigen Nutznießer gesonnen sind, auf die Jahreszinsen der im Walde ausscheidenden Erlöse zu verzichten und dieselben mittels Kapitalzuschlag den Wirtschaftsnachfolgern zuzubringen oder ob die Zinsen der Erlöse (bei Wiederanlage im landwirtschaftlichen Grundbesitz, in Bodenkreditpfandbriefen 2c.) nicht abmassiert, sondern jährlich verbraucht werden. In beiden Fällen wird zunächst zu erproben sein, ob eine **Verzinsung der Bestandsverkaufswerte und der außerforstlichen Bodenwerte mit z. B. $3^{1}/_{2} \%$ durch die jährliche Wertproduktion erreichbar ist.**

Sollten sich Waldbesitzer finden, welche auf die nachhaltig erreichbare Erhöhung ihrer Jahresbezüge zu Gunsten der Wirtschaftsnachfolger verzichten und die Anhäufung von Zinsen und Zineszinsen zu Gunsten der letzteren rechtsverbindlich sicherstellen wollen, so ist die für die Summe der Jahreszinsen berechnete Zinsenbelastung in der aufzustellenden Bilanz (siehe Tabelle IV) leicht mittels der Zineszins-Faktoren umzurechnen.

Der Bilanzentwurf in Tabelle IV ist auf die Ertragstafeln im Anhang dieser Schrift für die dritte Bodenklasse gestützt worden, indem die 50- und mehrjährigen Bestände, deren Größe in der genannten Tabelle IV angegeben worden ist, innerhalb der oben (Seite 107) beispielsweise angeführten 800 ha großen Fichten-, Kiefern- und Buchenwaldung mit 80jähriger Abtriebszeit in den Nadelholzbeständen und 70jähriger Abtriebszeit in den Laubholzbeständen probeweise hinsichtlich ihrer Verzinsungsverpflichtungen für eine Verzinsungsforderung von $3^{1}/_{2}\%$ den Wachstumsleistungen im aussetzenden Betriebe gegenübergestellt worden sind. In diese Bilanz wurden 180 ha 20jährige und 5jährige Fichten nicht aufgenommen, weil die Ermittelung der Bestandswerte nach den obigen Erörterungen nicht frei bleiben kann von hypothetischen Unterstellungen und der rechnungsmäßige Gewinn beanstandet werden kann, weil derselbe z. B. nicht realisierbar ist.

Zur Erläuterung der Ansätze in der Tabelle IV wird folgendes bemerkt:

a) Da die Fortsetzung des Waldbaues der Einstellung desselben gegenüber zu stellen war, so konnte in das „Soll" nicht der in den Tabellen II und III belastete Wert der Nachzucht, welcher der waldbaulichen Bodenrente entspricht, in Betracht kommen, vielmehr war die außerforstliche Bodenrente, die hier (außergewöhnlich hoch) mit 5 Mk. pro Hektar und Jahr eingeschätzt worden ist, in das „Soll" als Verzinsungsverpflichtung der Holzzucht aufzunehmen. In das „Haben", unter die Wachstumsleistungen der Bestände, gehört dagegen der Bodenwert, der der waldbaulichen Nachzucht verzinst wird. Dieser Bodenwert beträgt für Fichten-, Kiefern- und Buchenanbau bei Zineszinsen mit $3^{1}/_{2}\%$ 309 Mk., 165 Mk. und 208 Mk. pro Hektar. Zur Verhütung von Beanstandungen wegen der nicht völlig sicheren Faktoren ist jedoch angenommen worden, daß die waldbauliche Verwertung nur dieselbe Bodenrente von 5 Mk. pro Hektar und Jahr nach der Verjüngung der Bestände erreicht, wie die außerforstliche Bodenbenutzung und das Bodenkapital mit 143 Mk. pro Hektar ständig in das Haben eingesetzt.

b) Die Kulturkosten mit 60 Mk. pro Hektar in Nadelholzbeständen und mit 30 Mk. in Buchenwaldungen waren ebenso, wie die Verwaltungs- und sonstigen Betriebsausgaben mit 9 Mk. pro Hektar nur im „Haben" zu belasten und demgemäß abzuziehen, nicht im „Soll", weil dieselben bei Einstellung der Waldwirtschaft in Wegfall kommen würden. Können die Kulturkosten und die hier reichlich angenommenen Betriebskosten verringert werden, so erhöht sich selbstverständlich der Zinsenüberschuß.

c) Wenn auch etwas kürzere Wachstumszeiten, als 80jährige Wachstumszeiten in Nadelholzbeständen und 70jährige Wachstumszeiten in Buchenbeständen finanziell, nach genauer Rentabilitätsvergleichung geboten sein würden, so ist doch der entstehende Zinsenverlust, wie schon in den Tabellen II und III gezeigt wurde, so unbeträchtlich, daß diese Abtriebszeiten um so mehr bevorzugt zu werden verdienen, als selbst für die Verzinsungsforderung von $3\frac{1}{2}\%$ ein Zinsenüberschuß von 12660 Mk. nachweisbar ist.

VIII. Die Ermittelung der einträglichsten Abtriebszeit mittels der Weiser-Prozentformel.

Das Wesen der Bodenreinertragswirtschaft haben wir im vierten Abschnitt zu charakterisieren versucht. Wir waren genötigt, die Ermittelung des „Unternehmergewinnes" und die hierfür grundlegende Vergleichung der Bodenerwartungswerte als entbehrlich nachzuweisen. Angesichts der Wertschätzung, welche namentlich die jüngeren Forstwirte der Bodenrentenlehre entgegenbringen, werden wir die Gründe nochmals kurz zusammenfassen, welche die Erörterung der letzteren in zweiter Linie in der vorliegenden Schrift veranlaßt haben.

Die Bodenrentenlehre ist auf die Ermittelung derjenigen Bewirtschaftungsart gestützt worden, welche für eine vereinzelte und dabei holzleere Waldparzelle am einträglichsten werden wird. Zur Begründung dieser Lehre hat man untersucht, ob die in der zweiten Hälfte des nächsten Jahrhunderts lebenden Nutznießer einen größeren Gewinn erzielen werden, wenn dieselben die 60- bis 70jährigen Hochwaldbestände verwerten und den Erlös mit Zinsen und Zinseszinsen einige Jahrzehnte lang ansammeln, anstatt die Wachstumsdauer dieser Hochwaldbestände ebenso lange zu verlängern. Wird durch die Kapitalanlage des Erlöses ein Zinsengewinn gegenüber der Wertproduktion im Walde erreicht, so ist derselbe auf die Gegenwart zu diskontieren. Der Jetztwert dieses Zinsengewinnes gelangt durch die Unterschiede im „Bodenerwartungswerte" zum Ausdruck und ist „Unternehmergewinn" genannt worden. Eine andere Quelle des Unternehmergewinns kann, wie wir nachgewiesen haben, nirgends gefunden werden.

Gestützt auf die Grundanschauung, daß der aufwachsende Bestand für den höchst erreichbaren Bodenerwartungswert, welcher den genannten Zinsengewinn umfaßt, die Zinsen und Zinseszinsen zurückzuerstatten und die sonstigen Produktionskosten mit Zinsen und Zinseszinsen zu ersetzen habe, hat man weiter unterstellt, daß die Zinsen und Zinseszinsen des marimalen Bodenwertes und der sonstigen Kapitalaufwendungen (Kulturkosten, jährliche Ausgaben für Forstverwaltung, Forstschutz, Steuern ec.) den Bestandswert bilden. Sinkt in der Zukunft der Bestands-Verkaufswert andauernd unter diesen Kostenwert des Bestandes, so ist derselbe „finanziell hiebsreif".

Man kann sonach ganz genau die Abtriebszeit berechnen, welche unsere Nachkommen in der zweiten Hälfte des nächsten Jahrhunderts bevorzugen werden, wenn die derzeitigen Holzpreise und Verzinsungs-Verhältnisse unabänderlich bestehen bleiben.

Die Anwendung der Zinseszinsrechnung ist jedoch, wie wir ausgeführt haben, nicht nur entbehrlich, sondern auch bedenklich, und zwar aus folgenden Gründen: a) Für alle praktischen Zwecke giebt die Vergleichung der jährlichen Wertproduktion mit den jährlichen Verzinsungsverpflichtungen, welche der ersteren aufzuerlegen sind, hinreichende Anhaltspunkte für die Bemessung der einträglichsten Abtriebszeit, indem die Abkürzung der letzteren, welche die Anwendung der Zinseszinsrechnung bewirkt, nur wenige Jahre umfassen kann. Wenn die Berechnung des Unternehmergewinns lediglich den Zweck verfolgt, den Zeitpunkt der finanziellen Abtriebsreife der Bestände zu bestimmen, so wird dieselbe entbehrlich werden.

b) Wenn diese Berechnung den Zweck verfolgt, die erreichbaren Gewinnbeträge zu ermitteln, so wird dieselbe für alle Bestände, welche die sogenannte finanzielle Abtriebsreife — in der Regel das 60. bis 70. Jahr — überschritten haben oder infolge wirtschaftlicher Notwendigkeit überschreiten werden, zu unzutreffenden Gewinnziffern führen.

Infolge der Diskontierung des ermittelten Zinsengewinnes auf die Begründungszeit der Bestände, indem man bestrebt ist, den waldbaulichen Wert des kahlen Waldbodens zu bemessen, wird unnötigerweise die für den Boden und den derzeitigen Holzbestand nachhaltig erreichbare Rentenerhöhung zu scheinbar finanzieller Bedeutungslosigkeit herabgebracht. Wenn man den Gesamtbetrag des erzielbaren Gewinnes nach seiner Rückwirkung auf den Bodenkapitalwert und die Bodenrente ausdrücken wollte, so waren wesentlich veränderte Formeln anzuwenden.

Die Unterschiede sind beachtenswert. Für eine 600 ha große Fichtenwaldung (cf. S. 59) würde nach der Bodenrententheorie ein Gewinn von 395 586 Mark zu erzielen sein, während derselbe thatsächlich durch Einführung der 60 jährigen Abtriebszeit an Stelle der bisher eingehaltenen 100 jährigen Abtriebszeit 1 438 710 Mark beträgt. Andererseits würde nach der Zinseszinsrechnung ein Verlust von 2 666 885 Mark zu beziffern sein, wenn man annimmt, daß der für die Begründungszeit der Bestände bemessene Bodenwertverlust bis zum jetzigen Alter der Bestände mit Zinsen und Zinseszinsen fortgewachsen ist — einer Anhäufung von Ziffern, welcher praktische Bedeutung für den kleinen Waldbesitz von 600 ha selten beigelegt werden wird.

c) Es kann nicht gewährleistet werden, daß die in der zweiten Hälfte des kommenden Jahrhunderts bezugsberechtigten Nutznießer auf die Zinsen der Erlöse für die Abtriebsbestände kürzere oder längere Zeiträume verzichten und dieselben regelmäßig am Jahresschluß dem Kapital hinzufügen. Es ist vielmehr wahrscheinlich, daß die Zinsen von diesen Nutznießern jährlich verbraucht werden und Zinseszinsen nicht entstehen.

d) Wenn die Kultur- und Betriebskosten den Ausgaben der Staatsforstverwaltung nahe kommen und die Erträge nicht höher sind als die durchschnittlichen Erträge der Staatswaldungen, so ergiebt die Zinseszinsrechnung für die Zinssätze, welche der sicheren Kapitalanlage derzeitig entsprechen, negative Bodenerwartungswerte. Die Bodenrententheorie kann keinen Grundbau finden — keinen zinsfähigen Bodenwert.

e) Findet dagegen die Bodenrententheorie für die besseren Bodenarten positive Bodenwerte, so belastet dieselbe den Waldbau mit Kapitalwerten, welche die Grundbesitzer niemals verzinst erhalten, wenn der Waldbau ausgeschlossen bleibt.

f) Durch die Anwendung der Zinseszinsrechnung zur Feststellung der waldbaulichen Erntezeiten würde die ausgiebige Nutzholzgewinnung in den deutschen Waldungen, die eine Grundbedingung für das fernere Dasein der Forstwirtschaft ist, a priori vereitelt werden. Die deutschen Waldungen würden der Wertlosigkeit nahe gerückt werden, weil wir im Kronenschluß der älteren Hochwaldbestände keine Treibhausvegetation haben, welche den anschwellenden Rentenendwertfaktoren zu folgen vermag.

Alsbald nach der Begründung der Bodenrentenlehre ist jedoch die Vergleichung der laufend jährlichen Wertproduktion mit der laufend jährlichen Verzinsung des Vorratsverkaufswertes und des Produktionsaufwandes für die derzeitig vorfindlichen Bestände mittels der sogenannten Weiser-Prozentformel erörtert worden, und diese Methode zur Bemessung der einträglichsten Abtriebszeiten ist im vierten Abschnitt nur flüchtig erwähnt worden, weil sich dieselben im wesentlichen Teile auf die Zinseszinsrechnung stützt, die wir nur für Ausnahmefälle befürwortet haben. Es wurde lediglich gesagt, daß die Angabe der Weiserprozente für die allseitige Information der Waldbesitzer unzureichend und durch die Berechnung der thatsächlichen Gewinn- und Verlustbeträge, welche mit der Verlängerung der Wachstumszeit verbunden sind, zu ergänzen ist.

Wenn in den aufwachsenden, normal geschlossenen Hochwaldbeständen die jährliche Wertproduktion kleiner wird als die Verzinsung des maximalen Bodenerwartungswertes und des Bestandskostenwertes (oder des identischen Bestandserwartungswertes), bemessen nach dem Zinssatz, mit welchem der letztere berechnet worden ist, so werden diese Hochwaldbestände nach den Lehren der Bodenrententheorie „finanziell hiebsreif". Für das vorhergehende Jahr berechnet sich offenbar der höchste Bodenerwartungswert maßgeblich des genannten Prozentsatzes. In normal geschlossenen Beständen, welche das kritische Jahr in ihrem Wachstumsgange noch nicht erreicht haben, wird sonach die einträglichste Abtriebszeit mit dem Jahre zusammenfallen, für welches der Bodenerwartungswert gipfelt. Werden die Bestandskostenwerte*) nach den Zinsen und Zinseszinsen des maximalen Bodenerwartungswertes und des sonstigen Betriebsfonds (Kultur- und Betriebskosten) bemessen, so stimmen dieselben mit den Abtriebserträgen und den vernachwerteten Vorerträgen überein. Die Berechnung der Bestandserwartungswerte führt, wie gesagt, zu den gleichen Ziffern. Nun finden sich aber auch Holzbestände, welche das betreffende Alter bereits überschritten haben oder in sonstiger Weise den Voraussetzungen der Bodenrententheorie nicht entsprechen, und der Wertvorrat derselben ist nicht übereinstimmend mit den in der angegebenen Weise berechneten Bestandskostenwerten.

Nach den Lehren der Bodenreinertragstheorie**) soll man den Bestandskostenwert dieser „abnormen" Bestände ohne Abzug der bereits bezogenen Vorerträge

---

*) Formel siehe im vierten Abschnitt S. 45, Note.
**) G. Heyer, „Handbuch der forstlichen Statik." Leipzig 1871. S. 35.

berechnen und demselben den Bestandsverbrauchswert substituieren, obgleich die Zinsenberechnung nicht vollständig richtig wird. Die Ungenauigkeit in der Ermittelung der Verzinsungssätze könne nicht beträchtlich werden.

Für einjährigen Zuwachs lautet dieses Weiserprozent W, wenn man von der Forderung ausgeht, daß der maximale Bodenerwartungswert und das Kapital der jährlichen Kosten neben dem derzeitigen Bestands-Verkaufswert der ferneren Wertproduktion zu belasten ist, ferner den jetzigen Verkaufswert des Bestandes Am und den nächstjährigen Verkaufswert Am + 1, den maximalen Bodenerwartungswert Bu, das Kapital der jährlichen Kosten für Verwaltung, Forstschutz ꝛc. V nennt*)

$$W = \frac{(Am + 1 - Am) \cdot 100}{Am + Bu + V}$$

Für mehrjährige Zuwachsperioden = x, für die gleiche Voraussetzung hinsichtlich der Zinsen-Belastung und für die weitere Voraussetzung, daß die vom Jahre m bis zum Jahre m + x eingehenden Vorerträge mit Zinsen und Zinseszinsen dem Bestandsverkaufswerte Am + x eingerechnet werden, lautet die Weiserprozentformel von Judeich**)

$$w = 100 \left(\sqrt[x]{\frac{(Am + x) + Bu + V}{Am + Bu + V}} - 1 \right)$$

oder $1{,}0 \, w^x = \dfrac{(Am + x) + Bu + V}{Am + Bu + V}$

Dagegen geht Kraft***) von der Voraussetzung aus, daß der maximale Bodenwert und das Kapital der jährlichen Kosten mit dem vom Waldbesitzer geforderten Zinsfuß zu verzinsen und hierauf zu ermitteln sei, wie der Bestands-Verkaufswert verzinst wird. Die Kraft'sche Formel lautet, wenn man den Wertzuwachs Am + x — Am in Prozenten von Am ausdrückt und Z nennt

$$1{,}0 \, w^x = 1{,}0 \, Z^x - \frac{B + V}{Am} \left(1{,}0 \, p^x - 1 \right)$$

Die Ermittelung des einträglichsten Abtriebsjahres mittels dieser Formeln ist jedoch nicht völlig einwandsfrei.

a) Ergeben dieselben eine Abkürzung der bisher eingehaltenen Abtriebszeit, so kann man einwenden, daß die Weiser-Prozentformel den maximalen Bodenwert als Verzinsungsobjekt belastet, somit den Jetztwert des Zinsengewinnes durch das vielgenannte Geldgeschäft in der zweiten Hälfte des beginnenden Jahrhunderts als verzinsungsberechtigt unterstellt. Selbst für Waldbesitzer, welche mit Zinseszinsen rechnen wollen, wird es fragwürdig bleiben, ob die Wirtschaftsnachfolger das genannte Geldgeschäft vornehmen. Für die Information dieser Waldbesitzer wird das oben ad IV. 1 (S. 110 ff.) erörterte Ermittelungsverfahren zu bevorzugen sein, wenn auch der Unterschied praktisch unerheblich bleibt. Ferner kann man fragen, ob die Verzinsung des Kapitals der jährlichen Betriebskosten V den fortwachsenden Beständen zu belasten ist, wenn die Steuern, Forstschutz- und Forstverwaltungskosten u. s. w. bei verschiedenen Abtriebszeiten konstant bleiben. Der Produktionsfonds, welcher bei der Zinseszinsrechnung in den Nenner der Weiser-Prozentformel gehört, dürfte durch den Ausdruck: $\dfrac{Au + SDu - c}{1{,}0 \, p^u - 1}$

bestimmt werden, wenn u nach Tabelle III festgestellt worden ist (siehe unten).

---

*) Gustav Heyer, a. a. O.
**) „Forst-Einrichtung". 5. Auflage. 1893. S. 59 ff.
***) Beiträge zur forstlichen Statik und Waldwertrechnung. 1887.

b) Wenn die Abtriebszeit nicht für eine vereinzelte Waldparzelle, sondern für verschiedene verwertungsfähige Bestände mit wechselnder Bestockung zu ermitteln ist, so können die Abstufungen der Weiser-Prozente nicht maßgebend werden, weil diese Prozente nicht für gleiche, sondern für verschiedene große Nutzungswerte beziffert worden sind.

Wählen wir zur Veranschaulichung der entstehenden Verlustbeträge, wenn die Waldbesitzer lediglich diese Abstufung der Weiser-Prozente als maßgebend erachten, ein Beispiel.

Fordert der Waldbesitzer eine Verzinsung von $3\frac{1}{2}\%$ und soll ermittelt werden, ob ein 60 ha großer, 100 Jahre alter Buchenbestand dritter Standortsklasse mit einem Wertvorrat von 2000 Mark pro Hektar und einem Weiserprozent von $1{,}2\%$ früher zu verfügen ist als ein gleichfalls 60 ha großer und jetzt 100 Jahre alter Fichtenbestand dritter Standortsklasse mit einem Wertvorrat von 6000 Mark und einem Weiserprozent von $2{,}0\%$, so wird mancher Waldbesitzer versucht werden, den Buchenbestand zuerst zu verwerten.

Die Berechnung der jährlichen Gewinnbeträge ergiebt jedoch, wenn der Waldbesitzer den Erlös pro Hektar des Buchenbestandes mit $3\frac{1}{2}\%$ anlegt, für den Buchenbestand
$2000 \times 0{,}023 = 46$ Mk. pro Hektar.
Desgleichen für die Erlöse vom
Fichtenbestand pro Hektar . . . . . $6000 \times 0{,}015 = 90$ „ „ „
Im ersteren Falle Verlust pro Hektar . . . . $= 44$ Mk. pro Hektar.
für 60 ha . . . . $= 2640$ „

Man kann allerdings einwenden, daß diese Berechnung vom Waldbesitzer leicht vorgenommen werden kann. Aber die direkte Ermittelung der Gewinn- und Verlust-Beträge durch die Waldertragsregelung wird zu bevorzugen sein, damit die Waldbesitzer die wahre finanzielle Bedeutung der Verluste kennen lernen, die Verluste für alle Bestände überblicken und beurteilen können, wie lange dieselben unbeträchtlich bleiben (siehe die Tabellen II und III, Seite 105 und 112).

c) **Die Bodenrententheorie ermittelt den Produktionsfonds im Nenner der Weiser-Prozentformel nicht völlig korrekt.**

Neben den Zinsen des Bestandsverkaufswertes ist die Wertproduktion der fortwachsenden Bestände mit der Verzinsung des sogenannten Produktions-Aufwands zu belasten, d. h. des Jetztwertes der Reineinnahmen, welche durch die Bebauung des Bodens eingebracht werden können. Offenbar sind für die jeweilige Abtriebszeit der Flächeneinheit die Reineinnahmen zu ermitteln und zu diskontieren, welche nach Abzug der Gewinnungskosten und der Anbaukosten der Fläche vom Bruttoerlös übrig bleiben, weil ein Rückersatz für die Anbaukosten während der zweiten und folgenden Abtriebszeit nicht mehr beschafft werden kann, vielmehr stets $Au + SDu - c$ vereinnahmt wird. Nennt man den Produktionsfonds $Bu + V$ den erntekostenfreien Abtriebsertrag zur ständigen finanziellen Abtriebszeit Au, die Summe der erntekostenfreien Vorerträge SDu, die Kulturkosten c und den Zinsfuß p, so ist

$$Bu + V = \frac{Au + SDu - c}{1{,}0\,p^u - 1}$$

Es ist völlig gleichbedeutend, in welcher Weise dieser Produktionsfonds nach Bodenwert und Betriebskosten-Kapital zerlegt wird, und ob man, wenn die Fläche

Anbaukosten zur Zeit erfordert, dieselben vom Produktionsfonds bestreitet und demselben in Abzug bringt oder nicht. Die Gesamtsumme des Produktionsfonds, welche aus den Reinerträgen der Bestände herzuleiten ist, hat nach der Zinseszinsrechnung nicht nur die Belastung im Nenner des Weiserprozents, sondern auch den Bestandswert nach dem Aufwand an Produktionskosten zu beziffern, und die Berechnung der Erwartungswerte muß zu gleichen Ergebnissen führen.

Die Bodenrententheorie hat jedoch bis jetzt diesen Reinertrag überhaupt nicht beachtet und zudem den Produktionsfonds in verschiedener Weise hergeleitet.

Für die ursprüngliche Preßler'sche Weiser-Prozentformel ist der Brutto-Ertrag $Au + SDu + (c.1,0p^u)$ grundlegend für die Ermittelung des Nenners. Auch werden die Zinsen des gleichen Jetztwertes als Bestandskostenwert und Bestandserwartungswert verrechnet, obgleich die Einnahme $c.1,0p^u$ weder während des ersten noch während des zweiten und folgenden Wachstumsganges eingebracht werden kann. Stets wird $Au + SDu - c$ übrig bleiben. Nach der Korrektur der Preßler'schen Weiser-Prozentformel durch Arthur von Seckendorff und Gustav Heyer ist $Au + SDu - (c.1,0p^u)$ zu diskontieren wie bei der Berechnung von B. Die Seckendorff'sche Beweisführung ist aber auch für die Reineinnahme $Au + SDu - c$ zutreffend.*) Wenn man bei Prüfung der Bestandserwartungswert-Formel beachtet, daß ein abgehauener oder zerstörter Bestand angebaut werden muß und Kulturkosten erfordern wird und vom Bruttoertrage nicht nur die Zinsen und Zinseszinsen von $B + V$, sondern auch von c und außerdem die im Jahre u zu verausgabenden Kulturkosten in Abzug bringt, so gelangt man zu den gleichen Ergebnissen, wie bei der Diskontierung von $Au + SDu - c$.

d) Wenn mehrere Parzellen den Waldbesitz bilden und durch die Verjüngung einer einzelnen Parzelle eine Verringerung der jährlichen Forstschutz- und sonstigen Betriebskosten nicht bewirkt werden kann, so kann der fortwachsende Bestand nicht mit dem Bodenwert und außerdem mit dem Kapital der Betriebskosten (V) belastet werden, weil die letzteren auch nach der Verjüngung zu bestreiten sein würden.

Die Klarstellung dieser Verzinsungsverhältnisse hat jedoch für die Waldertragsregelung geringere finanzielle Bedeutung wie für die Waldwertrechnung, und kann der forstlichen Journal-Litteratur vorbehalten werden.

Bis dahin wird die oben ad II und III erörterte Rentabilitäts-Vergleichung für die den Waldbesitzern verständliche Ermittelung der nutzbringendsten Erntezeiten zu bevorzugen sein.

---

*) Supplemente zur „Allgemeinen Forst- und Jagdzeitung", 6. Band, 3. Heft. Gustav Heyer hat, wie es scheint, übersehen, daß zwar $\frac{c.1,0p^u}{1,0p^u-1} \cdot 1,0p^u - 1 = c.1,0p^u$, aber $\frac{c.1,0p^u}{1,0p^{\underline{u}}-1} \cdot 1,0p^{\underline{m}}-1 < c.1,0p^m$ ist (Erste Auflage der Waldwertrechnung, S. 68).

Achter Abschnitt.

Die Bemessung der brauchbarsten Holzsorten-Produktion in größeren Waldungen.

I. Welche Rundholzsorten werden für die Nutzholz-Verarbeitung auf den Sägewerken erforderlich?

In der Forstlitteratur der letzten Jahrzehnte hat der Verfasser wiederholt dargelegt, daß die Erziehung der für die Nutzholz-Verarbeitung maßgebenden Nadelholzbestände im Kronenschluß auch nach Einhaltung 100- bis 120jähriger Umtriebszeiten die Starkhölzer mit über 1,0 fm, welche zur Gewinnung der stärkeren Balken-, Bau- und Schwellenhölzer, der über 20 cm breiten Bretter und Bohlen ꝛc. erforderlich werden, nur mit unzureichenden Massen auf den Standorten mittlerer Güte zu erzeugen vermag. Ferner ist schon im ersten Abschnitt dargelegt worden, daß in den geschlossenen Hochwaldbeständen durch 30- bis 40jährige Verlängerung der Wachstumszeit nur eine zwei bis drei fingerbreite Verstärkung der Baumdurchmesser auf den Bodenarten mittlerer Güte zu erreichen ist, und wir werden in diesem Abschnitt weitere Belege für diese langsame Zunahme der Baumkörper im höheren Alter und im Kronenschluß beibringen. Es ist zu vermuten, daß die umfangreichen Starkhölzer, soweit dieselben noch verbraucht werden, mit der Hauptmasse den urwaldähnlichen Holzvorräten Ost-Europas entstammen und mit dem kleineren Teile den inländischen Waldungen, vornehmlich den zwei ersten, teilweise dem dritten Bodenklassen, zumeist auch hier den vorgewachsenen, starken Stämmen dieses Kronenschlusses, die frühzeitig ihre Kronen emporgestreckt haben, in freier Stellung und außerdem den Oberständern und den Mittelwaldeichen.

Für die Feststellung der waldbaulichen Wirtschaftsziele ist offenbar im Hinblick auf den Niedergang der Holzfeuerung die Bemessung grundlegend, welche Abstufung der nutzfähigsten Rundholzsorten herzustellen ist — insbesondere die Bemessung, mit welchem

Prozentsatz des gesamten Nutzholzangebots die Rundholzstämme mit über 1,0 fm Körpergehalt unentbehrlich sind für die Nutzholzverarbeitung in Ländern mit hochentwickeltem Industrie- und Gewerbebetrieb. In der Forstlitteratur, speciell in den Veröffentlichungen der deutschen Staatsforstverwaltungen sind brauchbare Anhaltspunkte nur spärlich zu finden. Der Verfasser hat deshalb durch Befragung von Sachverständigen die Verwendungszwecke der Schnittholzsorten, welche aus diesen Starkhölzern mit über 1,0 fm oder mit über 30 bis 35 cm Brusthöhenstärke hergestellt werden, zu ermitteln gesucht. Derselbe wollte erproben, ob überhaupt die Beurteilung des unabweisbaren Starkholzbedarfes der Nutzholzverarbeitung nach seiner quantitativen Bedeutung ermöglicht werden kann und insbesondere die in Frage stehende Verstärkung der Brusthöhendurchmesser in die Wagschale fallen kann. Die Beantwortungen, welche diese Frage gefunden hat, waren überraschend.

Breite Bretter würden für Thürfriesen verbraucht. Allerdings würde man dieselben auch durch zusammengefügte schmale Bretter ersetzen, wenn die Preise für breite Bretter beträchtlich steigen sollten. Breite Bretter würden ferner für die Gerüste der Maurer und Weißbinder verbraucht. Allein auch für diesen Zweck würden schmale Bretter genügend sein, welche man zusammenfügen und durch eiserne Bänder haltbar machen könne.

Ferner würden breitere Bretter und Bohlen zu Treppenstufen verwendet und hier werde an einer Bretterbreite von circa 27 cm für den Auftritt festzuhalten sein. Weitere Verwendungszwecke für die über 25 bis 30 cm breiten Schnittholzsorten konnten (abgesehen von den durchschnittlich 25 cm breiten Bahnschwellen und den schweren Balken- und Bauhölzern) nicht namhaft gemacht werden. Wenn auch der Verbrauch der 25 bis 30 cm breiten Bretter, namentlich im Holzhandelsgebiet des Rheins, gewohnheitsmäßig fortdauere, so seien doch die über 30 cm breiten Bretter nur mit kleinen Posten anzubringen.*) Für die Lieferung von Fußbodenbrettern zu Staatsgebäuden, überhaupt größeren Gebäuden werde schon seit langer Zeit die Bedingung gestellt, daß Bretter über 18 cm Breite nicht verwendet werden dürfen, sondern 14 bis 18 cm breite Bretter. (Bei breiten Brettern entstehen bekanntlich infolge des Eintrocknens größere Zwischenräume als bei schmalen Brettern.)

In den Bauholzlisten für größere Gebäude finde man in der Regel die 12 bis 15 m langen Balken mit 20/25 cm und ähnlichem Beschlag nur mit geringen Holzquantitäten verzeichnet. Der Verfasser hat in dem „Centralblatt für die gesamte Bauverwaltung" mit Hinweis auf die Bedeutung, welche der unabweisbare inländische Verbrauch schwerer Balken für die Feststellung der forstwirtschaftlichen Zielpunkte habe, die Erörterung dieses Starkholzbedarfes zu veranlassen gesucht — jedoch erfolglos. Die gestellten Fragen wurden nicht beantwortet. Mündlich befragte Bauverständige sagten mir, daß dieses Schweigen erklärlich sei, weil überhaupt die Verwendung starker und langer Balken bei dem heutigen Stande der Bautechnik eine erörterungsfähige Frage mehr sei, durch die Verwendung des Eisens surrogiert werden könne. In der That sieht man bei den Neubauten in den Städten eine fortwährende Zunahme in der Verwendung eiserner Balken und Träger. Teilweise soll, wie man mir sagt,

---

*) Im rheinischen Handelsgebiet haben die Bretter mit 3 m Länge gleichen Preis pro Kubikmeter feste Schnittholzmasse — einerlei, ob dieselben 20, 24 oder 29 cm breit geschnitten worden sind — und nur bei den 4,5 m langen Brettern steigt der Preis mit jeder Zunahme der Bretterbreite von einem Centimeter ungefähr um 1 % für die feste Schnittholzmasse.

die Vorliebe der Bauunternehmer für Eisen daher rühren, daß bei der Verwendung des Eisens der innere Ausbau rascher gefördert werden könne, wie bei der Verwendung der stärkeren Bauhölzer.

Für die nähere Erforschung des Starkholzbedarfs wird meines Erachtens der Rundholzsortenverbrauch größerer Sägewerke mit Vollgatterbetrieb die relativ sichersten Anhaltspunkte gewähren. Die Bauholzbearbeitung mittels des Beiles, der Handsäge ꝛc. durch Zimmerleute, welche für ländliche Wohnhäuser, Scheunen und Stallungen noch üblich ist, steht quantitativ weit zurück hinter der Leistungsfähigkeit der größeren Sägewerke, die eine große Zahl von Vollgattern mittels Dampfkraft oder Wasserkraft betreiben. Die meisten Holzgewerbe beziehen ihre Schnittwaren von diesen größeren Sägewerken zur weiteren Verarbeitung, namentlich Schreiner, Glaser, Wagenbauer, Schiffbauer ꝛc., und die größeren Etablissements haben eigene Sägewerke. Nach der Gewerbezählung von 1875 waren in Deutschland 932 Großbetriebe mit Holzzurichtung und Konservierung beschäftigt und zu diesem Zweck Motoren mit 23262 Pferdekräften in Thätigkeit, welche 2785 Sägegatter mit 17909 Sägeblättern bewegten.*) Man wird annehmen dürfen, daß die Sägewerke mit Vollgatterbetrieb mindestens zwei Drittteile des gesamten Nutzholzes für den inländischen Bedarf verarbeiten.

Die Besitzer und Betriebsführer größerer Sägewerke geben bereitwillig Aufschluß über das Rundholzsortenverhältnis, welches die nutzbringendste Verwertung für die zur Zeit marktgängigsten Bretter- und Bauholzsorten und die sonstigen Kanthölzer (Stollen, Rahmen, Latten, Faßdauben ꝛc.) herbeiführt. Sie werden die entscheidende Frage welche Prozentsätze der gesamten Nadelholz-Verarbeitung der Verbrauch der Nadelholzstämme über 1,0 fm unbedingt erfordern wird, wenn die Starkholzpreise durch Verringerung des Angebots in der Zukunft wesentlich erhöht, vielleicht verdoppelt werden würden, hinlänglich genau zu beurteilen vermögen. Man wird für die Entscheidung der forstlichen Umtriebsfrage wesentliche und hinreichend zuverlässige Stützpunkte gewinnen. Wenn man diese Feststellungen für die volkreichen Städte, für die Landesteile mit lebhaftem Gewerbe- und Industriebetrieb, für das Stromgebiet des Mains und Rheins, der Elbe, Weser, Oder, Weichsel, für die Seestädte und die zahlreichen Säge- und Hobelwerke an der Seeküste und an den Kanälen zwischen Weichsel und Elbe u. s. w. vornimmt, so werden die Ergebnisse wertvolle Schlußfolgerungen zu Tage fördern.

Vorläufig hat der Verfasser, um einen Versuch in dieser Richtung zu machen, die Verwaltungen der Sägewerke, deren Betrieb seiner Oberaufsicht unterstand, ermitteln lassen, welches Rundholzsortenverhältnis die lohnendste Ausnutzung für diejenigen Schnittholzsorten herbeiführen wird, welche im Absatzgebiet dieser Sägewerke (Mittelrhein und südwestlicher Teil des Königreichs Sachsen) am meisten verbraucht werden. Für Fichten- und Kiefernankäufe mit vereinzelter Beimischung von Weißtannen wurde das folgende Prozentverhältnis für am meisten nutzbringend erachtet (bis 7 cm Zopfstärke bei Fichten und 14 cm Zopfstärke bei Kiefern, mit Rinde gemessen):

Stämme mit über 1,0 fm Nutzholzgehalt	24 %
" mit 0,51 bis 1,0 fm	36 %
" bis 0,50 fm	40 %

---

*) Diese Zahl wird sich in den letzten zwanzig Jahren beträchtlich vermehrt haben. Die Ergebnisse der Gewerbestatistik von 1882 liegen mir zur Zeit nicht vor.

Dieses Verhältnis ist für den Ankauf größerer Abtriebsschläge bestimmt worden. Von dem zuletzt genannten Kleinnutzholz wird nur etwa die Hälfte für den Sägebetrieb (zu Rahmen, Stollen, Faßdauben, Latten, auch zu Hobelbrettern) ausgesondert, die andere Hälfte wird als Grubenholz und an die Cellulosefabriken, Holzschleifwerke 2c. verwertet.

Hiernach hat der Verfasser die Besitzer größerer Sägewerke in verschiedenen Gegenden Deutschlands unter Mitteilung des hierorts bestimmten Rundholzverhältnisses um gutachtliche Äußerung über diese Frage und namentlich um Auskunft ersucht, ob die Lieferung der über 1,0 fm starken Nadelholzstämme mit 24 % der gesamten Nutzholzgewinnung (vom Derbholz) zureichend erscheine. Fast sämtliche Gutachten bestätigten, daß dieses Prozentverhältnis im wesentlichen richtig bestimmt worden ist. Der Starkholzverbrauch sei offenbar in Deutschland im Rückgang begriffen. Die Nachfrage nach den sehr schmalen, sogenannten Hobelbrettern sei in stetiger Zunahme begriffen und ebenso die Verwendung eiserner Träger statt starker Holzbalken.

Ein norddeutscher Holzindustrieller mit ausgedehntem Sägebetrieb, lebhaftem Nutzholz-Import und -Export betont besonders, daß in holzarmen Ländern, z. B. in Großbritannien, hauptsächlich ganz schmale, nur 5 bis 7½ cm breite, jedoch 18 bis 23 cm hohe (sonach die Tragfähigkeit besser ausnützende) Balken verwendet werden. Diese Balken seien nur 3 bis 7 m lang. In Deutschland verwende man 12 bis 15 m lange Balken mit 13/25, 13/26, 15/30 cm und ähnlichem Beschlag. „Die Bauten in England werden so solide, wie unsere deutschen Häuser." Es sei unbedenklich, in späterer Zeit schwächeres Holz an den Markt zu bringen und die in den deutschen Waldungen vorherrschenden Umtriebszeiten herabzusetzen. Schwere Holzkörper würden schon jetzt nur noch selten verlangt: überall würden eiserne Träger bevorzugt.

Von der bayerisch-böhmischen Grenze wird von dem Besitzer größerer Sägewerke in seiner Zuschrift besonders darüber Beschwerde geführt, daß er infolge des Ausgebots oft genötigt sei, stärkeres Holz anzukaufen, welches infolge der höheren Staatswaldtaxen zu teuer bezahlt werde.

Die mitgeteilte Abstufung und Verteilung der Rundholzklassen (siehe oben) genüge für den Bedarf in Mitteldeutschland. Vollständig ausreichend für den Sägebetrieb sei die folgende Abstufung gewesen, welche sich im 5jährigen Durchschnitt für Hölzer aus dem 80jährigen Turnus herausgestellt habe, zudem in einer Höhenlage von 400 bis 800 m mit langsamem Holzwuchs:

16 bis 20 cm Mittendurchmesser . . . . 27 %
21 „ 25 „   „ . . . . 37 %
26 „ 30 „   „ . . . . 23 %
über 30 „   „ . . . . 13 %

Das Holz sei demnach noch schwächer gefallen wie nach dem von mir mitgeteilten Sortenverhältnis.

Die ausgiebige Produktion langer und starker Balkenhölzer wurde nur in einer Antwort befürwortet. Der betreffende Holzindustrielle schneidet, wie er mitteilt, fast ausschließlich Dimensionshölzer (Balken, Schiffsbauhölzer, Sparren 2c.) und verhältnismäßig wenig Bretter. Er lasse jährlich ca. 100000 cbm Nutzholz verarbeiten und gebrauche die Hälfte in Stämmen über 1,0 fm. Die Vermehrung der Starkholzproduktion sei auf die Hoffnung zu begründen, daß der Preis in der Zukunft nach Abnutzung der Waldvorräte in Rußland, Polen und Böhmen steigen werde. Diese Hoffnung dürfte sich jedoch als trügerisch erweisen. Die Frage, wie sich der Starkholzverbrauch gestalten wird, wenn der Preis für die Stämme mit über 1,0 fm, den Herstellungskosten gleichgestellt, demgemäß etwa verdoppelt werden sollte, wurde dem Genannten nicht vorgelegt.

Wenn auch diese Ermittelungen und Erkundigungen lediglich dazu bestimmt sind, die genaue Erforschung des maßgebenden Starkholzverbrauchs der Nutzholzverarbeitung anzuregen, so glaube ich doch die Vermutung aussprechen zu dürfen, daß der bisherige gewohnheitsmäßige Starkholzverbrauch, welcher wahrscheinlich dem geringen Preisunterschied zwischen den mittelstarken und den über 30 bis 35 cm starken Nutzhölzern entstammen wird, wesentlich beschränkt werden würde, auch ohne die geringste Störung des Nutzholzverbrauchs beschränkt werden könnte, wenn die Starkholzpreise infolge Verringerung des Angebots beträchtlich steigen sollten. Es wurde schon in früheren Abschnitten erwähnt und wird später nachgewiesen werden, daß die Starkholzpreise bis teilweise zur Verdoppelung des bisherigen Standes erhöht werden müssen, wenn die nach mäßigen Rentabilitäts=Forderungen bemessenen Herstellungskosten ausgeglichen werden sollen. Es würde, wie ich vermute, fraglich werden, ob größere Starkholzmassen bei einer derartigen Preisforderung überhaupt Käufer finden würden.

Es wird kaum der Erwähnung bedürfen, daß die angeregte Bemessung des quantitativen Nutzholzverbrauchs nach Holzarten und Rundholzsorten in erster Linie, die Verwendungszwecke, für welche unabweisbar breite Bretter und Schnitthölzer notwendig werden, ins Auge zu fassen und den quantitativen Verbrauch im Verhältnis zu dem sonstigen Schnittholzverbrauch zu ermitteln haben wird. Die Befragung der Sachkundigen wird ergeben, ob die oben genannten Verwendungsarten den unabweisbaren Starkholzverbrauch erschöpfend umfassen. Selbstverständlich würde es völlig zwecklos sein, wenn man den herkömmlichen Verbrauch der längeren und breiteren Schnittholzsorten unter der Voraussetzung, daß der bisherige geringe Preisunterschied zwischen den schmäleren und breiteren Schnittholzsorten fortbesteht, bestimmen und als maßgebend erachten wollte. Vielmehr ist die Fragestellung auf den Starkholzverbrauch zu richten, welcher eintreten wird, wenn eine wesentliche Erhöhung, vielleicht Verdoppelung der bisherigen Starkholzpreise, welche dem Kostenaufwand der Waldbesitzer bei mäßigen Verzinsungsforderungen entsprechen würde, konsequent herbeigeführt worden ist.

Nach den vorstehenden Ausführungen wird man die umfassende Untersuchung durch Befragung der Sägewerksbesitzer im Absatzgebiet der betreffenden Forstbezirke anregen dürfen, ob es für die Nutzholzverarbeitung der Nadelhölzer auf den Sägewerken genügen wird, wenn die Forstwirte bei Bemessung der Umtriebszeiten, sonach für die zweite Hälfte des nächsten Jahrhunderts, eine Abstufung der Rundholzsorten ins Auge fassen, welche den Nutzholzstämmen über 0,5 fm pro Stamm etwa 60 % der gesamten Nutzholzgewinnung in den Nadelholzwaldungen zuweisen würde, hiervon etwa 20 bis 25 % den Stämmen über 1,0 fm Nutzholzgehalt.

Die weitere Frage, ob der verbleibende Kleinnutzholzanteil kein übermäßiges Angebot im Hinblick auf den Verbrauch der Kohlengruben, Zellstoffwerke und auf die Kleinnutzholz=Verarbeitung der Sägewerke hervorrufen kann, läßt sich nur würdigen, wenn man das entstehende Kleinnutzholzangebot und die Entwickelung des Kleinnutzholzverbrauchs im gesamten Deutschen Reich vergleichend würdigt.

II. Welche Rundholzmassen und Rundholzsorten werden für den Nutzholzverbrauch der inländischen Kohlengruben und Zellstoffwerke erforderlich?

In den folgenden Abschnitten dieser Schrift werden wir die Wahrscheinlichkeit auf Grund des bis zur Zeit benutzbaren Beweismaterials darlegen, daß die Nutzholzproduktion in den im Kronenschluß aufwachsenden Hochwaldungen eine hervorragende Kapitalverzinsung (mit Ausnahme der trockenen und flachgründigen Standorte) bewirken wird, wenn dieselbe maßgeblich der örtlichen Wachstums- und Absatzverhältnisse die Umtriebszeiten mit maximaler Nutzholzgewinnung wählen darf. Wenn die Untersuchungen in den maßgebenden vaterländischen Absatzbezirken, die wir anregen werden, ergeben sollten, daß diese maximale Nutzholzproduktion vereinbart werden kann mit ausreichender Gebrauchsfähigkeit der erzeugten Nutzholzsorten, so würde eine ausgiebige Rentensteigerung für das derzeitige Waldvermögen in Einklang gebracht werden können mit dem im ersten Abschnitt genannten gesamtwirtschaftlichen Grundgesetz für die gedeihliche Entwickelung der Volkswohlfahrt. Es ist weiter, wie wir unter ad III darlegen werden, sehr wahrscheinlich, daß diese maximale Nutzholzgewinnung in den maßgebenden Nadelholzbeständen durch Einhaltung der 70- bis 90jährigen Umtriebszeiten erreicht werden wird. Wenn die Verstärkung der Baumdurchmesser während 30- bis 40jähriger Verlängerung der 70- bis 90jährigen Wachstumszeit im Durchschnitt der sämtlichen Abtriebsstämme in der That nur die bisher ermittelten 4 bis 5 cm in Brusthöhe erreichen kann (cf. ad V), so wird schon wegen der minimalen Rente des erforderlichen Kapitalaufwandes zu fragen sein, ob diese Verstärkung überhaupt in die Wagschale fallen kann, insbesondere bei der Bewirtschaftung der Privat-, Gemeinde- und Körperschafts-Waldungen, solange die Herstellungskosten selbst bei ermäßigten Zinsforderungen weitaus größer werden und bleiben als die Erlöse. Kann den Wirtschaftsnachfolgern, welche in der zweiten Hälfte des nächsten Jahrhunderts bezugsberechtigt sind, dieser Kapitalaufwand in anderer Form und mit erheblich größeren Nutzleistungen überliefert werden, so ist jede sorgsame Vermögensverwaltung zu dieser Kapitalumwandlung verpflichtet. Wenn die Waldertragsregelung aus privatwirtschaftlichen Gesichtspunkten als Endziel die Ausstattung der zukünftigen Erträge mit Holzarten und Holzsorten, welche allseitig gebrauchsfähig und unbeschränkt marktgängig sind, ihren Wirtschaftsplänen voranstellt, so kann der Anspruch auf weitere Kapitalaufwendungen weder aus gesamtwirtschaftlichen noch aus privatwirtschaftlichen Gesichtspunkten motiviert werden. Man kann nicht nachweisen, daß diese Verlängerung des nächsten Rundganges der Verjüngung wegen der Verbesserung der Nutzholzqualität des Rohstoffes erforderlich ist oder die bezifferte Verstärkung der Baumkörper eine erhebliche Einwirkung auf die Waldluft und den Waldboden, die Quellenspeisung ꝛc. haben wird.

In den bisherigen Erörterungen haben wir in erster Linie die Verarbeitung der Rundholzstämme zu Brettern, Bahnschwellen und Kanthölzern für den

Hochbau, die Gewerbe ꝛc. berücksichtigt. Weitaus wichtiger ist jedoch die ergänzende Beweisführung, daß für die betreffenden Waldungen eine Überproduktion von Kleinnutzholz, von Stämmen und Stangen unter 0,5 fm Derbholzgehalt im Mittel pro Stück, infolge der Einführung der maximalen Nutzholzgewinnung nach menschlichem Ermessen nicht zu befürchten ist.

Zwar kann man bei den örtlichen Rentabilitätsvergleichungen mäßige Brennholz-Erlöse für die Stangen und Stämme mit weniger als 0,5 fm Derbholzgehalt vorsichtshalber unterstellen, welche den Preisen äquivalenter Kohlenmengen im mittleren Deutschland die Wagschale halten werden, wie es beispielsweise in den Werterstragstafeln dieser Schrift für die Absatzlage B geschehen ist. Aber man hat immerhin zu befürchten, daß nach vollendeter Einführung der Umtriebszeiten mit maximalen Nutzholzerträgen und Verdichtung des Eisenbahnnetzes im Deutschen Reiche von allen Seiten so große Mengen schwacher Stämme und Derbholzstangen auf den Nutzholzmarkt einströmen werden, daß die Verwertung der verbleibenden Brennholzmassen gefährdet werden wird. Vor allem die Besitzer großer Privatwaldungen werden fragen, ob das Mehrangebot von Kleinnutzholz (unter 0,5 fm durchschnittlich pro Stamm) nach Einführung planmäßiger Umtriebszeiten mit maximaler Gewinnung gebrauchsfähiger Nutzhölzer (etwa 70jähriger Umtriebszeiten für die beiden ersten Standortsklassen, 80jähriger Umtriebszeiten für die guten bis mittleren Bodenarten, 80- bis 90jähriger Umtriebszeiten für die mittleren bis geringen Standorte und 90- bis 100jähriger Umtriebszeiten für die trockenen, flachgründigen Bodenarten) in sämtlichen Waldungen des Deutschen Reichs das Angebot bei Fortsetzung der bisherigen Umtriebszeiten in bedenklicher Weise übersteigen wird. Man wird fragen, ob die Zunahme des Verbrauchs von Kleinnutzholz im Deutschen Reiche zum Ausbau der Kohlengruben, zur Fabrikation von Zellstoff für die Papierherstellung, für die Verarbeitung zu kurzen und schmalen Bauhölzern, zu Faßdauben für Cementfässer u. s. w. keine unverwertbar bleibenden Kleinholzmassen zurücklassen wird, wenn etwa gegen Mitte des nächsten Jahrhunderts die nachhaltig geregelte Abtriebsnutzung einzutreten hat in die 70- bis 90jährigen Bestände. Das Bezugsgebiet der Cellulose-Werke erstreckt sich schon bei dem derzeitigen Eisenbahnnetz über ganz Deutschland, das Bezugsgebiet der Kohlenwerke erweitert sich immer mehr von der Saar und von Westfalen nach Süden, Norden und Osten, und es ist nicht zu bezweifeln, daß nach dem fortschreitenden Ausbau der Eisenbahnen und namentlich nach Erbauung des sogenannten Mittellandkanals das gesunde Nadelholzderbholz auch in den großen Kieferngebieten des östlichen und nördlichen Deutschland absatzfähig in die Kohlengruben des westlichen Deutschland spätestens in der zweiten Hälfte des kommenden Jahrhunderts werden wird, wenn der Grubenholzbedarf in bisheriger Weise steigt. Die Beantwortung dieser Frage hat somit hervorragende Bedeutung für die Bemessung der waldbaulichen Wirtschaftsziele in allen Teilen des Deutschen Reichs.

Leider kann man bei dem derzeitigen Stande der Forststatistik die Frage, welches Mehrangebot von Kleinnutzholz infolge der genannten Umtriebsverkürzung wahrscheinlich ist, nur vermutungsweise beantworten. Diese mutmaßliche Schätzung wird namentlich dadurch erschwert, daß genauere Ertragsnachweisungen lediglich für die Staatswaldungen vorliegen und für die letzteren die jährlichen Derbholz= und Nutzholzerträge nicht gesondert für die Nadelholzgebiete angegeben worden sind. Man ist, um sicher zu gehen, gezwungen, die Derbholzerträge der letzteren zu überschätzen. Wir haben bei der Ermittelung der hier folgenden Sätze einen Gesamtertrag von 4,0 fm pro Hektar und Jahr (bezw. 4,1 fm für 80jährige Um= triebszeit) zu Grunde gelegt. Wenn auch in den Königreichen Sachsen und Württemberg der nachhaltige Derbholzertrag 4,7 und 4,5 fm pro Hektar und Jahr betragen hat, so bleibt doch namentlich in dem großen Preußen die Derbholzabgabe pro Hektar und Jahr weitaus zurück gegenüber den angenommenen 4,0 fm pro Hektar und Jahr, namentlich in den großen Kiefernwaldungen östlich der Elbe. Nun ist aber zu vermuten, daß in den Staatswaldungen dieses Königreichs der Abgabesatz dem Jahreszuwachs beträchtlich nachgestellt worden ist, wenn man die oben angegebene Einsparung von Kiefern=Altholzbeständen berücksichtigt. Immerhin wird die Schätzung relativ die brauchbarsten Ergebnisse liefern, wenn man den maximalen Mehrertrag des Kleinholzangebots etwa für die 30jährige Herab= setzung der bisherigen 100= bis 120jährigen Umtriebszeiten in den Staats= waldungen und die 10= bis 20jährige Herabsetzung der Umtriebszeiten nicht nur in den größeren, sondern auch in den kleineren Privatwaldungen, im Nadelholz= gebiet des gesamten Deutschen Reichs zu überblicken sucht. Für diese Schätzung ist selbstverständlich nicht die heutige Nutzholzabgabe in den deutschen Waldungen zu unterstellen, die in den Staatsforsten selten 50% vom gesamten Derbholzertrag erreicht und übersteigt, sondern die unten zu erörternde zukünftige Nutzholzabgabe, welche nur etwa 15 bis 20% für Brennholzverwertung übrig läßt.

Der Verfasser hat dieser Schätzung des Maximalbetrags der Mehrabgabe von Kleinnutzholz nach allgemeiner Einführung der 70= bis 90jährigen, im Mittel 80jährigen Umtriebszeiten, umfangreiche Untersuchungen gewidmet. Das schließliche Ergebnis war ein Mehrbetrag an Kleinnutzholz und besserem Brenn= holz von 4 300 000 fm pro Jahr, und zwar 1 780 000 fm Fichten und Tannen und 2 520 000 fm Kiefern und Lärchen für die deutsche Nadelholzfläche von 9 283 120 ha. Wenn man indessen erwägt, daß in den größeren Waldungen viel= fach Brennholz=Berechtigungen bestehen, daß ferner eine Herabsetzung der Umtriebs= zeiten in den Staatsforsten des Königreichs Sachsen und in den kleineren thürin= genschen Ländern unzulässig sein wird, vor allem aber Nadelholzvorräte für 90= bis 100jährige Umtriebszeiten in den kleineren Gutswaldungen unter 100 ha Größe mit 3 175 000 ha (1883) selten vorgefunden werden, so wird man den jährlichen Mehrertrag mit 3 000 000 fm an Stangen und Stämmen unter 0,5 fm, aus denen die Aussonderung zu Gruben=, Zellstoff= und Klein=Sägeholz (für die oben genannten Verwendungszwecke) stattfindet, vermutlich immer noch überschätzen. Die weitere Aussonderung des Verbrauches der Sägewerke für die oben genannten Verwendungszwecke, wozu vornehmlich Stämme von 0,20 bis 0,50 fm tauglich sein werden, läßt sich nicht durchführen. Sachverständige schätzen denselben auf ein Drittel bis zur Hälfte des Kleinnutzholzanfalls auf den Abtriebsschlägen.

Für den Bedarf der Kohlengruben und der Zellstoff-Fabrikation würde, wenn die Sägewerke nur $^1/_3$ des Mehrangebots der Kleinnutzholz-Gewinnung verbrauchen, von der genannten Mehrabgabe von (höchstens 3 000 000 fm) 2 000 000 fm übrig bleiben. Es ist sonach zu untersuchen, ob die Bedarfssteigerung für diese beiden Verbrauchszweige in den nächsten 30 Jahren ausreichend für das spätere Mehrangebot werden wird. In den nächsten drei Jahrzehnten wird es kaum möglich werden, die Nutzholz- und Brennholzmassen, welche bei der Einführung der 70- bis 90jährigen Umtriebszeiten in den größeren Hochwaldgebieten des Deutschen Reiches, vor allem in den Staatswaldungen (Bayern voran) verfügbar werden würden, zu verwerten. Es ist sonach zu beurteilen, ob fortdauernd in den Fichten- und auch in den Weißtannenwaldungen die Regelung der Privatforstwirtschaft freien Spielraum behalten wird — ob eine Vermehrung des Angebots in den außerstaatlichen Waldungen über 100 ha Größe auch dann keiner mangelnden Nachfrage begegnen wird, wenn die Staatsforstverwaltung in den nächsten 30 Jahren die bisherige Begünstigung der Starkholzkonsumenten aufgeben und die Umtriebszeiten mit maximaler Nutzholzgewinnung einführen sollte. Die gleiche Beurteilung ist für die Kiefernwaldungen erforderlich, welche im derzeitigen Bezugsgebiet der Kohlengruben liegen. Aber vor allem für die weitab von den Kohlengruben gelegenen Kiefernwaldungen, für welche die planmäßige Ausgestaltung der den Wirtschaftsnachfolgern zu überliefernden Waldvorräte und Altersklassen festzustellen ist, wird zu bemessen sein, ob die Durchführung der einträglichsten Wirtschaftsziele sofort, z. B. bei hinreichendem Absatz für Brennholz, oder erst dann beginnen kann, wenn Nachfrage nach Grubenholz in sichere Aussicht zu nehmen ist. Diese Frage ist für die einzelnen Forstbezirke zu entscheiden. An dieser Stelle kann nur untersucht werden, ob das Mehrangebot von Kleinnutzholz, für welches vorläufig eine Derbholzmasse von 3 000 000 fm in Aussicht zu nehmen ist, auch dann Verwertung finden wird, wenn die Einführung der 70- bis 90jährigen Umtriebszeiten in den nächsten 30 bis 50 Jahren allgemein ermöglicht werden würde und die Sortenabgabe dieser Wachstumszeiten nach 30 bis 50 Jahren im Gesamtgebiet der deutschen Nadelholzwaldungen beginnen würde.

1. Der Kleinholzbedarf der Steinkohlengruben*) wird zumeist durch Nadelholz gedeckt (mit 60 bis 100 %). In den sächsischen und schlesischen Gruben wird Fichtenholz bevorzugt, auch Tannenholz, weil die Fichte größere Widerstandsfähigkeit gegen Druck, größere Dauerhaftigkeit, geraden Wuchs, geringeren Verschnitt und größere Astreinheit habe als die Kiefer, und auch im Ruhrgebiet haben sich $^2/_3$ der Zechenverwaltungen zu Gunsten der Fichte ausgesprochen. Von anderen Grubenverwaltungen wird die Kiefer wegen größerer Haltbarkeit und Dauer bevorzugt, zumal die harzreiche Kiefer. Bei der Zunahme des Fichtenholz-

---

*) Über den Holzbedarf der Brennkohlenförderung (ca. 22 % der gesamten Kostenförderung) liegen benutzbare Anhaltspunkte nicht vor.

Über den Holzverbrauch der Steinkohlengruben hat Landforstmeister Danckelmann bei den preußischen Bergbehörden, Grubenverwaltungen und Grubenholzhändlern Nachfrage gehalten und die Auskunft in der „Zeitschrift für Forst- und Jagdwesen" von 1897, Novemberheft, veröffentlicht.

verbrauchs durch die Zellstofffabrikation wird das geringe Nadelholz für den Ausbau der Gruben zukünftig voraussichtlich auf Kiefernholz angewiesen werden, wenn dasselbe auch kürzer bricht und dem Druck minder lange durch Umbiegen nachgiebt als das Fichtenholz. Eichenholz wird mit 10% und 32% im Wurm-Revier und Ruhrbezirke verbraucht. — Der Buchenholzverbrauch hat fast gänzlich aufgehört, weil das Buchenholz in der Luft der Kohlengruben bald stockig werde, gegen Druck alsbald nicht genügend widerstandsfähig sei und brüchig werde und infolge des größeren Gewichts höhere Transportkosten verursache als Nadelholz.

In den Kohlenbezirken Preußens (Ruhr, Wurm, Saar, Oberschlesien und Niederschlesien) wurde pro 1895 ein Gesamtholzverbrauch von durchschnittlich 27,4 fm pro 1000 t Steinkohlenförderung ermittelt. Hiervon beträgt der Bedarf an geringem Nadelholz durchschnittlich 79% = 21,6 fm pro 1000 t. Wendet man diese Sätze auf die gesamte Steinkohlenförderung pro 1895 im Deutschen Reiche an, so berechnet sich für 79 169 000 t ein Kleinnutzholzverbrauch von Nadelholz von 1 713 700 fm. Von 1885 bis 1895 ist die Steinkohlenförderung von 58 320 000 auf 79 169 000 t, von 100 auf 136 gestiegen. Die jährliche Zunahme des Verbrauchs an geringem Nadelholz berechnet sich demgemäß auf 45 030 fm, und es ergiebt sich nach diesen Sätzen die folgende Zunahme dieses jährlichen Verbrauches (Millionen fm).

	Jährlich 3,6 % fm	Jährlich 45 030 fm
1895	1 713 700	1 713 700
1905	2 326 300	2 164 000
1915	3 150 600	2 614 300
1925	4 286 900	3 064 600
1935	5 819 500	3 514 900
1945	7 900 000	3 965 200

Sonach 50jährige Zunahme 6 186 300 und 2 251 500 fm und 30jährige Zunahme 2 573 200 und 1 350 900 fm.

Für die Beurteilung der zukünftigen Zunahme der Kohlenförderung wird es jedoch sicherer sein, bei der unten folgenden Vergleichung das Mittel aus der Steigerung von 3,6% pro Jahr und dem jährlichen Mehrbedarf von 45 030 fm zu Grunde zu legen, entsprechend einem Durchschnittssatz von 1 861 000 fm in 30 Jahren. Der Kleinholzverbrauch der Kohlengruben ist bisher stetig fortgeschritten, wie die folgende Berechnung des jährlichen Verbrauchs nach den obigen Sätzen für die Steinkohlen- und Braunkohlen-Produktion im Deutschen Reiche beweist:

	Millionen Festmeter	
	Durchschnittlicher jährlicher Kleinholzverbrauch	Zunahme
1861/65	0,501	—
1871/75	0,954	0,453
1881/85	1,473	0,519
1891/94	2,038	0,565

Die eben angenommene Zunahme von durchschnittlich 0,625 Millionen Fest=
meter pro Jahrzehnt dürfte sonach für die nächsten 30 Jahre als stetig und nach=
haltig, wenn auch kurze Unterbrechungen eintreten, vorauszusetzen sein.

2. Der Kleinnutzholzverbrauch durch die Zellstofffabrikation, der nicht minder beachtenswert ist, bevorzugt Fichtenholz.

Die Zubereitung des Holzes für die Papierfabrikation geschieht auf mechanischem und auf chemischem Wege — durch die reibende Wirkung eines rotierenden Steines unter beständigem Wasserzufluß in den sogenannten Holzschleifwerken und durch die Behandlung mit Ätznatron und mit Calciumbisulfit in den Cellulosefabriken. Das beste Papier wird auf chemischem Wege, und zwar aus Fichtenholz durch das soge= nannte Sulfitverfahren hergestellt. Von der Gesamtproduktion von 3000000 Zoll= Centner entfielen 1892 250000 Zoll=Centner auf Natronzellstoff und 2750000 Zoll= Centner auf Sulfitstoff, welcher durch Aufschließung der Holzsubstanz mittels Calciumbisulfit = $Ca(HSO_3)_2$ hergestellt, entweder durch Kochen mit indirektem Dampfe von $3^1/_2$ bis 4 Atmosphären Spannung, 70 bis 80 Stunden lang (System Mitscherlich) oder mit direkter Dampfeinströmung und einem Druck von 6 Atmo= sphären (System Ritter=Kellner) in eine breiige Masse verwandelt, hierauf ge= waschen, gebleicht und zu Rollenpapier verarbeitet wird. Man gewinnt hierdurch ein schönes, helles, leicht bleichbares Produkt mit einer Ausbeute von 48 bis 54 % vom Gewicht des Holzes. Ohne Zweifel gehört diesem Sulfitverfahren die Zukunft. Das Holz wird nach Ausbohrung der Äste zerkleinert. Es sind Abschnitte bis ca. 8 cm brauchbar, wenn auch das stärkere Holz nutzbringender ist.

Die chemische Zubereitung des Holzes zur Papierfabrikation ist erst in den letzten 25 Jahren in Deutschland eingebürgert worden. Aber schon in den letzten Jahren existierten in Deutschland ca. 63 Cellulosewerke. Es ist schwer, den mitt= leren Holzbedarf derselben zu bemessen. Die Fabrik Waldhof bei Mannheim ver= braucht pro Jahr 170000 bis 180000 fm, und ähnlich ist der Verbrauch anderer größerer Werke. Für Sachsen ist der mittlere Jahresbedarf der Cellulosefabriken auf nahezu 10000 fm pro Werk angenommen worden. Der Gesamtverbrauch der 239 Holzschleif= und 8 Cellulosewerke des Königreichs Sachsen im Jahre 1890 wird auf 450000 fm angegeben. Nach den brieflichen Angaben von Sachverständigen glaube ich den mittleren Verbrauch auf 800000 bis 1200000 fm pro Jahr an= nehmen zu dürfen. Die deutsche Papierfabrikation hat schon lange den ersten Rang auf dem Weltmarkt erobert, und es ist sehr zu wünschen, daß der Absatz für schwächeres Fichtennutzholz durch diesen Industriezweig in der Zukunft erhalten wird. Zwar ist die Cellulosefabrikation in den letzten Jahren durch einen außer= gewöhnlichen Preissturz des Holzstoffes schwer betroffen worden und die Be= mühungen, nutzbringende Preise zu konsolidieren, sind bisher erfolglos geblieben. Die Preise für 100 kg Sulfitcellulose sind von 22,47 Mark im Jahre 1893 auf 19,56 Mark im Jahre 1896 zurückgegangen. Aber trotzdem wird die Anlage der Werke vermehrt, die Fabriken müssen schon die besseren und teueren Sorten des Fichtenholzes, welches besser qualifiziert ist als Kiefern= und Buchenholz, in weiter Entfernung statt der schwachen Fichtenhölzer bis 8 cm Zopfstärke auf= kaufen und klagen über Mangel an Fichtenholz in den inländischen Waldungen. Ein Rückgang des Papierverbrauchs ist bei steigender Kulturentwickelung nicht anzunehmen, und wenn auch namentlich in Schweden und Amerika die Zellstoff= produktion gesteigert wird, so ist doch kaum zu bezweifeln, daß eine nachhaltige

Mehrabgabe an schwächeren, 70- bis 90 jährigen Fichtenstämmen willige Abnehmer andauernd finden und den Aufschwung dieses Industriezweiges wesentlich fördern wird.

Der Holzverbrauch der Holzschleifwerke, welche den Holzstoff mittels Schleifsteinen hauptsächlich aus Fichtenholzklötzen von 35 bis 40 cm Länge herstellen, wird annähernd 1 000 000 fm pro Jahr betragen. Vor einigen Jahren bestanden in Deutschland 534 Betriebe, davon 239 im Königreich Sachsen, und der durchschnittliche Jahresverbrauch wird auf 1900 fm pro Werk angegeben.

Man wird immerhin den gesamten Holzverbrauch der Holzstofffabrikationen an Fichten- und Kiefernstangen und Stämmen unter 0,5 fm auf 2 000 000 fm pro Jahr veranschlagen dürfen.

Die Entwickelung des Verbrauchs in der Zukunft läßt sich nicht mit Sicherheit voraussehen. Eine Schätzung an diesem Orte wird auch nach den folgenden Ausführungen (ad 3) entbehrlich werden.

3. **Vergleichung der Zunahme des Klein-Nutzholzbedarfs mit der oben geschätzten Zunahme des Angebots.** Wir haben oben die Steigerung des Klein-Nutzholzangebots nach vollendeter Einführung der 70- bis 90 jährigen Umtriebszeiten geflissentlich überschätzt — nicht nur mittels der Annahme einer Derbholzabgabe aus Vor- und Abtriebsnutzung von 4 fm pro Hektar und Jahr, sondern auch mit der Voraussetzung, daß lediglich 15 bis 20 % in allen deutschen Waldungen als Brennholz nach diesem Zeitpunkte übrig bleiben. Dagegen haben wir die Zunahme der Kohlenförderung möglichst gering angenommen, nicht das bisherige Prozentverhältnis dieser Steigerung, sondern das Mittel aus dem letzteren und dem durchschnittlich jährlichen Betrag zu Grunde gelegt. Wenn man nun bedenkt, daß von der oben ermittelten Mehrabgabe an geringem Nadelholz-Nutzholz (bis 0,5 fm pro Stamm) von 3 000 000 fm immerhin in den Kiefernwaldungen, welche entfernt von den Kohlengruben liegen, beträchtliche Brennholzabgaben zu bestreiten sein werden, wenn die Sägewerke für Parkettriemen, kurze und schmale Kanthölzer mit $^6/_6$, $^6/_8$ bis $^{10}/_{10}$ und $^{10}/_{12}$ cm Beschlag, für Faßdauben ꝛc. etwa $^1/_3$ des Klein-Nutzholz-Angebots = 1 000 000 fm verbrauchen werden, wenn die Steinkohlengruben nach 30 Jahren einen Mehrbedarf an Klein-Nutzholz von 1 860 000 fm haben werden, so wird es zweifelhaft werden, ob das maximale Nutzholzangebot auch die fortschreitende Zellstoffgewinnung mit einem jährlichen Mehrbedarf von vielleicht 1 000 000 fm ausreichend versorgen kann. **Es würde gewagt sein, eine Überproduktion von Kleinnutzholz nach Einführung der maximalen Nutzholzgewinnung zu behaupten.**

III. Welche Umtriebszeiten sind für die maximale Nutzholzproduktion erforderlich?

Für die inländische Nutzholzgewinnung kommen in erster Linie die Nadelholzwaldungen in Betracht, die im Kronenschluß aufwachsenden*) Hochwaldbestände

---

*) Die Abkürzung der Umtriebszeiten infolge starker und vorgreifender Durchforstungen bleibt hier außer Betracht. Auf den besseren Bodenarten würden aller-

der Fichte, Kiefer und Weißtanne. Die Nadelholzwaldungen sind im Deutschen Reiche auf einer Waldfläche von 9 283 120 ha verbreitet, und wenn auch die Nutzholzgewinnung in Landesteilen, in denen die minderwertigen Standortsklassen vorherrschend sind, kümmerlich bleiben wird, so werden immerhin die Nadelhölzer die Führung behalten bei der Gewinnung des Massenverbrauchs an Bau=, Werk= und Nutzhölzern. Benutzbare Anhaltspunkte über den durchschnittlich jährlichen Nutzholzertrag an Stammholz, also Nutzstangen ausgeschlossen, sind in den Fichten= und Kiefernbeständen nur spärlich gesammelt worden. Sie entstammen zudem den Ermittelungen innerhalb von kleinen ausgesuchten Probeflächen, welche möglichst lückenlosen Kronenschluß haben und deshalb für Versuchszwecke aus den großen Beständen ausgesondert worden sind (um den Gang der Rohmassen=Produktion für möglichst normale Verhältnisse zu ermitteln). Für unsere Ermittelungen sind zwar die größeren Bestände maßgebend. Jedoch ist nicht zu bezweifeln, daß die letzteren früher zu Nutzholz brauchbar werden als die kleinen ausgesuchten Versuchsbestände und deshalb der quantitative Jahresertrag von Nutzholz früher kulminiert als in den letzteren. Die Einengung der Baumkronen zu einer dicht geschlossenen Stellung hemmt die körperliche Entwickelung der Waldbäume, und diese Einengung hat naturgemäß in den Versuchsbeständen einen höheren Dichtig= keitsgrad erreicht als in den größeren Beständen, aus denen diese Versuchs= flächen wegen ihres gleichmäßigen Kronenschlusses ausgesondert wurden.

1. **Untersuchungen von Robert Hartig in Fichtenbeständen des Harzes.** Schon vor 25 Jahren hat Dr. Robert Hartig, z. Zt. Professor an der Universität München, den Zuwachsgang und das Holzsortenverhältnis der Fichten= bestände im braunschweigischen Harz, und zwar nicht nur für normal beschaffene kleine Probebestände, sondern auch für größere Bestände untersucht.*) Die Nutzholzgewinnung, bis herab zu den Lattenknüppeln stellt sich für den Abtriebs= ertrag der größeren Bestände wie folgt:

	60jähriger Umtrieb	70jähriger Umtrieb	80jähriger Umtrieb	90jähriger Umtrieb	100jähriger Umtrieb	110jähriger Umtrieb	120jähriger Umtrieb	130jähriger Umtrieb	140jähriger Umtrieb
	Nutzholz=Jahresertrag vom Abtrieb, Festmeter pro Hektar								
1. Standortsklasse	6,83	6,50	6,20	5,73	5,14	4,55			
2. „	5,55	5,52	5,59	5,40	5,19**)	5,06	4,92	4,66	4,40

2. **Untersuchungen von Baur und Lorey in den Fichtenbeständen Württembergs.** Der frühere Vorstand der württembergischen forstlichen

dings die Abtriebsstämme nach rechtzeitig, etwa im 35= bis 45jährigen Alter, begonnener, richtig bemessener Umlichtung einen 20= bis 30jährigen Vorsprung in der körperlichen Entwickelung gegenüber den Schlußstämmen gewinnen. (Siehe zwölften Abschnitt.)

*) „Die Rentabilität der Fichtennutzholz= und der Buchenbrennholz=Wirtschaft." Stuttgart 1865, Cotta.

**) Der Nutzholzertrag der zweiten Bodenklasse übersteigt den Nutzholzertrag der ersten Bodenklasse vom 100jährigen Umtrieb an, weil Hartig auf dem Waldboden der ersten Standortsklasse relativ mehr anbrüchiges Scheitholz gefunden hat als in den Fichtenbeständen mit zweiter Standortsklasse.

Versuchsanstalt, Professor von Baur, hat 1877 die Ergebnisse der Untersuchung in den Fichten-Probebeständen Württembergs veröffentlicht.*) Zwar sind die Nutzholzerträge nicht nachgewiesen, sondern lediglich die Derbholzerträge der Abtriebsnutzung. Man wird jedoch annehmen dürfen, daß das ermittelte Derbholz (bis 7 cm Zopfstärke) als Stamm-Nutzholz verwertet werden kann, da die Derbholzstangen nur mit verschwindend kleinen Massen bei den Abtriebserträgen in Betracht kommen. Baur hat folgende jährliche Abtriebserträge an Derbholz pro Hektar ermittelt:

Umtriebs-jahr	Bonitätsklasse				Im Durch-schnitt
	I	II	III	IV	
60	8,7	6,5	4,2	2,5	5,5
70	8,7	6,8	4,7	2,9	5,8
80	8,6	7,0	5,0	3,1	5,9
90	8,5	7,0	5,1	3,3	5,9
100	8,3	6,9	5,2	3,3	5,9
110	8,1	6,7	5,1	3,4	5,8
120	7,8	6,5	4,9	3,3	5,4

Im Mittel aller Klassen würde die Derbholz-Gewinnung und ohne Zweifel auch die Nutzholz-Gewinnung mit der 80jährigen Umtriebszeit den Gipfelpunkt erreichen.

Nach den wiederholten und ergänzenden Untersuchungen in den württembergischen Fichtenbeständen, welche Professor Dr. Lorey auf Grund der laufend jährlichen Massenproduktion der Versuchsflächen vorgenommen hat, würde die Kulmination des Derbholzertrags innerhalb der dritten und vierten Standortsklasse früher eintreten, wie Baur gefunden hat, wie die folgende Nachweisung zeigt:

Umtriebs-jahr	Standortsklasse				Im Mittel
	I	II	III	IV	
60	10,7	7,2	4,7	2,6	6,3
70	10,6	7,9	5,2	3,1	6,7
80	10,2	8,1	5,4	3,3	6,8
85	10,0	8,1	5,5	3,3	6,7
90	9,8	8,0	5,5	3,4	6,7
100	9,3	7,8	5,5	3,4	6,5
110	8,8	7,4	5,5	3,4	6,3
120	8,5	7,1	5,4	3,3	6,1

Im Mittel aller Klassen würde jedoch die Derbholz-Gewinnung gleichfalls mit der 80jährigen Umtriebszeit den Gipfelpunkt erreichen, aber früher sinken als nach den Baur'schen Ermittelungen.

3. Untersuchungen von Schwappach in den Fichtenbeständen der mitteldeutschen Gebirge und in Norddeutschland. Mit den bisherigen Ergebnissen stimmen die umfassenden und genauen Ermittelungen überein, welche

*) Baur, „Die Fichte in Bezug auf Ertrag, Zuwachs und Form." Berlin, Springer. 1877.

Professor Schwappach 1890 veröffentlicht hat.*) Die deutschen forstlichen Versuchsanstalten haben auf zahlreichen Fichten-Probeflächen im gesamten Deutschland ein ansehnliches Grundlagen-Material beigebracht, um den Gang der Rohmassenproduktion bei normaler oder nahezu normaler Bestands-Beschaffenheit festzustellen. Der genannte Vorstand der preußischen forstlichen Versuchsanstalt hat dasselbe zu Ertragstafeln verdichtet. Speciell hat Schwappach die jährliche Nutzholz-Gewinnung für die Probeflächen im mitteldeutschen Gebirge und in Norddeutschland zu erforschen gesucht. Derselbe hat angenommen, daß die Stämme bis zu einer Zopfstärke von 7 cm ausgehalten werden, wie dies in mehreren Fichtengebieten, z. B. im Harz, meistens geschieht und bei dem zunehmenden Bedarf der Kohlengruben und Celluloseeverke bald allgemein üblich werden wird. Wenn man die Derbholz-Nutzstangen und die Reisholz-Nutzstangen ausschließt, so ergiebt sich der folgende Jahresertrag aus der Abtriebsnutzung (Festmeter pro Hektar).

Umtriebs- jahr	Standortsklasse				
	I	II	III	IV	V
60	11,13	8,38	4,90	2,03	0,25
70	11,01	8,50	6,27	3,39	1,13
80	10,71	8,40	6,39	4,60	2,14
90	10,34	8,22	6,39	4,68	3,22
100	9,97	8,00	6,27	4,65	3,24
110	9,62	7,77	6,13	4,55	—
120	9,27	7,55	5,97	—	—

Nach diesen Ermittelungen würde für Fichtenwaldungen mit erster und zweiter Standortsklasse die 60- bis 70jährige Umtriebszeit, für Fichtenwaldungen mit zweiter und dritter Standortsklasse die 70- bis 80jährige, für Fichtenwaldungen mit dritter und vierter Standortsklasse die 80- bis 90jährige Umtriebszeit und für Fichtenwaldungen mit vierter und fünfter Standortsklasse, welche jedoch hinsichtlich der Nutzholzerträge auf größeren Bestandsflächen nur untergeordnet in die Wagschale fallen werden, die 90- bis 100jährige Umtriebszeit zu wählen sein.

Für die Fichten-Probeflächen in Süddeutschland hat Schwappach ermittelt, daß die jährliche Derbholz-Gewinnung aus dem Abtriebsertrag bei Einhaltung der folgenden Umtriebszeiten den Gipfelpunkt erreichen wird:

auf erster Standortsklasse mit 55jähriger Umtriebszeit
„ zweiter „ „ 70 „
„ dritter „ „ 80 „
„ vierter „ „ 100 „
„ fünfter „ „ 95 „

Über den Nutzholzertrag der Vornutzungen mangeln zuverlässige Angaben. Schwappach hat in verschiedenen Oberförstereien Nachfrage gehalten und als Mittel der verschiedenen Mitteilungen 60 % des Derbholzanfalls unterstellt. Aber offenbar ist das Nutzprozent in den einzelnen Altersklassen verschieden, und deshalb schon bietet diese Schätzung nicht völlig sichere Anhaltspunkte für die genaue Bestimmung des Jahresertrages, bei welchem es sich um Zehnteile von Festmetern handelt. Vor allem ist aber der durchschnittliche Jahresertrag der Vornutzungen divergierend nach dem Stärkegrad der früheren und der späteren Durchforstung. Werden die 70- bis 90jährigen

*) „Wachstumsgang und Ertrag normaler Fichtenbestände." Berlin 1890, Springer.

Umtriebszeiten in Verbindung gebracht mit kräftigen, vorgreifenden Durchforstungen im 50- bis 60jährigen Alter, während bei Einhaltung der 100- bis 120jährigen Umtriebszeiten die Durchforstungen sehr mäßig gegriffen werden, so werden die erstgenannten Umtriebszeiten den Gipfelpunkt der jährlichen Nutzholzabgabe erreichen lassen. Bei vernachlässigten Durchforstungen kann sich eine durchschnittlich etwa zehnjährige Verschiebung der oben nachgewiesenen Gipfelpunkte in das ältere Holz ergeben.

Schwappach hat die Vorerträge durch Berechnung nach den ausscheidenden Stammzahlen bestimmt. Bei der Anwendung der nachfolgend angeführten Ergebnisse auf größere Bestände werden dieselben beträchtlich zu ermäßigen sein, da sich diese Angaben auf kleine ausgesuchte Probeflächen beziehen:

Jahresertrag der Standortsklassen, Festmeter Derbholz pro Hektar:

Umtriebs-zeit	I		II		III		IV		V	
	Nord- und Mittel-Teutschland	Süd-Teutschland	Nord- und Mittel-Teutschland	Süd-Teutschland	Nord- und Mittel-Teutschland	Süd-Teutschland	Nord- und Mittel-Teutschland	Süd-Teutschland	Nord- und Mittel-Teutschland	Süd-Teutschland
60jährige	2,3	2,4	1,4	1,3	0,8	0,6	0,3	0,2	0,1	—
70 „	2,9	3,0	1,9	1,8	1,1	1,1	0,5	0,4	0,2	0,1
80 „	3,3	3,3	2,2	2,2	1,4	1,5	0,7	0,7	0,3	0,2
90 „	3,5	3,5	2,4	2,5	1,6	1,8	0,9	1,0	0,4	0,4
100 „	3,6	3,6	2,5	2,7	1,7	2,0	1,0	1,2	0,5	0,6
110 „	3,6	3,6	2,5	2,8	1,8	2,2	1,0	1,3	—	—
120 „	3,6	3,7	2,5	2,9	1,5	2,2	—	—	—	—

Über den Vornutzungs-Ertrag der Fichtenbestände nach Gesamtmasse und Derbholz hat Landforstmeister Dr. Danckelmann Untersuchungen veröffentlicht. Hierauf beträgt der durchschnittliche Derbholzertrag, der für die Nutzholz-Gewinnung ausschlaggebend ist, pro Hektar und Jahr:

	I. Klasse fm	II. Klasse fm	III. Klasse fm	IV. Klasse fm
60jähriger Umtrieb	1,9	0,9	0,6	0,2
70 „ „	2,5	1,1	0,8	0,4
80 „ „	2,9	1,3	0,9	0,6
90 „ „	3,1	1,4	1,0	0,9
100 „ „	3,2	1,4	1,0	0,8
110 „ „	3,3	1,4	1,0	—
120 „ „	3,2	1,4	1,0	—

4. **Untersuchungen von Robert Hartig in den Kiefernbeständen Pommerns.**[*]) Auf dem lehmigen Sandboden des Reviers Mühlenbeck am rechten Oderufer unweit Stettin zeigt die Kiefer, auch wenn dieser lehmige Sandboden von einer Schicht leichten Sandes überlagert ist, einen vorzüglichen Wuchs. Man findet vollbestockte Orte von 150jährigem Alter, die allerdings mit etwa ¹/₃ der Bäume anbrüchig sind. Hartig konnte nicht den Nutzholzgehalt, sondern nur die Schaftholzmasse ermitteln. Die quantitative Nutzholz-Gewinnung wird

---

[*]) „Vergleichende Untersuchungen über den Wachstumsgang und Ertrag der Rotbuche und Eiche im Spessart und im östlichen Wesergebirge, der Kiefer in Pommern." Stuttgart 1865, Cotta.

jedoch in den einzelnen Altersklassen vom 60jährigen bis zum 120jährigen Alter zur Gesamtmasse der Abtriebsnutzung in ähnlichem Verhältnis stehen wie für die Normalbestände in der norddeutschen Tiefebene durch die preußische Versuchsanstalt (siehe ad 6) auf den ersten Bodenklassen gefunden worden ist.

Bei dieser Voraussetzung würde sich der folgende jährliche Nutzholzertrag exklusive Vornutzungen berechnen:

```
60jähriger Umtrieb   5,43 fm pro Hektar
70     „        „    5,78  „    „    „
80     „        „    6,19  „    „    „
90     „        „    6,36  „    „    „
100    „        „    6,28  „    „    „
110    „        „    5,93  „    „    „
120    „        „    5,54  „    „    „
```

5. **Untersuchungen von Professor Schwappach in den Kiefernbeständen der Main-Rheinebene und in den Kiefernbeständen des Odenwaldes.** Für die Kiefernnormalbestände in den genannten Gegenden des Großherzogtums Hessen hat Adam Schwappach, damals Professor in Gießen, Ertragstafeln ermittelt und zugleich das Maximum an Nutzholzertrag mit Ausschluß der Vornutzungen bis zu einer Zopfstärke von 14 cm des Stammholzes (sonach exkl. Derbholzstangen) festzustellen gesucht. Nach diesen Untersuchungen werde die maximale Nutzholzgewinnung mit Ausnahme der ersten Standortsklasse in der Main-Rheinebene mit der 80jährigen Umtriebszeit erreicht werden, wie die folgende Übersicht zeigt:

Jahresertrag an Nutzholz vom Stammholz der Abtriebsbestände bis 14 cm Zopfstärke.
(Festmeter pro Hektar und Jahr.)

Umtriebsjahre	Main-Rheinebene			Odenwald (Buntsandsteingebiet)		
	Bonitätsklasse			Bonitätsklasse		
	I	II	III	I	II	III
60	5,25	3,02	1,45	5,03	3,15	1,03
70	5,81	3,89	2,01	5,39	3,80	2,17
80	6,01	4,14	2,35	5,48	4,08	2,47
90	6,09	4,10	—	5,32	3,88	—
100	5,77	3,91	—	5,08	3,79	—
110	5,35	—	—	4,81	—	—

6. **Untersuchungen von Schwappach in den Kiefernbeständen der norddeutschen Tiefebene.** Einige Zeit später hat der Genannte als Vorstand der preußischen forstlichen Versuchsstation die Ermittelungen der letzteren zu Ertragstafeln für die normalen Kiefernbestände der norddeutschen Tiefebene zusammengestellt[*]) und zugleich den maximalen Nutzholzertrag wiederum bis 14 cm Zopfstärke, getrennt nach Stammholz und Nutzstangen, ermittelt. Mit Ausschluß

---

[*]) „Wachstumsgang und Ertrag normaler Kiefernbestände in der norddeutschen Tiefebene." Berlin 1889, Springer.

der Vornutzungen, der Derbholzstangen und Reisholzstangen beträgt der Jahresertrag an Festmetern pro Hektar:

Umtriebsjahre	Standortsklasse:				
	I	II	III	IV	V
60	5,38	3,72	2,03	0,70	—
70	5,44	4,16	2,97	1,43	0,14
80	5,50	4,36	3,15	1,89	0,48
90	5,39	4,32	3,26	2,16	0,74
100	5,22	4,20	3,26	2,16	1,08
110	5,03	4,08	3,15	2,14	—
120	4,81	3,93	3,09	2,11	—
130	4,62	3,81	—	—	—
140	4,49	3,68	—	—	—

Über den Nutzholzertrag der Vornutzungen in Kiefernwaldungen mangeln hinreichend zuverlässige Angaben.

Schwappach hat den Derb- und Reisholzgehalt der Vornutzungen in der oben angegebenen Art bestimmt. Der jährliche Derbholzertrag pro Hektar wurde für die verschiedenen Umtriebszeiten wie folgt ermittelt (Festmeter):

Umtriebsjahre	Standortsklasse:				
	I	II	III	IV	V
60	2,1	1,8	1,4	1,0	0,5
70	2,3	2,1	1,7	1,2	0,6
80	2,4	2,2	1,8	1,3	0,6
90	2,5	2,2	1,9	1,3	0,6
100	2,5	2,2	1,8	1,3	0,7
110	2,4	2,2	1,8	1,3	—
120	2,4	2,2	1,8	1,3	—

In der oben genannten Danckelmann'schen Veröffentlichung wird der Derbholzertrag für die Vornutzungen und die nachstehenden Umtriebszeiten pro Hektar und Jahr wie folgt angegeben (Festmeter):

Umtriebsjahre	Standortsklasse:				
	I	II	III	IV	V
60	1,5	0,9	0,6	0,2	0,1
70	1,8	1,1	0,8	0,4	0,2
80	1,9	1,3	0,9	0,5	0,3
90	2,0	1,3	1,0	0,6	0,3
100	2,0	1,3	1,0	0,7	0,4
110	2,0	1,4	1,0	—	—
120	2,0	1,4	1,0	—	—

Die bisher vorgenommenen Untersuchungen sind allerdings nicht erschöpfend, vielmehr bedürfen dieselben sehr wesentlicher Ergänzungen. Allein sie zeigen übereinstimmend, daß die quantitave Nutzholzgewinnung in geschlossenen Fichten- und Kiefernbeständen zwischen dem 70- bis 90jährigen Alter den Höhepunkt erreicht und auch auf den minderwertigen Böden durch Verlängerung der Wachstumszeit nicht wesentlich erhöht werden kann. Es ist zur Zeit die Annahme nicht gestattet, daß die bisher eingehaltenen zumeist 100- bis 120jährigen Umtriebszeiten die jährliche Nutzholzgewinnung in Fichten- und Kiefernbeständen auf den zumeist vorkommenden mittelguten Bodenarten beachtenswert steigern würden, wenn die Nutzholzgewinnung mittels der 70- bis 90jährigen, im Mittel 80jährigen Umtriebszeiten gegenübergestellt wird.

Über die Nutzholzgewinnung in geschlossenen Weißtannen-Hochwaldungen liegen zuverlässige Untersuchungen nicht vor. Die Ertragstafeln, welche Lorey für die württembergischen Weißtannenbestände ermittelt hat, divergieren hinsichtlich der Gipfelung des Haubarkeits-Durchschnitts-Zuwachses beträchtlich mit den Ertragstafeln, welche Schuberg für die badischen Weißtannen aufgestellt hat, und die Ursachen der Unterschiede sind bis jetzt noch nicht aufgeklärt worden. Man kann vorläufig nur vermuten, daß die Gewinnung des maximalen Nutzholzertrags bei der Weißtanne mit ähnlichen Umtriebszeiten stattfinden wird wie bei der Fichte und keinenfalls die jährliche Nutzholzgewinnung durch Erhöhung der 70- bis 90jährigen Umtriebszeiten erheblich verstärkt werden wird.

Der Nutzholzertrag der übrigen Laub- und Nadelhölzer ist bis jetzt nicht genügend untersucht worden. Im Buchenhochwald mit Kronenschluß war die Nutzholzausbeute bisher geringfügig, und man kann die Zunahme derselben für die höheren Altersperioden, welche für die ausgiebige Schwellenholz-Produktion erforderlich werden würden, nicht bestimmen. Es kann auch, wie oben bemerkt, noch nicht beurteilt werden, ob der Verbrauch von imprägnierten Eisenbahnschwellen von Buchenholz in der Zukunft ansehnliche Quantitäten absorbieren wird.

Für die reinen Eichenbestände mit Kronenschluß wird der Gipfelpunkt des quantitativen Nutzholzertrags selten in Betracht kommen. Man pflegt dieselben frühzeitig zu lichten und zu unterbauen, entnimmt bei den weiteren Lichtungshieben die zurückbleibenden und die mißgestalteten Stämme und wird in der Regel für diesen Lichtungsbetrieb auf gutem und sehr gutem Boden 120jährige Umtriebszeiten, auf Mittelboden 140- bis 160jährige Umtriebszeiten brauchen, um die gesuchten Eichennutzholzstämme zu erziehen.*)

Lärchen kommen selten in reinen Beständen mit größerer Ausdehnung vor. Ohne Zweifel wird in reinen Lärchenbeständen infolge der Raschwüchsigkeit dieser Holzart die maximale Nutzholzgewinnung noch früher ermöglicht werden als bei der Kiefer. Die Weymouthskiefer, die in Deutschland ebenso selten größere reine Bestände bildet, ist gleichfalls zumeist raschwüchsiger als die gemeine Kiefer. Eschen, Ahorn, Ulmen und die übrigen für die Nutzholzgewinnung in Betracht kommenden Laubhölzer sind meistens vereinzelt den Buchenbeständen beigemischt oder kommen nur in horstförmiger Stellung vor.

Die Ergebnisse der bisher vorgenommenen Untersuchungen führen uns somit übereinstimmend zu der Erkenntnis, daß wir durch Einhaltung der in größeren Waldungen bisher üblichen Umtriebszeiten

---

*) Siehe unten ad VI, 7.

die Nutzholzgewinnung, die in den Hochwaldbeständen erreichbar ist, verringern. Wenn auch diese Herabschranbung der jährlichen Nutzholzerträge nicht sehr beträchtlich ist, so fällt doch bei den hier vorzunehmenden Untersuchungen schwer in die Wagschale, daß die Verluste begleitet werden von einer weitgehenden Vermehrung des von der Forstwirtschaft beanspruchten Betriebskapitals, während für den Mehranfwand nur ein dürftiger Zinsenertrag erlangt werden kann. Es wird zu untersuchen sein, ob diese Verringerung unvermeidlich ist wegen Herstellung gebrauchsfähiger Baumkörper.

Zur Zeit liegen allerdings nur Untersuchungen in ausgewählten kleinen Versuchsbeständen vor, und es kann die Untersuchung lediglich angeregt werden, welche Wachstumszeiten beim jährlichen Verjüngungsbetrieb den maximalen Nutzholzertrag für die im minder lückenlosen Kronenschluß aufwachsenden größeren Nadelholzbestände und Buchenbestände herbeiführen werden, und wie sich der Wertertrag der mit verschiedener Wachstumsdauer behandelten Eichenhochwaldungen nach rechtzeitiger Umlichtung der Abtriebsstämme gestaltet. Aber wir haben vorläufig keine anderen besseren Anhaltspunkte für die zielbewußte Normierung der waldbaulichen Produktion als die bisher erworbenen Kenntnisse. Man kann nur sagen: Es ist nach den vorstehend dargelegten Untersuchungs-Ergebnissen wahrscheinlich, daß die maximale Nutzholzgewinnung in den Nadelholzwaldungen mit gutem bis sehr gutem Boden durch die 70- bis 80jährigen Umtriebszeiten, in den Nadelholzbeständen mit mittlerer Bodengüte durch eine mittlere Umtriebszeit von 80 Jahren und in den Nadelholzwaldungen der minderwertigen Standorte, soweit hier die ausgiebige Produktion brauchbarer Nutzholzsorten im Hochwaldkronenschluß ermöglicht werden kann, durch eine Umtriebszeit von 90 und mehr Jahren erzielt werden wird.

Im Eichen-Lichtungsbetrieb wird die Ausbildung der Einzelstämme zu den stärkeren Eichen-Schnittholzsorten und Eichen-Schwellenholzsorten je nach der Standortsgüte zu berücksichtigen und je nach der Standortsgüte werden Umtriebszeiten von 120 bis 160 Jahren zu wählen sein.

IV. Bei welchen Umtriebszeiten kulminiert die jährliche Brennstoff-Gewinnung?

Die Fortsetzung der Brennholzproduktion kann möglicherweise in Gegenden, welche weitab vom Verkehr, von den Kohlengruben und Zellstoffwerken liegen, bei der Feststellung der Wirtschaftsziele ins Auge gefaßt und nur eine schwache Beimischung von Nutzhölzern als zulässig erachtet werden, obgleich für die besseren Bodenarten stets untersucht zu werden verdient, ob die reichliche Durchstellung mit Nutzholzgattungen örtlich durchführbar ist. Für die Brennstoffproduktion wird in der Regel der **Rotbuchen-Hochwald** bevorzugt. Nach den bisherigen Ertragsuntersuchungen ist es wahrscheinlich, daß die Lieferung roher Holzmasse mit Einschluß der Vornutzungserträge und des Reisholzes unbeträchtlich durch die Verlängerung der Wachstumszeit über die Umtriebszeiten von 70 bis 90 Jahren hinaus verstärkt werden wird, wenn die für 90- bis 110jährige Umtriebszeiten erforderlichen Normalvorräte vorhanden sind. Dagegen ist es vorläufig noch fraglich, ob damit auch eine Erhöhung der jährlichen Brennstoff-Gewinnung herbeigeführt werden kann. Nach den bisherigen Untersuchungen über die Brennkraft des jüngeren und älteren Buchenholzes ist es wahrscheinlich, daß dieser unbeträchtliche Vorsprung in den Nutzleistungen, wenn derselbe durch die weiteren Untersuchungen bestätigt werden sollte, ausgeglichen werden wird durch die höhere Brennkraft des jüngeren Buchenholzes. Aus finanzwirtschaftlichen Gesichtspunkten wird zudem, wie man alsbald erkennen wird, die verstärkte Scheitholz-(Klobenholz-) Produktion kaum diskussionsfähig werden können.

Wenn die vorherrschende Brennstoffproduktion das Wirtschaftsziel zu bilden hat, so ist überhaupt kaum anzunehmen, daß durch die maximale Nutzholzproduktion in den aus privatwirtschaftlichen Gesichtspunkten zu befürwortenden gemischten Beständen (mit reichlicher Beimischung der Nadelhölzer in eine von Rotbuchen und anderen Laubhölzern gebildete Grundbestockung) die bisherige Brennstoffgewinnung mittels über 100jähriger Umtriebszeiten verringert werden wird. Zwar mangeln uns zur Zeit noch sichere Anhaltspunkte zu einer genaueren Vergleichung der Brennstoffproduktion der Waldbäume auf den besseren und schlechteren Waldböden mit gleicher Standortsgüte. Wenn aber die bis jetzt zulässige Vermutung, daß die Kiefernbestände im großen Durchschnitt den $1\frac{1}{2}$ fachen und die Fichtenbestände den doppelten Rohstoffertrag der Rotbuchenbestände im großen und ganzen den Waldböden gleicher Güte abgewinnen, bestätigt werden sollte, so würde die Heizwirkung der Produktion dieser Holzgattungen nach den bisherigen Untersuchungen etwa in dem folgenden Verhältnis stehen:

              Buchen 1,00
              Kiefern . . 1,25
              Fichten 1,50

Schon im Anfang unseres Jahrhunderts hat Georg Ludwig Hartig das Kochwertverhältnis für gleiche Raummenge wie folgt angegeben:

  a) Rotbuchen, 120- bis 160jähriges Stammholz 1,00
       „   50- „ 80 „ Scheitholz . . . 1,01
       „   25- „ 30 „ Prügelholz . . . 0,99
  b) Eichenstammholz, 120jährig 0,92
  c) Fichten, 100jähriges Stammholz 0,79
  d) Kiefern, 120 jährig, sehr harzreich 0,99
      „   110 jähriges Stammholz 1,00
      „   20 0,68
  e) Weißtannen, 120jähriges Stammholz 0,70
  f) Hainbuchen, 100jähriges Stammholz . . . 1,05
  g) Lärchen, 70jähriges Stammholz 0,91

Bei Vergleichung des Trockenvolumens hat Theodor Hartig hinsichtlich der Erwärmung der Zimmer das folgende Verhältnis gefunden:

a) Rotbuchen, 120= bis 160jähriges Stammholz 1,00
      „   50= „ 80 „ Scheitholz 1,03
      „   25= „ 30 „ Prügelholz 1,07
      „ Reiserholz 0,90
b) Eichen, 120jähriges Stammholz 0,87
      „ 35 „ Prügelholz 0,90
c) Fichten, 100jähriges Stammholz 0,90
d) Kiefern, sehr harzreiches Stammholz 1,16
      „ 100jähriges Stammholz 0,77
      „ 20 „ Stangenholz 0,48
      „ Astholz von 120jährigen Stämmen 0,55
e) Weißtannen, 120jähriges Stammholz 0,58
f) Hainbuchen, 100jährig 0,97
g) Lärchen, 60jähriges Stammholz 0,87

Die obige Brennstoff-Erzeugung für Fichten= und Kiefernholz ist auch nach anderen Untersuchungen niedrig gegriffen. Brix fand für 45= bis 50jähriges Kiefernstammholz 0,85 vom Brennwert des 80jährigen Rotbuchenstammholzes = 1,00, die österreichischen Salinen fanden für 100jähriges Fichtenstammholz 0,79, Grabner für 100jähriges Kiefernstammholz allerdings 0,73, dagegen für 100jähriges Fichtenstammholz 0,85 (stets in Vergleichung mit 120= bis 160jährigem Buchenstammholz = 1,00).

In vielen Gegenden Deutschlands mangeln die Buchen= und sonstigen Laubholzwaldungen, und es sind vorherrschend Nadelholz= bestände vorhanden. Wenn auch die Nutzholzproduktion in den Fichten= und Tannenbeständen und für die besseren Standorte der Kiefernwaldungen vor= herrschend zu berücksichtigen sein wird, so kann doch die Brennstoffproduktion in den Kiefernbeständen der vierten und namentlich fünften Stand= ortsklasse dauernd Beachtung beanspruchen. Kann die Verwertung des Klein= nutzholzes mit größeren Massen, namentlich als Grubenholz nicht erreicht werden, oder stehen die Grubenholzpreise nicht wesentlich höher als die Preise der besseren Brennholzsorten,*) so wird nur die Produktion der mittelstarken Nutzhölzer erübrigen. Aber selbst bei Einhaltung der 120jährigen Umtriebszeit wird der

---

*) Bei den derzeitigen Preisen für Kiefernholz an den Gruben (16 Mark pro Fest= meter entrindetes Kiefernholz) würde nach Abzug der Frachtkosten des Staffeltarifs (bis 200 km 2,2 Pfennig pro Tonnen=Kilometer und 12 Pfennig Expeditionsgebühr pro 100 kg, von hier an Anstoß von 1 Pfennig pro T.=K. für die weiteren Strecken) und von 4 Mark pro Festmeter für Landtransport, (entrindet ꝛc. als Walderlös nach den Danckelmann'schen Berechnungen verbleiben für Eisenbahnstrecken von
    500 Kilometer . . . . 7,2 Mark pro Festmeter
    750   „   . . . . 5,8 „   „   „
  1000   „   4,4

Von der preußischen Bahnverwaltung sind vom 1. April 1897 an folgende Trans= portsätze für alle Hölzer des Specialtarifs III bewilligt worden:
Streckensatz pro Tonnen=Kilometer
      bis 350 kg . . . . . . 2,2 Pfennige
      über 350 kg . . . . . . 1,4 „

Abfertigungsgebühr für 100 kg 7 Pfennige. Hiernach würden sich die obigen Wald= Erlös=Ziffern pro Festmeter in 6,17 Mk., 4,22 Mk. und 2,28 Mk. umändern, wenn 18 fm pro Waggon geladen werden.

gesamte Nutzholzertrag selten 1 bis 1½ fm pro Jahr und Hektar übersteigen, und für diese Umtriebszeit würde ein beträchtlicher Kapitalaufwand mit geringfügiger Rente erforderlich werden. Bei derartigen Standortsverhältnissen kann die vorherrschende Brennholzzucht Produktionsziel werden.

Für die Beurteilung der maximalen Brennstoffgewinnung in Kiefernwaldungen gewähren die oben genannten Schwappach'schen Untersuchungen einige Anhaltspunkte. Wenn man von dem zumeist minderwertigen Reisholz absieht und die Scheit- und Prügelholz- (Kloben- und Knüppelhölzer) Gewinnung aus dem Abtriebsertrag vergleicht, wenn man ferner der Vollständigkeit halber auch die besseren Standortsklassen einbezieht, so ergiebt sich, daß die untersuchten Kiefernbestände schon durchschnittlich mit 60jähriger Umtriebszeit den höchsten Derbholzertrag gewinnen lassen werden.

In den Kiefernbeständen der norddeutschen Ebene liefern nach Schwappach die wählbaren Umtriebszeiten die folgende jährliche Derbholznutzung durch den Abtriebsertrag (Festmeter pro Hektar):

Umtriebsjahre	Standortsklassen:				
	I	II	III	IV	V
40	6,2	4,7	3,6	2,2	1,0
50	6,4	5,1	4,0	2,8	1,5
60	6,4	5,2	4,0	3,0	1,7
70	6,2	5,1	4,0	2,9	1,7
80	6,0	4,9	3,8	2,8	1,7
90	5,7	4,7	3,7	2,7	1,7
100	5,4	4,5	3,5	2,6	1,6
110	5,2	4,3	3,4	2,4	—
120	4,9	4,1	3,2	2,3	—

Die Vornutzungs-Erträge sind schon oben erörtert worden.

In den Kiefern-Beständen in der Main-Rhein-Ebene und im Odenwald hat Schwappach gleichfalls nur den Abtriebsertrag in seinen Ertragstafeln nachgewiesen. Wenn man die Vornutzungserträge nach den Danckelmann'schen Nachweisungen hinzufügt, so ergiebt sich die folgende durchschnittliche Jahresgewinnung von Scheit- und Prügelholz (Kloben- und Knüppelholz), Festmeter pro Hektar:

Umtriebsjahre	Main-Rhein-Ebene				Odenwald			
	Bonität				Bonität			
	I	II	III	IV	I	II	III	IV
40	6,72	4,88	2,82	2,02	6,02	4,25	2,40	1,97
50	7,14	5,28	3,36	3,34	6,23	4,67	3,30	2,48
60	7,12	5,33	3,55	2,43	6,25	4,85	3,55	2,55
70	6,81	5,16	3,54	2,33	6,10	4,79	3,54	2,47
80	6,52	5,00	3,29	—	5,81	4,69	3,45	—
90	6,16	4,74	—	—	5,59	4,50	—	—
100	5,83	4,46	—	—	5,32	4,20	—	—
110	5,51	—	—	—	4,97	—	—	—

Nach den bis jetzt vorliegenden, allerdings noch zu ergänzenden Untersuchungen ist die Schlußfolgerung statthaft, daß die jährliche

Brennstoff-Produktion dem Höhepunkt nahe kommen wird, wenn die Normalvorräte für 70- bis 90jährige Umtriebszeiten hergestellt worden sind. Keinenfalls wird wegen Verstärkung dieser Brennstoff-Gewinnung die Erweiterung des Scheitholz- (Klobenholz-) Angebots privatwirtschaftlich nutzbringend werden.

V. Die Entwickelung der Baumkörper im Kronenschluß.

Die Untersuchungen über die Durchmesser-Zunahme der Abtriebs-Stämme beziehen sich, wie schon erwähnt wurde, auf ausgesuchte, selten die Fläche von 0,5 ha übersteigende Bestandsteile, welche eine vollständig oder nahezu vollständig lückenlose Kronenstellung haben. Auf diesen Probeflächen ist naturgemäß die körperliche Entwickelung der Einzelstämme weiter zurückgeblieben als in den mit kleineren und größeren Lücken im Kronenraum durchzogenen größeren Hochwaldbeständen mittlerer Beschaffenheit. In den letzteren wird insbesondere die Erstarkung der vorgewachsenen Stämme, welche vorherrschend den Ernteertrag bilden, gefördert durch die überragende Kronenstellung, welche sich dieselben in den Jugendperioden des Bestandswachstums erkämpft haben, während in den dicht zusammengedrängten Bestandsteilen mit mehr gleichmäßiger Erhebung der Baumkrone über dem Boden die seitliche Ausdehnung der letzteren und damit die körperliche Entwickelung mehr gehemmt wird als in den übrigen Bestandsteilen mit weniger dichtem Kronenschluß in einem größeren, vertikalen Kronenraum. Diese Probebestände sind mühsam ausgesucht worden,*) um den Entwickelungsgang der Rohstoffproduktion bei Erhaltung des Kronenschlusses zu erforschen. Die Produktion von Gebrauchswerten ist vorläufig noch nicht hinreichend untersucht worden.

Die Ergebnisse dieser mühsamen, von den forstlichen Versuchsanstalten durchgeführten Arbeiten haben indessen für die hier bezweckte Information der Waldbesitzer eine besondere Beweiskraft. Bei Wahl der Umtriebszeit ist vor allem, wie oben ausgeführt wurde, zu gewährleisten, daß der Kleinholzanfall verwertbar bleibt und der Starkholzanfall den unentbehrlichen Bedarf der Nutzholzverarbeitung befriedigt. In diesen dicht geschlossenen Versuchsbeständen wird aber die obere Grenze der Kleinholz- und die untere Grenze der Starkholzbildung für die betreffenden Standortsklassen erreicht worden sein.

Hat man in der That übereinstimmend gefunden, daß auf allen Standorten, auch auf den guten Bodenarten, die körperliche Entwickelung der Baumkörper im späteren Baumholzalter, etwa vom 80jährigen bis zum 120jährigen Alter, auf eine zwei bis drei Finger breite Durchmesser-Verstärkung beschränkt worden ist?

1. Nach den Untersuchungen von Robert Hartig, Schwappach, Wimmenauer u. a. wird man die in der unten folgenden Tabelle V. ersichtliche Zunahme des brusthohen Durchmessers und der Baumhöhe für die Abtriebsstämme,

---

*) Die forstlichen Versuchsanstalten waren schon 1876 genötigt, die ursprünglich projektierte Minimalgröße der Probeflächen von 1,0 ha auf 0,25 ha herabzusetzen.

welche im 120jährigen Alter den Ernteertrag liefern,*) als Mittelsätze annehmen dürfen.

Der Durchmesser wurde an den fortwachsenden Stämmen in Brusthöhe — 1,3 m über dem Boden — gemessen. Die Abnahme des Durchmessers aufwärts am Baumschaft beträgt bei Fichten und Kiefern in der Regel 0,7 bis 0,8 cm nach jedem Längenmeter, für Buchen und Eichen und andere Holzarten ist diese Abnahme noch nicht genau ermittelt, scheint aber nach den Burkhardt'schen Formzahlen nicht wesentlich größer zu sein.

Tabelle V.

Zunahme des zehnjährigen Durchmessers und des zehnjährigen Höhenwuchses in den 80- bis 120jährigen Wachstumsperioden nach den bisherigen Ermittelungen für die 120jährigen Abtriebsstämme.

Holzart	Wachs-tums-perioden Jahr	Zehnjährige Zunahme des mittleren Brusthöhen-Durchmessers Bodenklasse					Zehnjährige Zunahme der mittleren Gipfelhöhe Bodenklasse				
		I cm	II cm	III cm	IV cm	V cm	I m	II m	III m	IV m	V m
Fichtenbestände	80—90	2,3	1,6	1,4	1,3	0,9	1,2	1,2	1,2	1,1	1,0
	90—100	2,0	1,3	1,2	0,9	0,6	0,7	0,8	0,8	0,6	0,3
	100—110	1,7	1,1	1,0	0,5	—	0,5	0,6	0,6	0,4	—
	110—120	1,3	0,9	0,9	—	—	0,3	0,5	0,3	—	—
Kiefernbestände	80—90	1,6	1,6	1,7	1,2	0,8	1,5	1,3	1,3	1,1	0,9
	90—100	1,4	1,3	1,3	1,0	0,5	1,2	1,3	1,3	1,0	0,9
	100—110	1,2	1,0	0,9	0,8	—	0,9	1,1	1,2	1,1	—
	110—120	1,1	0,7	0,7	0,7	—	1,1	0,9	0,9	1,1	—
Rotbuchenbestände	80—90	2,1	1,7	—	—	—	1,4	1,5	—	—	—
	90—100	1,8	1,6	—	—	—	1,3	1,3	—	—	—
	100—110	—	1,5	—	—	—	—	1,2	—	—	—

2. Untersuchungen der sächsischen und preußischen Versuchsanstalt über die Durchmesser-Zunahme pro Jahrzehnt in fortwachsenden Normalbeständen.

Zur Begegnung des Einwurfs, daß sich Ungenauigkeiten in die Nachweisung ad 1 (Tabelle V) infolge der Einreihung der Probebestände in die verschiedenen Wachstumsklassen eingeschlichen haben können, sollen nachstehend die Ergebnisse der Ermittelungen angeführt werden, welche teils in fortwachsenden Normalbeständen, teils durch Analyse der Abtriebsstämme vorgenommen worden sind. Auf Grund des sächsischen (Kunze'schen) Untersuchungsmaterials kann man die Durchmesserzunahme speciell für die zu Sägeholz zumeist passenden Stämme nachweisen, wenn man hierzu die Stämme mit über 0,5 fm Nutzholzgehalt rechnet und die gleiche Zahl derselben von Anfang und Ende der je 10jährigen Perioden vergleicht. Die preußischen (Schwappach'schen) Untersuchungen beziehen sich auf den Entwickelungsgang der 120jährigen Abtriebsstämme in Nord- und Mitteldeutschland.

---

*) Die Zunahme der Stangen und Stämme, welche den Zwischennutzungen zufallen, ist weniger beträchtlich als die Zunahme der Abtriebsstämme.

— 152 —

Tabelle VI.
Nachweisung der Zunahme des mittleren Durchmessers in Brusthöhe, ermittelt in fortwachsenden Normalbeständen für die Sägeholzstämme durch die sächsische Versuchsanstalt und für die 120jährigen Abtriebsstämme durch die preußische Versuchsanstalt.

Holzarten und Standortsklassen	Anfang der je 10jährig. Wachstumsperioden		Nach 10 Jahren		Durchmesser-Zunahme in 10 Jahren
	Mittleres Altersjahr	Mittlerer Brusthöhen-Durchmesser cm	Mittleres Altersjahr	Mittlerer Brusthöhen-Durchmesser cm	cm
I. Fichten auf den sächsischen Probeflächen, Stämme mit über 0,5 fm Nutzholzgehalt.					
Erste Standortsklasse . . .	77	29,7	87	32,0	2,3
	83	28,4	93	29,9	1,5
Zweite „ .	78	27,9	88	29,0	1,1
	84	28,9	94	30,5	1,6
	98	32,1	108	34,1	2,0
	102	32,0	112	33,8	1,8
Dritte „ .	78	25,6	88	26,9	1,3
	84	27,6	94	28,5	0,9
	88	25,8	98	26,5	0,7
Vierte „	78	26,9	88	28,5	1,6
II. Fichten auf den Probeflächen in den mitteldeutschen Gebirgen und in Norddeutschland, nach der Zusammenstellung der preußischen forstlichen Versuchsanstalt, Stämme des Abtriebsbestandes im 120jährigen Alter.					
Erste Standortsklasse . . .	80	35,1	90	37,4	2,3
	90	37,4	100	39,4	2,0
	100	39,4	110	41,1	1,7
Zweite „ .	80	30,4	90	32,0	1,6
	90	32,0	100	33,3	1,3
	100	33,3	110	34,4	1,1
Dritte „ .	80	24,6	90	26,0	1,4
	90	26,0	100	27,2	1,2
	100	27,2	110	28,2	1,0
Vierte „ .	80	19,3	90	20,6	1,3
	90	20,6	100	21,5	0,9
	100	21,5	110	22,0	0,5
Fünfte „ . . .	80	15,5	90	16,4	0,9
	90	16,4	100	17,0	0,6

Holzarten und Standortsklassen	Anfang der je 10jährig. Wachstumsperioden		Nach 10 Jahren		Durchmesser-Zunahme in 10 Jahren
	Mittleres Altersjahr	Mittlerer Brusthöhen-Durchmesser cm	Mittleres Altersjahr	Mittlerer Brusthöhen-Durchmesser cm	cm
III. Kiefern auf den sächsischen Probeflächen, wie ad I.					
Erste Standortsklasse	62	31,5	72	32,5	1,0
Zweite „ . .	64	30,1	74	31,0	0,9
Dritte „ .	108	33,2	118	33,9	0,7
	113	33,5	123	34,4	0,9
Vierte „ .	81	29,5	91	29,4	?
	83	31,1	93	31,3	0,2
	85	30,3	95	30,4	0,1
	87	30,3	97	30,4	0,1
IV. Kiefern wie oben ad II, ermittelt in der norddeutschen Tiefebene.					
Erste Standortsklasse . .	80	35,0	90	36,6	1,6
	90	36,6	100	38,0	1,4
	100	38,0	110	39,2	1,2
Zweite „ .	80	31,1	90	32,7	1,6
	90	32,7	100	34,0	1,3
	100	34,0	110	35,0	1,0
Dritte „ . .	80	26,1	90	27,8	1,7
	90	27,8	100	29,1	1,3
	100	29,1	110	30,0	0,9
Vierte „ . .	80	22,3	90	23,5	1,2
	90	23,5	100	24,5	1,0
	100	24,5	110	25,3	0,8
Fünfte „ . . .	80	15,9	90	16,7	0,8
	90	16,7	100	17,2	0,5

Gestützt auf diese Ergebnisse der vergleichenden Ermittelung wird man sagen dürfen, daß nach den zur Zeit zulässigen Annahmen die Entscheidung der Frage, ob die 100- bis 120jährigen Umtriebszeiten zukünftig fortzusetzen oder die im Mittel 70- bis 90jährigen Umtriebszeiten mit maximaler Nutzholzproduktion einzuführen sind, über eine nicht beträchtliche Verstärkung der Baumkörper zu befinden hat. In den Nadelholzbeständen auf Mittelboden (Standortsklassen II, III, IV) wird voraussichtlich gefunden werden, daß die Verlängerung der Wachstumszeit vom 80. bis zum 110. Jahre eine mittlere Verstärkung der Baumkörper in Brusthöhe von 3 bis 5 cm bewirken wird. Wenn im kommenden

Jahrhundert die maximale Nutzholzproduktion das Wirtschaftsziel bilden würde, so würde diese Verringerung des Durchmessers der Baumschäfte die zukünftige Nutzholzverarbeitung sicherlich keiner Katastrophe entgegenführen.

3. Untersuchungen der sächsischen und preußischen Versuchsanstalt über die Zunahme der Sägestämme und der Abtriebsstämme nach Derbholzmasse. Wenn man die mittlere Zunahme der Derbholzmasse während je zehnjähriger Verlängerung der Abtriebszeit für die Sägeholzstämme über 0,50 fm in Sachsen und für die 120jährigen Abtriebsstämme in den mitteldeutschen Gebirgen, bezw. in der norddeutschen Tiefebene ermittelt, so zeigen die bis jetzt vorliegenden, in Tabelle VII nachgewiesenen Ergebnisse der bisherigen Untersuchungen gleichfalls eine zögernde und nur wenig ergiebige Steigerung des Derbgehaltes der stärkeren Stämme.

Im Hinblick auf die Ergebnisse der bisherigen vergleichenden Untersuchungen wird man immerhin die örtliche Ermittelung anregen dürfen, ob die Auflagerung 3 bis 5 cm messender Hohlkegel auf die während 70- bis 90jähriger Wachstumszeit ausgebildeten Baumkörper eine ausschlaggebende Erweiterung der Gebrauchsfähigkeit für die 110- bis 120jährigen Abtriebsstämme bewirken wird. Vorläufig darf man vermuten, daß zwar bei Einhaltung von 100- bis 120jährigen Umtriebszeiten eine gewisse Zahl von Stämmen, die im durchschnittlich 80jährigen Alter einen Derbholzgehalt von 0,75 bis 1,00 fm hatten, einrücken werden in die Stammklasse von 1,00 bis 1,50 fm Derbholzgehalt, daß aber die Hauptmasse der Stämme von 0,50 bis 0,75 fm die entscheidende, auf den Sägebetrieb einflußreiche Ausbildung der Nutzholzkörper zu schweren Sägeklötzen und Balkenhölzern nicht finden wird, am allerwenigsten auf den Standorten mit mittlerer Bodengüte. Beachtenswert könnte die Durchmesser-Zunahme nur dann werden, wenn die Preise für Bretter und Kanthölzer von Centimeter zu Centimeter der Breite beträchtlich steigen würden. Für die 24 bis 30 cm breite Brettermasse werden beispielsweise im rheinischen Holzhandel 5 bis 14 % mehr als für die 15 bis 23 cm breiten Bretter nur dann erlöst, wenn dieselben 4,5 m lang sind, während die Bretterbreite keine Einwirkung auf den Preis der 3 m langen Bretter hat. Die starken und langen Balkenhölzer und Bauhölzer werden in der Regel für 5 cm der Breitezunahme 8 bis 10 % und für 5 m der Längenzunahme 14 bis 16 % höher bezahlt als die kurzen Bau- und Balkenhölzer. Aber der Preis der ersteren wird infolge der Verwendung eiserner Träger möglicherweise in der Zukunft nur für stetig sinkende Starkholzquantitäten erzielt werden. Für die Feststellung der Umtriebszeiten in den Nadelholz-Waldungen ist unverkennbar die oben erörterte Verhütung einer Überproduktion von Klein-Nutzholz ungleich wichtiger wie die forstwirtschaftlich erreichbare Durchmesser-Verstärkung der Abtriebsstämme vom 80jährigen bis 120jährigen Alter.

Im Kronenschluß des Buchenhochwaldes wird eine beachtenswerte Nutzholzabgabe vorläufig nur für die Buchennutzholz-Klötze mit einem mittleren Durchmesser von 40 cm aufwärts erreicht werden können. Die ausgiebige Erzeugung dieser Buchenstarkhölzer im Kronenschluß würde eine weitgehende Erhöhung der bisher eingehaltenen Umtriebszeiten bedingen und nach den später

— 155 —

Tabelle VII.

Nachweisung der Derbholzzunahme in fortwachsenden Normalbeständen im Mittel pro Stamm, nachgewiesen für die Sägeholzstämme durch die sächsische forstliche Versuchsanstalt und für die 120jährigen Abtriebsstämme durch die preußische Versuchsanstalt.

Standorts-klasse	Anfang der 10jähr. Periode		Nach 10 Jahren		Körperliche Zunahme in 10 Jahren	Anfang der 10jähr. Periode		Nach 10 Jahren		Körperliche Zunahme in 10 Jahren
	Alters-Jahr	Mittlerer Derb-holz-gehalt fm	Alters-Jahr	Mittlerer Derb-holz-gehalt fm	fm	Alters-Jahr	Mittlerer Derb-holz-gehalt fm	Alters-Jahr	Mittlerer Derb-holz-gehalt fm	fm
	I. Fichtenbestände in Sachsen, Durchschnitt aller Stämme über 0,5 fm					II. Fichtenbestände in den mitteldeutschen Gebirgen ꝛc., Durchschnitt aller 120jährigen Haubarkeitsstämme				
I ..	77	1,02	87	1,26	0,24	80	1,70	90	1,95	0,25
	83	0,92	93	1,01	0,09	90	1,95	100	2,18	0,23
						100	2,18	110	2,39	0,21
II .	78	0,82	88	0,91	0,09	80	1,06	90	1,23	0,17
	84	0,89	94	1,03	0,14	90	1,23	100	1,38	0,15
	98	1,16	108	1,28	0,12	100	1,38	110	1,52	0,14
	102	1,13	112	1,29	0,16					
III ..	78	0,59	88	0,76	0,17	80	0,63	90	0,74	0,11
	84	0,74	94	0,87	0,13	90	0,74	100	0,84	0,10
	88	0,62	98	0,73	0,11	100	0,84	110	0,93	0,09
IV ..	78	0,73	88	0,87	0,14	80	0,34	90	0,40	0,06
						90	0,40	100	0,46	0,06
						100	0,46	110	0,50	0,04
V .						80	0,18	90	0,22	0,04
						90	0,22	100	0,25	0,03
	III. Kiefernbestände in Sachsen, wie ad I					IV. Kiefernbestände im norddeutschen Tieflande, wie ad II				
I ..	62	0,76	72	0,90	0,14	80	1,17	90	1,33	0,16
						90	1,33	100	1,47	0,14
						100	1,47	110	1,59	0,12
II ..	64	0,70	74	0,78	0,08	80	0,85	90	0,97	0,12
						90	0,97	100	1,08	0,11
						100	1,08	110	1,17	0,09
III ..	108	0,79	118	0,88	0,09	80	0,55	90	0,64	0,09
	113	0,85	123	0,92	0,07	90	0,64	100	0,72	0,08
						100	0,72	110	0,79	0,07
IV ..	81	0,49	91	0,53	0,04	80	0,35	90	0,41	0,06
	83	0,51	93	0,64	0,13	90	0,41	100	0,45	0,04
	85	0,46	95	0,59	0,13	100	0,45	110	0,49	0,04
	87	0,55	97	0,58	0,03					
V ..						80	0,15	90	0,17	0,02
						90	0,17	100	0,19	0,02

folgenden Rentabilitäts-Vergleichungen den Privatwaldbesitzern ungemein teuer zu stehen kommen. Für die minder starken Buchennutzhölzer wurden bisher Preise bewilligt, welche den Scheitholzpreisen pro Festmeter nahe kommen. Ob die Schwellenholzstämme mit 26 bis 27 cm Zopfstärke später verstärkte Nachfrage finden und die Imprägnierungs- und Transportkosten nicht höher kommen wie bei Kiefernschwellen, kann zur Zeit noch nicht beurteilt werden. Für das Brennholzangebot wird die Verstärkung der Scheitholzgewinnung so lange nicht befürwortet werden können, als nicht nachgewiesen worden ist, daß die Brennstoff-Erzeugung hierdurch merkbar zunimmt.

Die Zunahme der Eichen im Lichtstand wird unten erörtert werden.

VI. Mit welchen Umtriebszeiten erreicht die Holzsorten-Gewinnung in größeren Beständen mit Kronenschluß allseitige Gebrauchsfähigkeit?

1. Die Holzsorten-Gewinnung in den Fichtenwaldungen der Staatsforste des Königreichs Sachsen mittels planmäßiger Umtriebszeiten von 70 bis 80 Jahren. — Die planmäßige Regelung des Forstbetriebes aus privatwirtschaftlichen Gesichtspunkten hat bei Feststellung der Produktionsrichtungen vor allem hinzublicken auf den Verbrauch der Nutzholzsorten in den Ländern mit hoch entwickelter gewerblicher und industrieller Thätigkeit. In allen größeren Hochwaldungen ist, wie gesagt, ein Rundgang der Verjüngung zu bestimmen, welcher nach Abnutzung der vorhandenen Waldbestockung den bezugsberechtigten Nutznießern eine komplette Bestandsalters-Stufenfolge darbietet, deren erntereifes Glieder gebildet werden von den nutzbarsten Rundholzsorten. Wir sind nicht zu der Annahme berechtigt, daß die im 19. Jahrhundert mächtig aufstrebende gewerbliche und industrielle Entwickelung in unserem Vaterlande den Gipfelpunkt erreicht oder überschritten hat und einmünden wird in eine traurige Periode des Stillstandes oder Rückganges. Die Waldertrags-Regelung hat sicherlich auch derartige, hoffentlich bald vorübergehende Niedergangszeiten zu berücksichtigen, in denen die zurückweichende Nachfrage nach Nutzholz eine Vermehrung des Brennholzangebots bedingt. Es ist nachzuweisen, daß durch die Begünstigung der Nutzholzproduktion die maximale Brennstoffgewinnung nicht wesentlich beeinträchtigt werden wird. Aber diese Rücksichtnahme läßt sich, wie wir sehen werden, mit der intensiven Nutzholzproduktion vereinbaren. Man würde den Forstwirten, die berufen sind, mit langen Zeitperioden zu rechnen, mit Recht eine gewisse Kurzsichtigkeit und einen gewissen beschränkten Gesichtskreis zum Vorwurf machen können, wenn sie bei der Begründung und der Feststellung ihrer Wirtschaftspläne den Blick abwenden würden von den Nutzholz-Verbrauchsverhältnissen in Ländern mit hoch entwickelter gewerblicher und industrieller Thätigkeit.

Auf Grund der Gutachten von sachverständigen Säge-Industriellen haben wir oben vermutet, daß für die Befriedigung des zukünftigen Nadelholz-Nutzholzverbrauchs der inländischen Bevölkerung die folgende Abstufung des Rundholz-Sortenangebots genügen wird:

Nadelholzstämme mit über 1,0 fm pro Stamm . . . 24%
„ von 0,51—1,0 „ „ „ . . . 36%
„ bis zu 0,50 „ „ „ . . . 40%

Unter den deutschen Ländern wird vor allem das Königreich Sachsen ein vielfach lehrreiches Vorbild für die Entwickelung des Nutzholz-Konsums und speciell hinsichtlich des Verbrauchs der Rundholzsorten darbieten können. Man kann nicht bezweifeln, daß die Entwickelung des gewerblichen und industriellen Fortschritts, der dieses kleine Königreich, namentlich in der zweiten Hälfte des neunzehnten Jahrhunderts, zu wirtschaftlicher Blüte emporgeführt hat, alle vaterländischen Gauen bis zur zweiten Hälfte des nächsten Jahrhunderts durchdringen wird, und man darf auch hoffen, daß die volkswirtschaftliche Aufwärtsbewegung unterstützt werden wird durch den zunehmenden Wohlstand der Bevölkerung im Deutschen Reiche. In den Fichtenwaldungen des sächsischen Staates werden seit langer Zeit Umtriebszeiten planmäßig eingehalten, welche die maximale Nutzholzgewinnung herbeiführen, und seither hat diese Bewirtschaftung glänzende finanzielle Ergebnisse ununterbrochen hervorgerufen. Wenn auch in diesem Lande und im angrenzenden Elbegebiet die Kohlenförderung und die Zellstofffabrikation eine hohe Stufe erreicht hat, so hat sich gleichzeitig eine blühende Säge-Industrie fortschreitend entwickelt, und man kann nicht nachweisen, daß im Königreich Sachsen der Häuserbau, der Bahnbau, der Grubenbau ꝛc. in irgend einer Richtung, infolge Starkholzmangels, unsolider vollzogen werden mußte als in Ländern mit vorherrschender Starkholz-Produktion. In den sächsischen Staatswaldungen, welche vorherrschend von Fichtenbeständen — nur mit 23% von Kieferbeständen und mit 4% von Laubholzbeständen — gebildet werden, ist planmäßig seit vielen Jahrzehnten eine normale Umtriebszeit von nahezu 80 Jahren maßgebend, und die konkrete Abtriebszeit der vorhandenen Bestände wird nur in einzelnen Forstbezirken und in wenigen Beständen das 100jährige Alter übersteigen, während andererseits die 80jährige Abtriebszeit infolge der sächsischen Hiebszugwirtschaft nicht immer erreicht sein wird.

In den Staatswaldungen des Königreichs Sachsen waren in der zweiten Hälfte des laufenden Jahrhunderts folgende planmäßige Umtriebszeiten maßgebend:

1850/54 . . . 71 Jahre   1865/69 . . . 80 Jahre
1855/59 . . . 73 „   1870/74 . . . 80 „
1860/64 . . . 75 „   1875/79 . . . 76 „

Man kann allerdings, wie gesagt, nicht bestimmen, ob die Abtriebsnutzung in Beständen stattgefunden hat, welche ein mittleres Alter von 70 bis 90 Jahren hatten, und welchen Anteil die Vornutzungen am Nutzholzertrag genommen haben. Wenn auch einzelne ältere Bestände der Nutzung einverleibt worden sind, so werden andererseits, wie gesagt, infolge der sächsischen Hiebszugwirtschaft auch Bestände, welche das normale Haubarkeitsalter noch nicht erreicht hatten, dem Etat des nächsten Jahrzehnts zugewiesen worden sein. Nach dem Altersklassen-Verhältnis von 1884 ist zu vermuten, daß die Hauptmasse das konkrete Abtriebsalter von 80 Jahren nicht wesentlich überstiegen haben wird.

Die Starkholz-Abgabe in den sächsischen Waldungen ist keineswegs, wie vielfach vermutet wird, in tief greifender Weise ergänzt worden durch die Starkholz-Einfuhr aus Böhmen auf der Elbe, weil die Nutzholzgewinnung in den sächsischen und böhmischen Waldungen nach dem beiderseitigen Altersklassen-Verhältnis höchstenfalls nur wenige Centimeter in der mittleren Baumstärke differieren kann.

Nach den Angaben über die Umtriebszeiten in den böhmischen Waldungen, mit ca. 70% dem Großgrundbesitz gehörig, wird man annehmen dürfen, daß die 80- bis 90jährigen Umtriebszeiten im Hochwaldbetrieb vorherrschend sind. Der größere Teil der Hochwaldfläche wird mit Umtriebszeiten unter und mit 80 Jahren bewirtschaftet. Judeich sagt (Tharander Jahrbuch 1883, S. 169): „Nach den in Sachsen gewonnenen Erfahrungen werden hauptsächlich schwächere und mittlere Hölzer eingeführt." Direkte Mitteilungen über den Rundholz-Verbrauch der großen sächsischen Sägewerke, welche dem Verfasser in der letzten Zeit zugekommen sind, bestätigen nicht nur, daß die Starkholz-Einfuhr aus Böhmen unbeträchtlich ist, sie betonen besonders, daß eine Erweiterung des Starkholz-Angebots in keiner Weise erwünscht sein würde. Bei den Ankäufen des böhmischen Holzes bevorzuge man ein Holzsorten-Verhältnis, welches sich nach der Mittenstärke der Stämme wie folgt abstufe (in Prozenten der gesamten angekauften Nutzholzmasse):

```
    15—20 cm  . . . . . . . . . 20%
    21—30 cm  . . . . . . . . . 55%
    über 30 cm bis höchstens 36 cm . . . . 25%
```

Bevorzugt würden sonach die Stämme mit 21 bis 30 cm Mittenstärke, für die ein mittlerer Derbholzgehalt von 0,5 bis 1,0 fm anzunehmen sein wird.

In den sächsischen Staatswaldungen sind im Jahrzehnt 1880 89 von dem Gesamtquantum des Nutzderbholzes mit über 5 000 000 fm fast lediglich Nadelholz, 58% als Klötzer, 34% als Stämme und 8% als Derbstangen, sortiert worden. Dabei haben sich für die Klötzer und Stämme die folgenden beachtenswerten Ergebnisse herausgestellt:

Mittendurchmesser*)	Prozente der Verwertung	Waldpreis pro Festmeter
I. Nadelholzderbstangen und Nadelholzstämme.		
Bis 15 cm	37%	10,4 Mk.
„ 16—22 „	34%	13,0 „
„ 23—29 „	21%	16,1 „
„ 30—36 „	7%	18,0 „
Über 36 „	1%	18,7 „
II. Nadelholzklötzer.		
Bis 15 cm	15%	10,0 Mk.
„ 16—22 „	37%	12,4 „
„ 23—29 „	30%	16,5 „
„ 30—36 „	12%	19,1 „
Über 36 „	6%	18,8 „
III. Gesamte Nutzholz-Gewinnung.**)		
Bis 15 cm	26%	
„ 16—22 „	35%	
„ 23—29 „	26%	
„ 30—36 „	9%	
über 36 „	4%	

*) Seit 1875 ist im sächsischen Staatsforstbetrieb die Messung nach Oberstärke nur noch bei Klötzern bis 5 m Länge zulässig.

**) Der Forstbezirk Eibenstock konnte bei diesen Zusammenstellungen nicht berücksichtigt werden, weil die Nachweisungen nur für fünf Jahre vollständig sind. Ebenso

Obgleich die Stämme mit mehr als 30 cm Durchmesser nur mit 8 °/₀ und die Klötzer mit mehr als 30 cm Durchmesser nur mit 18 °/₀ zum Angebot kamen, so zeigt sich in der Preiszunahme von der Stärkeklasse 23 bis 29 cm an eine fallende Reihe, was namentlich bei den Sägeklötzen auffallend ist. Bemerkenswert ist vor allem, daß der Preisrückgang von 1873/75 bis 1879/81 mit 34 bis 40 °/₀ die stärkeren Holzsorten, dagegen nur mit 17 bis 20 °/₀ die schwächeren Nutzholzsorten getroffen hat.

In den Staatswaldungen des Königreichs Sachsen werden seit vielen Jahrzehnten nahezu 80 % des gesamten Derbholzertrages als Nutzholz verwertet. In keinem anderen größeren Lande Deutschlands erreichen die Brutto=Gelderträge und die Wald=Reinerträge auch nur annähernd einen gleich hohen Stand wie in diesen Staatswaldungen, selbst nicht in den Nadelholzgebieten des Königreichs Württemberg, obgleich in diesem Lande die Nadelhölzer durchschnittlich mit 100jähriger Umtriebszeit bewirtschaftet werden und im Schwarzwald und in Oberschwaben keine ungünstigeren Standortsverhältnisse vorherrschen werden wie in Sachsen.

2. Die Fichtenholz=Verwertung im preußischen Harz wird pro 1880 bis 1889 wie folgt beziffert (Reuß in Danckelmanns Zeitschrift von 1890, S. 691):

		Festmeter	Durchschnittspreis pro Festmeter Mark
Langholz	I. Klasse . . .	1 650	22,81
„	II. „ . . .	3 370	20,74
„	III. „ . . .	13 539	18,24
„	IV. „ . . .	27 023	15,15
„	V. „ . . .	35 386	11,13
Blöcher		6 159	19,04
Derbholzstangen	I. „	6 066	8,12
„	II. „	5 177	6,75
„	III. „	4 778	7,32
Böttcherholz		1 269	27,86
Schleifholz		4 792	8,57
	Zusammen . .	109 209	

Nach den preußischen Vorschriften ist das Fichtenstammholz in folgender Weise zu klassifizieren:

I. Klasse über 3,00 fm
II. „ von 2,00 bis 3,00 „
III. „ „ 1,00 „ 2,00 „
IV. „ „ 0,51 „ 1,00 „
V. „ 0,50 fm und weniger.

---

wenig sind die nicht sortierten Stämme und Klötzer in diese Vergleichung aufgenommen worden. Die Umwandlung der Abstufung nach Centimetern in die Abstufung nach Kubikmetern Nutzholzgehalt läßt sich selbst durch die umfangreichsten und zeitraubendsten Berechnungen auf Grund der sächsischen Probeholzvermessungen nicht genau ermitteln. Wahrscheinlich dürfte sein, daß die Stämme mit einem Nutzholzgehalt bis 0,50 fm mit 40 %, die Stämme mit 0.50 bis 1,00 fm Nutzholzgehalt mit 36 % und die Stämme mit mehr als 1,00 fm mit 24 % der gesamten Nutzholzgewinnung im Absatzgebiet der sächsischen Staatswaldungen verarbeitet worden sind.

In den Fichtenbeständen der Provinz Hannover schwanken nach den amtlichen Angaben die Umtriebszeiten zwischen 60 und 100 Jahren, betragen jedoch in Hochlagen bis 120 Jahre. Rechnet man das Blochholz und das Böttcherholz zu dem Stammholz über 1,0 fm, so würde sich das Prozentverhältnis wie folgt stellen:

über 1,0 fm . . . . . 24 %
von 0,5 bis 1,0 „ . . . . . 25 %
0,5 fm und weniger . . . . . 51 %,

sonach mehr Kleinholz als in Sachsen.

Im Harz und im Absatzgebiet des Harzes existiert bekanntlich eine blühende Sägeindustrie. Es ist besonders beachtenswert, daß die gesamte Nutzholzverwertung die Stämme mit über 0,50 fm Nutzholzgehalt lediglich mit 49 %, das Kleinnutzholz mit 51 % angeboten und für das letztere dennoch recht annehmbare Preise erzielt hat.

3. In den Fichtenbeständen des braunschweig'schen Harzes hat Robert Hartig schon 1866 die Rundholzsorten für verschiedene Abtriebszeiten ermittelt, leider nur in Fichtenbeständen mit vorzüglichem Holzwuchs.*) Zu Blochholz für den Betrieb der fiskalischen Sägemühlen und für die vier ersten Balken- und Bauholzklassen, welche mit ihrem Preise dem Preise der gangbarsten Blochholzsorten nahe stehen, hat Hartig folgende Anteilnahme am Nutzholzertrag der Abtriebsbestände ermittelt:

	Bloch- und stärkeres Bauholz	Sparren, Lattenknüppel u. s. w.
Erste Standortsklasse.		
60jähriger Umtrieb	60 %	40 %
70 „ „	81 %	19 %
80 „ „	90 %	10 %
Zweite Standortsklasse.		
60jähriger Umtrieb .	37 %	63 %
70 „ „	45 %	55 %
80 „ „	71 %	29 %

Die untersuchten größeren Fichtenbestände werden auf den besten Fichtenstandorten erwachsen sein, denn dieselben hatten im 80jährigen Alter 8,3 und 7,0 fm Haubarkeits-Durchschnittszuwachs (Gesamtmasse pro Hektar).

4. Die umfassenden Untersuchungen, welche die forstlichen Versuchsanstalten in den deutschen Fichtenwaldungen vorgenommen haben, sind von der preußischen Versuchsanstalt einerseits für Norddeutschland und die mitteldeutschen Gebirge und andererseits für Süddeutschland zu Ertragstafeln verarbeitet und durch die Ermittelung der Holzsorten-Verhältnisse des Abtriebes und Vorertrages wesentlich bereichert worden.**) Die Ergebnisse dieser Untersuchungen liefern uns die am meisten beachtenswerten Anhaltspunkte, weil dieselben, wie oben angeführt, maximale Kleinholz- und minimale Starkholzprozente für ausgedehnte Länderstriche des Deutschen Reiches beziffern werden. Da aber auf größeren Bestandsflächen selten die Holzmassen gefunden werden,

---

*) „Die Rentabilität der Fichtennutzholz- und Buchenbrennholz-Wirtschaft im Harz und im Wesergebirge." Stuttgart 1868.

**) Schwappach, „Wachstum und Ertrag normaler Fichtenbestände." Berlin 1890.

Tabelle VIII.
Nachweisung der Holzsorten-Gewinnung in Fichtenbeständen mit normalem Kronenschluß in den mitteldeutschen Gebirgen und in Norddeutschland.

Gruppe	Standortsgüte	Nutzholzklassen	60=jährig. Alter %	70=jährig. Alter %	80=jährig. Alter %	90=jährig. Alter %	100=jährig. Alter %
A	Gut bis vorzüglich	Starkholz*)	25	36	49	62	79
		Mittelholz**)	42	42	38	29	15
		Kleinholz***)	33	22	13	9	6
B	Mittelgut bis gut	Starkholz	6	15	23	36	53
		Mittelholz	30	40	42	38	30
		Kleinholz	64	45	35	26	17
C	Vorherrschend mittelgut	Starkholz	5	12	18	28	41
		Mittelholz	24	35	39	37	32
		Kleinholz	71	53	43	35	27
D	Gering bis mittelgut	Starkholz	—	—	3	12	22
		Mittelholz	9	25	36	37	36
		Kleinholz	91	75	61	51	42
E	Flachgründig und trocken	Starkholz	—	—	—	—	—
		Mittelholz	—	—	—	17	27
		Kleinholz	100	100	100	83	73
F	Durchschnitt aller Klassen I bis V	Starkholz	15	22	30	40	52
		Mittelholz	29	33	34	30	23
		Kleinholz	56	45	36	30	25

welche für die genannten ausgesuchten Probeflächen nachgewiesen worden sind (zumal für die erste Standortsklasse mit einem 80jährigen Haubarkeitsertrag von 857 fm Derbholz pro Hektar), so wird es für die Vergleichung anschaulicher sein, wenn die folgenden Gruppen bei der Nachweisung der von der preußischen Versuchsanstalt für die mitteldeutschen Gebirge und Norddeutschland ermittelten Prozentverhältnisse ausgeschieden werden. Mit Einreihung der Nutzholz-Aussonderung aus den Vornutzungen werden die letzteren für die folgenden Gruppen in der obenstehenden Tabelle VIII nachgewiesen:

A. Mittel der Standortsklassen I und II, guter bis vorzüglicher Boden.
B.   „   „   „   II bis III, mittelguter bis guter Boden.
C.   „   „   „   II, III und IV, vermutlich den im Fichten-Produktionsgebiet vorherrschenden Standortsklassen entsprechend.
D. Mittel der Standortsklassen III und IV, zur Trockenheit geneigter bis mittelguter Boden.
E. Standortsklasse V, trockener und flachgründiger Boden.
F. Durchschnitt aller Standortsklassen I bis V.

*) über 1,0 fm pro Hektar.
**) 0,5 bis 1,0 fm pro Hektar.
***) Bis 0,5 fm pro Hektar.

Zur näheren Charakteristik dieser Gruppen werden die durchschnittlichen Gipfelhöhen- und Brusthöhen-Durchmesser (1,3 m vom Boden) hier angeführt, welche sich nach den Ermittelungen der preußischen forstlichen Versuchsanstalt als Mittel im 80jährigen Bestandsalter für diese Gruppen ergeben:

Gruppe	A	B	C	D	E	F
Mittlere Bestandshöhe m	26,0	22,9	21,4	17,2	13,2	22,8
Mittlerer Durchmesser cm	29,3	24,5	23,0	18,0	14,5	24,6

Im Hinblick auf die von den forstlichen Versuchsanstalten vorgeschriebene, für die Ermittelung des Holzsortenanfalls in größeren Beständen nicht genügende Probeholzfällung ist jedoch zu vermuten, daß selbst in diesen in dichter Stammstellung erwachsenen Probebeständen die stärkeren Stämme mit höherem Prozentsatz vertreten waren, als Schwappach nach dem Verfahren der forstlichen Versuchsanstalten ermitteln konnte.

Diese Vermutung wird bestärkt, wenn man die Schwappach'schen Untersuchungs-Ergebnisse einer weiteren Prüfung unterwirft. Der Genannte hat die Wachstums-leistungen der einzelnen Stammklassen getrennt ermittelt — zuerst für die 200 stärksten Stämme pro Hektar, hierauf für die Abtriebsstämme, welche im 120jährigen Alter die Bestände bilden und endlich für den Rest der dominierenden Stämme. Berechnet man nun den Nutzholzgehalt dieser Bestandsteile, soweit das veröffentlichte Untersuchungs-material eine annähernd richtige Ermittelung gestattet, und addiert die Ergebnisse, so stimmen die oben nachgewiesenen Angaben in den Schwappach'schen Sortimentstafeln (die Prozentsätze A in der unten stehenden Vergleichung) nicht überein mit den Ergebnissen dieser Proberechnung (den Prozentsätzen B in der unten folgenden Vergleichung). Die letztere ergiebt beispielsweise für das in erster Linie prüfenswerte 80jährige Bestandsalter und die drei mittleren Standortsklassen:

Standortsklassen und Ermittelungsverfahren		Starkholz wie oben %	Mittelholz wie oben %	Kleinholz wie oben %
Zweite Standortsklasse	A	43	46	11
" "	B	55	26	19
Dritte "	A	6	48	46
" "	B	30	35	35
Vierte "	A	—	28	72
" "	B	10	31	59
Durchschnitt der Standortsklassen II, III, IV,	A	20	43	37
	B	37	31	32

5. Zur Bemessung der Holzsorten-Abstufung nach Wachstumszeiten in den geschlossenen Kiefernbeständen sind nur die Ergebnisse der Ermittelungen benutzbar, welche die preußische forstliche Versuchsanstalt vorgenommen hat.[*] Es

---

[*] Schwappach, „Wachstum und Ertrag normaler Kiefernbestände in der norddeutschen Tiefebene." Berlin 1889, Springer.

Die Ermittelungen der sächsischen forstlichen Versuchsanstalt in den Kiefernbeständen der Staatswaldungen konnten wegen der geringen Verbreitung der Kiefer in diesem Königreich benutzbare Durchschnittsätze nicht liefern. Die Zusammenstellungen, die der Verfasser vorgenommen hat, ließen lediglich vermuten, daß auf den Kiefernstandorten mittlerer Güte bei Einhaltung von 75- bis 85jährigen Umtriebszeiten den Stammklassen über 0,5 fm ca. 60 % der gesamten Nutzholzgewinnung zufallen wird.

Tabelle IX.
Nachweisung der Holzsortengewinnung in Kiefernbeständen mit normalem Kronenschluß im norddeutschen Tieflande.

Gruppe	Standortsgüte	Nutzholz-klassen pro Stamm	60-jährig. Alter %	70-jährig. Alter %	80-jährig. Alter %	90-jährig. Alter %	100-jährig. Alter %	110-jährig. Alter %	120-jährig. Alter %
A	Gut bis vorzüglich	über 1,0 fm	5	15	30	45	64	—	—
		0,5—1,0 fm	31	47	52	48	34	—	—
		Bis 0,5 fm	64	38	18	7	2	—	—
B	Mittelgut bis gut	über 1,0 fm	—	4	13	21	38	—	—
		0,5—1,0 fm	—	31	45	52	47	—	—
		Bis 0,5 fm	100	65	42	27	15	—	—
C	Mittelgut	über 1,0 fm	—	—	—	5	20	45	64
		0,5—1,0 fm	—	21	42	52	50	37	24
		Bis 0,5 fm	100	79	58	43	30	18	12
D	Durchschnitt der Standorts-klassen I, II, III	über 1,0 fm	—	12	22	35	53	74	86
		0,5—1,0 fm	—	42	51	49	38	22	11
		Bis 0,5 fm	—	46	27	16	9	4	3
E	Mittelgut bis gering	über 1,0 fm	—	—	—	3	12	28	41
		0,5—1,0 fm	—	12	26	41	47	43	38
		Bis 0,5 fm	100	88	74	56	41	29	21
F	Trocken und flachgründig	über 1,0 fm	—	—	—	—	—	3*)	9*)
		0,5—1,0 fm	—	—	5	17	33	51*)	58*)
		Bis 0,5 fm	100	100	95	83	67	46*)	33*)

wird auch für die Kiefernbestände zweckmäßig sein, die Anteilnahme der Stärke-klassen nach der obigen Abstufung der Standortsgüte nachzuweisen und demgemäß in Tabelle IX folgende Güteklassen auszuscheiden:

A. Guter und sehr guter Boden, Mittel der Standortsklassen I und II, 25 m mittlere Bestandshöhe im 80jährigen Alter und 30 cm mittlerer Durchmesser in Brusthöhe.

B. Mittelguter bis guter Boden, Mittel der Standortsklassen II und III, 21 m mittlere Bestandshöhe im 80jährigen Bestandsalter und 25 cm Durchmesser.

C. Mittelguter Boden, Standortsklasse III, 19 m mittlere Bestandshöhe und 23 cm mittlerer Durchmesser im 80jährigen Alter.

---

daß ferner auf den besten Standortsklassen eine 40 % erreichende Starkholzgewinnung (über 1,0 fm) mit 80jähriger Umtriebszeit nicht unwahrscheinlich ist.

Die Ergebnisse der Ermittelungen, welche Schwappach früher in den Kiefern-beständen der hessischen Rheinebene und des Odenwaldes vorgenommen hat, sind für unsere Zwecke ebensowenig brauchbar, weil die Probestämme nach der Zopf-stärke sortiert worden sind und es nicht durchführbar war, den Nutzholzgehalt der Klassen über 1,0 fm pro Stamm, 0,5 bis 1,0 fm und bis 0,5 fm pro Stamm zu bestimmen.

*) Für die besseren Standorte dieser Gruppe.

D. Durchschnitt der drei ersten Standortsklassen, 23,6 m mittlere Bestandshöhe und 28,3 cm mittlerer Brusthöhendurchmesser im 80jährigen Alter.

E. Mittelmäßiger bis geringer Boden, Durchschnitt der Standortsklassen III und IV, 17,6 m mittlere Bestandshöhe und 20,0 cm mittlerer Brusthöhendurchmesser im 80jährigen Alter.

F. Trockene und flachgründige Standorte, Durchschnitt der Standortsklassen IV und V, mit 14,0 m mittlerer Bestandshöhe und 16,6 cm mittlerem Brusthöhendurchmesser im 80jährigen Alter.

Die oben (bei den Fichten-Normalbeständen, Seite 162) erwähnten Verschiedenheiten in der Holzsortenabstufung, welche durch das von den forstlichen Versuchsanstalten angeordnete Ermittelungsverfahren entstanden sein werden, kehren auch bei den Kiefern-Normalbeständen wieder. Für die wichtigsten drei ersten Standortsklassen und für die 80jährige Wachstumszeit ergiebt die Vergleichung, wenn man die Anteile der Holzsorten an den 80jährigen Abtriebserträgen zunächst für die 200 stärksten Stämme pro Hektar, hierauf für die verbleibenden Abtriebsstämme im 120jährigen Alter und endlich für den Restbestand berechnet und die Ergebnisse, die allerdings nur annähernd genau ermittelt werden können, den von Schwappach gefundenen Prozentsätzen für die gesamten Nutzholzsorten des Bestandes gegenüberstellt, die folgenden Unterschiede der Prozentsätze:

	Nutzholzgehalt pro Stamm			
	über 2,0 fm %	1,51—2,00fm %	1,01—1,50fm %	0,51—1,00fm %	bis 0,50fm %
a. Für die erste Standortsklasse					
Berechnung nach Stammklassen	9	24	29	27	11
Nach Schwappach, Gesamtbestand	—	17	42	34	7
b. Für die zweite Standortsklasse					
Berechnung nach Stammklassen	4	10	22	31	33
Für den Gesamtbestand	—	—	22	48	30
c. Für die dritte Standortsklasse					
Berechnung nach Stammklassen	—	8	18	27	47
Für den Gesamtbestand	—	—	—	42	58

Diese Unterschiede sind immerhin, wenn auch eine genaue Vergleichung nicht ausführbar ist, auffallend.

6. **Andere Nadelholz-Bestände.** Ermittelungen und Erfahrungen über die Nutzholzsorten, welche die Weißtannen-Waldungen, die hauptsächlich im Gebirge vorkommenden Lärchenbestände und die nur vereinzelt in Deutschland vorhandenen Weymouthskiefern-Bestände bei verschiedener Umtriebszeit liefern, liegen nicht vor. Indessen wird sich wahrscheinlich die Weißtanne ähnlich verhalten wie die Fichte. Die Lärche wird der Kiefer in der Entwickelung zu stärkeren Holzsorten vorauseilen, vielfach auch die Weymouthskiefer.

7. **Eichenhochwald-Bestände.** Die Produktion des Eichenholzes wird hauptsächlich drei Verwendungszwecke zu beachten haben: Starkholz für breite Bohlen, Schwellenholz für den Eisenbahnbetrieb und Grubenholz für den Kohlenbergbau. Die Umtriebszeiten, welche die jährliche quantitative Nutzholzgewinnung auf den Höhepunkt bringen, sind für die im Kronenschluß aufwachsenden

Eichenhochwaldungen noch nicht erforscht worden. Dieselben sind auch nicht maßgebend für die Wahl der Abtriebszeit, weil die Eichen am zweckmäßigsten im Lichtungsbetriebe erzogen werden. Die Durchforstungen werden schon im 15= bis 20jährigen Alter begonnen, hierauf zunehmend kräftiger mit höchstens 5jährigen Zwischenräumen wiederholt, bis im 50= bis 60jährigen Alter der eigentliche Lichtungshieb mit Abrückung der Baumkronen eintritt und gleichzeitig der Boden mit einer Schutzholzbestockung versehen wird.

Nach Einlegung dieses Lichtungshiebes wird sich der Wert der belassenen Eichenstämme beträchtlich erhöhen, in 20 bis 30 Jahren meistens verdoppeln. Specielle Angaben über die Dimensionen, welche der Eichenholzverbrauch in Deutschland (zu Schiffsbauholz, für den Waggonbau, das Tischlergewerbe, die Parkett=Fabrikation, die Faßdauben=Zurichtung, den Erdbau und für die oben genannten Verwendungszwecke) bedingt, sind zur Zeit nicht möglich. Man kann nur sagen, daß Stämme, welche im Mittel einen Derbholzgehalt von $1^1/_2$ bis 2 fm haben, gebrauchsfähig sein werden.

Der Verfasser hat aus den Eichenabgaben, welche in den letzten 20 Jahren in seinem Verwaltungsbezirk stattgefunden hatten, ca. 6000 Mittelwald=Eichen zur Ermittelung der Formzahlen und des Wertgehalts zusammenstellen lassen. Dieselben wurden teils zu Schiffsbauholz, teils zu Eichenschnittholz für Tischler und Waggonfabriken u. s. w. nach Holland, Rheinland und Westfalen, teils als Bahnschwellenholz verwertet, und man wird annehmen können, daß das Holzsortenverhältnis, welches hierbei ermittelt wurde, für den inländischen Verbrauch genügen wird. Die Zusammenstellung hat das folgende Holzsorten=Verhältnis ergeben:

Mittlerer Durchmesser der Nutzholz-Abschnitte	Mittlerer Derbholzgehalt pro Stamm	Prozente der Eichennutzholz= Gewinnung
26 bis 35 cm	0,55 fm	12 %
36 „ 45 „	1,14 „	35 %
46 „ 55 „	1,78 „	34 %
56 „ 65 „	2,59 „	16 %
über 65 „	3,47 „	3 %

Die weitere Frage, welche Wachstumszeit erforderlich werden wird, um die Brauchbarkeit für Bahnschwellen, für breite und schwere Eichenbohlen u. s. w. den gelichteten Eichenstämmen zu verleihen, läßt sich nur nach der örtlichen Standorts=Beschaffenheit beantworten. Der Wachstumsgang der Eichen ist örtlich nach der Tiefgründigkeit und dem Feuchtigkeitsgehalt des Bodens so ungemein verschieden, daß es bei dem derzeitigen Stande unserer Kenntnisse noch nicht angängig ist, die Standortsklassen, für welche Ertragstafeln aufzustellen sind, hinreichend zu charakterisieren. Man kann die einträglichsten Umtriebszeiten nur andeutungsweise besprechen.

In den Flußthälern, wo periodische Überschwemmungen mit Schlick führendem Wasser beständige Bodenfeuchtigkeit erhalten, auf den tiefgründigen, feuchten Niederungsböden ꝛc. erreichen Eichen — für gewöhnlich Stieleichen, Qu. pedunculata — schon frühzeitig eine annehmbare Gebrauchsfähigkeit. Freiständig im Mittelwalde oder rechtzeitig gelichtet im Eichenhochwald erzogen, erlangen die Stämme mit 100= bis 120jährigem Alter einen Derbholzgehalt von 2 bis 3 fm. Wird die Freistellung der Eichenkronen in den jugendlichen Wachstumsperioden nicht versäumt, so wird für das Überschwemmungsgebiet der Flüsse und die tiefgründigen, feuchten, humushaltigen Niederungsböden eine 120jährige Umtriebszeit ausreichend sein.

Über die beachtenswerten Unterschiede in der Entwickelung der Eichen im Muldethal (Regierungsbezirk Merseburg), wenn dieselben im Inundationsgebiet mit mildem, sehr fruchtbaren Schlickbildungen oder kalkhaltigem Lehm, reichlich getränkt durch Überschwemmungen, und andererseits auf dem nicht inundierten Höhenboden mit fast hochwaldartigem Schluß aufwachsen, hat Forstmeister Brecher den in Tabelle X nachgewiesenen Entwickelungsgang ermittelt:

Tabelle X.
Entwickelungsgang der Eichen im Muldethal.

	Guter Boden				Mittlere Bodenklasse				Höhenboden mit fast hochwaldartigem Schluß		
Alter	Durchmesser 1,3 m über dem Boden	Gipfelhöhe	Derbmasse im Mittel	Alter	Durchmesser	Gipfelhöhe	Derbmasse im Mittel	Alter	Durchmesser	Gipfelhöhe	Derbmasse im Mittel
Jahr	cm	m	fm	Jahr	cm	m	fm	Jahr	cm	m	fm
44	21—30	17	0,38	44	21—30	15	0,42	85	21—30	14	0,34
60	31—40	19	0,91	67	31—40	16	0,88	108	31—40	17	0,80
72	41—50	21	1,87	76	41—50	17	1,57	149	41—50	20	1,57
100	51—60	22	3,35	94	51—60	18,6	2,61	176	51—60	21,2	2,58
130	61—70	23	4,96	116	61—70	19,5	3,78	185	61—70	22,4	3,15
132	71—80	24	7,00	119	71—80	20,6	5,18	208	71—80	23,1	4,20
135	81—90	25	9,09	138	81—90	22	7,75				
140	91—100	25	11,15								
142	101—110	26	14,17								

In anderen Gegenden Deutschlands wurden dagegen weitaus geringere Wachstumsleistungen der Eiche gefunden, wie vorstehend angegeben worden ist.

Für die Riesen=Eichen im Waldort Zuber im Spessart, die allerdings über ein Jahrhundert im geschlossenen Buchenwald erwachsen sein werden, fand Robert Hartig den folgenden Zuwachsgang:

	Höhe	Brusthöhen=Durchmesser
100 Jahre	20—25 m	20—23 cm
140 „	24—28 „	29—35 „
190 „	28—32 „	39—46 „

Der Verfasser hat 1232 Eichen=Probestämme, welche im fränkischen Hügellande und im Steigerwalde auf verschiedenen Bodenarten des Mittelwaldes erwachsen und meistens im 30 bis 40jährigen Alter durch den Mittelwaldhieb freigestellt worden waren, sektionsweise vermessen lassen. Der Boden (Keuperlehm) gehörte teils der zweiten, teils der dritten Standortsklasse des Buchenhochwaldes an, und für größere 80jährige Buchenbestände wird ein Derbholzertrag der Abtriebsnutzung von 200 fm pro Hektar bis höchstens 250 fm pro Hektar anzunehmen sein. Für derartige Standorte werden 150= bis 160jährige Wachstumszeiten erforderlich werden, wie die folgende Zusammenstellung der gefundenen Durchschnittssätze zeigt:

Alter	Gipfel- höhe	Brusthöhen- Durchmesser	Derbholz- gehalt pro Stamm	Alter	Gipfel- höhe	Brusthöhen- Durchmesser	Derbholz- gehalt pro Stamm
Jahr	m	cm	fm	Jahr	m	cm	fm
60	10,6	19,3	0,15	140	14,5	43,0	1,30
70	11,2	23,0	0,28	150	14,9	45,6	1,51
80	11,8	26,0	0,39	160	15,2	48,2	1,73
90	12,2	28,3	0,52	170	15,8	51,0	1,95
100	12,7	31,2	0,64	180	16,2	53,2	2,16
110	13,2	34,0	0,76	190	16,5	55,5	2,38
120	13,7	·37,0	0,94	200	16,9	57,3	2,60
130	14,0	40,0	1,12	300	20,0	75,0	4,86

Man sieht, daß der Eichenwuchs beträchtliche Verschiedenheiten je nach der Feuchtigkeit, Humushaltigkeit und Tiefgründigkeit des Bodens zeigt, und daß es ungemein schwer ist, die mittlere Umtriebszeit, welche bei diesen differenten Produktionsleistungen der Eiche die volle Gebrauchsfähigkeit herstellen würde, zu benennen. Diese Umtriebszeit wird, wie ich vermute, zwischen 120 und 160 Jahren schwanken.

Auf den Entwickelungsgang der Eichen hat zudem die Erziehungsart derselben den größten Einfluß. Die Frage ist noch nicht entschieden, ob die Eichen in reinen Beständen auf den fruchtbarsten Bodenteilen der Waldbezirke, bis zum 50 bis 60jährigen Alter in (stets lichter werdenden) Kronenschluß verbleibend, erzogen werden sollen oder in Vermischung mit Rotbuchen, jedoch mit Erhaltung der Eichenkronen in vorwüchsiger Stellung — durch rechtzeitig wiederholte Kronenfreihiebe, wenn die umringenden Buchen und andere schattenertragende Laubhölzer die Eichen im Kronenraum zu beengen beginnen. Burckhardt hatte früher vorgeschlagen, etwa im 90jährigen Alter durch einen Hauptlichtungshieb 0,6 des vorhandenen Bestandes zu entfernen. Es wird jedoch nicht nur wegen Erhöhung der Wertproduktion, sondern auch wegen möglichster Beschränkung der Gipfeldürre vorzuziehen sein, die Durchforstungen allmählich mit der Umlichtung der stärkeren, besseren Stämme vorschreiten zu lassen und die Eichenbestände mit Buchen zu unterbauen, wenn der nötige Auslichtungsgrad für den Buchenunterwuchs hergestellt worden ist, von dieser Zeit an bis zum Abtriebsalter jedoch nur die schwächeren Eichen zu entfernen, um den Abtriebsstämmen freien Kronenraum für die nächste Wachstumsperiode zu verschaffen. (Weiteres über Eichenerträge im elften Abschnitt.)

8. **Buchen-Hochwaldungen.** Wenn die Nutzholzproduktion vorherrschendes Wirtschaftsziel wird, so wird der reine Buchenhochwald dem Mischwald zu weichen und die Rotbuche nur noch den boden- und bestandschirmenden Nebenbestand zu bilden haben. In den reinen Buchenhochwaldungen war der Nutzholzertrag bisher geringfügig. Die Nutzholz-Aussonderung hat in 309 Revieren Preußens, in denen die Buchenwirtschaft besteht, nach dem Durchschnitt der Jahre 1869 bis 1879 nur 8,8 bis 9,7 % des Holzeinschlages betragen. In den Laubholzwaldungen des Spessarts, in diesem vom floßbaren Main umringten, von der Eisenbahn durchzogenen Waldgebiet hat in den Buchenbeständen die Nutzholzausbeute bisher 3 bis 5 % betragen und ist nur vorübergehend auf 10 % gestiegen. Sichere Angaben über die Aussichten der belangreichen Verwendungsarten für Buchennutzholz, die man meistens im letzten Jahrzehnt anzubahnen gesucht

hat, sind zur Zeit noch nicht möglich. Buchenholz wird auch in der Zukunft zur Stuhlfabrikation (nach Biegung der durch Dampf erweichten Schnittstäbe, die aus astreinem Schaftholz gewonnen werden), zu Packkisten, Butterfässern, Holzschuhen, Cigarrenwickelformen, Cigarrenkisten, für mannigfache Haus- und Landwirtschafts-geräte u. s. w. verwendet werden. Aber dieser Verbrauch beansprucht nur geringe Holzmassen im Vergleich mit den beträchtlichen Buchenholzvorräten, welche wir in Deutschland haben.

Wenn die imprägnierten Buchen-Eisenbahnschwellen sich als haltbar und dauerhaft erweisen, so könnten möglicherweise die zur Zeit vorhandenen Buchen-bestände eine ausgiebige Verwertung als Nutzholz finden. Die Untersuchungen in dieser Richtung sind noch nicht abgeschlossen.

Nach den Erfahrungen, die man in Elsaß-Lothringen bei der Auswechselung der von der französischen Ostbahn herrührenden, mit karbolsäurehaltigem Teeröl im-prägnierten Buchenschwellen gemacht hat, scheinen sich allerdings günstige Aussichten für die Verwendung der imprägnierten Buchenschwellen zu eröffnen. Nach 21 Jahren waren auszuwechseln Eichenschwellen, nicht imprägniert . . . . 52 %
desgl. mit Teeröl imprägniert . . . . 26,8 %
Buchenschwellen mit Teeröl imprägniert . . . . 6,4 %
Die Buchenschwelle wird vollständig durchtränkt, nimmt 30 bis 35 kg Teeröl auf und vermehrt dadurch das Gewicht um 50 %. In die Eichen- und Kiefern-Schwellen dringt die Imprägnierflüssigkeit nur $1/2$ cm ein, die ersteren zeigen eine Gewichts-zunahme von 10 %. Die französische Ostbahn verbraucht jährlich 200000 bis 250000 Stück Buchenschwellen. Die preußische Bahnverwaltung hat neuerdings probeweise 50000 mit Teeröl imprägnierte Buchenschwellen I. Kl. und 30000 mit Teeröl und Chlor-Zink zu imprägnierende Buchenschwellen II. Kl. bestellt, und es ist eine 15jährige Lagerzeit garantiert worden. Indessen stellt sich der Preis für die Buchenschwellen loco Berlin zur Zeit noch auf 6,70 Mark pro Stück, während die Kiefernschwellen mit 15jähriger Lagerzeit 4 Mark kosten.

Immerhin ist noch fraglich, ob der Holzschwellenbau in der Zukunft verdrängt werden wird von dem eisernen Oberbau, welcher sich seit dem Rückgange der Eisenpreise immer mehr eingebürgert hat und bei weiterem Rückgang noch mehr einbürgern wird. In den geschlossenen Buchen-Hochwaldungen würde auch die Erziehung brauchbarer Schwellenhölzer mit etwa 27 cm Zopfstärke den Wald-besitzern, wie wir später sehen werden, teuer zu stehen kommen. Ohne die früh-zeitige Umlichtung der späteren Abtriebsstämme, die wir in einem späteren Abschnitt erörtern werden, wird der Ernteertrag auch mit 100- bis 120jähriger Umtriebszeit mit den Hauptmassen Brennholz liefern. Was die Brennstoffgewinnung betrifft, so wird vor allem zu prüfen sein, ob es genügt, wenn die Abtriebserträge haupt-sächlich aus dem brennkräftigen, 70- bis 90jährigen Prügelholz- (Knüppelholz-) Sorten bestehen. Die überwiegende Scheitholz- (Klobenholz-) Produktion wird in der Regel eine verlustbringende Produktions-Richtung herbeiführen, ohne die Brennstoffgewinnung wesentlich zu steigern. Die Anordnung der Umtriebszeit behufs Verwertung der bestehenden Buchen-Hochwaldungen wird vor allem hinzublicken haben auf die Nachfrage nach Buchenbrennholz im Absatzgebiet. Reich-haltige Buchenvorräte in Altholzbeständen werden bei ihrer Verwertung sehr oft Absatzmangel begegnen, und wenn die bisherigen Umtriebszeiten 100 bis 120 Jahre umfaßt haben, so wird häufig der Übergang zur mittleren Umtriebszeit von 80 Jahren infolge von Absatzmangel verhindert werden.

Die Abstufung der Brennholzsorten ist in den Ertragstafeln dieser Schrift für größere Bestände mit mittlerem Kronenschluß nachgewiesen worden. Aber auch hier ist die Prüfung durch die örtliche Holzmassenaufnahme vor der Anwendung unerläßlich.

6. **Die Holzsortenlieferung der anderen Laubhölzer** ist zur Zeit nicht zu ermitteln, da nur vereinzelte Angaben vorliegen.

Die Esche erreicht in dem oben (bei der Eiche) genannten Überschwemmungsgebiet im Durchschnitt der Messungen auf gutem Boden mit dem 63jährigen Alter eine Brusthöhenstärke von 41 bis 50 cm und eine Baumhöhe von 22 Metern, auf Mittelboden mit 66 Jahren die gleiche Stärke und eine Baumhöhe von 17,6 m, der Bergahorn mit 63 Jahren den genannten Durchmesser und eine Baumhöhe von 18,2 m. Die Erle mit 65 Jahren den gleichen Durchmesser und eine Baumhöhe von 20 Metern. Die Korkrüster (Ulmus suberosa) mit 86 Jahren die genannte Grundstärke und eine Höhe von 21,5 m, und selbst die Hainbuche erreicht mit 80 bis 82 Jahren die gleiche Grundstärke und eine Baumhöhe von 16,1 bis 18,6 m. Auch aus Baden wird berichtet, daß die Eschen im 80. bis 90. Jahr, durchschnittlich im 85jährigen Alter eine mittlere Baumhöhe von 25,0 m und einen Brusthöhen-Durchmesser von 40,4 cm, die Ulmen im durchschnittlich 71jährigen Alter eine Baumhöhe von 25,8 m und einen Brusthöhen-Durchmesser von 41,3 cm erreichen — allerdings teilweise auf einem humosen, sandigen Lehmboden von 60 cm Mächtigkeit auf Kiesunterlage, teilweise auf sehr tiefgründigem (bis zu 2 m) fettem Marschboden.

Neunter Abschnitt.

Die Ermittelung der nachhaltig einträglichsten Bewirtschaftung des Wald-Vermögens im Hochwald-Betrieb im allgemeinen.

———

Gebührt dem deutschen Waldbau lediglich eine gewisse Duldung im Gesamtgebiete der deutschen Bodenwirtschaft, damit nicht nur die Erhabenheiten und Schönheiten der vaterländischen Wälder, sondern auch die günstigen Wirkungen des Waldes auf Luft und Boden, auf die Quellenspeisung, die Verhütung von Überschwemmungen u. s. w. erhalten und gepflegt werden? Oder kann die Existenz-Berechtigung der pfleglichen Waldwirtschaft wegen ihrer materiellen Nutzleistungen aus privatwirtschaftlichen Gesichtspunkten zweifellos nachgewiesen werden?

Wird die gründliche Rentabilitäts-Untersuchung der Waldwirtschaft zu einer weitgehenden Ausstockung der derzeitigen Holzflächen führen oder wird bewiesen werden, daß die Kapitalwerte der deutschen Waldungen, wenn einerseits verlustbringende Produktions-Richtungen möglichst beschränkt und ausgeschieden werden und anderseits die bedenkliche Überproduktion von Kleinnutzholz (etwa der Stämme und Stangen bis 0,5 fm Derbholzgehalt) vermieden wird, auf mittelgutem Boden mit $3^1/_2$ bis 4%, auf gutem und sehr gutem Boden mit mehr als 4% und nur auf sehr trockenen und flachgründigen Standorten mit 1 bis 2% durch die jährlichen Reinerträge nachhaltig verzinst werden? Werden die ärmeren Feldböden zukünftig durch die Nutzholzproduktion erheblich und andauernd höher verwertet werden als zur Zeit durch den landwirtschaftlichen Fruchtbau?

Die Klarstellung dieser Fragen durch die überzeugende Beweisführung, daß die Fortsetzung der Holzzucht weitaus größere Nutzleistungen gewähren wird als die Einstellung des Waldbaues und der Wechsel der Kapitalanlagen, hat nicht nur in jedem Forstbezirke das unentbehrliche Fundament für die Aufsuchung der einträglichsten Wirtschaftsverfahren zu bilden, die uns im zweiten Teil dieses Abschnittes beschäftigen wird. Diese grundlegende, bisher von der Forsteinrichtung nicht für erforderlich erachtete Beweisführung wird voraussichtlich im nächsten Jahrhundert der Forstwirtschaft allseitig von den Waldbesitzern und deren Vertretern auferlegt werden.

„Die Feinde des Waldes zählen uns die sich mehrenden Ersatzstoffe des Holzes vor und deuten siegesgewiß auf die nicht mehr ferne Zeit, wo man gar keinen Wald mehr brauchen wird" — so sagt Riehl treffend.*) Zwar teilen die Gebildeten des deutschen Volkes die Waldliebe des Forstmannes und verkünden, wie gesagt, begeistert die erhabene Schönheit und Poesie der heimischen Wälder. Aber sie stehen, wie die große Masse unserer Bevölkerung, den undurchsichtigen forstlichen Betriebs-Maßnahmen zumeist verständnislos, wenn nicht mißtrauisch gegenüber. Die Wertschätzung des Waldes innerhalb der bäuerlichen Bevölkerung wird aber leider beherrscht von den Ansprüchen, welche die gering begüterten Landwirte an die Streuvorräte des Waldes erheben zu können glauben. Man wird ohne Zweifel die Versuche fortsetzen, die finanzielle Leistungsfähigkeit des Forstbetriebes zu diskreditieren. Man wird fortgesetzt behaupten, daß die beträchtlichen Walderträge, welche ansehnliche Etatsposten im Haushalt der Staatsverwaltung, der Gemeinden, größeren Grundeigentümer ꝛc. bilden, fiktiv seien, weil man bisher unterlassen habe, die Zinsen der Betriebskapitalien und der Holzvorratswerte in Abzug zu bringen. Bei Bemessung des Verkaufswertes der letzteren und nach Abzug der Zinsen dieses realisierbaren Kapitals, welche bei gleicher Sicherheit der Kapitalanlage zu erreichen seien, vom jährlichen Waldnettoertrage werde sich ergeben, daß die Rentabilität des waldbaulichen Produktionszweiges kaum nennenswert sei.

Man wird behaupten, daß es nicht gefahrbringend werden könne, wenn die Forstwirtschaft auf den Aussterbeetat gesetzt und die Verwertung der beträchtlichen Holzmassen, welche dieselbe in den Waldungen angesammelt habe, vorbereitet werde. Für die Erhaltung der wohlthätigen Einwirkungen der Waldbestockung auf Luft und Boden seien keineswegs Baumholzbestände erforderlich, vielmehr würden Buschhölzer genügen. Man könne dieselben parkartig gestalten und vereinzelt gut geformte, vollkronige Waldbäume stehen lassen. Ohne Materialvorräte im Werte von Milliarden zu beanspruchen, habe die fortschreitende Eisen- und Stahlverarbeitung für Bauzwecke und für den Betrieb der Eisenbahnen, die Fabrikation von Bausteinen und zahlreiche andere Gewerbsarten den bisher üblichen Bau-, Werk- und Nutzholzverbrauch zurückgedrängt.**) Zukünftig werde für die

---

*) „Land und Leute." Stuttgart 1894, Cotta.
**) Zum inneren Ausbau der Wohnhäuser wird schon jetzt Eisen ausgedehnt verwendet. Zur Bildung der Außenmauern ist dasselbe bisher weniger häufig gebraucht worden, weil nicht nur das einförmige Aussehen der aus Eisen hergestellten Fronten hinderlich war, sondern auch die bedeutende Wärmeleitungsfähigkeit der Eisenteile jeden Temperaturwechsel in das Innere der Gebäude brachte und bei erheblicher äußerer

Waldproduktion nur Lieferung der schmalen Parkettbrettchen, der schwachen Kant=
hölzer, etwaige Verschalungsholzstücke für die Eisenkonstruktion der Gebäude, des
Materials für die allerdings zahlreichen Holzgeräte (die man indessen aus Kleinholz
gewinnen könne) u. s. w. übrig bleiben. Wenn die Nutzholzproduktion in den
deutschen Waldungen Milliarden vom Volksvermögen festlege und hierfür nur gering=
fügige Nutzleistungen gewähren könne, so werde man besser thun, den Holzbedarf,
den die Eisen= und Stahlindustrie, die Cementfabrikation, die Herstellung von
Gipsdielen, Asphaltfilzplatten u. s. w. nicht zu decken vermöge, aus den urwald=
ähnlichen Holzvorräten in den Nord= und Ostländern Europas zu beziehen, wie
es in den benachbarten, waldarmen Westländern seit Jahrzehnten üblich sei. Die
Brennstoffproduktion innerhalb der inländischen Waldungen könne man fortbestehen
lassen, soweit der Buschholzbetrieb Brennholz nahezu kostenlos liefere und der
absolute Waldboden keine andere Benutzung ermögliche. Aber diese Brennstoff=
produktion sei entbehrlich und falle gegenüber der Kohlenförderung schon lange
nicht mehr in die Wagschale, werde auch durch den fortschreitenden Ausbau des
Eisenbahn= und Kanalnetzes immer mehr zurückgedrängt werden.

Die umfassende Beleuchtung und Entkräftung dieser Vermutungen und Be=
fürchtungen ist auf die Ermittelung des konkreten Waldvermögens von Forstbezirk
zu Forstbezirk und auf die vergleichende Würdigung der bisherigen und der nach=
haltig erreichbaren Nutzleistungen desselben zu stützen. Von einer allgemein
giltigen Beurteilung der Rangstellung, welche der Holzzucht in der Gesamtwirtschaft
unserer Nation gebührt, kann bei dem derzeitigen Stande der Forststatistik und
dem erst seit wenigen Jahrzehnten begonnenen Ausbau der Forststatik keine Rede
sein. Der Wert des deutschen Waldeigentums zählt ohne Zweifel nach
vielen Milliarden Mark; aber nicht einmal die mutmaßliche Schätzung
dieser Zahl ist statthaft. In der That werden selten Waldbesitzer ge=
funden werden, welchen der Wert ihres Waldeigentums ziffernmäßig
bekannt geworden ist, und ebenso selten wird die bisherige, noch seltener
die nachhaltig erreichbare Verzinsung des Waldkapitals beurteilt
worden sein. Man kann zur Zeit die Bemessung der Waldboden=
werte und Waldvorratswerte und die Vergleichung der wählbaren
Wirtschaftsverfahren maßgeblich ihrer Nutzbarmachung dieses Wald=
kapitals nur anregen. Immerhin werden wir bei der nachfolgenden Be=
gründung dieser Anregungen, obgleich dieselbe auf ein dürftiges und

---

Kälte das Kondensationswasser aus den Innenräumen an dem Eisen niedergeschlagen
wurde. In neuerer Zeit hat man jedoch die eisernen Außenwände mit wesentlich
verbesserten Konstruktionen hergestellt und dadurch die Übelstände mehr oder minder
beseitigt. (Isothermal=System des Ingenieurs Heilmann in Berlin, Wandkonstruktion
der Firma Müller und Bedarf in Hannover u. s. w.)

Überaus zahlreich sind die Verwendungsarten des Eisens zur Bildung von Decken
und Fußböden 2c.

Auf den deutschen Panzerschiffen ist neuerdings die gesamte Wohnraumausstattung
aus Aluminium hergestellt worden, um die bei Beschießung derselben splitternde
Holzkonstruktion zu beseitigen. Das Metall erhält einen Leder=, Kork= oder Stoff=
überzug.

ergänzungsbedürftiges Untersuchungsmaterial zu stützen ist, darüber nicht im Zweifel bleiben, daß die Forstwirtschaft zu privatwirtschaftlich und gesamtwirtschaftlich ergiebigen unbb efriedigenden Nutzleistungen befähigt werden kann.

I. Bewertung des Waldbodens.

In den Lehrbüchern der Waldwertberechnung ist es üblich geworden, die Bemessung des Waldbodenkapitals auf die Zinseszinsrechnung zu stützen (cf. vierten Abschnitt).

Man ermittelt damit den waldbaulichen Verzinsungswert der anzubauenden Grundflächen nach dem Minimal-Betrage, und derselbe ist in den meisten Fällen weitaus größer als der sog. außerforstliche Benutzungswert, der nach Ausschluß der Holzzucht verbleiben würde, außergewöhnliche Bodenfruchtbarkeit, Steinbruchbetrieb u. s. w. ausgenommen. Der sogenannte außerforstliche Bodenwert der absoluten, zur landwirtschaftlichen Bebauung nicht geeigneten Waldflächen wird sich in der Regel auf das Kapital des jährlichen Weideertrags beschränken und nach den Weideflächen gleicher Bodengüte einzuschätzen sein.

Soll die Bemessung des Bodenwertes zunächst für die grundlegende Entscheidung vorgenommen werden, ob die Holzzucht fortzusetzen oder einzustellen ist, so ist klar, daß die Forstwirtschaft lediglich mit dem Rückersatz der Bodenreinerträge belastet werden kann, welche der Grundbesitzer durch die anderweite Benutzung der abgeholzten Bodenflächen während der Wachstumsdauer der Waldbestände, etwa mittels landwirtschaftlicher Bebauung, Viehweide rc. vereinnahmen würde.

Die Aufgabe der Rentabilitätsvergleichung zum Zweck der Untersuchung, ob die Holzzucht einzustellen oder fortzusetzen ist, wird demnach durch die Prüfung erfüllt, ob die Holzzucht in der Zukunft nicht nur jährlich den realisierbaren Vorratswert angemessen verzinsen wird, sondern auch die jährlichen Bodenreinerträge ersetzen wird, welche die außerforstliche Bodenbenutzung jährlich einbringen würde. Man braucht, wie man sieht, die Rentabilitätsvergleichung nicht mit den Produkten der Zinseszinsrechnung zu infizieren, die manchem Waldbesitzer nicht einwandsfrei erscheinen werden. (Siehe vierten Abschnitt.)

In jedem Forstbezirke hat die Waldertragsregelung festzustellen, welche Teile des gesamten Areals zur landwirtschaftlichen Benutzung geeignet sind, welche nachhaltigen Reinerträge für dieselben in Aussicht zu nehmen sind und ob nach Einstellung des Forstbetriebs weitere beachtenswerte Einnahmen in Betracht kommen werden als der Pachtertrag für Viehweide, was nicht wahrscheinlich ist. Waldbeeren werden nicht mehr gesammelt werden können. Der Jagdpachterlös wird sich verringern.

Aber auch von einer weitgehenden landwirtschaftlichen Bebauung des derzeitigen Waldbodens wird keine Rede sein können. Im Waldgebiet des Deutschen Reiches ist der sogenannte absolute, lediglich zur Holzzucht geeignete Waldboden vorherrschend. Man darf nicht übersehen, daß selbst die Urbarmachung der besseren Bodenflächen beträchtliche Rodungs- und Düngungskosten erfordern würde. Die Verwendung des Düngermaterials in die bestehenden Felder wird zumeist den Getreideertrag mehr fördern als die Instandsetzung beträchtlicher Waldflächen für den nachhaltigen Fruchtbau — von der Beschaffung der Arbeitskräfte für weitgehende Waldausstockungen abgesehen. Die Waldrodungsfrage wurde 1881 im preußischen Landes-Ökonomie-Kollegium behandelt und der gestellte Antrag, die besseren Waldböden in Feld umzuwandeln, seitens der Landwirte einstimmig abgelehnt. Die Hauptmasse des deutschen Waldes ist zurückgedrängt worden in das Hügelland, die Vorberge, in das Gebirge und Hochgebirge, abgesehen von den trockenen Lagen der Sandebenen, in die spärlich bevölkerten Gegenden, und selten wird man ausgedehnte Waldflächen mit gutem, zu Feldbau geeigneten Boden finden, welche zugleich eine ebene Lage haben. Was soll die Staatsverwaltung und der große Grundbesitz mit dem Boden anfangen, wenn die Holzzucht aufgegeben worden ist? In fast allen Fällen würde, wie gesagt, nur die Benutzung als Viehweide und für die Wildzucht erübrigen, und die letztere ist einträglicher, wenn der Boden nicht kahl, sondern mit Holz bewachsen ist. Die Viehweide im Walde wird nur noch selten ausgeübt, in Süddeutschland fast nur noch in den Gebirgen, und liefert einen kaum nennenswerten Ertrag, wenn der Boden graswüchsig ist, während die Rente dem Nullpunkt nahe kommt, wenn sich der Boden mit Heidekraut überzieht.

Der durchschnittliche Geldwert aus der Gras- und Weidenutzung in den Staatswaldungen Bayerns wurde vor 40 Jahren (nach der letzten mir vorliegenden Nachweisung) auf 36 Pfennig pro Hektar und Jahr veranschlagt (erlöst wurden nur 11 Pfennig). Dieser Ertrag war schon damals im Rückgang begriffen, obgleich die Waldweide in den Gebirgswaldungen „einen üppigen Graswuchs auf dem ungeschwächten Waldboden reichlich vorfindet". Der Jagdertrag wird, wie gesagt, verringert werden, wenn die schützenden Dickungen (Schonungen, Hegen), die Gerten- und Stangenhölzer hinweggeräumt würden. Derselbe wird überhaupt nur ausnahmsweise in der Nähe größerer Städte beachtenswert sein. (Für die Gesamtfläche der preußischen Monarchie wird der jährliche Jagdertrag amtlich auf 18,6 Pfennig pro Hektar berechnet, für die bayerischen Staatswaldungen auf ca. 12 Pfennig, für die sächsischen Staatsforsten 1864 68 auf 12,6 Pfennig, für die badischen Domänenwaldungen auf 34,5 Pfennig, für die hessischen Domänenforsten und die selbst administrierten Jagden auf 14,4 Pfennig, für die verpachteten Jagden auf 25,4 Pfennig, stets pro Hektar und Jahr.) Die Waldbodenpreise, welche bisher für vereinzelte holzleere Flächen, Ödländereien u. s. w. seitens der Staatsforstverwaltung bezahlt worden sind, können nicht maßgebend sein, da hierbei nicht der außerforstliche Bodenwert, sondern der forstliche Bodenwert die Grundlage der Wertbemessung gebildet hat, auch vielfach der Ankauf durch Arrondierungszwecke, Wegebauten u. s. w. veranlaßt worden ist. Für die Einschätzung der realisierbaren außerforstlichen Bodenrente wird der jährliche Reinertrag der Bodenflächen in der Nähe der Waldungen maßgebend werden. (In Preußen sind 2500000 ha mit einem jährlichen Katastralertrag von 1 Mark 18 Pfennig pro Hektar abwärts eingeschätzt worden.)

Wenn das Angebot holzleerer Waldflächen nicht auf wenige Hektar beschränkt, sondern auf Hunderte und Tausende von Hektaren ausgedehnt wird, so wird sich zumeist ergeben, daß die außerforstliche Bodenrente einflußlos bei der Vergleichung des Forstbetriebs mit der Einträglichkeit anderer Benutzungsarten der zu untersuchenden Waldflächen bleiben wird.

Der Verfasser hat stets gefunden, daß die Kapitalisierung der außerforstlichen Bodenrente unwirksam bleibt bei den Rentabilitäts-Vergleichungen der forstlichen Wirtschafts-Verfahren und wird dieselbe bei diesen Vergleichungen für die unten folgenden Beispiele nicht berücksichtigen.

Wenn die Waldertrags-Regelung Forstbezirke zu behandeln hat, welche nach Lage und Boden beachtenswerte landwirtschaftliche Reinerträge für ausgedehnte Waldflächen vermuten lassen, so werden landwirtschaftliche Sachverständige zu vernehmen sein über den Kapitalwert, welcher der Holzzucht zu belasten ist. Dieser Kapitalwert ist den Erlösen aus den vorhandenen Holzvorräten, welche sich durch die vorteilhafteste Verwertung der letzteren ergeben und die wir nunmehr erörtern werden, hinzuzurechnen, und die erhöhte Jahresrente ist bei den ad II instruierten Rentabilitäts-Vergleichungen dem Forstbetrieb zu belasten.

Für die Auffindung der einträglichsten Bewirtschaftungsmethoden ist, wie wir später darlegen werden, die Anwendung der Zinseszinsrechnung zur Bewertung des Bodens nicht erforderlich. Insbesondere sind die Erwartungswert-Formeln der Bodenrententheorie entbehrlich (siehe vierten Abschnitt, Seite 61), welche die Waldproduktion nicht nur mit größtenteils fiktiv bleibenden Bodenkapitalien belasten würden, sondern auch vielfach Wertunterschiede beziffern, die nicht realisiert werden können.

II. Bewertung der Holzvorräte.

In den meisten Privat- und Gemeindewaldungen 2c. werden Erhebungen über den Kapitalwert des vorhandenen Holzvorrats mangeln. Die Vergleichung der bisherigen Wirtschaftsverfahren mit den einträglichsten Wirtschaftsverfahren hinsichtlich der nachhaltigen Nutzleistungen wird in größeren Waldungen mit jährlicher Rentenlieferung eine Aufgabe bilden, welche selbst erfahrene Forsttechniker nicht ohne weiteres zu lösen vermögen, und die Formeln der Bodenrententheorie werden den meisten Waldbesitzern teils unverständlich, teils fragwürdig geblieben sein. Die im neunzehnten Jahrhundert übliche Waldertrags-Regelung (Forsteinrichtung, Forsttaxation, Betriebsregulierung u. s. w.) ist über die planmäßige Verteilung der vorhandenen Holzrohmassen und der quantitativen Zuwachsbeträge auf die Wirtschaftsperioden der sog. Einrichtungs-Zeiträume, bei deren gutbünkenden Feststellung privatwirtschaftliche Gesichtspunkte und Rentabilitäts-Vergleichungen grundsätzlich ferngehalten wurden, nicht hinausgekommen, oft nicht einmal so weit vorgedrungen. Selten werden die Waldbesitzer beweisfähigen

Aufschluß erlangt haben über die Kapitalbeträge und Rentenunterschiede, über welche die Forstwirtschaft verfügt — zwar nach bestem Ermessen, aber immerhin ohne gründliche Erhebungen und ohne aufklärende Beweisführung, nach mehr oder minder trügerischem Gutdünken.

Bei der Wandelbarkeit der örtlichen Rentabilitäts-Faktoren und bei dem Mangel forststatistischer Anhaltspunkte, die möglicherweise erst in der Zukunft für typische Waldverhältnisse ermittelt werden, kann nur die von Waldbezirk zu Waldbezirk vorschreitende Ertragsregelung, welche privatwirtschaftliche Produktionsziele erstrebt, beweisfähige Aufschlüsse erteilen, und zudem sind infolge des Grundcharakters der Holzzucht, insbesondere der Nutzholzproduktion, nur erhebliche Rentabilitätsunterschiede beachtenswert. Aber die letzteren bilden auch, wie wir darlegen werden, im Hochwaldbetrieb die Regel. Wenn auch das zur Zeit benutzbare Beweismaterial vielfach und oft in bedenklicher Weise mangelhaft ist, so kann man doch immerhin die Waldbesitzer informieren über die Ermittelungsart der maßgebenden Rentabilitäts-Faktoren. Man kann annähernd genau die wahrscheinlichen Ergebnisse der Kapital-Aufwendungen beurteilen, welche die forstlichen Wirtschaftspläne bisher ohne numerische Bemessung angeordnet haben, und man kann die Einwirkung der bisher nach Gutdünken angeordneten Umlaufszeiten der Jahresnutzung auf das Reineinkommen der Nutznießer für absehbare Zukunft und nach menschlicher Voraussicht annäherungsweise für statthafte Voraussetzungen bemessen.

Die planmäßige Ordnung der Waldverjüngung hat von jeher den Nutznießern die Herstellung einer idealen Gruppierung und Altersabstufung der zukünftigen Waldbestände auferlegt oder wenigstens, da die Verwirklichung des Ideals im Walde vielfach Hindernisse findet, als erstrebenswertes Vorbild vorangestellt. Wir haben schon im ersten Abschnitt die Bildung von Waldkörpern, deren Ernteerträge die maximale Gewinnung allseitig brauchbarer Nutzholzsorten gestatten, als wünschenswert bezeichnet, und man kann sogar behaupten, daß eine Reichsgesetzgebung gemeinnützig wirken würde, welche dieselbe für alle größeren Privatwaldungen als Obliegenheit der Nutznießung stabilierte. Aber die Brauchbarkeit der Nutzholzsorten ist ein vielsagender und noch nicht genügend präzisierter Begriff. Die Herstellungskosten der einzelnen Rundholzsorten sind ungemein verschieden, und es ist bisher auf dem Gebiete des Waldbaues noch nicht versucht worden, Herstellungskosten und Verkaufserlöse in Einklang zu bringen. Kann in der That, wie oben behauptet worden ist, eine Verzinsung des realisierbaren Vorratskapitals von vier und mehr Prozent nachhaltig eingebracht werden, wenn die Absatzverhältnisse eine reichliche Verwertung von Kleinnutzholz (bis 0,5 fm Derbholzgehalt) gestatten? Bleibt auch dann noch eine Kapitalverzinsung für Mittelboden von $3^1/_2$ bis $4^0/_0$ bestehen, wenn der Schwerpunkt in der Produktion der mittelstarken Stammklassen (etwa von 0,5 bis 1,0 fm durchschnittlich pro Stamm) zu verlegen ist, um die genannte Brauchbarkeit für die maßgebenden Absatzbezirke herzustellen? Kann dagegen glaubwürdig nachgewiesen werden, daß die Kapital-Aufwendungen, welche die Waldbesitzer in den über 80jährigen Hochwaldbeständen zu belassen oder denselben einzufügen haben, um zwei bis drei Finger breit stärkere Stämme mit reichlichen Prozentsätzen der gesamten Nutzholzgewinnung den Starkholz-Konsumenten anbieten zu können, die nur mit etwa 1,0 bis 1,5 % verzinst werden?

Kann die örtliche Waldertrags-Regelung die Fragen beantworten, welche die Waldbesitzer zu stellen berechtigt sind: Wie groß ist der Kapitalwert des vorhandenen Waldeigentums und insbesondere der benutzbaren Holzvorräte? Hat die bisherige Bewirtschaftung dieses Kapital mit Nutzleistungen verwertet, welche der Sicherheit der Kapitalanlage und der Stetigkeit des Rentenbezugs entsprechen? Lassen sich die bis jetzt erzielten, durchschnittlich jährlichen Reineinnahmen wesentlich und nachhaltig erhöhen, indem Produktionsrichtungen zielsetzend werden, welche eine reichlichere Rentenbildung für die Kapital-Aufwendungen bewirken und nach Maßgabe der örtlichen Standorts-, Wachstums- und Absatzverhältnisse gefahrlos bleiben hinsichtlich der allseitigen Verwertbarkeit der späteren Ernteerträge?

Die Beantwortung dieser Fragen wird der Forstwirtschaft nur dann, wie gesagt, erspart bleiben, wenn die Waldbesitzer eine hauptsächlich von Althölzern gebildete Parkwirtschaft im großartigen Maßstab beabsichtigen. Bevorzugen dieselben dagegen die andauernde materielle Nutzbarmachung des konkreten Waldvermögens, so wird es der Forstwirtschaft nicht gestattet sein, zu beanspruchen, daß die älteren Waldvorräte, auch wenn dieselben kümmerlich rentieren, mit einer Art von Waldbann zu belegen sind. Selbst für Grundeigentum, welches im fideikommissarischen Verbande steht, ist ein Wechsel der Anlageart hinsichtlich derartiger Vermögensbestandteile, welche z. B. unter zwei vom Hundert andauernd rentieren, keineswegs untersagt, und auch dann, wenn die Anlage im Grund und Boden principiell zu bevorzugen ist, wird die vorübergehende Anlage in inländischen Staatspapieren, sicher fundierten Hypotheken ꝛc. gestattet. Die Untersuchung des Produktionsaufwandes und dessen Nutzleistungen wird sich demgemäß nicht nur auf das vorhandene Gesamt-Waldkapital, sondern auch auf die hauptsächlichsten Bestandteile desselben, die 1- bis 60jährigen, 61- bis 80jährigen, 81- bis 100jährigen und über 100jährigen Altersklassen zu erstrecken haben. Nach kurzem Zeitaufwand wird man den Waldbesitzern die Beurteilung ermöglichen können, ob die Einstellung der Holzzucht finanzwirtschaftlich nutzbringender sein wird als die Fortsetzung derselben mit thunlichster Beschränkung kärglich rentierender Produktions-Richtungen.

Welche Kapitalwerte — und zwar realisierbare und nicht hypothetische, den Zinseszins-Formeln entstammende Kapitalwerte umfassen die zur Zeit angesammelten Holzvorräte in den benutzbaren Holzbeständen?

Die Feststellung der vorhandenen Bestandsverkaufswerte, die sog. Kluppierung der meßbaren Bestände, Berechnung, Aufarbeitung und Vermessung der Probestämme u. s. w., die Schätzung des Holzgehaltes der jüngeren Bestände, die Ermittelung der Holzsorten, der bisherigen Durchschnittspreise für die letzten zehn oder zwanzig Jahre und die Berechnung des Verkaufswertes für alle Unterabteilungen der einzelnen Forstbezirke wurde schon im siebenten Abschnitt (Seite 92 ff.) erörtert.

Die Waldbesitzer, welche diese Aufnahmen ohne forsttechnische Beihilfe durchführen wollen, finden die erforderliche Anleitung in zahlreichen Besonderschriften über Holzmassenaufnahme.*) Für die hier bezweckte Ermittelung der Gebrauchswerte sind für die zu fällenden Probestämme Stärkegruppen zu bilden; hierauf sind die Stamm-Grundflächen für alle Stärkegruppen der verschiedenen Unterabteilungen zu berechnen und die Grundstärken der Mittelstämme jeder Stärkeklasse durch Division der Stammzahl in diese Summe der Gruppenflächen zu bestimmen. Beträgt der Prozentsatz für das Probeholz $\frac{1}{2}$, 1%, 2%, so sind die Durchmesser der Mittelstämme für 200, 100, 50 ... Bestandsstämme zu berechnen, wie das folgende Probestamm-Register zeigt:

64c. Hinterer Schloßberg. Höhenklasse B. Buchen. 1% Probeholz.

Stärke-messung		Gruppenbildung				Probestämme-Berechnung			Probestämme-Messung			
Durchmesser	Stammzahl	Durchmesser	Stammzahl		Stamm-grundfläche		Zahl	Grundfläche	Durchmesser	Durchmesser		Nummer	Höhe
			einzeln	zusammen	einzeln	zusammen				berechnet	gemessen		
cm		cm			qm	qm		qm	mm	mm	mm		m
25	21	25	21		1,03								
24	5	24	5	100	0,23	4,18	1	0,0418	231	231	227/234	8	22,6
23	31	23	31		1,29								
22	64	22	43		1,63								
21	57	22	21		0,80								
20	73	21	57	100	1,97	3,46	1	0,0346	210	210	208/211	3	20,2
19	203	20	22		0,69								
18	114	20	51	100	1,60	2,99	1	0,0299	195	195	194/197	11	18,9
u. s. f.		19	49		1,39								
		19	100	100	2,83	2,83	1	0,0283	190	190	188/189	7	17,4
		19	54	u. s. f.									
		u. s. f.											

---

*) Baur, „Holzmeßkunst". 4. Auflage. Berlin 1891. — Kunze, „Lehrbuch der Holzmeßkunst", auch unter dem Titel: „Anleitung zur Aufnahme des Holzgehalts der Waldbestände". Berlin 1883 und 1891. — Finckhäuser, „Praktische Anleitung zur Bestandsaufnahme". Bern 1891. — Schwappach, „Leitfaden der Holzmeßkunde". — Güttenberg in Lorens „Handbuch der Forstwissenschaft". 2. Band, 11. Abschnitt. — Ferner in fast allen Lehrbüchern der Waldertrags-Regelung.

Die Ermittelung der vorhandenen Wertvorräte und die Aufstellung der örtlichen Wertertragstafeln ist ausführlich in des Verfassers „Anleitung zur Regelung des Forstbetriebes" (Berlin 1875) behandelt worden. Die sonstigen zahlreichen Werke über Waldertrags-Regelung beschäftigen sich fast ausschließlich mit der Ermittelung und Verteilung der Holzrohmassen oder der Nutzungsflächen. Nur Näß („Waldertrags-Regelung gleichmäßiger Nachhaltigkeit". Frankfurt a. M. 1890) hat die vom Verfasser befürwortete Etatsbemessung nach „Wertmetern" zu Grunde gelegt.

Bei der Auszeichnung des starken Probeholzes zur Fällung ist besonderes Augenmerk auf die Auswahl regelmäßig gewachsener Stämme zu legen. Für die mittelstarken und schwachen Stammklassen sind in der Regel zahlreiche Probestämme zu fällen und hier ist zu überwachen, daß Stämme mit abnormer Schaft- und Astbildung vom Probeholz ausgeschlossen bleiben.

Nach Ermittelung des Alters der Probestämme durch Zählen der Jahresringe, nach Bestimmung der Gipfelhöhe, Vermessung der Nutzholz-Abschnitte und Aufarbeitung des Brennholzes in ortsüblicher Art und getrennter Verzeichnung der Ergebnisse nach Nutzholz- und Brennholz-Verkaufssorten (für die Nutzholzstämme sowohl nach Durchmesser als nach Festmeterklassen) sind die Durchschnittspreise in den letzten zehn Jahren, eventuell für seltener verwertete Holzsorten in den letzten 20 Jahren wegen Ermittelung des gegenseitigen Wertverhältnisses, soweit dasselbe in den bisherigen Waldpreisen für die Abstufungen im Körpergehalt der Rundhölzer zum Ausdruck gekommen ist, zu beziffern. Man kann hierauf den Verkaufswert des Probeholzes berechnen und nach dem Grundflächen-Verhältnis der Probeholzfällungen zu den Stammgrundflächen der betreffenden Bestände die Vorräte der Unterabteilungen nach Derbholz-Gesamtmasse und Verkaufswert bemessen. Es wurde schon oben erwähnt, daß die gleichheitliche Verteilung oder planmäßige Abstufung der rohen Holzmassen (Derbholz oder Derb- und Reisholz) auf und für die zukünftigen Nutzungsperioden nicht gewährleisten kann, daß einerseits die Ausraubung des Waldes verhütet wird, wenn die älteren Bestände wertvolle Nutzholzmassen, z. B. Eichen-Starkhölzer, Kiefern-Blockhölzer ꝛc. liefern, während die jüngeren Bestände vorherrschend zu Buchen-Brennhölzern, Kiefern-Brenn- und -Grubenhölzern ꝛc. heranwachsen und andererseits ebensowenig eine Benachteiligung der Nutznießer in den nächsten Jahrzehnten vermieden werden kann, wenn die älteren Bestände minderwertiges Brennholz, die jüngeren Bestände hochwertiges Nutzholz liefern. Die Verteilung der Hiebsflächen auf die Wirtschaftsperioden würde die erstrebte Zuverlässigkeit der Beweisführung für die Richtigkeit des ermittelten Abgabesatzes noch weiter verringern.

Anstatt die Ertragsermittelung und Ertragsverteilung auf Flächeneinheiten und Einheiten der Verkaufsmaße zu stützen, wird sonach die Walderagsregelung in nachhaltig zu bewirtschaftenden Privatwaldungen Einheiten der Gebrauchswerte ihren Ermittelungen und Wirtschaftsplänen zu Grunde zu legen, die Fällungsergebnisse nach den gleichen Wertfaktoren nachzuweisen und mit den Etatsätzen zu vergleichen haben (nicht nach laufenden Holzpreisen).*) In Betracht, daß nur größere Ertragsunterschiede bei der planmäßigen Einrichtung des Forstbetriebes beweisfähig sein können, wird jedoch eine Überladung der Wirtschaftspläne mit Ziffern zu vermeiden sein, und es wird genügen, wenn in großen Waldbezirken diese Gebrauchswerteinheiten auf 1000 Mark, in kleineren Waldungen auf 100 oder 10 Mark nach Maßgabe der Durchschnittspreise in den letzten 10 oder 20 Jahren abgerundet werden.

Nach der Vermessung der Nutzholz-Probestämme sind dieselben, wenn irgend möglich, auf benachbarten Sägewerken zu den gangbarsten Schnittholzsorten zu verarbeiten zu lassen. Die Wertberechnungen der Einzelstämme loco Wald, sonach nach Abzug der Säge-, Transport- und Fällungskosten vom durchschnittlichen Reinerlös loco Säge, sind nach Durchmesser- oder Festmeterklassen zusammenzustellen, um für den Gang der Preiserhöhung bessere Anhaltspunkte zu gewinnen als bisher.

---

*) Nach den Erfahrungen des Verfassers bleiben diese Wertfaktoren jahrzehntelang konstant, wenn auch die laufend jährlichen Preise wechseln. Im letzteren Falle ist die Veranschlagung der jährlichen Brutto-Gelderträge entweder nach Prozentsätzen der sogenannten „Etatspreise" oder nach den letztjährigen Durchschnittspreisen zu bemessen.

III. Aufstellung von Altersklassen-Tabellen.

Die nächste Arbeit nach Beendigung der Probeholz-Fällungen und Berechnungen der in den einzelnen Unterabteilungen vorhandenen Holzwertmassen, des mittleren Alters (cfr. siebenten Abschnitt, S. 93) und der durchschnittlichen Rohholz- und Wertproduktion ist die Aufstellung von Altersklassen-Tabellen (siehe Tabelle XI, S. 181). Durch Zusammenfassung der gleichartigen Bestände in Bestockungsgruppen ist in das Chaos der konkreten Bestockungszustände eine übersichtliche Ordnung zu bringen, indem die verschiedenartige Bestockung der einzelnen Unterabteilungen zurückgeführt wird auf eine geringe Zahl gleichartig beschaffener Bestockungsglieder. Die zunächst anzuschließenden summarischen Wirtschaftspläne (siehe Tabelle XI B., S. 182) sind für alle wählbaren Umtriebszeiten übersichtlich zu entwerfen, und die planmäßige Verteilung der einzelnen Unterabteilungen würde zeitraubender werden, als es für den Zweck der übersichtlichen Vergleichung, bei welcher die Nachweisung kleinlicher Ertragsunterschiede entbehrlich ist, geboten erscheint. Nachdem der Holzvorrat der einzelnen Waldteile nach Holzarten, Holzsorten und der Fest- oder Raummeterzahl, getrennt nach Haubarkeits- und Zwischennutzungsvorrat, unterabteilungsweise verzeichnet, der derzeitige Gebrauchs- und Verkaufswert dieser Holzvorräte berechnet, auch der Haubarkeits-Durchschnitts-Zuwachs der einzelnen Unterabteilungen ermittelt und dieser Zusammenstellung hinzugefügt worden ist, werden die Einzelbestände (Unterabteilungen) nach dem durch Messung oder vergleichende Schätzung ermittelten Haubarkeits-Durchschnitts-Zuwachs im 80jährigen Alter bonitiert.

Hierbei sind örtliche Standorts- und Wachstumsklassen für die im betreffenden Forstbezirke vorherrschend vorkommenden Fichten-, Kiefern-, Buchen-, Eichen- ꝛc. Bestände, denen die schwach mit anderen Holzarten vermischten Bestände anzugliedern sind, auszuscheiden, und für jede Wachstumsklasse sind der mittleren Bestandsbeschaffenheit entsprechende Musterbestände in der älteren Hochwaldbestockung auszuwählen, deren Haubarkeits-Durchschnitts-Zuwachs für das 80jährige Abtriebsalter nach dem durch die Holzmassenaufnahme und Altersermittlung gefundenen Untersuchungs-Material festzustellen ist.

Nach den bisherigen Ermittelungen differiert der Derbholz-Haubarkeits-Durchschnitts-Zuwachs bis zu den 60jährigen bis 100jährigen Umtriebszeiten für regelrecht geschlossene Nadelholz- und Rotbuchen-Bestände nicht unbeträchtlich, wie die folgende Zusammenstellung der Mittelsätze für alle Standortsklassen zeigt (80jähriger Haubarkeits-Durchschnitts-Ertrag an Derbholz pro Hektar = 1,00).

	60jähriger Umtrieb	80jähriger Umtrieb	100jähriger Umtrieb
Fichtenwaldungen in Norddeutschland und den mitteldeutschen Gebirgen	0,95	1,00	1,00
Desgl. Süddeutschland	0,93	1,00	0,99
Kiefern-Waldungen in der norddeutschen Tiefebene	1,05	1,00	0,92
Buchen-Bestände in Oberhessen	0,81	1,00	1,03

Nach dieser schon bei der Holzmassen-Aufnahme zu beginnenden Auswahl von Musterbeständen (möglichst für alle Standortsklassen der hauptsächlich in den reinen und schwach gemischten Beständen vorkommenden Holzarten) ist eine Klassifikation der in den einzelnen Unterabteilungen vorhandenen Bestockung nach Gruppen mit annähernd gleichem Ertragsvermögen durchzuführen und die Ausscheidung von Altersgruppen nachfolgen zu lassen.

Bei dieser Ausscheidung werden die unvollkommenen, abtriebsfähigen Bestände und die regelmäßigen Bestände zu trennen und für die über 60jährigen, mehr oder minder vollständigen Bestände werden zehnjährige Altersgruppen, für die jüngeren Bestände zwanzigjährige Altersgruppen auszuscheiden sein. In den gemischten Beständen werden die Holzarten nach Zehnteilen des Gesamtbestandes eingeschätzt und, wenn größere Ertrags=Differenzen beachtenswert werden, bei der Ertrags=Berechnung getrennt behandelt. Weitere Gruppenbildungen ergeben sich nach der Beschaffenheit des vorfindlichen Bestandsmaterials, z. B. Verjüngungen mit und ohne Nachhiebsreste, im Übergang zu Hochwald befindliche oberholzreiche und oberholzarme Mittelwaldungen ꝛc. Nach den örtlichen Wachstumsverhältnissen ist auch die Abstufung der Standorts=

Tabelle XI.
Zusammenstellung der Altersklassen=Tabelle für eine 740 ha große, für Fichten=Nachzucht einzurichtende Fichten=, Kiefern= und Buchen=Waldung und Entwurf eines summarischen Wirtschaftsplanes für diese Waldung.*)

A. Zusammenstellung der Altersklassen=Tabelle für die Fichten= Betriebsklasse des Wirtschaftsbezirks N. N.

Vor- herrschende Holzarten	Standortsklassen	Alters- klassen	Produktions- fläche	Jetziger Wert=Vorrat		Abtriebs=Ertrag der Bestandes- gruppen im Jahre				
				pro Hektar	pro Be- stands- Gruppe	70	80	90	100	110
		Jahr	ha	Wert=Ertrags=Einheiten à 1000 Mark						
Fichten	II	101—110	80	8,40	672	—	—	—	—	714
Buchen	III	91—100	120	2,10	252	—	—	—	264	290
Kiefern	III	71—80	141	1,60	226	—	253	310	359	468
Fichten	II	51—60	100	3,30	330	531	653	772	888	1003
Fichten	II	31—40	150	0,85	127	720	874	1029	1186	1338
Fichten	II	11—20	149	—	—	715	869	1022	1179	1329
Sa.:			740		1607					

		Laufend jährliche Zuwachs=Prozente				
		70/80	80/90	90/100	100/110	110/120
Fichten ohne Vornutzungen, Kl. II		2,2	1,8	1,5	1,3	1,1
„ mit „ „ II		2,6	2,1	1,8	1,5	1,2
Buchen ohne Vornutzungen, Kl. III		—	—	1,1	0,9	0,7
„ mit „ „ III		—	—	1,5	1,2	0,9
Kiefern ohne Vornutzungen, Kl. III		2,7	2,2	2,5	2,1	1,8
„ mit „ „ III		3,3	2,7	2,9	2,3	1,9

*) Die Aufstellung des letzteren (siehe nächste Seite ad B) und die nachhaltig einträglichste Verwertung des Waldvermögens (hier 1 607 000 Mk. ohne Bodenwert) wird unten ad V 2 erläutert werden.

B. **Summarischer Wirtschaftsplan für die 100 jährige Umtriebszeit (45 W.-E.-E. pro Jahr).**

Nutzungsperiode	Vorherrschende Holzarten	Standortsklassen	Jetziges Durchschnittsalter der Gruppe	Jetziger Wert-Vorrat, W.-E.-E.	Wachstumszeit bis zur Mitte der Nutzungsperiode	Laufend jährliche Wert-Zuwachs-Prozente	Mitte der Nutzungsperiode			Bemerkungen
							Vorrat	Nutzung	Rest	
					Jahr		Wert-Ertrags-Einheiten à 1000 Mk.			
I. 1	Buchen	III	95	252	5	1,0	264	264	—	Fichten-Nachzucht III. Kl.
I. 1	Fichten	II	105	672	5	1,3	714	186	528	
I. 2	Fichten	II	105	—	15	1,1	586	450	136	
II. 1	Fichten	II	105	—	25	0,9	148	148	—	
II. 1	Kiefern	III	75	226	25	2,6	389	302	87	Fichten-Nachzucht III. Kl.
II. 2	Kiefern	III	75	—	35	2,1	105	105	—	desgl.
II. 2	Fichten	II	55	330	35	1,8	772	345	427	
III. 1	Fichten	II	55	—	45	1,5	491	450	41	
III. 2	Fichten	II	55	—	55	1,2	46	46	—	
III. 2	Fichten	II	35	127	55	1,8	1029	404	625	
IV. 1	Fichten	II	35	—	65	1,5	719	450	269	
IV. 2	Fichten	II	35	—	75	1,3	304	304	—	
IV. 2	Fichten	II	15	—	75	1,8	1022	146	876	
V. 1	Fichten	II	15	—	85	1,5	1007	450	557	
V. 2	Fichten	II	15	—	95	1,2	623	450	173	
						Summa:		4500	173	

und Wachstumsklassen, etwa pro Hektar von 50 zu 50 fm Abtriebsertrag im 80 jährigen Alter oder von 100 zu 100 fm, zu wählen. Werden die Standorts- und Wachstumsklassen nahe aneinander gerückt, so lassen sich die Einschätzungen des Wertertrages nach Zehnteilen des Vollbestandes vermeiden oder wenigstens beschränken.

Die Altersklassen-Tabellen (siehe Tabelle XI) haben für die einzelnen Bestockungs-Gruppen nachzuweisen:

a) Die sämtlichen Unterabteilungs-Namen, -Nummern und -Buchstaben,
b) Produktive Fläche derselben nach Hektar,
c) Mittleres Alter der Bestände (Ermittelung siehe siebenten Abschnitt, S. 93),
d) Wertvorrat pro Hektar,
e) Wertvorrat pro Unterabteilung,
f) Die Werterträge der Bestandsgruppen nach den örtlich wählbaren Wachstumszeiten (wegen Erleichterung der späteren Aufstellung summarischer Wirtschaftspläne).

Für die Aufstellung der später notwendigen summarischen Wirtschaftspläne wird es genügen, wenn die Wertvorräte ad d und e nach Wertertrags-Einheiten à 1000 Mark in größeren Forstbezirken, nach Wertertrags-Einheiten à 100 oder 10 Mark in kleineren Waldungen nachgewiesen werden.

Die Zusammenstellung der Altersklassen-Tabelle bildet die Grundlage für die (später zu erörternden) summarischen Wirtschaftspläne.

In Tabelle XI A ist dieser Abschluß der Altersklassen-Tabelle für eine Waldung von 740 ha Größe enthalten. Vorläufig sind nur die sechs ersten Spalten beachtenswert. Die Ergänzung dieser Altersklassen-Tabelle durch die Anführung der Abtriebs-Erträge nach Ertragseinheiten und der Wertzuwachs-Prozente in der Wachstumsperiode vor der Nutzung erleichtert die Aufstellung der summarischen Wirtschaftspläne für die wahlfähigen Umtriebszeiten (siehe unten ad V. 2).

IV. Die Aufstellung von örtlichen Wertertrags-Tafeln,

welche für die anzuschließenden Ertragsbemessungen und Rentabilitäts-Vergleichungen unentbehrlich sind, ist ein in den meisten Fällen schwer zu lösendes Problem. Die Darstellung des Wachstumsganges der verschiedenen Holzgattungen in geschlossenen Waldbeständen ist auf alle örtlich vorherrschenden Standortsklassen zu erstrecken. Dieselbe hat mit dem Stangenholzalter der geschlossenen Hochwald-Bestände zu beginnen und ist durch alle ferneren Wachstumsperioden bis zur Erntezeit durchzuführen. Es sind sonach, um für die Aufstellung einer örtlichen Ertragstafel genügende und sichere Anhaltspunkte zu gewinnen, Hochwaldbestände mittlerer Beschaffenheit für alle Holzarten, für alle Altersgruppen und für alle Standortsklassen erforderlich, und mit dieser Vollständigkeit finden sich brauchbare Waldbestände in einzelnen Forstbezirken selten oder niemals. Die Regelung der einträglichsten Waldwirtschaft wird stets genötigt werden, die Ergebnisse der örtlichen Holzmassen-Aufnahmen und Zuwachs-Ermittelungen durch die in der Forst-Litteratur veröffentlichten Ertragstafeln zu ergänzen und zu vervollständigen.

Zu diesem Zwecke sind jedoch die Ermittelungen der forstlichen Versuchs-anstalten nicht ohne weiteres brauchbar. Die letzteren haben den Zuwachsgang für kleine, ausgesuchte Probebestände mit außergewöhnlichem Holzgehalt (infolge einer sehr engen Stammstellung) ermittelt, und die hier gefundenen Holzvorräte sind weitaus größer als die Holzvorräte, welche in den größeren Waldbeständen mittlerer Beschaffenheit in der Regel vorgefunden werden. Man würde durch die Verwendung der Ziffern dieser Ertragstafeln für die genannte Rentabilitäts-Vergleichung unbrauchbare Ergebnisse erlangen. Man würde für die Fortsetzung der Holzzucht Ernteerträge bestimmen, welche in größeren Forstbezirken und in größeren Hochwaldbeständen mittlerer Beschaffenheit nicht erreicht werden können. Will man die vorhandenen Bestände mittlerer Größe und mittlerer Beschaffenheit den Bonitätsklassen der Normal-Ertragsklassen zuteilen, so findet man in der Regel, daß von der nachgewiesenen Holzmasse, wenn auch die Bodengüte und der Höhenwuchs annähernd vorhanden sein würden, in den bis jetzt aufgewachsenen älteren Beständen erhebliche Beträge mangeln und die Annahme des Wachstums-ganges einer tiefer stehenden Klasse wegen der bisherigen und zukünftigen Wertproduktion bedenklich ist.

Es ist mir deshalb zweckfördernder erschienen, für die praktische Ertrags-Regelung Ertragstafeln auf Grund des bisherigen wissenschaftlichen Untersuchungs-Materials und mit Benutzung eigener Ermittelungen für die in den größeren Hochwaldbeständen mittlerer Beschaffenheit in der Regel mit der größten Verbreitung vorkommenden Derbholz-Vorräte (im 80jährigen Alter, Festmeter pro Hektar) zu entwerfen, damit in den Einzelfällen, wenn die selbständige und vollendete Aufstellung örtlicher Ertragstafeln nicht möglich ist, geprüft werden kann, ob und wie weit der durch die Holzmassen-Aufnahme und Probeholzfällung gefundene Derbholz- und Wertvorrat mit dem Wachstumsgang dieser im Anhang dieser Schrift befindlichen Wertertrags-Tafeln übereinstimmt. Diese eingehende Prüfung und die nachfolgende, nicht nur bei abweichender Derbmassen-Entwickelung und Holzsorten-Bildung der Abtriebs- und Vornutzungs-Erträge, sondern vor allem bei abweichenden Preis-Abstufungen von den schwächeren bis zu den stärkeren Holzsorten anzuschließende Umrechnung der genannten Tafeln ist unerläßlich, und nur hierdurch können Fehlschlüsse verhütet werden. Indessen werden die Forstbezirke selten gefunden werden, welche das regelrechte Altersklassen-Verhältnis haben, um den nachgewiesenen Gang der Rohmassen-Entwickelung hinreichend kontrollieren zu können. In diesem Falle wird nur die Prüfung erübrigen, ob die in den genannten Ertragstafeln zu Grunde gelegte Wertsteigerung von den schwächeren zu den stärkeren Rundholzsorten ständig in den betreffenden Örtlichkeiten ausgiebiger war und bleiben wird oder eine andere Aufwärtsbewegung zeigt.

Das Ergebnis dieser Prüfung ist hauptsächlich entscheidend für die örtliche Giltigkeit der folgenden Rentabilitäts-Vergleichungen. Bei wesentlichen Verschiedenheiten in der Preis-Abstufung darf die Umrechnung und Aufstellung örtlicher Ertragstafeln nicht unterlassen werden.

Während mehrerer Jahrzehnte seiner praktischen Thätigkeit hat der Verfasser die Schwierigkeiten gründlich kennen gelernt, welche mit der Erforschung der Wachstumsgesetze der geschlossenen Hochwaldungen und der Mittelwald-Oberhölzer verbunden sind. Es kann sich nicht darum handeln, ein unbedingt zuverlässiges Verfahren einzuhalten, sondern nur um die Auffindung von Verfahrungsarten, welche die ausschlaggebenden Wachstumskurven mit den relativ geringsten Abweichungen und Regelwidrigkeiten erkennen lassen und zum Ausdruck bringen. Für die Zusammenfassung der Bestände mit annähernd gleichem Wachstumsgang habe ich (nach Vorgang von Theodor Hartig) das sogenannte Weiserstamm-Verfahren befürwortet. Man darf vermuten, daß die Produktionskraft des Waldbodens und ihre Wirkung relativ am ausgiebigsten ausgedrückt werden wird im Wachstumsgange der in den 80- bis 120jährigen Hochwaldbeständen (Musterbeständen) dominierenden Stämme — entweder in der Gesamtzahl derselben oder in etwa 400 stärksten Stämmen pro Hektar. Nun kann man für die genannten Stämme in den Altholzbeständen Mittelstämme fällen lassen und den Brusthöhendurchmesser und die Gipfelhöhen z. B. im 60-, 70jährigen Alter 2c. durch Stamm-Analyse finden. Man kann hierauf die 60-, 70jährigen Bestände mit mittlerem Schluß aufsuchen, welche mit der Stärke und Höhe der gleichen, in den stärksten Stammklassen abgezählten Stammzahl adäquat sind und deren Derbholz- und Wertvorrat der Ertragstafel als jüngere Glieder einreihen. Die genannte Vermutung stützt sich nicht nur auf die bisherige Auffindung adäquater Ertragskurven für alle Ertragsklassen des

Untersuchungsmaterials der preußischen Versuchsanstalt in Fichtenbeständen durch den Verfasser, sondern hauptsächlich auf die von demselben zuerst in den Kiefernbeständen im badischen Odenwald gefundene, sodann für die Ertragstafeln von Theodor und Robert Hartig, Wimmenauer und Schwappach nachgewiesene, hierauf von der preußischen Versuchsanstalt bestätigte Erscheinung, daß in den 100= bis 120jährigen Abtriebs=beständen die Gesamtproduktion für die Vornutzungs= und Abtriebs=Nutzungen vom 40. bis 60. Jahre bis zum 100. bis 120. Jahre in der Regel mit 85 bis 95 % von den Stämmen hervorgebracht wird, welche im 100= bis 120jährigen Alter die dominierenden Bestände bilden. Das Verfahren ist in des Verfassers „Anleitung zur Regelung des Forstbetriebes" (Berlin 1875, S. 30 bis 36) dargestellt, aber bisher noch nicht mehrseitig erprobt worden. Kann man durch Analyse von Probestämmen die Derbholzproduktion der Abtriebsstämme etwa vom 40jährigen Alter an ausreichend genau ermitteln, so ist offenbar nur noch die relativ geringfügige Produktion des Nebenbestandes hinzuzufügen und der Gebrauchswert pro Festmeter zu ermitteln. Der Wachstumsgang der Musterbestände wird bis auf unwesentliche Teile direkt analysiert.

Nach den bis jetzt vorliegenden Untersuchungen ist es nicht beweisfähig, daß die Ertragstafeln dieser Schrift eine Wertsteigerung für die Verlängerung der Wachstumszeit zu Grunde gelegt haben, welche der thatsächlichen Wertsteigerung in den geschlossenen Hochwaldbeständen nach dem 80jährigen Alter derselben beträchtlich nachsteht und deshalb die später folgenden Verzinsungsprozente erheblich zu gering bemessen worden sind.

Robert Hartig, Burckhardt, Schwappach u. a. sind von den Holzpreisen im Harz, im mitteldeutschen Gebirge und der norddeutschen Tiefebene bei Aufstellung ihrer Gelderstragstafeln ausgegangen. Wenn man die Abtriebs=Erträge der Fichten=, Kiefern= und Buchenbestände im 90jährigen, 100jährigen, 110jährigen und 120jährigen Alter pro Hektar (nicht die Jahreserträge der Nachhalt=Wirtschaft) nach dem Verhältnis zum 80jährigen Abtriebsertrag pro Hektar bestimmt und die Ziffern mit den in gleicher Weise für die Ertragstafeln dieser Schrift ermittelten Verhältniszahlen vergleicht, so ergiebt sich die in Tabelle XII folgende Gegenüberstellung. Bei Vergleichung der Steigerung der Bruttoerlöse pro Hektar infolge Verlängerung der Wachstumszeit wird zu beachten sein, daß die Ertragstafeln dieser Schrift den Wachstumsgang großer Waldbestände mittlerer Beschaffenheit nachzuweisen haben, während die übrigen Angaben den dicht geschlossenen Probebeständen entstammen, in denen nach gleicher Wachstums=zeit infolge der gesteigerten Kronendichte, wie schon oben bemerkt wurde, schwächere Holzsorten vorgefunden werden als in den ersteren.

Tabelle XII.
Vergleichung der bisher für die dominierenden Hochwaldbestände nachgewiesenen Steigerung der Wert-Erträge pro Hektar von der 80jährigen bis 100jährigen Wachs-tumszeit mit den Angaben in den Wert-Ertragstafeln dieser Schrift.

Holzarten, Standortsklassen und Autoren	Abtriebs=Erträge pro Hektar im				
	80. Jahr	90. Jahr	100. Jahr	110. Jahr	120. Jahr
Fichten erster Klasse nach R. Hartig . . .	1,00	1,12	1,21	1,28	—
„ „ „ nach Schwappach .	1,00	1,13	1,27	1,38	1,53
„ „ „ nach dieser Schrift:					
Absatzlage A . .	1,00	1,14	1,29	1,42	1,54
„ B . .	1,00	1,16	1,33	1,50	1,65

Holzarten, Standortsklassen und Autoren	Abtriebs-Erträge pro Hektar im				
	80. Jahr	90. Jahr	100. Jahr	110. Jahr	120. Jahr
Fichten zweiter Klasse nach Burckhardt	1,00	1,20	1,36	—	—
„ „ „ nach R. Hartig	1,00	1,17	1,33	1,42	1,54
„ „ „ nach Schwappach	1,00	1,16	1,32	1,47	1,61
„ „ „ nach dieser Schrift:					
Absatzlage A	1,00	1,18	1,36	1,53	1,69
„ B	1,00	1,18	1,40	1,61	1,81
Fichten dritter Klasse nach Schwappach	1,00	1,20	1,38	1,60	1,81
„ „ „ nach dieser Schrift:					
Absatzlage A	1,00	1,24	1,47	1,75	2,02
„ B	1,00	1,25	1,49	1,79	2,10
Fichten vierter Klasse nach Schwappach	1,00	1,18	1,36	1,55	—
„ „ „ nach dieser Schrift:					
Absatzlage A	1,00	1,27	1,53	1,81	—
„ B	1,00	1,26	1,49	1,77	—
Fichten fünfter Klasse nach Schwappach	1,00	1,34	1,54	—	—
„ „ „ nach dieser Schrift:					
Absatzlage A	1,00	1,47	1,74	—	—
„ B	1,00	1,36	1,73	—	—
Kiefern erster Klasse nach Schwappach	1,00	1,17	1,35	1,52	1,69
„ „ „ nach dieser Schrift:					
Absatzlage A	1,00	1,24	1,48	1,77	1,97
„ B	1,00	1,24	1,48	1,78	1,97
Kiefern zweiter Klasse nach Burckhardt	1,00	1,17	—	—	—
„ „ „ nach Schwappach	1,00	1,14	1,31	1,52	1,71
„ „ „ nach Wimmenauer	1,00	1,16	1,33	1,51	1,68
„ „ „ nach dieser Schrift:					
Absatzlage A	1,00	1,23	1,50	1,82	2,14
„ B	1,00	1,24	1,51	1,84	2,16
Kiefern dritter Klasse nach Schwappach	1,00	1,16	1,33	1,53	1,71
„ „ „ nach dieser Schrift:					
Absatzlage A	1,00	1,22	1,53	1,85	2,17
„ B	1,00	1,22	1,49	1,86	2,20
Kiefern vierter Klasse nach Schwappach	1,00	1,05	1,09	1,19	1,30
„ „ „ nach dieser Schrift:					
Absatzlage A	1,00	1,22	1,44	1,65	1,84
„ B	1,00	1,27	1,44	1,65	1,84
Kiefern fünfter Klasse nach Schwappach	1,00	1,02	1,05	—	—
„ „ „ nach dieser Schrift:					
Absatzlage A	1,00	1,19	1,44	—	—
„ B	1,00	1,18	1,37	—	—

Holzarten, Standortsklassen und Autoren	Abtriebs-Erträge pro Hektar im				
	80. Jahr	90. Jahr	100. Jahr	110. Jahr	120. Jahr
Buchen erster Klasse nach R. Hartig	1,00	1,19	1,38	—	—
" " " nach Schwappach	1,00	1,21	1,41	—	—
" " " nach dieser Schrift:	1,00	1,13	1,24	1,34	1,42
Absatzlage A	1,00	1,14	1,27	1,39	1,50
" B	1,00	1,14	1,28	1,40	1,50
Buchen zweiter Klasse nach Burckhardt	1,00	1,24	1,47	1,65	1,81
" " " nach Schwappach	1,00	1,15	1,26	1,38	1,46
" " " nach dieser Schrift:					
Absatzlage A	1,00	1,15	1,28	1,39	1,50
" B	1,00	1,16	1,30	1,42	1,53
Buchen dritter Klasse nach Schwappach	1,00	1,17	1,30	1,41	1,52
" " " nach dieser Schrift:					
Absatzlage A	1,00	1,15	1,27	1,39	1,48
" B	1,00	1,16	1,30	1,43	1,53
Buchen vierter Klasse nach Schwappach	1,00	1,15	1,31	1,42	1,49
" " " nach dieser Schrift:					
Absatzlage A	1,00	1,13	1,25	1,34	1,44
" B	1,00	1,15	1,29	1,40	1,51
Buchen fünfter Klasse nach Schwappach	1,00	1,15	1,28	1,40	1,50
" " " nach dieser Schrift:					
Absatzlage A	1,00	1,11	1,21	1,27	1,33
" B	1,00	1,13	1,24	1,32	1,39

V. Rentabilitäts-Vergleichungen zur Auffindung der einträglichsten Umtriebszeiten in Fichten-, Kiefern- und Buchen-Waldungen.

Die nachfolgenden Ausführungen bezwecken die Information derjenigen Waldbesitzer, welche die Holzzucht als vollberechtigtes Glied einfügen wollen in die einträglichste Bewirtschaftung des Gesamtvermögens und zu erfahren wünschen, durch welche Wald-Umtriebszeiten rc. dem realisierbaren Waldkapital die reichlichsten Nutzleistungen andauernd verliehen werden können. Sie sind, wie schon oben gesagt, ebensowenig geschrieben für Waldbesitzer, welche eine Parkwirtschaft im großen Umfang begründen wollen, als für Waldbesitzer, welche eine Raubwirtschaft innerhalb des zu vererbenden Wald-Stammkapitals beabsichtigen. Die Untersuchungen, die wir anregen, und die Wirtschaftspläne, die wir befürworten werden, sind schon im ersten Abschnitt im Hinblick auf die privatwirtschaftlichen Aufgaben der Waldproduktion dargestellt worden. Die Waldertrags-

Regelung hat vor allem dem Endziel entgegenzustreben: Ausgestaltung der vorhandenen und der herzustellenden Waldvorräte mit einer Abstufung der Altersklassen für Ernteerträge, welche die Gewinnung dauerhafter, tragfähiger bezw. brennkräftiger Nutzholzgattungen und allseitig brauchbarer Rundholzsorten quantitativ dem nach den Standorts- und Verbrauchs-Verhältnissen erreichbaren Höhepunkt entgegenführen wird, jedoch mit möglichster Beschränkung oder völliger Vermeidung von Kapitalanwendungen, deren Nutzleistungen zurückbleiben gegenüber der Rentabilität gleich sicherer Kapitalanlagen in anderen Erwerbszweigen, z. B. durch Schuldentilgung, Waldankauf, hypothekarische Anlage u.s.w. Wir werden die Klarstellung der Vorrats-Bestandteile anregen, welche bisher kärglich, etwa unter $1^1/_2$ bis $2^0/_0$, rentiert haben, und wir werden von der Grundanschauung ausgehen, daß zwar die Forstwirtschaft den Wechsel der Kapitalanlage nicht untersagen, aber nur dann befürworten kann, wenn die unverkürzte Wiederanlage der realisierbaren Erlöse für entbehrliche Bestandteile der Waldvorräte als Stammguts-Substanz unangreifbar sichergestellt worden ist.

Nach den Daseins-Bedingungen der Waldwirtschaft kann jedoch nur eine erhebliche Rentenerhöhung berücksichtigungswert werden. Diese nachhaltige Rentenerhöhung gebührt der Nutznießung. Für die Feststellung derselben ist die Ermittelung des „Unternehmer-Gewinns", welcher durch das mehrfach erwähnte Geldgeschäft in der zweiten Hälfte des nächsten Jahrhunderts den Nutznießern, die gegen Ende des letzteren oder später bezugsberechtigt werden, zugebracht werden kann, nicht nur unnötig, weil bei jährlichem Bezug der nachhaltigen Rentenerhöhung keine Zineszinsen entstehen können, sondern auch entbehrlich. Es genügt die Vergleichung der bisherigen jährlichen Waldreinerträge mit den erhöhten Reinerträgen, welche das derzeitige Waldvermögen nachhaltig zu leisten vermag, und es ist zu untersuchen, ob dieselben unbeschadet der Wirtschafts-Nachfolger der Nutznießung des Gesamtbesitzes zugewiesen werden können. Die Summierung der Rentenerhöhung für gleiche Bezugszeiten ist für die erstrebte Information genügend und die Diskontierung auf die Gegenwart oder auf die Begründungszeit der Bestände entbehrlich.

Grundlegend für die Rentabilitäts-Vergleichung, die wir befürworten werden, ist sonach die Bewertung des derzeitigen Waldeigentums nach dem realisierbaren Kapitalbetrag und die Ermittelung der nachhaltig einträglichsten Waldbewirtschaftung innerhalb des intakt zu erhaltenden Gesamt-Eigentums.

Diese Grundlage der Rentabilitäts-Vergleichung wird jedoch seitens der Anhänger der Bodenreinertrags-Wirtschaft nicht ohne Anfechtung bleiben, und wir haben kurz nachzuweisen, daß die Bemessung des realisierbaren Waldwertes der Bestimmung der Wald-Rentierungswerte nach dem Verfahren der Bodenrenten-Theorie vorzuziehen sein wird. Nach der letzteren soll vorausgesetzt werden, daß der Wald normalen Vorrat für die Umtriebszeit mit höchstem Bodenerwartungswert besitzt, der Bodenerwartungswert und der Wert des normalen Vorrats den Waldwert bilden und sonach der Wald-Rentierungswert $= \dfrac{Au + Da \ldots + Dq - c - uv}{0{,}0 \, p}$, wenn Au den erntekostenfreien

Abtriebsertrag, Da +... Dq die Durchforstungserträge, c die Kulturkosten, v die jährlichen Betriebskosten einer Altersstufe, p den Zinsfuß und u die betreffende Umtriebszeit bezeichnet. Die Bodenrentenlehre hat die Giltigkeit der für den aussetzenden Betrieb und die Waldblößen ermittelten Boden- und Bestandswert-Formeln für den jährlichen Betrieb lediglich für das Vorhandensein des Normalvorrats, welcher sich für die Umtriebszeiten mit maximalem Bodenwert, z. B. die 60- bis 70jährigen Umtriebszeiten, ergiebt, algebraisch nachgewiesen. Nun können aber diese Normalvorräte bestenfalls erst nach 60 bis 70 Jahren hergestellt werden, und bis dahin bleiben die berechneten Vorrats- und Bodenwerte fiktiv, werden auch im nächsten Jahrhundert mit jeder Veränderung der angenommenen Zinssätze — abgesehen von Änderungen der Holzpreise — trügerisch. Zudem kann man beliebig gesteigerte oder niedergehende Waldwerte herausrechnen, je nachdem man den noch nicht fixierten Waldzinssatz $1/2$ oder $1^0/_0$ oder mehr ermäßigt oder erhöht. Diese wechselvollen Normal-Vorratswerte und Boden-Erwartungswerte sind selbstverständlich nicht verwendungsfähig für die brauchbare Bemessung des thatsächlichen Wertes der mit Wald bewachsenen Eigentumsteile.

Die Waldertrags-Regelung, die wir befürworten, hat als Leitstern die Herstellung der oben genannten Ausgestaltung der zu erstrebenden Normalvorräte voranzustellen, welche in größeren, nachhaltig bewirtschafteten Waldungen eine unabweisbare Verpflichtung der Nutznießung bildet. Sie findet ihren Schwerpunkt in der sorgfältigen Bemessung der Grenzlinie im Wachstumsgang der geschlossenen Hochwaldbestände, mit welcher die hinreichende Brauchbarkeit der Waldbäume für die Zwecke der Nutzholzverarbeitung beginnt und mit deren Einhaltung eine bedenkliche Überproduktion von Kleinnutzholz vermieden wird. Nicht minder wichtig ist die oben genannte Bemessung der bisherigen Rente des realisierbaren Waldkapitals und der Rentenerhöhung, welche eingebracht werden kann, wenn bei der Umtriebs-Normierung die genannte Grenzlinie eingehalten wird. Für die Beweisführung, daß die befürworteten Wirtschaftspläne frei bleiben von einer Erweiterung des Starkholz-Angebots, welche im Absatzbezirk entbehrlich ist und seitens der Waldbesitzer nur durch beträchtliche Rentenverluste ermöglicht werden kann, liefert die nachhaltig einträglichste Bewirtschaftung des Gesamteigentums der Waldbesitzer die maßgebenden Richtpunkte.

Kann die Waldertrags-Regelung den überzeugenden Beweis erbringen, daß die nachhaltig einträglichste Nutzbarmachung des Waldeigentums durch Befolgung dieser leitenden Grundsätze thatsächlich verwirklicht werden wird und durch die aufgestellten Wirtschaftspläne geregelt worden ist?

1. Überblick über die Rentabilität der herzustellenden Normalvorräte.

Die Information der Waldbesitzer hat zu beginnen mit der Beweisführung, daß die Einstellung der Waldwirtschaft weniger nutzbringend werden wird wie die Fortsetzung derselben, und dieselbe hat zugleich Aufschluß zu gewähren über die Frage, ob eine erhebliche Steigerung der bisherigen Reineinnahmen nachhaltig werden wird, indem übermäßige Kapitalaufwendungen, welche den Nachkommen dürftige Nutzleistungen einbringen, nicht begünstigt werden.

Aus den Zusammenstellungen der Altersklassen-Tabellen sind die derzeitigen Vorratswerte ersichtlich. Es ist nicht entscheidend, welche jährlichen Reinerträge dieses Kapital bisher nach dem Durchschnitt längerer Zeitperioden geliefert hat.

Tabelle XIII.

Verzinsung des normalen Wert-Vorrats größerer Fichten-, Kiefern- und Rotbuchen-Waldungen durch den jährlichen Reinertrag, berechnet für je 1000 ha und für die 60- bis 120 jährigen Umtriebszeiten nach den Angaben in den Ertragstafeln dieser Schrift.

Normal-Vorräte für die Umtriebs-zeiten von Jahren	Abteilung	I. Fichten-Waldungen mit durchschn. 530 fm Derbholz im 80jährig. Alter pro Hektar			II. Fichten-Waldungen mit durchschn. 450 fm Derbholz im 80jährig. Alter pro Hektar			III. Fichten-Waldungen mit durchschn. 350 fm Derbholz im 80jährig. Alter pro Hektar			IV. Fichten-Waldungen mit durchschn. 250 fm Derbholz im 80jährig. Alter pro Hektar			V. Fichten-Waldungen mit durchschn. 150 fm Derbholz im 80jährig. Alter pro Hektar		
		Normal-Vorrat 1000 Mk. pro 1000 ha	Jährlicher Reinertrag 1000 Mk. pro 1000 ha	Verzinsung %	Normal-Vorrat 1000 Mk. pro 1000 ha	Jährlicher Reinertrag 1000 Mk. pro 1000 ha	Verzinsung %	Normal-Vorrat 1000 Mk. pro 1000 ha	Jährlicher Reinertrag 1000 Mk. pro 1000 ha	Verzinsung %	Normal-Vorrat 1000 Mk. pro 1000 ha	Jährlicher Reinertrag 1000 Mk. pro 1000 ha	Verzinsung %	Normal-Vorrat 1000 Mk. pro 1000 ha	Jährlicher Reinertrag 1000 Mk. pro 1000 ha	Verzinsung %
60 Jahre	A	1655,9	90,4	5,4	932,8	57,7	6,2	443,0	28,4	6,4	186,7	11,2	6,0	63,7	0,5	0,8
	B	1377,5	74,4	5,4	777,0	46,7	6,0	369,1	22,7	6,2	131,9	8,3	5,5	48,7	min.	min.
70 Jahre	A	2274,7	97,8	4,3	1389,4	69,0	5,0	708,2	37,9	5,4	334,7	18,4	5,5	125,0	4,7	3,8
	B	1896,5	81,0	4,3	1156,9	56,2	4,9	590,6	30,1	5,1	277,6	14,5	5,1	97,9	2,7	2,8
80 Jahre	A	2889,6	103,9	3,6	1673,8	75,2	4,5	1016,1	45,2	4,5	517,2	23,5	4,5	211,7	8,4	4,0
	B	2418,0	87,4	3,6	1561,9	61,6	3,9	845,2	36,1	4,3	433,5	19,0	4,4	171,3	6,1	3,6
90 Jahre	A	3497,6	107,5	3,1	2365,1	79,9	3,4	1352,7	51,0	3,8	725,5	27,6	3,8	324,1	12,7	3,9
	B	2945,2	92,0	3,1	1975,5	66,0	3,3	1225,5	41,2	3,6	607,5	22,2	3,7	263,2	8,8	3,3
100 Jahre	A	4096,7	110,8	2,7	2861,8	84,1	2,9	1708,3	55,2	3,2	939,8	30,8	3,3	452,5	14,1	3,1
	B	3476,5	96,3	2,8	2402,3	70,9	3,0	1424,1	43,0	3,2	791,4	24,3	3,1	367,9	10,9	3,0
110 Jahre	A	4686,7	111,9	2,4	3362,5	86,9	2,6	2082,5	59,9	2,9	1170,6	33,6	2,9	—	—	—
	B	4013,1	99,4	2,5	2846,8	75,0	2,6	1742,0	49,5	2,8	982,7	26,6	2,7	—	—	—
120 Jahre	A	5260,8	111,9	2,1	3861,7	88,5	2,3	2477,3	63,6	2,6	—	—	—	—	—	—
	B	4550,1	101,0	2,2	3301,7	77,3	2,3	2084,3	53,6	2,6	—	—	—	—	—	—

Normal-Vorräte	Abteilung	I. Kiefern-Waldungen mit durchschn. 350 fm Derbholz im 80jährig. Alter pro Hektar			II. Kiefern-Waldungen mit durchschn. 300 fm Derbholz im 80jährig. Alter pro Hektar			III. Kiefern-Waldungen mit durchschn. 250 fm Derbholz im 80jährig. Alter pro Hektar			IV. Kiefern-Waldungen mit durchschn. 200 fm Derbholz im 80jährig. Alter pro Hektar			V. Kiefern-Waldungen mit durchschn. 150 fm Derbholz im 80jährig. Alter pro Hektar		
		Normal-Vorrat 1000 Mk. pro 1000 ha	Jährlicher Reinertrag 1000 Mk. pro 1000 ha	Verzinsung %	Normal-Vorrat	Jährl. Reinertrag	Verzinsung %	Normal-Vorrat	Jährl. Reinertrag	Verzinsung %	Normal-Vorrat	Jährl. Reinertrag	Verzinsung %	Normal-Vorrat	Jährl. Reinertrag	Verzinsung %
60 Jahre	A	707,1	38,50	5,4	475,4	23,67	5,0	334,4	13,32	4,0	214,1	6,95	3,2	123,7	1,68	1,4
	B	513,9	26,20	5,1	347,4	15,67	4,5	255,1	9,10	3,6	159,9	3,57	2,2	92,8	min.	min.

		I. Nadelholz-Waldungen mit durchschn. 300 fm Derbholz im 80jährig. Alter pro Hektar				II. Buchen-Waldungen mit durchschn. 250 fm Derbholz im 80jährig. Alter pro Hektar				III. Buchen-Waldungen mit durchschn. 200 fm Derbholz im 80jährig. Alter pro Hektar				IV. Buchen-Waldungen mit durchschn. 150 fm Derbholz im 80jährig. Alter pro Hektar				V. Buchen-Waldungen mit durchschn. 100 fm Derbholz im 80jährig. Alter pro Hektar			
80 Jahre	A B	1319,1 959,7	52,42 36,72	4,0 3,8	1,9 1,0	909,2 661,0	35,75 24,80	3,9 3,8		628,3 472,4	21,72 14,21	3,5 3,0		416,7 298,3	11,60 6,74	2,8 2,3		233,3 174,0	4,32 1,70	1,9 1,0
90 Jahre	A B	1672,0 1218,3	58,64 41,49	3,5 3,4	1,5 1,9	1163,9 846,0	39,90 28,14	3,4 3,3		798,3 593,7	24,56 16,31	3,1 2,7		513,4 378,1	13,38 8,58	2,6 2,3		294,7 218,7	5,12 2,25	1,5 1,9
100 Jahre	A B	2051,7 1497,5	63,65 45,28	3,1 3,0	1,5 1,0	1439,1 1047,5	44,11 31,42	3,1 3,0		985,3 725,0	28,46 18,54	2,9 2,6		627,2 462,3	14,89 9,20	2,4 2,0		359,6 264,3	6,07 2,69	1,7 1,0
110 Jahre	A B	2459,1 1797,2	69,31 49,49	2,8 2,7	—	1741,8 1269,7	49,12 35,20	2,8 2,8		1194,0 873,1	31,71 21,70	2,7 2,5		763,1 547,0	15,90 10,01	2,1 1,8		—	—	—
120 Jahre	A B	2883,8 2108,6	70,84 50,62	2,5 2,4	—	2051,1 1511,6	52,81 37,96	2,6 2,5		1420,0 1038,4	34,32 23,69	2,4 2,3		880,6 632,9	16,32 10,32	1,9 1,6		—	—	—

60 Jahre	A B	544,0 315,9	32,15 17,17	5,9 5,4	421,9 237,8	24,77 12,22	5,9 5,1	309,8 168,0	17,45 7,43	5,6 4,4	214,2 113,8	10,83 3,32	5,1 2,9	125,3 65,7	5,02 min.	4,0 min.
70 Jahre	A B	766,6 459,2	36,34 20,29	4,7 4,4	604,0 353,4	28,37 15,06	4,7 4,3	452,5 255,7	20,34 9,70	4,5 3,8	319,2 176,5	12,99 4,99	4,1 2,8	194,7 105,1	6,51 1,10	3,4 1,9
80 Jahre	A B	993,7 607,8	38,64 22,11	3,9 3,6	792,7 475,5	30,70 16,85	3,9 3,5	601,3 349,9	22,42 11,42	3,7 3,3	428,5 243,8	14,37 6,19	3,4 2,5	267,0 147,5	7,41 1,9	2,8 1,3
90 Jahre	A B	1217,4 754,9	39,51 22,77	3,2 3,0	980,9 598,8	31,66 17,79	3,2 3,0	750,7 446,4	23,23 12,21	3,1 2,7	535,3 312,0	14,72 6,59	2,7 2,2	337,2 189,8	7,47 2,12	2,2 1,1
100 Jahre	A B	1435,4 898,0	40,01 23,22	2,8 2,6	1164,0 719,7	32,96 18,19	2,8 2,5	895,3 541,0	23,46 12,56	2,6 2,3	641,1 365,3	14,75 6,82	2,3 1,8	402,2 229,6	7,40 2,21	1,8 1,9
110 Jahre	A B	1646,4 1036,5	39,74 23,20	2,4 2,2	1340,0 858,3	31,85 18,23	2,4 2,1	1034,0 632,6	23,44 12,71	2,3 2,0	739,1 431,6	14,37 6,67	1,9 1,5	461,8 266,6	6,99 2,05	1,5 0,8
120 Jahre	A B	1932,0 1169,4	39,27 22,94	2,0 2,0	1548,2 947,5	31,53 18,10	2,1 1,9	1166,0 720,1	22,98 12,52	2,0 1,7	831,5 456,4	14,02 6,57	1,7 1,4	516,0 300,8	6,52 1,82	1,3 0,6

Anmerkung: Für die Nadelholz-Waldungen ist für Bestandsbegründung eine jährliche Ausgabe von 60 Mt. pro Hektar der Verjüngungsfläche und für Verwaltungs- und sonstige Betriebs-Ausgaben der Jahresbetrag von 5 Mt. pro Hektar der Gesamtfläche von 1000 ha vom renteloslrentierter Brutto-Ertrag abgezogen worden, für die Buchenwaldungen 30 Mt. und 5 Mt. pro Hektar.

Vielmehr ist zunächst zu ermitteln, welche Verzinsung dieses Kapital liefern wird, wenn der Nutznießung die jährlich produzierten Wertertrags-Einheiten zugewiesen werden, sonach der Vorrat erhalten wird. Zu diesem Rentenbezug ist die Nutznießung unzweifelhaft berechtigt. Aber wie kann man bei dem bunten Durcheinander der großen und kleinen, in dem verschiedensten Alter stehenden Holzbestände mit der verschiedenartigsten Beschaffenheit diese nachhaltige Rente bemessen? Kann der Waldbesitzer ausfindig machen, ob die Einführung verbesserter Wirtschaftsverfahren, insbesondere eines veränderten Rundgangs der Jahresnutzungen, eine erhebliche Rentenerhöhung bewirken kann?

Wenn die oben genannten Arbeiten, welche die Bewertung des derzeitigen Waldeigentums bezwecken, vollendet worden sind und vor allem die örtlichen Wertertragstafeln entweder durch örtliche Zuwachs-Untersuchungen oder durch Prüfung und Umrechnung der Wertertragstafeln dieser Schrift aufgestellt worden sind, so kann man die jährlichen Reinerträge annähernd genau beurteilen, welche die betreffenden Forstbezirke nach Herstellung der Normalvorräte für die wählbaren Umtriebszeiten einbringen würden, indem man die Normal-Vorratswerte und die Normal-Vorratsrenten für die letzteren berechnet (siehe Tabelle XIII). Hierauf ist die Prüfung möglich, welcher jährliche Wertetat für den konkreten Vorrat zulässig ist und ob der bisherige Wertertrag zu hoch oder zu gering war. In der Zusammenstellung der Altersklassen-Tabelle (cf. Seite 181) ist der derzeitig vorhandene Vorratswert ersichtlich. Man kann die Normalvorräte erkennen, welche diesen wirklichen Vorräten am nächsten stehen. Man wird den zulässigen Jahresetat für den vorhandenen wirklichen Wertvorrat annähernd genau beurteilen können, indem man von der Annahme ausgeht, daß sich der normale Wertvorrat zum normalen Etat verhält wie der wirkliche Wertvorrat zum wirklichen Etat. Diese Ermittelungsart der zulässigen Abtriebsnutzung ist allerdings bei erheblichen Unregelmäßigkeiten in der derzeitigen Altersstufenfolge nicht mathematisch genau und durch die Arbeiten zum Abschluß der Waldertrags-Regelung zu revidieren und zu berichtigen. Aber dieselbe bezweckt auch nur die vorläufige Information der Waldbesitzer über die im Wald-Normalvorrat erreichbaren Nutzleistungen der bisher üblichen Wirtschaftsverfahren.

Den in dieser Weise bestimmten Nutzungssätzen aus den Haubarkeits-Erträgen kann man die Erlöse aus Vornutzungen nach den gleichfalls aus den Wertertragstafeln ersichtlichen Prozenten der Abtriebs-Nutzungen zusetzen und von den erntekostenfreien Jahreserträgen die Kultur- und Betriebskosten, welche für die Umtriebszeiten in den einzelnen Wirtschaftsperioden zu verausgaben sind, in Abzug bringen.

Für je 1000 ha große Fichten-, Kiefern- und Buchenwaldungen und für die 60- bis 120jährigen Umtriebszeiten, ferner für die Derbholzerträge von fünf Standortsklassen, jedesmal für 1000 ha, sind die Normalvorräte, die Reinerträge und die Verzinsungsprozente in Tabelle XIII nach den Angaben in den Wertertragstafeln dieser Schrift berechnet worden. Nach Prüfung und Umrechnung der letzteren wird die örtliche Waldertrags-Regelung die Waldbesitzer nicht nur über die Kapitalverzinsung informieren können, welche ohne Wechsel der dem vorhandenen Vorrat entsprechenden Umtriebszeit im Wald-Normalzustand realisiert werden wird, sondern auch über die weitere Frage, ob eine erhebliche

Steigerung der Nutzleistungen des vorhandenen Waldkapitals in sichere Aussicht zu nehmen ist, indem die kärglich rentierenden Bestandteile des vorhandenen Vorratskapitals durch Wechsel der Kapitalanlage nutzbringender verwertet werden.

Die vorstehende Tabelle XIII (Seite 190, 191) wird hinsichtlich der zu Grunde gelegten Rentabilitäts-Faktoren wie folgt erläutert:

a) Die Verkaufswerte der normalen Holzvorräte für die wählbaren Umtriebszeiten und die Unterschiede derselben sind in erster Linie maßgebend. Dieselben wurden für das Frühjahr nach Abtrieb des ältesten Schlages ermittelt. Nachdem die Formeln der Bodenrentenlehre für die Ermittelung der realisierbaren Verkaufswerte der Normalvorräte und der Unterschiede derselben nicht brauchbar sind, so ist für die Werterträge, welche in den genannten Wertertragstafeln für je zehnjährige Abstufungen im Alter der Bestände verzeichnet worden sind, angenommen worden, daß die Altersstufen innerhalb des Jahrzehnts eine arithmetische Reihe erster Ordnung bilden. In diesem Falle lautet bekanntlich die Summenformel für die Gesamtzahl der Einzelbeträge innerhalb des Jahrzehnts (n), für deren Schluß die Wertvorräte a, b, c .... d ermittelt worden sind: $NV = n (a + b + c + ...) + d \cdot \left(\dfrac{n-1}{2}\right)$, wenn die Frühjahrszeit unterstellt wird.

Die bisher befürworteten Methoden zur Bemessung der Vorratswerte sind zur Lösung der hier gestellten Aufgabe nicht geeignet. Die Formel der österreichischen Kameraltaxe veranschlagt bekanntlich den Holzvorrat der jüngeren Bestände weitaus zu hoch, und die im Großherzogtum Baden ermittelte Reduktion bezieht sich nur auf die Holzmassen. Für die Ermittelung des konkreten Wertvorrats ist diese Formel auch mit der badischen Abänderung nicht brauchbar.

Die Formeln für den Bestandskosten- und Bestands-Erwartungswert, welche die Bodenrenten-Theorie nach Maßgabe der Zinseszinsrechnung entwickelt hat, sind ebensowenig brauchbar, wie schon oben bemerkt wurde. Abgesehen von den grundsätzlichen Bedenken, die im ersten Abschnitt erörtert worden sind, ist die Anwendung dieser Formeln zur hier bezweckten Vorratsbemessung nicht möglich, weil dieselben den Bestandswert der jüngeren Bestände für die Voraussetzung berechnen, daß für dieselben die der einschlägigen Umtriebszeit entsprechende Wachstumsdauer eingehalten wird und demgemäß die Erträge auf das gegenwärtige Bestandsalter diskontieren bezw. den Jetztwert prolongieren. Wir haben dagegen für die hier bezweckte Vergleichung und zur Ermittelung der realisierbaren Vorratsunterschiede die Vorratserlöse zu bemessen, welche die sofortige oder wenigstens beschleunigte Abholzung ergeben würde.

Die Bewertung des Holzvorrats mittels der Zinseszinsrechnung kann überhaupt brauchbare Ergebnisse nicht zu Tage fördern. Was kann es für einen Zweck haben, wenn der Bestandswert unter Zugrundelegung des maximalen Bodenwertes,*) d. h. für 60- bis 70jährige Umtriebszeiten, berechnet wird und Holzvorräte für weit höhere, beispielsweise 110- bis 120jährige Umtriebszeiten vorhanden sind? Wer kann den Produktionskosten-Aufwand zur Begründungszeit der derzeitigen Holzvorräte bemessen?

Werden aber die derzeitigen Vorratswerte, auf die letztjährigen Durchschnittspreise und Verzinsungssätze gestützt, für mehrere Umtriebszeiten und verschiedene zukünftige Zinssätze berechnet, so erhält man eine Musterkarte von Vorratswerten, die fiktiv werden, sobald die hypothetischen Voraussetzungen wirtschaftlich nicht erfüllt werden können. Diese Nichterfüllung ist aber Vorbedingung nicht nur für

---

*) G. Heyer, „Waldertrags-Regelung". 3. Auflage. Leipzig 1883. Seite 37.

die Bodenreinertrags=Wirtschaft, welche außerordentliche Holzhiebe zu veranlassen hat, als für die Einstellung des Waldbetriebes, welche die beschleunigte Abnutzung aller vorhandenen Bestände vorauszusetzen hat. Welchen Aufschluß kann die Berechnung der Vorrats=Erwartungswerte und der Unterschiede derselben nach den Zinseszinsformeln gewähren, wenn dieselbe für den Fortbestand der wahlfähigen Umtriebszeiten vorgenommen wird, während der Wechsel der letzteren Zweck der Untersuchung ist? Was kann es bezwecken, die Waldbesitzer im unklaren zu lassen über den thatsächlichen Wert ihres Waldeigentums und an die Stelle des letzteren Ergebnisse der Zinseszinsrechnung zu setzen, die nicht für die konkreten, sondern für ideale Vorratsverhältnisse ermittelt worden sind? Sind Normalvorräte für die Umtriebszeit u vorhanden, und es soll die Herstellung der Normalvorräte für die Umtriebszeit u—x untersucht werden, so sind die Verkaufswerte des Mehrvorrats, aber weder die Kosten=, noch die Erwartungswerte, welche man mittels der Zinseszinsrechnung findet, maßgebend.

b) Bei der Ermittelung der Vorratswerte nach der oben genannten Summenformel wurde lediglich die prädominierende Bestandsmasse berücksichtigt. In diesem Vorrat befinden sich nach Entfernung der Zwischennutzungsmasse Stämme und Stangen, welche bis zur nächsten Durchforstung den berechneten Wertvorrat vermehren. Allein diese Vermehrung ist so unbeträchtlich, daß die Verringerung der Verzinsungsprozente kaum zu bestimmen ist.

c) Zur Charakterisierung der Standortsklassen sind in den genannten Ertragstafeln die Derbholzerträge im 80jährigen Alter nach der Durchforstung pro Hektar beigesetzt worden. Ebenso enthalten diese Ertragstafeln die Gelderträge pro Hektar, welche sich für die Abtriebserträge und Vorerträge nach den gleichfalls angegebenen Verkaufssorten und Holzpreisen berechnen. Da eine Ausscheidung der Vornutzungserträge nach Holzsorten nicht ausführbar war, so wurden Mittelpreise für die letzteren beigesetzt. Das Reisholz liefert in den Nadelholzwaldungen zumeist unerhebliche Reinerlöse, die zudem im Preise pro Festmeter, Wellenhundert, Hansen rc. vielfach wechseln. Bei günstigen Brennholzpreisen können dagegen die Reinerlöse für Reisholz in Buchenwaldungen und in bevölkerten Gegenden beachtungswert werden und wurden deshalb für Absatzlage A mit 3 Mark pro Festmeter, für Absatzlage B mit 1 Mark pro Festmeter veranschlagt.

Die jährlichen Ausgaben für Verjüngung, Verwaltung, Beschützung und die sonstigen Betriebskosten waren selbstverständlich vom Vorratswert nicht in Abzug zu bringen, da der Verkaufswert der Normalvorräte nachzuweisen war und diese Ausgaben nach der Vorratsverwertung alsbald aufhören würden. Bei den Rentabilitäts=Vergleichungen kommen lediglich die Unterschiede im Vorratswert in Betracht und bei der Bestimmung der letzteren bleiben die zumeist gleich bleibenden Jahreskosten fast einflußlos.

Zur Verhütung von Mißverständnissen will ich nicht unterlassen, darauf hinzuweisen, daß die Standortsklassen, für welche die Ertragstafeln im Anhang dieser Schrift die Ertragsleistungen der Fichten, Kiefern und Buchen angeben, hinsichtlich der Standortsgüte nicht gleichwertig sind. Wir sind noch nicht so weit in der Ertragserforschung vorgedrungen, um bemessen zu können, welche Erträge die Fichte, die Kiefer auf einem Standort liefern wird, auf dem die Rotbuche einen

Jahreszuwachs von beispielsweise 3 oder 4 fm pro Hektar in geschlossenen Beständen bis zum 80jährigen Alter durchschnittlich erzeugt. Die dürftigen Kenntnisse der Forstwirte hinsichtlich der Produktionsleistungen der anbaufähigen Holzarten bei gleicher Standortsgüte werden später bei der Auswahl der Holzarten zur Sprache kommen.

Wenn ferner bei den unten folgenden Rentabilitäts-Vergleichungen die Rotbuche ähnliche Verzinsungsverhältnisse zeigt wie die Fichte, so würde die Annahme irrtümlich sein, daß das Vorhandensein oder der Anbau der beiden Holzarten eine nahezu gleich stehende Wald-Rentabilität bewirken wird. Vielmehr ist zu beachten, daß die beiden Holzarten wesentlich verschiedene Vorratswerte erzeugen. Der jährliche Reinertrag der Fichte bewegt sich wahrscheinlich auf allen Standortsklassen zumeist auf das doppelten bis dreifachen Höhe der Jahresrente, welche die Rotbuche einbringt. Aber die Prozentsätze der Kapitalverzinsung zeigen geringe Unterschiede, weil das Kapitalvermögen, welches die Rente liefert, ungleich groß ist. Den Besitzern der Fichtenwaldungen ist ein reichhaltiges Kapitalvermögen überliefert worden, während die Besitzer der Buchenwaldungen sich in der Lage der ärmeren Leute befinden, die zwar eine genügende Verzinsung für ihr Kapital erhalten, aber nur ein geringes Kapital besitzen. Die zukünftige Verbesserung des Reineinkommens der letzteren wird gleichfalls bei der Auswahl der anzubauenden Holzarten erörtert werden.

d) Die jährlichen Ausgaben für Bestandsbegründung sind, wie in Tabelle XIII angegeben, mit 60 Mark pro Hektar in den Nadelholzbeständen und mit 30 Mark pro Hektar in den Buchenbeständen in Ansatz gebracht worden, in den letzteren mit der Hälfte, weil in der Regel nur eine Durchstellung der natürlichen Verjüngung mit Nutzholzgattungen erforderlich werden wird.

Die Bestandsbegründungskosten schwanken in den deutschen Nadelholzwaldungen nach der Bodenbeschaffenheit, dem Kulturverfahren, den Arbeitslöhnen u. s. w. in einer nicht zu fixierenden Weise hin und her. Die vorliegenden Veröffentlichungen sind meistens nicht benutzbar, weil dieselben große Staatswaldgebiete umfassen und innerhalb derselben die Laubholzwaldungen mit natürlicher Verjüngung und die Mittel- und Niederwaldungen nicht getrennt behandelt haben. Man kann diese Kulturkosten auf lockerem und unkrautfreiem Boden mit genügendem Erdreich durch Anwendung der billigen Spaltpflanzungen bis zu 25 bis 35 Mk. pro Hektar reduzieren, ohne den Erfolg zu gefährden (die Ausgaben für Nachbesserungen und die Kosten der Pflanzenerziehung eingeschlossen). Dagegen erfordern Bodenflächen, welche durch tiefe Pflanzlöcher, Einsetzen verschulter Pflanzen, Beifüttern guter Erde zc. in Kultur zu bringen sind, Ausgaben pro Hektar mit Einschluß der Pflanzenerziehungskosten, welche die angegebenen Sätze weit übersteigen, und man wird annehmen dürfen, daß die Kulturkosten im Staatsforstbetriebe der einzelnen Länder Deutschlands zwischen 60 und 160 Mark pro Hektar schwanken. Andererseits werden diese Verjüngungskosten in dem großen Waldgebiet, welches in Verbindung mit landwirtschaftlichen Betrieben bewirtschaftet wird, kaum 20 bis 30 Mk. pro Hektar erreichen, und es ist mir deshalb die Annahme von 60 Mk. pro Hektar für Vollkultur in Nadelholzwaldungen und 30 Mk. für Buchenhochwaldungen am meisten statthaft erschienen.

e) Weitaus einflußreicher auf die Waldrentabilität als die Kulturkosten sind die jährlichen Ausgaben für Forstverwaltung, Forstschutz, Wegbau und Wegunterhaltung, für Steuern und Umlagen, Gelderhebungs- und weitere Betriebskosten. Für diese Aufwendungen wurde ein Durchschnittssatz von 5 Mk. pro Hektar und Jahr angenommen.

Privatwaldungen mit arrondierter Lage in der Ebene und im Hügelland, ohne beachtenswerte Holz- und Streunutzungen, deren Bewirtschaftung von den Waldbesitzern geleitet wird, erfordern häufig nur geringe Forstverwaltungs- und Forstschutzkosten.

Im Mittelgebirge sind auch in zusammenhängenden Waldgebieten kleinere Verwaltungs- und Schutzbezirke zu bilden, wie in der Ebene und im Hügelland, während wieder im Hochgebirge große Verwaltungs- und Schutzbezirke durch den extensiven Betrieb gestattet werden. Die durchschnittliche Größe der Staatsverwaltungs-Bezirke ist in den östlichen Provinzen Preußens (in den Regierungsbezirken Königsberg, Gumbinnen, Posen und Bromberg) 10 587 ha, in den westlichen Regierungsbezirken Koblenz, Köln, Kassel und Arnsberg nur 2 980 ha, im bayerischen Hochgebirge (bei der früheren Reviereinteilung) 5 146 ha, in den Spessart-Revieren 2 670 ha, in Sachsen-Weimar 1 061 ha, in Sachsen-Koburg 790 ha, in Einzelfällen in Ostgalizien 19 149 ha, in der Bukowina 51 138 ha.

In den Staatswaldungen der preußischen Regierungsbezirke Königsberg, Gumbinnen und Bromberg erstreckt sich die Größe eines Schutzbezirks durchschnittlich auf 1118 ha, in Kassel, Düsseldorf und Koblenz auf 400 ha, im württembergischen Schwarzwald auf 592 ha, im württembergischen Unterland auf 345 ha.[*]

Die Besoldungen und übrigen Ausgaben (für Wegbau und Wegunterhaltung, Steuern, Gelderhebung u. s. w.) sind von Forstbezirk zu Forstbezirk wechselnd und namentlich die Besoldungs-Ausgaben pro Hektar von der arrondierten oder parzellierten Lage des Waldeigentums abhängig. Wenn man erwägt, daß die Wegbaukosten in der Regel durch Erhöhung der Holzpreise ersetzt werden, auch bei der Ermittelung des Reinertrages Steuern und Umlagen selten in Abzug kommen, so dürften die angenommenen 5 Mark pro Hektar und Jahr als Mittelsatz für die nichtstaatlichen Waldungen statthaft sein.

Der Gang der Rentabilitäts-Vergleichung wird am anschaulichsten an einem der Praxis entnommenen Beispiel dargestellt werden. Wir wählen wegen Vereinfachung des Ziffernmaterials den oben in Tabelle XI (S. 181) angeführten, 740 ha großen Forstbezirk, der mit 479 ha von Fichtenbeständen auf zweiter Standortsklasse, mit 120 ha von Buchenbeständen auf dritter Standortsklasse und mit 141 ha von Kiefernbeständen auf dritter Standortsklasse gebildet wird.

Die Kiefern- und Buchenbestände werden, wie in der Altersklassen-Tabelle angegeben, in Fichtenbestände dritter Standortsklasse übergeführt. Maßgebend sind, wie wir annehmen, die Angaben in den Ertragstafeln dieser Schrift und in Tabelle XIII (Seite 190 und 191) für die Absatzlage A und die oben angeführten Abzüge für Kulturkosten und jährliche Betriebskosten.

Für die derzeitige Bestockung dieser 740 ha mit einem realisierbaren Wert von 1 607 000 Mk. ergiebt die Berechnung nach Tabelle XIII, daß der Normalvorrat für die 100jährige Umtriebszeit ohne erhebliche Änderung zutreffend sein wird, wie die folgende Vergleichung zeigt.

	100jähriger Normalvorrat	Jährlicher Reinertrag
479 ha Fichtenbestände zweiter Klasse .	1 370 802 Mk.	40 284 Mk.
120 „ Buchenbestände dritter „ . .	107 436 „	2 815 „
141 „ Kiefernbestände „ „ . .	138 927 „	4 013 „
Summa . .	1 617 165 Mk.	47 112 Mk.

Die Kapitalverzinsung beträgt sonach 2,9 %. Da der konkrete Wertvorrat 1 607 000 Mk. beträgt, wie in der Altersklassen-Tabelle (S. 181) ersichtlich, und die

---

[*] Schwappach, „Forstverwaltungskunde". Berlin 1884. Springer.

landwirtschaftliche Bebauung nur für kleine, nicht beachtenswerte Flächen in Betracht kommen kann, so ist zu vermuten, daß die Fortsetzung der 100jährigen Umtriebszeit diese Verzinsung nicht wesentlich übersteigen würde.

Diese Rente wird manchem Waldbesitzer nicht völlig ausreichend erscheinen, da der derzeitige Zinsfuß für sichere Hypotheken $3^1/_2\,^0/_0$ beträgt. Bevor aber über die Einstellung oder Fortsetzung der Holzzucht entschieden wird, ist zu fragen, ob es notwendig werden wird, den Wirtschaftsnachfolgern Waldvorräte für die 100jährige Umtriebszeit herzustellen, deren Abtriebsstämme nur unbeträchtlich stärker werden als die Abtriebsstämme nach 70- oder 80jähriger Wachstumszeit. Ergiebt die Vergleichung der Holzsortengewinnung, daß beispielsweise mit 70jähriger Umtriebszeit in den überall nachzuziehenden Fichtenbeständen vom Abtriebsertrage (bei der für die zweite Hälfte des nächsten Jahrhunderts zu erwartenden Verwertung aller gesunden und geraden Fichten-Derbholzabschnitte bis 1 m Länge zur Zellstoffgewinnung) die Prozentsätze der Ertragstafeln dieser Schrift für die zweite und dritte Fichtenklasse gewonnen werden, demgemäß

Stämme über 1,0 fm . . . . . 21 %
„ von 0,5 „ bis 1,0 fm . . 45 %
„ unter 0,5 „ . . . . . 30 %
Geringes Brennholz . . . . . 4 %

und ist nicht zu befürchten, daß die genannten 30 % Kleinnutzholz und erstklassiges Brennholz unverkäuflich bleiben werden, auch wenn die Prozentsätze für das Kleinholz durch die Durchforstungserträge erhöht werden, so wird schon anfänglich zu untersuchen sein, ob die ungenügende Rente von 2,9 % verursacht wird durch die zurückbleibende Rentenbildung beträchtlicher Vorratsbestandteile, welche wegen Erweiterung des Starkholzangebots beizubehalten sein würden, und ob es für die Nutzungsnachfolger nutzbringender werden wird, die Erlöse für eine etwaige Vorratsreduktion anderen Wirtschaftszweigen zuzuführen, eventuell mit hypothekarischer Sicherheit ersten Ranges auszuleihen, Stammgutsschulden zurückzuzahlen u. s. w.

Die Rentabilitäts-Vergleichung zum Zweck dieser vorläufigen Untersuchung, die selbstverständlich nur für die bisherige Abstufung der Holzsortenpreise vorgenommen werden kann und von Wirtschaftsperiode zu Wirtschaftsperiode zu erneuern sein wird, ergiebt für die Herstellung der regelrechten Altersabstufung für die auf 740 ha anzubauenden Fichten nach Tabelle XIII:

	Vorrats-Kapital	Jährlicher Reinertrag	Verzinsungs-Prozente
Fortsetzung der 100jährigen Umtriebszeit	1 816 668 Mk.	54 701 Mk.	3,0
Nach Herstellung der 70jährigen Umtriebszeit	850 363 „	42 943 „	5,1
Es würde ein Betriebskapital entbehrlich werden von	966 305 Mk.	11 758 Mk.	1,2

In den früheren Ausführungen ist gezeigt worden, daß die Wirtschaftsnachfolger nach Durchführung dieser Vorratsreduktion in der Regel einen größeren Nutzholzertrag jährlich beziehen werden als bei Fortsetzung der 100jährigen Umtriebszeit, daß ferner eine einseitige Preissteigerung des Starkholzes (über 1,0 fm) durchaus unwahrscheinlich ist, sonach eine gleichmäßige Preiserhöhung für die Waldprodukte in der Zukunft, die indessen im Hinblick auf die zunehmende Nutzholzeinfuhr, die Mitwerbung der Eisenindustrie ꝛc. fragwürdig bleibt, mit unverminderten Prozentsätzen die jährlichen Waldreinerlöse steigern würde. Man wird lediglich zu berücksichtigen haben, daß bei dieser allgemeinen Preissteigerung die derzeitige Vorratsreduktion später als verfrüht erachtet werden kann, wenn diese Aufwärtsbewegung die anderweite Kapitalanlage der Erlöse, z. B. im landwirtschaftlichen Grundbesitz, nicht in gleichem Maße treffen sollte. Dieses Bedenken fällt hinweg, wenn die Waldbesitzer Gelegenheit finden, Nadelholz= waldungen zu erwerben und die einträglichste Bewirtschaftung derselben ein= zurichten.

Die Waldbesitzer werden im Hinblick auf derartige Rentabilitäts=Vergleichungen erkennen, daß einerseits die Einstellung des Forstbetriebs außer Frage gerückt wird, andererseits aber eine ungewöhnliche Aufwärtsbewegung der Starkholzpreise erforderlich werden würde, um die Verzinsung von 1,2 % für die fraglichen 966 305 Mk. befriedigend zu erhöhen — davon abgesehen, daß durch preis= würdigen Ankauf fremder Fichtenwaldungen gleicher Art ein Zinssatz von etwa 5,1 % für die genannten 966 305 Mk. mit sachlichen Gründen nicht wohl zu bezweifeln ist. Diese vorläufigen Ergebnisse der Rentabilitäts=Vergleichung für die herzustellenden Normal=Bestockungen werden zugleich die Waldbesitzer belehren, daß eine eingehende Ertragsregelung maßgeblich der konkreten Waldverhältnisse und nach richtigen privatwirtschaftlichen Grundsätzen lohnend werden wird.

Schon bei dieser vorläufigen Untersuchung wird in Ergänzung der bisherigen Forsteinrichtungs=Verfahren mit besonderer Sorgfalt die Grenzlinie im Wachstums= gange der geschlossenen Hochwaldbestände zu erforschen sein, mit welcher dieselben brauchbare Rundholzsorten für das Verwertungsgebiet zu liefern beginnen. Auch die Besitzer minderwertiger Waldstandorte sind, wie gegenüber den Bestrebungen der Boden=Reinertragspartei nicht genug betont werden kann, zur Einhaltung dieser Grenzlinie verpflichtet — einerlei, ob die Kapitalaufwendungen, welche den Vorräten für kurze Umtriebszeiten zugegeschlagen sind, gut oder schlecht rentieren. Entscheidend ist lediglich, ob etwa die Einstellung des Forstbetriebes noch mehr schadenbringend sein würde als die Fortsetzung. Aber die Erweiterung der Wachstumszeit kann nicht für die größeren Privat= und Gemeindewaldungen nach Gutdünken angeordnet werden, wie es bisher üblich war. Dieselbe ist einwands= frei zu rechtfertigen, wenn man nicht Gefahr laufen will, eine von vornherein verfehlte und verwerfliche privatwirtschaftliche Spekulation zu begründen oder zu befestigen, zu der die Nutznießer nicht verpflichtet sind.

Die retrograde Bewegung der Vorratsverzinsung mit steigender Umtriebszeit, die in den obigen Tabellen ersichtlich ist, wird leider in allen größeren Waldungen, selbst in gelichteten und unterbauten Eichenwaldungen, ein ständiges Ergebnis der Rentabilitäts=Untersuchung sein und bleiben. Man wird nachweisen können, daß mit der Erziehung der Starkhölzer, obgleich die Preissteigerung gegenüber dem Mittelholz und Kleinnutzholz verlockend ist, die Waldbesitzer beträchtliche Produk= tionsverluste auf jeden Festmeter des erweiterten Starkholzangebots anhäufen, sobald dieselben eine mäßige Kapitalverzinsung beanspruchen. In diesem Falle werden in der Regel die Reinerlöse für die als hochwertig geschätzten Nadelholz= und Laubholzstämme über 1,0 fm nicht weit über die Brennholzpreise hinaus= gebracht werden können.

Für die oben genannte Waldung berechnet sich der folgende Holzsortenanfall für die 100- und 70jährige Umtriebszeit:

Holzsorten	100jähriger Umtrieb	70jähriger Umtrieb	70jähriger Umtrieb mehr und weniger
	fm	fm	fm
Stämme über 1,00 fm	2379	793	— 1586
„ von 0,51—1,0 fm	1060	1744	+ 684
„ bis 0,50 fm	193	1163	+ 970
Brennholz II. Klasse	55	141	+ 86
Summa	3687	3841	+ 154

Fordert der Waldbesitzer nicht die mit 70jähriger Umtriebszeit realisierbaren 5,1 vom Hundert, sondern nur 3%, so ergiebt die Rentabilitäts-Vergleichung folgendes: Wird den Nutzungsnachfolgern das Kapital von 966305 Mk. als ein dreiprozentiges Kapital überliefert, so erhält derselbe eine jährliche Rente von 28989 Mk. Im Walde ergiebt der Reinertrag eine jährliche Vorratsrente von 11758 Mk., sonach jährlicher Verlust 17231 Mk., für ein jährliches Mehrangebot von 1586 fm ein Verlust von 10,9 Mk. pro Festmeter, während ein Verkaufspreis von 15,5 Mk. pro Festmeter zu Grunde gelegt wurde, sonach kaum Brennholzpreise übrig bleiben werden.

Tabelle XIV.
Verzinsung des Mehraufwandes an Vorrats-Verkaufswert für die je 10jährige Erhöhung der Umtriebszeiten und für die herzustellenden Normalvorräte nach den Ertragstafeln dieser Schrift.

Normalvorräte für die Umtriebszeit von	Abnahme	Fichtenbestände der Wachstums-klassen			Kiefernbestände der Wachstums-klassen			Buchenbestände der Wachstums-klassen		
		II	III	IV	II	III	IV	II	III	IV
		Verzinsungsprozente des Mehraufwandes am Vorrats-Verkaufswert								
70 Jahre anstatt 60 Jahre	A	2,5	3,6	4,9	3,2	3,7	2,7	2,0	2,1	2,1
	B	2,5	3,3	4,0	3,4	2,9	2,4	2,5	2,6	2,6
80 Jahre anstatt 70 Jahre	A	1,3	2,4	2,8	2,8	2,2	2,0	1,2	1,4	1,3
	B	1,3	2,4	2,9	2,5	1,9	2,2	1,6	1,8	1,8
90 Jahre anstatt 80 Jahre	A	1,0	1,7	1,9	1,6	1,7	1,8	0,5	0,5	0,3
	B	1,1	1,8	1,9	1,8	1,7	2,3	0,8	0,8	0,6
100 Jahre anstatt 90 Jahre	A	0,9	1,2	1,5	1,6	2,1	1,3	0,2	0,2	min.
	B	1,2	1,3	1,1	1,6	1,7	0,7	0,3	0,4	0,3
110 Jahre anstatt 100 Jahre	A	0,6	1,2	1,2	1,7	1,6	0,7	min.	min.	min.
	B	0,9	1,4	1,2	1,7	2,1	0,9	0,0	0,2	min.
120 Jahre anstatt 110 Jahre	A	0,3	0,9	—	1,1	1,2	0,4	min.	min.	min.
	B	0,5	1,2	—	1,1	1,6	0,4	min.	min.	min.

Wird für die betreffenden Forstbezirke die hier in Tabelle XIII veranschaulichte Rentabilitäts-Vergleichung durchgeführt und die Berechnung der Verlustbeträge angefügt, welche auf jeden Festmeter des Starkholzmehrangebots sowohl bei den dermaligen Zinsenerträgen sicherer Kapitalanlagen als bei der Voraussetzung entstehen, daß der Zinsfuß im nächsten Jahrhundert beträchtlich, etwa auf $2\frac{1}{2}$ bis 2%, sinkt, so werden die Waldbesitzer die Nutzleistungen beurteilen können, welche das zu belassende oder herzustellende Mehrkapital im Waldvorrat den Nutzungs-Nachfolgern einbringt.

In vorstehender Tabelle XIV ist die jährliche Rente des Mehrkapitals, welches nach den Wertertragstafeln dieser Schrift für die je zehnjährige Verlängerung der Umtriebszeit entweder zu erhalten oder herbeizuführen ist, nach Prozentsätzen des Verkaufswertes dieses Mehrkapitals nachgewiesen worden, und zwar für die zumeist vorkommenden mittleren drei Standorts- oder Wachstumsklassen und die oben angegebenen Kultur- und sonstigen Betriebskosten (Kulturkosten 60 Mk. für Nadelholzanbau und 30 Mk. für die Buchenbestände pro Hektar und Betriebskosten 5 Mk. pro Hektar).

2. Die Rentabilitäts-Vergleichung der Umtriebszeiten auf Grund summarischer Wirtschaftspläne für die einzurichtenden Forstbezirke.

Wenn die Existenzberechtigung der Waldproduktion durch die ad 1 dargestellte vorläufige Rentabilitäts-Vergleichung in überzeugender Weise beglaubigt worden ist und die Waldbesitzer durch den Überblick über die Rentabilitäts-Verhältnisse der herzustellenden Normalvorräte die Kapitalbeträge und Rentenunterschiede erkannt haben, über welche die Waldertragsregelung disponiert, so wird zumeist die gründliche Untersuchung der konkreten Waldrentabilitäts-Verhältnisse angeordnet werden. Diese Einrichtung der einträglichsten Bewirtschaftung wird zunächst zu fragen haben: Welche Ausgestaltung der nachwachsenden Waldkörper soll für unsere Nachkommen erstrebt werden und als Vorbild der waldbaulichen Thätigkeit während des nächsten Rundganges der Fällung voranleuchten? Kann die Waldertrags-Regelung glaubwürdig nachweisen, daß die befürworteten Wirtschaftspläne die berechtigten Ansprüche der Nutznießer während dieser Zeit, die selbstverständlich auf die andauernd höchst erreichbare Rente gerichtet sind, in vollendeter Weise nach menschlicher Voraussicht vereinbaren mit einer späteren Abstufung der Altersklassen, welche nicht nur die dauerhaftesten, tragkräftigsten, bezw. brennkräftigsten Holzarten, sondern auch die brauchbarsten Rundholzsorten nachhaltig in den Ernteerträgen gewinnen lassen und überdies die reichlichsten Waldreinerträge, welche nach den örtlichen Ertragskräften erreicht werden können, für die in den Waldvorräten belassenen oder denselben hinzugefügten Vorratsbestandteile andauernd und jährlich einbringen?

Kann die Forstwirtschaft die Herstellungskosten ihrer Produkte, der Starkhölzer, Mittelhölzer und Kleinhölzer, ermitteln und den durchschnittlichen Verkaufserlösen während langer Zeitperioden

gegenüberstellen, die wir vorläufig als Maßstab für die Gebrauchs=
werte zu betrachten haben? Kann dieser gewerbliche Betrieb sorgfältig
bemessen, welche Rundholzsorten mit erheblichem Gewinn und welche
Rundholzsorten mit beachtenswerten Verlusten produziert werden?
Kann die Forstwirtschaft die Produktionsrichtungen mit diesen
unzureichenden Nutzleistungen beschränken oder ist auch der Privat=
forstbetrieb wegen Erhaltung der Bodenkraft zc. verpflichtet, die=
selben, wie beim bisherigen Staatsforstbetrieb, besonders zu
begünstigen? Kann vor allem der unentbehrliche Starkholz=
verbrauch der Nutzholzverarbeitung im Absatzgebiet erforscht und
beachtet werden oder hat die Forstwirtschaft irgend welche Gründe
zu berücksichtigen, welche die Fortsetzung der über 70= bis 90jährigen
Umtriebszeiten rechtfertigen und das mit namhaften Verlusten
produzierte Starkholz mit erhöhten Massen zum Markt bringen
würden?

Für die Beantwortung dieser Fragen, deren Lösung die Waldbesitzer der
Forstwirtschaft abverlangen werden, wird eine beweiskräftige Grundlage geschaffen
durch die Aufstellung von „summarischen Wirtschaftsplänen" für alle
Produktionsrichtungen, welche örtlich wahlfähig erscheinen, und durch die an=
zuschließenden Rentabilitäts=Vergleichungen, welche die vorläufigen Prüfungen
ad 1 ergänzen und abschließen. Die dort als maßgebend zu Grunde gelegte
Proportion: Normalvorrat zu Normaletat wie wirklicher Vorrat zu wirklichem
Etat ist nur brauchbar für die Umtriebszeit, welcher der wirkliche Vorrat ent=
spricht. Die Unterschiede der Normalvorräte verschiedener Umtriebszeiten erleiden
infolge der praktischen Herstellung in den meisten Fällen wesentliche Abänderungen,
welche durch die örtlichen Bestockungs=, Wachstums= und Absatzverhältnisse, Ver=
jüngungsmittel, Berechtigungs=Abgaben, Transportschwierigkeiten u. s. w. not=
wendig werden.

A. Bei reichhaltigen Waldvorräten, welche hauptsächlich in den
über 70= bis 90jährigen Altersklassen ruhen, sind in erster Linie die
Verkaufs= oder Verbrauchswerte der entbehrlich werdenden Vorratsbestandteile
nach ihren bisherigen und den erreichbaren Nutzleistungen in Betracht zu ziehen,
und man wird begreifen, daß dieselben nicht nach der idealen Altersstufenfolge
der Normalvorräte, sondern nach der konkreten Bestockungsbeschaffenheit zu
bemessen sind und die Rentabilitäts=Vergleichung auf lokale Wirtschaftspläne für
die wählbaren Wirtschaftsverfahren zu stützen ist. Für die Entscheidung, welche
Zeitbauer für den nächsten Rundgang der Jahresfällung am nutzbringendsten sein
wird, werden indessen bei der Wandelbarkeit der Holzpreisabstufung, Zinssätze,
Arbeitslöhne, Transportkosten zc. in den einzelnen Fällungsperioden des nächsten
Jahrhunderts minutiöse Ertrags= und Verzinsungsunterschiede keine beweisfähige
Bedeutung erlangen können. In den meisten größeren Waldungen wird die
Auffindung der einträglichsten Wirtschaftsverfahren ermöglicht werden, wenn auf
Grund der bereits erwähnten Altersklassen=Tabellen die genannten summarischen
Wirtschaftspläne aufgestellt werden, welche die oben erläuterten Wertertrags=

Einheiten (à 100 oder 1000 Mk. Gebrauchswert) in ähnlicher Weise verteilen, wie früher die produktiven Flächen oder die Festmeter= oder Raummeterziffern in die Nutzungsperioden verteilt worden sind. (Eine speciellere Bemessung der Werterträge, etwa nach Markeinheiten, hat in diesen größeren Waldungen von vornherein keinen Anspruch auf genaue Verwirklichung der Einzelziffern in späterer Zeit; nur die Richtigkeit der Etatsansätze ist zu motivieren, und zwar innerhalb derjenigen Grenzen, welche auch bei der Oscillation der Rentabilitäts=Faktoren im nächsten Jahrhundert dem menschlichen Ermessen geöffnet bleiben.)

Die Vorarbeiten für die Aufstellung der summarischen Wirtschaftspläne sind teils, wie die Flächenvermessung und Waldeinteilung, aus den Lehrbüchern der Forsteinrichtung zu ersehen, teils schon oben erörtert worden, insbesondere die Ausscheidung der vorhandenen Bestockung nach Standorts= und Wachstumsklassen, die Auswahl der Musterbestände, die Aufstellung örtlicher Ertragstafeln und die Zusammenfassung der Bestockungsgruppen mit gleichartigen Ertragsleistungen in Altersklassen=Tabellen. Zur Erleichterung der Konstruktion summarischer Wirtschaftspläne für alle wählbaren Umtriebszeiten werden zunächst die Altersklassen=Tabellen in der schon in obiger Tabelle XI (S. 161) ersichtlichen Weise zu ergänzen sein, indem die Werterträge der Bestandsgruppen für die Abtriebszeiten in der Regel für Mitte der Nutzungsperioden berechnet werden. Für die Abtriebsreihenfolge der Bestände sind im nachhaltigen Betrieb die laufend jährlichen Zuwachsprozente maßgebend, welche für die verwertbaren Bestände durchschnittlich im nächsten Jahrzehnt eingebracht werden, und zwar mit Einrechnung der Vornutzungen, damit die zulässigen Jahres= oder Periodenerträge aus den Beständen entnommen werden können, welche am dürftigsten zuwachsen. Deshalb sind die Prozentsätze der laufend jährlichen Wertproduktion mit Zurechnung der Vornutzungen (cfr. Tabelle I im siebenten Abschnitt Seite 98) in dieser Altersklassen=Tabelle anzumerken; gleichzeitig aber auch die laufend jährlichen Zuwachsprozente für den Wertertrag des dominierenden Bestandes ohne Vornutzungen, damit das Material für den Entwurf der summarischen Wirtschaftspläne, die anfänglich auf die Abtriebsnutzungen zu beschränken sind, vollständig überblickt werden kann.

a) **Ermittelung des nachhaltigen Reinertrags für die Einhaltung der Umtriebszeiten, welche die Erhaltung der vorhandenen Holzvorräte bewirken.** Die summarischen Wirtschaftspläne werden in erster Linie für die Bewirtschaftungsart aufzustellen sein, welche den derzeitigen Vorratswert aufrecht erhält. Man wird zunächst zu ermitteln haben, welche Jahresrente den derzeitigen Nutznießern gebührt, wenn weder eine wesentliche Verstärkung, noch eine wesentliche Verminderung des konkreten Vorratskapitals vorgenommen wird, sonach die Bewirtschaftungsmethode befolgt wird, welche der bisherige Forstbetrieb vielfach bevorzugt haben würde.

Die Aufstellung der summarischen Wirtschaftspläne für diese Voraussetzung wird von der eben erörterten Ermittelung von Näherungswerten für die Etatsbemessung auf Grund der Proportion: Normalvorrat zu Normaletat wie wirklicher Vorrat zu wirklichem Etat ausgehen dürfen, nachdem bemessen worden ist, welchem Normalvorrat der untersuchten Umtriebszeiten der wirkliche Vorrat am nächsten kommt. Als Normaletat ist jedoch diesmal nicht der Reinertrag, sondern der erntekostenfreie Abtriebsertrag ohne Vornutzungen und ohne Kostenabzug festzustellen. Diese Berechnung des mutmaßlichen Wertertrages der betreffenden Forstbezirke hat nur den Zweck, die Aufstellung der summarischen Wirtschaftspläne zu erleichtern, welche zu erproben haben, ob der auf Grund der genannten Proportion ermittelte Wertetat gegenüber den mehr oder minder abnormen Altersklassen=Verhältnissen der Forstbezirke stichhaltig bleibt. Das zeitraubende

Hin- und Herschieben der Werterträge zwischen den Nutzungsperioden beim Entwurf der summarischen Wirtschaftspläne wird dadurch, wie man bald finden wird, abgekürzt.

Den gleichen Zweck verfolgt die Nachweisung der Werterträge für die Bestandsgruppen in der Altersklassentabelle (siehe Seite 181 Tabelle XI) für die 70=, 80=, 90=, 100=, 110=, 120jährige Fällungszeit. Man kann nach einiger Übung annähernd genau bemessen, welche Abtriebszeiten vorherrschend eintreten werden, wenn für die konkrete Bestockung die 100=, 90=, 80jährige Umtriebszeit ꝛc. gewählt wird. Werden hierauf die Werterträge der Bestandsgruppen für die betreffenden Abtriebsjahre summiert und die Summe mit der Zahl der Umtriebsjahre dividiert, so findet man annähernd den Jahresetat, von dem die Erprobung der Stichhaltigkeit ausgehen darf, um mit abgekürztem Zeitaufwand den nachhaltigen Etat zu finden (allerdings nur in denjenigen Fällen, in denen wesentliche Vorratsveränderungen ausgeschlossen bleiben).

Im obigen Beispiel (Seite 181 und 182) stimmt der Normalvorrat für die 100jährige Umtriebszeit = 1617000 Mk. fast völlig überein mit dem wirklichen, durch Zusammenstellung der Altersklassentabelle gefundenen Wertvorrat von 1607000 Mk. Der normale Fällungsetat aus Abtriebsnutzung beträgt:

	Jährliche Nutzungsfläche, Hektar	100jähr. WertertragsEinheiten pro Hektar	Jährlicher Abtriebsertrag, W.=E.=E.
Fichten . . .	4,79 ×	7,91 =	37,89
Buchen . . .	1,20 ×	2,32 =	2,78
Kiefern . . .	1,41 ×	3,00 =	4,23
		Zusammen	44,90

Die Summierung der Abtriebserträge der Bestandsgruppen im 100jährigen Alter ergiebt (siehe Tabelle XI, Seite 181, Spalte 10 und für 101= bis 110jährige Fichten Spalte 11) ergiebt 4620 Wertertragseinheit, sonach bei Einhaltung der 100jährigen Umtriebszeit 46,20 Wertertragseinheit pro Jahr.

Sonach wird zunächst zu prüfen sein, ob ein Jahresetat von 45 bis 46 Wertertragseinheiten nachhaltig im nächsten Jahrhundert aus Abtriebsertrag gewonnen werden kann.

Die Ergebnisse dieser Prüfung sind in Tabelle XI (Seite 182) zu ersehen. Ein jährlicher Bruttoertrag von ca. 46000 Mk. wird vom 100jährigen Umtrieb in den nächsten 100 Jahren mit Einrechnung des Fällungsrestes von 173 000 Mk. eingebracht werden können.

Da die anzuschließende Rentabilitäts=Vergleichung jedoch die Reinerträge zu vergleichen hat, so sind die Vorerträge hinzuzurechnen und die Kosten abzuziehen. Eine mathematisch genaue Ermittelung der Vornutzungserträge ist zur Zeit nicht möglich, und es wird genügen, wenn man die in den örtlichen Ertragstafeln verzeichneten Vorerträge nach Prozentsätzen der normalen Abtriebserträge im betreffenden Umtriebsalter veranschlagt werden.

Für die obige Waldung ist für die normale Jahresschlagfläche von 7,40 ha

  Fichten 4,79 ha à 1,06 W.=E.=E. = 5,08 W.=E.=E.
  Buchen 1,20 „ à 0,55 „ = 0,66 „
  Kiefern 1,41 „ à 0,41 „ = 0,58 „
        Zusammen 6,32 W.=E.=E.

Da 44,9 : 6,32 = 46,0 : 6,49, so wird der gesamte Brutto=Geldertrag 52,9 W.=E.=E., rund 53000 Mk. pro Jahr betragen.

Hiervon sind, um den Reinertrag zu ermitteln, die Kulturkosten, Verwaltungs=, Forstschutz=, Wegebau= und sonstigen Betriebskosten nach dem bisherigen Jahresdurchschnitt abzuziehen.

Für das obige Beispiel und die oben, Tabelle XIII, angenommenen Sätze von 60 Mk. pro Hektar für Nadelholz und 30 Mk. für Buchen und 5 Mk. pro Hektar Jahresbetriebskosten sind jährlich abzuziehen:

    6,20 × 60 = 372 Mk.
    1,20 × 30 = 36 „
    740 × 5 = 3700 „
    Zusammen 4108 Mk.

Sonach bleiben 53000 — 4108 = rund 48900 Mk. als jährlicher Reinertrag, für ein realisierbares Vorratskapital von 1607000 Mk. = 3,04 %.

b) **Ermittelung des nachhaltigen Reinertrages für die einträglichsten Umtriebszeiten und Wirtschaftsziele.**

Wenn festgestellt worden ist, zu welchen Nutzleistungen die vorhandene Waldbestockung bei einer Bewirtschaftungsart befähigt ist, welche die vorhandenen Wertvorräte den Wirtschaftsnachfolgern ohne Verringerung und Erhöhung derselben überliefert, wird die Untersuchung zu beginnen haben, ob die einträglichsten Wirtschaftsverfahren eine wesentliche und beachtenswerte Rentenerhöhung für den Gesamtbesitz nachhaltig herbeizuführen vermögen. Zunächst wird zu untersuchen sein, ob die Umtriebszeiten mit maximaler Nutzholz- bezw. Derbholzgewinnung wegen der Holzsortenlieferung für das örtliche Absatzgebiet wahlfähig werden und wie sich dieselben finanzwirtschaftlich verhalten.

Wird die Holzsortenlieferung der obigen 740 ha großen Waldung beispielsweise für die 80jährige Umtriebszeit berechnet, wenn das Kleinnutzholz-Angebot der 70jährigen Umtriebszeit mit 30 % (cf. Seite 197) bedenklich erscheint, so ergiebt sich nach 80 Jahren, d. h. nach Herstellung der Fichtenbestockung auf der derzeitigen Buchen- und Kiefernflächen, die folgende Holzsortengewinnung vom Abtriebsertrag:

Stämme über 1,0 fm   1219 fm = 32 %
„   von 0,51 bis 1,01 fm 1788 „ = 46 %
„   bis 0,50 fm   728 „ = 19 %
Brennholz II. Klasse fm   102 „ —   3 %
                Summa   3837 fm 100 %

Es dürfte wohl nicht bezweifelt werden, daß 728 fm und 19 % Kleinnutzholz und erstklassiges Brennholz verwertungsfähig werden.

Zweitens ist zu fragen, ob die Erhöhung der Rente namhaft werden wird, da kleine Rentabilitäts-Unterschiede im Forstbetrieb keine Beweiskraft haben. Die Rentenerhöhung wird sehr wesentlich durch die Wahl des Nutzungsgauges beeinflußt, und namentlich würde diese Rentenerhöhung in der hier betrachteten Waldung zurückgedrängt werden durch die langsame Umwandlung der mit 1 bis 1½ % rentierenden Bestandteile der derzeitigen Vorräte in besser rentierende Kapital-Anlagen. Die Gleichstellung der periodischen Erträge für einen 80jährigen Herstellungs-Zeitraum des 80jährigen Waldvorrats im gesamten Waldbezirk würde offenbar die Rentenerhöhung verzögern und wird nicht ohne Not angeordnet werden dürfen. Vielmehr wird die Untersuchung damit zu beginnen haben, den Unterschied im Vorratswert zu ermitteln, welcher bei regelrechter Altersabstufung für die 80jährige Umtriebszeit entbehrlich werden wird, und hierauf wird zu prüfen sein, ob dieser Gesamtbetrag oder nur ein Teilbetrag im nächsten Jahrzehnt verwertet und rentabler angelegt werden kann. Für das obige Beispiel würde die Rentabilitäts-Vergleichung etwa mit der Unterstellung zu beginnen haben, daß die ältesten Fichtenbestände mit 80 ha im ersten Wirtschafts-Jahrzehnt gefällt und verjüngt werden, während in den verbleibenden 660 ha gleichzeitig die 80jährige Umtriebszeit eingerichtet wird.

Nun können wir zwar ermitteln, daß diese außerordentliche Nutzung des Vorrats von 672000 Mark mit 5jährigem Zuwachs ca. 714000 Mark (siehe Tabelle XI A) einbringen wird, und wir können berechnen, daß der Waldbesitzer bei Kapitalanlage mit 3½ % jährlich 24990 Mark beziehen wird. Wir wissen aber nicht, was die verbleibenden 660 ha nachhaltig in den nächsten 80 Jahren Jahr für Jahr einbringen werden. Zur Abkürzung der oben genannten probeweisen Verschiebungen kann man indessen auch hier berechnen, welchem Normalvorrat der örtliche Vorrat

dieser 660 ha am nächsten steht, für diesen Normalvorrat das jährliche Nutzungs-
prozent $\left(\dfrac{\text{Normaletat} \times 100}{\text{Normalvorrat}}\right)$ bestimmen und annähernd genau bemessen, welcher
wirkliche Nutzungssatz zum wirklichen Vorrat gehören wird. Man kann hierauf durch
Aufstellung genereller Wirtschaftspläne kontrollieren, ob das gefundene Ergebnis
stichhaltig bleibt oder infolge der Regelwidrigkeit der derzeitigen Altersklassen wesentlich
abgeändert werden muß.

Für die genannten 660 ha beträgt der örtliche Vorrat nach Tabelle XI 1607 —
672 = 935 W.-E.-E., der Normalvorrat und normale Abtriebsertrag für die 80 jährige
Umtriebszeit:

```
                    Normalvorrat              Jährlicher Abtriebsertrag.
399 ha Fichten II ×  1873,8 = 747650 Mk.    × 72,94 = 29103 Mk.
120  „ Buchen  III ×  608,3 =  72156  „     × 22,83 =  2740  „
141  „ Kiefern III ×  628,3 =  88590  „     × 24,54 =  3460  „
                        Sa. 908396 Mk.              35303 Mk.
```

Sonach 908 : 935 = 35,3 : 36,4 W.-E.-E. = dem jährlichen zulässigen Abtriebsertrag, einer Kapitalverzinsung von 3,9 % entsprechend.

Zu dem gleichen Ergebnis gelangt man, wenn man die in obiger Tabelle XI A nachgewiesenen Abtriebserträge der Buchenbestände im 100. Jahre und der Nadelholzbestände
im 80. Jahre summiert und mit 80 dividiert = $\dfrac{2913}{80}$ = 36,4 W.-E.-E.

Dieser Ertrag wird durch den analog der Tabelle XI B, Seite 182 aufzustellenden
generellen Wirtschaftsplan als 80 Jahre nachhaltig bestätigt werden (nach meiner
Rechnung werden lediglich im letzten Jahrzehnt pro Jahr 36,1 W.-E.-E., anstatt
36,4 W.-E.-E., verfügbar werden). Nach Einrechnung der in der oben angegebenen
Art annähernd genau ermittelten Vornutzungen wird ein gesamter Bruttowertrag von
40401 Mk. aus Abtriebs- und Vornutzungen anzunehmen sein. Nach Abzug der
Kulturkosten und der sämtlichen Betriebskosten wird ein Jahresreinertrag von 36251 Mk.
erübrigt werden.

Bei Einhaltung des 100jährigen Umtriebs werden, wie oben (Seite 204) berechnet
worden ist, der jährliche Reinertrag in den nächsten 100 Jahren jährlich genutzt werden
mit 48900 Mk. Dagegen bei Übergang zur 80jährigen Umtriebszeit in den nächsten
80 bis 100 Jahren:

```
Jährlicher Reinertrag für 660 ha mit 80jähriger Umtriebszeit . .  36 251 Mk.
Zinsen der Vorratsreduktion von 709200 Mk. (714000 Mk. —
   +4800 Mk. Kulturkosten) 95 Jahre lang 3½ % . . . . . .       24 822 Mk.
Ferner in den letzten 10 bis 20 Jahren 3½% Zinsen des Erlöses
   der im 80jährigen Alter genutzten Fichtenbestände exkl. Vor-
   nutzungen auf 80 ha = 80 (5835 — 60) und nach 80 Jahren
   ständig . . . . . . . . . . . . . . . . . . . . . . . . . . 16 135 Mk.
Jährlicher Reinertrag in den ersten 80 Jahren . . . . . . . . .  61 073 Mk.
      „        „        nach 80 bis 90 Jahren beginnend . . .   77 208 Mk.
Gegenüber der Fortsetzung der 100jährigen Umtriebszeit mit . .   48 900 Mk.
Erhöhung des jährlichen Reinertrages in den ersten 80 Jahren .   12 173 Mk.
      „         „          „         nach 80 Jahren . . . . .   28 308 Mk.
```

In den nächsten 80 Jahren wird finanzielles Gleichgewicht schon dann hergestellt
werden, wenn der Reinerlös von 709200 Mk. nur 1,8 % rentiert.

Die Beweggründe zur Fortsetzung der 100jährigen Umtriebszeit können nicht in
der Vermehrung des gesamten Nutzholzgewinnes gefunden werden. Nach Herstellung
des 80jährigen Normalvorrates auf der Gesamtfläche von 740 ha würde die jährliche
Nutzholzabgabe vom Abtriebsertrag 3837 fm betragen, dagegen bei Einhaltung der
100jährigen Umtriebszeit normal nach Herstellung des Normalvorrates nur 3687 fm

betragen. Die Nutzleistung des 100jährigen Umtriebs wird lediglich durch die vermehrte Gewinnung der Stämme mit über 1,0 fm, jährlich 2379 fm anstatt 1219 fm beim 80jährigen Umtrieb bemerkt. Auch dieses Mehrangebot von 1160 fm trifft jedoch schon in den nächsten 80 Jahren ein jährlicher Rentenverlust von 12 173 Mk., auf jeden Festmeter 10,5 Mk., während der Verkaufspreis mit 15,5 Mk. pro Festmeter für dieses Starkholz verrechnet worden ist. Nach Herstellung des 80jährigen Normalvorrates erhöht sich der Verlust auf 24,4 Mk. pro Festmeter.

Soll der Beweis erbracht werden, daß für die betreffenden Waldbezirke die einträglichsten Umtriebszeiten und Wirtschaftsverfahren gewählt worden sind, so werden die vorstehend angeregten generellen Wirtschaftspläne und Rentabilitäts=Vergleichungen zu vervollständigen und auf alle wählbaren Umtriebszeiten und Bewirtschaftungsarten zu erstrecken sein. Eine durch weitere Beispiele veranschaulichte Anleitung zur Vornahme der aufklärenden Rentabilitäts-Vergleichungen in dieser Schrift wird nicht erforderlich werden. Die örtlichen Rentabilitäts=Faktoren sind überaus wechselvoll, und es kann nur der allgemeine Gang der Untersuchung gekennzeichnet werden.

Wenn die summarischen Wirtschaftspläne lediglich die jährlichen Abtriebserträge nachweisen, so werden, da für die Rentabilitäts-Vergleichungen die jährlichen Reinerträge maßgebend werden, die Vornutzungserträge nach Prozentsätzen der Abtriebserlöse beizurechnen und die Verjüngungs= und Betriebskosten abzurechnen sein, wie oben (Seite 203 und 205).

Die weitere Frage, ob für die Verwertung der Vorrats=reduktion die Zinseszinsrechnung maßgebend ist, wird nach den Vermögensverhältnissen der Nutznießer zu entscheiden sein. Kann nicht nur die maximale Gewinnung brauchbarer Holzsorten nach Abkürzung des erstmaligen Rundganges der Schlagführung, sondern auch die unverkürzte und zweifellos sichere Wiederanlage der Erlöse als Stammguts=Substanz bei dieser Vorratsreduktion gewährleistet werden, so wird in der Regel vorauszusetzen sein, daß die Zinsen der letzteren von der Nutznießung vereinnahmt und nicht dem Kapital zugeschlagen werden. In diesem gewöhnlich vorkommenden Falle wird die Zinseszinsrechnung, wie schon oben bemerkt wurde, keinen Boden finden. Für jede größere Eigentumsverwaltung wird es zudem mißlich werden, die Einträglichkeit veränderter Wirtschaftsverfahren mittels der Voraussetzung nachweisen zu müssen, daß alle Nutznießer im nächsten Jahrhundert die anschwellenden Zinsen und Zinseszinsen der Mehreinnahmen unberührt lassen und auch dann dem Kapital beigesellen, wenn die jährliche Rentenerhöhung infolge sicherer Anlage im Waldbesitz, guten Hypotheken ꝛc. als nachhaltig nachgewiesen werden kann. Die Gegenüberstellung der bisherigen Rente aus dem Waldeigentum mit der verbleibenden Waldrente und dem Zinsenertrag der Vorratsreduktion wird in den meisten Fällen beurteilen lassen, ob ein beträchtlicher und nachhaltiger Mehrertrag nach menschlichem Ermessen vorauszusagen ist. Man kann außerdem die beiderseitigen Renten mit Einschluß der Zinsen der Vorratserlöse für gleiche Bezugszeiträume summieren, wenn hierauf Wert gelegt wird.

Im obigen Beispiel ergiebt diese Gegenüberstellung für die Abtriebserträge a) 100jährige Umtriebszeit $100 \times 489{,}00$ . . 4 890 000 Mk.
b) 80jährige Umtriebszeit Zinsenertrag der Vorrats-
reduktion von 709 200 Mk., in 95 Jahren . . . . . . 2 358 090 Mk.
Waldrente von 36 251 Mk., in 100 Jahren . . . . . . 3 625 100 Mk.
Zinsenertrag des Erlöses von 80 ha Fichten $= 16\,170 \times 15 =$ 242 550 Mk.
     Summa 6 225 740 Mk.
     Gewinn 1 335 740 Mk.

Soll dagegen für begüterte Waldbesitzer nachgewiesen werden, welcher Gewinn erreicht werden kann, wenn die Zinsenerträge des Erlöses der Vorratsreduktion dem Kapital zugeschlagen werden, so ist zunächst der jährliche Mehrertrag (bei Vorratserhöhung der jährliche Minderertrag) für die längste Umtriebszeit, die zur Vergleichung gebracht wird, zu abmassieren. Hierauf ist zu ermitteln, welche Kapitalerträge als außerordentliche Nutzungen bei Vorrats-Reduktionen in Betracht kommen und welcher Vorrats-Minderwert und Renten-Ausfall nach Vollzug der Vorratsreduktion von den Nutzleistungen der abgekürzten Umtriebszeit abzuziehen ist.

Für die oben erwähnte Waldung von 740 ha Größe stellt sich die Reinertrags-Vergleichung für die 100jährige Umtriebszeit und die 80jährige Umtriebszeit, wenn bei Einführung der letzteren die ältesten Fichtenbestände im nächsten Jahrzehnt mit 80 ha verwertet werden und für den Erlös eine Jahresrente von $3^1/_2\,\%$ erzielt wird, wie folgt:

Jahresertrag der 100jährigen Umtriebszeit . . . . 48 900 Mk.
„   „   80   „   „   für 660 ha . . 36 251   „
     Jährlicher Ausfall 12 649 Mk.
Nach 100 Jahren Endwert von 12 649 Mk.

Jahresrente . . . . . $= \dfrac{12\,649 \cdot 1{,}035^{100} - 1}{0{,}035} = 10\,911\,180$ Mk.

Endwert der Jahreszinsen für den Erlös der
alten Fichtenbestände mit 709 200 Mk.
à $3^1/_2\,\% = 24\,820$ Mk. nach 95 Jahren $= \dfrac{24\,820 \cdot 1{,}035^{95} - 1}{0{,}035} = 17\,916\,041$ Mk.

     Mehrertrag nach 100 Jahren 7 004 861 Mk.
Zu diesem Mehrertrag kommen folgende Kapitalanlagen infolge
Einführung der 80jährigen Umtriebszeit:
Erlös für 80 ha Fichtenbestände im ersten Jahrzehnt . 709 200 Mk.
Erlös für 80 ha nachgewachsene Fichtenbestände im
80jährigen Alter . . . . 462 000 „
15jährige Jahreszinsen dieses Erlöses, $16\,170 \times 19{,}2957$ 312 011 „
     Summa 8 488 072 Mk.
Hiervon Minderwert des Vorrates infolge Herabminderung der
Jahresrente von 48 900 Mk. auf 36 251 Mk. $= \dfrac{12\,649}{0{,}035}$ 361 400 Mk.

     Bleibt Gewinn für die 80jährige Umtriebszeit 8 126 672 Mk.

Der Jetztwert dieser für die ersten 100 Jahre prolongierten Gewinnbeträge ist für den angenommenen Zinsfuß von $3^1/_2\,\% = 260\,542$ Mk. Der Unterschied im Bodenerwartungswert zwischen der 100jährigen und 80jährigen Abtriebszeit würde, nebenbei bemerkt, die Bodenreinertrags-Wirtschaft für 740 ha auf 65 822 Mk. berechnen, einen relativ kaum beachtenswerten Gewinn von 4,7 % des derzeitigen Waldwerts von $\frac{48900}{0,035} = 1397143$ Mk. ermitteln. Es wird sonach das Ermittelungs- und Vergleichungs-Verfahren der Bodenrententheorie nicht zu befürworten sein.

Der praktische Wert dieser Gewinn-Berechnung (8 126 672 Mark für eine Waldfläche von 740 ha) wird vorläufig nicht gewürdigt zu werden brauchen. Jedoch ist die Zinseszinsrechnung, beschränkt auf kürzere Perioden, keineswegs grundsätzlich auszuschließen, wenn der unausgesetzte Zinsenzuschlag zum Kapital gesichert erscheint, wie wiederholt betont wird.

B. Wenn in holzarmen Waldungen die Untersuchung geboten ist, ob eine Verstärkung der vorhandenen Holzvorräte nutzbringender sein wird als die Beibehaltung des dürftigen Kapitalaufwandes, so werden gleichfalls die ad A erörterten summarischen Wirtschaftspläne für die wählbaren Wirtschaftsverfahren grundlegend für die Beurteilung werden, ob die erforderliche Kapitalanlage eine ausreichende Verzinsung findet. Bei dieser Vorratsbeschaffenheit wird man bei Aufstellung der generellen Wirtschaftspläne den Abgabesatz, welcher dem wirklichen Vorrat entsprechen würde, nach der Proportion: Normalvorrat zu Normaletat, wie wirklicher Vorrat zu wirklichem Etat gutachtlich bemessen und hierauf die Nachhaltigkeit des Abgabegesetzes durch Verteilung der Erträge in die Wirtschaftsperioden kontrollieren können. Der Abgabesatz, welcher bei Herstellung der Vorräte für die erhöhten Umtriebszeiten verbleibt, ist durch die Ertragsverteilung in den generellen Wirtschaftsplänen und durch Ausgleichung der periodischen Werterträge zu ermitteln. Man kann alsdann die jährlichen Rentenverluste bis zur Herstellung des Vorrates für die längere Wachstumszeit bemessen. Maßgebend für die Beurteilung der Rentabilität werden hierbei die Verzinsungs-Forderungen der Waldbesitzer werden. Dieselben können offenbar die Entbehrungen vom jährlichen Reineinkommen auch außerhalb des Waldes sicher und sogar mit Zinsen-Zuschlag zum Kapital anlegen und werden auf den Zinsenertrag der Minder-Einnahmen nicht verzichten wollen. Wenn das bisherige Fällungsergebnis als Grubenholz, Zellstoffholz und stärkeres Nutzholz verwertet werden konnte, so wird in der Regel die Vergleichung der Herstellungskosten mit der späteren Sortenerhöhung ergeben, daß die erreichbare Durchmesser-Verstärkung übermäßig teuer erkauft wird und von einem Zinsenertrag, welcher der Sicherheit der Kapitalanlage entspricht, keine Rede sein kann. Dagegen ändert sich die Sachlage, wenn die vorhandenen Hochwaldbestände vorherrschend Brennholz liefern und durch Verlängerung der Wachstumszeit Nutzholzbestände herangezogen werden können. Man hat dann zu bedenken, daß bei einer Entwertung des Brennholzes in der Zukunft der Kapitalwert des derzeitigen Vorrates herabgedrückt werden würde und die Fürsorge für die Wirtschafts-Nachfolger den derzeitigen Nutznießern Opfer auferlegt.

Die Einführung der einträglichsten Umtriebszeiten und Wirtschaftsverfahren auf Grund dieser generellen Wirtschaftspläne und Rentabilitäts-Vergleichungen werden wir im elften Abschnitt für die vorhandenen Fichten-, Kiefern- und Rotbuchenwaldungen eingehender erörtern.

VI. Zur Beurteilung der Rentabilitäts-Verhältnisse des Eichenhochwald-Betriebes mit Kronenschluß
mangelt das erforderliche Untersuchungsmaterial. Die Eiche wird auch zumeist nur in den jugendlichen Wachstumsperioden im Kronenschluß erzogen.

Für den mit dem 90jährigen Alter beginnenden Eichenlichtungsbetrieb hat der verstorbene Forstdirektor Burckhardt in Hannover Wertertragstafeln aufgestellt.*) Die Eichenpreise werden auffallend gering selbst für die Zeit der Aufstellung dieser Tafeln veranschlagt (nur mit 12 Mk. pro Festmeter des 100jährigen Haubarkeitsertrages). Trotzdem berechnet sich für die zweite Standortsklasse „gut" nach Abzug der oben genannten (vorsichtshalber verdoppelten) Kulturkosten und der jährlichen Betriebsausgaben eine jährliche Verzinsung von 3,3 % für den 120jährigen Umtrieb, und es wird deshalb die örtliche Rentabilitäts-Vergleichung voraussichtlich ergeben, daß die befriedigende Rentabilität der bestehenden Eichenwälder nicht in Frage kommen kann.

Weitere Mitteilungen über die Erträge des Eichenlichtungs-Betriebes, die namentlich aus Hannover vorliegen, werden im elften Abschnitt erörtert werden.

Die übrigen Laubhölzer (Eschen, Ahorn, Ulmen, Birken, Erlen u. s. w.) bilden selten mit reinen Beständen die Hauptbestockung größerer Waldungen. Die Ertragsuntersuchungen in Weißtannen-Beständen sind noch nicht abgeschlossen, auch nicht auf die Entwickelung der Holzsorten erstreckt worden. Die übrigen Nadelhölzer (Lärchen, Weymouthskiefern, Schwarzkiefern u. s. w.) werden gleichfalls in reinen Beständen nur selten gefunden.

VII. Die Anwendung der Bodenreinertragslehre auf den nachhaltigen Betrieb ist im wesentlichen von dem namhaftesten Verteidiger derselben wie folgt instruiert worden:**)

„1. Die Grundlagen zur Bestimmung der Umtriebszeit gewinnt man:
  a) indem man entweder das Bestandsalter ermittelt, bei welchem der Boden-Erwartungswert kulminiert, oder
  b) an normalen Beständen das Alter ausfindig macht, bei welchem das Prozent der laufend jährlichen Verzinsung des Produktions-Aufwandes eben anfängt kleiner zu werden als das geforderte Wirtschaftsprozent.
2. Die so ermittelte Umtriebszeit bedarf jedoch in folgenden Fällen einer Erhöhung:
  a) wenn seither eine höhere Umtriebszeit eingehalten wurde und wenn anzunehmen ist, daß das bei Einführung einer niederen Umtriebszeit erfolgende Angebot an schwächeren Sortimenten die Preise zu sehr drücken würde,
  b) wenn der Waldeigentümer die Herstellung einer Reserve verlangt."

Im Hinblick auf die Ausführungen in den vorhergehenden Abschnitten, namentlich im vierten Abschnitt, glaube ich die Beweisführung, daß die Bodenrentenlehre noch nicht hinreichend für die praktische Verwendbarkeit ausgebildet worden ist, nicht erneuern zu sollen. Für Waldbesitzer, welche mit den Zinseszinsfaktoren rechnen wollen, wird

---
*) „Hilfstafeln für Forsttaxatoren." Hannover, 1873. Rümpler.
**) Gustav Heyer, „Waldertragsregelung." Leipzig 1883. S. 250.

entscheidend sein, daß die genannte Lehre den „Unternehmer=Gewinn" zwar als ausschlaggebend erachtet, aber den thatsächlich erreichbaren Gewinn nur für den holzleeren und holzleer werdenden Boden, nicht für die derzeitige Holzbestockung, sonach mit unzutreffenden Beträgen ermittelt, und zweitens der Gewinn, den die Bodenrententheorie für die Waldblößen findet, erst gegen Ende des beginnenden Jahrhunderts durch das wiederholt erwähnte Geldgeschäft eingebracht werden kann.

Im übrigen werden durch die von Gustav Heyer befürwortete Ermittelung der Umtriebszeiten die oben ausführlich erörterten Bedenken nicht entfernt. Heyer sagt: wenn vorauszusetzen ist, daß die schwächeren Holzsortimente der Waldernte die Preise zu sehr drücken würden, so ist die Umtriebszeit zu verlängern, mit anderen Worten: so haben die Nutzungsnachfolger das genannte Geldgeschäft später vorzunehmen. Diese Voraussetzung wird in allen größeren, jährlich bewirtschafteten Waldungen die Regel bilden. Die Waldbesitzer, welche mit Zinseszinsen rechnen wollen, werden ohne Frage der Waldertragsregelung angesichts der beträchtlichen Kapitalzuschüsse und der Rentenverluste, welche diese gut dünkende Erhöhung der Umtriebszeit erfordert, die überzeugende Beweisführung auferlegen, daß diese Verluste unvermeidlich sind. Dieselben werden vor allem zu erfahren wünschen, wie groß diese Verluste sind und welche Durchmesserverstärkung dieselben bewirken. Welche Verzinsungsverluste soll die gut dünkende Erhöhung der Umtriebszeiten, die zudem stets bei der Forsteinrichtung maßgebend war, umfassen? Auf den mittleren Bodenarten sind, wie wir gesehen haben, für die Lieferung der brauchbaren Holzsorten 80jährige, bei sinkender Bodengüte 90- bis 100jährige Wachstumszeiten erforderlich. Will man dieselben mittels der Zinseszinsrechnung rechtfertigen, so wird die Herabsetzung des Zinsfußes von $3\frac{1}{2}$ auf 2% nicht ausreichend sein, man wird auf $1\frac{1}{2}$ und 1% herabgehen müssen. Man wird dann allerdings staunenswert hohe Bodenwerte für diese ärmeren Bodenarten herausrechnen. Aber die Waldbesitzer würden angesichts der verschiedenartigen Ziffernanhäufung fragen, ob bei der Ermittelung der einträglichsten Waldwirtschaft die größere Beweiskraft der Zinseszinsrechnung oder dem bisher maßgebenden Gutdünken gebührt. Die befürwortete Methode der Waldertrags=Regelung wird zudem so lange sogenannten akademischen Wert für den jährlichen Betrieb behalten, als nicht Nutznießer gefunden werden, welche jährlich und nachhaltig eingehende Renten und Rentenerhöhungen unverkürzt abmassieren wollen — und zwar eben so lange, wie die untersuchte, längere Wachstumszeit im Walde andauern würde.

Zehnter Abschnitt.

Die maximale Gewinnung gebrauchsfähiger Nutzholz-Sorten im Deutschen Reich nach der Durchführbarkeit und nach den gesamtwirtschaftlichen Nutzleistungen.

Seit mehr als zwanzig Jahren wird in der Forstlitteratur behauptet, daß die ausgiebige Erhöhung des Nutzholz-Angebots, welche durch die Herabsetzung der 100- bis 120jährigen Umtriebszeiten in den Staatswaldungen bewirkt würde, vom inländischen Nutzholz-Markt nicht aufgenommen werden könne und demgemäß die vorwiegende Starkholz-Gewinnung in den letzteren beibehalten werden müsse. Wird diese Annahme durch die nähere Untersuchung bestätigt, so würde der einträglichsten Bewirtschaftung des außerstaatlichen Waldbesitzes, wie schon oben erwähnt, freier Spielraum geöffnet werden. Wird in den Staatswaldungen die vorherrschende Starkholzproduktion beibehalten, so wird eine Überproduktion von Klein-Nutzholz in den außerstaatlichen Waldungen nicht zu besorgen sein. Das oben als zulässig bezifferte Mehrangebot von Klein-Nutzholz in den inländischen Waldungen würde nicht erreicht werden.

Der weitaus größte Teil der Holzmasse, welche bei einer ausgiebigen Vorrats-Reduktion verfügbar werden würde, wird in den Staats- und Kronwaldungen gefunden werden. In den Waldungen, welche nicht zum Staats- und Kron-Eigentum gehören, werden die über 70- bis 90jährigen Holzvorräte weniger massenhaft vertreten sein wie in den Waldungen im Staats- und Kronbesitz, und die vorzunehmende Untersuchung wird ihren Schwerpunkt in der Bemessung finden, ob die in den Staatswaldungen entbehrlich werdenden Holzmassen genügenden Absatz ohne erheblichen Preisrückgang finden werden. Wenn auch die Würdigung der Wirtschaftsziele des Staatsforstbetriebs nicht unmittelbar zu den Aufgaben dieser Schrift gehört, wie schon im dritten Abschnitt erwähnt wurde, so wird für die Besitzer von größeren Privatwaldungen, welche bisher nach den Grundsätzen der Staatsforstwirtschaft benutzt worden sind, immerhin die Beantwortung der

Frage beachtenswert werden, ob in den inländischen Waldungen die maximale Nutzholzproduktion durchführbar wird oder ob es gesamtwirtschaftlich notwendig ist, die oben bezifferte, nur wenige Finger breite Verstärkung des unteren Durchmessers der Baumstämme für die Nutznießer am Ende des zwanzigsten Jahrhunderts zu erhalten.

1. Kann die Einführung der maximalen Gewinnung gebrauchsfähiger Nutzholz-Sorten ermöglicht werden, ohne in Deutschland eine bedenkliche Abwärtsbewegung der Nutzholzpreise hervorzurufen?

Im waldreichen Deutschland ist die Forstwirtschaft nicht mehr im stande, den Nutzholz-Bedarf der Bevölkerung aus den inländischen Waldungen zu befriedigen. In den zehn Jahren 1886 bis 1895 sind lediglich für Nutzholz-Mehreinfuhr 1065 000 000 Mk. an die Russen, Galizier, Ungarn, Slavonen, Böhmen, Schweden und Norweger, Amerikaner ꝛc. entrichtet worden, und dabei ist diese Kontribution stetig gestiegen, von 439 300 000 Mk. in den fünf Jahren 1886 bis 1890 auf 625 500 000 Mk. in den Jahren 1891 bis 1895. In diesen fünf Jahren wird die jährliche Mehreinfuhr, wenn man das beschlagene und gesägte Bau- und Nutzholz in Rundholz umrechnet, nahezu 5 000 000 fm durchschnittlich pro Jahr betragen haben mit einem Ankaufswert von 125 100 000 Mk. pro Jahr. Im Jahre 1896 ist die Mehreinfuhr auf 154 200 000 Mk. gestiegen.

Das importierte Nutzholz ist selten besser qualifiziert als das Nutzholz, welches im deutschen Walde erzeugt worden ist. Aber die Preise, welche das deutsche statistische Reichsamt ermittelt hat, sind keineswegs niedrig.

Die Eichen und die Nadelhölzer, welche hauptsächlich eingeführt werden, haben weder längere Dauer wie größere Tragkraft ꝛc. als die deutschen Waldbäume. Die rasch emporgewachsenen Eichen aus Ungarn, Slavonien ꝛc. stehen bekanntlich im Gebrauchswert den deutschen Eichen nach. Die schwedischen Schnitthölzer sind nicht besser wie die deutschen Kantholzer, Hobelbretter ꝛc. Fraglich ist, ob die im Holzhandel bevorzugten sog. „polnischen" Kiefern den alten, im Lichtstand erwachsenen deutschen Kiefern, wie z. B. den Hauptsmoor-Kiefern, hinsichtlich der Eigenschaften, welche für den Gebrauchswert maßgebend sind, überlegen sind.

Die Einheitswerte betragen nach den Ermittelungen des statistischen Amtes pro 1896:
 a) für rohes oder nur in der Querrichtung mit der Axt oder Säge bearbeitetes Holz pro Festmeter . . . . 22,8 Mk.
 b) in der Längsrichtung beschlagen (wahrscheinlich vorherrschend Eichen) pro Festmeter . . . . 54,0 Mk.
 c) gesägte Bretter und Kanthölzer pro Festmeter . . . . 37,2 Mk.

Da diese Einfuhrmengen nicht getrennt für Eichen und Nadelhölzer ermittelt worden sind, so ist eine genaue Vergleichung mit den inländischen Waldpreisen nicht möglich. Aber der Sachverständige wird zugestehen, daß ein Grenzpreis von 37 Mk. pro Kubikmeter geschnittenes Nadelholz — und geschnittene Eichen werden nur in geringen Quantitäten eingeführt worden sein — pro 1896 nicht niedrig genannt zu werden verdient, und daß es den inländischen Sägewerken möglich sein wird, die Konkurrenz aufzunehmen.

Man hat aus dieser Überhandnahme der Nutzholzeinfuhr eine Geringschätzung der deutschen Forstwirtschaft und ihrer Nutzleistungen herzuleiten gesucht. Das ist nicht berechtigt, da zur Begründungszeit der jetzt ernteweisen Brennholzbestände die gewerbliche und industrielle Entwickelung, welche namentlich in der zweiten Hälfte des 19. Jahrhunderts eingetreten ist, nicht vorauszusehen war. Ich will an diesem Orte nicht wiederholt diskutieren, ob die derzeitige Nutzholzeinfuhr zu ermäßigen war durch die Zollgesetzgebung. Der Standpunkt des Verfassers während der Caprivi'schen Zollgesetzgebung ist durch die Verhandlungen des Reichstages bekannt geworden. Die deutsche Volkswohlfahrt ist, soweit die Waldwirtschaft in Betracht kommt, bisher durch den Abfluß von über einer Milliarde Mark in das Ausland geschädigt worden, während die für den Ersatz ausreichenden Althölzer in den größeren deutschen Waldungen, insbesondere in den Staatswaldungen, durch den Wertzuwachs höchsten Falls $1^1/_4$ bis $1^1/_2 \%$ rentiert haben. Nunmehr werden wir mit dem Fortbestand der bisherigen Nutzholzeinfuhr zu rechnen haben. Die Bezugsquellen, welche der Holzhandel im Ausland gefunden hat, werden nicht ohne Zwang verlassen werden, und der Import wird auch bei Erhöhung der Zollsätze noch gewinnreich für die Holzhändler bleiben. Man kann nur erörtern, ob es möglich werden wird, die Zunahme der Nutzholzeinfuhr abzudrängen auf die Durchfuhrwege nach den Westländern Europas, indem der inländische Mehrbedarf aus den inländischen Waldungen dargeboten wird. Zur Zeit beherrscht noch die deutsche Forstwirtschaft mit ihrem Nutzholzangebot den inländischen Nutzholzmarkt. Von dem gesamten Nutzholzverbrauch im Deutschen Reich wird der Import etwa den fünften Teil liefern. Aber die Forstwirtschaft hat mit langen Zeitperioden zu rechnen. Die zielbewußte Ausgestaltung der heranzuziehenden Waldkörper mit den leistungsfähigsten Holzarten und Holzsorten hat zu fragen, wie sich die Nachfrage nach Nutzholz und das inländische Angebot ohne Änderung der Wirtschaftsziele in der ersten Hälfte des bald beginnenden Jahrhunderts gestalten wird, und ob es möglich werden wird, nicht nur die bevorstehenden Milliardenausgaben dem vaterländischen Volkswohlstand zu erhalten, sondern auch die deutsche Forstwirtschaft mit einer Rentabilität von $3^1/_2$ bis 4% auszustatten, indem die maximale Nutzholzgewinnung, wenn auch mit 3 bis 5 cm schwächeren Rundholzsorten als bisher angebahnt wird.

Auf Grund specieller Ertragsnachweisungen für 14 deutsche Staaten hat vor 23 Jahren (1875) Professor Lehr die Nutzholzgewinnung in den sämtlichen Waldungen des Deutschen Reichs auf 14 400 000 fm pro Jahr berechnet. Diese Berechnung ist indessen hinsichtlich der kleinen Privatwaldungen zu hoch gegriffen worden. Nach den Ermittelungen des Verfassers wird die Danckelmann'sche Schätzung mit 12- bis 13 000 000 fm Nutzholz pro Jahr als zutreffender zu erachten sein.

Infolge des zunehmenden Holzverbrauchs der Eisenbahnen, der Kohlengruben und namentlich der Zellstoffwerke ist die Nutzholzabgabe in den letzten 20 Jahren beträchtlich gestiegen. Bis 1888 wird (nach dem Durchschnitt

der Jahre 1863/72 bis zum Durchschnitt der Jahre 1883/92) die 20jährige
Steigerung betragen haben:

in Preußens Staatswaldungen 46 %
„ Bayerns „ 49 %
„ Württembergs „ 27 %
„ Sachsens „ 39 %

Wird angenommen, daß die an sich minder beträchtliche Nutzholzgewinnung
in den Gemeinde-, Genossenschafts- und Privatwaldungen mit gleichem Prozentsatz gestiegen ist wie in den Staatswaldungen und wird berücksichtigt, daß die
Waldungen in Preußen und Bayern ca. 70% der gesamten deutschen Waldfläche
umfassen (die Nadelholzwaldungen über 80%), so wird man nicht zu hoch
greifen, wenn die 20jährige Vermehrung der Nutzholzabgabe auf 45% eingeschätzt wird. Die Nutzholzabgabe würde sonach pro 1895 rund mit 18 000 000 fm
pro Jahr anzunehmen sein, pro Jahr einer Zunahme von durchschnittlich
275 000 fm entsprechend.

Zu einem ähnlichen Ergebnis gelangt man auf einem andern Wege. Nach den
in der Forstlitteratur veröffentlichten Ertragsnachweisungen aus verschiedenen Ländern
wird der jährliche Nutzholzertrag der maßgebenden Nadelholzwaldungen auf jährlich
16- bis 18 000 000 fm inkl. Vornutzung zu veranschlagen sein. Der jährliche Nutzholzertrag der Eichenhochwaldungen, Buchenhochwaldungen, Mittelwaldungen und der
sonstigen Laubhölzer dürfte mit 1- bis 1 500 000 fm einzuschätzen sein. Zusammen
würde nach dieser Schätzung der jährliche Nutzholzertrag im Deutschen Reiche für das
Jahr 1895 = 17 500 000 bis 19 500 000 fm betragen.

Die oben angegebene Zunahme des inländischen Nutzholzverbrauchs ist hauptsächlich aus den inländischen Waldungen infolge der gesteigerten Nutzholzaussonderung bestritten worden. Hierzu kommt die weitere Verbrauchssteigerung,
welche durch die Einfuhr von Nutzholz über die deutschen Grenzen gedeckt worden
ist. Dieselbe hat, wenn man die Bretter und Kanthölzer in Rundholz umrechnet,
in den fünf Jahren 1886/90 = 20 200 000 fm Rundholz, durchschnittlich
pro Jahr 4 040 000 fm, dagegen in den fünf Jahren 1891/95 = 24 630 000 fm,
durchschnittlich pro Jahr 4 930 000 fm betragen. Die jährliche Zunahme
nach dem fünfjährigen Durchschnitt beträgt somit annähernd 178 000 fm. Rechnet
man hierzu den jährlichen Durchschnitt der bisherigen Abgabe aus den inländischen
Waldungen mit 275 000 fm = 453 000 fm, so würde, wenn lediglich die
Zunahme des inländischen Nutzholzverbrauchs nach 30 Jahren ohne Erweiterung
der derzeitigen Nutzholzeinfuhr befriedigt werden soll, eine Steigerung der jährlichen Nutzholzgewinnung in den inländischen Waldungen etwa von 18 000 000
auf 31 000 000 fm pro Jahr = 13 000 000 fm erforderlich werden. Die
Steigerung wird jedoch weitaus beträchtlicher werden, wenn die industrielle Entwickelung, die in den letzten 20 Jahren periodisch Hindernisse gefunden hat, in
den nächsten Jahrzehnten lebhafter zunimmt als mit dem oben unterstellten Mittel
aus den gleich bleibenden Durchschnittsbeträgen pro Jahrzehnt und dem durchschnittlichen Prozentverhältnis in den letzten Jahrzehnten der Vergangenheit.

Soll die beträchtliche Vermehrung der Nutzholzeinfuhr unterbleiben, so würde
in den nächsten 30 Jahren eine Mehrabgabe von annähernd (453 000 ÷ 13 590 000)

15 = ca. 211 000 000 fm aus den inländischen Waldungen erforderlich werden, um die nach den zuerst genannten Sätzen berechnete Zunahme des inländischen Nutzholzverbrauchs zu befriedigen. Aus welchen Quellen in den inländischen Waldungen soll diese Steigerung der Nutzholzgewinnung fließen, wenn die bisherigen Umtriebszeiten fortgesetzt werden und der bisherige Abgabesatz nicht erhöht wird? Schon jetzt werden höchst selten gesunde und schnürig gewachsene Nadelholz-, Eichen-, Eschen-, Ahorn-, Ulmen- und sonstige Nutzholzstämme über 0,50 fm als Brennholz verwertet. Von einer Steigerung der Sägeholzabgabe, die sich jährlich auf Millionen von Festmetern erstreckt, kann nicht die Rede sein. In fast alle Fichtenwaldungen des Deutschen Reichs ist die Nachfrage der Zellstofffabriken nach den Stämmen unter 0,5 fm bis herab zu 7 cm Zopfstärke eingedrungen, und nur selten wird im Fichtengebiet ein Forstbezirk (ohne Brennholzberechtigung) gefunden werden, in dem die Brennholzverwertung auf die zu Zellstoffholz brauchbaren Abschnitte erstreckt wird. Eine Erweiterung des Kleinnutzholz-Angebots in den inländischen Fichtenwaldungen wird aber für das fernere Gedeihen der inländischen Zellstofffabrikation (deren Wettbewerb auf dem Weltmarkt erschwert wird durch die billigen Ankaufspreise für das Holzmaterial in Amerika, den Nord- und Ostländern Europas 2c.) unabweisbar erforderlich. Die deutsche Forstwirtschaft hat um so weniger Ursache, die maximale Nutzholzproduktion zu verabsäumen, die Starkholzkonsumenten durch die oben bezifferte Verstärkung der Baumkörper zu begünstigen und die nicht minder berechtigten Ansprüche der Zellstoffindustrie und des Kohlenbergbaues zu mißachten, als durch die Erweiterung des Angebots der schwachen Nadelhölzer die Rentabilität des Forstbetriebes wesentlich erhöht werden kann.

Die weitere Frage, ob in den bestehenden Buchen-Hochwaldungen eine Zunahme der Nutzholzaussonderung wahrscheinlich ist, welche einige Millionen Festmeter jährlich betragen wird — diese Frage kann zur Zeit nicht mit Sicherheit beantwortet werden. Eine Massen-Abgabe wird sich, wie schon im achten Abschnitt bemerkt wurde, nur erreichen lassen, wenn den Stämmen etwa über 30 cm Brusthöhen-Durchmesser die erforderliche Brauchbarkeit für Bahnschwellen durch Imprägnierung antiseptischer Flüssigkeiten verschafft werden kann und dadurch namentlich die Zunahme des eisernen Oberbaues beschränkt wird. Es ist bisher nicht hinlänglich aufgeklärt worden, ob sich eine Starkholz-Massenabgabe in den 100- bis 120jährigen, im Kronenschluß aufgewachsenen Buchen-Hochwaldungen erreichen läßt und welche Waldpreise nach Bestreitung der Imprägnierungs- und Transportkosten als Reinerlöse übrig bleiben werden. Eine Erhöhung der Wachstumszeit der geschlossenen Buchenbestände auf 130 bis 140 Jahre würde aber wegen der Kostspieligkeit der Buchen-Schwellenholz-Produktion, wie wir im nächsten Abschnitt sehen werden, ausgeschlossen sein. Im wesentlichen würde sonach die Steigerung des Klein-Nutzholz-Verbrauchs der Kohlengruben als beachtenswert verbleiben. Dieselbe ist im achten Abschnitt auf ca. 625 000 fm pro Jahrzehnt eingeschätzt worden, und wenn diese Schätzung nicht wesentlich zu gering gegriffen ist, so würde der Nutzholz-

Mehrverbrauch an Grubenholz in den nächsten 30 Jahren (62 500 + 1 875 000) 15 = 29 062 500 fm betragen. Wird angenommen, daß diese 29 062 500 fm durch anderweite Verwertung und Aussonderung des bisherigen Brennholzes größtenteils gedeckt werden, so würden immerhin, gegenüber der oben vermuteten Zunahme des Nutzholz-Verbrauchs in den nächsten 30 Jahren, die eine Mehrlieferung von ca. 211 000 000 fm bedingen würde, nahezu zweihundert Millionen Festmeter für das inländische Nutzholz-Erfordernis in den nächsten 30 Jahren mangeln — wenn die industrielle und gewerbliche Entwickelung die bisherige Aufwärtsbewegung fortsetzt.

Die Forstwirtschaft wird, wie ich vermute, alsbald die Beibehaltung der oben bezifferten, etwa 3 bis 5 cm breite Verstärkung der Baumkörper im nächsten Jahrhundert zu rechtfertigen haben, wahrscheinlich schon bei der nächsten Änderung der Zollgesetzgebung. Man wird sagen, daß die Notwendigkeit, in den inländischen Hochwaldungen die oben bezifferte Verstärkung der Baumkörper bis zum Ende des nächsten Jahrhunderts zu erhalten, nicht nachgewiesen worden sei. Man wird fragen, ob es gemeinnützig sein könne, zur Erreichung dieses Zwecks den Ankauf von vielleicht nahezu 200 000 000 fm Nadelholz-Rundholz schon für die nächsten 30 Jahre an den deutschen Grenzen anzuordnen und dadurch einen Geldabschluß in das Ausland zu bewirken, der nach den bisherigen Grenzpreisen $4^{1}/_{2}$ bis 5 Milliarden Mk. erfordern wird.

In der Forstlitteratur ist zwar, wie gesagt, vermutet worden, daß es unmöglich werden würde, die Holzmassen ohne beträchtlichen Preisrückgang auf den deutschen Nutzholz-Markt unterzubringen, welche nur in den Staatswaldungen bei Einführung der sogenannten finanziellen Umtriebszeiten verfügbar werden würden. Man hat damit darlegen wollen, daß der Unternehmergewinn, den die Bodenrententheorie für die Umtriebszeiten mit maximaler Bodenrente mittels der Zinseszinsrechnung vermittelt hat, illusorisch bleiben wird. Nach den obigen Ausführungen kann jedoch von der Einführung dieser 60- bis 70 jährigen Umtriebszeiten in das gesamte Nutzholz-Produktionsgebiet des Deutschen Reichs keine Rede sein, weil dieselben die ausgiebige Nutzholz-Gewinnung höchsten Falls auf den beiden ersten Standortsklassen ermöglichen und die deutschen Waldungen der Entwertung entgegenführen würden. Man kann, wie wir gesehen haben, für die am weitesten verbreiteten Wald-Standorte in diesem Produktionsgebiet nur eine durchschnittliche Wachstumszeit von 80 Jahren diskutieren — Hochwaldbetrieb mit Kronenschluß vorausgesetzt.

Der Klarstellung der Frage, ob durch Einführung der mittleren Umtriebszeit von 80 Jahren in die Nadelholz-Waldungen des Deutschen Reichs der oben bezifferte inländische Nutzholz-Mehrverbrauch ohne Erweiterung der bestehenden Nutzholz-Einfuhr in 30 Jahren bestritten werden kann — vorausgesetzt, daß die gewerbliche und industrielle Entwickelung unseres Vaterlandes keinen andauernden Niedergang erleidet — die Untersuchung dieser Frage kann an diesem Orte nur angeregt werden. Solange die forststatistische Ermittelung der Vorrats-Abstufung in den einzelnen Landesteilen des Deutschen Reichs nicht einmal für mehrere

Waldgegenden vorgenommen worden ist, welche den mittleren Vorrats-Verhältnissen in diesen Gebietsteilen nahe kommen, stellen sich selbst der mutmaßlichen Schätzung Schritt für Schritt unübersteigliche Hindernisse entgegen. Zur Zeit kann man nur vermuten, daß die Nutzholzmasse, welche bei dem beschleunigten, auf drei Jahrzehnte bemessenen Übergang zu den mittleren Umtriebszeiten von 70 bis 90 Jahren im Nadelholzgebiet der deutschen Staatswaldungen und in den sonstigen Nadelholz-Waldungen, vornehmlich im Großgrundbesitz, entbehrlich werden würde, nicht ausreichen wird, um die Zunahme des inländischen Nutzholz-Verbrauchs in den nächsten 30 Jahren ohne Erweiterung der derzeitigen Nutzholz-Einfuhr zu befriedigen. Für die zielbewußte Ausgestaltung der herzustellenden Alters-Abstufung in den Holzvorräten der geschlossenen Hochwaldungen werden im nächsten Jahrhundert forststatistische und sog. forststatische Erhebungen zunächst in Waldgebieten mit typischen Produktions- und Absatzverhältnissen, und zwar für die hauptsächlich vorkommenden Holzarten und für die Standortsklassen mit 3, 4, 5... fm Haubarkeits-Durchschnitts-Zuwachs pro Jahr und Hektar erforderlich werden. Man wird annähernd genau erforschen können, welche Umtriebszeiten zu wählen sind, um Rundholzsorten zu produzieren, welche für die Nutzholz-Verarbeitung im Absatzgebiet am brauchbarsten werden und einen möglichst geringen Brennholzrest zurücklassen. Nach Erfüllung dieser waldbaulich wichtigsten Obliegenheit der staatlichen Fürsorge in den erreichbaren Grenzen würden die Privatwaldbesitzer die für die örtliche Bodenqualität leistungsfähigsten Wirtschaftsziele hinlänglich sicher zu beurteilen vermögen. Mit der Inangriffnahme dieser Ermittelung wird die Fürsorge der Staatsbehörden für die gedeihliche Entwickelung der nationalen GesamtWirtschaft die weitere Klarstellung zu verbinden haben, welche Holzmassen die etwa verfügbar werdenden Altholzbestände umfassen. Ohne allseitige und beharrliche Erstrebung dieser für den waldbaulichen Produktionsgang grundlegenden Erfordernisse würden die Forstwirte nach der klaren Sachlage dem Vorwurf ausgesetzt bleiben, daß die Holzzucht weder zielbewußt noch gemeinnützig geregelt worden ist, wie schon aus den Ausführungen im dritten Abschnitt hervorgeht. Man wird beurteilen können, ob die zwei bis drei Finger breite Durchmesser - Verstärkung der Abtriebsstämme, die bis jetzt gegenüber der maximalen Nutzholzgewinnung bevorzugt worden ist, und mit den bereits hinlänglich erörternden Rentenverlusten auch zukünftig erkauft werden muß, in der That gesamtwirtschaftlich geboten ist und als gemeinnützig verteidigt werden kann.

Bei dem heutigen Stande der forstwirtschaftlichen Kenntnisse sind über die leistungsfähigen Produktionsziele leider nur Mutmaßungen gestattet. Die obige Vermutung, daß die Nutzholzmassen, welche bei Einführung der 70= bis 90jährigen Umtriebszeiten verfügbar werden würden, nur wenige Jahrzehnte die Zunahme des inländischen Nutzholz-Verbrauchs decken werden, stützt sich zwar auf umfangreiche Untersuchungen und Berechnungen mit durchdringender Benutzung der vorliegenden Ertrags-Nachweisungen, die in einzelnen Ländern, wie z. B. in Baden, auch die Gemeinde-, Körperschafts- und Privatwaldungen umfassen. Aber ich wage nicht zu behaupten, daß die entbehrlich werdenden Waldvorräte in den Nadelholzwaldungen des Staatsbesitzes etwas über die Hälfte des oben für die nächsten 30 Jahre bezifferten Mehrbedarfs des inländischen Nutzholz-Verbrauchs bei den am meisten wahrscheinlichen Voraussetzungen decken werden, wie diese zeitraubenden Wahrscheinlichkeits-Berechnungen ergeben haben. Wenn auch die Staats- und Kronwaldungen nur $1/3$ des gesamten deutschen Waldeigentums umfassen, so wird doch die Erwartung, daß die Nadelholzwaldungen in Gemeinde-, Stiftungs- und Genossenschaftswaldungen und in den größeren Privatforsten nahezu die fehlende Nutzholzmasse gewinnen lassen, ausgeschlossen sein.

Die Behauptung, daß die Einführung der maximalen Nutzholzgewinnung in die größeren Privat- und Gemeindewaldungen wegen Absatzlosigkeit der entbehrlichen Nutzholzmassen gefahrbringend wird, dürfte nach den vorhergehenden, die Staats- und Kronforste einschließenden Ausführungen nicht als begründet nachgewiesen werden können.

Selbstverständlich ist in größeren Nadelholzgebieten bei Festsetzung des Abgabesatzes zu erwägen, daß während der Übergangszeit das jährliche Fällungs-Quantum verwertungsfähig bleiben muß und die Sägeholzsorten, welche für den Fortbetrieb der inländischen Sägewerke unentbehrlich sind, darzubieten hat. An diesem Orte war in Gemäßheit der Aufgaben dieser Schrift zu fragen, ob es für den Privatforstbetrieb und die Verwertung etwaiger entbehrlicher Holzmassen während der nächsten Jahrzehnte bedenklich werden kann, wenn in allen deutschen Waldungen die Produktionsziele nach dem Nutzholzsortenverbrauch in Ländern mit hoch entwickeltem Industrie- und Gewerbebetrieb bemessen werden. Für den waldliebenden Forstmann ist es sicherlich betrübend, nachweisen zu müssen, daß der Fortbestand der ehrwürdigen, über 100jährigen Hochwaldbestände in den größeren Privat- und Gemeindewaldungen des Deutschen Reichs auch aus gesamtwirtschaftlichen Gesichtspunkten nicht gerechtfertigt werden kann. Tröstend bleibt allerdings der Gedanke, daß es der Forstwirtschaft auch durch Verlängerung der Wachstumszeit (infolge des Wachstumsganges der geschlossenen Nadelholzbestände nach dem 70- bis 90jährigen Alter derselben) nicht möglich werden wird, die ins Auge fallenden, mehrere Festmeter messenden Starkhölzer massenhaft zu produzieren. Für die körperliche Verstärkung der Abtriebsstämme und die vereinzelte Durchstellung der heranzuziehenden Bestände mit Stockhölzern wird die später zu erörternde gefahrlose Umlichtung der Abtriebsstämme während der Erziehung der Hochwaldbestände zu wählen sein und in geschützten Lagen die Belassung möglichst zahlreicher Oberständer, und auch hierdurch wird man unsere Waldungen verschönern.

II. Kann der Erlös für die entbehrlich werdenden Altholzbestände in der Gesamtwirtschaft des Deutschen Reichs mit nachhaltig besseren Nutzleistungen als durch die geringfügige Durchmesser-Verstärkung der Waldbäume untergebracht werden?

Nach den bisherigen Behauptungen in der Forstlitteratur würde es zweifelhaft sein, ob bei dem Kapitalreichtum in unserem Vaterlande der Erlös für die verfügbar werdenden Waldbestände, der lediglich für die Staatswaldungen auf $4^{1}/_{4}$ Milliarden Mk. mit einer Verzinsung von $1{,}08^0/_0$ beziffert wurde, mit höheren Zinserträgen ebenso sicher untergebracht werden können wie im Waldbetriebe. Wenn diese 4 Milliarden auf den schon überfüllten Geldmarkt geworfen würden, so würden sich, wie die Verteidigung der bisherigen Staatsforstwirtschaftsgrundsätze geltend gemacht hat, die verheerenden Wirkungen der sog. Gründerepoche mit ihren ungeheuren Kapitalverlusten und dem allgemeinen wirtschaftlichen Niedergang sehr wahrscheinlich wiederholen.*)

Der Verfasser kann diese Befürchtung nicht teilen. Zunächst ist die obige Berechnung des Vorrats-Verkaufswertes, der in den Staatswaldungen entbehrlich werden würde, zweifellos mit 4 Milliarden Mk. weitaus zu hoch gegriffen worden. Zur Zeit ist leider, wie gesagt, die ziffernmäßige Bestimmung des Kapitals, welches verfügbar werden würde, wegen Mangels aller forststatistischen Anhaltspunkte über die 80- bis 120jährigen Altersklassen und die Vorräte derselben, über die in den einzelnen Gebietsteilen Deutschlands verschiedenen Waldpreise u. s. w. nicht durchführbar. Die obige Berechnung von $4^1/_4$ Milliarden Mk. für die Staatswaldungen kann aber schon deshalb nicht maßgebend sein, weil bei derselben die Burckhardt'schen Ertragstafeln für die zweite Standortsklasse zu Grunde gelegt worden sind und außerdem der Übergang zur 70jährigen Umtriebszeit unterstellt worden ist. Die Materialerträge und die Holzpreise Burckhardts sind für den Durchschnitt der deutschen Staatswaldungen offenbar zu hoch gegriffen worden. Außerdem kann die 70jährige Umtriebszeit für die mittelguten und minderwertigen Bodenarten wegen des übermäßigen Anfalls von Kleinnutzholz nicht in Frage kommen.**)

Mit der oben erwähnten Berechnung des Kapitals der Vorratsreduktion hat

---

*) Bauers „Forstwirtschaftliches Centralblatt", Jahrgang 1868, S. 464.

**) Nach den langwierigen Ermittelungen und Zusammenstellungen, die der Verfasser für die einzelnen Landesteile des Deutschen Reichs und die Einführung der 70- bis 90jährigen Umtriebszeiten in den nächsten 30 Jahren vorgenommen hat, vermutet derselbe, daß der entbehrliche, für anderweite Kapitalanlagen frei werdende Vorratserlös in allen Waldungen des Deutschen Reichs über 100 ha Größe des Waldeigentums zwischen 3 und $3^1/_2$ Milliarden Mk. betragen wird — abgesehen von den Zinsen dieser innerhin beachtenswerten Kapitalsumme. Die Differenz zwischen dem Geldwert der Normalvorräte (cf. Tabelle XIII, S. 190) kann schon deshalb nicht maßgebend sein, weil bis zur Herstellung der Normalvorräte für die 70- bis 90jährigen Umtriebszeiten die bisherige Sägeholzabgabe quantitativ, wie gesagt, zu erhalten ist, wenn auch die Durchmesser etwa 3 bis 4 cm verringert werden.

man auch lediglich bezweckt, auf den späteren Rückgang der Waldrente hinzuweisen, welcher die Staatskassen nach vollendeter Einführung der sog. finanziellen Umtriebszeiten treffen würde. Dabei ist jedoch nicht genügend beachtet worden, daß die Nutznießung des Staatseigentums niemals berechtigt ist, die Mehrerlöse, soweit dieselben Eingriffen in das ererbte Staatsvermögen entstammen, zu den jährlichen Ausgaben zu verwenden. Die Aufzehrung ererbter Vermögensbestandteile wird leichtfertigen Verschwendern in vereinzelten Fällen zuzutrauen sein, aber nicht den deutschen Staatsverwaltungen, auch nicht der weitaus überwiegenden Mehrheit der Privatwaldbesitzer, der Gemeinden und Körperschaften. Eine weitgehende, den Kapitalmarkt überlastende Tilgung der Staatsschulden ist aus nationalökonomischen Rücksichten unstatthaft. Die Staatsschulden sind für die Gesamtwirtschaft und für die sichere Kapitalanlage weiterer Bevölkerungsschichten unentbehrlich.

Vom gesamtwirtschaftlichen Standpunkt aus kann dagegen gewürdigt werden, ob die Staatsverwaltungen in den ersten Jahrzehnten des nächsten Jahrhunderts die Mehrerlöse, welche infolge der bezifferten Verringerung des Durchmessers der Abtriebsstämme erzielt werden würden, in anderen Zweigen der nationalen Produktion mit einer nachhaltig höheren Rente als 1 bis 1½% und mit derselben Sicherheit, wie sie in den älteren Holzbeständen dargeboten wird, unverkürzt als Staatseigentum wieder anzulegen vermögen. Eine analoge Erwägung wird für die Besitzer größerer Privatwaldungen, von Gemeinde- und Körperschaftswaldungen geboten und maßgebend sein. Gesamtwirtschaftlich würde nicht nur der Ankauf von Privatwaldungen, die Ausscheidung größerer, für den Körnerbau nicht mehr lohnender Feldflächen zur Waldkultur, die Ablösung von Berechtigungen 2c. in Betracht kommen, sondern vor allem zu beurteilen sein, ob die pekuniäre Unterstützung der Konsumenten der stärkeren Nutzholzsorten gemeinnütziger wirken wird als die Beleihung des landwirtschaftlich benutzten deutschen Grundbesitzes, soweit die hypothekarische Kapitalanlage zur ersten Stelle innerhalb zuverlässiger Beleihungsgrenzen und mit genossenschaftlicher Haftung für die rechtzeitige Zinszahlung gewährleistet werden kann. Wir haben schon früher darauf hingewiesen, daß das staatliche Kapitalangebot ebensowenig zur Befruchtung des Börsenbetriebs verwendet werden darf, als die Kapitalanlage der in Frage stehenden Milliarden dem Fabrik- und Gewerbebetrieb mit seiner stets wechselnden Rentabilität anvertraut werden kann, daß auch nicht die Belebung der teilweise bereits überstürzten Bauthätigkeit in den größeren Städten statthaft werden würde. Aber die entscheidende **Frage, ob die Erhaltung der Zahlungskraft unserer Landbevölkerung durch Zinsreduktion der hauptsächlich belästigenden Hypothekarverschuldung gemeinnütziger und speciell für die Forstwirtschaft ersprießlicher werden wird als die eben bezifferte Durchmesserverstärkung**, wird nicht verneint werden können, zumal es zweifelhaft ist, ob die pekuniäre Unterstützung der betreffenden Konsumenten dieser verstärkten Baumkörper, die überhaupt bezweckt werden kann, von der Nutzholzverarbeitung beansprucht wird. Es wird kaum zu bezweifeln sein, daß ein Kapitalangebot mit reichlicher Erhöhung des bisher für die fraglichen Vorratsbestandteile erzielten Zinsenertrags (1 bis $1^1/_2$ %) stürmische Nachfrage finden würde, auch dann, wenn sich das Kapitalangebot auf mehrere Milliarden erstrecken sollte. Diese Art der Staatshilfe würde zugleich für die Gesamtheit ein andauernd gewinnbringendes Unternehmen begründen. Eine Verringerung des bisherigen Nutzholzertrags der Staatswaldungen ist nicht zu befürchten. Die maximale Nutzholzgewinnung wird ja erstrebt, und es kann lediglich eine Verstärkung des Angebots der mittelstarken Nutzholzsorten in dem nachgewiesenen Umfang herbeigeführt werden.

Für die zukünftige Verwertung der Forstprodukte ist die Erhaltung eines zahlungskräftigen Bauernstandes, wie ich glaube, in höherem Maße erwünscht als die genannte Unterstützung der Starkholzkonsumenten. In Gegenden mit blühender Landwirtschaft, welche die Mittel gewährt für reichliche, künstliche Düngung, verringern sich die Streubezüge der ackerbautreibenden Bevölkerung, welche dem Walde die Bodenkraft rauben, wie die in einem späteren Abschnitt anzuführenden Erfahrungen im Königreich Sachsen gezeigt haben, und die Streunutzung ist unstreitig die Pestbeule, welche die ausgiebige Nutzholzproduktion zum Hinsiechen bringt, vor allem in den Waldungen des Kleingrundbesitzes (mit über 3 000 000 ha unter 100 ha Größe). Die Wohlhabenheit der breiten Schichten der ländlichen Bevölkerung steht außerdem in Wechselwirkung mit der Sicherstellung eines gedeihlichen Erwerbslebens in den Großstädten und Industrie-Bezirken, den Centralorten der Bauthätigkeit und des Nutzholzverbrauchs für gewerbliche Zwecke. Die Nutzholzproduktion, welche den Ankergrund der Forstwirtschaft zu bilden hat, würde empfindliche Rückschläge erleiden, wenn der Industrie- und Gewerbebetrieb im Inlande keine zahlungskräftigen Abnehmer finden würde. Wir haben in Deutschland keine Rohprodukte, welche anderen Ländern mangeln, und auch hinsichtlich der Arbeitslöhne und Betriebskosten genießt Deutschland keine Vorzüge. Fortschritte in der Fabrikation rc. werden alsbald Gemeingut, und kein kulturfähiges Land wird im nächsten Jahrhundert zurückbleiben in der Aneignung und Verwertung technischer Kenntnisse. Unverkennbar gehen wir der Zeit entgegen, in welcher jedes bisher industriell zurückgebliebene Land die verbrauchten industriellen und gewerblichen Erzeugnisse mit der Hauptmasse innerhalb seiner Grenzen mit verringerten Arbeitslöhnen herstellt. Wenn aber die Rückflut des großartigen deutschen Exports im Inlande eine zerrüttete Konsumfähigkeit, andauernd lahm gelegte Zahlungskräfte der ackerbautreibenden Bevölkerung vorfindet und auf die Händler und Gewerbetreibenden in den Städten beschränkt bleibt, so werden, wie ich befürchte, die entstehenden forstwirtschaftlichen Absatzverhältnisse auch dann die Waldrente nicht befriedigend gestalten, wenn die Staatsforstwirtschaft die vorhandenen Altholzbestände ängstlich geschützt und bewahrt hat.

Bei objektiver Würdigung der derzeitigen mißlichen Lage der Landwirtschaft in den weit ausgedehnten Gegenden unseres Vaterlandes, in welchen die Bevölkerung im Körnerbau den Lebensunterhalt findet, kann nun nicht bezweifeln, daß der Fortbestand der gesunkenen Weltmarktpreise keineswegs eine vorübergehende Erscheinung ist. Unabweisbar werden die Bodenwerte in unserem Vaterlande sinken auf den vormaligen Stand dieser Bodenwerte in den Ländern mit zurückgebliebener Kulturentwickelung und geringer Bevölkerungsdichte. Dem deutschen Volksvermögen werden, wenn die Landwirtschaft in den genannten Ländergebieten beharren muß auf dem Stand der Bodenwerte, welcher den heutigen Weltmarkt-Fruchtpreisen entspricht, Milliarden verloren gehen, welche die Besitzer der bei Subhastationen ausfallenden Hypotheken abzuschreiben haben.

Amtlich ist konstatiert worden, und jeder Fachgenosse, der die Lebensführung der ländlichen Bevölkerung kennen gelernt hat, wird bestätigen, daß die unleugbare Notlage der Landbevölkerung in den genannten Gegenden nur zum geringsten Teil durch den gesteigerten Unterhalt der Grundbesitzer und die erhöhten Ansprüche der ländlichen Bevölkerung an den Lebensgenuß verursacht worden ist, sondern in erster Linie durch die frühere Bemessung der Erbanteile nach dem damals hohen Güterwert und die dadurch hervorgerufene hypothekarische Belastung mit übermäßig hohen Zinsen und Amortisations-Quoten.

Zur Zeit kann, wie gesagt, zwar die Anzahl der Milliarden nicht bemessen werden, welche die derzeitige hypothekarische Belastung des Grundbesitzes, soweit derselbe zur Landwirtschaft gehört, bilden. Man kann auch nicht konstatieren, ob und wie weit die Verzinsungs- und Amortisationsverpflichtungen 3 bis $3^1/_2$ vom Hundert übersteigen. Immerhin wird man mit der Annahme nicht fehl gehen, daß eine Verdoppelung der bisherigen Rente dieser Altholzbestände, die mit durchschnittlich $1^1/_4 \%$ hoch veranschlagt werden wird, von den oben genannten landwirtschaftlichen Genossenschaften freudig und mit zweifelloser Sicherstellung auch dann bewilligt werden wird und diese Steigerung der Reinerträge für absehbare Zeiten erreicht werden kann, wenn sich das Kapitalangebot mit einem derartig ermäßigten Zinssatz auf mehrere Milliarden erstrecken sollte.

Nach den Ausführungen in diesem und den vorher gehenden Abschnitten hat der Verfasser keine Erwägungen aufzufinden vermocht, deren gesamtwirtschaftliche Tragweite die Einführung der maximalen Gewinnung gebrauchsfähiger Nutzhölzer und die damit erreichbare Verringerung der durch die Produktion entbehrlichen Starkholzmassen entstehenden Rentenverluste gefahrbringend erscheinen lassen. Wenn die Waldertragsregelung die planmäßige Ausgestaltung der herzustellenden Waldvorräte mit brauchbaren Rundholzsorten in großen Privat-, Kommunal- und Körperschaftswaldungen zu normieren und zu motivieren hat, so wird mit der Eventualität zu rechnen sein, daß in den im Absatzgebiet gelegenen Staats- und Kronwaldungen die bisher bevorzugte Starkholzabgabe bis zur zweiten Hälfte des kommenden 20. Jahrhunderts verringert wird — die oben erwähnte Grenzlinie für die Wachstumszeit der Hochwaldbestände kann leider nicht zu Gunsten einer die obigen Sätze überschreitenden Kleinnutzholz-Produktion innerhalb der außerstaatlichen Waldungen herabgerückt werden. Zur genannten Zeit wird allerdings unser Vaterland vollends „unter dem Zeichen des Verkehrs" stehen, und auch der Transport des Gruben- und Zellstoffholzes wird nicht nur durch Verbilligung der Eisenbahnfrachten, sondern vor allem durch Deutschland durchziehende Wasserstraßen erleichtert werden.

Die Forstwirtschaft hat mit langen Wachstumsperioden der Waldbestände zu rechnen, und ich habe es deshalb nicht für überflüssig erachtet, der zukünftigen Entwickelung des Holzsortenverbrauchs, vor allem des auf die Waldrente einflußreichen Kleinnutzholzverbrauchs, die vorstehenden Ausführungen zu widmen und die Untersuchung anzuregen, ob und wie weit die Verstärkung der Baumkörper von der 70- bis 90jährigen bis zur 100- bis 120jährigen Wachstumszeit, welche die Forstwirtschaft besten Falls zu erreichen vermag, eine unabweisbare Bedingung für die Nutzholz-Verarbeitung und die Bautechnik ist oder werden wird.

Elfter Abschnitt.

Die praktische Durchführung der einträglichsten Hochwaldwirtschaft in Fichten-, Kiefern-, Eichen- und Buchenwaldungen.*)

Die Einführung der einträglichsten Bewirtschaftung wird für alle Waldungen zu erstreben sein, deren Besitzer auf die nachhaltig erreichbaren Nutzleistungen des Waldvermögens Wert legen und nicht gewillt sind, die oben genannte parkartige Waldverschönerung mit reichlichen und dichten Altholzbeständen zu begründen. Diese privatwirtschaftliche Waldbenutzung wird sowohl in kleineren, im aussetzenden Betrieb bewirtschafteten Waldungen als in großen Forstbezirken mit jährlicher Rentenlieferung ihren Schwerpunkt finden in der **Bemessung des Boden- und Vorratskapitals, welches der Holzzucht zuzuwenden ist,** indem einerseits gebrauchsfähige Holzsorten mit den erreichbar höchsten Werterträgen produziert

---

*) Es ist ungemein schwer, die Ermittelung der nachhaltig einträglichsten Verwertung des Waldeigentums durchsichtig und allgemein verständlich darzulegen und die wechselnden örtlichen Besonderheiten zu überblicken und zu berücksichtigen. Der Verfasser wird in Zweifelsfällen bereitwillig brieflich Aufschluß über die Wahrscheinlichkeit oder Unwahrscheinlichkeit einer beachtenswerten und vor allem nachhaltigen Rentenerhöhung erteilen, wenn in den betreffenden Zuschriften die folgenden Fragen zuverlässig beantwortet werden:
1. Welche Flächengröße umfaßt der produktive Waldbesitz, und welche Flächenteile unterstehen dem Hochwald-, dem Mittelwald- und Niederwaldbetriebe?
2. Liegt eine Vermessung und Kartierung des Waldbesitzes und der im Alter nach den bestandsbildenden Holzarten und nach der sonstigen Beschaffenheit verschiedener Holzbestände vor und lassen sich hiernach in einer beikommenden Bestandsbeschreibung, insbesondere die über 60jährigen Hochwaldbestände nach Flächengröße, mittlerem Alter und nach dem Haubarkeits-Durchschnittszuwachs für das 80jährige Alter (Festmeter pro Hektar und Jahr), welcher in den Ertrags-

werden und andererseits eine Kapitalverzinsung nachhaltig gewähr=
leistet bleibt, welche der Rente der Bodenproduktion und der
Sicherheit der Kapitalanlage entsprechend ist.

Man wird bei der Untersuchung der Rentabilität des Waldbaues, wie wir
gesehen haben, von einer Kapitalverzinsung von $3^1/_2$ bis 4% ausgehen dürfen.
Diese Kapitalverzinsung wird mit Ausnahme der entkräfteten und trockenen Stand=
orte für das realisierbare Waldvermögen in der Regel erreicht werden und nur
für die zuletzt genannten Bodenteile wird wegen dürftiger Nutzleistungen der
Holzzucht vom finanzwirtschaftlichen Standpunkt aus möglicherweise die Einstellung
der letzteren und damit die Verödung des Bodens in Frage kommen. Die
genannte Kapitalverzinsung wird dagegen über 4% durch die Einführung der
einträglichsten Wirtschaftsverfahren erhöht werden können, wenn im Absatzbezirk
ein reichlicher Verbrauch von Kleinnutzholz (Grubenholz, Zellstoffholz ꝛc.) vor=
herrschend ist oder die Bodengüte die frühzeitige Erstarkung der Abtriebs= und
Vornutzungs=Stämme in den geschlossenen Hochwaldungen bewirkt oder durch
rechtzeitige und vorsichtige Umlichtung dieser Abtriebsstämme eine Abkürzung der
nächstmaligen Umlaufszeit der Jahresnutzungen ermöglicht wird.

Nach den Ausführungen in den vorhergehenden Abschnitten werden die Wald=
besitzer die nachstehend nur kurz überblickten Aufgaben umfassend zu beurteilen ver=
mögen, welche die Waldertrags=Regelung aus privatwirtschaftlichen Gesichtspunkten
zu lösen hat.

Vor allem ist der Kapitalwert des realisierbaren Waldvermögens
zu bestimmen, die einträglichen Wirtschaftsverfahren für die nach=
haltige Verwertung des letzteren sind im Hinblick auf die andauernd
ertragreichste Bewirtschaftung des Gesamteigentums aufzusuchen und
verlustbringende Produktionsrichtungen sind klar zu stellen, zu ver=
meiden oder wenigstens möglichst zu beschränken.

Für den aussetzenden Betrieb in Waldparzellen und kleinen

tafeln dieser Schrift zu ersehen ist, hinreichend zuverlässig angeben? Beruhen
diese Angaben auf Holzmassen=Aufnahmen oder auf Schätzungen?
3. Wie stellt sich der bisherige erntekostenfreie Durchschnittspreis für die hauptsächlich
verwerteten Holzsorten, etwa in den letzten fünf oder zehn Jahren, im Walde?
4. Welche Kilometerzahl messen die fahrbaren Transportwege zur nächsten Bahn=
station, Schiffahrts= oder Floßort? Welche Festmeterzahl kann jährlich höchsten
Falls transportiert werden?
5. Ist Grubenholz und Zellstoffholz absatzfähig oder kann die bisherige Brennholz=
abgabe erweitert werden?
6. Ist das Forstpersonal zur Holzmassen=Aufnahme der meßbaren Bestände, zunächst
zur sogenannten Kluppierung, befähigt?
7. Welches Fällungsquantum (Festmeter Derbholz inkl. Vornutzungen) und welche
erntekostenfreie Gesamt=Bruttorente aus dem Holzertrag ergiebt der Jahres=
durchschnitt für die letzten fünf oder zehn Jahre im nachhaltigen Betriebe?
Welche Prozentsätze des letzteren haben die Kulturkosten, Verwaltungs= und
Forstschutzkosten, Wegbau= und Wegunterhaltungs=Kosten, Steuern und sonstigen
Betriebskosten erfordert?

Die weiteren Arbeiten bis zur Aufstellung der Wirtschaftspläne wird der Verfasser
ebenso bereitwillig instruieren, wenn eine erhebliche Rentensteigerung zu vermuten ist.

Waldungen sind die Aufgaben der einträglichsten Bewirtschaftung schon im siebenten Abschnitt ausführlich erörtert worden. Diese Aufgaben werden ihre beweisfähige Lösung finden, wenn die Wachstumszeit ermittelt und eingehalten wird, während welcher die Waldbestände durch ihre jährliche Wertproduktion diejenige Verzinsung des Vorrats=Verkaufswertes und des waldbaulichen Bodenwertes liefern, welche der Sicherheit der Kapitalanlage entspricht, bezw. bei gleicher Sicherheit in anderen Wirtschaftszweigen der Waldbesitzer für absehbare Zeit zu erreichen ist. Können die Waldbestände infolge hohen Alters oder sonstiger Gebrechen diese Verzinsungs=Verpflichtung nicht mehr erfüllen, so sind dieselben zu verjüngen und mit den örtlich ertragsreichsten Holzgattungen maßgeblich der Standortsbeschaffenheit zu bebauen. Die Feststellung der Abtriebszeit für den Nachwuchs kann den Nutznießern überlassen werden, welche in der zweiten Hälfte des nächsten Jahrhunderts bezugsberechtigt sind.

Wenn auch bei dieser Rentabilitäts=Vergleichung die Anwendung der Zinseszinsfaktoren nicht principiell auszuschließen ist, weil die Bedingungen für den jährlichen Zinsenzuschlag zum Kapital von einzelnen Waldbesitzern möglicherweise erfüllt werden können, so hat doch die bisher ausschließlich eingehaltene Ermittelung, mit welchem Altersjahr die oben genannten Nutzungsnachfolger im Hinblick auf ein zu unternehmendes Geldgeschäft die Verjüngung vornehmen, bezw. das Einzeljahr der Verjüngung mittels der Zinseszinsrechnung berechnen werden, nicht die ausschlaggebende Bedeutung. Die sogenannte finanzielle Hiebsreife kann von Jahr zu Jahr nach dem Wachstumsgang der geschlossenen Hochwaldbestände bestimmt und nach der Jahresverzinsung der Bestands=Verkaufswerte durch die jährliche Wertproduktion im Hinblick auf die berechtigte, der Sicherheit der Kapitalanlage entsprechende Verzinsung bemessen werden. Dieser Zeitpunkt fällt bei den genannten, der Sicherheit der Kapitalanlage entsprechenden Zinsforderungen in der Regel in das spätere Stangenholzalter und das beginnende Baumholzalter. Wenn auch die Berechnung mittels der Zinseszinsfaktoren das Einzeljahr desselben wenige Jahre herabrückt, so sind die Unterschiede praktisch einflußlos, weil es bei der Verwertung der Ernteerträge auf die Ermittelung des Einzeljahres, für welches die finanziellen Nutzleistungen der Verjüngung den Gipfelpunkt erreichen, nicht ankommen kann (cf. siebenten Abschnitt). Weitaus wichtiger für die allseitige Information der Waldbesitzer ist die Ermittelung der entstehenden Gewinn= und Verlustbeträge bei abgekürzter und verlängerter Wachstumszeit. Die letzteren sind nämlich, wie wir gesehen haben, in der Regel mehrere Jahrzehnte lang nicht so beträchtlich, um bei der keineswegs mathematisch genauen Ermittelung der Rentabilitätsfaktoren — Derbmasse, Holzsortenverhältnis, Preisabstufung, Verzinsungsforderung — ausschlaggebend in die Wagschale zu fallen. Auch für Waldbesitzer, welche mit Zinseszinsen und nicht lediglich mit dem jährlichen Zinsenverbrauch rechnen wollen, wird demgemäß die Berechnung der Unterschiede im Boden-Erwartungswerte und der Prozentsätze für die laufend jährliche Verzinsung des Produktionsaufwandes („Weiserprozente") durch die im siebenten Abschnitt (Tabelle III, S. 112) erörterte Rentabilitäts=Vergleichung zu ergänzen sein, damit dieselben die Wachstumsperioden

erkennen können, welche beträchtliche und beachtenswerte Verzinsungs=
verluste bewirken — mit und ohne Berücksichtigung des Wertes der Nachzucht,
welcher die Zinsen des waldbaulichen Bodenwertes ausdrückt. In der Regel
werden die Waldbesitzer bis zum 80. Lebensjahre der Hochwaldbestände die Ver=
wertung nicht zu übereilen brauchen, sondern steigende Nachfrage und günstige
Holzpreise abwarten können. Dagegen würden dieselben durch die verfrühte
Abnutzung beträchtliche Zinsenverluste erleiden, da es zur Zeit schwer fällt, einen
$3^1/_2 \%$ übersteigenden Zinsenertrag bei sicheren Kapitalanlagen zu erlangen. In
den Wachstumsperioden nach dem 80= bis 90jährigen Alter häufen sich allerdings
die Rentenverluste in bedenklicher Weise. Im übrigen wird man für die Ertrags=
regelung der kleineren Waldungen mit aussetzendem Betrieb weitere Anhaltspunkte
im siebenten Abschnitt finden.

Die Einrichtung der einträglichsten Bewirtschaftung in größeren Waldungen
mit jährlichem Verjüngungsbetrieb hat zunächst die Aufgabe, den realisier=
baren Wald=Kapitalwert der betreffenden Wirtschaftsbezirke festzu=
stellen. Diese Ermittelung ist im neunten Abschnitt nach den hauptsächlichen
Aufgaben erörtert worden (cf. Seite 170 ff.). Es ist hierauf nicht nur zu
bestimmen, wie weit der bisherige jährliche Waldreinertrag den
berechtigten Verzinsungsforderungen entspricht. Es sind auch in
allen Fällen die örtlich wahlwürdigen Wirtschaftsverfahren und
Produktionsziele aufzusuchen, welche die erreichbar höchste Waldrente
andauernd herbeiführen. Den Leitstern bildet eine Waldbestockung
mit der regelrechten Bestands=Altersstufenfolge, ausgestattet mit den
ertragsreichsten Waldbäumen und mit gebrauchsfähigen Nutzholz=
sorten, welche baldmöglichst herzustellen und unseren Nachkommen zu
überliefern ist. Die Erreichung dieses Zieles ist in Einklang zu
bringen mit der Gewährung einer möglichst gesteigerten Rente an die
Nutznießer während der Übergangszeit, soweit diese Steigerung
örtlich gefahrlos bleibt hinsichtlich der Nachhaltigkeit des Renten=
bezuges vom Gesamteigentum.

Zu diesem Zweck sind die Verjüngungsflächen mit den ertrags=
reichsten Waldbäumen, insbesondere den wertvollsten Nutzholz=
gattungen nach Maßgabe der örtlichen Standorts=Verhältnisse zu
bebauen. Wir werden die zur vorherrschenden Bestandsbildung geeigneten
Waldbäume nach ihren Nutzleistungen im 13. Abschnitt überblicken.

Bei der Erziehung der aufwachsenden Bestände ist die zuwachs=
reichste, den Wald gegen Gefahren sichernde Kronenstellung zu
wählen, die wir im nächsten Abschnitt erörtern werden.

Ausschlaggebend für die Durchführung der einträglichsten Wald=
wirtschaft und auch weitaus schwieriger ist die Bemessung des Rund=
ganges der Holzfällung und Verjüngung in den vorhandenen Hoch=
waldbeständen, die etwa 80% der gesamten deutschen Waldfläche einnehmen.
Das Waldkapital bildet sehr oft den wertvollsten Vermögensbestandteil der Grund=
besitzer. Die Unterschiede in den Waldrenten, welche die Forstwirte bisher nach

Gutdünken den Waldbesitzern zugebilligt haben und bei der einträglichsten
Bewirtschaftung nachhaltig zubilligen können, lassen sich nach den bisherigen Aus=
führungen in dieser Schrift und den beispielsweise angefügten Rentabilitäts=Ver=
gleichungen für kleine Forstbezirke nach ihrer finanziellen Bedeutung bemessen.
Kann der überzeugende Beweis erbracht werden, daß durch die befürworteten
Betriebsarten und Umtriebszeiten die nachhaltig beste Verwertung des konkreten
Waldkapitals begründet wird, welche zur Zeit und für absehbare Zeiten maß=
geblich der Standorts= und Absatzverhältnisse erreichbar ist?

I. Die Leistungsfähigkeit des Hochwaldbetriebs im Hinblick auf andere Betriebsarten.

Die Waldbesitzer werden zunächst fragen, ob das konkrete Waldvermögen
am einträglichsten durch den Hochwaldbetrieb verwertet werden wird,
oder ob bei dürftigen Holzvorräten der Mittel= und Niederwald=
betrieb vorzuziehen ist, und wie sich die Ertragsleistungen des ge=
regelten Femelbetriebs gestalten werden.

Der im sechsten Abschnitt ad I (S. 74 ff.) ausführlich erörterte Niederwald=
betrieb erfordert ein unbeträchtliches Betriebskapital und hat hauptsächlich in den
Waldungen des Kleingrundbesitzes Ausdehnung gefunden. Aber derselbe bedingt
hauptsächlich die Brennstoffproduktion durch Laubholzstockausschläge, und die all=
gemeine Einführung würde in größeren Waldungen, die wir hier zu betrachten
haben, gefahrbringend werden. Angesichts der fortwährenden Verbesserungen auf
dem Gebiete der Kohlenfeuerung und der Gasheizung — und die letztere wird bald in
Konkurrenz mit der Elektrotechnik treten — kann die Holzproduktion in größeren
Waldungen ihren Schwerpunkt nur in der ausgiebigen Nutzholzgewinnung suchen.
Die Verbindung des Ausschlagwaldes mit der Produktion von Gerbrinde durch
Begründung einer vorherrschenden Eichenbestockung wird ebensowenig ratsam sein,
nachdem nach den letztjährigen Erfahrungen auf den größten Eichenrindenmärkten
Süddeutschlands — Hirschhorn, Heilbronn, im badischen Odenwald, in der Rhein=
pfalz und in Rheinhessen — zu befürchten ist, daß die Rindengewinnung im bald
beginnenden zwanzigsten Jahrhundert infolge der Einfuhr gemahlener Rinde aus
den Südländern Europas und der Rindenersatzmittel aus den überseeischen Ländern,
teils Rinden, teils Rindenextrakte, nicht mehr lohnend werden wird.

Für größere Waldungen wird auch der geregelte Femelbetrieb, der gleichfalls
im sechsten Abschnitt (cf. S. 88) erörtert worden ist, selten befürwortet werden
können. In der vorhandenen Bestockung sind mit Ausnahme der sogenannten
Schutzwaldungen, für welche der Femelbetrieb in der Regel forstpolizeilich an=
geordnet wird, die gleichartigen und gleichalterigen Hochwaldbestände wälderbildend,
nicht nur gruppen= und horstförmig, sondern in ausgedehnten Waldgebieten mit
reinen und fast reinen Beständen verbreitet worden. Die nachhaltig geregelte
Durchplänterung dieser Bestände, die alle über das Mittelmaß der Körperstärke
hinausgehenden Stämme entfernen würde, kann nicht frei bleiben von den Nach=
teilen, die wir im sechsten Abschnitt geschildert haben.

Dagegen kann in den Laubholzwaldungen der besseren Standorte der **Mittelwaldbetrieb** in Betracht kommen, wenn die vorhandene Bestockung die Bildung eines reichen Oberholzstandes gestattet. Mittelwaldungen mit spärlichem Oberholz, die vorwiegend Brennstoff produzieren, werden ebensowenig lebensfähig in der Zukunft bleiben, wie die Niederwaldungen mit vorherrschender Brennholzproduktion. Wenn dagegen der Oberholzstand verdichtet werden kann bis zu einer Kronenstellung, welche das Unterholz nahezu zum Bodenschutzholz herabdrückt, so wird nach den vorliegenden Nachweisungen über die Mittelwalderträge (namentlich aus Boden) nicht bezweifelt werden können, daß der Massenertrag dieser oberholzreichen Mittelwaldungen der Hochwaldproduktion nahe kommen wird, und es wird auch vermutet werden dürfen, daß die bisher nicht näher untersuchte Wertproduktion und Kapitalverzinsung die Leistungen des Hochwaldbetriebs übertreffen wird, weil das Vorratskapital des oberholzreichen Mittelwaldes immerhin nicht den Betrag des gleichalterigen Hochwaldes erreichen und infolge der durch den größeren Lichtgenuß verstärkten Wertproduktion eine erheblich bessere Verzinsung finden wird als bei der weitaus trägeren Rentenbildung in den gleichalterigen Hochwaldbeständen mit Kronenschluß. Was die Qualität der Produktion betrifft, so ist die Holzgüte der Mittelwaldnutzhölzer bisher im Holzhandel meines Wissens nicht beanstandet worden.

Die Freunde der Erziehung der Waldbäume im dichten Kronenschluß können allerdings geltend machen, daß an den Mittelwaldoberholz=Stämmen infolge der völligen Freistellung (spätestens im 35= bis 40jährigen Alter) die Astbildung mehr verstärkt wird, die Jahrringe breiter werden und die Abholzigkeit des Nutzholzschaftes bis zum Abschnittspunkt des Nutzholzklotzes einige Centimeter mehr beträgt als an den Hochwaldstämmen mit gleichem Alter. Allein völlig astreine Schnitthölzer gewinnt der Sägebetrieb aus den älteren Stämmen des Hochwaldbetriebs nur mit einem geringen Prozentsatz, und es ist noch fraglich, ob die Astbasis pro Festmeter der erzeugten Holzmasse durch die Freistellung wesentlich erhöht wird. Ebensowenig ist bisher festgestellt worden, ob die durch den erweiterten Lichtgenuß bewirkte Auflagerung etwas breiterer Hohlkegel die Holzgüte verringert oder erhöht. Die vermehrte Abholzigkeit der Sägeholzabschnitte fällt beim Sägebetrieb nicht in die Wagschale, da der Anfall von Seitenbrettern mit etwas geringerem Verkaufswert nur unerheblich vermehrt wird.

Im Mittelwalde werden die späteren Oberholzstämme durch das Unterholz vor der Freistellung zum lebhaften Höhenwuchs hingedrängt, und der wertvollste untere Schaftteil wird immerhin nahezu astrein ausgebildet.

Schwer zu besiegende Hindernisse findet dagegen, wie schon im sechsten Abschnitt ausgeführt wurde, die Ergänzung des Oberholzes durch Kernpflanzen und die Erhaltung einer wuchskräftigen Unterholzbestockung, mit einem Wort die Regeneration des Ober= und Unterholzes bei jedem Mittelwaldhiebe. Die Stockausschläge erreichen, wenn auch die Wurzelstöcke alt geworden sind, in wenigen Jahren eine größere Höhe als die durch den Samenabwurf des Oberholzes angesiedelten Kernpflanzen der zu Nutzholz tauglichen Laubhölzer und bilden alsbald, aus sperrigen Stockausschlägen mit dünnen Lohden bestehend, dichten Schluß. Man ist genötigt, die Rekruten des Oberholzes durch die kostspielige Heisterpflanzung einzubringen und öfters frei zu hauen. Ebenso schwierig ist die Verjüngung des Unterholzes durch die Ausschläge junger und kräftig funktionierender Wurzelstöcke, die bis zum 25- bis 30jährigen Alter nicht nur schwaches Reisholz, sondern stärkeres Prügelholz liefern. Ohne sorgfältige Pflege, die zumeist eine erhebliche Geldausgabe erfordert, degeneriert die Unterholzbestockung. Die alten Wurzelstöcke werden kraftlos, auf den entstehenden Bestandslücken werden die raschwüchsigen Weichhölzer, wie Aspen und Sahlweiden, oft auch Birken, Hasseln, Dornen u. s. w. angesiedelt, und es erübrigt nur der Übergang zum Hochwaldbetrieb.

Will man die räumliche Erziehung der Abtriebsstämme bevorzugen, so wird die im nächsten Abschnitt zu erörternde Hochwaldform (entstanden durch Umlichtung der stärksten und gut geformten Waldbäume nach astreiner und vollholziger Entwickelung des wertvollsten, unteren Schaftteils im Hochwald-Kronenschluß, etwa im 35- bis 45jährigen Alter, mit rechtzeitiger Begründung eines Bodenschutzholzes, hauptsächlich aus Buchenkernwuchs) die genannten Nachteile des Mittelwaldes beseitigen und die Wertproduktion des letzteren durch vollständigere Ausnutzung des Kronenraums erhöhen können.

Für die schon im sechsten Abschnitt erörterte Rentabilitäts-Vergleichung des oberholzreichen Mittelwaldes mit dem Hochwaldbetrieb mangeln zur Zeit noch die erforderlichen Untersuchungen für Standorte mit übereinstimmender Produktionskraft.

Im **Hochwaldbetrieb** sind die gleichalterigen und die nahezu gleichalterigen Bestandsformen vorherrschend vertreten, und die letzteren sind nunmehr auf ca. 80 % des gesamten deutschen Waldbesitzes (ca. 12000000 ha) ausgedehnt worden. Die gleichalterige Hochwaldform entsteht vorwiegend durch Saat und Pflanzung auf Kahlschlägen, die nahezu gleichalterige Hochwaldform durch Samenabwurf der vorhandenen Bestände und den hierdurch erzeugten sogenannten Kernwuchs. Vorbereitungs- und Besamungsstellungen fördern die Entstehung des letzteren. Und nach erfolgter Besamung wird der entstandene Kernwuchs durch allmähliche Auslichtungshiebe (Nachhiebe) und später durch sogenannte Reinigungshiebe, welche die Stockausschläge und Weichhölzer beseitigen, erhalten.

Karl Gayer unterscheidet weiter die folgenden Hochwaldformen: Gleichalterige Hochwaldform mit vorübergehender Ungleichförmigkeit, Hochwaldform mit früh bezw. spät nachfolgendem Unterbau, Hochwaldform mit zeitig folgendem Unter- und Zwischenbau, Hochwaldform mit Überhalt, mehralterige Hochwaldform, Femelschlagform, echte Femelhochwaldform.

Über die gegenseitigen Ertragsverhältnisse dieser verschiedenen Hochwaldformen liegen vergleichende Untersuchungen nicht vor, und die Würdigung der Licht- und Schattenseiten ist im wesentlichen über theoretische Voraussetzungen hinsichtlich der Rückwirkung auf die Bodenthätigkeit, die Holzgüte, die Widerstandskraft gegen Wind, Schnee und Insektenschaden u. s. w. nicht hinausgekommen.

Die folgenden Ausführungen sind demgemäß auf die gleichalterigen und nahezu gleichalterigen Hochwaldbestände und die Erziehung derselben im Zusammenschluß der Baumkronen zu beschränken.

Wie ist diese Bestockungsform entstanden? Sind die Nutzleistungen derselben gegenüber dem Mittelwaldbetrieb u. s. w. überzeugend nachgewiesen worden? Im vorigen Jahrhundert war man allmählich von den mittelwaldartigen und den plänterwaldartigen Bestandsformen durch reichliche Belassung von Samenbäumen, Laßreideln, auch von Bestandsresten zu einer Verstärkung der Holzvorräte übergegangen. Man wollte der damals befürchteten Holznot begegnen. An einzelnen Orten war schon im Anfang des 18. Jahrhunderts der schlagweise Hochwaldbetrieb zuerst in den Buchenwaldungen üblich geworden.*) In der ersten Hälfte des genannten Jahrhunderts wurde auch die Hiebsführung in den Nadelholzwaldungen in einzelnen Ländern geregelt, für die preußischen Kiefernforste von Friedrich dem Großen eine Umtriebszeit von 70 Jahren vorgeschrieben, und gegen Ende des vorigen Jahrhunderts ging man im norddeutschen Nadelholzgebiet allgemein zur Stellung von Dunkelschlägen bei der Verjüngung über. Georg Ludwig Hartig hat hierauf 1791 die Lehre von der natürlichen Verjüngung durch den „Femelschlagbetrieb" (nach Karl Heyer'scher Bezeichnung) systematisch dargestellt, und diese Verjüngungsart fand im 19. Jahrhundert allgemeine Anwendung, auch im Anfang desselben in den Nadelholzgebieten. In den letzteren ist jedoch einige Jahrzehnte später vorherrschend Kahlschlagwirtschaft mit künstlicher Verjüngung eingeführt worden. Aber auch diese Methode hat vielfach zu Mißständen geführt, die leistungsfähige Holzartenmischung verdrängt, Insektenbeschädigungen, namentlich durch Engerlinge und Rüsselkäfer, herbeigeführt, und vielfach werden in neuerer Zeit Stimmen laut, welche die Rückkehr zu der Verjüngung mittels Dunkelschlägen, sogar zum Femelbetrieb befürworten.

Vorherrschend wurden durch die eingehaltenen Verjüngungsverfahren gleichalterige und nahezu gleichalterige Hochwaldbestände herbeigeführt. Während der Erziehung derselben galt bis vor wenigen Jahrzehnten die Lockerung des dichten Kronenschlusses, die über die Aufarbeitung des völlig übergipfelten, abgestorbenen und absterbenden Gehölzes hinausging, als eine wirtschaftliche Versündigung, und noch immer wird von zahlreichen Staats-Forstbehörden eine Unterbrechung des Kronenschlusses, die erst durch mehrjährigen Zuwachs wieder ausgeglichen werden kann, als strafwürdig erachtet. Erste Durchforstungsregel ist die „Bestattung der Toten". Man soll die Durchforstungen frühzeitig beginnen, oft wiederholen und mäßig greifen. Außer den völlig trockenen Gerten und Stangen werden lediglich die Stammklassen entfernt, welche durch den Zusammenschluß der Baumkronen unterständig geworden sind und dem Absterben zueilen, aber beibehalten werden die unterständigen Stammklassen, die noch lebensfähig erscheinen und die zwischenständigen Stangen und schwachen Stämme mit eingezwängten Kronen.

Für diese völlig oder nahezu gleichalterigen und gleichartigen Hochwaldbestände sind die Produktionsziele nach dem forsttechnischen Gutdünken normiert worden. Von den Staatsforstbehörden wurden vorherrschend 100- bis 120jährige

---

*) Die Verjüngung der Buchen durch nicht zu lichte Besamungsschläge, durch die erste Ausläuterung der stehen gebliebenen Heister, wenn der Anwuchs „eines Knies hoch" und darüber erwachsen ist" und durch die letzte Ausläuterung, wenn „der junge Anwuchs alsdann mannslang erwachsen ist", wird erstmals in der Hanau-Münzenbergischen Forstordnung 1736 ausführlich instruiert.

Umtriebszeiten, seltener 80= bis 100jährige Umtriebszeiten diktatorisch, ohne Unter=
suchung der Nutzleistungen der wahlfähigen Wirtschaftsverfahren angeordnet, und die
Bewirtschaftung der außerstaatlichen, größeren Waldungen wurde den Grundsätzen
der Staats=Forstverwaltung nach Maßgabe der Holzvorräte angepaßt, während den
Besitzern der kleineren Privatwaldungen das Leistungsvermögen der forsttechnischen
Ziele und Wege zumeist undurchsichtig geblieben sein wird. Wir haben schon in
den vorhergehenden Abschnitten dargelegt, daß weder die gesamtwirtschaftliche,
noch die privatwirtschaftliche Leistungsfähigkeit der nach den Standorts= und
Verbrauchsverhältnissen wahlfähigen Wirtschaftsverfahren und Produktionsziele
bis jetzt durch Rentabilitäts=Vergleichungen ergründet worden ist. Die Wald=
besitzer sind bisher durch die Forsttechnik nicht hinlänglich befähigt worden zur
Beurteilung des konkreten Waldkapitals und der bisherigen und derjenigen Nutz=
leistungen dieses Waldkapitals, welche durch die einträglichsten Wirtschaftsverfahren
erreichbar sind. Dieselben werden fragen, ob die Feststellung der letzteren inner=
halb der Grenzen, welche auf dem waldbaulichen Produktionsgebiet der mensch=
lichen Voraussicht offen stehen, stets ein unlösbares Problem bleiben werde.

II. Die Bemessung der Zeitdauer für den nächsten Rundgang der Jahresnutzungen in der nachhaltigen Hochwald-Wirtschaft nach den privatwirtschaftlichen Ausgangspunkten.

Obgleich die Regelung der Waldproduktion mit langen Zeiträumen zu rechnen
hat, so wird die planlose und ziellose Bewirtschaftung des herrlichen deutschen
Waldes, anstatt der vernunftgemäßen Nutzbarmachung, nur für diejenigen Wald=
besitzer in Betracht kommen, welche die oben erwähnte Parkwirtschaft im groß=
artigen Maßstab begründen wollen und auf das Reineinkommen des Waldes keinen
Wert legen. Alle anderen Eigentümer größerer Waldungen werden fragen, welche
Kapitalaufwendungen die Holzzucht erfordert und wie dieselben rentieren. Die
Waldbesitzer sind berechtigt, der Forstwirtschaft die sorgsame und gründliche, von
Wirtschaftsperiode zu Wirtschaftsperiode zu erneuernde Beweisführung abzuver=
langen, daß die nach menschlichem Ermessen leistungsfähigsten Produktionsrichtungen
durch Vergleichung der für das konkrete Waldkapital zu erringenden Nutzleistungen
sorgfältig und umfassend festgestellt worden sind und planmäßig verwirklicht
werden. Sicherlich sind die Waldbesitzer, in erster Linie die Großgrundbesitzer,
gewillt, das Kapital aufzuwenden, welches die Forstwirtschaft zur Herstellung
gebrauchsfähiger Ernteerträge nicht entbehren kann, solange die Rente der
Anlagesicherheit entspricht. Aber vor allem die Besitzer größerer Privatwaldungen
werden nicht gewillt sein, der Holzzucht eine Sonderstellung innerhalb ihrer
Gesamtwirtschaft einzuräumen, damit die Forstwirtschaft jede Rechenschaft über die
Nutzleistungen der Kapitalaufwendungen andauernd verweigern kann.

Zielsetzend für die Regelung der einträglichsten Bewirtschaftung
ist, wie in den vorhergehenden Abschnitten ausgeführt wurde, die

sorgfältige Prüfung, ob die Ausgestaltung der herzustellenden Wald=
vorräte mit Holzarten und Holzsorten, deren Ernteerträge im Voll=
genuß der Gebrauchsfähigkeit und Marktgängigkeit stehen, verein=
bart werden kann mit den erreichbar höchsten Rentenbezügen, welche
den Nutznießern während des nächsten Rundgangs der Jahresfällung
gebühren. In den gleichalterigen und gleichartigen Hochwaldbeständen, deren
jährliche Bewirtschaftung zunächst zu erörtern ist, hat die Waldertrags=
Regelung in erster Linie eine Abstufung der Altersklassen zu normieren, welche
mit ihren ältesten Jahresschlägen die ausnutzungsfähigsten Nutzholzsorten, gebildet
von den wertvollsten Holzarten, den Wirtschaftsnachfolgern darbietet (oder bei
vorwaltender Brennholzverwertung die reichhaltigste Brennstoffgewinnung). Diesem
wirtschaftlichen, im Laufe der Zeit zu modifizierenden Vorbild hat die Betriebs=
leitung innerhalb der nächsten Umlaufszeit in Gemäßheit der aufgestellten
Wirtschaftspläne zuzustreben, bis die Revision der letzteren den Beweis erbringt,
daß die mittleren Brusthöhen=Durchmesser der Abtriebsstämme, welche das
Produktionsziel bisher gebildet haben, unbeträchtlich verstärkt oder verringert
werden dürfen. Im jährlichen Hochwaldbetriebe ist die sorgsame Fest=
stellung der Durchmesser=Abstufung der Bestände, welche den Wirt=
schaftsnachfolgern zur Erntezeit darzubieten sind, der einflußreichste
Faktor bei der planmäßigen Begründung der einträglichsten Bewirt=
schaftung, obgleich lediglich Unterschiede von wenigen Centimetern
in Betracht zu ziehen sind. Es kann darüber kein Zweifel obwalten, daß
alle Grundbesitzer, welche Waldbau, insbesondere Nutzholzproduktion nachhaltig
betreiben wollen, der Anteilnahme der Starkholzsorten (über 1,0 fm Derbholz
pro Stamm) am Ernteertrag diejenigen Prozentsätze von der gesamten Nutzholz=
Gewinnung zuzuweisen und sicher zu stellen haben, welche für den Verbrauch der
Nutzholzverarbeitung im Absatzgebiet unentbehrlich sind. Vom privatwirtschaftlichen
Standpunkt aus wird die Ausdehnung dieser Starkholzproduktion nicht nur nach
der Erhöhung des Gebrauchswertes zu beurteilen sein, welche die örtlich erreich=
bare Verstärkung der Baumkörper der Nutzholzverarbeitung zubringt, sondern vor
allem durch den Ausfall der Untersuchung bestimmt werden, welche Kleinnutzholz=
massen in dem mit geringen Transportkosten erreichbaren Absatzgebiet nachhaltig
verkäuflich werden.

Wir glauben, im neunten Abschnitt die Wahrscheinlichkeit, daß die Erfüllung
dieser für die Nutzbarmachung des Waldvermögens grundlegenden Obliegenheit im
größten Teile des vaterländischen Waldbesitzes vereinbart werden kann mit einer
befriedigenden Kapitalverzinsung, hinlänglich nachgewiesen zu haben. Können in
Ausnahmefällen, für trockene, flachgründige Standorte, in Hochlagen, überhaupt
für kümmerliche Produktionskräfte und abnorme Bodenzustände, befriedigende Nutz=
leistungen der Holzzucht nicht in Aussicht gestellt werden und ist zu erwarten,
daß die Brennholzverwertung nicht lohnend gegenüber dem unvermeidlichen
Kostenaufwand bleiben wird, so würden vom privatwirtschaftlichen Standpunkt
aus Kostenaufwendungen, welche über die forstpolizeilich gebotene Erhaltung der
Holzbestockung hinausgehen, nicht gerechtfertigt werden können. Alsdann ist, wie

gesagt, entscheidend, ob die Einstellung der Waldwirtschaft nutzbringender werden wird als die Fortsetzung derselben. Kann aber die Nutzholzproduktion oder auch die Brennholzproduktion für absehbare Zeiten in Einklang gebracht werden mit befriedigenden Reinerträgen des erforderlichen Kapitalaufwandes, so sind sicherlich Produktionsrichtungen zu vermeiden, welche diese nachhaltigen Nutzleistungen ohne Not und ohne Zweck herabdrücken — und hierher gehört in erster Linie die Erweiterung des Starkholzangebots über den unentbehrlichen Bedarf der Nutzholz= verarbeitung hinaus, zumal angesichts des Wachstumsganges der geschlossenen Hochwaldbestände im höheren Alter.

Die Altersklassen, welche die Hochwaldvorräte zusammensetzen, sind in der finanziellen Leistungskraft, in der Verzinsung der Bestandsverkaufswerte wesentlich verschieden. Bis zum 60jährigen bis 70jährigen Alter finden die Hochwald= bestände der Fichten, Kiefern und Rotbuchen, wahrscheinlich auch der Eichen, Weißtannen, Lärchen und der untergeordnet auftretenden Waldbäume eine lebhafte jährliche Wertproduktion, welche das bis dahin kleine Kapital mit 4 bis 5% und höher verzinst. Diese Kapitalverzinsung läßt sich dann einbringen, wenn für die mittleren und schwachen Holzsorten eine Verwertung ohne beträchtliche Ver= ringerung der bisherigen Durchschnittspreise für die anfallenden Kleinholzmassen ermöglicht werden kann oder hervorragende Bodenkraft die frühzeitige Erstarkung der Baumkörper fördert. Wollen die Besitzer größerer Waldungen bei diesen günstigen Wachstums= und Absatzverhältnissen nur ein kleines Kapital im Walde beschäftigen und den entsprechenden kurzen Rundgang der Verjüngung einhalten, so sind die Forstwirte nicht befugt, die vorzügliche Rentabilität, welche die Holzzucht herbeiführt, den Nutznießern zu verweigern. Aber derartige Standorts= und Absatz= verhältnisse werden in größeren Waldgebieten selten mit weitgehender Verbreitung gefunden werden. Für Waldbezirke mit mittelguter Bodenbeschaffenheit und in Absatzbezirken mit mäßigem Kleinnutzholzbedarf und lebhaftem Sägebetrieb ist die Erhöhung des Vorratskapitals, obgleich dieselbe dürftig und unzureichend rentiert, unabweisbar, um die ausgiebige Nutzholzverwertung in der Zukunft zu ermög= lichen und die herrlichen vaterländischen Waldschätze vor Entwertung zu retten. Diese Kapitalvermehrung ist allerdings vom finanziellen Standpunkt aus als ein Übel zu betrachten, aber als ein notwendiges und auch erträgliches Übel, solange die Kapitalverzinsung des gesamten realisierbaren Vorrats= und Bodenwertes $3^{1}/_{2}$ bis 4% einbringt. Aber die Forstwirtschaft ist nicht berechtigt, diesen Kapitalzuschuß diktatorisch, ohne jegliche Beachtung der Nutzleistungen und der Rentenverminderung, welche dadurch für das Gesamteigentum herbeigeführt wird, den Privatwaldbesitzern, Gemeinden, Stiftungen 2c. aufzuerlegen, wenn bewiesen werden kann, daß die geplante Erweiterung des Starkholzangebots nicht nur kaum beachtenswert, sondern auch für die Nutzholzverarbeitung entbehrlich ist — eine von vornherein verfehlte privatwirtschaftliche Spekulation, die lediglich zu einer Starkholzverschwendung und vielleicht zu einer pekuniären Erleichterung der Starkholzkonsumenten beim Holzeinkauf führen kann. Die Waldbesitzer werden fragen, ob es nicht nutzbringender sein wird, das Geschäft der prüfungslos erweiterten Starkholzproduktion dem Staatsforstbetriebe zu überlassen.

Welche Wege sind einzuschlagen, um den Beweis zu führen, daß die befürworteten Wirtschaftspläne die genannte Ausgestaltung der herzustellenden Waldvorräte vereinbart haben mit der erreichbaren Steigerung der Rentenbezüge während des nächsten Rundgangs der Jahresnutzungen? Die wichtigste, allerdings auch schwierigste Aufgabe der örtlichen Waldertrags-Regelung aus privatwirtschaftlichen Gesichtspunkten ist unverkennbar die mehrfach erwähnte sorgfältige Bemessung der Grenzlinie im Wachstumsgange der geschlossenen Hochwaldbestände, mit welcher die zweifellose Brauchbarkeit der erzeugten Rundholzsorten für die Nutzholzverarbeitung im Absatzgebiet beginnt und das Angebot von Kleinnutzholz keinen bedenklichen Charakter annehmen kann. Für diese Umtriebszeit ist in erster Linie der herzustellende Normalvorrat und die Verzinsung desselben auf Grund der örtlichen Ertragstafeln zu berechnen. In den Nadelholzwaldungen wird die Rentabilitäts-Vergleichung vorläufig und bis zur allgemein giltigen Feststellung des Rundholzsortenverbrauchs der Nutzholzverarbeitung von der örtlichen Prüfung ausgehen dürfen, ob im Absatzgebiet zukünftig eine Rundholzsorten-Gewinnung, welche das Starkholz mit über 1,00 fm Derbholzgehalt pro Stamm etwa mit 24 %, das Mittelholz von 0,51 bis 1,00 fm Derbholz pro Stamm etwa mit 36 % und das Kleinholz mit bis 0,50 fm pro Stamm etwa mit 40 % der gesamten jährlichen Nutzholzgewinnung zum Angebot bringt, hinreichende Gebrauchsfähigkeit erlangen wird.

Alsdann sind die Nutzleistungen für eine Erhöhung der Umtriebszeit und den erforderlichen Kapitalzuschuß auch dann zu bemessen, wenn der maximale Nutzholzertrag verringert werden würde. Die Waldbesitzer sind zu informieren über die Herstellungskosten, welche durch die Erweiterung des Starkholzangebots erforderlich werden, und über die quantitative Steigerung des jährlichen Starkholzangebots, welches mit den aufgewendeten Kapitalbeträgen überhaupt erreicht werden kann. Diese Kapitalaufwendungen sind entweder im Walde zu belassen oder durch Rentenentbehrungen einzusparen und demgemäß entweder nach dem Verkaufswert oder den Herstellungskosten zu bemessen. Man wird die herbeizuführende Erweiterung des Starkholzangebots nach der Festmeterzahl für die einzelnen Holzarten und Standortsklassen zu ermitteln haben. Wenn man hierauf den jährlichen Zinsertrag des erforderlichen Kapitalaufwandes nach den derzeitigen Zinsen sicherer Kapitalanlagen oder auch für die von den Waldbesitzern ermäßigten Verzinsungsforderungen berechnet und den jährlichen Mehrerlös durch das erweiterte Starkholzangebot abzieht, so werden sich die Verlustziffern ergeben, die auf jeden Festmeter Starkholz, welchen die Waldbesitzer den Starkholz-Konsumenten zum Kauf anbieten, haften bleiben.

III. Die einträgliche Bewirtschaftung größerer Fichtenwaldungen.

Unter den Waldbäumen, welchen nicht nur wegen des Massenertrages, sondern auch wegen der vielseitigen Gebrauchsfähigkeit des Holzmaterials die am meisten hervorragende Leistungsfähigkeit zuerkannt werden muß, nimmt die Fichte oder

Rottanne (Abies excelsa de Cand., Pinus picea du Roi) den ersten Rang ein, wie wir im dreizehnten Abschnitt näher darlegen werden. Wenn die massenreichen Hochwaldbestände dieses Waldbaums überall, auch im Flachland und an der Seeküste, gedeihen und nicht von Pilzbildungen, die sich im Seeklima überreichlich entwickeln, zerstört werden würden, auf fettem, feuchtem Boden nicht rotfaul werden und nicht zuweilen in den Gebirgen wie in den Ebenen durch Stürme, Borkenkäfer, Nonnenraupen und Konsorten verheert werden würden, so würde man den Besitzern der Fichtenwaldungen rückhaltlos den fortgesetzten Anbau dieses „Baumes der Industrie" mit reiner Bestandsbildung, ohne Beimischung anderer Holzgattungen, empfehlen dürfen. In der That lassen sich keine Gründe, außer der Gefahr der Sturm- und Insektenverheerung, namhaft machen, welche die Bildung gemischter Bestände rechtfertigen würden, weder im Hinblick auf die Erhöhung des Massenertrages (da die reichliche Lärchenbeimischung im größten Teil der deutschen Fichtenwaldungen abwärts vom Hochgebirge selten unbedenklich ist), noch im Hinblick auf die Bewahrung der Bodenkraft, die durch Nadelabwurf und Moospolster unter dem dunklen Schirm der Fichte hinreichend geschützt bleibt. Nur die Berücksichtigung der genannten Gefahren kann die Forstwirtschaft veranlassen, für die besten Standorte den Eichenanbau und für die anderen Standorte, auf denen die Fichte gedeiht, die Begründung gemischter Bestände zu befürworten, wie im genannten Abschnitt weiter ausgeführt werden wird.

Das Verbreitungsgebiet der Fichte, die Ansprüche dieser Holzart an die Standortsbeschaffenheit, der wirtschaftliche Wert und das forstliche Verhalten dieser Holzart, die Gefährdung durch Stürme, Schnee, Eis und Rauhreif (Duftanhang), durch Insekten, Rotfäule ꝛc., alle diese für den Anbau der Fichte beachtenswerten Faktoren werden wir bei der Auswahl der anzubauenden Holzgattungen im dreizehnten Abschnitt ausführlicher erörtern. Für die nachhaltige Bewirtschaftung der vorhandenen Fichtenwaldungen ist die Bemessung der einträglichsten Umlaufszeit der Jahresnutzung am einflußreichsten, und kaum minder einflußreich ist die Erziehung der Fichtenbestände mittels schwacher oder starker Durchforstung, die wir im zwölften Abschnitt besprechen werden.

An diesem Orte werden nur wenige Bemerkungen vorauszuschicken sein, bevor die Untersuchungsmethoden zur Auffindung der einträglichsten Umtriebszeiten erörtert werden.

Die Feststellung der einträglichsten Umtriebszeiten muß in rauhen, schutzbedürftigen Hochlagen, auf felsigen Gehängen ꝛc. zurücktreten gegenüber der Erhaltung des Waldbestandes, und hier wird oft der Plänterbetrieb zu Hilfe gerufen werden müssen, wenn schmale, langsame Abfäumungen, ringförmige Schlagführungen ꝛc. mit allmählicher Erweiterung und mit Anpflanzung kräftiger Pflanzen den Dienst versagen. Im allgemeinen ist in der zweiten Hälfte des 19. Jahrhunderts die Nachzucht der Fichte durch Pflanzung mit Bevorzugung schmaler Abfäumungs-Flächen vorherrschend geworden. Es ist aber nicht zu leugnen, daß nicht nur die Beschädigung durch Spätfröste, Engerlinge, Rüsselkäfer ꝛc. dadurch gefördert wird, daß auch die Verflüchtigung der angesammelten Humusbestandteile, die

Austrocknung und Verhärtung des Bodens namentlich dann beachtenswert werden wird, wenn die Pflanzungen mißlingen, daß ferner die aus Pflanzungen im engen Verband, aus Vollsaaten ꝛc. hervorgegangenen, dichten, in der Stammbildung weniger widerstandskräftigen Fichtenbestände die Sturm= und Schneebruckgefahren und die Insektenbeschädigungen vermehren. Es wird deshalb in den betreffenden Örtlichkeiten näher zu erproben sein, ob die Führung langer und schmaler natür= licher Besamungsschläge, der herrschenden Windrichtung entgegen, zu bevorzugen ist — mit Entnahme von $1/4$ bis $1/3$ der vorhandenen Masse und allmählicher Lichtung bis zur Räumung, die bald früher, bald später, in der Regel bei einer Pflanzenhöhe von 30 cm vollendet sein muß, um einerseits die Lichtwuchs= Produktion auszunutzen und andererseits den Anflug im dunkeln Stande nicht verkümmern zu lassen. Die alsbaldige Unterpflanzung dieser Schirmschläge wird stets die Kosten lohnen, zumal bei ausbleibender natürlicher Verjüngung.

Für die vorhandenen Fichtenbestände ist die oben angeregte Beweisführung, daß unter allen örtlich wählbaren Umtriebszeiten die nachhaltig einträglichste planmäßig begründet worden ist, die bedeutungsvollste Aufgabe der Waldertragsregelung. Die Lösung derselben ist auf die schon im neunten Abschnitt erörterten Altersklassentabellen, die Werterträgstafeln, die summarischen Wirtschaftspläne und die Rentabilitäts= vergleichungen der Kapitalaufwendungen mit den Reinerträgen zu stützen, und die letzteren sind sowohl für den nächsten Rundgang der Abtriebsnutzung als für die Normalvorräte, die erstrebenswerten Vorbilder der Bewirtschaftung, vorzunehmen.

In Fichtenwaldungen ist jedoch bei Anordnung der Abtriebsreihenfolge in erster Linie die Aneinanderreihung der Bestände ins Auge zu fassen, welche den Stürmen die geringsten Angriffspunkte darbietet. Vor Feststellung der summarischen Wirtschaftspläne ist auf den Bestandskarten zu prüfen, ob in den nächsten und in späteren Wirtschaftsperioden durch die angeordnete Abtriebsreihenfolge ältere Fichtenbestände an der Windseite freigestellt werden. Haben die in der nächsten Zeit wegzuhauenden Bestände geringe Flächenausdehnung und unbeträchtliche Wertvorräte und werden durch die Fällung derselben hinterliegende größere und bereits erwachsene Bestände gefährdet, so werden die Wirtschaftspläne die gleich= zeitige Fällung der ersteren mit den letzteren anzuordnen haben. Im entgegen= gesetzten Falle, wenn der Ertrags=Verlust für die hinterliegenden Baumholzbestände unbeträchtlich ist, aber dieselben an der Windseite gefährdet werden, so wird die Ver= jüngung der hinterliegenden Bestände vorzurücken und gleichzeitig mit den in der Windrichtung voranstehenden, älteren Beständen vorzunehmen sein. Wird die Sturm= gefahr erst in späteren Wirtschaftsperioden für die hinterliegenden Fichtenbestände infolge der angeordneten Abtriebsreihenfolge bedenklich, so bieten sogenannte Los= hiebe, auch Sicherheitsstreifen, Anhiebsräume genannt, ein vorzügliches Vor= beugungsmittel gegen Sturmgefahren, die man durch etwa 10 m breite Absäumungen zum Zweck der Waldmantelbildung an den Rändern der später gefährdet werdenden, jetzt noch jüngeren Fichtenbestände herstellt und nach der Oberflächengestaltung und den vorherrschenden Windrichtungen anzuordnen hat.

Die Forsteinrichtung in den sächsischen Fichtenwaldungen hat durch sog. Hiebs= züge ein charakteristisches Gepräge erhalten. Vorbildlich sollen in einem derartigen

Hiebszug die Jahresschlagflächen der angenommenen Umtriebszeit vom 1= bis u=jährigen Alter die ganze Breite desselben annehmen, jedoch kann auch ein Hiebszug durch den anderen ergänzt werden. Kleine Hiebszüge sind zu bevorzugen; die Größe schwankt in Sachsen zwischen 40 und 80 ha. Diese Einteilung der größeren Betriebs=Verbände in Hiebszüge bezeichnet Judeich als den „hauptsächlichsten Schwerpunkt der Forsteinrichtung im engeren Sinne" und „als die Grundlage der feinen Zukunftswirtschaft mit freier Bewegung, indem durch sie allein die Wald=Wirtschaft in eine Bestandes=Wirtschaft verwandelt werden kann".

In den Fichten-Waldungen anderer Staaten (Bayern, Württemberg, in den thüringischen Ländern) werden zwar die oben genannten Loshiebe ꝛc. nach Bedarf ausgeführt und die Verjüngungsschläge werden der herrschenden Windrichtung entgegengeführt. Jedoch wird die Bewirtschaftung weniger zwangsweise der Bildung von Hiebszügen untergeordnet, wenn die Verwirklichung der vorbildlichen Alters=Abstufung die Abräumung jugendlicher Bestände oder andere Ertrags=Verluste bedingt.

A. Feststellung des anzubahnenden Normalzustandes für die derzeitige Waldbestockung und der erreichbar höchsten Rente während des Übergangszeitraums.

Der Gang der Rentabilitäts=Vergleichung, den wir in den folgenden Ausführungen befürworten und durch Beispiele erläutern werden, wird beständig die privatwirtschaftlich einträglichste, und zwar nachhaltig einträglichste Verwertung des Gesamteigentums der Waldbesitzer ins Auge fassen. Haben die Altersklassen=Tabellen die verschiedenalterigen Bestände, die gewöhnlich in buntem, regellosem Wechsel die Bestockung bilden, in Bestandsgruppen mit gleichmäßigen Ertragsleistungen zusammengefaßt und die vorhandenen Wertvorräte gruppenweise summiert, so sind zunächst auf Grund der örtlichen, durch selbständige Forschung ermittelten oder durch Prüfung und Umrechnung der Ertragstafeln dieser Schrift aufzustellenden Wert=Ertragstafeln die Normalvorräte für die in den betreffenden Forstbezirken vorherrschenden Holzarten und Standortsklassen zu berechnen, und insbesondere ist die Anteilnahme der Stark=, Mittel= und Kleinholzsorten an der gesamten jährlichen Nutzholzabgabe für die wählbaren Umtriebszeiten gegenüberzustellen. Man kann hiernach beurteilen, welche Normalvorräte den vorfindlichen wirklichen Holzvorrats=Werten am nächsten stehen. Man kann ferner bemessen, welche Alters=Abstufung und welche Holzsorten=Gewinnung den Nutzungsnachfolgern bei Wahl kürzerer oder längerer Umlaufszeiten der Jahresfällungen überliefert werden wird, und man kann auch beurteilen, ob das Starkholzangebot für die Nutzholz=Verarbeitung im Absatzgebiet maßgeblich der oben erörterten Verbrauchsverhältnisse in den gewerbe= und industriereichen Ländern genügend erscheint oder gefahrlos verringert werden kann oder zur größeren Sicherstellung der zukünftigen Gebrauchsfähigkeit erweitert werden muß. Ausschlaggebend wird vom privatwirtschaftlichen Standpunkt aus in der Regel die Entscheidung werden, ob mit Grund nicht zu bezweifeln ist, daß die gewählten Umtriebszeiten die Verwertungsfähigkeit des späteren Angebots von Kleinnutzholz (zu Zellstoffholz, Grubenholz ꝛc.) herbeiführen werden.

Wenn auch in den einzelnen Forstbezirken die entscheidende Beweisführung den aufzustellenden summarischen Wirtschaftsplänen zufallen wird, so muß man doch zunächst wissen, mit welchen Umtriebszeiten die Aufstellung dieser allgemeinen Wirtschaftspläne, welche grundlegend für die Rentabilitäts-Vergleichung werden, örtlich zu beginnen ist. Nach den früheren Ausführungen wird es wünschenswert werden, den Nachkommen eine Altersklassen-Abstufung mit maximalen Nutzholz-Erträgen zu überliefern, wenn infolge der örtlichen Produktionskräfte und Absatzlagen eine Überproduktion von Kleinnutzholz nicht wahrscheinlich ist. Da die Kapitalverzinsung durch die Umtriebszeiten mit der Abkürzung derselben steigt, so wird die örtliche Ertragsregelung das Augenmerk zunächst auf diejenigen Umtriebszeiten zu richten haben, welche die Grenzlinie im Wachstumsgange der Fichtenbestände, mit welcher die Brauchbarkeit für die Nutzholz-Verarbeitung im Absatzgebiet beginnt, zweifellos erreichen. Dagegen würden Umtriebszeiten, welche diese Grenzlinie im Entwickelungsgange der Hochwaldbestände mit Kronenschluß unnötigerweise mittels der oben als privatwirtschaftliche Spekulation gekennzeichneten Erweiterung des Starkholzangebots überschreiten, offenbar eine Verlustwirtschaft begründen. Es kann demgemäß die Fortsetzung der Umtriebszeiten nicht kurzer Hand angeordnet werden, welche bisher gebräuchlich waren oder dem vorhandenen wirklichen Vorrat entsprechen. Es ist vielmehr der Blick in erster Linie zu richten auf die Normalvorräte, deren Herstellung vorbildlich für die wirtschaftlichen Bestrebungen in der ersten Hälfte des kommenden Jahrhunderts werden soll. Die Walderstragsregelung hat die Holzsorten-Abstufung, welche die wählbaren Umtriebszeiten unseren Nachkommen überliefern werden, auf Grund der örtlichen Ertragstafeln vergleichend darzustellen, damit beurteilt werden kann, wie groß die Festmeterzahl des vermehrten Starkholzangebots voraussichtlich werden wird, welche überhaupt erstrebt werden kann. Und hierauf ist zu untersuchen, welcher Kostenaufwand unseren Nachkommen zur Herstellung des erweiterten Starkholzangebots auferlegt wird, indem wir die Holzvorrats-Werte, welche für dieses Mehrangebot erforderlich sind, im Walde belassen und welche Nutzleistungen diese Kapitalaufwendungen dadurch einbringen werden, daß die jährlichen Waldreinerträge, welche die wahlfähigen kürzeren Umtriebszeiten und ihre möglichst vollständig herzustellenden Vorräte diesen Nachkommen gewähren würden, erhöht werden. Für diese Untersuchung werden, wie im neunten Abschnitt (Tabelle XIII, Seite 190) ersichtlich, die normalen Vorratswerte und normalen Jahresrenten zu berechnen sein. Man kann dann die in der Altersklassen-Tabelle für den betreffenden Forstbezirk nachgewiesenen wirklichen Vorratswerte vergleichen und bemessen, welche Bestandteile der wirklich vorhandenen Vorratswerte entbehrlich werden, wenn die Wahl einer abgekürzten Umtriebszeit keine Bedenken verursacht, und welche Rentenerhöhung dieselben, bis zum Ende der Umtriebszeit, belassen in den alten Waldbeständen, bewirken werden. Man kann mit anderen Worten nicht nur die Rentenerhöhung beurteilen, welche die Nutznießer während der zweiten Umlaufszeit der Jahresfällungen beziehen werden, sondern auch die jährliche Rentenerhöhung bemessen, welche nach derzeitigem Ermessen für dieselben erreichbar ist, wenn die Erlöse für die Vorrats-

Reduktion außerhalb des Waldkapitals erheblich ertragsreicher angelegt werden können als im Walde. Durch diese Rentabilitäts=Vergleichung für die zu erstrebenden Normalvorräte, welche auch für Nichttechniker kein unlösbares Problem bleiben wird, können allerdings die Waldbesitzer nur informiert werden über die Nutzleistungen der für die wählbaren Umtriebszeiten herzustellenden Normalwald= vorräte und über die finanzwirtschaftliche Bedeutung der Fragen, welche zu unter= suchen sind. Immerhin wird auch die örtliche Ertragsregelung orientiert werden über die Umtriebszeiten, welche für die einträglichste Nutzbarmachung der der= zeitigen Waldbestockung und die durchdringende Klarstellung der Rentabilitäts= Faktoren in erster Linie zu prüfen sind.

Wird hierauf diese gründliche Klarstellung der örtlichen Produktionsfaktoren und die erschöpfende Untersuchung angeordnet, welche nachhaltige Rentenerhöhung für den Kapitalwert des der= zeitigen Waldeigentums praktisch herbeigeführt werden kann, so ist für diese Beweisführung die Aufstellung der gleichfalls schon im neunten Abschnitt (S. 200 ff.) besprochenen summarischen Wirtschafts= pläne unentbehrlich.

Die Aufsuchung der maßgebenden Rentabilitätsfaktoren und der Gang der Beweisführung wird am anschaulichsten durch ein Beispiel erläutert werden.

Für eine 2000 ha große Fichtenwaldung, mit vorherrschend gutem Boden und den regelmäßigen Absatzverhältnissen des mittleren Deutschland unterstellen wir die Werterträge in den Ertragstafeln dieser Schrift, Absatzlage A, eine Kulturkostenausgabe von 60 Mk. pro Hektar, eine jährliche Betriebsausgabe von 5 Mk. pro Hektar = 10000 Mk. und die folgenden Bestandsgruppen mit den beigesetzten Wertvorräten nach Wertertrags=Einheiten à 1000 Mk.:

Hektar	Holzarten	Alters= Gruppe Jahr	Bonitäts= klasse	Derzeitiger Wertvorrat	
				pro Hektar	pro Gruppe
				Wertertrags=Einheiten à 1000 Mk.	
140	Fichten	111—120	II	9,6	1344
180	do.	101—110	II	8,4	1512
160	do.	91—100	III	5,0	800
170	do.	81—90	IV	2,4	408
150	do.	71—80	I	7,2	1080
180	do.	61—70	III	2,5	450
140	do.	51—60	II	3,0	420
190	do.	41—50	II	1,7	323
160	do.	31—40	III	0,4	64
150	do.	21—30	II		—
180	do.	11—20	II		—
200	do.	1—10	II		
Sa. 2000					6401

Zunächst ist zu ermitteln, für welche Umtriebszeit Normalvorräte zu erstreben sind, damit einerseits die Nutzholzproduktion möglichst dem Höhepunkt nahe gerückt wird und andererseits eine Überproduktion von Kleinnutzholz vermieden wird.

Übersicht des Holzsortenanfalls der 60- bis 120 jährigen Normalvorräte.

Der jährliche Abtriebsertrag enthält:	60 jähr. Normalvorrat fm	%	80 jähr. Normalvorrat fm	%	100 jähr. Normalvorrat fm	%	110 jähr. Normalvorrat fm	%	120 jähr. Normalvorrat fm	%
Stämme mit über 1,0 fm Derbholz	1211	12	3634	35	6594	66	7849	81	8662	92
Stämme mit 0,51 bis 1,00 fm Derbholz	3808	38	4591	44	2599	26	1407	15	556	6
Stämme bis 0,50 fm Derbholz	4095	40	1877	18	616	6	271	3	82	1
Brennholz zweiter Klasse	1057	10	271	3	157	2	137	1	109	1
Summa	10171	100	10373	100	9966	100	9664	100	9409	100

Für die Holzsorten-Gewinnung, welche die Ertragstafeln dieser Schrift nachweisen, würde füglich nicht zu bezweifeln sein, daß der 80 jährige Normalvorrat verwertungsfähige Fichtennutzhölzer liefern wird, da 18% Kleinnutzholz stets neben dem Vornutzungsanfall von Derbstangen und schwachen Stämmen verwertungsfähig bleiben werden. Es wird hierauf zu ermitteln sein, welchem Normalvorrat der Werteinheitengehalt des wirklichen Vorrats von 6401 Wertertrags-Einheiten am nächsten kommen wird, um zu bemessen, zu welchem Rentenbezug die Nutznießung bei Erhaltung dieses Vorrats befugt ist, und welche Kapitalverzinsung dieser Rentenbezug einbringen wird. Man kann ferner beurteilen, ob eine wesentliche Rentenerhöhung in Aussicht zu nehmen ist, wenn diese den vorhandenen Wertvorrat erhaltende (hier über 110 jährige) Umtriebszeit nicht fortgesetzt, sondern die 80 jährige Umtriebszeit eingeführt wird. Die Waldbesitzer werden beurteilen wollen, ob es für die einträglichste Benutzung des Gesamteigentums förderlich sein wird, den fraglichen Mehrvorrat den Nutzungsnachfolgern als Waldkapital oder als außerforstlichen Eigentums-Bestandteil zu überliefern. Zu diesem Zweck kann man die folgende Rentabilitäts-Vergleichung benutzen, welche die jährliche Starkholzabgabe (über 1,0 fm pro Stamm) aus dem Abtriebsertrag angiebt und im übrigen durch Multiplikation der Flächengröße der Standortsklassen mit den Angaben in Tabelle XIII für Absatzlage A (Seite 190) berechnet worden ist:

Umtriebszeit	Jährliche Starkholzabgabe fm	Normalvorrat	Normaletat	VerzinsungsProzente
		Wertertrags-Einheiten à 1000 Mk.		
110 Jahre	7849	5907	155,0	2,6
100 Jahre	6594	5004	148,7	3,0
Mehr 110 jähriger Umtrieb	1255	903	6,3	0,7
100 Jahre	6594	5004	148,7	3,0
80 Jahre	3634	3238	130,9	4,0
Mehr 100 jähriger Umtrieb	2960	1766	17,8	1,0
110 Jahre	7849	5907	155,0	2,6
80 Jahre	3634	3238	130,9	4,0
Mehr 110 jähriger Umtrieb	4215	2669	24,1	0,9

Der wirkliche Vorrat wurde oben mit 6401 Wertertrags-Einheiten à 1000 Mk. Gebrauchswert beziffert, und die bisher in den deutschen Staatswaldungen übliche Forsteinrichtung würde ohne weitere finanzwirtschaftliche Prüfung bestrebt sein, mindestens die 110jährige Umtriebszeit mit einem Normalvorrat von 5907 Wertertrags-Einheiten herzustellen. Es würde sonach ein Vorratskapital von 5907 — 3238 Wertertrags-Einheiten = 2669000 Mk. im Walde zu belassen sein, und dasselbe würde 24100 Mk. = 0,9 % rentieren.

Kann die dem entbehrlichen Mehrvorrat entsprechende Holzmasse etwa im nächsten Jahrzehnt verwertet werden, was näher zu untersuchen ist (siehe unten), und kann der Erlös etwa mit 3½% Jahreszinsen durch Schuldentilgung, Ankauf von Fichtenwaldungen und Bewirtschaftung derselben mit 80jähriger Umtriebszeit 2c. dem Eigentum erhalten werden, so wird zu fragen sein, ob es privatwirtschaftlich nutzbringend werden wird, die innerhin beträchtliche Starkholzmehrabgabe von 4215 fm pro Jahr aufrecht zu erhalten. Die obige Rentabilitäts-Vergleichung ergiebt, daß die 80jährige Umtriebszeit das normale Vorratskapital mit 4% verzinsen wird, dagegen die 110jährige Umtriebszeit mit 2,6%, und man kann nicht leugnen, daß die Waldertragsregelung die Obliegenheit hat, die Herstellungskosten pro Festmeter dieser vermehrten Starkholzabgabe mit dem Erlös bei der Verwertung zu vergleichen. Der letztere ist mit ca. 16 Mk. pro Festmeter in den genannten Ertragstafeln veranschlagt worden. Die Berechnung für eine auf 3½% ermäßigte Zinsforderung ergiebt:

Zinsertrag der Kapitalanlage, 2669000 Mk. × 0,035 . . . 93415 Mk.
Hiervon ab Erhöhung des jährlichen Waldreinertrags . . . . 24100 Mk.
Jährlicher Verlust . . . . 69315 Mk.

Für das vermehrte Starkholzangebot von jährlich 4215 fm nach
Herstellung der Normalvorräte jährlicher Verlust pro Festmeter 16,4 Mk.

Wenn aber auch der Zinssatz für sichere Kapitalanlagen auf 2% sinken sollte, so würde immerhin noch ein Verlust von ca. 7 Mk. pro Festmeter bestehen bleiben. Eine einseitige Steigerung der Starkholzpreise ist, wie oben ausgeführt wurde, nicht zu erwarten, und eine Aufwärtsbewegung aller Nutzholzpreise würde der vermehrten Nutzholz-Jahresabgabe des 80jährigen Umtriebs nach Herstellung des Normalvorrats gleichfalls gut kommen.

Auf Grund dieser orientierenden Rentabilitäts-Vergleichung werden die Waldbesitzer, wie ich vermute, die eingehende örtliche Untersuchung für geboten erachten, wie sich die Erträge gestalten, wenn etwa im nächsten Jahrzehnt die über 100jährigen Bestände (320 ha) mit jährlich 18794 fm verwertet worden (in ähnlicher Weise, wie der Staatsforstbetrieb in der jüngsten Vergangenheit jährlich Millionen von Festmetern, vom Windwurf, Borkenkäfer-, Nonnen- und Spannerfraß herrührend, ohne erheblichen Preisrückgang verwertet hat), dagegen mit der Schlagführung für die 80jährige Umtriebszeit in den verbleibenden 1680 ha sofort begonnen wird.

Die Rentabilitäts-Vergleichungen für diese Beweisführung sind, wie gesagt, auf summarische Wirtschaftspläne zu begründen.

Zunächst ist durch die letzteren zu revidieren, ob der vorläufig nach der Proportion Normalvorrat: Normaletat = wirklicher Vorrat: wirklichem Etat zu bemessende Reinertrag wesentlich durch die derzeitige mehr oder minder abnorme Gestaltung der Altersklassen verändert wird. Nach diesem Verhältnis und nach der Berechnung der Abtriebserträge im 70jährigen, 80jährigen . . . . Alter (cf. Tabelle XI, Seite 181) kann man annähernd genau bemessen, mit welchem Abgabesatz pro Jahrzehnt oder pro 20jähriger Wirtschaftsperiode zu versuchen ist, ob der nachhaltig während der ersten Umlaufszeit der Nutzung bleiben wird oder ein größerer oder geringerer Abgabesatz zu erproben ist, damit die zeitraubende Arbeit, welche die Ausgleichung der periodischen Werterträge für die örtlich wählbaren Umtriebszeiten erfordert, möglichst abgekürzt wird. Nunmehr sind jedoch nicht die Werteinheiten des Reinertrags, sondern die Werteinheiten des Bruttoertrags aus der Abtriebsmasse zu ermitteln, die Vorerträge später nach Prozenten zuzusetzen und schließlich die Jahreskosten für Kultur und Betrieb abzuziehen.

Für das obige Beispiel ergiebt die Ertragsberechnung für den jährlichen Bruttoertrag der 110jährigen Umtriebszeit nach der genannten Proportion 148,8 Wertertrags-

— 243 —

einheiten vom Abtriebsertrag. Die Prüfung mittels Aufstellung des summarischen Wirtschaftsplanes (cf. Tabelle XI B, S. 182) ergiebt als jährlichen Bruttoertrag aus der Abtriebsnutzung 151,1 Wertertragseinheiten.

Dieser Bruttorente aus Abtriebsertrag . . . . 151 100 Mk.
gehen für Vornutzungen 13,8 % des letzteren hinzu . . . . . 20 832 „
Zusammen Bruttoertrag 171 952 Mk.

Dagegen gehen ab:
Kulturkosten à 60 Mk. pro ha . . . . 1 091 Mk.
Betriebskosten à 5 Mk. pro ha . . . . 10 000 „
Zusammen 11 091 Mk.
Bleibt jährlicher Reinertrag der 110jährigen Umtriebszeit . . . 160 861 „

Welche Jahresrente wird dagegen nicht nur in den nächsten 80 Jahren, sondern auch in der Folgezeit erzielt werden, wenn die über 100jährigen Bestände unter 1 % Reinertrag (siehe oben) im nächsten Jahrzehnt verwertet werden können und der Erlös mit 3½ % nachhaltig rentierend angelegt werden kann?

a) Erlös aus Haubarkeitsnutzung für die Kapital-Anlage.
140 ha 115jährige Fichten = 1344 × 1,055 = 1418 Wertertragseinheiten
180 „ 105jährige Fichten = 1512 × 1,065 = 1610   „

b) Vornutzung.
140 ha × 0,154 Wertertragseinheiten . . . 22   „
180 „ × 0,187   „   34   „
Zusammen 3084 Wertertragseinheiten

c) Ausgaben.
Kulturkosten 320 ha × 0,06 Wertertrags-Einheiten 19
Mehrausgabe für Wegbau und Verwertungskosten, Zinsenverluste x. veranschlagt mit 20 000 Mk. 20
Bleibt für Kapitalanlage 3045 Wertertragseinheiten

Jährlicher Zinsenertrag, mit dem vollen Betrage nach 10 Jahren beginnend 106 575 Mk.

Zur Ermittelung des jährlichen Reinertrags der verbleibenden 1680 ha wird ein Wirtschaftsplan aufzustellen sein. Für die 80jährige Umtriebszeit ergiebt derselbe einen Bruttoertrag aus Abtriebsnutzung

für die ersten 80 Jahre von jährlich annähernd . . . . . 120 000 Mk.
Vornutzungen 11,3 % des letzteren . . . . 13 560 „
Summa jährlicher Bruttoertrag 133 560 Mk.

Hiervon ab Ausgaben:
Kulturkosten 21 ha × 60 Mk. . . . . 1 260 „
Betriebskosten 2000 ha × 5 Mk. . . . . 10 000 „
Bleibt Reinertrag 122 300 Mk.
Hierzu obige Zinsen 106 575
Zusammen jährliche Reineinnahme 228 875 Mk.
Bei Einhaltung der 110jährigen Umtriebszeit (siehe oben) . . . 160 861 „
Jährliche reine Mehreinnahme gegenüber der jährlichen Reineinnahme bei Fortsetzung der 110jährigen Umtriebszeit . . 68 014 Mk.

Die Waldwertvergleichung für die Zeit nach 80 Jahren stellt sich wie folgt, wenn man die nach 160, 240 . . . Jahren eingehenden Erträge der derzeitigen Mehrnutzungsfläche von 320 ha nicht berücksichtigt:

16*

Jährlicher Reinertrag nach Herstellung des 80jährigen Normalvorrats für
1680 ha . . . . 106,85 Wertertragseinheiten
kapitalisiert . . . . 3 053 Wertertragseinheiten
Kapitalanlage . . . . 3 045   "
Erlös für die nachgewachsenen Fichtenbestände auf
320 ha ohne Berücksichtigung der Vorerträge
nach 80 Jahren . . . . 1 867   "
                                                                7 965 Wertertragseinheiten
Hiervon gehen ab Kulturkosten für 320 ha à 60 Mk.   19   "
Betriebskosten für 320 ha 1600 Mk., kapitalisiert   46   "
                                        bleiben 7 900 Wertertragseinheiten

Bei Erhaltung des derzeitigen Vorratswertes würde der jährliche Reinertrag, wie oben berechnet, 106 861 Mk. betragen, mit $3^{1}/_{2}\%$ kapitalisiert 4 596 Wertertragseinheiten
Gegenüber dem Kapitalwert der einträglichsten
    Bewirtschaftung nach 80 Jahren . . . . . 7 900   "
Ein Kapitalverlust von . . . . 3 304 Wertertragseinheiten

Derartige summarische Wirtschaftspläne sind für alle wählbaren Umtriebszeiten und zulässigen Nutzungswege aufzustellen und den Waldeigentümern zur Entscheidung vorzulegen.

Zur Verhütung von Mißverständnissen wird vorsorglich bemerkt, daß die in den obigen Beispielen gefundenen beträchtlichen Kapital-Unterschiede vorwiegend in Fichtenwaldungen mit gutem Boden, vielleicht auch in Eichen-Waldungen und in Kiefernwaldungen der ersten Standortsklassen erreichbar sind, dagegen in den Fichtenwaldungen, den Kiefernwaldungen und namentlich den Buchen=waldungen mit zwar annähernd proportionalen, aber ziffernmäßig geringeren Beträgen wiederkehren werden, wenn die Standortsgüte beträchtlich geringer ist, wie in dem hier behandelten Beispiel von 2000 ha, in dem 1330 ha der ersten und zweiten Standortsklasse angehören. In dieser Schrift wird nur die Information der Waldbesitzer und der Leiter der Wald-Ertragsregelung über den Gang der Rentabilitäts-Vergleichung und Beweisführung bezweckt, wenn dieselbe vom privatwirtschaftlichen Standpunkt auszugehen hat. Es wird nicht notwendig werden, den im wesentlichen gleichartigen Gang der Rentabilitäts-Vergleichung für Fichtenwaldungen mit Wertvorräten für 60= bis 70jährige Umtriebszeiten und für die minderwertigen Bonitätsklassen zu erörtern, zumal unten ad IV eine derartige Kiefernwaldung durch ein Beispiel betrachtet werden soll.

Für Fichtenwaldungen mit dürftigen Holzvorräten sind in erster Linie die Ausführungen im zwölften Abschnitt über die rechtzeitige Umlichtung der späteren Abtriebsstämme beachtenswert. Leider ist bisher das Material für die Beurteilung des vom Verfasser in der Forstlitteratur befürworteten Lichtwuchsbetriebs noch nicht für Fichtenwaldungen mit der zu Rentabilitäts-Vergleichungen an diesem Orte genügenden Vollständigkeit und Zuverlässigkeit beigebracht worden — abgesehen von der Windwurf-Gefahr in ungeschützten Lagen und den weiteren noch offenen Fragen.

Im genannten zwölften Abschnitt (ad IV) wird das gegenseitige Verhältnis der Werterträge in Fichtenbeständen, deren Standortsgüte ungefähr dem Mittel der zweiten bis dritten Klasse entsprechen wird, mit dichtem Kronenschluß und mit Lockerung des letzteren zur weiteren Prüfung befürwortet werden, nämlich pro Hektar.

Durchschnittlich jährlicher Brutto=Gelbertrag der 70 jährigen Umtriebs=
zeit in Schlußbeständen . . . . 60,1 Mk
Durchschnittlich jährlicher Brutto=Gelbertrag der 70 jährigen Umtriebs=
zeit in Lichtwuchsbeständen bei gleichen Preisannahmen . . . . 91,9 „
Durchschnittlich jährlicher Brutto=Gelbertrag der 100 jährigen Umtriebs=
zeit in Schlußbeständen bei gleichen Preisannahmen . . . . . 74,5 „

B. Specielle Wirtschaftspläne für das nächste Jahrzehnt.

Wenn durch die bisher erörterten summarischen oder generellen Wirtschafts=
pläne und die Rentabilitätsvergleichungen das Beweismaterial für die auf das
nächste Jahrzehnt zu erstreckenden speciellen Wirtschaftspläne und Nutzungs=
anordnungen beigebracht worden ist, so erfordert die Aufstellung der letzteren
einen geringen Zeitaufwand. Der Wertetat, welcher bei Einhaltung der nutz=
bringendsten Umtriebszeit der nächsten Wirtschaftsperiode oder dem nächsten Jahr=
zehnt zufällt, ist nach Wertertragseinheiten aus den summarischen Wirtschaftsplänen
zu ersehen. Es sind lediglich die Bestandteile zu ermitteln, durch deren Ver=
jüngung die größten Rentenverluste entfernt werden, um die nutzbringendste Ab=
triebsreihenfolge der konkreten Bestände im nächsten Jahrzehnt ordnen zu können.
In der Regel wird es genügen, wenn die Wertzuwachsprozente, wie im siebenten
Abschnitt, Tabelle 1 (S. 98) berechnet werden und der Beginn der Verjüngung
sowohl der natürlichen Verjüngung als des Kahlschlagbetriebs für die konkreten Be=
stände angeordnet wird, welche die geringsten Wertzuwachsprozente haben. Soll der
Wert der Nachzucht außer der Verzinsung des Verkaufserlöses berücksichtigt werden, so
sind die Berechnungen wie im siebenten Abschnitt ohne Zinseszinsrechnung in Tabelle II
(Seite 105) und mit Zinseszinsrechnung in Tabelle III (Seite 112) auszuführen, jedoch
sind die Prozentsätze nicht für den Wertvorrat pro Hektar, sondern für je eine Wert=
ertragseinheit von 1000 Mk., überhaupt für eine gleiche Zahl von Werteinheiten vom
derzeitigen Wertvorrat der hiebsreifen Bestände zu berechnen, um den Verjüngungs=
gang in den konkreten Beständen während des nächsten Jahrzehnts anordnen zu
können. Für diese speciellen Wirtschaftspläne werden folgende Spalten genügen:

1. Der Waldteile Namen und Nummer.
2. Produktive Bestandsflächen.
3. Kurze Bestandsbeschreibung.
4. Werterträge (Wertmeter à 10 Mk.).
    a) Holzarten. b) Nutzholz. c) Im ganzen.
5. Hauungs= und Kulturanordnung für das nächste Jahrzehnt.
6. Fällungsergebnisse nach Wertmetern (mit Spalten zum Eintragen der Jahres=
   ergebnisse für Nutzholz und Brennholz, berechnet nach den gleichen Wertmeter=
   preisen.)

Durch die speciellen Wirtschafts=Pläne soll in der Regel die Thätigkeit der
ortskundigen Forstwirte nicht weiter beschränkt werden, insbesondere hinsichtlich
des Vornutzungs= und Kulturbetriebs, als zur Erreichung der Wirtschaftsziele
notwendig ist. Neben der jährlichen Fällungskontrolle wird am Ende des Jahr=
zehnts, nach Bedarf auch früher, die Abgleichung zwischen den etatisierten Wert=
Erträgen und den Fällungs=Ergebnissen vorgenommen.

C. Fichten-Waldungen mit ausgesuchter Baumkronen-Dichte.

In Fichtenbeständen mit sog. normalem Kronenschluß haben die forstlichen Versuchs-Anstalten Untersuchungen über den Wachstumsgang vorgenommen, und der Dirigent der preußischen Hauptstation, Professor Schwappach, hat die Ergebnisse bearbeitet und für die verschiedenen Standortsklassen (I—V) in den mitteldeutschen Gebirgen und in Norddeutschland Geldertrags-Tafeln veröffentlicht.*) Die Holzpreise, welche derselbe angenommen hat, sind wesentlich verschieden von den Annahmen in den Ertragstafeln dieser Schrift für Absatzlage A und B, wie die folgende Gegenüberstellung zeigt (beiderseits Nutzholz von 0,51 bis 1,00 fm = 1,00).

	Schwappach	Wagener A	Wagener B
Fichten-Nutzholz über 3,0 fm	1,33	1,44	1,17
„ von 2,01—3,00 fm	1,27	1,36	1,15
„ „ 1,01—2,00 „	1,13	1,20	1,13
„ „ 0,51—1,0 „	1,00	1,00	1,00
„ bis 0,50 „	0,73	0,64	0,70
Fichten-Klobenholz	0,40 }	0,32	0,30
„ Knüppelholz	0,23 }		
„ Reisholz	0,06	—	—

Ferner hat Schwappach für Kulturkosten 70 Mk. pro Hektar und für jährliche Verwaltungs- und sonstige Betriebskosten 7 Mk. pro Hektar für Fichten verrechnet, während oben 60 Mk. und 5 Mk. verrechnet worden sind. Trotzdem ergeben sich für die Mehrung des Vorrats-Verkaufswertes (nach der S. 193 angeführten Summenformel berechnet) keine besseren Rentabilitäts-Verhältnisse, als der Verfasser oben gefunden hat, wie die Berechnung in Tabelle XV. zeigt.

Tabelle XV.
Verzinsung des Normalvorrates in normal geschlossenen Fichtenbeständen nach den Schwappach'schen Ermittelungen. (Mark pro 1000 ha).

Holzart und Umtriebszeit	Standortsklasse II			Standortsklasse III			Standortsklasse IV		
	Vorrats-Wert	Jährlicher Rein-ertrag	Verzinsung	Vorrats-Wert	Jährlicher Rein-ertrag	Verzinsung	Vorrats-Wert	Jährlicher Rein-ertrag	Verzinsung
	Mk.	Mk.	%	Mk.	Mk.	%	Mk.	Mk.	%
Fichten, 60jähr. Umtrieb	2 250 750	118 716	5,3	1 128 166	63 216	5,6	630 466	34 866	5,5
80= „ „	3 682 669	142 212	3,9	2 200 706	90 000	4,1	1 312 144	55 150	4,2
Unterschied	1 431 919	23 496	1,6	1 072 540	26 784	2,5	681 678	20 284	3,0
Fichten, 80jähr. Umtrieb	3 682 669	142 212	3,9	2 200 706	90 000	4,1	1 312 144	55 150	4,2
100= „ „	5 341 195	152 150	2,8	3 390 330	101 940	3,0	2 113 530	61 880	2,9
Unterschied	1 658 526	9 938	0,6	1 189 624	11 940	1,0	801 386	6 730	0,8
Fichten, 100jähr. Umtrieb	5 341 195	152 150	2,8	3 390 330	101 940	3,0	2 113 530	61 880	2,9
120jähr. bezw. 110jähr. Umtrieb	6 979 500	156 213	2,2	4 642 679	111 758	2,4	2 518 418	64 900	2,6
Unterschied	1 638 305	4 063	0,3	1 252 349	9 818	0,8	407 888	3 020	0,7

*) „Wachstum und Ertrag normaler Fichten-Bestände." Berlin, 1890.

Nach den Ertragstafeln dieser Schrift sind oben (S. 190) folgende Verzinsungs=
Prozente berechnet worden für Absatzlage A und B.

	Standortsklasse					
	II		III		IV	
	%	%	%	%	%	%
60 jähriger Normalvorrat	6,2	6,0	6,4	6,2	6,0	5,5
80 = „ „	4,0	3,9	4,5	4,3	4,5	4,4
100 = „ „	2,9	3,0	3,2	3,2	3,3	3,1
120 = „ „	2,3	2,3	2,6	2,6	—	—

Ferner bringt nach diesen Ertragstafeln die Vorratsverstärkung der Normal=
vorräte, welche durch die 20 jährige Erhöhung der Umtriebszeit erforderlich wird, die
folgende Kapitalverzinsung durch Erhöhung der Reinerträge für die oben genannten
Standortsklassen.

				%	%	%	%	%	%
80 jähriger, anstatt 60 jähriger Normalvorrat . .				1,9	1,9	2,9	1,8	3,7	3,8
100 = „ „ 80 = „ „ . .				0,9	1,1	1,4	1,5	1,7	1,5
120 = „ „ 100 = „ „ . .				0,4	0,7	1,1	1,3	—	—

IV. Die einträgliche Bewirtschaftung größerer Kiefernwaldungen.

Die Kiefer (Forche, Forle, Föhre, Fuhre, Pinus sylvestris, *L.*) ist der Baum
des Tieflandes. Diese genügsame Holzart hat in Deutschland die weiteste Ver=
breitung gefunden und ist vorherrschend wälderbildend geworden im weit aus=
gestreckten Flachland im Norden und Nordosten des Deutschen Reiches, dessen lockere
Sandablagerungen dem früheren Meeresboden entstammen. Wenn die Kiefer auch
aufsteigt oder zumeist durch Saat und Pflanzung aufwärts gebracht worden ist in
das Mittelgebirge, seltener in das Hochgebirge, so ist sie im Gebirge nicht mit
großer Ausdehnung in größeren Waldgebieten bestandsbildend geworden, weil
Schneebruch, Eis= und Duftanhang die brüchigen Äste und Gipfel der Kiefer
abbrechen und die Gerten= und Stangenhölzer durchlöchern. In dem tiefgründigen,
lockeren Sandboden kann die tiefgehende Bewurzelung der Kiefer nicht nur Wasser
aufsaugen und der Baumkrone zuführen, sondern auch der aufwachsenden Kiefer
Standfestigkeit im höheren Grade verleihen als der Fichte.

Die Verbreitungs=Grenzen, Standorts=Ansprüche, Anbau= und Erziehungs=
Methoden, Gefahren u. s. w. werden in späteren Abschnitten besprochen werden.

An diesem Orte ist ein kurzer Blick zu werfen auf die Rückwirkung des
Kiefernwuchses in reinen Beständen auf die Bodengüte und die hieraus folgenden
wirtschaftlichen Maßnahmen.

In der Natur dieser Holzart liegt eine früh eintretende Kronenwölbung
und Selbstlichtung der geschlossenen Baumhölzer, früher beginnend auf den minder=
wertigen, zur Trockenheit hinneigenden Bodenarten als auf den frischen, tief=
gründigen und humusreichen Bodenarten. Der Höhenwuchs stockt, die Bestände
werden licht und nicht selten, namentlich bei Hinzutreten von Stammtrocknis und

Käferfraß, lückig, und die Bodenkraft leidet. Beim Anbau der Kiefern ist nicht selten, von den trockenen Standorten bis herauf zu den mittelguten Bodenarten, der mehrere Jahre unbeschirmt gebliebene Kiefernboden mit Heide bewachsen. Das entstehende Kiefern=Dickicht erstickt zwar den mehr oder minder hohen Heide= überzug, und auch während des Stangenholzalters bleibt der Boden rein oder überzieht sich mit einer dünnen, aber immerhin schützenden Moosdecke. Aber im beginnenden Baumholzalter erscheint die Heidelbeere, oft auch die Preißelbeere, und die Verfilzung und Austrocknung beginnt oft früher, als die Lichtstellung Heidewuchs erzeugt. Mit fortschreitender Lichtstellung erscheint wieder die Heide meistens in üppiger Fülle und wirkt in mehrfacher Weise ungünstig auf die Bewahrung der Bodenkraft ein: nicht nur durch Beeinträchtigung des Eindringens der atmosphärischen Niederschläge, sondern auch durch weitaus stärkere Verdunstung der eingedrungenen Feuchtigkeit, als die letztere im nackten oder mit Moos be= wachsenen Boden stattfindet. Auf den besseren Waldböden, auf denen prächtige Kiefernbestände emporwachsen und langschaftige, vollholzige Kiefern=Starkhölzer erzogen werden können, erscheint zumeist nur eine schwache Bodenbegrünung durch Graswuchs und sonstigen Unkrautwuchs. Auch läßt sich der Rückgang der Boden= thätigkeit durch Beimischung schattenertragender Holzarten und durch Unterbau von Buchen, Fichten ec. mildern.*) Auf den ärmeren Standorten, die man als ausgesprochenen Kiefernboden bezeichnet, gedeihen in der Regel keine Buchen, während man nicht versäumen sollte, auf die Beimischung und die Unterbauung von Fichten überall Bedacht zu nehmen und den Anbau der Weymouths=Kiefer zum Bodenschutz zu probieren, wo diese schattenertragenden Holzarten, wenn auch mit geringem Höhenwuchs, gedeihen, um bei späterem Schneebruch, Insekten= fraß ec. Bodendeckung zu behalten. Auf diesen Bodenarten wird selbst eine mäßige Streunutzung, welche die Moosdecke unter dem Heidelbeer= und Heidewuchs entfernt, den Boden entkräften, die übermäßige Streunutzung verderblich werden.

Die Starkholzzucht in geschlossenen Kiefern=Baumhölzern würde sonach hinsichtlich der Förderung der Bodenkraft und namentlich des wichtigsten Faktors derselben, der Bodenfeuchtigkeit, keineswegs günstig wirken.

Bei der Verjüngung der Kiefern=Bestände wird fast durchweg in Deutsch= land die Pflanzung bevorzugt, nachdem zur Verhütung von Rüsselkäfer=Be= schädigungen Stock= und Wurzelroden vorausgegangen ist. In der That kann die natürliche Verjüngung der lichtbedürftigen Kiefer keine hervorragenden Nutz= leistungen gegenüber der Saat und Pflanzung haben, da die wenigen Samen= bäume, welche bei der Besamungs=Schlagstellung stehen bleiben, in der Regel nur wenige Jahre belassen werden. Wenn dagegen Beschädigungen der Maikäfer= larven (Engerlinge) eine beständige Gefahr bilden, wie z. B. in den östlichen Provinzen Preußens, so wird die Unterpflanzung nach dunkler Schlagstellung zu erproben sein, weil der Maikäfer beim Eierablegen die dunkel beschatteten, auch

---

*) Über die vorzüglichen Wirkungen des Buchen=Unterbaues (unter 115= bis 125 jährige Kiefern 40= bis 60 jährige Buchen) sowohl auf den Massen=Ertrag als den Wertertrag und die Holzgüte, cf. die beachtenswerten Untersuchungen Runnebaums in Danckelmanns Zeitschrift von 1885, S. 156.

die mit Heide bewachsenen Waldböden weniger bevorzugt, als die lockeren und kahlen Waldböden. Im übrigen wirkt die tiefe Lockerung (im steinfreien Flachland mittels Untergrundspflügen, durch Dampfkultur, sowohl streifenweise als voll) wesentlich fördernd auf die Produktion der anwachsenden Kiefern-Bestände.

A. Feststellung des anzubahnenden Normalzustandes der derzeitigen Bestockung und der erreichbar höchsten Rente während des Übergangs-Zeitraumes.

Licht bringend in dieser Richtung sind auch für Kiefernwaldungen die ad III in diesem Abschnitt erwähnten, auf Altersklassentabellen, örtliche Wertertragstafeln und summarische Wirtschaftspläne gestützten Rentabilitätsvergleichungen. Der Gang der Untersuchung ist am angeführten Orte ausführlich erörtert und durch ein Beispiel erläutert worden.

Auch in den Forstbezirken mit vorherrschender Kiefernbestockung wird zunächst der Kapitalbetrag des vorhandenen Wertvorrates zu ermitteln und weiter zu untersuchen sein, ob der Boden oder wesentliche Teile desselben eine beachtenswerte außerforstliche Rente nach Entfernung der Holzbestockung nachhaltig einbringen würden. Wenn die Einstellung des Waldbetriebes im Hinblick auf die bisherige waldbauliche Rente und die von der Waldertragsregelung zu ermittelnde Steigerung derselben nicht in Frage zu ziehen ist, so wird die Umtriebszeit aufzusuchen sein, welche mit ihrem Normalvorrat dem wirklichen Vorrat am nächsten kommt. Zu diesem Zweck sind die Normalvorräte für die wahlfähigen Umtriebszeiten zu berechnen, wie es Tabelle XIII (Seite 190) geschehen ist, und die Berechnung der Reinerträge, welche diese Normalvorräte nach der Herstellung liefern, ist anzuschließen. Man kann durch diese provisorischen Ermittelungen, wie ad III gezeigt worden ist, den Waldbesitzern einen vorläufigen Einblick in die Wert- und Verzinsungsverhältnisse des Waldeigentums verschaffen. Es kann zunächst annähernd genau die Rente beurteilt werden, welche der Nutznießung im nächsten Jahrhundert bei Erhaltung der derzeitigen Wertvorräte mittels Einhaltung der entsprechenden Umtriebszeiten während des erstmaligen Rundganges der Nutzung einbringen wird, und man kann auch erkennen, welche Reinerträge und Zinseneinnahmen jährlich erzielt werden können, wenn andere Umtriebszeiten gewählt werden. Werden durch Einführung abgekürzter Umtriebszeiten dürftig rentierende Vorratsbestandteile entbehrlich, so kann man, da die Verkaufserlöse den genannten Berechnungen der Normalvorratswerte zu Grunde liegen, bemessen, welche Kapitalanlagen außerhalb des Waldes in Frage kommen werden und welche Zinserträge für die letzteren in Aussicht zu nehmen sind. Man kann, wie wir gesehen haben, die zulässigen Renten annähernd genau durch Multiplikation der wirklichen Wertvorräte mit dem Reinertragsprozent bemessen, welches sich durch Division des normalen Wertetats mit dem normalen Wertvorrat für die betreffende Umtriebszeit ergiebt.

Da aber die thatsächlich vorfindlichen Waldvorräte niemals die regelrechte Altersklassenabstufung der vorbildlichen Normalvorräte haben, so hat in allen Forstbezirken die Waldertragsregelung durch summarische Wirtschaftspläne, die auf die in der Zusammenstellung der Altersklassentabelle ersichtlichen Bestandsgruppen zu stützen sind, zu erproben, welche Modifikationen die Etatssätze für den jährlichen Reinertrag erleiden, welche nach Reinertragsprozentsätzen für die genannten Normalvorräte bemessen worden sind.

Für den Fall, daß die Besitzer von Kiefernwaldungen fragen, wie sich die Rentabilitätsvergleichungen nach dem Wachstumsgang in den Wertertragstafeln dieser Schrift stellen werden und welche Hauptpunkte in dem Ermittelungs= verfahren zu beachten sein werden, wählen wir zur Veranschaulichung des Ganges der Rentabilitätsvergleichung zwei Beispiele für Mittelboden (Durchschnitt der zweiten und dritten Standortsklasse und dritte Standortsklasse), und zwar für vorratsreiche und für vorratsarme Kiefernwaldungen.

Beispiel für vorratsreiche Kiefernwaldungen. Eine 2400 ha große Kiefernwaldung liefert die in den Ertragstafeln dieser Schrift ad A angegebenen Werterträge. Die Kultur= kosten betragen 60 Mk. pro Hektar, die Betriebskosten 5 Mk. pro Hektar und Jahr. Die Zusammenstellung der Altersklassentabelle ergiebt:

Altersklasse	Fläche ha	Stand= ortsklasse	Vorratswert= Einheiten	Wertertrags= einheiten à 1000 Mk.
91—100 jährige	300	II	3,8	1140
81— 90= „	500	III	2,2	1100
61— 70= „	400	II	1,8	720
41— 50= „	600	III	0,6	360
21— 30= „	200	II	0,2	40
11— 20= „	100	III	—	—
1— 10= „	300	II	—	—
Summa	2400	—	—	3360

Die Vergleichung mittels Tabelle XIII (S. 190) zeigt, daß dieser Vorratswert von 3360 Wertertragseinheiten dem 110jährigen Normalvorrat nahe steht. Zur Be= urteilung, ob dieser Wertvorrat beizubehalten und die 110jährige Umtriebszeit einzu= halten ist, wird man zunächst die Gestaltung des Holzsortenanfalls nach Herstellung der Normalvorräte zu überblicken haben. Nach den Ertragstafeln dieser Schrift ergiebt sich die folgende Zusammenstellung:

Der jährliche Abtriebsertrag wird liefern	80 jähriger Normal= vorrat		90 jähriger Normal= vorrat		100 jähriger Normal= vorrat		110 jähriger Normal= vorrat	
	fm	%	fm	%	fm	%	fm	%
Stämme über 1,0 fm Nutzholz	870	11	1449	18	2604	35	4065	57
Stämme über 0,5 bis 1,0 fm Nutzholz	3240	39	3710	47	3336	44	2180	30
Brennholz erster Klasse und Klein= nutzholz	2940	36	1942	25	1080	14	556	8
Brennholz zweiter Klasse	1200	14	798	10	540	7	392	5
Summa	8250	100	7899	100	7560	100	7193	100

Im Hinblick auf die Absatzfähigkeit dürfte die Wahl zwischen der 80= und 90jährigen Abtriebszeit schwanken, während Rentabilitätsvergleichungen für die 70= und 60jährigen Umtriebszeiten wegen der Überproduktion von Kleinnutzholz, welche mit diesen kurzen Umtriebszeiten verbunden sein würde, von vornherein nicht in Betracht kommen können. Wenn in dem betreffenden Forstbezirk die beträchtliche Steigerung der Starkholzpreise pro Festmeter, welche in den Ertragstafeln dieser Schrift für die Absatzlage A der Kiefernbestände und für die Verlängerung der Wachstumszeit angenommen worden ist, wiederkehrt, so ist zu hoffen, daß die ad III gefundenen Verzinsungsverluste pro

Festmeter des Mehrangebotes wesentlich ermäßigt werden. Die Rentabilitätsvergleichung ergiebt:

Rentabilitäts-Objekte	Starkholz-Angebot	Normal-vorrat	Normaler jährlicher Reinertrag	Verzinsung des Mehrvorrats
			Wertertragseinheiten à 1000 Mk.	%
110jährige Umtriebszeit, nach hergestelltem Normalvorrat	4065	3523	97,00	2,8
100jährige Umtriebszeit, nach hergestelltem Normalvorrat	2604	2909	87,08	3,0
Mehr und weniger für die 100jährige Umtriebszeit	— 1461	— 614	— 9,92	1,6
110jährige Umtriebszeit wie oben	4065	3523	97,00	2,8
90= „ „ „ „	1449	2355	77,34	3,5
Mehr und weniger für die 90jährige Umtriebszeit	— 2616	— 1168	— 19,66	1,7
110jährige Umtriebszeit wie oben	4065	3523	97,00	2,8
80= „ „ „ „	870	1845	68,96	3,7
Mehr und weniger für die 80jährige Umtriebszeit	— 3195	— 1678	— 28,04	1,7
90jährige Umtriebszeit wie oben	1449	2355	77,34	3,5
80= „ „ „ „	870	1845	68,96	3,7
Mehr und weniger für die 80jährige Umtriebszeit	— 579	— 510	— 8,38	1,6

Vom finanziellen Standpunkt aus wird schon im Hinblick auf die Verzinsungssätze des erforderlichen Kapitalaufwandes (1,2 bis 1,7 vom Hundert) die Wahl der 110jährigen Umtriebszeit leider nicht befürwortet werden können, wenn die Verwertung entbehrlicher Vorratsteile ohne erheblichen Preisrückgang durchführbar und ein ausreichender Absatz für den Kleinnutzholz- und besseren Brennholzabsatz der 90jährigen oder 80jährigen Umtriebszeit (etwa 25 bis 36 % der gesamten Derbholzgewinnung) zu erwarten ist. Bei Einhaltung der 110jährigen Umtriebszeit, anstatt der 80jährigen Umtriebszeit, würde, wie in der vorstehenden Vergleichung ersichtlich, ein Mehrkapital von 1 678 000 Mk. im Walde zu belassen sein, dessen Zinsen bei Kapitalanlage mit 3½ % betragen . . . . 58 730 Mk.
Dagegen können die Wirtschaftsnachfolger durch Erhöhung des jährlichen Reinertrages einbringen . . . . 28 040 „
Sonach entsteht für das Starkholz-Mehrangebot von 3195 fm pro Jahr Verlust 30 690 Mk.
pro Festmeter . . . . 9,6 Mk.

Bei Einhaltung der 90jährigen Umtriebszeit, anstatt der 110jährigen Umtriebszeit, würde ein Mehrkapital von 1 168 000 Mk. im Walde zu belassen sein, dessen Zinsen bei 3½ % betragen würde . . . . 40 880 Mk.
Erhöhung des Reinertrags . . . . 19 660 „
Verlust für das Mehrangebot von jährlich 2616 fm . . . . 21 220 Mk.
pro Festmeter . . . . 8,1 „

Dagegen würde bei der Preissteigerung, die in den Ertragstafeln dieser Schrift für die Absatzlage A verzeichnet worden ist, die Einhaltung der 90jährigen Umtriebszeit, anstatt der 80jährigen Umtriebszeit, ein Mehrkapital von 510 000 Mk. erfordern, dessen Jahreszinsen à $3\frac{1}{2} \%$ betragen würden . . . . 17 850 Mk.
Dagegen würde durch Erhöhung des jährlichen Reinertrags einge=
bracht werden . . . . 8 380 Mk.
Sonach für ein Mehrangebot von 579 fm pro Jahr Verlust . . 9 470 Mk.
pro Festmeter . . . . 16,4 Mk.

Indessen wird zu prüfen sein, ob die für Absatzlage A angenommene Preis=
steigerung von den schwächeren zu den stärkeren Kiefern=Nutzholzsorten örtlich zutreffend ist. Für Absatzlage B berechnet sich beispielsweise für die Einhaltung der 90jährigen Umtriebszeit an Stelle der 80jährigen Umtriebszeit ein Verlust von 10,9 Mk. pro Festmeter, und es wird für dieses Starkholz ein Reinerlös von 2 bis 3 Mk. übrig bleiben.

Hierauf hat die Prüfung zu beginnen, inwieweit die örtlichen Verhältnisse Be=
richtigungen der erstehenden Ergebnisse (für Normalvorräte) bedingen (cf. ad III. A., S. 242 ff.).

Wenn die einzurichtende Waldung vorratsarm und zu unter=
suchen ist, ob eine Erhöhung des vorhandenen Materialkapitals einträglich werden wird, so ist zunächst zu ermitteln, welcher jährliche Rein= ertrag bei Fortsetzung der Umtriebszeit, welcher der vorhandene Vorrat entspricht, nachhaltig sein würde. Alsdann ist durch summarische Wirtschaftspläne festzu= stellen, welcher jährliche Reinertrag bei den verschiedenen Arten der Herstellung des erhöhten Vorrats zulässig sein wird. Der jährliche Rentenverlust, der bei gleichheitlicher Vorratsersparung in den einzelnen Wachstumsperioden der herzu= stellenden Umtriebszeiten mit gleichen Jahresbeträgen (bei zeitlich divergenter Einsparung mit verschieden großen Jahresbeträgen) in den einzelnen Zeitperioden wiederkehrt, ist zu summieren. Da aber offenbar der Waldbesitzer die ent= behrten Beträge, welche im Walde mit Verzichtleistung auf den Zinsenbezug zu Gunsten der Wirtschaftsnachfolger angelegt werden, entweder jährlich beziehen und verbrauchen oder als Geldkapital mit Zuschlag der Zinsen und Zinseszinsen, gleichfalls zu Gunsten der Nachfolger, ebensogut anlegen kann, wie derselbe bei der Anlage im Walde auf den Zinsenbezug verzichtet, so sind für die Rentabilität die Verzinsungs=Ansprüche entscheidend, welche die Waldbesitzer erheben.

Grundlegend für die Rentabilitäts=Vergleichungen sind sonach die oft erwähnten summarischen Wirtschaftspläne, welche je nach den örtlichen Verhältnissen und der Vorrats=Beschaffenheit verschiedene Nutzungswege zu erproben haben. In den jugendlichen Kiefernbeständen, deren Wachstumszeit zu verlängern ist, wird in der Regel die laufende Wertproduktion hohe Prozentsätze für den Verkaufs= wert einbringen, und es wird eine relativ geringfügige Herabsetzung der Rente zur Vorratserhöhung erforderlich werden, wenn die Umtriebszeit bis zur vor= herrschenden Lieferung der Stämme von 0,50 bis 1,00 fm Nutzholzgehalt ver= längert werden soll. Diese im Walde anzulegende Rentenersparung würden die Waldbesitzer außerhalb des Waldes in verschiedener Richtung verwerten können. Man wird behufs allseitiger Information der Waldbesitzer erstens zu unterstellen haben, daß die Waldbesitzer den entgehenden Teil der Jahresrente jährlich verbraucht haben würden. In diesem Falle würde die Rentabilitäts-Vergleichung erst in zweiter Linie die Zinseszinsrechnung anzuwenden haben, da zunächst die jährlichen Rentenverluste zu summieren und der späteren jährlichen Rentenerhöhung gegenüberzustellen sein werden. Man wird zweitens zu unterstellen haben, daß die Waldbesitzer den fraglichen Rentenausfall nicht jährlich verbrauchen, sondern erübrigen und als Geldkapital anlegen, daß aber die Jahreszinsen nicht andauernd dem Kapital zugeschlagen, sondern alsbald von den Nutznießern jährlich verbraucht werden. In diesem Falle werden nicht nur die Rentenverluste, sondern auch die weiteren Jahreszinsen, welche der Nutznießung bei der Kapitalanlage außerhalb des Waldes zufallen würden, zu summieren sein, um beurteilen zu können, welche Nutzleistungen durch Erhöhung der späteren Waldrente gegenüberzustellen sind.

Man wird drittens zu unterstellen haben, daß der Waldbesitzer, wenn die Herabsetzung der jährlichen Reinerträge der vorhandenen Waldvorräte unterblieben wäre, die fraglichen Jahresbeträge mit Zinseszuschlag zum Kapital, bemessen nach dem Zinsenertrag sicherer Kapitalanlagen, den Nutzungsnachfolgern überliefert haben würden. In diesem Falle hat die Zinseszinsrechnung Platz zu greifen.

Der Gang der Rentabilitäts-Vergleichung soll an diesem Orte durch ein Beispiel anschaulich gemacht werden.

Beispiel für vorratsarme Kiefernwaldungen. Eine 900 ha große Kiefernwaldung, durchweg dritter Standortsklasse, mit den in den Ertragstafeln dieser Schrift, Absatzlage A, verzeichneten Werterträgen, einer Kulturkostenausgabe von 60 Mk. pro Hektar und einer Betriebskostenausgabe von 5 Mk. pro Hektar wird von den folgenden Altersklassen gebildet und hat die beigesetzten Wertvorräte:

Der Bestandsgruppen		Wertvorrat nach Wertertragseinheiten ca. 1000 Mk.	
ha	Altersjahr	pro Hektar	pro Gruppe
140	51—60	1,000	140,0
160	41—50	0,623	99,7
130	31—40	0,360	46,8
150	21—30	—	—
160	11—20	—	—
160	1—10	—	—
Summa 900			286,5

Der Normalvorrat beträgt für die 60jährige Umtriebszeit 300,96 W.-E.-E., sonach sind 95 % desselben vorhanden.

Die 60jährige Wachstumszeit liefert jedoch Ernteerträge, welche lediglich von geringwertigen Holzsorten gebildet werden, und zwar werden 50 % des Abtriebsertrags dem erstklassigen Brennholz und dem auszusondernden Kleinnutzholz und 50 % dem zweitklassigen Brennholz zufallen, während die 80jährige Umtriebszeit

Nutzholz von 0,5 bis 1,0 fm pro Stamm . . . . . . 35 %
Nutz- und Brennholz bis 0,5 fm . . . . 47 %
Zweitklassiges Brennholz . . . . 18 %

vom Abtriebsertrag liefern wird und bei einem etwaigen weiteren Rückgang der Brennholzpreise die Nachhaltigkeit des Rentenbezugs weniger gefährdet.

Die summarischen Wirtschaftspläne, deren Aufstellung durch die aus Tabelle XI (Seite 181) ersichtliche Berechnung der Werterträge der Bestockungsgruppen im 50., 60., 70. . . . . Jahre wesentlich abgekürzt wird, ergeben für die Fortsetzung der 60 jährigen Umtriebszeit:

Nachhaltiger Bruttoertrag pro Jahr . . . . 16 600 Mk.
Aus Vornutzungen . . . . 1 139 „
                                    Zusammen 17 739 Mk.
Kulturkosten 15 ha à 60 Mk. . . . . 900 Mk.
Sonstige Betriebskosten 900 ha à 5 Mk. . . . . 4 500 „
                   Bleibt jährlicher Reinertrag 12 339 Mk.

Soll die Herstellung des 80jährigen Wertvorrats mit annähernder Gleichstellung der Jahresrenten in den nächsten 80 Jahren vollzogen werden, so wird nach dem aufzustellenden summarischen Wirtschaftsplan jährlich genutzt werden können:

Bruttoertrag aus Abtriebsnutzung . . . . 15 380 Mk.
   „   „   Vornutzung 978
                                    Zusammen 16 358 Mk.
Hiervon gehen ab Kulturkosten pro Jahr . . . . 675 Mk.
Sonstige Betriebskosten . . . . 4 500 „
                        Bleibt Reinertrag 11 183 Mk.
Reinertrag bei Einhaltung der 60jährigen Umtriebszeit . . . 12 339 Mk.
                  Folglich jährlicher Rentenverlust 1 156 Mk.

a) Beansprucht der Waldbesitzer zu Gunsten seiner Nachkommen keine Zinsen für diese Mindereinnahme von jährlich 1 156 Mk., so wird mit dem 80fachen Betrage = 92 480 Mk. eine Erhöhung des Verkaufswertes des Normalvorrates, der zwischen der 60- und 80jährigen Umtriebszeit obwaltet, hervorgebracht, welcher sich wie folgt (siehe Tabelle XIII, S. 190) berechnet:

80jähriger Umtrieb 900 × 628,3 . . . . 565 470 Mk.
60   „   „   900 × 334,4 . . . . 300 960 „
         Mehrvorrat der 80jährigen Umtriebszeit 264 510 Mk.

Die jährliche Mehrung des Reinertrages beträgt nach der genannten Tabelle für die gleichen Annahmen:

80jähriger Umtrieb 900 × 21,72 . . . . 19 548 Mk.
60   „   „   900 × 13,32 . . . . 11 988
                  Jährliche Rentenerhöhung 7 560 Mk.

Der zinsenlose Kapitalaufwand von 92 480 Mk. findet sonach nach dem 80. Jahre eine jährliche Verzinsung von 8,2 % und erhöht den Waldrentierungswert für $3\frac{1}{2}\%$ von 342 514 Mk. auf 558 514 Mk.

b) Will der Waldbesitzer beurteilen, ob die Kapitalanlage im Walde denselben Zinsenertrag einbringt wie die Anlage als Geldkapital, wenn die Zinsen jährlich bezogen und nicht mit Zinseszinsen den Nachkommen vererbt werden, so kommt zu obigen 92 480 Mk. eine Zinsensumme von 129 472 Mk. für den Zinsfuß von $3\frac{1}{2}\%$, welche bei der Nutznießung bei anderweiter Anlage der jährlichen Rentenersparungen zufallen würden. Der gesamte Kapitalaufwand von 221 952 Mk. rentiert 7560 Mk. = 3,4 % nach dem 80. Jahre, und der Unterschied im Verkaufswert (264 510 Mk.) überstiegt die Herstellungskosten.

c) Will der Waldbesitzer drittens beurteilen, wie sich die Kapitalanlage und Verzinsung bei ununterbrochenem Zuschlag der $3\frac{1}{2}\%$ betragenden Zinsen zum Kapital am Jahresschluß stellt, wenn diese Anlage in Hypotheken oder Bodenkredit-Pfandbriefen oder in Staatspapieren 2c. erfolgt, so ist der Rentenendwert im 80. Jahre 1156 × 419,3 = 484719 Mk. und die Verzinsung nach dem 80. Jahre beträgt 1,6 %.

Die Rentabilitäts-Vergleichung wird jedoch auch für das vorstehende Beispiel, wie überhaupt für vorratsarme Waldungen mit jährlichem Betrieb, noch andere Nutzungswege zu prüfen haben. Bei der lebhaften Wertproduktion mit reichlicher Kapitalverzinsung, welche die Hochwaldbestände in den jugendlichen Wachstums= perioden haben, wird die Vorratserhöhung finanziell desto günstiger, je mehr die Jahresnutzung in den nächsten Nutzungsperioden eingeschränkt wird. Diese Kapitalanlage findet im Walde oft eine vorzügliche und bald eingehende Ver= zinsung. Jedoch wechselt die letztere von Forstbezirk zu Forstbezirk nach der Altersabstufung innerhalb der vorhandenen Holzvorräte und kann nicht im allgemeinen, sondern nur auf Grund der summarischen Wirtschaftspläne von Fall zu Fall beurteilt werden.*)

Die Aufstellung der speciellen Wirtschaftspläne für das nächste Jahrzehnt hat denselben Gang einzuhalten wie in den Fichtenbeständen (cf. oben Seite 245).

B. Kiefernwaldungen mit ausgesuchter Bestandsdichte.

Die preußische forstliche Versuchs-Anstalt hat den Wachstumsgang der Kiefern= bestände oder vielmehr kleiner ausgesuchter Probeflächen mit sogenanntem normalen Kronenschluß innerhalb der letzteren untersucht und die Ergebnisse veröffentlicht.

Die Gelderagstafeln Schwappachs für normale Kiefernbestände in der norddeutschen Tiefebene**) haben die folgende Preissteigerung pro Fest= meter zu Grunde gelegt.

	Schwappach	Wagener A	Wagener B
Nutzholz über 2,00 fm	1,56	2,00	2,00
„ von 1,51–2,00 fm	1,40	1,73	1,75
„ „ 1,01–1,50 „	1,16	1,36	1,37
„ „ 0,51–1,00 „	1,00	1,00	1,00
„ bis 0,50 „	0,84	0,64	0,62
Klobenholz	0,51	0,36	0,37
Knüppelholz	0,29		
Reisholz	0,02		

Die Annahmen Schwappachs für Kulturkosten mit 75 Mk. pro Hektar und für jährliche Betriebskosten mit 5 Mk. pro Hektar und Jahr differieren nicht beträchtlich mit den Annahmen des Verfassers in den Ertragstafeln dieser Schrift (60 Mk. und 5 Mk.).

Die Rentabilitäts-Vergleichung für die Schwappach'schen Ziffern nach der oben beschriebenen Ermittelungsart des Normalvorrats führt zu folgenden Ergebnissen (Mk. für je 1000 ha).

---

*) Über die Erträge der Kiefer nach rechtzeitiger Umlichtung siehe den nächsten Abschnitt.

**) „Wachstum und Ertrag normaler Kiefernbestände." Berlin, 1889.

Tabelle XVI.
Verzinsung des Normalvorrates in normal geschlossenen Kiefernbeständen nach den Schwappach'schen Ermittelungen. (Mark pro 1000 ha).

Holzart und Umtriebszeit	Standortsklasse II			Standortsklasse III			Standortsklasse IV		
	Vorrats-Wert	Jährlicher Rein-ertrag	Verzinsung	Vorrats-Wert	Jährlicher Rein-ertrag	Verzinsung	Vorrats-Wert	Jährlicher Rein-ertrag	Verzinsung
	Mk.	Mk.	%	Mk.	Mk.	%	Mk.	Mk.	%
Kiefern, 60jähr. Umtrieb	1 297 341	55 616	4,3	1 071 842	41 066	3,8	797 200	31 133	3,9
80= „ „	1 903 844	62 200	3,3	1 507 281	42 729	2,9	1 157 475	30 538	2,6
Unterschied ..	606 503	6 584	1,1	435 439	1 663	0,4	360 275	— 595	—0,2
Kiefern, 80jähr. Umtrieb	1 903 844	62 200	3,3	1 507 281	42 729	2,9	1 157 475	30 538	2,6
100= „ „	2 560 155	65 620	2,6	1 931 120	45 810	2,4	1 437 240	27 240	1,9
Unterschied ..	656 311	3 420	0,5	423 839	3 081	0,7	279 765	— 3298	—1,2
Kiefern,100jähr.Umtrieb	2 560 155	65 620	2,6	1 931 120	45 810	2,4	1 437 240	27 240	1,9
120= „ „	3 270 962	70 508	2,2	2 490 962	48 733	2,0	1 680 304	27 433	1,6
Unterschied ..	710 807	4 888	0,7	556 842	2 923	0,5	243 064	+ 193	+0,1

Nach dem Wachstumsgange in den Ertragstafeln dieser Schrift sind oben (Seite 190) folgende Verzinsungsprozente nachgewiesen worden für Absatzlage A und B:

	Standortsklasse		
	II %	III %	IV %
60jähriger Normalvorrat .	5,0—4,5	4,0—3,6	3,2—2,2
80 „ „ .	3,9—3,5	3,5—3,0	2,8—2,3
100 „ „ .	3,1—3,0	2,9—2,6	2,4—2,0
120 „ „ .	2,6—2,5	2,4—2,3	1,9—1,6

Ferner wird nach diesen Ertragstafeln durch die je 20jährige Vorratserhöhung die folgende Kapitalverzinsung für den Vorratszuschuß auf den obengenannten Standorts=klassen eingebracht.

			%	%	%
80jähr., anstatt 60jähr. Normalvorrat			2,8—2,9	2,0—2,4	2,3—2,3
100 „ „ 80 „ „		.	1,6—1,7	1,9—1,9	1,6—1,5
120 „ „ 100 „ „		.	1,4—1,4	1,3—1,6	0,6—0,7

Es kann sonach vorläufig nicht nachgewiesen werden, daß die Starkholzzucht in dicht geschlossenen Fichtenwaldungen und in dicht geschlossenen Kiefernbeständen einträglicher werden wird als in Beständen mit mittlerem Kronenschluß, wenn nicht das Ansteigen der Holzpreise von den schwächeren zu den stärkeren Nutzholzsorten örtlich erheblich ausgiebiger ist und bleiben wird, als Schwappach gefunden hat.

C. Kiefernstarkholz-Zucht durch Belassung zahlreicher Oberständer in den Verjüngungen und deren Rentabilität.

Die ausgiebige Gewinnung umfangreicher Kiefernstämme mit über 1 fm Nutzholzgehalt ohne Lockerung des Kronenschlusses wird den Waldbesitzern auf den mittelguten und minderwertigen Standorten teuer zu stehen kommen. Durch die 20- bis 30jährige Verlängerung der Wachstumszeit, vom 80- bis zum 100- und 110jährigen Alter kann in den geschlossenen Kiefernbeständen nur eine Durchmesserzunahme von wenigen Centimetern erreicht werden, und hierzu ist ein außergewöhnlich großer Betriebsaufwand mit dürftiger Nutzleistung erforderlich. Unverkennbar ist für die Beurteilung der Rentabilität der Kiefernzucht im nächsten Jahrhundert die Entscheidung der Frage wichtig, ob die Starkholzproduktion durch Verlängerung der Wachstumszeit der **geschlossenen** Kiefernbestände lohnender werden wird als die Starkholzproduktion im Lichtstande durch Belassung eines reichlich bemessenen Oberholzstandes während einer zweiten Umtriebszeit.

Die Belassung zahlreicher Oberständer auf den Kiefern-Verjüngungsschlägen ist bisher in der Forstwirtschaft selten im großen erprobt worden. Gegenüber der Befürwortung des Kiefern-Überhaltbetriebes, des doppelhiebigen Kiefernbetriebes u. s. w., hat man darauf hingewiesen, daß die Kiefernoberständer in lockerem Boden nach der Freistellung vielfach von Stürmen geschoben und umgeworfen werden, auch selten die schöne Schaftbildung erlangen wie im Kronenschluß und die nachwachsenden Kiefernbestände infolge der Überschirmung, der seitlichen Beschattung und durch die sogenannte Traufe im Wuchs zurückgehalten und im Abtriebsertrag geschmälert werden. Die Frage, ob dennoch die Kiefern-Starkholzzucht durch diese einwachsenden Oberhölzer wesentliche Vorzüge hinsichtlich der Rentabilität (z. B. bei der Verwertung als Eisenbahnschwellen) gegenüber der Starkholzproduktion im Kronenschluß, deren Kostspieligkeit aus den vorstehenden Rentabilitäts-Vergleichungen schon für eine geringfügige Durchmesserverstärkung hervorgeht, gewährt — diese Frage ist bisher nicht durch vergleichende Untersuchungen aufgeklärt worden.

Wenn auch die Kiefernoberständer auf den besseren Bodenarten prächtige, langschaftige, astreine und vollholzige Schaftformen mit hoch angesetzten, kleinen und lockeren Kronen bilden, wie man überall beobachten kann, so bedarf doch zweifellos die Überhaltung zahlreicher Kiefernoberständer besonderer Vorbereitungs- und Vorsichtsmaßnahmen. Bei der Erziehung im geschlossenen Kiefernwald muß den später freizustellenden Kiefern eine volle, kräftige, wohl ausgebildete Baumkrone verschafft werden. Schon bei den Ausjätungen sind die prädominierenden, aber mißgestalteten Kiefern thunlichst auszuhauen, soweit diese Reinigungen ohne bedenkliche Unterbrechung des Kronenschlusses ausgeführt werden können. Vor allem sind aber den stärksten, höchsten und gut geformten Kiefernstangen durch frühzeitig im Stangenholzalter vorsichtig begonnene Umlichtungen die Wachsräume etwa für fünf Jahre zu öffnen und rechtzeitig, aber stets behutsam und öfters sind diese Kronenfreihiebe zu wiederholen. Schlanke Kiefernstangen und schwache Kiefernstämme mit durch mangelhaften Lichtgenuß verkümmerten Kronen werden nicht nur häufig vom Wind gebogen, gehoben und niedergeworfen, sie versagen auch häufig den Lichtungszuwachs nach der Freistellung. Es ist für den Lichtwuchsbetrieb in Kiefernwaldungen besonderes Gewicht auf die frühzeitige Ausbildung und ununterbrochene Erhaltung voller, gut ausgebildeter Kronen für die Rekruten der späteren freiständigen Stämme zu legen, da die Kiefer keine schlafenden Knospen hat. Erforderlich sind weiter, wenn man nicht nur einzelne, sondern zahlreiche Kiefern in den Lichtstand hinüberbringen will, schmale Schläge, die der herrschenden Windrichtung entgegengeführt werden. Die in dieser Richtung vorstehenden Bestände dürfen erst dann angegriffen und hinweggeräumt werden, wenn die hinterstehenden Kiefernoberständer nach mehreren Jahren standhaft geworden sind, und stets wird es vorsichtig sein, einen Rest der älteren geschlossenen Bestände als Waldmantel stehen zu lassen. Schmale Abräumungsschläge sind besonders auf West- und Südabhängen und auf Sandböden, überhaupt auf lockeren Böden in ungeschützten Lagen geboten.

Die oben erwähnte Vermutung, daß der Wertzuwachs des Oberholzes von dem Produktionsverlust überragt wird, welcher infolge der Überschirmung und Beschattung des nachwachsenden Kiefernbestandes auf der überschirmten und beschatteten Fläche herbeigeführt wird, ist bis jetzt noch nicht allgemein giltig bestätigt worden. Diese Frage läßt sich nur durch vergleichende Zuwachsmessungen beantworten, die für die betreffenden Standorte vorzunehmen sind.

Nach den Untersuchungen von Jäger-Kohlfurt in der Görlitzer Heide*) zeigte sich auf den Standortsklassen II, III und IV mit einem 80jährigen Haubarkeits-Durchschnittszuwachs von ca. 4,0, 3,0 und 2,0 fm pro Hektar die folgende Entwickelung der freiwüchsigen Kiefern vom 50. Jahre an (durchschnittlich pro Stamm):

Alter	Bodenklasse II			Bodenklasse III			Bodenklasse IV		
	Mittenstärke cm	Masse fm	Wert Mk.	Mittenstärke cm	Masse fm	Wert Mk.	Mittenstärke cm	Masse fm	Wert Mk.
50	17,4	0,47	3,74	14,4	0,26	1,79	12,2	0,15	1,03
60	21,2	0,75	7,95	16,5	0,38	2,81	14,7	0,23	1,59
70	23,7	1,01	13,33	19,2	0,55	4,67	16,4	0,30	2,08
80	26,1	1,28	18,17	21,6	0,73	7,74	18,4	0,39	2,89
90	28,4	1,57	23,94	23,9	0,92	11,50	20,0	0,47	3,74
100	30,6	1,89	32,50	26,5	1,15	15,95	21,7	0,57	4,84
110	32,4	2,16	44,06	28,5	1,34	19,49	23,5	0,66	6,27
120	34,5	2,47	57,79	30,4	1,53	23,33	24,7	0,73	7,73
130	36,1	2,73	68,25	32,0	1,70	27,45	25,9	0,80	8,48
140	37,8	2,99	82,22	33,6	1,89	32,50	27,1	0,88	10,33
150	39,5	3,26	97,80	35,1	2,06	39,75	28,4	0,96	12,00
160	40,9	3,50	108,50	36,2	2,20	44,88	—	—	—
170	42,4	3,75	120,00	—	—	—	—	—	—
180	43,7	3,99	131,67	—	—	—	—	—	—

Der durchschnittliche Mittendurchmesser der Stämme hat sonach vom 50. bis 100. Jahre zugenommen:

    Bodenklasse II 13,2 cm
       „   III 12,1 „
       „   IV   9,5 „

---

*) Bericht über die Versammlung der deutschen Forstmänner in Görlitz. Berlin, 1886, Springer.

Vom 100. bis 150. Jahre:

   Bodenklasse II 8,9 cm
     „ III 8,6 „
     „ IV 6,7 „

Die von Jäger gefundene Zunahme der Stammlänge hat vom 50= bis 100jährigen Alter betragen:

   Bodenklasse II 6,2 m
     „ III 4,3 „
     „ IV 2,2 „

Vom 100= bis 150jährigen Alter dagegen nur:

   Bodenklasse II 1,0 m
     „ III 0,4 „
     „ IV 0,1 „

Gegenüber den stärksten Stämmen der Schlußbestände scheint die Höhenentwickelung vom 50= bis 100jährigen Alter 2 bis 4 m zurück zu bleiben.

Einen ähnlichen Gang der Produktion fand der Verfasser schon früher*) für Kiefernoberständer auf Keupersandboden mit einem 80jährigen Haubarkeits=Durchschnitts= zuwachs von 3,5 fm Derbholz pro Hektar, mithin dem Durchschnitt der zweiten und dritten Standortsklasse in unseren Ertragstafeln nahestehend. Durch die Untersuchung zahlreicher Probestämme wurde die folgende Entwickelung der freiwüchsigen Kiefern nach der zumeist im 50= bis 60jährigen Alter erfolgten Freistellung gefunden (pro Mittelstamm):

Alter	Brusthöhen= Durchmesser	Derbholz	Wert
Jahr	cm	fm	Mk.
50	20,0	0,276	2,24
60	23,6	0,441	3,41
70	27,5	0,568	5,16
80	32,2	0,798	7,66
90	36,0	1,016	11,52
100	39,1	1,212	15,49

Der Brusthöhendurchmesser hat sonach vom 50. bis 100. Jahre = 19,1 cm und die mittlere Gipfelhöhe vom 50. bis 100. Jahre 3,4 m zugenommen.

Diese Untersuchungen des Verfassers wurden 1895 in dem gleichen Bezirke dadurch vervollständigt, daß der Einfluß ermittelt wurde, welchen die durchschnittlich nahezu 100jährigen Oberständer auf die unterständigen 40= bis 50jährigen Kiefernbestände sowohl durch die direkte Überschirmung, als durch den Seitenschatten ausgeübt haben. Es wurde zu diesem Zwecke nicht nur die Schirmfläche unterhalb der Kiefernkronen, sondern auch die seitliche Fläche, soweit auf derselben eine Verringerung des Holzwuchses wahrnehmbar war, nach Quadratmetern bestimmt und der Verlust an unterständiger Kiefernproduktion nach Prozenten des benachbarten, nicht überschirmten und überschatteten Kiefernwuchses eingeschätzt. Hierbei ergab sich, daß auf der direkt überschirmten Fläche, und zwar an den Rändern derselben noch Unterstand von Kiefern vorhanden war, dessen Produktion durchschnittlich mit 26,0% des unbeschirmten Vollbestandes eingeschätzt wurde. Der Betrag des Holzwuchses auf dieser Überschirmungsfläche, welchen die Durchforstungen

---

*) „Allgemeine Forst= und Jagdzeitung" von 1879, Juniheft. Die weiter damals mitgeteilten Untersuchungsergebnisse (erste und dritte Standortsklasse) beziehen sich auf von Jugend auf freiständig und freiwüchsig erwachsene Kiefern und sind hier nicht beweisfähig.

in den untersuchenden 40- bis 50jährigen Kiefernbeständen entfernt hatten, konnte nicht mehr ermittelt werden. Auf dem weiteren, nur vom Seitenschatten der Oberständer getroffenen Flächenraum wurde die Produktion auf 73,7 % der Produktion des Vollbestandes eingeschätzt.

Gleichzeitig wurde die direkte Schirmfläche der 31 bis 50 cm, durchschnittlich 38,9 cm in Brusthöhe messenden Kiefernoberständer stammweise nach Quadratmetern ermittelt und das Verhältnis zwischen Brusthöhendurchmesser und Quadratseite des Wachsraumes, die sogen. Abstandszahl berechnet. Bei den früheren Untersuchungen war für den gleichen Bezirk im Durchschnitt aller Messungen das Verhältnis 1 : 17 gefunden worden. Bei den neuen Messungen an 30 Oberholzstämmen ergab sich als Durchschnitt 1 : 16,8. Es würden sonach ca. 232 Stämme pro Hektar freien Wachsraum vom 50. bis 100. Jahre finden und auch ohne Unterstand den 100jährigen Ertrag geschlossener Kiefernbestände in diesem Forstbezirk übertreffen.

Wenn die Waldertragsregelung an Oberständern, die in den meisten Kiefernbezirken mit genügender Zahl zu finden sein werden, den Wachstumsgang und das Verhältnis des Brusthöhendurchmessers zur Quadratseite des Wachsraumes ermittelt, so kann nicht nur die Stammzahl pro Hektar, welche für die in Frage kommende Wachstumszeit freie Kronenentwickelung finden wird, bemessen werden; man kann auch prüfen, ob etwa eine 60jährige Umtriebszeit einzuhalten sein wird, wenn während der Verjüngung gesunde, schlanke Stämme von mäßiger Stärke und guter Kronenbildung möglichst zahlreich stehen bleiben, damit auch nach dem Abgang durch Windwurf ꝛc. noch eine reichliche Zahl von Oberständern standfest wird und erhalten bleibt. Man kann prüfen, ob hierdurch eine einträglichere Kapitalanlage bewirkt werden wird als durch die Herbeiführung 100- bis 120jähriger Normalvorräte. Auf den trockenen Bodenarten, welche den dritten bis fünften Standortsklassen angehören, wird man allerdings nicht die vollholzigen, schlanken, hohen Kiefernschäfte erziehen können, wie auf den frischen, tiefgründigen und zugleich lockeren Bodenarten. Aber im 100- bis 120jährigen Alter werden auf den zuerst genannten Standorten immerhin zahlreiche Kiefern-Eisenbahnschwellen mit mehreren Längen vom Schafte gewonnen werden können.

V. Die einträglichste Bewirtschaftung der Eichenhochwaldungen.

Die deutsche Eiche, die Königin der Waldbäume, war seit alter Zeit in allen Gauen unseres Vaterlandes beliebt und geachtet, und es ist zu beklagen, daß der Eichenhochwald zur Zeit nur noch in dem nahezu 14 000 000 ha großen Waldgebiet des Deutschen Reiches mit ca. 500 000 ha vorgefunden wird. In der That ist die weitere Verbreitung der Eichenbaumhölzer dringend zu befürworten, nicht nur für den Staatsforstbetrieb, sondern auch für die Bewirtschaftung der Privat-, Gemeinde- und Körperschaftswaldungen. Wenn auch der reine Eichenhochwald den Nadelholzwaldungen an Massenproduktion beträchtlich nachsteht, so hat doch das Eichenholz vorzüglichen Gebrauchswert, und die Preisbewegung war bisher stets eine steigende.

Die beiden in Deutschland vorkommenden Eichenarten, die Stieleiche (Quercus pedunculata Ehrhart) und die Traubeneiche (Quercus sessiliflora Smith oder Quercus robur Roth) stehen sich in ihrem wirtschaftlichen Wert nahe und haben auch nahezu gleiche Preise. Die Traubeneiche ist schwerer und spaltbarer als die Stieleiche, die letztere für den Schiffbau mehr geschätzt als die erstere. Auch hinsichtlich der Wachstumsleistungen lassen sich keine durchgreifenden Verschiedenheiten namhaft machen. Die Stieleiche findet das üppigste Gedeihen im humosen Fluß- oder Aueboden, sodann im guten, graswüchsigen Lehmboden der Flachländer und kommt auch im Kalk- und Basaltgebirge, selbst im Bruchboden fort, während die Traubeneiche im Gebiete des bunten Sandsteins (Spessart, Odenwald, Solling) vorherrschend ist. Die Eichenarten werden in Deutschland selten über einer Meereshöhe von 400 bis 500 m Baumholzbestände bilden.

Über den Wertertrag und den Gang der Wertproduktion reiner Eichen-Hoch- waldungen sind in der Forstlitteratur nur vereinzelt beachtenswerte Ermittelungen veröffentlicht worden, und auch das vom Verfasser gesammelte Material ist zur Aufstellung einer Wertertrags-Tafel unzureichend. Es wird jedoch nicht bezweifelt werden können, daß die Erziehung der Eichen im Lichtungsbetrieb rentabel ist und bleiben wird, für die hierfür auszuwählenden besseren, tiefgründigen, humusreichen und lockeren Bodenarten mit 120- bis 160jährigen Umtriebs- zeiten eine hervorragende Verzinsung des Vorrats- und Bodenkapitals ein- bringt — selbst dann einträglich auf diesen besseren Bodenarten bleiben wird, wenn die Wertproduktion und die Rentabilität der konkurrierenden Holzarten, der Fichten und Lärchen und der Tannen, zu vergleichen ist, obgleich diese Nadel- hölzer, mit 60- bis 80jähriger Umtriebszeit behandelt, während die 120- bis 160jährigen Wachstumszeit der Eichen-Hochwaldungen die Abtriebserträge und Vorerträge pro Hektar zweimal gewinnen lassen. Für die bestehenden Eichen- Hochwaldungen können an diesem Orte Rentabilitäts-Vergleichungen nicht vor- genommen werden. Über die Material-Erträge reiner Eichenbestände werden (siehe unten) einige Angaben angeführt werden, und es werden mit Benutzung derselben die einträglichsten Umtriebszeiten durch die oben erörterten generellen Wirtschafts- pläne und Rentabilitäts-Vergleichungen maßgeblich der örtlich obwaltenden Wachs- tums- und Preisverhältnisse ermittelt werden können.

Diese Rentabilität wird in erster Linie bedingt durch die Erziehungsart der Eichen. In neuerer Zeit wird, wie schon oben bemerkt wurde, die Erziehung im Kronenschluß nicht mehr für das höhere Alter der Eichen-Hochwaldungen befürwortet, sondern die Erziehung der Eichen etwa vom 50- bis 60jährigen Alter an mit Freistellung der Kronen und Bebauung des Bodens mit Rot- buchen. Die Erziehung der Eichen in reinen Beständen gefährdet bei längerer Wachstumsdauer die Bodenkraft, zumal auf den minder fruchtbaren Wald- Bodenarten. Der Rückgang der Bodenkraft wird gekennzeichnet durch Kürzer- werden der Triebe, matten Wuchs im Reidelholz-Alter, schorfige Rinde. In der That sind die Ansichten verschieden über die leistungsfähigste Erziehung der Eichen bis zur Lichtstellung. Von Bayern aus wird der Anbau kleiner reiner Eichen- bestände, mehrere Hektar groß, und die Lichtung und Unterbauung derselben im

50. bis 60. Jahre befürwortet. In den großen Buchen-Hochwaldungen des Spessarts und der Rheinpfalz hatte man die angebauten Eichengruppen und -Horste und die einzelständigen Eichen nicht rechtzeitig frei hauen können, und selbst die Horste von etwa Zimmergröße waren von den überwachsenden Buchen in der Umgebung eingeengt und erdrückt worden. Man hat die Horste immer mehr vergrößert und ist nunmehr bei Kleinbeständen mit reinem Eichenwuchs angelangt, die mit der Größe von etwa 2 bis 3 ha auf den besten Bodenflächen angebaut werden. In Berichten aus anderen Waldgegenden wird dagegen behauptet, daß der Freihieb der Eichenkronen auch dann, wenn die Eiche von der Rotbuche in der Jugend überwachsen werde, im großen Forstbetriebe rechtzeitig begonnen und wiederholt werden könne, daß die Eichen, umringt von einer Buchen-Grund=bestockung, eine bessere Entwickelung zeigten als im reinen Bestand und nament=lich der Bodenschutz und die Humusbildung im reinen Eichenwalde bis zum Rot=buchen-Unterbau, sonach 50 bis 60 Jahre lang, infolge des lockeren Baumschlags der Eiche und der dünnen Laubdecke dürftiger sei als bei der Umringung der einzelständigen Eichen durch einen geschlossenen Buchenbestand. Wir werden diese Meinungsverschiedenheiten im zwölften Abschnitt weiter erörtern. Wollen und können die Waldbesitzer die zumeist geringen Kosten für die frühzeitig begonnenen und öfters wiederholten Kronenfreihiebe anwenden und finden sich hierzu die erforderlichen Arbeitskräfte, so wird die einzelständige Erziehung der Eichen im Buchen-Grundbestand zu bevorzugen sein. Die Eichen beanspruchen freien Kopf und warmen Fuß.

Für die Rentabilität der Eichenzucht wird außerdem maßgebend sein, ob man hauptsächlich Eichen-Schwellenhölzer und Eichen-Grubenhölzer oder stärkere Eichen-Rundholzklötzer zur Erzeugung von Eichenbohlen auf den Sägewerken produzieren will. Die letzteren stehen weit höher, oft doppelt so hoch im Preise als die Eichen-Schwellenhölzer, und es wird meistens einträglicher werden, den Schwer=punkt in der Produktion der etwa 40 bis 60 cm in Brusthöhe messenden Eichen=stämme zu suchen. Hierzu werden, je nach der Bodengüte und dem Beginn der Kronenfreistellung verschiedene Wachstumszeiten erforderlich werden. Auf tief=gründigem, frischem Lehmboden wird man mit 120jähriger Umtriebszeit aus=reichen, für Standorte, auf welchen der Buchen-Hochwald einen jährlichen Gesamt=ertrag an oberirdischer Holzmasse von etwa 4 bis 5 fm pro Hektar liefert, wird man 150- bis 160jährige Umtriebszeiten einhalten müssen und auf den ärmeren Sandböden, wie beispielsweise vielfach im Flachland, werden die Wachstumszeiten, wenn die Eichen nicht stark anbrüchig werden, auf 200 Jahre zu verlängern sein.

Bei dem vorliegenden dürftigen, teilweise schon im achten Abschnitt (cf. Seite 164 ff.) mitgeteilten Material ist eine weitere Information der Wald=besitzer nur durch die Ermittelung des Wachstumsganges der Eichen in den verschiedenen Forstbezirken zu erreichen. Aber die Waldbesitzer sollten niemals versäumen, die Beweisführung zu verlangen, daß die Forsteinrichtung das nachhaltig einträglichste Wirtschafts-Verfahren auch für die Eichen-Hochwaldungen gewählt hat.

Auf Grund der Ermittelungen in Hannover hat Oberforstmeister Kraft die in Tabelle XVII folgende Ertragstafel für die Annahme aufgestellt, daß bei durchgehends normaler Hiebsführung mit 120jährigem Umtrieb der schließliche Überhalt (also etwa im 100. Jahre) über die Zahl von 100 Stämmen pro Hektar keinenfalls erheblich hinausgehen darf, dagegen durch zeitig und fleißig betriebene Lichtungen die Zahl der schließlichen Überhaltsstämme sehr wohl auch etwa 70 Stück und weniger pro Hektar herabgedrückt werden kann.

Tabelle XVII.
Krafts Ertragstafel für Eichen-Lichtungsbetrieb in Hannover.

Lebensalter der Bestände	I. Standortsklasse		II. Standortsklasse		III. Standortsklasse		IV. Standortsklasse		V. Standortsklasse	
	Ertrag der Lichtungshiebe	Abtriebs-Ertrag	Ertrag der Lichtungshiebe	Abtriebs-Ertrag	Ertrag der Lichtungshiebe	Abtriebs-Ertrag	Ertrag der Lichtungshiebe	Abtriebs-Ertrag	Ertrag der Lichtungshiebe	Abtriebs-Ertrag
Jahre	Ertrag in Festmetern mit Einschluß des Reisholzes pro Hektar									
55	30-40	—	25-35	—	20-30	—	20-25	—	15-20	—
60	30-40	—	25-35	—	20-30	—	20-25	—	15-20	—
65	35-45	—	30-40	—	25-35	—	20-30	—	20-25	—
75	70-90	—	60-80	—	50-70	—	45-60	—	40-50	—
85	75-95	—	65-85	—	55-75	—	50-65	—	45-55	—
100	105-125	—	90-110	—	75-95	—	65-85	—	55-70	—
120	—	390-440	—	340-390	—	290-340	—	240-290	—	200-240

Überhalt im 100jährigen Alter, Festmeter mit Reisholz pro Hektar
240-280   210-250   180-220   155-185   125-155

Mittlere Bestandshöhe im 120jährigen Alter in Metern
29   26   23   20   17

Oberlandforstmeister Carl in Metz hat mit Hilfe seiner Zuwachs-Untersuchungen und statistischen Erhebungen im Reichsland Elsaß-Lothringen die in Tabelle XVIII ersichtliche Ertragstafel für den Eichenhochwald berechnet:[*]

Tabelle XVIII.
Carls Eichen-Ertragstafel pro Hektar.

Altersjahr	Erste Bodenklasse		Zweite Bodenklasse	
	Stammzahl	Vorrat	Stammzahl	Vorrat
	Stück	fm	Stück	fm
60	200	285	300	247
70	160	342	260	304
80	140	399	230	352
90	125	447	200	399
100	115	494	180	437
110	105	532	160	475
120	95	570	145	504
130	—	—	130	523
140	—	—	115	542

[*] „Allgemeine Forst- und Jagd-Zeitung" von 1895, S. 1. Das betreffende Heft liegt mir zur Zeit nicht vor, und ich entnehme die Angaben in der folgenden Tabelle den „Mündener forstlichen Heften", Heft 10.

Aus Dänemark, für frischen Lehmboden auf Fünen, Revier Brahetrolleborg, hat Dr. Metzger die in Tabelle XIX ersichtliche Ertragstafel mitgeteilt.*) In Dänemark beginnen die Durchforstungen in der frühesten Jugend der Eichenbestände und werden vom 17. Jahre bis zum 30. Jahre alle 3, bis zum 40. Jahre alle 4 Jahre, sodann wie in der Tabelle XIX ersichtlich, stark vorgreifend wiederholt. Die Vornutzungen liefern bis zum 120. Jahre 463 fm pro Hektar, der Haubarkeits-Ertrag 527 fm pro Hektar, sonach 8,25 fm durchschnittlich pro Hektar und Jahr — ein für Eichen staunenswerter Ertrag.

Tabelle XIX.
Dänischer Eichenhochwald auf frischem Lehmboden pro Hektar.

Altersjahr	Vor der Durchforstung					Die Durchforstung nimmt			Des Überhaltes	
	Stammzahl	Mittlere Höhe m	Mittlerer Durchmesser cm	Kreisfläche qm	Masse fm	Stammzahl	Kreisfläche qm	Masse fm	Masse fm	Zuwachsprozent vorwärts
40	774	14,8	18,5	20,7	195	203	3,8	33	162	6,3
44	571	16,3	20,8	19,5	203	136	3,3	32	171	6,1
49	435	17,9	23,9	19,5	223	109	3,6	38	185	4,8
54	326	19,3	26,9	18,5	229	87	3,7	43	186	4,2
60	239	20,7	30,5	17,5	233	69	3,8	48	185	3,1
66	170	21,8	34,1	15,6	219	27	1,9	26	193	3,7
73	143	22,8	38,4	16,5	243	18	1,6	23	220	3,1
80	125	23,2	42,6	17,8	268	13	1,4	20	248	1,7
88	112	23,5	47,4	19,8	304	9	1,2	19	285	2,6
96	103	23,9	52,2	22,1	344	5	0,9	14	330	2,2
105	98	24,2	57,7	25,5	404	4	0,7	12	392	2,3
120	94	24,3	66,7	32,9	527	—				

VI. Die einträglichste Bewirtschaftung der Buchenhochwaldungen.

Die Rotbuche (Fagus Silvatica *L.*), die man die Mutter des Waldes genannt hat, wird von den Forstwirten besonders hochgeschätzt. Sie hat ihr Verbreitungsgebiet hauptsächlich im westlichen und südlichen Deutschland, und der reine und mit anderen Holzarten schwach gemischte Buchenhochwald wird zur Zeit etwas über 2 000 000 ha von der deutschen Waldfläche einnehmen.

Die Rotbuche gedeiht bis zu einer Meereshöhe von 680 m im Harz, bis zu 840 m im Thüringer Wald, bis zu 910 bis 1140 m im südlichen Schwarzwald und bis zu 1360 bis 1560 m im bayerischen Hochgebirge auf allen frischen, lockeren, tiefgründigen und humusreichen Bodenarten, am besten auf Kalk- und Basaltböden, aber auch auf lehmhaltigen bunten Sandsteinböden, auf Thonschiefer, Grauwacke, Porphyr, sobald die genannten Bodeneigenschaften nicht mangeln.

---

*) „Mündener forstliche Hefte." X. Berlin, Springer. 1896.

Was aber die privatwirtschaftliche Leistungsfähigkeit der reinen Buchenhochwaldungen betrifft, so wird leider der Fortbestand des reinen und unvermischten Buchenwuchses in Frage zu stellen sein. Die einträglichste Bewirtschaftung der Buchenhochwaldungen wird herbeigeführt werden durch die möglichst zu beschleunigende Umwandlung derselben in gemischte Bestände mittels Ausdehnung der Verjüngungen in den über 80jährigen Buchen-Beständen und reichliche Durchstellung der Buchenverjüngungen mit Eichen, Lärchen, Eschen, Fichten, Tannen und Kiefern u. s. w. Für diese Nutzholz-Gattungen ist eine gegenseitige Entfernung zu wählen, welche den Rotbuchen gestattet, in den Jungholz- und Mittelholzperioden nahezu volle Wachstumskraft zu entfalten, während die genannten Nutzhölzer im Baumholzalter vorherrschend werden und die Rotbuchen zurückdrängen zu einer zwischenständigen und unterständigen Kronenstellung.

Wenn die Rangordnung der Waldbäume nach der Produktion von Gebrauchswerten für die Landesbewohner zu bemessen ist, so kann man den Rotbuchen leider keine hohe Stufe zuerkennen. Es würde nicht zu verantworten sein, wenn die Forstwirtschaft, nachdem der weitere Niedergang der Holzfeuerung in sicherer Aussicht steht, die reinen Buchenhochwaldungen bei der Holznachzucht begünstigen würde. Die Derbholzproduktion der Rotbuche steht auf den meisten Bodenarten erheblich zurück gegenüber der Derbholzerzeugung der auf Buchenboden anbaufähigen Holzarten. Fichten werden über die doppelte, Kiefern wahrscheinlich etwa die $1^1/_2$fache Holzmasse der Rotbuchenproduktion bei Gleichheit der Standortsgüte liefern; Lärchen, Eschen, Tannen werden die Wachstumsleistungen der Rotbuche in mehr oder minder hohem Grade übertreffen, und was die beiden Eichenarten betrifft, so kann man angesichts der Erträge, welche für die wertvollen Eichen in lichter Stellung nachgewiesen werden,*) nicht sagen, daß die Rotbuchen in der Gewinnung von Gebrauchswerten nachkommen werden. Nun hat aber das Buchenholz für den maßgebenden Nutzholzverbrauch eine ungenügende Brauchbarkeit. Die Verwendung wird vor allem beeinträchtigt durch die geringe Dauer bei dem Verbrauch in abwechselnder Nässe und Trockenheit und die hier bald eintretende Fäulnis. Wenn auch die Dauer durch Imprägnierung antiseptischer Flüssigkeiten erhöht werden kann, so fällt doch in die Wagschale, daß neben dem Ausfall an Massen-Erzeugung noch Kosten für die hervorgebrachte geringe Masse zu verausgaben sind, um die Holzgüte herzustellen, welche andere Holzarten, z. B. Eichen, auch Kiefern, haben oder durch Imprägnieren erlangen können. Nur im Trockenen und unter Wasser hat das Buchenholz etwas längere Dauer. Infolge von starker Wasserabgabe schwindet das Holz sehr stark und quillt auch wieder beträchtlich, indem es für Feuchtigkeit sehr durchlässig ist und das Wasser leicht aufnimmt. Dadurch entsteht Reißen und Werfen des Buchen-Nutzholzes, und namentlich das Aufreißen läßt sich auch bei der sorgsamen Behandlung der Buchen-Bohlen und Buchen-Schwellenhölzer auf den Sägewerken nicht vermeiden. Pilzbildungen bringen in das Buchenholz ein,

---

*) cf. oben Seite 164, 263 und 264.

und Insekten zerstören dasselbe. Tritt die Verarbeitung nicht alsbald nach der Fällung ein, so „verstockt" das Buchenholz.

Rühmenswert ist andererseits die „Scheerfestigkeit" des Buchenholzes, d. h. der Widerstand gegen die seitliche Verschiebung der Holzfasern, und diese in höherem Grade als bei anderen Holzarten ausgebildete Eigenschaft des Buchenholzes wird möglicherweise die erweiterte Benutzung des letzteren für die Straßenpflasterung großer Städte bewirken. Das Buchenholz ist zwar wenig elastisch, jedoch erreicht dasselbe nach Behandlung mit feuchten und heißen Dämpfen eine große Biegsamkeit (Stuhlfabrikation). Wegen Schwellenholz cf. S. 167.

Die älteren und neueren Untersuchungen über die Heizwirkung der Holzarten für die Zimmer- und Herdfeuerung haben übereinstimmend ergeben, daß das Fichten-Stammholz 79 bis 85 %, das jüngere Kiefernstammholz 68 bis 85 % vor der Wärmeentwickelung des Buchenholzes bei gleichen Raumeinheiten nutzbar machen, während das ältere Kiefernstammholz dem Buchenholz nahezu gleichkommt und auch die übrigen Laub- und Nadelhölzer selten weiter zurück stehen, als oben angegeben wurde. Für die maßgebenden Fichten- und Kiefernbestände dürfte, soweit man bis jetzt urteilen kann, annähernd das nachstehende Verhältnis für die Leistungsfähigkeit der gesamten Holzerzeugung für Heizungszwecke gegenüber dem Buchenholz anzunehmen sein:

Buchen 1,00
Kiefern 1,13
Fichten 1,50

Vorzügliches leistet die Rotbuche hinsichtlich der Beschützung des Bodens und der Mehrung der Bodenkraft und namentlich durch Verringerung der Gefahren, welche Stürme, Schneemassen und Insekten in reinen Nadelholzbeständen verursachen. Die bodenbessernden Eigenschaften der Rotbuche werden allerdings weniger ins Gewicht fallen gegenüber den reinen Fichten- und Tannenbeständen, welche den Boden mit Nadeln und Moos bedecken und durch ihre dunklen Baumkronen schützen, als gegenüber den lichtbedürftigen Holzarten, den Eichen, Lärchen, Kiefern u. s. w. Aber stets finden die Nadelhölzer in reinem Rotbuchen-Grundbestand eine kräftige Entwickelung und festere Bewurzelung. Die etwas stufigere Schaftform ermäßigt die Beschädigungen durch Schnee und Stürme, welche in reinen Nadelholzbeständen, namentlich in Hochlagen, öfters wiederkehren. Die Insektenverheerungen werden durch zwischen- und unterständige Rotbuchen in mehrfacher Hinsicht gemildert. Die Nadelhölzer bleiben in vereinzelter Stellung mit vorwüchsigen Baumkronen kräftig und vollsaftig, und die Nadelholzverderber finden nicht die kränkelnden Nadelholzstämme und -Stangen, welche sie bevorzugen. Durch das Laubholz werden die Feinde der Insekten vermehrt, und auf der an sich erschwerten Wanderung von einem Nadelholzstamm zum andern Nadelholzstamm werden die Raupen in stärkerem Maße vertilgt als in reinen Nadelholzbeständen. Fichten und Kiefern werden durch die mehr isolierte Bewurzelung gegen Wurzelfäule und Rotfäule geschützt.

Die reichliche Durchstellung der Buchenverjüngungen mit den ertragreichsten Nutzholzgattungen wird aber vor allem aus den Gesichtspunkten der einträglichsten

Waldbenutzung die wichtigste Wirtschaftsregel zu bilden haben und wird voraus=
sichtlich im nächsten Jahrhundert den reinen Buchenhochwald verdrängen. Die
Rentabilitätsvergleichungen werden zwar zumeist annehmbare Verzinsungsfätze für
den derzeitigen Vorratswert der Buchenwaldungen ergeben. Aber man darf
nicht übersehen, daß dieser Vorratswert an sich ein weit geringeres
Kapitalvermögen beziffert als der Vorratswert der Nadelhölzer
bei gleicher Ertragskraft des Bodens. Das Vorratskapital ist infolge der
zurückbleibenden Massenproduktion der Rotbuchenbestände quantitativ geringer als
in den Nadelholzwaldungen, und der Gebrauchswert der ersteren mußte mit niedriger
stehenden Preisen berechnet werden, weil die Nutzholzausbeute so geringfügig und
für die behandelten Umtriebszeiten*) so fragwürdig ist, daß dieselbe in den
Wertertragstafeln dieser Schrift nicht berücksichtigt werden konnte. Aus diesen
Gesichtspunkten sind die nachfolgenden Rentabilitäts=Vergleichungen zu würdigen.
Die Eigentümer ausgedehnter Buchenhochwaldungen sind in der nicht sehr günstigen
Lage, geringe Kapitalbeträge für im Werte gesunkene Holzvorräte zu besitzen.
Aber dieselben können wertvolle Holzarten und reichliche Waldrenten durch die
Beimischung der ertragreichsten Nutzholzgattungen an die Stelle der minderwertigen
Vorräte bringen — allerdings bei der verringerten Absatzfähigkeit großer Brenn=
holzmassen erst innerhalb sehr langer Zeiträume. Die Einstellung des Wald=
betriebs würde aber, wie im neunten Abschnitt gezeigt wurde, noch unvorteilhafter
sein. Die Waldbesitzer werden die einträglichsten Wirtschaftsverfahren innerhalb
der Übergangszeit zu wählen und insbesondere die örtlich wählbaren Zeiträume
für den nächstmaligen Rundgang der Verjüngung in den vorhandenen reinen
oder schwach gemischten Buchenhochwaldungen zu prüfen haben.

Diese Rentabilitätsvergleichung ist in den einzelnen Buchenbezirken wiederum
auf die oben genannten generellen Wirtschaftspläne zu stützen, und zur Aufstellung
derselben sind örtliche Holzmassen=Aufnahmen und Zuwachs=Untersuchungen
erforderlich.

Auch für die Feststellung der einträglichsten Umtriebszeiten in den Buchen=
hochwaldungen sind unbeträchtliche Rentabilitätsunterschiede nicht beweisfähig.
Die generellen Wirtschaftspläne haben, wie in den Nadelholzwaldungen, von
den in „Altersklassen=Tabellen" verzeichneten gleichartigen Bestockungsgruppen
auszugehen und bezwecken lediglich, die speciellen Nutzungsdispositionen für das
nächste Jahrzehnt zu motivieren.

Für die Einreihung der Bestände in die einzelnen Wirtschaftsperioden des
Einrichtungszeitraums sind die Prozentsätze der laufenden Wertproduktion maß=
gebend, die im siebenten Abschnitt erörtert worden sind — namentlich dann, wenn

---

*) Höhere Preise als für Buchenbrennholz wurden bis vor kurzer Zeit in der Regel erst
für die im 100= bis 120 jährigen Kronenschluß nur vereinzelt gefundenen Stämme von 40 cm
Durchmesser aufwärts erlöst. Die Lieferung von Buchen=Grubenstempeln ist nur noch im
Steinkohlengebiet an der Saar zulässig, in den großen Kohlengebieten an der Ruhr, in
Schlesien, im Königreich Sachsen, in Belgien 2c. fast völlig ausgeschlossen. Da die
Lieferung des schweren Buchengrubenholzes aus der unmittelbaren Nachbarschaft der
Kohlengruben bevorzugt werden wird, so wird der Buchengrubenholzbezug auch in der
Zukunft durch den Verbrauch der Nadelhölzer zurückgedrängt werden.

in den betreffenden Wirtschaftsbezirken auch Fichten-, Kiefernbestände 2c. vorkommen — und es wird zweckfördernd sein, diese Prozentsätze für gleiche Werteinheiten der Jahresfällung auszudrücken, damit die nutzbringendste Reihenfolge für die letztere angeordnet werden kann.

Nach Aufstellung örtlicher Wert-Ertragstafeln und summarischer Wirtschaftspläne ist vor allem zu untersuchen, ob ein ständiger Nutzholz-Absatz aus dem Abtriebs-Material der 100- bis 120 jährigen geschlossenen Buchenbestände wahrscheinlich ist und beachtenswert werden wird. Bisher sind zumeist, wie gesagt, nur die über 40 cm in Brusthöhe messenden Stämme mit wesentlicher Erhöhung der örtlichen Brennholzpreise und oft nur mit beschränkten Quantitäten verwertbar geworden. Die ausgiebige Nutzholzgewinnung wird im Buchenhochwald selbst auf den besseren Standorten voraussichtlich die frühzeitige Umlichtung der späteren Abtriebsstämme (neben dem Aushieb mißgestalteter Gerten, Stangen und Stämme bei den Ausjätungs- und ersten Durchforstungshieben) bedingen. In den Wert-Ertragstafeln dieser Schrift konnte die Nutzholz-Aussonderung in den älteren Buchenbeständen nicht berücksichtigt werden, weil es unmöglich war, hierfür allgemein giltige Sätze zu gewinnen. Auch für die örtlichen Ertragstafeln werden nur dann zuverlässige Prozentsätze für den Nutzholzertrag der Buchenhochwaldungen ermittelt werden können, wenn die Nutzholzverwertung seit langer Zeit besteht, und in diesem Fall werden für die Verlängerung der Wachstumszeit höhere Verzinsungssätze wie bei reiner Brennstoffgewinnung resultieren, insbesondere nach Lockerung der Kronen.

In den Buchenhochwaldungen mit Kronenschluß wird die ausgiebige Starkholzgewinnung nur in den wenigsten Fällen mit den privatwirtschaftlichen Produktionszielen zu vereinbaren sein. Die Herstellungskosten werden meistens den Erlös in bedenklicher Weise übersteigen. Kann aber die Hauptmasse der Buchenholz-Produktion nur als Brennholz verwertet werden, so ist zu beachten, daß als Wirtschaftsziel die Produktion der erreichbar höchsten Brennstoffmenge zu vereinbaren ist mit dem waldbaulichen Produktions-Aufwand. Bis jetzt ist es aber zweifelhaft, ob die gleiche Holzmasse, wenn sie aus älteren und umfangreichen Stämmen gewonnen wird, eine größere Wärmemenge nach sofortigem Aufspalten zu Scheitholz (Klobenholz) erzeugen wird als diese Holzmasse, wenn dieselbe aus jüngerem Prügelholz gewonnen und gleichfalls alsbald nach der Verwertung im Walde oder am Verbrauchsorte aufgespalten wird.

Nach den vorgenommenen Untersuchungen von G. L. Hartig und Theodor Hartig verhalten sich die Brennholzsorten der Rotbuche wie folgt:

	Kochwirkung nach G. L. Hartig	Erwärmung der Zimmer nach Th. Hartig
120—160 jähriges Scheitholz . .	1,00	1,00
50—60 jähriges „ .	1,01	1,03
25—30 jähriges Prügelholz . . .	0,99	1,07
Reiserholz	—	0,90

Maßgebend für die Wahl der Umtriebszeit in reinen Buchenhochwaldungen oder in schwach mit Eichen, Eichen, Ahorn, Nadelhölzern u. s. w. gemischten Buchenhochwaldungen, in denen die Nachhaltigkeit der jährlichen Waldrente Wirtschaftsbedingung ist, werden dann, wenn privatwirtschaftliche Produktionsziele voranzustellen sind, in der Regel die Wachstumszeiten werden, welche die nachzuziehenden gemischten Bestände für die Herstellung allseitiger Gebrauchsfähigkeit nötig haben.

1. In den Buchenhochwaldungen, welche den sehr guten, guten und mittelguten Bodenarten angehören, etwa im 80jährigen Alter einen Haubarkeitsertrag von 250 fm Derbholz pro Hektar liefern, wird man die 70jährige Umtriebszeit wählen dürfen, wenn Fichten in den nachzuziehenden gemischten Beständen zur Abtriebszeit dominieren sollen und eine Überproduktion von Kleinnutzholz ausgeschlossen bleibt, wie es in der Regel der Fall sein wird. Zwar wird der 80jährige Normalvorrat der reinen Buchenbestände, wie wir im neunten Abschnitt gesehen haben (S. 101) noch mit 3,5 bis 3,9% verzinst werden. Aber es ist zu beachten, daß die Waldrente durch die nachzuziehenden gemischten Bestände beträchtlich erhöht werden wird und keine Veranlassung besteht, den Nutzungs-Nachfolgern den Bezug der Rentenerhöhung planmäßig länger zu entziehen, als notwendig ist. Man darf ferner nicht übersehen, daß das normale Mehrkapital, welches den Wirtschaftsnachfolgern mit Einhaltung der 80jährigen Umtriebszeit anstatt der 70jährigen Umtriebszeit im reinen Buchenhochwald überliefert werden würde, eine ungenügende Rente liefern würde. (Nach den Ertragstafeln dieser Schrift und den obigen Kosten-Annahmen 1,2% in Absatzlage A und 1,5% in Absatzlage B).

Die Holzsorten, welche in den Normalvorräten für die verschiedenen Umtriebszeiten zur Gewinnung kommen, lassen sich nach den Ertragstafeln dieser Schrift nur für die Abtriebserträge beziffern, da zuverlässige Angaben über die Sortierung der Vornutzungen nicht vorliegen. Diese Prozentsätze betragen (Jahresnutzung einschließlich der Vorerträge):

Umtriebszeit	Gesamte Jahres-Nutzung, Festmeter pro Hektar	Vom Abtriebsertrag Prozente		
		Scheitholz	Prügelholz	Reisholz
60 Jahre	4,68	49	29	22
70 „	4,97	61	20	19
80 „	5,10	70	13	17
90 „	5,10	75	9	16
100 „	5,07	78	8	14

Auf jeden Festmeter Scheitholz, welcher bei Wahl der 80jährigen Umtriebszeit anstatt der 70jährigen Umtriebszeit das jährliche Angebot verstärkt, wird bei einer Zinsforderung von 3½% ein Verlust von ca. 11,1 Mk. in den Absatzlagen A und von 6,5 Mk. in den Absatzlagen B haften bleiben. (Berechnungsart cf. S. 270.)

2. Für die Buchenhochwaldungen der mittelguten Standorte mit etwa 200 fm Derbholzertrag im 80jährigen Alter pro Hektar wird

die Rentabilitäts-Vergleichung voraussichtlich ergeben, daß die 80jährige Umtriebszeit zu befürworten sein wird, wenn vorausgesetzt werden darf, daß in den nachzuziehenden gemischten Beständen eine Überproduktion von Klein-Nutzholz nach 80jähriger Wachstumszeit nicht zu befürchten ist. Allerdings wird, wenn Kiefern als Hauptholzart der gemischten Bestände nachzuziehen sind, für die minderwertigen Bonitäten dieser Standortsklasse zu prüfen sein, ob eine 90jährige Wachstumszeit für die Herstellung gebrauchsfähiger Nutzholzsorten zu bevorzugen ist.

Nach den Ertragstafeln dieser Schrift würde für die reinen Buchenhochwaldungen der Klasse III die folgende Holzsorten-Lieferung vom Abtriebs-Ertrag anzunehmen sein:

Umtriebszeit	Gesamte Jahres-Nutzung, Festmeter pro Hektar	Vom Abtriebsertrag Prozente		
		Scheitholz	Prügelholz	Reisholz
60 Jahre	3,78	33	44	23
70 „	4,04	45	35	20
80 „	4,14	60	22	18
90 „	4,13	67	17	16
100 „	4,07	73	12	15

Wenn die Verstärkung der Scheitholz-Abgabe durch örtliche Untersuchung festgestellt worden ist, so wird vom privatwirtschaftlichen Standpunkte aus zu fragen sein, was dieselbe den Waldbesitzern kostet und ob die letzteren diesen Mehraufwand vom Vorratskapital mit größeren Nutzleistungen in anderen Wirtschaftszweigen anzulegen vermögen als durch Erhöhung des Wald-Vorratskapitals. Für den Wachstumsgang, welcher den Ertragstafeln dieser Schrift zu Grunde liegt, würde die Rentabilitäts-Vergleichung für 1000 ha bei gleichen Abzügen wie oben die folgenden Ergebnisse liefern: (Buchen-Standortsklasse III, 30 Mk. Kulturkosten pro Hektar und 5 Mk. pro Hektar jährliche Betriebskosten).

	Verkaufswert des Normalvorrats Mk.	Jährlicher Reinertrag Mk.	Verzinsungs-Prozente
Absatzlage A, 90jähriger Umtrieb	750 700	23 230	3,1
80jähriger „	601 300	22 420	3,7
Unterschied	149 400	810	0,5

Für die jährliche Mehrabgabe von 197 fm und die Zinsforderung von 3½ % berechnet sich bei einem Erlös von 9 Mk. pro Festmeter ein Verlust von 22,4 Mk. pro Festmeter.

Absatzlage B, 90jähriger Umtrieb	446 400	12 210	2,7
80jähriger „	349 900	11 420	3,3
Unterschied	96 500	890	0,9

Verlust pro Festmeter bei gleicher Mehrabgabe, gleicher Zinsforderung und einem Verkaufspreis von 6 Mk. pro Festmeter 12,6 Mk.

3. Für Rotbuchen-Hochwaldungen auf geringem Buchenboden, etwa mit einem Derbholzertrag von 150 fm im 80jährigen Alter, wird die 90jährige Umtriebszeit wegen Herstellung der Brauchbarkeit für die nachzuziehenden gemischten Bestände zu befürworten sein, wenn die Voraussetzungen hinsichtlich der Brauchbarkeit der gemischten Bestände nach 90jähriger Wachstumszeit zutreffend sind.

Nach den Ertragstafeln dieser Schrift würde die folgende Holzsortengewinnung in den reinen Buchen-Hochwaldungen der Klasse IV anzunehmen sein (Jahresnutzung einschließlich der Vorerträge):

Umtriebszeit Jahr	Gesamt- jahresnutzung Festmeter pro Hektar	Vom Abtriebsertrag Prozente		
		Scheitholz	Prügelholz	Reisholz
60	2,85	22	53	25
70	3,04	34	44	22
80	3,13	45	36	19
90	3,10	51	31	18
100	3,01	61	22	17

Weiter ergiebt für die gleichen Annahmen die Rentabilitäts-Vergleichung der 90jährigen und 100jährigen Umtriebszeit bei gleichen Abzügen wie oben ad 1 für je 1000 ha.

	Verkaufswert des Normal- vorrates Mk.	Jährlicher Reinertrag Mk.	Verzinsung %
Absatzlage A, 100jähriger Normalvorrat	641 000	14 750	2,3
90= „	537 300	14 720	2,1
Unterschied	103 800	30	0,0
Absatzlage B, 100jähriger Normalvorrat	378 300	6 820	1,8
90= „	312 000	6 500	2,1
Unterschied	66 300	230	0,3

Bei der Zinsforderung von $3^1/_2 \%$ beträgt für ein Scheitholz-Mehraugebot von jährlich 174 fm der Verlust pro Festmeter ad A (bei einem angenommenen Verkaufspreis von 9 Mk.) 20,7 Mk. und ad B (bei einem angenommenen Erlös von 6 Mk.) 12,0 Mk. pro Festmeter.

Auf die Erziehung der Buchen-Hochwaldbestände, insbesondere auf die Starkholzzucht und auf die Leistungsfähigkeit der Rotbuche im Lichtstand werden wir in den nächsten Abschnitten dieser Schrift zurückkommen.

Die speciellen Wirtschaftspläne für Buchenhochwaldungen und für das nächste Jahrzehnt erhalten die gleiche Einrichtung, und die Abtriebsreihenfolge ist in gleicher Art zu bestimmen wie für Fichten (cf. oben S. 245).

Eschen, Ahorn, Hainbuchen, Birken und die übrigen Laubhölzer finden sich gewöhnlich einzelständig den Rotbuchen beigemischt. In diesen gemischten Beständen ist die Holzart, welche den Hauptbestand nach dem Werte bildet, maßgebend für die Umtriebszeiten.

Zwölfter Abschnitt.

Die Erziehung der Hochwaldbestände und die Erhaltung der Bodenthätigkeit.

I. Die Triebkräfte der Waldproduktion.

Die Erhaltung und Belebung der Triebkräfte, welche die Waldbäume im Boden finden, ist nicht nur bei der Auswahl der Holzarten für den Anbau und bei der vergleichenden Würdigung der leistungsfähigsten Wirtschaftsverfahren und Verjüngungsmethoden des Hochwaldbetriebs, der Mittel- und Niederwaldwirtschaft in erster Linie zu berücksichtigen; auch die Rückwirkung, welche der dichte oder der mehr oder minder gelockerte Kronenschluß auf den Humusgehalt, die Feuchtigkeit und die Lockerheit des Waldbodens ausübt, bedingt die Wahl der Erziehungsmethoden unserer Waldbestände, die im sogenannten Vornutzungs-(Durchforstungs-)Betrieb zum Ausdruck kommen, und die Wahl der Holzarten für die Verjüngung der Waldungen. Bevor wir diese Maßnahmen in diesem und dem folgenden Abschnitt erörtern, müssen wir darlegen, wie die Nahrungsquellen beschaffen sind, welche die sogenannte Bodenthätigkeit hauptsächlich verursachen.

Die Triebkräfte, welche das Wachstum der Waldbäume bewirken, waren bisher vielfach rätselhaft. Erst in neuerer Zeit hat man begonnen, die Erscheinungen im Leben der Waldbäume auf ihre naturgesetzlichen Ursachen zurückzuführen. Man hatte früher vermutet, daß geheimnisvolle Beziehungen zwischen der sogenannten Örtlichkeit und dem Holzwuchs bestehen, welche nur vom praktischen Blick oder durch die Betrachtung und Befragung der Bäume ergründet und verwertet werden können. Ausschlaggebend für die Regelung der Waldwirtschaft sollten die Erfahrungen sein, welche in der betreffenden Örtlichkeit gesammelt worden waren. Derartige Beteuerungen, die noch heute den alten Förstern geläufig sind, können nicht standhalten gegenüber den Fortschritten der naturwissenschaftlichen Erkenntnis. Auch die frühere Annahme, daß die Fruchtbarkeit des Waldbodens durch eine

„mineralische Kraft" der besseren Waldstandorte in erster Linie verursacht werde, hat sich als unhaltbar erwiesen.

Wenn auch die Vorräte an Mineralstoffen und Stickstoffverbindungen, welche dem „Gesetz des Minimums" entsprechen, unentbehrlich für das Leben der Waldbäume sind, so bleiben doch überschüssige Vorräte wirkungslos, und dem Waldboden werden die benötigten Pflanzennährstoffe durch den jährlichen Laub= und Nadelabwurf erhalten — wenn der Wald von der verderblichen Waldstreunutzung verschont bleibt.

Andere Kräfte sind es, welche hier die prächtigen Eichen und Buchen, die langschaftigen Nadelhölzer u. s. w. emportreiben zu den Hochwaldbeständen, die uns mit Ehrfurcht und Bewunderung erfüllen, während an anderen Orten der Boden, obgleich der Vorrat von Mineralstoffen genügend ist, lediglich der genügsamen Kiefer ein armseliges Dasein zu spenden vermag.

1. Der Humusgehalt, die Feuchtigkeit, Lockerheit und Tiefgründigkeit des Waldbodens.

Das gesamte organische Leben auf unserem Erdball findet bekanntlich seine Triebkraft im Sonnenlicht. In der That sind es die hellen Sonnenstrahlen, welche unsere Waldbestände aufbauen, indem sie die Kohlensäure der Atmosphäre in den Chlorophyllkörpern der Blattzellen zerlegen und organische Substanz erzeugen. Nach mehr oder weniger zahlreichen, bis jetzt nicht bekannten Zwischenstufen ist Stärke ($C_{36}H_{62}O_{31}$) das zunächst sichtbare Erzeugnis der Assimilation. Die Stärke unterliegt alsbald weiteren chemischen Metamorphosen und wird zu Pflanzenbaustoffen zubereitet.

Die Kohlensäure der Luft wird unter lebhafter Verdunstung des aus dem Boden aufsteigenden Wasserstroms und unter Mitwirkung einiger Mineralstoffe und Stickstoffverbindungen zerlegt. Der Kohlenstoff wird assimiliert und der Sauerstoff ausgeschieden. Der Wasserstoff, der im Holze enthalten ist, wird gleichfalls von diesem Wasserstrom geliefert, und auch die Mineralstoffe 2c. gewinnt der Baum durch die Verdunstung des Wasserstroms — sie bleiben zumeist in den Blättern zurück. In dieser Weise entsteht der Holzkörper. Im lufttrockenen Holze sind im Mittel enthalten:

$35{,}6\,\%$ Kohlenstoff

$34{,}8\,\%$ Sauerstoff

$9{,}8\,\%$ Wasserstoff

$0{,}87\,\%$ Asche

$20{,}0\,\%$ Wasser.

a) Der Wasserstrom aus dem Waldboden zu den Blättern und Nadeln als Triebkraft der Assimilation.

Unzweifelhaft ist der wichtigste Faktor für die Assimilation in den Blättern und Nadeln der Wasserstrom, den die Wurzelspitzen aufnehmen und die Spaltöffnungsapparate in den Blättern und Nadeln verdunsten. Man hat gefunden, daß die Waldbäume zwar verschiedene, aber stets beträchtliche Wassermassen während der Vegetationszeit verbrauchen. Obenan stehen die Laubhölzer. Auf Grund von Ermittelungen, die allerdings nur schätzungsweise die Wasserverdunstung geschlossener Buchenhochwaldbestände im 115 jährigen Alter bemessen konnten, hat von Hönel die letztere auf 35 000 bis 54 000 hl pro Hektar und Jahr berechnet, während für jüngere Buchenbestände weit geringere Verdunstungsmengen gefunden wurden, vor allem aber die Weißtannen, Kiefern und Fichten nur etwa den achten bis zehnten Teil dieser Wassermasse verdunsten — immerhin für wasserarmen Boden noch beträchtliche Quantitäten.*)

Während der heißen Sommermonate ist, so viel ist sicher, das Vorhandensein eines beträchtlichen Wasservorrats im Boden von der größten Wichtigkeit. Zu dieser Zeit wird die Wasserverdunstung am intensivsten und die Assimilation am ausgiebigsten sein, wenn keine Stockung in der Wasserzufuhr durch die Wurzelspitzen eintritt. Wird dagegen der Wasserstrom verringert, so wird auch die Bildung organischer Substanz zurückbleiben. Wenn der Diluvialsand kein Wasser im Untergrund hat, so bleiben die Kiefernbestände kurzschaftig und krüppelhaft — auf dem sogenannten schwitzenden Sand sieht man prächtige Buchenbestände.

Für das Gedeihen der Waldbäume ist ein mittlerer Wassergehalt des Bodens am günstigsten. Ein sogenannter frischer Boden, der noch beim Zusammendrücken mit seinen einzelnen Teilen zwar anhaftend bleibt, aber während des Zusammendrückens Wasser nicht hervortreten läßt, ist in erster Linie für die volle Entfaltung der Bodenproduktionskraft erforderlich. Ist der Boden entweder naß und feucht oder trocken und dürr, so wird die Waldproduktion beschränkt und nur einzelne Holzarten finden Gedeihen — bei vorherrschender Bodenfeuchtigkeit Schwarzerlen, Eschen, die meisten Pappel- und Weidenarten, Sumpfkiefern, Ruchbirken u. s. w., bei vorherrschender Bodentrockenheit: Schwarzkiefern, gemeine Kiefern, Weißbirken, Akazien, Aspen u. s. w. Man nimmt gewöhnlich an, daß Hainbuchen, Ulmen, Linden und Ebereschen auf einem feuchten Boden besser fortkommen als Weißtannen, Fichten, Lärchen, Rotbuchen, Eichen, Ahorn, Weißerlen, die nur einen frischen Boden verlangen. Jedoch mangeln zureichende vergleichende Beobachtungen über die Ansprüche der Holzarten an den Wassergehalt des Bodens.

Überhaupt stehen unsere Kenntnisse über das günstigste Maß der Bodenfeuchtigkeit, welches für die meisten Waldbäume am ersprießlichsten ist, dem Nullpunkte nahe. Wir wissen nur, daß ein reichlicher Wasservorrat dann nutzlos wird, wenn die übrigen Faktoren der Produktions-Thätigkeit, z. B. Tiefgründigkeit,

---

*) Wenn auch die jährliche Niederschlagmenge in Deutschland durchschnittlich 70000 hl Wasser pro Hektar beträgt (in Süddeutschland 80000 hl pro Hektar), so sickert unter geschlossenen Holzbeständen ein beträchtlich geringerer Teil in den Boden ein. Nach den Beobachtungen Ebermayers, des verdienstvollsten Forschers auf diesem Gebiet, gelangten nach dem Mittel der vier Jahre 1868 bis 1871 folgende Prozente der insgesamt herabfallenden Regen- und Schneemenge zum Boden:
Fichtenbestände 59—73 %
Kiefernbestände 66 %
Buchenbestände 73—83 %

Durchlüftung des Bodens, Bodenlockerheit u. s. w., mangeln — und es ist selbstverständlich, daß der Wasservorrat im Boden nutzlos bleibt, wenn die Wurzeln nicht atmen können und nicht im stande sind, das Wasser zu den Blättern hinaufzupumpen.*) Aber auf sehr vielen Waldstandorten findet man die nötige Bodenfrische, Tiefgründigkeit, Lockerheit ꝛc. unter einer schützenden Bodendecke, während die Laub- und Nadelabfälle oft seit Jahrhunderten dem Waldboden erhalten worden sind, gleichzeitig aber sehr beträchtliche Unterschiede in der durchschnittlich jährlichen Holzproduktion. Durch welche Vorgänge im Boden oder im Kronenraum werden diese verschiedenartigen Leistungen verursacht? Das wissen wir nicht. Allerdings ist zu vermuten, daß die Waldbäume an den heißen, sonnenhellen Sommertagen großartige Wassermassen verdampfen, und es ist möglich, daß diejenigen Waldbestände, deren Baumwurzeln tief und weit verzweigt in den Boden bringen und ausgiebig und vor allem nachhaltig das Bodenwasser mit den aufgelösten Nährstoffen zu den während dieser heißen Zeit reichlich verdunstenden Blättern liefern, weitaus massenhafter organische Substanz von den Blättern geliefert erhalten als diejenigen Waldbestände, deren Baumwurzeln das zuströmende Bodenwasser spärlicher den Blättern zusenden und bei längerer Dauer der heißen Sommerszeit die Wasserzufuhr immer mehr versiegen lassen. Sicherlich sind für die Steigerung der Holzproduktion Bodeneigenschaften erforderlich, welche die reichliche und zugleich andauernde Aufnahme der den Boden in verschiedener Stärke durchströmenden Bodenlösung begünstigen — die Ausdehnung des Wurzelbodenraums und die Wurzelverzweigung in demselben, die Lockerheit der Bodenoberfläche, die Humusschicht im Boden u. s. w.

Aber bis jetzt ist die vermehrte und verringerte Aufnahme der Baustoffe für die Waldbäume aus dem Waldhumus und den Bodenlösungen noch nicht genügend erforscht worden, und man kann nur vermuten, daß in der nächsten Zukunft die Klarstellung der naturgesetzlichen Ursachen, welche die Beziehungen zwischen der sogenannten Bodenthätigkeit und der Waldproduktion regeln, auf dem nicht mehr ungewöhnlichen Wege der Bacillenforschung erfolgen wird (siehe unten ad d).

b) Die Kohlensäure der Luft.

Welche Quellen benutzen die Waldbäume für den Bezug von Kohlensäure, bei deren Zerlegung der Wasserstrom innerhalb des Holzkörpers als Motor wirkt? Nach dem heutigen Stande der Forschung ist nicht mehr zweifelhaft, daß die Atmosphäre vollständig oder nahezu vollständig die Kohlensäure, welche für die gesamte Pflanzenwelt erforderlich wird, darbietet. Eine beachtenswerte Zufuhr von Kohlensäure aus dem Boden innerhalb des Holzkörpers der Waldbäume ist nicht wahrscheinlich. Es ist keinen Augenblick zweifelhaft, daß die Kohlensäuremenge, welche selbst bei ruhiger Luft durch die Baumkronen zieht, quantitativ

---

*) In der Forstlitteratur hat man sonderbarerweise dem Verfasser die Ansicht zugeschrieben, daß der Wassergehalt der allein entscheidende Faktor der Bodengüte sei, während derselbe lediglich die große Bedeutung betont hat, welche die Wasserströmung von den Wurzeln zu den Blättern für die Holzbildung haben wird, wenn dieselbe nicht durch entgegenwirkende Bodeneigenschaften beeinträchtigt wird.

für die Assimilation der frohwüchsigsten Holzbestände genügend ist. Fraglich ist nur, ob der starke Kohlensäuregehalt des Waldbodens, namentlich des humusreichen Waldbodens, dadurch die Holzproduktion zu steigern vermag, daß Kohlensäure in die Waldluft diffundiert und das Blätterdach durchzieht. Wir kommen auf diese Frage unten bei der Besprechung des Waldhumus zurück.

c) **Die physikalischen Eigenschaften des Waldbodens und der Vorrat an Mineralstoffen und Stickstoffnahrung.**

Für das Gedeihen der Waldbäume ist außer der zureichenden Wasserspeisung weiter erforderlich, daß der Waldboden günstige physikalische Eigenschaften hat. Der Waldboden muß locker und tiefgründig sein, einen mäßigen Feuchtigkeitsgehalt haben, derselbe darf nicht zu naß und nicht zu kalt sein. Es ist eine gewisse Durchlüftung des Bodens erforderlich. Die Wurzeln müssen von sauerstoffhaltiger Luft umgeben sein, um, wie man bis jetzt annimmt, atmen zu können. Die Tiefgründigkeit ist notwendig, damit die Wurzeln in den Boden eindringen können und die Bildung und Verbreitung derselben gefördert wird, die Aufsaugung des Wassers und die Auflösung und Aufnahme der Mineralstoffe in der ausgiebigsten Weise stattfinden kann. Wenn die Durchlüftung des Bodens durch zu dichte Struktur desselben gehemmt wird oder das Bodenwasser stagniert, indem nicht nur die Kapillarräume, sondern auch die leeren Zwischenräume erfüllt werden, so entwickeln sich die Waldbäume kümmerlich.

Bei der Assimilation des Kohlenstoffs sind die sogenannten Mineralstoffe und die Ammoniak- und salpetersauren Salze nicht zu entbehren, wenn auch die Holzbestände nur geringe Mengen beanspruchen. Zahlreiche Vegetationsversuche haben gezeigt, daß die Assimilation aufhört und die Erzeugung organischer Substanz nicht mehr fortschreitet, wenn man von den Elementen Kalium, Calcium, Magnesium und Phosphor auch nur eins ausschließt. Ohne Beigabe kleiner Spuren von Eisensalzen bildet sich das eigentliche Ernährungsorgan, das Chlorophyll, nicht aus. (Kieselsäure ist kein Nahrungsmittel im engeren Sinne dieses Wortes, lagert sich aber wie der Kalk in die Zellwände ein.)

Die Ablagerung der aus dem Boden aufgenommenen Mineralstoffe in die Baumkörper ist quantitativ nicht beträchtlich (im Holze gewöhnlich 0,3 bis 0,4 % der Trockensubstanz). Die Kenntnisse auf dem Gebiete der Bodenkunde gestatten uns nicht, mit Bestimmtheit zu sagen, daß Standorte mit unzureichender Holzproduktion benachteiligt werden durch einen Mangel von Nährstoffen — Torflager ausgeschlossen —. „Es kann als feststehende Thatsache betrachtet werden, daß ein zweijähriger Blatt- oder Nadelabfall vollkommen genügt, um für die betreffenden Bäume sämtliche Bodennährstoffe zu liefern, welche sie zur jährlichen Holzbildung notwendig haben." „Zur reichlichen Holzbildung und kräftigen Entwickelung der Waldbäume ist kein großer Überschuß von mineralischen Stoffen, besonders an Kali, Phosphorsäure und Stickstoff erforderlich; es genügen verhältnismäßig geringe Mengen, wenn nur genügend Wasser und Humus vorhanden ist, um sie löslich und assimilationsfähig zu machen." (Ebermayer.) Wird Streunutzung ausgeschlossen, die Bloßlegung des Bodens vermieden und der Waldboden humusreich und an der Oberfläche locker erhalten und das Optimum der Bodenfeuchtigkeit möglichst zu wahren gesucht, so fragt es sich, ob der vermehrte Gehalt des Bodens an Nährstoffen forstwirtschaftlich ausschlaggebend in die Wagschale fällt. In diesem Falle ist es wahrscheinlich, daß die Waldbäume im Waldboden ein für das Wachstum genügendes Reservoir von Nährstoffen vorfinden. Selbst die Quellen der Stickstoffnahrung, die bei mangelndem Humus nur unzureichend durch die wässrigen Niederschläge ersetzt werden, versiegen nicht, obgleich die Befürchtung, daß durch einen Mangel an Stickstoffnahrung der Rückgang der Holzproduktion in erster Linie verursacht wird, früher sehr nahe lag und erst neuerdings durch die Untersuchungen von Hellriegel, Frank u. a. abgeschwächt worden ist. Für die Aufnahme der Bodennährstoffe ist bekanntlich das Gesetz des Minimums maßgebend, und es ist bis jetzt nicht nachgewiesen, daß die minimalen Mengen von Nährstoffen, welche der Holzkörper bedarf, hinsichtlich irgend eines Bodennährstoffs mangeln, wenn die ungleich größeren Nährstoffmengen, welche mit dem Laube und den Nadeln abfallen, dem Waldboden erhalten werden.*) Die Annahme, daß ein mit Bodennährstoffen reichlich versorgtes Blatt schneller und erfolgreicher assimiliert als ein ebenso großes und ebenso beleuchtetes Blatt bei geringer Nahrungszufuhr, ist meines Wissens nicht durch exakte Untersuchungen beglaubigt worden und die zum Beweis angeführte Erscheinung der plötzlichen Zuwachssteigerung des Mittelwald-Oberholzes nach dem Abhieb des Unterholzes wird in erster Reihe Wirkung der vermehrten Wasserzufuhr in den freigelegten Boden sein, nach welcher die letztere reichlicher empor in die Waldbäume steigt als früher. Man kann, wie erwähnt, vorläufig nicht sagen, daß die frühere Annahme, nach welcher die Unterschiede im Holzwachstum der höheren oder geringeren mineralischen Kraft des Waldbodens entstammen, Bestätigung gefunden hat, vielmehr ist zu vermuten, daß ein Reichtum der mineralischen und stickstoffhaltigen Nährstoffe im Boden wirkungslos bleiben wird, sobald die Wurzeln die geringen Mengen, welche die Holzproduktion bedarf, im Boden finden. Man kann gegen diese Ausführungen nicht einwenden, daß der Rückgang der Holzproduktion infolge intensiver Streunutzung unbestreitbar sei. Es ist vorläufig noch nicht entschieden, ob derselbe in erster Linie verursacht wird durch die Austrocknung und Verhärtung des früher unter der Streudecke frischen und krümeligen Bodens oder durch den Mangel derjenigen Mineralstoffe und stickstoffhaltigen Bestandteile, welche das genannte Minimum für die betreffende Waldbaumgattung bilden. Bis jetzt ist nicht nachgewiesen worden, daß in einem Boden, welcher den Waldbäumen die erforderliche Wasserströmung darbietet, der Holzwuchs verkümmern wird, weil die Wurzeln nicht die wichtigsten Bodenbestandteile, vor allem Kali, Kalk und Phosphorsäure, finden, während es zweifelsfrei ist, daß der Holzwuchs rückgängig

---

*) Die Abnahme der Bodenfruchtbarkeit in Saat- und Pflanzschulen, welche zur Düngung derselben nötigt, kann allerdings auf einen Mangel an Mineralstoffen beruhen, weil die junge Pflanze dem Boden beträchtliche Mengen von Mineralstoffen entnimmt und mit dem Gesamtkörper bei der Verwendung der Pflanzen aus dem Boden ausscheidet.

werden muß, wenn den Baumwurzeln die Wasseraufnahme und der Luftgenuß geschmälert wird. Durch die Ergebnisse zahlreicher experimenteller Untersuchungen müßte vorher bewiesen werden, daß in Wurzelbodenräumen, denen gleiche Wassermengen zugeführt worden sind, regelmäßig kümmerliche Produktionsleistungen erfolgen, wenn bei sonst gleichen Wachstumsfaktoren die beigemengten Mineralstoffe 2c. bis zu dem Gehalt sinken, welchen man in den ärmsten Waldbodenarten findet. Die Ergebnisse einer derartigen vergleichungsfähigen Versuchsreihe sind meines Wissens bisher nicht veröffentlicht worden. Bevor dieselben vorliegen, kann man nicht wissen, ob unter den Triebkräften der Waldproduktion in der That die Mineralstoffe und die Stickstoffverbindungen die ausschlaggebenden Wirkungen haben, die man denselben bisher beigelegt hat.

Neuerdings wird behauptet, daß es nicht der Entzug der Mineralstoffe sei, welche die Verarmung des Bodens herbeiführe, sondern die Auswaschung derselben in tiefere Bodenschichten. Es soll deshalb die Streuentnahme auf reicheren Bodenarten, namentlich bindenden Lehmböden, längere Zeit ohne bemerkbare Änderung des Bodens stattfinden können, und bei selten wiederkehrender Streunutzung soll diese Veränderung überhaupt unbemerkbar bleiben. Werden aber Lehmböden an der Oberfläche infolge der Streunutzung dicht zusammen gelagert und ausgetrocknet, so verringern dieselben, wie jeder Forstmann weiß, die Holzproduktion sehr wesentlich und gefährden die Holznachzucht, falls nicht gründliche Lockerung stattfindet.

Bis zur näheren Aufklärung der hier erörterten Beziehungen kann man nicht sagen, daß die verminderte Holzbildung durch eine Erschöpfung der Mineralstoffe, welche zur Pflanzennahrung notwendig sind, verursacht worden sei. Lediglich der Vorrat an löslichen Bestandteilen berechnet sich nach den in Kiefernwaldungen vorgenommenen Untersuchungen für Lehmboden bis zu 1 m Tiefe pro Hektar und für die wichtigsten Mineralstoffe:

  Kali . . 13000 kg
  Kalkerde . . 13700 „
  Phosphorsäure . 21800 „

Bei jährlicher Entnahme der Streu waren nach 21 Jahren entnommen worden:

  Kali . . . 101,8 kg
  Kalkerde . . . 504,9 „
  Phosphorsäure . 137,2 „

Allerdings ist die Lagerung der Mineralstoffe in der Nähe der Wurzelspitzen maßgebend, die sich nicht klar stellen läßt.

d) Die Humushaltigkeit des Waldbodens.

Das Holzwachstum, welches man auf einem humusfreien Mineralboden dann findet, wenn derselbe genügend wasserhaltig, tiefgründig und locker ist, wird wesentlich gesteigert und belebt, wenn sich der Waldboden mit einer Humusschicht bedeckt.

Aber diese Humusschicht wirkt nur bei einer dünnen und lockeren Lagerung günstig auf die Produktionsleistungen des Waldbodens. Ist die Streudecke in ansehnlicher Höhe dicht zusammen gelagert, wie man es häufig in Buchenbeständen findet, so beginnt die Bildung von Rohhumus. Die zusammengeklebten, eine feste Decke bildenden Blattschichten sind nicht nur undurchlassend für die atmosphärischen Wasserniederschläge, vor allem für das Regenwasser, welches während der Vegetationszeit durch das dichte Kronendach der Buchenbestände herabtröpfelt; diese fest zusammengefügten Laubmassen und die gebildeten Rohhumusschichten verringern auch den Luftzutritt zum Boden, welcher für Atmung der Wurzeln (wahrscheinlich auch für die Thätigkeit der Mikro=Organismen im Boden) erforderlich ist. Ähnlich verhält sich der Rohhumus der Heide= und Beerkräuter.

Die Ursachen, welche den Einfluß des Waldhumus auf die Waldproduktion bewirken, sind noch nicht genügend aufgeklärt worden.

Der Waldhumus hat keine direkte Ernährungskraft. Die Bestandteile des Humus, die man früher, als Ulmin= und Huminsäuren, Quellsäuren und Quellsatzsäuren unterschieden, nunmehr in zwei große Gruppen Huministoffe und Humussäuren getrennt hat, sind keine Pflanzennahrungsmittel, sondern fortwährend durch Aufnahme von Sauerstoff und Luft in Umbildung begriffen und erst die schließlichen Verwesungsprodukte — Kohlensäure, Wasser und die übrig bleibenden Mineralstoffe — werden von den Pflanzen aufgenommen, die Kohlensäure aus der Luft, das Wasser und die Mineralstoffe aus dem Wasserstrom, der innerhalb der Waldbäume aus dem Boden emporsteigt.

Zur Erklärung der Wirkung, welche die Humushaltigkeit des Waldbodens auf die Steigerung der Holzbildung hat, ist zwar gesagt worden: der Humus erhält die Feuchtigkeit, macht den Boden locker und verstärkt die Tiefgründigkeit. Die Nitrate sind in der Humusschicht am stärksten vertreten und gelangen von hier aus in den Wurzelbodenraum. Durch den hervorragenden Kohlensäuregehalt im Humus wird die auflösende Kraft des Wassers verstärkt.

Aber diese mittelbaren Wirkungen können, wie der Verfasser schon früher vermutet hat,*) die hervorragende Bedeutung des Humus für die Waldvegetation nicht befriedigend erklären.

Der Kohlensäuregehalt der Bodenluft ist ein direkter Maßstab für die Fruchtbarkeit des Waldbodens (Ebermayer). Jedoch ist das Optimum dieses Kohlensäuregehalts für die von verschiedenen Holzarten gebildeten Waldbestände noch nicht ermittelt. Im Boden der Rotbuchenbestände findet man nicht die Hälfte des Kohlensäurevorrats im Fichtenboden, allerdings auch nicht die Hälfte der Holzproduktion der Fichtenbestände.

Wir wissen, daß zahllose Mikroorganismen den chemischen Prozeß der Verwesung einleiten, die Kohlenhydrate, welche das Hauptmaterial zur Humusbildung liefern, und die Eiweißstoffe zersetzen. Wir wissen auch, daß dieselben in einem humushaltigen und genügend durchlüfteten Boden am reichlichsten vermehrt werden. Aber die speciellen Vorgänge bei der Pflanzenernährung sind noch nicht sicher erforscht worden.

Der jährliche Laub= und Nadelfall erzeugt im Mittel ca. 2440 bis 2650 cbm Kohlensäuregas pro Hektar, wie Ernst Ebermayer gefunden hat. Diese gewaltige Kohlensäure=Menge strömt entweder direkt oder, nachdem dieselbe vorübergehend im Boden aufbewahrt worden ist, in die Waldluft, und es liegt die Frage nahe, ob diese

---

*) „Der Waldbau und seine Fortbildung." Stuttgart, Cotta, 1884, S. 53.

Verstärkung der atmosphärischen Kohlensäure spurlos an den Waldbäumen vorübergehen wird.

Gestützt auf die pflanzenphysiologische Beobachtung, daß die Stärkebildung in den Blättern und Nadeln bis auf den sechs- bis achtfachen Betrag gesteigert wird, wenn dieselben im intensiven Lichte und gleichzeitig in einer Luft funktionieren, deren Kohlensäure-Gehalt bis auf etwa 8% erhöht worden ist,*) hat der Verfasser 1884 Untersuchungen angeregt, ob die enorme Kohlensäure-Erzeugung des Laub- und Nadelabfalls, die entweder direkt oder nach Aufbewahrung im Boden in die Waldluft strömt, die Waldproduktion erhöht. Ernst Ebermayer konnte bei seinen Untersuchungen, die er 1885 veröffentlicht hat,**) nicht finden, daß im großen und ganzen der Kohlensäuregehalt der Waldluft wesentlich verschieden ist von dem der Luft auf freiem Felde. Ebermayer räumt jedoch ein, daß die Waldbäume unter Umständen, wenn alle anderen Produktionsfaktoren (Nährsalze, Feuchtigkeitsgrad, Humusgehalt resp. Stickstoffnahrung, physikalische Bodenbeschaffenheit, klimatische Verhältnisse, Luftzutritt) den Anforderungen der Holzarten genügen, von jener Kohlensäure Gebrauch machen können, welche aus der Humusdecke des Waldbodens zu den Blättern diffundiert.

(Nach einer neueren Angabe Robert Hartigs***) soll es bekannt sein, daß die Luft geschlossener Waldbestände etwa den doppelten Kohlensäuregehalt — im Mittel 0,1% — gegenüber der atmosphärischen Luft — 0,04 bis 0,06% — hat. Unbeträchtliche Unterschiede im Kohlensäuregehalt der Waldluft werden allerdings [mit Baryt-Wasser] nach den Gesetzen der Gasdiffusion schwer festzustellen sein, da die Moleküle in allen Gasen eine kaum meßbare Geschwindigkeit erreichen.)

Nach den neueren Untersuchungen auf dem Gebiete der Pflanzenernährung, namentlich durch Frank, ist der Blick in verschärftem Maße auf die Thätigkeit der niederen Organismen im Boden gerichtet worden.

Schon vor langer Zeit hatte man in Paris in einem Gramm Erde 750 000 bis 900 000 Bakterienkeime gefunden. Miquel fand in 1 g Erde in 0,2 m Tiefe 7- bis 800 000 Spaltpilze, Adametz 500 000 an der Oberfläche, 450 000 in tieferen Schichten, Fränkel in der Gegend von Potsdam in 1 ccm Erde an der Oberfläche im März und September 80- bis 95 000 Spaltpilze, in ½ m Tiefe 65- bis 85 000, in 1½ m Tiefe 300 bis 700, Emmerich in der Gegend von München in 1 ccm Humus aus Fichten- und Buchenwaldungen 170- bis 190 000 Bakterien.

Durch viele, zuerst 1885 veröffentlichte Untersuchungen und Beobachtungen hat Frank konstatiert, daß „in allen humushaltigen Waldböden die Saugwürzelchen der Laubbäume und Nadelhölzer nicht wie bei anderen Gewächsen mit feinen Wurzelhaaren bekleidet, sondern vollständig von einem braunen oder schwarzbraunen, mehr oder minder dicken Pilzmantel umhüllt sind, der mit der Wurzel-Epidermis innig verwachsen ist und von dem zahlreiche kürzere oder längere Mycelfäden ausgehen, die sich in der benachbarten, humusreichen Erde nach allen Seiten verbreiten und mit den Humusteilchen verwachsen. Dieses eigentümliche,

---

*) Schon Liebig hat vermutet, daß der Humus die Assimilation der Kohlensäure durch die Pflanzen vermehrt. Er sagt: „Von der in den Poren der Ackerkrume enthaltenen Kohlensäure tritt unausgesetzt ein Teil an die äußere Luft durch Diffusion, und man versteht, daß Pflanzen, die mit ihren Blättern den Boden wie mit einer dichten Decke beschatten und dadurch den Wechsel der kohlensäurereicheren Luftschichten unterhalb verlangsamen, in einer gegebenen Zeit mehr Kohlensäure vorfinden und durch ihre Blätter aufzunehmen vermögen als solche, die für ihren Bedarf ausschließlich auf die atmosphärische Luft angewiesen sind.
**) „Beschaffenheit der Waldluft." Stuttgart, Enke, 1885.
***) „Lehrbuch der Anatomie und Physiologie der Pflanzen." Berlin 1891, Springer.

aus Pilz und Wurzel kombinierte Organ wurde als Pilzwurzel oder Mykorhiza bezeichnet. Erzeugt durch Pilzmycelien, welche nur im Waldhumus mit großer Menge vorkommen, bilden sich diese Mykorhizen immer in jenen Bodenschichten und Stellen des Waldbodens aus, welche humushaltig sind, am reichlichsten dort, wo sich viele in Zersetzung begriffene Pflanzenabfälle und Humusbestandteile angesammelt haben.

Waldpflanzen, die in künstlichen Nährstofflösungen erzogen wurden, oder Bäume, die sich in humusfreien Mineralböden entwickelt haben, zeigen völlig pilzfreie, mit Wurzelhaaren bekleidete Saugwürzelchen. Die Versuche, welche Frank mit Kiefernpflanzen im sterilisierten und nicht sterilisierten Boden vorgenommen hat, zeigten beachtenswerte Unterschiede im Wachstum der Kiefernpflanzen nach drei Jahren. Im sterilisierten Boden waren die dreijährigen Kiefern nur durchschnittlich 7 cm hoch, zeigten fast gar keine Zweigbildung und hatten nur gelbgrüne 3 cm lange Nadeln. Im nicht sterilisierten Boden waren die dreijährigen Kiefern 20 cm hoch, hatten meist kräftige Zweigquirle und dunkelgrüne Nadeln von durchschnittlich 8 cm Länge. An einem und demselben Baume können verpilzte oder unverpilzte Saugwurzeln vorkommen, je nachdem dieselben humushaltige und humusfreie Bodenschichten durchstreichen. Die Saugwurzeln, welche sich in den oberen humushaltigen Bodenschichten ausbilden, sind verpilzt, die Saugwurzeln in den tieferen, humusfreien Regionen des Waldbodens unverpilzt. Nicht nur Kiefern, sondern auch junge Buchen und Eichen sollen sich nach den Versuchen Franks mit verpilzten Wurzeln weit besser ernähren und kräftiger entwickeln als die Pflanzen ohne Wurzelpilze, nur mit Wurzelhaaren, die im sterilisierten humusreichen Kalkboden erzogen wurden.

Frank behauptet, daß die Waldbäume nicht nur die mineralischen Salze, sondern auch das Wasser durch Vermittelung dieses Pilzes aufnehmen, sogar Stickstoffnahrung.

Diese Theorie ist jüngeren Datums und nicht unbestritten geblieben. Man vermutet, daß die Mykorhize pathologische Bildungen der Baumwurzeln seien. Für die praktische Forstwirtschaft wird entscheidend sein, ob vollends nachgewiesen werden kann, daß die Einwirkung des Waldhumus auf den Holzwuchs durch die Thätigkeit der Mikroorganismen im Boden verursacht wird, indem dieselben die Nahrung im Boden zur Aufnahme durch die Wurzeln vorbereiten. Die Forstwirtschaft würde alsdann die Obliegenheit haben, nicht nur für die Erhaltung und Vermehrung der Humusvorräte im Boden zu sorgen, sondern auch während der Erziehung der Waldbestände die genügende Durchlüftung des Bodens bis zu etwa 0,5 m Tiefe beständig im Auge zu behalten. Es würde dieser poröse Humus auch im weiteren günstig wirken; derselbe hat das größte Wasseraufsaugungsvermögen und verringert die Sickerwassermengen in hohem Grade. Die Auswaschung der löslichen Nährsalze, der man neuerdings, namentlich für lockere Sandböden, große Bedeutung beigelegt hat, wird dadurch verhindert. Der Kulturboden erhält eine lockere, krümelige Struktur, und dadurch wird die oben berührte Durchlüftung bewirkt. Im Humus kommen Regenwürmer, Maulwürfe, Engerlinge in größerer Zahl vor, die den Boden lockern.

Im Humus ist die Kohlensäurebildung durch Zersetzung der Laubblätter und Nadeln am kräftigsten, und wenn der feuchte Boden unter einer Moosdecke im Sommer erwärmt wird, so wird die Zersetzung beschleunigt. Es ist deshalb nicht wunderbar, daß man, wie oben erwähnt, im größeren oder geringeren Kohlensäuregehalt des Waldbodens einen ziemlich zuverlässigen Gradmesser für die Beurteilung der Bodenthätigkeit und Bodenfruchtbarkeit gefunden hat. (Moor- und Torfböden ausgenommen).

Das Rätsel der Bodenthätigkeit ist in der letzten Zeit, wie man sieht, der Lösung näher gerückt, aber endgiltigen Abschluß hat diese Lösung noch nicht gefunden. Überaus schwierig ist es namentlich, die Funktionen der Mineralstoffe und Nitrate festzustellen. Die Lagerung dieser Nährstoffe in der Umgebung der Wurzeln kann durch die Bodenanalyse nicht erforscht werden, und diese Vorräte sind für die Aufnahme durch die Baumwurzeln maßgebend, nicht die Bodenvorräte, welche man durch Auflösung in kochender Salzsäure ermittelt. Die verringerte Ablagerung in den Blättern und Nadeln nach unmäßiger Streunutzung ist wiederum nicht beweisfähig für die Annahme, daß der Rückgang der Holzproduktion durch mangelnde Mineralstoffe ꝛc. verursacht werde, weil mit der abnehmenden Wasserspeisung aus dem vertrockneten und verhärteten Boden auch der quantitative Transport dieser Nährstoffe vom Boden zu den Blättern und Nadeln abnehmen muß.

Vom Standpunkt der Bodenkunde aus kann man bis jetzt nicht mit positiver Sicherheit behaupten, daß durch die bisherige Erziehungsart der Hochwaldbestände im dichten Kronenschluß die Leistungsfähigkeit des Waldbodens in unübertrefflicher Weise erhalten und gefördert wird. Die Produktivität des Waldbodens wird vermutlich durch eine lockere, krümelige, poröse, Beschaffenheit der oberen humushaltigen Bodenschicht, welche fortgesetzt von der Luft durchdrungen wird, am meisten und am nachhaltigsten gesteigert werden.*) Zur Herstellung und Erhaltung dieser Bodenbeschaffenheit ist auf den meisten Bodenarten die Bodenbedeckung durch eine ausreichend hohe Laub-, Nadel- oder Moosschicht nicht zu entbehren. Aber wir sehen auf den kalkhaltigen Bodenarten, daß eine lockere Bodenbedeckung genügend ist und eine rasche Verwesung des Laubes und der Nadeln schadenbringend nicht sein kann. Es fragt sich, ob die Bedingungen für die Holzproduktion in der vorzüglichsten Wirkungsfähigkeit dargeboten werden, wenn die lockere, durchlässige Beschaffenheit der oberen Bodenschicht ersetzt wird durch eine kompakte, zusammengeklebte, für Wasser und Licht schwer durchdringliche Bodenbedeckung. Wir wissen noch nicht, ob eine mäßige Lockerung des Kronenschlusses erschlaffend oder belebend auf die Bodenthätigkeit wirken wird, ob die letztere begünstigt oder geschädigt wird, wenn unter dem dicht zusammengefügten Kronendach der „normal" geschlossenen Hochwald-

---

*) Auf diese fortgesetzte Durchlüftung des Waldbodens hat seit langer Zeit die dänische Forstwirtschaft den ausschlaggebenden Wert gelegt und damit eine hervorragende Holzproduktion hervorgerufen und erhalten. Siehe dänische Reisebilder von Dr. Metzger in den „Mündener forstlichen Heften", Heft IX und X. Berlin, Springer 1895 und 1896.

bestände der Boden kalt bleibt und nicht genügend durchlüftet wird, wenn die Baumabfälle nicht genügend zersetzt werden und eine Ablagerung erlangen, welche dem Rohhumus ähnlich ist, wenn die wässerigen Niederschläge, welche während der Vegetationszeit Ersatz leisten für die von den Waldbäumen verdunstete Winterfeuchtigkeit, größtenteils vom Kronendach aufgefangen und in die Atmosphäre verflüchtigt werden.

Aufgabe der Forstwirtschaft bis zur Feststellung der für die Bodenthätigkeit wirksamsten Kronenstellung wird die Erhaltung einer mäßig hohen Laub-, Nadel- oder Moosschicht und Verhütung des Gras- und Unkrautwuchses sein. In den Buchenhochwaldungen und in den übrigen Laubholzbeständen läßt die frisch aufgelagerte Laubstreu das Wasser leicht durchdringen und behält wenig zurück. Zur Erhaltung der günstigen Wirkungen des Buchenlaubes auf die Bodenthätigkeit wird jedoch zu verhüten sein, daß bei fortschreitender Zersetzung die Blätter dicht zusammen gelagert werden und die verklebten Blattschichten eine dichte Decke bilden, die selbst bei einem beträchtlichen Wasserdruck kein Wasser durchläßt, bis dieselbe an einzelnen Stellen zerrissen wird. Eine zu dichte Auflagerung dieser verwesenden Laubschichten mit beginnender Rohhumusbildung wird zudem die Durchlüftung der oberen Bodenschichten verhindern. Sie kann keineswegs, wie man früher angenommen hat, die Bodenthätigkeit in vollendetem Maße erhalten und fördern. Eine dünne, locker aufgelagerte Laubschicht wird, wenn die Verwesung des jährlichen Laubabfalls durch Wärme und Feuchtigkeit in den richtigen Grenzen gefördert wird, günstiger wirken.

Eine Laubstreu-Nutzung, welche dem Übermaß durch periodische Durchbrechung der Anhäufung vor dem Blattabfall entgegenwirkt, wird deshalb in geschlossenen Buchenhochwaldungen gestattet werden können.

Bei der „Nadelstreu" ist eine dichte, kompakte Überlagerung des Bodens infolge der Gestalt der Nadeln nicht möglich, und wenn auch die Nadeln langsamer verwesen wie die Laubblätter, so zeigt doch immer die Nadeldecke beträchtlich mehr Öffnungen, welche das Wasser durchdringen kann. Eine starke Moosdecke wirkt wie ein dem Boden aufgelagerter Schwamm. Sie hemmt die Wasserverdunstung aus dem Boden. Aber das Moospolster läßt auch erst dann Feuchtigkeit in den Boden, wenn die bedeckende Moosschicht vollständig gesättigt ist und weiterer Regen erfolgt. Es kann deshalb nur nützlich wirken, wenn eine über 8 bis 10 cm starke Moosdecke streifenweise durchbrochen wird.

Der vegetationslose Boden steht der Moosdecke in der Einwirkung auf den Feuchtigkeitsgehalt des Bodens am nächsten, während Gräser und Unkräuter die obere Bodenschicht am meisten austrocknen — weit mehr als junge Buchen und Fichtenpflanzen. Im Walde ist der Boden in den unteren Schichten stets wasserärmer als der vegetationslose Boden im Freien in den unteren Schichten, weil die Bodenfeuchtigkeit im Walde durch die Baumwurzeln in starkem Maße ausgepumpt wird — am stärksten in der Jugend der Waldbestände, abnehmend im höheren Alter. Dagegen ist die obere Bodenschicht im Walde stets wasserreicher wie die obere Bodenschicht im Freien.

Wenn lichtbedürftige Holzarten die Waldbestände bilden, die sich im höheren Alter licht stellen, wie Eichen, Lärchen, Birken, Kiefern u. s. w., oder wenn bei der Erziehung der Hochwaldbestände eine Abrückung der Baumkronen wegen Wuchsförderung der Nutzholzstämme durch sogenannte Kronenfreihiebe bewirkt wird, so entsteht die Frage, ob es wirksamer sein wird, den Boden locker (möglichst im vegetationslosen Zustande) zu erhalten, oder ob die verstärkte Einwirkung von Licht und Luft auf den Boden zu paralysieren ist durch Anbau von Schutzholz. Auch zur Entscheidung dieser Frage mangeln die maßgebenden komparativen Untersuchungen.*) Man wird jedoch annehmen dürfen, daß der Anbau schattenertragender Bodenschutzhölzer, namentlich Rotbuchen ꝛc., entbehrlich ist und keine wesentliche Verbesserung der Bodenfeuchtigkeit ꝛc. herbeiführen wird, solange der Boden lediglich mit leblosem Laub und Nadeln und mit Moos bedeckt, überhaupt vegetationslos und locker bleibt. Man kann sogar vermuten, daß der bebaute Boden wasserärmer werden wird, wie der vegetationslose Boden, weil die Blätter des Unterwuchses die atmosphärischen Niederschläge auffangen und die Wurzeln desselben in der Aufnahme des Wassers und auch der Nährflüssigkeit konkurrieren mit den Baumwurzeln des unterbauten Bestandes. Diese nachteilige Wirkung wird am meisten bei einem dichten, filzartigen Unterwuchs von Fichten zu befürchten sein.

Wenn dagegen eine beachtenswerte Bodenbegrünung durch Graswuchs, Heidelbeer= oder Heidewuchs und Ansiedelung anderer sogenannter Forstunkräuter zu erwarten ist oder beginnt, so wird der Unterbau schadenbringend nicht sein können. Diese Gräser und krautartigen Gewächse verdunsten eine weit größere Feuchtigkeitsmenge aus dem Boden als Holzgewächse und werden die Bodenaustrocknung und die Bodenverangerung mehr fördern als die letzteren. Die Verhinderung oder wenigstens die Milderung der Bodenaustrocknung wird der hauptsächliche Erfolg des Unterbaues werden.

Die Bearbeitung des Waldbodens mit Hacke und Spaten, die in dem benachbarten Holland üblich ist, hat bisher in Deutschland keine große Flächenausdehnung erreicht und wird auch zukünftig in den größeren Waldungen am Kostenpunkt scheitern. Nutzbringend würde die Bodenlockerung für den Holzwuchs unzweifelhaft werden, wie die Erfahrungen im Hackwaldbetrieb und beim Waldfeldbau beweisen.**) Die Krümelung wird gefördert, die Bodendecke wird den unteren Bodenschichten zugebracht und die oberen und unteren Bodenschichten

---

*) Die Beobachtungen in Meiningen sind nicht beweisfähig. Zweck können derartige komparative Untersuchungen nur haben, wenn ein üppiger Gras= und Unkrautwuchs entstanden ist, der auf der unterbauten Fläche entfernt wurde, aber auf der nicht unterbauten Probefläche fortdauert, während in Meiningen eine Bodenbedeckung von Laub, Moos und einigen beigesellten Beerkräutern auf der letzteren vorherrschend war, die weniger Wasser verdunsten wird wie die angebauten Holzpflanzen. Wenn auf der unterbauten Fläche ein Abnehmen der Holzproduktion gegenüber der nicht unterbauten Fläche gefunden wurde, so kann diese Erscheinung nicht maßgebend für die Entscheidung über Nützlichkeit des Unterbaues sein.

**) Heinrich Fischbach, „Lockerung des Waldbodens". Stuttgart 1858.
Reiß, Baur's „Centralblatt für das gesamte Forstwesen", 1885, S. 354.
Waldbau des Verfassers, Stuttgart 1884. S. 71 bis 77.

werden öfters gemischt. In lockeren Böden ist die Verdunstung wesentlich geringer, als in fest gelagerten Böden, in den ersteren wird das Eindringen der Niederschläge erleichtert, die Temperatur ist durchschnittlich geringer, die Durchlüftung weitaus ausgiebiger als in den festgelagerten Böden. Jedoch ist dann Vorsicht geboten, wenn der Boden steinhaltig oder schiefrig ist, oder der gekrümelte Boden nur geringe Mächtigkeit hat. In diesen Fällen darf die Bearbeitung nicht tiefer gehen, als gekrümelter Boden vorhanden ist. Selbstverständlich ist bei der Bearbeitung die Beschädigung der Baumwurzeln zu vermeiden.

Die Aufgabe der Forstwirtschaft hinsichtlich der Bodenpflege wird vorläufig dahin präzisiert werden dürfen, daß als Regel der jährliche Blatt- und Nadelabfall dem Waldboden sorgsam zu erhalten und in Humus umzuwandeln sein wird, daß unbedingt die Entstehung eines erheblichen Gras- und Unkrautwuchses zu verhüten ist, daß aber andererseits wegen der Durchlüftung des Bodens und des Eindringens der atmosphärischen Niederschläge eine nicht zu hohe und nicht zu dichte, zur Rohhumusbildung hinneigende Blätter- und Nadelaufschichtung zu bevorzugen, auch eine hohe und dichte Moosdecke streifenweise zu durchbrechen ist. Die Kronenstellung, welche die Bodenthätigkeit am wirksamsten durch Wasserzufluß und durch Bildung der Bodendecke für die genannten Erfordernisse unterstützt, ist noch nicht ermittelt worden.

2. Die Wirkung des Sonnenlichts
im Kronenraum auf die Produktionsthätigkeit der Waldbäume.

Wenn scheinbar im stillen Walde „über allen Wipfeln Ruhe" ist und nur das geheimnisvolle Flüstern der Blätter ahnen läßt, „was sich der Wald erzählt", so vollzieht sich thatsächlich ein geräuschloses, aber heftiges und mörderisches Ringen und Kämpfen der Waldbäume um die Erhaltung des Lebens. Von der Jugend bis zum Alter wird das Zusammenleben der Waldbäume von diesem Daseinskampfe beherrscht und geregelt. Freigebig streuen die älteren Hochwaldbestände in Samenjahren, wenn sie sogenannte Vollmast oder auch nur Halbmast oder Sprengmast tragen, ihre Samenkörner aus, und die jungen Pflanzen wachsen, wenn sich der Same in lockeres, frisches Erdreich eingebettet hat und die Keimlinge den benötigten Lichtgenuß finden, kräftig empor, zu Tausenden auf kleiner Fläche zusammengedrängt. Aber alsbald beginnt die „Reinigung" der Dickungen (Schonungen, Hegen ꝛc.), welche durch das Emporstreben zum Licht verursacht wird. Sind Waldbäume gleicher Gattung zum Fortwachsen vereinigt worden, so erwürgen die kräftigeren Stämmchen, welche günstigere Verhältnisse für ihre Entwickelung im Wachsraum oder in der Nahrungsaufnahme gefunden haben, langsam, aber sicher ihre schwächeren Stammesgenossen. Die kräftigeren Stämmchen bringen mit dem Gipfel empor zum belebenden Genuß der hellen Sonnenstrahlen, breiten ihre Kronenzweige aus und verdichten dieselben durch einen reichlichen Blatt- und Nadelansatz. Die minder begünstigten, zurückbleibenden Mitkämpfer werden durch Lichtentzug zum Hinsiechen gebracht, vegetieren längere Zeit kümmerlich, und schließlich werden sie trocken.

Sind Holzpflanzen verschiedener Gattung zu diesem Zusammenleben im dichten Kronenschluß der Hochwaldverjüngungen vereinigt worden, so beginnt alsbald ein gleiches, wenn nicht verschärftes Ringen um die Existenz, und es fällt in der Regel denjenigen Gattungen der Sieg zu, welche von der Schöpfung mit besonderen Kampfmitteln ausgerüstet worden sind. Unter den Waldbäumen, welche für ihre Baumkronen ausgiebigen Lichtgenuß, freien Wachsraum nötig haben und deshalb lichtbedürftig genannt worden sind, konnten nur die mit überlegener Energie im Höhenwuchs begabten Genossen das Leben erhalten und die Fortpflanzung ermöglichen. Auch die Nachkommen waren gezwungen, emporzueilen über die bedrängende, das Leben bedrohende Nachbarschaft der schattenertragenden, dunkel belaubten Waldbäume, um freien Wachsraum zu gewinnen. Sie würden ohne diese Raschwüchsigkeit längst zu Grunde gegangen sein. Zu überragender Kronenstellung gelangt, drängen sie zwar die unterständigen, langsam wachsenden Holzgattungen zurück. Allein der lichte und lockere Baumschlag mäßigt diese Wirkung, und ein ausgeprägtes Schattenerträgnis kommt den unterjochten Holzgattungen zu Hilfe. Weitaus gefährlicher sind die Waldbäume, welche von der Schöpfung nicht nur mit Raschwüchsigkeit, sondern auch mit einer dunklen Belaubung, mit einer dicht verzweigten blätter= und nadelreichen Krone ausgestattet worden sind. Hierher gehören vor allem Fichten und Weißtannen; diese „gewaltthätigen" Holzgattungen beginnen nach Zurücklegung der Jugendjahre einen energischen Höhenwuchs und überwachsen mit ihren dunklen, dichten Kronen die meisten nebenstehenden Holzarten, wenn die letzteren nicht einen beträchtlichen Höhenvorsprung haben, die raschwüchsige Esche, die königliche Eiche nicht ausgenommen. Kann sich namentlich die Fichte einnisten in ein Waldgebiet, in welchem die Laubhölzer bisher dominierend waren, so wird sie alsbald die benachbarten Verjüngungsschläge mit ihren Samen befruchten und im Laufe der Zeit die Laubhölzer immer mehr zurückdrängen.

Das Leben unserer Waldbäume wird, wie man sieht, von der Jugend bis zum Alter beherrscht und geregelt durch die Kraft, welche die Urquelle alles organischen Lebens auf diesem Erdball ist — das Sonnenlicht. Bei reichlicher Wasserzufuhr wird die Assimilationsthätigkeit in den Chlorophyllkörpern der Ernährungsorgane wesentlich gesteigert durch die Helligkeit der Beleuchtung, bis die Helligkeit eines sonnigen Sommertages erreicht wird. Schon im diffusen Sonnenlichte findet die Sauerstoffabscheidung mit bedeutender Energie statt. Wurden jedoch die Blätter dem intensiven Sonnenlicht bei den pflanzenphysiologischen Untersuchungen ausgesetzt und zugleich der Kohlensäuregehalt der Luft bis zu etwa 8 %, gesteigert, so wurde die Stärkebildung wesentlich ausgiebiger (bei den Godlewsky'schen Untersuchungen wurde die Assimilation auf den sechs= bis achtfachen Betrag gesteigert). Tag für Tag sehen wir im Walde die Wirkung der helleren Beleuchtung auf die Assimilation an den Stämmen, welche ihre Kronen emporgeschoben haben in den vollen Lichtgenuß. In kurzer Zeit bilden diese Stämme weitaus stärkere Baumkörper als die benachbarten auf gleiche Nahrungsquellen angewiesenen, aber im Höhenwuchs zurückgebliebenen Stämme, welche im engen Kronenraum hauptsächlich auf die Gipfelbeleuchtung angewiesen sind.

Die Baumkronen der neben- und unterständigen Stämme und Stangen in dem dicht geschlossenen Kronendach der Hochwaldbestände werden überdies durch eine eigenartige Abänderung der Lichtwirkung benachteiligt, welche die pflanzenphysiologische Forschung neuerdings nachgewiesen hat.*) Das Licht, welches durch ein lebendes Blatt hindurchgegangen ist, hat nicht mehr die Kraft, in einem zweiten Blatte Assimilation zu bewirken. Die Blätter und Nadeln der zwischen- und unterständigen Baumkronen in den geschlossenen Hochwaldbeständen bleiben grün und transpirieren, weil die in den Zweigen abgelagerten Ernährungsorgane die Triebbildung der Knospen ermöglichen und das Licht für die Ergrünung ausreicht. Aber sie assimilieren minimal und ihre Thätigkeit wird für die Holzbildung kaum beachtenswert. Sind die wanderungsfähigen Stoffe in den jüngsten Zweigen erschöpft, können keine Knospen mehr ausgetrieben werden, so sterben die unterdrückten Gerten, Stangen und Stämme ab.

Es ist nach diesen pflanzenphysiologischen Forschungsergebnissen zu vermuten, daß die vom Lichte unmittelbar getroffenen Blätter und Nadeln im oberen Kronenraum der dicht geschlossenen Hochwaldbestände die Gesamtproduktion der letzteren hauptsächlich bewirken und die Baumkronen der zwischen- und unterständigen Stämme, welche in den Genuß der direkt einfallenden, kein lebendes Blatt berührenden Lichtstrahlen nicht vordringen können, nur geringe Zuwachsleistungen vollbringen werden. Wird diese Vermutung durch die Zuwachsmessung der Stammklassen in diesen dicht geschlossenen Hochwaldbeständen bestätigt, so würde der Erziehung der Hochwaldbestände die Aufgabe zufallen, den Kronenraum möglichst anzufüllen mit Blättern und Nadeln, welche im hellen Sonnenlicht funktionieren, und diese direkte Beleuchtung möglichst tief herabzurücken, jedoch nur bis in die tiefer liegenden Schichten des oberen und mittleren Kronenraums — sonach innerhalb der Grenzen bleibend, deren Einhaltung durch die Rücksicht auf Bewahrung der Bodenkraft, der Schaftausformung, Holzgüte ꝛc. geboten ist. Wenn in der That die Lebensthätigkeit der unterständigen und zwischenständigen Stämme und Stangen zwar zur Chlorophyllbildung hinreicht, aber nicht zur Assimilation und Stärkebildung im Chlorophyll, so würde die Beibehaltung der zugehörigen Baumkronen im wesentlichen nur wegen des Bodenschutzes erforderlich werden. Für die Erziehung der Hochwaldbestände würde die Pflege der vorgewachsenen Stämme mit heller, tiefer gehender Beleuchtung der oberen und mittleren Baumkronenschichten das leitende Ziel werden. Vor allem diesen Stämmen würde bei den Vornutzungshieben freier Kronenraum zu öffnen sein, allerdings in nicht bedenklicher Weise, etwa für

---

*) „Arbeiten des botanischen Instituts in Würzburg." Dritter Band, Heft III. Leipzig 1887. Engelmann.

die nächste fünfjährige, bis höchstens zehnjährige Wachstumsdauer. In erster Linie würden die zwischenständigen Stämme im oberen Kronenraum, welche die seitlich einfallenden hellen Lichtstrahlen absorbieren und dem oberen und mittleren Blätterraum der vorgewachsenen Stämme ohne entsprechende Nutzleistung rauben, so weit zu entfernen sein, als es die Rücksicht auf die Bodenbeschattung und Bodenbedeckung ec. gestattet. Man würde die wirkungsvollste Kronenstellung zu ermitteln und zu verwirklichen, aber dabei im Unterstand eine genügende Blätter- und Nadelmasse für den Bodenschutz beizubehalten haben. Aber man würde dieselbe in den unteren Kronenraum herabzurücken haben, abgesehen von der Ergänzung durch Bodenschutzholz.

Wir werden untersuchen, ob die vorstehend erörterten pflanzenphysiologischen Forschungsergebnisse bestätigt worden sind durch die bisherige vergleichende Bemessung der Wachstumsleistungen der stärkeren und schwächeren Stammklassen in den normal geschlossenen Hochwaldbeständen. Man kann nicht verkennen, daß die Ergebnisse der Untersuchung hervorragende Bedeutung für die einträglichste Bewirtschaftung der Waldungen, insbesondere für die Feststellung der Umtriebszeiten gewinnen werden, und wir werden zu prüfen haben, welchen Einfluß die rechtzeitige Umlichtung der späteren Abtriebsstämme auf die körperliche Entwickelung, die Schaftform, Holzgüte ec. derselben ausüben wird.

Zuvor ist jedoch die Kronenstellung zu erörtern, welche die bisherigen Durchforstungsmethoden erstrebt haben.

II. Welche Grundsätze für die Erziehung der Hochwaldbestände waren bisher maßgebend?

Die Erziehung der Hochwaldbestände hat mit dem Reinigungs- (Ausjätungs-) Hiebe zu beginnen, mit dem Aushiebe unwüchsiger Vorwüchse, sperriger Stockausschläge und verdämmender Weichhölzer. Wird Nutzholzproduktion bezweckt, so wird diese Reinigung auch auf die mißgestalteten Bestandsglieder auszudehnen sein, überhaupt auf alle Holzpflanzen, welche zur späteren Bestandbildung nicht tauglich sind und ohne Erzeugung bedenklicher Bestandslücken vorsichtig und allmählich entfernt werden können. Aus Nadelholzbeständen sind Birken frühzeitig auszuhauen, weil dieselben die jüngsten Triebe der Nadelhölzer abpeitschen.

Hierauf ist den aufwachsenden Hochwaldbeständen eine nach der Raschwüchsigkeit der Waldbäume und der Standortsgüte verschieden lange, aber stets mehrere Jahrzehnte umfassende Wachstumszeit zu gestatten, bis die Baumkronen der dominierenden Stangen und Stämme eine den Aushieb lohnende Zahl von Gerten und Stangen unterdrückt haben, die teils vollständig trocken geworden sind, teils dem Absterben entgegengehen. Es beginnen die „Durchforstungen", und dieselben werden, da der Ausscheidungs- und Unterdrückungsprozeß in den späteren Altersperioden (mit steigenden Holzmassen bis zum 60- bis 70jährigen Alter) fortdauert, alle fünf bis zehn Jahre wiederholt.

Als durchgreifende Regel ist bei diesen Durchforstungen, und zwar für alle Holzarten und für alle Standorts- und Altersklassen die Erhaltung des Kronenschlusses befolgt worden, und die Vornutzungshiebe haben sich dementsprechend auf die Bestattung der Toten und der hinsiechenden und absterbenden Stangen und Stämme unterhalb der Kronen der dominierenden Stämme beschränkt.

Nachdem schon im vorigen Jahrhundert der Aushieb des unterdrückten, übergipfelten und abständigen Holzes von vielen Forstordnungen und den meisten Waldbauschriften erwähnt worden war, hat Georg Ludwig Hartig am Ende desselben die Generalregel erteilt: „lieber etwas zu viel als zu wenig Holz stehen zu lassen und nie einen dominierenden Stamm wegzunehmen, also auch niemals den oberen Schluß des Waldes zu unterbrechen". Hartig befürchtete Platzregen, Schnee und Duftanhang für die zu stark durchforsteten Bestände.

Man wird annehmen dürfen, daß diese Generalregel bis heute in allen deutschen Hochwaldungen im wesentlichen befolgt worden ist. Man hat den Aushieb dominierender Stämme, auch wenn dieselben zwischenständig waren und eingeklemmte Kronen hatten, zu vermeiden gesucht und auf mißförmige Exemplare, die von „nutzholztüchtigen" Stangen und Stämmen umringt wurden, beschränkt.

In der Litteratur ist zwar die stärkere Auslichtung, jedoch nur „nach Beendigung des Hauptlängenwuchses", hin und wieder als für dieses höhere Alter der Hochwaldbestände zulässig erwähnt worden.*) Aber im wesentlichen galt bis vor etwa 10 bis 15 Jahren die Unterbrechung des Kronenschlusses als eine strafwürdige, wirtschaftliche Versündigung und erst durch die unten zu erörternden Anregungen ist man zweifelhaft geworden, ob eine mäßige Lockerung des Kronenschlusses nutzbringender werden wird als die Fortführung des dichten Kronenschlusses. Im 19. Jahrhundert haben sich zwar zahlreiche Schriftsteller für starke Durchforstungen ausgesprochen, u. A. Heinrich Cotta, Grabner, Christoph Liebig, Schultze, Blondein — aber sie haben ihre Ansichten lediglich auf Vermutungen gestützt und nicht mit beweisfähigen Untersuchungen belegt. Wo derartige vergleichende Untersuchungen vorgenommen, worden sind, hat sich auch das Übergewicht der starken Durchforstung sowohl in der Massenproduktion als in der Verstärkung der Stämme, sonach in der Wertproduktion ergeben.**)

Vergleichende Versuche im größeren Maßstab hat erst der Verein der forstlichen Versuchs-Anstalten begonnen. Auf kleinen, ausgesuchten Probeflächen wurden drei Durchforstungsgrade verwirklicht:

A. Schwache Durchforstung, welche nur die abgestorbenen Stämme entfernt.
B. Mäßige Durchforstung, welche die absterbenden und unterdrückten Stämme entfernt.

---
*) Dieser vielsagende Begriff ist nicht präcisiert worden. Man hatte wahrscheinlich etwa ⅔ des Längenwuchses der 100- bis 120jährigen Abtriebsstämme im Auge.
**) Siehe die Zusammenstellung der Ergebnisse in des Verfassers Waldbau, sechster und zwölfter Abschnitt.

C. Starke Durchforstung, welche auch die zurückbleibenden Stämme entfernt.

Diese Normen wurden auf die folgende Klassifikation der Stämme gestützt:
1. **Dominierende Stämme,** welche mit voll entwickelten Kronen den oberen Bestandsschirm bilden;
2. **Zurückbleibende Stämme,** welche an der Bildung des Stammschlusses noch teilnehmen, deren größter Kronendurchmesser aber tiefer liegt als der größte Kronendurchmesser der dominierenden Stämme, die also gleichsam die zweite Etage bilden;
3. **Unterdrückte** (unterständige, übergipfelte) **Stämme,** deren Spitze genau unter der Krone der dominierenden Stämme liegt;
4. **Absterbende und abgestorbene Stämme.**

Bei dem stärksten Durchforstungsgrad haben sonach die forstlichen Versuchsanstalten nur den Aushieb der zurückbleibenden Stämme für zulässig erachtet, und demgemäß ist jede erhebliche und wirksame Unterbrechung des Kronenschlusses ausgeschlossen, wie die Definition ad 2 zeigt. Sollte hin und wieder eine merkbare Abrückung der Kronen eingetreten sein, so ist dieselbe sicherlich in wenigen Jahren ausgeglichen worden.

Trotzdem hat sich schon während der bisherigen kurzen Beobachtungszeit ergeben, daß durchweg eine wesentliche Verstärkung der Baumkörper entweder mit Erhöhung der Massenproduktion oder ohne Verringerung derselben eingetreten ist. Nachteile hinsichtlich ungünstiger Einwirkungen auf den Boden, die Schaftformen, die Beastung ꝛc. sind für den Grad C nicht wahrgenommen worden.

Später ist ein weiterer Grad D, welcher einen Eingriff in die dominierenden Stämme in der ersten Etage durch Aushieb der Stämme mit eingezwängten und eingeklemmten Kronen gestattet, angefügt worden. Die Beobachtungszeit ist zu kurz und die Veröffentlichung der Ergebnisse nicht ausreichend, um sichere Schlüsse zu begründen.

Im Anschluß an die folgende, ursprünglich von Burckhardt herrührende Unterscheidung der Stammklassen hat Kraft die unten folgenden Durchforstungsgrade vorgeschlagen:
1. Vorherrschende Stämme mit ausnahmsweise kräftig entwickelten Kronen.
2. Herrschende, in der Regel den Hauptbestand bildende Stämme mit verhältnismäßig gut entwickelten Kronen.
3. Gering, mitherrschende Stämme. Kronen zwar noch ziemlich normal geformt und in dieser Beziehung denen der zweiten Stammklasse ähnlich, aber verhältnismäßig schwach entwickelt und eingeengt, oft mit beginnender Degeneration (z. B. mit etwas trockenspitzigen Kronenrändern, bei der Eiche auch oft mit den Anfängen eines knickigen Wuchses der Kronenzweige).
4. Beherrschte Stämme. Kronen mehr oder weniger verkümmert, entweder von nur zwei Seiten oder von allen Seiten zusammengedrückt oder einseitig (fahnenförmig) entwickelt (bei der Eiche mit sehr knickigem Zweigwuchse).
   a) Zwischenständig, im wesentlichen schirmfreie, meist eingeklemmte Kronen.
   b) Teilweise unterständige Kronen. Der obere Teil der Kronen frei, der untere Teil überschirmt oder infolge von Überschirmung abgestorben.
5. Ganz unterständige Stämme;
   a) mit lebensfähigen Kronen (nur bei Schattenholzarten);
   b) mit abgestorbenen und absterbenden Kronen.

Kraft hat die einzuhaltenen Durchforstungsgrade wie folgt normiert:
a) Schwache Durchforstung: Nutzung der fünften Stammklasse;
b) Mäßige Durchforstung (meist die oberste, häufig noch nicht normal erreichte Grenze der gewöhnlichen Durchforstungspraxis): Nutzung der Stammklassen 5 und 4b.
c) Starke Durchforstung: Nutzung der Stammklassen 5, 4b und 4a.

Kraft hat seine Vorschläge nicht auf die Ergebnisse vergleichender Untersuchungen gestützt, sondern auf Mutmaßungen, und es ist auch nicht bekannt geworden, welche Ergebnisse der praktische Durchforstungsbetrieb nach der Kraft'schen Methode gegenüber der bisherigen Durchforstungsweise hervorgebracht hat. Wenn bei dem stärksten Durch=forstungsgrad, den Kraft für zulässig erachtet, alle Stämme mit schwachen, eingeengten, degenerierenden Kronen stehen bleiben, so wird der Eintritt der hellen Lichtstrahlen in den oberen Kronenraum so mäßig werden und so bald wieder vergehen, daß eine wesentliche und nachhaltige Zuwachssteigerung gegenüber den gleichalterigen, im vollen Kronenschluß stehenden Hochwaldbeständen bei sonst gleichen Verhältnissen nicht wahr=scheinlich ist und vor allem ein beachtenswerter Erfolg hinsichtlich der Wertproduktion nicht zu erwarten ist.*)

Bisher ist, wie man sieht, die Kronenstellung während der Erziehung der Hochwaldbestände noch nicht endgiltig geregelt worden, indem man die reichhaltigste Massen= und Wertproduktion der Hochwaldbestände bei verschiedenen Auslichtungs=stufen und die günstigsten und nachhaltigsten Wirkungen der letzteren auf die Ernährungskräfte im Waldboden durch vergleichende Untersuchungen zweifelsfrei ermittelt hat. Man kann nicht verkennen, daß die bisher in der Forstwirtschaft maßgebenden Durchforstungsregeln auf Gutdünken, aber in keiner Richtung auf überzeugender Beweisführung des Leistungsvermögens derselben beruhen und die Obliegenheit bestehen geblieben ist, die nutzbringendste Erziehungsart der Hochwald=bestände und das Optimum der Kronenstellung sowohl hinsichtlich der Belebung und ungeschwächten Erhaltung der Bodenthätigkeit als auch hinsichtlich der Zunahme der im Kronenschluß nur wenige Finger breiten Durchmesserverstärkung der Waldbäume zu erforschen.

In den vorhergehenden Abschnitten ist ausführlich dargelegt worden, daß ein beträchtlicher Kapitalaufwand für die Erziehung der Waldbäume im Kronen=schluß erforderlich wird, um in den späteren Wachstumsperioden des Baumholz=alters eine Verstärkung der mittleren Baumdurchmesser zu bewirken, welche durch die 30= bis 40jährige Verlängerung der Wachstumszeit selten 4 bis 5 cm im Durchschnitt aller Stämme übersteigen wird. Wir haben nachgewiesen, daß diese Verstärkung des Vorrats=Kapitals kümmerliche Nutzleistungen hervorbringt und die Forstwirtschaft infolge dieser üblichen Beigabe älterer Hochwaldbestände eine beachtenswerte Verringerung der Rentabilität zu erleiden hat. Die Wald=besitzer werden fragen, ob es der Forstwirtschaft möglich werden wird, die Gewinnung der wenige Finger breiten Baumverstärkung durch eine Abänderung der bisherigen Erziehungsweise, weil dieselbe durch dichtes Zusammendrängen der

---

*) Die Vermutungen, auf welche Borggreve die sogenannte Plänter=Durchforstung begründet hat, kann der Verfasser beim besten Willen nicht als beweisfähig erachten. Nach der von Borggreve ausgezeichneten Probefläche (im Offenbacher Walde) sollen nicht nur einzelne mißförmige Stämme, sondern die zuwachsreichsten Stämme zahlreich ausgehauen werden. Borggreve bezweckt dadurch die Umtriebszeit weit über das bisherige 100. bis 120. Jahr zu erhöhen.

Baumkronen die körperliche Ausbildung der Baumschäfte zurückdrängt, herbeizuführen. Man wird fragen, ob es verlustbringend und gefährlich werden wird, wenn der dichte Kronenschluß für eine Wachstumszeit von etwa acht bis zehn Jahre gelockert wird, damit die hellen Sonnenstrahlen in den oberen Kronenraum eindringen können und die Auslichtungshiebe nach dieser Zeit fortdauernd wiederholt werden, sonach die Durchforstung vorgreifend erfolgt. Man hat bisher diese Frage einer endgiltigen Lösung nicht entgegengeführt. Wir werden unten Probeversuche über die ertragreichste Stammstellung seitens der örtlichen Waldertrags-Regelung anregen.*)

III. Welche Rücksichten sind bei der Erziehung gemischter Bestände wahrzunehmen?

Die zukünftige Holzzucht wird auf den besseren Bodenarten, insbesondere im Gebiet des bisherigen Buchenhochwaldes, voraussichtlich in der Bildung der leistungsfähigen Holzarten-Vermischung ihren Schwerpunkt finden. Zwar ist kaum anzunehmen, daß die gemischten Bestände tief eindringen werden in das zumeist gebirgige Waldgebiet, welches zur Zeit die reinen Fichtenbestände einnehmen und hier den Bestandscharakter umfassend umgestalten werden. Auch ist fraglich, ob diese gemischten Bestände in dem ausgedehnten Kieferngebiet des norddeutschen und ostdeutschen Tieflandes weite Verbreitung wegen der Bodenbeschaffenheit finden werden. Aber gegenüber den reinen Buchenhochwaldungen haben die gemischten Bestände unstreitig mannigfache Vorzüge. Die Massen- und namentlich die Werterträge der reinen Bestände werden wesentlich erhöht, und dabei wird das Angebot der Holzarten und Holzsorten mannigfaltig gestaltet, ständig ein wohl assortiertes Lager von allen Holzarten und Holzsorten unterhalten. Vor allem wird aber durch die Holzartenmischung die Widerstandskraft der reinen Nadelholzbestände gegenüber den Insekten-Beschädigungen und den Sturmverheerungen erfahrungsgemäß erhöht.

Die Auswahl der Holzgattungen, welche bei der Erziehung der gemischten Bestände zu bevorzugen sind, hat nicht nur nach der Massenproduktion der örtlich anbaufähigen Holzarten, sondern vor allem nach der Wertproduktion derselben, nach der Nutzholzgüte des Rohstoffes, sonach durch Vergleichung der erzeugten Gebrauchs-Werteinheiten stattzufinden. Man kann nicht einwenden, daß diese Beurteilung trügerisch werden könne und deshalb zu unterlassen sei. Die technischen Eigenschaften der Waldbäume, die Dauer, Tragkraft, Heizwirkung u. s. w. werden noch nach Jahrhunderten maßgebend für den Gebrauchswert bleiben, und auf den verschiedenen Bodenarten sind diejenigen Holzarten zu bevorzugen, welche bei der Vervielfältigung der Rohstoffproduktion mit dem Gebrauchswert die obersten Rangstufen erreichen. Mit zweifelloser Sicherheit können die Forstwirte allerdings die Eigenschaften des Holzstoffes, welche in der Zukunft die Brauchbarkeit

---

*) Siehe ad IV in diesem Abschnitt.

bestimmen werden, nicht schon heute voraussagen, wie beispielsweise die hervor=
ragende Qualifikation des Fichtenholzes für die Herstellung von Papierstoff
nicht vorausgesehen und beachtet werden konnte. Aber man kann nicht sagen,
daß die Forstwirte ihre Pflicht erfüllen, wenn dieselben auf den besseren Boden=
arten Rotbuchen und ähnliche Holzarten mit besonderer Vorliebe zur Bildung
des späteren Hauptbestandes erziehen und ausbreiten — Holzarten, die hinsichtlich
der Rohstoff=Erzeugung auf der untersten Rangstufe stehen, deren Material die
geringste Nutzholzgüte hat, dem Werfen, Aufreißen, Quellen, Schwinden u. s. w. am
meisten unterworfen ist, am raschesten stockt und fault, selbst beim Verbrennen
wegen der zurückbleibenden quantitativen Erzeugung eine minderwertige Heiz=
wirkung im Vergleiche mit anderen Holzarten hat. Man schätzt die Rotbuche
wegen der Humusbildung und der Bodenbeschattung, und zur Bildung des
Nebenbestandes wird diese Holzart in erster Linie in Betracht kommen. Aber die
Ernteerträge sind aus denjenigen anbaufähigen Holzgattungen zu bilden, welche
die reichhaltigste Massenproduktion mit der erreichbar vorzüglichsten Brauchbarkeit
vereinigen.

Die Zusammenstellung der Holzgattungen, welche nach der örtlichen Standorts=
Beschaffenheit für den Hauptbestand zur Erntezeit und für den Nebenbestand zum
Bodenschutz am leistungsfähigsten sind — die Lösung dieser Aufgabe ist mit dem
Anbau der Waldbestände zu beginnen. Im nächsten Abschnitt werden wir die
Auswahl der Holzarten nach der Massen= und Wertproduktion specieller darstellen.
In diesem Abschnitt ist lediglich die Erhaltung und Pflege der einzelnen Holz=
gattungen im Mischwuchs zu überblicken.

In dieser Richtung, bei der Erziehung der gemischten Bestände, ist in erster
Linie das Verhalten der Holzarten gegen Licht und Schatten und im
Höhenwuchs zu beachten.

Die Angaben über die Fähigkeit, Schatten zu ertragen, und über das Licht=
bedürfnis der einzelnen Waldbaumgattungen sind nicht völlig übereinstimmend.
Ohne Zweifel gehören Buchen, Weißtannen, Fichten und Hainbuchen,
vielleicht auch Linden und Edelkastanien zu den schattenertragenden
Holzarten, etwas größeren Lichtgenuß werden Weymouthskiefern
und Schwarzkiefern beanspruchen, alle übrigen Waldbäume sind
lichtbedürftig.

Gustav Heyer hat folgende Reihenfolge, von den am meisten schattenertragenden
Holzarten ausgehend, aufgestellt:

Fichte, Weißtanne,
Buche, Schwarzkiefer,
Linde, Hainbuche,
Eiche,
Esche,
Ahorn, Erle, Ruchbirke,
Weymouthskiefer,
Gemeine Kiefer,
Ulme,
Weißbirke, Aspe,
Lärche.

Kraft hat neuerdings folgende Reihenfolge für das Schattenerträgnis aufgestellt:
Buche und Weißtanne,
Ahorn, Esche, Ulme, Linde, Hainbuche,
Fichte,
Weymouthskiefer (erträgt mehr Seitenschatten als Fichte).
Traubeneiche,
Stieleiche,
Birke,
Lärche,
Schwarzkiefer,
Gemeine Kiefer.

Dagegen hält Carl von Fischbach die folgende Reihenfolge für richtiger: Buche, Tanne, Zirbel- und Weymouthskiefer, Fichte, Esche, Hainbuche, Schwarzkiefer, Traubeneiche, Ahorn, Ulme, Stieleiche, Erle, Gemeine Kiefer, Lärche, Aspe, Birke.

Die Bodenbeschaffenheit, namentlich die Vermehrung der Feuchtigkeit, scheint auf das Verhalten zum Licht modifizierend einzuwirken.

Was den gegenseitigen **Höhenwuchs** betrifft, so sind auch diese Beziehungen noch nicht endgiltig festgestellt. Nach Gustav Heyer überwachsen in allen Lebensperioden Lärchen, Aspen, Birken und Weymouthskiefern alle anderen Waldbäume. Dann folgt im Range die gemeine Kiefer und die Erle, letztere auf feuchtem Boden. Die Fichte ist in der Jugend langsam wüchsig und wird von allen anderen Holzarten überwachsen. Aber schon vom 8. bis 12. Jahre an setzt die Fichte lange Gipfeltriebe auf und überholt bis zum 30. Jahre in der Regel alle Nachbarn mit Ausnahme der gemeinen Kiefer, der Erle, Lärche, Birke, Aspe und Weymouthskiefer. Aber im höheren Alter werden Kiefern und Erlen überwachsen, und wenn die Fichte die Kronen der Lärchen der oft rückgängig werdenden Birken und Aspen rc. einzwängen kann, so sind diese lichtbedürftigen Holzarten verloren. Langsam wüchsig sind Rotbuchen, Hainbuchen, Eichen, Ahorn, in der Jugendzeit Fichten und Tannen, eine mittlere Stellung haben Ulmen, Linden, Pirus- und Sorbus-Arten, raschwüchsig sind von den Laubhölzern Erlen, Birken, Kirschen, Akazien, Eschen, Ahorn, zahme Kastanien, Pappeln, Weiden, bei den Nadelhölzern: Lärchen, gemeine Kiefern, Schwarz- und Weymouthskiefern, im höheren Alter Fichten und Weißtannen. Besonders wichtig ist das Verhalten der Rotbuche zur Stiel- und Traubeneiche. In manchen Örtlichkeiten, namentlich sonnigen Lagen mit gutem, tiefgründigem Boden, erhält sich die Eiche in der Jugendzeit vorwüchsig, jedoch selten länger, als bis zum 50- bis 60jährigen Alter. Zumeist wird die Eiche schon im Stangenholzalter eingeklemmt und unterdrückt.

Mischung der Stiel- und Traubeneichen mit anderen Holzarten. Wir haben schon früher die Eiche als diejenige Holzart bezeichnet, welche auf den besseren, zur Eichenzucht geeigneten Standorten möglichst zu verbreiten und zu pflegen ist. Man hat, wie mehrfach erwähnt, die Eiche die Königin des Waldes genannt. Allein dieser Waldbaum ist nicht zur Herrschaft geboren und auch selten hierzu durch eigene Kraft befähigt, vielmehr meistenteils recht hilfsbedürftig. Von den Nadelhölzern wird die Eiche fast während der ganzen Lebenszeit überwachsen, und das Zusammenleben der Eiche mit den ersteren gestaltet sich zumeist ungünstig für die Eiche, die in allen Lebensperioden freies Haupt, allerdings auch warmen Fuß bedingt. Aber auch die Rotbuche, welche man als die Pflegemutter des Waldes bezeichnet hat, muß der forsttechnischen Aufsicht unterstellt werden, weil dieselbe auf den meisten Standorten die Eiche schon in der Jugendzeit erdrücken würde.

Für die Eichenhochwaldwirtschaft sind in erster Linie zwei schon oben berührte Erziehungsarten der Eiche zu erörtern — die Erziehung in Vermischung mit gleichalterigen oder nahezu gleichalterigen Rotbuchen und anderen schattenertragenden Laubhölzern und die Erziehung im reinen Eichenwuchs mit rechtzeitigem Unterbau von Rotbuchen, Hainbuchen rc. zum Bodenschutz. Im ersteren Falle wird die Eiche vorherrschend einzelständig, im letzteren Falle in genügend großen Gruppen und Horsten und in Kleinbeständen, die man auf den besten Bodenteilen begründet, erzogen.

Vom Standpunkt der Bodenpflege aus wird die einzelständige Erziehung zu befürworten sein. Aber dieselbe ist, wenn die Buchen in der Jugendzeit vorwüchsig werden, nur dann erfolgsicher, wenn bei der Bewirtschaftung fortgesetzt die Eichenkronen aufgesucht und denselben andauernd der erforderliche Kronenraum durch Aushieb der gleichalterigen und bedrängenden Rotbuchen und der anderen Laubhölzer verschafft werden kann. In dieser einzelständigen Mischung findet die Eiche die vorzüglichste Ausbildung im Höhenwuchs und der Schaftform, und sie wird fortwährend umringt von bodenbessernden Rotbuchen, die auch den Boden der Eichen mit ihrem Laub bedecken. Die Erziehung der Eichen in reinen Beständen hat unverkennbare Nachteile. Der Laubabfall aus den lockeren Eichenkronen liefert eine wenig mächtige Streudecke, und der gebildete Humus ist durch hohen Gerbsäure- und Wachsgehalt der Blätter weniger förderisam für die Erhaltung und Mehrung der Bodenkraft wie das lockere Auflagerung der kleber- und eiweißhaltigen Buchenblätter. Schon beim Übergang von der Dickung zum Stangenort stellt sich oft Unkrautwuchs ein. Der Boden kann durch den Blätterabwurf der Eichen nur dünn bedeckt werden, wird humusarm und verliert die krümelige Struktur unter dem lockeren Eichenschirm. Wenn dann nach dem gewöhnlich für das 60- bis 70jährige Alter als zulässig erachteten Kronenfreihiebe Buchenunterbau stattfindet und derselbe auch nach mehreren Jahren kräftig gedeiht und den Boden bedeckt und beschützt, so hat der letztere bereits an Produktionskraft Einbußen erlitten.

In großen Forstrevieren ist jedoch dieses Durchsuchen der Dickungen nach vereinzelten Eichen, um dieselben rechtzeitig frei stellen und diese Freistellung rechtzeitig wiederholen zu können, nicht immer ausführbar. Auf manchen Standorten erhalten sich die einzeln eingemischten Eichen bis zum 35- bis 40jährigen Alter. In der Regel werden dieselben jedoch schon im Dickungsalter von Rotbuchen überwachsen. Zudem ist es nicht genügend, wenn die Eichen kümmerlich am Leben bleiben. Sie wollen beständig freien Kopf, freie Baumkrone haben. Man hat nun namentlich in den Staatswaldungen des bayerischen Spessarts und des Pfälzerwaldes beobachtet, daß praktisch die rechtzeitige und andauernde Freistellung der einzeln in die Buchenbestände eingemischten Eichen nicht durchführbar war und dieselben zu Grunde gegangen sind. Man hat deshalb die Eichen auf den besten Böden gruppen- und horstweise angebaut; man hat die zuerst kleineren Horste, nachdem die Buchen immer noch seitlich mit ihrer Astverbreitung in die Eichenhorste übergriffen, immer mehr vergrößert und immer mehr sind kleine Eichenbestände, selbst bis zur Größe von einigen Hektaren, auf den besten Bodenflächen entstanden.

Principiell ist, wie gesagt, die Erziehung der Eiche in Einzelmischung wegen des Bodenschutzes zu bevorzugen, und dieselbe wird nicht nur in kleineren Forstbezirken und Gutswaldungen durchführbar sein, wenn Jahr für Jahr ein ausreichender Teil der Jungholzbestände und der Mittelhölzer auf hilfsbedürftige Eichen durchsucht und dieselben so lange freigestellt werden, bis ihre Kronen die benachbarten, im strengen Kronenschluß befindlichen Buchenkronen überragen. Auch in größeren Waldungen soll, wie behauptet wird, der rechtzeitige Vollzug dieser Kronenfreihiebe ermöglicht werden können.*) Bei diesen zumeist ringförmigen Aushieb der benachbarten Buchen und der anderen Laubhölzer, auch der angesiedelten Nadelhölzer wird der Abhieb am Stocke, wie im Niederwalde und das Köpfen, Entasten ꝛc. in Frage kommen. Der im Bedarfsfalle wiederholte Abhieb am Boden wird jedoch zu bevorzugen sein, bis weitere Erfahrungen über die Erfolge des Köpfens ꝛc. vorliegen. Wenn das Umbiegen der Eichen nicht zu befürchten ist, wird die Kronenöffnung für die Eichen nach dem Wachsraum bis zum nächsten Kronenfreihieb (für zehn Jahre etwa 0,8 bis 1,0 m breit) zu bemessen und baldmöglichst zu erweitern sein. Aber auch im späteren Alter sind die Eichen, da die Bildung von Wasserreisern zu verhüten ist, allmählich in den Freistand überzuführen und erst dann völlig frei zu hauen, wenn dieselben vollkronig geworden sind.

Fichten- und Tannenunterwuchs ist bedenklich, weil diese Nadelhölzer im späteren Bestandsleben in der Regel vorauseilen und die Eichenkronen umdrängen. Lichtbedürftige Holzarten, wie Kiefern, Eichen ꝛc., sind als Unterholz nicht genügend leistungsfähig. Für die minder guten Bodenarten werden zwar Kiefern empfohlen. Aber die Eichen gehören nicht auf derartige Standorte, und die Erziehung derselben zu den gesuchten Starkhölzern wird weniger Erfolg haben als die Kiefern-Starkholzzucht.

Bildet dagegen die Eiche bereits größere Horste und kleine Bestände, in denen dieser Waldbaum unvermischt mit anderen Holzarten zu erziehen ist, so wird häufig im Dickungsalter eine Durchreiserung vorzunehmen sein. Hierbei werden auch die nicht normal geformten Gerten und Stangen entfernt. Im 50- bis 60jährigen Alter, je nach dem Standort früher und später, stellen sich diese reinen Eichenbestände in bedenklicher Weise licht. Es erscheint eine leichte Begrünung des Bodens durch Gräser ꝛc., oft auch durch Heidelbeerkräuter. Alsdann ist mit dem Unterbau zu beginnen, nachdem der Bestand nach Bedarf stärker oder schwächer durchforstet worden ist, und vorwiegend unterbaut man durch Buchelsaat in Mastjahren. Ist der Unterwuchs, begünstigt durch weitere allmähliche, oft auch nur particelle

---

*) Für einen Förster sei ein Zeitaufwand von einer Woche hinreichend, um die Eichen auf 500 ha frei stellen zu lassen.

Auslichtungen, kräftig genug geworden, um den Bodenschutz zu übernehmen, so geht man immer mehr zum eigentlichen Kronenfreihieb und Lichtungsbetrieb über. In Hannover wurden früher die anfänglichen Aushiebe bis zu 0,6 der Bestandsmasse fortgesetzt. In der Regel wird es genügen, wenn man bei den weiteren Aushieben in erster Reihe die Zahl der Stämme freistellt, welche zur Haubarkeitszeit der Eichen genügenden Wachsraum haben werden, und diese Zahl wird, wenn Eichen-Starkholz verwertet werden soll, zumeist 100 Stück pro Hektar nicht wesentlich übersteigen. Die Umlichtungshiebe im Nebenbestand werden beständig die stärksten Stämme auszusuchen und denselben für die Wachstumszeit bis zum nächsten Lichtungshieb durch Aushieb der eingezwängten Kronen freien Wachsraum zu verschaffen haben.

Bei der Eichenzucht und Eichenpflege wird auf den meisten Standorten die Traubeneiche zu bevorzugen sein, weil das Holz derselben in den meisten Gegenden gesuchter ist, auch dieselbe auf den minder fruchtbaren Standorten besser gedeiht als die Stieleiche.

Die Eichen mit höherem Alter, die man häufig in Nadelholzbeständen findet, sind selbstverständlich bis zur nutzfähigen Stärke zu erhalten, da der Wertzuwachs in der Regel größer ist als die Wertproduktion, die man auf der überschirmten Fläche durch Anbau erreichen kann. Die plötzliche Freistellung ist jedoch bei älteren wie bei jüngeren Eichen wegen der Bildung von Wasserreisern möglichst zu vermeiden.

Erziehung der Eschen, Ahorn, Ulmen, Hainbuchen, Birken ꝛc. Von den lichtbedürftigen Nutzholzgattungen unter den Laubhölzern ist zweitens die Esche zu erwähnen. Eschen können nur auf genügend feuchtem und kräftigem Boden gedeihen. Sie werden die beigesellte Buchenbestockung bei dieser Bodenbeschaffenheit meistens überwachsen. Aber trotzdem bedarf dieser wertvolle Waldbaum, da derselbe im Lichtbedarf der Eiche nahe steht, rechtzeitiger und oft wiederholter Kronenfreihiebe auch dann, wenn Rotbuchen oder Hainbuchen beigesellt sind. Auf feuchtem Boden begegnet die Erziehung der Esche in kleineren oder größeren Horsten und reinen Beständen wegen der Bodenbegrünung geringeren Bedenken als die Erziehung der Eiche in Horsten oder Kleinbeständen; immerhin werden die Horste frühzeitig mit schattenertragenden, örtlich im Unterwuchs gedeihenden Holzarten unterbaut werden dürfen.

Zu vermeiden ist die vereinzelte Einmischung der Esche in eine vorherrschende Bestockung von Fichten und Weißtannen. Selbst ein Altersvorsprung von zehn bis zwanzig Jahren reicht selten aus. In der Regel wird die Esche von den genannten Nadelhölzern im späteren Bestandsleben eingezwängt und geht zu Grunde. Auch die Vermischung von Eschen und Kiefern oder Lärchen ist weder wegen des Verhaltens dieser lichtbedürftigen Holzarten im Höhenwuchs noch aus den Gesichtspunkten der Bodenpflege ratsam.

Die **Ahornarten**, der Bergahorn in den höheren Berglagen, der Spitzahorn im niederen Berglande, sind mit der Buche gleichwüchsig oder derselben nicht erheblich nachwüchsig. Sie bedürfen im Buchenwalde gleichfalls der Kronenfreihiebe, weil sie lichtbedürftiger als Rotbuchen sind.

Die **Ulmen** (Rüstern) sind mit Rotbuchen ziemlich gleichwüchsig, aber fast so lichtbedürftig als Birken und können deshalb nur durch Freihiebe zur kräftigen Entwickelung gebracht werden.

Hainbuchen haben als Baumholz geringe Leistungsfähigkeit, stellen sich licht, wachsen langsamer und behaupten sich nicht so lange als Rotbuchen, der Boden wird weniger verbessert u. s. w., während Hainbuchen als Stockausschlag (unter Eichen ꝛc.) Vorzügliches für den Bodenschutz leisten. Die Erhaltung durch Kronenfreihiebe bis zur Erntezeit wird selten rätlich werden.

Birken, die in reinen Beständen den Boden herabkommen lassen, läßt man im Buchenwalde mitwachsen, bis sie nutzbar werden. Diese ungemein lichtbedürftige, aber auch raschwüchsige Holzart liefert ein vortreffliches Brennholz und wird für manche Nutzzwecke (Leiterbäume ꝛc.) gesucht. Auf den meisten Standorten läßt jedoch der Wuchs nach dem 40jährigen Alter nach, und deshalb muß man die Birken im Mischbestand frühzeitig benutzen. Kronenfreihiebe werden selten erforderlich werden. Die anderen **Laubhölzer** (Erlen, Linden, Pappeln, Akazien, Kastanien, Elzbeerbäume, Ebereschen, Platanen) werden selten in Betracht kommen. Über ihr Verhalten im Höhenwuchs und gegen Licht und Schatten liegen ausreichende Erfahrungen nicht vor, und man kann nur sagen, daß die wertvollen Nutzholzstämme dann freizuhauen sind, wenn sie von der Nachbarschaft bedrängt werden.

Das gegenseitige Verhalten der schattenertragenden Holzarten. Was zunächst die **Pflege der Buche im Fichtenwalde und der Fichte im Buchenwalde** betrifft, so ist davon auszugehen, daß allerdings eine zu reichliche Beimischung der Fichte zur Rotbuche die letztere in der Regel zu einem kümmerlichen, kraftlosen Gestänge herabdrückt, welches häufig dem Schneedrucke unterliegt, daß auch die Fichte im vereinzelten Stande, wenn sie beträchtlich vorwüchsig wird, starke, weit verbreitete Äste und kegelförmige Schäfte bildet. Allein die Eigenschaften der beiden Holzarten ergänzen sich in vortrefflicher Weise, und bei zielbewußter Regelung des Mischwuchses läßt sich dem Waldboden, namentlich den besseren Bodenarten, der erreichbar höchste Wertertrag abgewinnen. Die Fichte liefert durch ihre hohe Massenproduktion und durch ihre Nutzholzgüte einen weitaus höheren Wertertrag als die Rotbuche. Sie erhält und vermehrt zwar unter einer Moosdecke die Bodenkraft in genügendem Maße. Aber ein aus Buchenlaub und Fichtennadeln gebildeter Humus wird ohne Zweifel die Durchlüftung des Bodens noch erhöhen, wie die Ausführungen im ersten Teil dieses Abschnittes ergeben. Vor allem sind jedoch die reinen Fichtenbestände mehrfachen Gefahren, dem Windwurf und Insektenfraß, auf settem Boden auch der Rotfäule ausgesetzt, die durch die Beimischung der Rotbuche gemildert werden. Es ist deshalb zu untersuchen, ob sich die Herabdrückung der beigemischten Buchen zu einem kraftlosen Gestänge mit kümmerlichem Wuchs nicht vermeiden läßt. Das ist allerdings, wie zahlreiche Bestandsbilder in verschiedenen Gegenden Deutschlands zeigen, möglich, wenn man die massenhafte Beimischung der Fichte vermeidet oder bei den ersten Ausjätungs- und Durchforstungshieben entfernt. Es ist dabei das Ziel maßgebend, die Fichten nur in derjenigen Zahl und räumlichen Verteilung zu belassen, welches sie zur Haubarkeitszeit befähigt, den Abtriebsbestand rein oder mit schwacher Beimischung von Rotbuchen zu bilden, während die Rotbuche in den jüngeren und mittleren Altersperioden der Bestände den größten Teil der Bestockung bildet.

Dazu wird eine Entfernung der Fichten von 5 bis 7 m im möglichst gleichen Abstand auf Mittelboden ausreichend sein. Man hat andererseits die beträchtliche Vorwüchsigkeit der Fichten zu vermeiden, indem man den Fichten beim Anbau keinen Altersvorsprung gewährt und im wesentlichen auf das Heraustreten der Gipfel aus dem oberen Kronenraum der Buchen beschränkt. In diesem Gipfelstücke kann die stärkere Beastung die Nutzholzgüte der Abtriebsstämme nicht wesentlich verringern, und die Astreinheit der unteren Fichtenschäfte wird durch die nachdrängenden, gleichfalls schattenertragenden und dicht belaubten Rotbuchen in ähnlicher Weise hergestellt wie durch mitwachsende, nebenständige Fichten.

Beachtenswert sind die Untersuchungen, welche Lorey in vergleichungsfähigen, gemischten Beständen der Fichte und Buche in mehreren Revieren Württembergs vorgenommen hat.*)

Die Fichten und Buchen hatten Gipfelhöhe in folgenden Altersjahren, Meter:

	10	20	30	40	50	60	70	80	90	100	110	120
Erste und zweite Bonität.												
Fichten	2,5	7,3	14,0	18,8	22,2	24,2	26,1	27,9	29,5	30,9	33,2	33,5
Buchen	1,2	4,0	8,3	11,8	14,8	17,4	19,6	21,2	22,4	23,2	24,0	24,8
Dritte Bonität.												
Fichten	1,4	5,1	8,7	11,9	14,3	16,5	18,3	20,0	21,4	22,8	24,0	24,8
Buchen	1,8	4,2	6,6	9,2	11,6	14,0	15,9	17,5	18,9	20,3	22,1	23,8
Ziemlich flachgründiger, lehmiger Sandboden, weißer Jura.												
Fichten	2,2	7,3	12,8	17,9	22,4	—	—	—	—	—	—	—
Buchen	1,5	5,5	9,4	13,1	16,4	—	—	—	—	—	—	—

Zugleich wird die Rotbuche, bei ihrem der Fichte kaum nachstehenden Vermögen, Schatten zu ertragen, in ihrer kräftigen Entwickelung ebensowenig beeinträchtigt wie der Fichtennebenstand. Allerdings wird der Wertertrag der reinen Fichtenbestände durch diese Buchenbeimischung etwas geschmälert. Aber diese Schmälerung trifft in erster Linie die Vornutzungen, deren Werterträge auch in reinen Fichtenbeständen weitaus geringer sind als die Abtriebserträge.

Dieses Ziel ist hauptsächlich beim Holzanbau, den wir im folgenden Abschnitt erörtern werden, ins Auge zu fassen. Wenn sich aber für die Ausjätungs- und sonstigen Vornutzungshiebe derartige Mischungen darbieten, so sollte man meines Erachtens nicht versäumen, eine Regulierung der Fichten-Beimischung nach diesen Zielpunkten eintreten zu lassen, wenn auch manchem praktischen Forstmann der Aushieb von frohwüchsigen Fichten bedenklich sein wird. Selbstverständlich hat dieser Aushieb nur da einzutreten, wo eine reichliche Buchen-Beimischung zur Bildung des vollen Nebenbestands vorhanden ist.

Die Beimischung der Weißtanne zur Rotbuche beim Anbau an Stelle der Fichte ist, wie im nächsten Abschnitt ausgeführt werden wird, minder empfehlenswert, weil die Fichte im Einzelstand sturmfest wird und die Tanne nicht die gleiche

---

*) „Allgemeine Forst- und Jagdzeitung" von 1896, Seite 9.

Nutzholzgüte hat wie die Fichte.*) Wenn aber Mischungen von Tannen und Rotbuchen vorhanden und zu erziehen sind, so wird die gleiche Behandlung ratsam werden wie bei Mischung mit Fichten, da die Tanne in ihrem Wuchsverhalten der Fichte ähnlich ist.

Die Beimischung der Rotbuche zur Kiefer und umgekehrt ist für alle Standorte, auf denen die beiden Holzarten gedeihen, dringend zu befürworten.**) Die Kiefer ist lichtbedürftiger und hat demzufolge eine minder dichte Krone als die Fichte. Sie belästigt die mitwachsende Buche weniger intensiv als die gewaltthätige Fichte. Die Kiefer wächst im Buchenwalde mit gutem Boden zu prächtigen, vollholzigen, astreinen Baumschäften heran. Immerhin ist bei den Vornutzungshieben ein Übermaß von Kiefern zu entfernen, und dabei wird der eben genannte Abstand (5 bis 7 m) vorläufig als Richtschnur dienen können (bis das Verhältnis vom Brusthöhen=Durchmesser zur Quadratseite des Wachsraumes näher festgestellt worden ist). Eine etwas dichtere Stellung der Kiefern ist jedoch vorläufig, bis weitere Erfahrungen vorliegen, nicht bedenklich. Man sieht sehr oft fast geschlossene Kiefernbestände im jugendlichen oder mittleren Alter, welche einen reichen und freudig prosperierenden Buchenunterwuchs haben. Geradezu unverantwortlich würde es aber sein, wenn man einen vorhandenen Buchenunterwuchs entfernen und damit im späteren Alter der Kiefernbestände, die sich der Natur der Holzart gemäß stark auslichten, Unkraut= und schließlich Heidewuchs hervorrufen würde.

Die einzelständige Beimischung der Lärche ist sowohl für Buchen= als für Fichtenbestände gleichfalls dringend zu empfehlen. Die Lärche leistet auf denjenigen Standorten, auf denen dieser Gebirgsbaum gedeiht, das Höchsterreichbare an Massen= und Werterträgen in der kürzesten Zeit, und das Holz dieser raschwüchsigen Holzart hat einen vorzüglichen, an Dauer dem Eichenholz nahe stehenden Gebrauchswert. Allein leider erhebt die Lärche, dieser in das Mittelgebirge, die Vorberge und das Flachland eingewanderte Waldbaum, besondere Ansprüche an die Standortsbeschaffenheit, die wir im nächsten Abschnitt erörtern werden. Findet man aber Bestände, in denen die Lärche im Einzelstand oder auch in horstförmiger Stellung freudiges Gedeihen bis mindestens zum 40= bis 50 jährigen Alter und keine Spur von Krebsbildung oder sonstigem Rückgang zeigt, so ist die Lärchenbeimischung zu pflegen und zu unterstützen. Dazu gehört vor allem freie Kronenentwickelung der Lärche, welche, wie die Eiche, freies Haupt haben will. Die grüne Bezweigung muß, wie man beobachtet hat, bis zu $^2/_3$ des Schaftes herabgehen. Vor allem muß der Luftzug die Lärchen treffen können, um die Krebsbildung zu verhüten.

Die Mischung der Lärche mit der Kiefer leistet weniger als die Zugesellung der Lärche zu unterständigen schattenertragenden Holzarten. Beide Waldbäume sind lichtbedürftig. Derartige Bestände stellen sich im höheren Alter

---

*) Über das gegenseitige Verhalten der Fichte und Tanne hinsichtlich der Massen=Produktion mangeln zureichende Erfahrungen und vergleichende Beobachtungen.

**) Die Erziehung der Kiefer zu Starkholz im sogenannten Überhaltbetriebe ist im vorigen Abschnitt erörtert worden. (cf. Seite 256 ff.)

licht, und der Boden nimmt an Trockenheit zu. Sind die Lärchen frohwüchsig geblieben, so kann man sie durch Kronenfreihiebe unterstützen, aber gleichzeitig wird der Unterbau mit schattenertragenden Holzarten, wenn dieselben gedeihen, der Vorsicht entsprechen. (In Nassau wurde diese Mischung schon vor vielen Jahrzehnten verboten.) Reine Lärchenbestände sind frühzeitig auszulichten und zu unterbauen.

Es ist möglich, daß die Weymouthskiefer der Lärche in der Produktion von Gebrauchswerten in manchen Örtlichkeiten nahe treten kann. Obwohl das Holz der Weymouthskiefer leichter ist und nicht die Dauer haben wird wie das Lärchenholz, so ist doch nicht zu bezweifeln, daß dasselbe für die meisten Verwendungszwecke der Pinus silvestris gleichfalls gebrauchsfähig sein wird. Für die Beurteilung des Verhaltens der Weymouthskiefer im höheren Alter liegen jedoch nur spärliche und nicht zureichende Anhaltspunkte vor.

Das Verhalten der **Fremdlinge im deutschen Walde**, namentlich der Douglasfichte (Abies Douglasii *Ldl.*), der Nordmannstanne (Abies Nordmanniana *Lk.*), der amerikanischen Ulme (Ulmus americana *L.*) u. s. w., ist noch nicht genügend erprobt worden. Vorsichtig wird es sein, die Stammstellung bei den Vornutzungen so zu regeln, daß größere Lücken nicht entstehen, wenn die fremdländischen Holzarten erfrieren oder aus sonstigen, oft unbekannten Ursachen eingehen.

Die Behandlung der Akazien, Schwarzkiefern ꝛc. im Mischwuchs wird selten notwendig werden. Allgemein giltige Erfahrungen in dieser Richtung mangeln bis jetzt gleichfalls.

IV. Kann die Anregung zu vergleichenden Untersuchungen über die leistungsfähigste Kronenstellung gerechtfertigt werden, und können die Ergebnisse eine beachtenswerte Rentenerhöhung hinlänglich begründen?

Bei der Ansammlung der Holzvorräte im vorigen Jahrhundert, welche dem Femelbetrieb und dem Mittelwald-Oberholz entstammten, sind die entstehenden Hochwaldbestände zusammengedrängt worden zum dichten Kronenschluß. Man wollte der drohenden Holznot begegnen. Die Durchforstungen sind auf das abgestorbene und absterbende Holz beschränkt worden. Vergleichende Probeversuche mittels Lockerung dieses dichten Kronenschlusses haben nicht stattgefunden. Die Mahnungen Cottas und anderer Schriftsteller, welche frühzeitige und starke Durchforstungen befürworteten, haben keinen Anklang gefunden.*) Jede principielle Unterbrechung des Kronenschlusses wurde für strafwürdig erachtet.

---

*) Diese Vorschläge sind allerdings, wie schon oben bemerkt, nicht auf vergleichungsfähige Untersuchungen gestützt worden. Cotta hat stärkere Durchforstungen in den Jugendperioden, „bis sich die Zweige noch berühren", vorgeschlagen. Hierauf soll die Reinigung der Stämme abgewartet werden. Nach Grabner sollen die Abtriebsstämme (ca. 500 bis 600 Stück pro Joch) vorwüchsig erzogen werden und demgemäß schon bei der Begründung einen Altersvorsprung durch Pflanzung erhalten.

Für die einträglichste Bewirtschaftung der Waldungen außerhalb des Staats-Eigentums ist die Entscheidung der Frage bedeutungsvoll, ob die vorgreifende Bestattung der Stangen und Stämme, welche dem Tode nahe sind und demselben in den nächsten Jahren verfallen werden, ohne Zuwachsverluste und ohne Einbußen an Bodenkraft und an Ausformung und Brauchbarkeit der Nutzholzstämme stattfinden kann. Wird diese Frage bejaht, so würde man nach den vorliegenden Untersuchungen über die Körperentwickelung der vorwachsenden Stämme und die Wachstumsleistungen derselben örtlich feststellen, daß **nicht nur der nächstmalige Rundgang der Jahresnutzung in holzreichen Waldungen mehrere Jahrzehnte abgekürzt werden kann, sondern auch alle acht bis zehn Jahre etwa 25 bis 35 %** der vorhandenen Bestandsmasse verwertbar werden.

Aus den Ausführungen in den früheren Abschnitten geht hervor, und die angeregten Wirtschaftspläne und Rentabilitäts-Vergleichungen werden bestätigen, daß in holzreichen Waldungen ansehnliche Teile der vorhandenen Holzvorräte, die nicht immer 1 bis 1½ % rentieren, keine anderen Nutzleistungen haben als die oben bezifferte Verstärkung der Baumkörper. Sollten dieselben bei einer noch näher zu bemessenden, gefahrlosen Lockerung des Kronenschlusses entbehrlich werden und die Kapitalanlage der Reinerlöse in anderen Wirtschaftszweigen erhebliche Rentenerhöhungen bewirken, kann außerdem die Einträglichkeit der Holzzucht in bevölkerten Gegenden gefördert werden durch die Verwertung des reichlichen Holzanfalls bei stärker eingreifenden Vornutzungen, so kann niemand die finanzielle Bedeutung derartiger Untersuchungen bezweifeln.

Der Verfasser hat die Derbmassen- und Wertproduktion und die Kronenerweiterung der vom 30- bis 40jährigen Alter an freiwüchsigen Fichten und Kiefern für Standorte ermittelt, welche den zweiten und dritten Wachstumsklassen in den Ertragsklassen dieser Schrift nahe kommen werden. Bei dieser alle 10 Jahre sich schließenden Kronenstellung (mit rechtzeitigem Unterbau) würde die 60- bis 70jährige Wachstumszeit weitaus stärkere Baumkörper hervorbringen wie die 100jährige Wachstumszeit in Hochwaldbeständen mit permanentem Kronenschluß. Das normale Vorratskapital würde durch den jährlichen Reinertrag bei gleicher Berechnung wie für Tabelle XIII (S. 190) verzinst werden:

	Vorgreifende Durch-forstung %	Kronenschluß (Tabelle XIII Absatzlage A) %
Fichten, Standortsklasse II.		
60 jähriger Normalvorrat	6,9	6,2
70 „ „	6,1	5,0
80 „ „	5,5	4,0
Kiefern, Standortsklasse II.		
60 jähriger Normalvorrat	7,7	5,0
70 „ „	7,4	4,5
80 „ „	5,9	3,9
Kiefern, Standortsklasse III.		
60 jähriger Normalvorrat	6,1	4,0
70 „ „	5,4	3,9
80 „ „	4,9	3,5

— 303 —

Bei den angeregten örtlichen Versuchen wird vor allem zu erproben sein, ob die Entwickelung der Stammkörper und die Steigerung des Massen- und Wertertrages in ähnlicher Weise auf mittelgutem und gutem Boden erfolgt, wie der Verfasser für die im Verwaltungsbezirk desselben bisher bestätigte Voraussetzung ermittelt hat, daß die Zuwachsleistungen der freiständigen Stämme dann erhalten bleiben, wenn alle 8 bis 10 Jahre der Kronenraum vorgreifend geöffnet wird, den sich die Freistämme erkämpfen.

Die Vergleichung hat für annähernd gleiche Standortsgüte und gleiche Holzpreise zu folgender Gegenüberstellung mit den Aufnahme-Ergebnissen der forstlichen Versuchs-anstalten geführt, und es wird zu erproben sein, ob auf den auf 50 bis 70 cm Kronenabstand gelichteten Probeflächen die Zunahme dem nachstehenden Verhältnis entspricht und eine beträchtliche Herabsetzung der 100- bis 120 jährigen Umtriebszeiten demgemäß statthaft erscheint.

	Lichtwuchs-Bestände mit 80 jähriger Wachstums-zeit	Normale Schlußbestände	
		mit 80 jähriger Wachstums-zeit	mit 120 jähr. Wachstums-zeit
Fichten, mittlere Gipfelhöhe	22,4 m	21,8 m	28,6 m
mittlerer Brusthöhen-Durchmesser	38,1 cm	21,3 cm	32,5 cm
mittlerer Derbholzertrag inkl. Vor-nutzung pro Jahr und Hektar	9,12 fm	7,74 fm	8,38 fm
Kiefern, mittlere Gipfelhöhe	21,2 m	23,0 m	27,9 m
mittlerer Brusthöhen-Durchmesser	46,7 cm	27,4 cm	35,7 cm
mittlerer Derbholzertrag inkl. Vor-nutzung pro Jahr und Hektar	9,11 fm	7,12 fm	6,19 fm
Rotbuchen, mittlere Gipfelhöhe	20,6 m	20,4 m	26,7 m
mittlerer Brusthöhen-Durchmesser	33,8 cm	18,7 cm	27,8 cm
mittlerer Derbholzertrag inkl. Vor-nutzung pro Hektar und Jahr	6,79 fm	4,79 fm	5,32 fm

Die Vergleichung des durchschnittlich jährlichen Brutto-Geldertrags inkl. der Vornutzungen führte bei gleichen Preisannahmen pro Festmeter zu folgenden Ergebnissen:

Fichten,	Lichtwuchsbetrieb mit 70 jähriger Umtriebszeit	91,9 Mk.
	Schlußbetrieb „ 70 „ „	60,1 „
	„ „ 100 „ „	74,5 „
Kiefern,	Lichtwuchsbetrieb „ 70 „ „	104,0 „
	Schlußbetrieb „ 70 „ „	42,7 „
	„ „ 100 „ „	57,3 „
Rotbuchen,	Lichtwuchsbetrieb „ 70 „ „	53,4 „
	Schlußbetrieb „ 70 „ „	25,8 „
	„ „ 100 „ „	28,9 „

Die praktische Erprobung des Lichtwuchsbetriebs hat erst vor kurzer Zeit begonnen, und die bisherigen Ergebnisse berechtigen noch nicht zu einer Befür-wortung der durchgreifenden Einführung bei der Bewirtschaftung größerer Waldungen. Neue Wirtschaftsverfahren brechen sich indessen langsam Bahn, und es ist nicht abzusehen, ob in der forstlichen Praxis in den nächsten Jahrzehnten die bisher befürwortete oder eine ähnliche Umlichtung der stärksten und regel-mäßig geformten Stämme, welche für den Abtriebsbestand zu erziehen sind, allgemein gebräuchlich werden wird. Zudem ist die wirkungsvollste Kronenstellung

noch nicht durch die bisherigen Untersuchungen für alle Standorte und Alters=
klassen mit mathematischer Sicherheit festgestellt worden.

Die Waldbesitzer können inzwischen in wenigen Jahren genügend klarstellen,
ob die mäßigen oder die starken Durchforstungen oder die vom Verfasser befür=
worteten, unten zu beschreibenden Kronenfreihiebe die größere Produktion von
Gebrauchswerten bewirken und gefahrlos hinsichtlich Schneedruck und Windwurf
und Bodenverarmung bleiben. Die Waldbesitzer können gleichzeitig beurteilen,
wie weit die genannte Umlichtung vorzuschreiten hat, um eine Abkürzung der
bisher üblichen Umtriebszeiten und damit eine erhebliche und nachhaltige
Erhöhung der Waldrente zu ermöglichen, die jedoch stets durch Einhaltung der in
dieser Schrift wiederholt betonten Bedingungen für die Eingriffe in das ererbte
Waldvermögen andauernd sicher zu stellen ist.

Für diese Beweisführung werden Versuchsflächen ins Auge zu
fassen sein, welche innerhalb der geschlossenen 40= bis 60 jährigen
Hochwaldbestände der Fichte, Weißtanne, Buche, Kiefer mit einer
Flächengröße von etwa 1 bis 2 ha anzulegen sind. Diese Probeflächen
werden in möglichst gleichartigem Holzwuchs ausgesucht. Ein Dritt=
teil wird mäßig, ein Dritteil wird stark durchforstet*) und ein Dritteil
wird vorgreifend durchforstet, d. h. in Lichtwuchsstellung gebracht.

Bezüglich der vorgreifenden Durchforstung auf den Lichtwuchs=
probeflächen wird folgendes zu beachten sein:

Die Lichtwuchsstellung darf erst begonnen werden, wenn die im vollen
Kronenschluß aufgewachsenen Stangen und Stämme den Schaft bis zur Balken=
höhe (etwa 8 bis 10 m) möglichst astrein ausgebildet haben.**) Diese Um=
lichtung der späteren Abtriebsstämme, welche auch auf den besseren
Bodenarten in der Regel der ersten (wenn auch bei genügender
Bestandserstarkung bald nachfolgenden) Durchforstung voraus zu
gehen hat, sucht die stärksten, höchsten und gut geformten Stangen
und Stämme in einer entsprechenden Entfernung auf und öffnet den=
selben denjenigen Kronenraum, welchen sich diese kräftigen Stämme
in fünf bis zehn Jahren in den geschlossenen Beständen erkämpfen
würden, ohne die weiter zwischenständigen und die unterständigen
Gerten und Stangen zu entfernen.

Nach den Vorschlägen des Verfassers sollen bei den ersten Kronenfreihieben, die
auf mittelgutem Boden in Fichtenbeständen zwischen dem 40= und 50 jährigen Alters=
jahr, in Kiefernbeständen zwischen dem 35= bis 45 jährigen Alter, in Rotbuchen=
beständen zwischen dem 50= und 60 jährigen Alter — je nach der Bodengüte und Lage
bald früher, bald später — zu beginnen haben werden, diese kräftigsten und normal
geformten Stämme, mit einer Ringbreite, die nach der Bodengüte und der Wachs=
tumsenergie der betreffenden Holzgattung wechselt, im Mittel 50 bis 70 cm betragen

---

*) cf. Seite 290.
**) Die später zu betrachtende Lichtstellung der Buchendickungen, welche in Däne=
mark erfolgreich betrieben wird, wird vorläufig für Deutschland nicht befürwortet
werden können — am wenigsten für Schnee= und Duftbruchlagen.

wird, freigehauen werden. Vorsichtshalber ist der Zwischenstand zunächst nur auf dürres und abständiges Holz zu durchforsten, bis sich die umlichteten Stämme zur unzweifelhaften Standfestigkeit auch bei heftigen Angriffen von Schnee und Sturm entwickelt haben, und stets hat man einen genügend breiten Waldmantel, zumal in Fichtenbeständen, möglichst unberührt im dichten Kronenschluß zu lassen. In der Regel wird man einen acht- bis zehnjährigen Zeitraum für diese Entwickelung gestatten dürfen, jedoch steht der Wiederholung der Kronenfreihiebe nach je fünf Jahren kein Hindernis entgegen, wenn eine die Verwertung lohnende Holzmasse zwischenständig geworden und diese Wiederholung ausführbar und gefahrlos ist.

Beim zweiten Kronenfreihieb werden zwar auch diejenigen stärksten Stämme im Nebenbestand umlichtet, welche bei den letzten Vornutzungen brauchbare Nutzholzstämme zu liefern versprechen. Der Schwerpunkt der Bestandserziehung ruht jedoch in der sorgfältigen Pflege der erstmals freigehauenen Rekruten des Abtriebsbestandes, während dem Nebenbestand in erster Linie die Funktion des Boden- und Bestandsschutzes zugewiesen wird. Principiell hat demgemäß die Lichtung in diesem Nebenbestand nur so weit einzugreifen, als den herrschenden umlichteten Stämmen Wachsraum für die nächsten Wachstumsperioden zu verschaffen ist durch Beseitigung derjenigen Stämme des Nebenbestands, welche in den Kronenraum der ersteren eindringen und die Entwickelung derselben bis zum nächsten Auslichtungszeitpunkt behindern. Im Nebenbestand darf eine weitere Unterbrechung des Kronenschlusses dann nicht stattfinden, wenn bemerkenswerter Gras-, Heidelbeer- und sonstiger Unkrautwuchs zu befürchten ist — am allerwenigsten auf heidewüchsigen, aber sonst kräftigen Bodenarten. Diese Lichtungshiebe sind so lange zu wiederholen, wie sich eingezwängte Stämme vorfinden, die ohne übermäßig große Bestandslücken entfernt werden können.

Die Anlage der genannten Versuchsflächen hat jedoch die trockenen und in der Bodenkraft heruntergebrachten Bodenarten zu vermeiden, bis näher festgestellt worden ist, in welchen Grenzen auf den letzteren der Freihieb der späteren Abtriebsstämme mit Erhaltung des Kronenschlusses im Nebenbestand statthaft ist.

Die Kronenfreihiebe sind schleunigst zu wiederholen, sobald die Kronenannäherung so weit vorgeschritten ist, daß die frühere Gipfelbelenchtung wiederzukehren beginnt. Nach den Erfahrungen des Verfassers ist in diesem Fall alsbald ein ausgiebiger Rückgang der laufend jährlichen Produktion pro Hektar die unausbleibliche Wirkung. Dieser Zeitpunkt wird annähernd genau bemessen werden können, wenn man annimmt, daß die jährliche Zunahme der Brusthöhen-Durchmesser bei Fichten, Kiefern und Buchen im 40- bis 60 jährigen Alter 0,4 bis 0,5 cm auf gutem Boden, 0,35 bis 0,45 cm auf mittelmäßigem Boden; im höheren Alter dagegen 0,30 bis 0,35 cm auf gutem und 0,25 bis 0,30 cm auf mittelmäßigem Boden betragen wird. Nach den bis jetzt vorgenommenen Ermittelungen wird es für den Beginn der Versuche genügen, wenn die zu öffnende Ringbreite für Fichten und Kiefern nach dem 16 fachen Betrag der Durchmesser-Zunahme, für Buchen nach dem 20 fachen Betrage der letzteren bemessen und der Auszeichnung im Walde als allgemeine theoretische Richtschnur vorangestellt wird. Hinsichtlich der Kiefernbestände ist zu beachten, daß es unsicher ist, ob Baumkronen, welche im dichten Vollschluß die erforderliche Ausbildung in der Jugendzeit nicht gefunden haben, nach der späteren Umlichtung den bisherigen Zuwachs entsprechend verstärken wie die anderen Nadelhölzer, welche schlafende Knospen haben. „Bei einer in andauerndem Vollschlusse erwachsenen Kiefer", sagt Kraft sehr richtig. „sind die unteren und mittleren Seitenzweige der Krone entweder vorn abgestorben (trockenspitzig) oder verkümmert, nämlich mit sehr verkürzten, oft kaum erkennbaren Trieben mit dürftiger Benadelung versehen, während in rechtzeitig und kräftig durchforsteten Beständen und bei Kiefern in stets räumlich gewesener Stellung die Seitenzweige der Kronen derbe Triebe mit büschelförmiger, dichter Bewegung entwickeln.

Die Vergleichung der Kronenschluß-Flächen und der Lichtwuchsflächen hat durch etwa alle drei Jahre oder alle fünf Jahre zu wiederholende Messung der laufend jährlichen Massenproduktion, der körperlichen Entwickelung der maßgebenden stärksten Stämme und die Ermittelung der Durchmesser-Abstufung und Wertproduktion, ferner durch die Beobachtung der Bodenbedeckung und die fortgesetzte Vergleichung der Beschädigungen, welche Schneedruck, Duftanhang ꝛc. nach den verschiedenen Stammstellungen bewirken, stattzufinden. Die Messung der Durchmesser in Brusthöhe ist bei jeder Messung auf die Stämme und Stangen bis etwa 6 cm vor und nach der Durchforstung zu erstrecken, und zwar mit dauernder Bezeichnung des Meßpunkts. Die Höhe der Stämme wird durch zahlreiche Messungen mittels der Höhenmesser von Faustmann oder Weise ermittelt und die Mittelhöhe berechnet. Da die Fällung zahlreicher Probestämme nach dem Brandt-Urich'schen Verfahren (S. 175) nicht zulässig ist, so wird die Derbmasse und die Baummasse nach Formzahlen berechnet, die im „Forst- und Jagdkalender" (Berlin, Springer) zu finden sind. Durch die Altersermittelung nach jedem Durchforstungshieb wird man das mittlere Alter (Formel siehe S. 93) ermitteln können, da auf der Lichtwuchs-Probefläche auch stärkere Stämme gefällt werden. Die verschiedenen Versuchsflächen sind dauernd zu umgrenzen (Gräben).

Erscheint jedoch die Umlichtung aller kräftigen und vorgewachsenen Stämme auf etwa 5 bis 7 m Entfernung selbst für diese kleinen Probeflächen bedenklich, so können die von Urich und Borgmann befürworteten Modifikationen der Vorschläge des Verfassers erprobt werden — der von Urich vorgeschlagene „Lichtwuchs-Coulissenhieb" und der von Borgmann befürwortete „horst- und gruppenweise Lichtwuchsbetrieb."

Urich hat möglichst frühzeitige und tief eingreifende Durchforstungshiebe auf etwa 20 bis 30 m breiten Coulissenstreifen zwischen dunkel gehaltenen Bestandsteilen befürwortet. Die letzteren sollen die Lichtwuchsstreifen gegen die schädigende Einwirkung der Sonne, gegen Laubverwehung, Bodenverwilderung und Aushagerung schützen.

Borgmann hat das etwa im 50. Jahr beginnende Einlegen von etwa 10 a großen Gruppen und Horsten befürwortet, in denen durch allmählich von der Mitte nach dem Rande zu sich ringförmig fortsetzende, alle fünf Jahre zu wiederholende, starke Kronenfreihiebe die bestgeformten, höchsten und stärksten Stämme gelichtet werden, zuerst in möglichst regelmäßigen, gleichseitigen Dreiecksverband von etwa 3 m, zuletzt in Dreiecksverband von etwa 6 m mittlerem Stammabstand. Auf Grund von Probeversuchen in einem 48jährigen Fichtenbestand dritter Bonität sind die unten ad 2 erwähnten Wachstumsleistungen konstatiert worden. Die Horste sollen gleichmäßig über die Fläche verbreitet werden und etwa 2/3 derselben einnehmen. Die unterständigen, noch lebensfähigen Stangen bleiben in denselben erhalten. Vom 50. Jahre an werden in dem zwischenliegenden Flächendrittel stärkere Durchforstungen als früher vorgenommen und die besten Stämme (etwa 200 pro Hektar) durch schwache Kronenfreihiebe und Entfernung eingeklemmter Stämme gelichtet. Mit dem 75. Jahre beginnt die Verjüngung.

Durch die alle drei bis fünf Jahre wiederholten Durchmesser-Aufnahmen und Höhenmessungen kann nach bisheriger Erfahrung der Zuwachsgang und vor allem die Wertproduktion bei dieser vergleichungsfähigen Stammstellung hinlänglich genau bemessen werden. Beschädigungen durch Schneebruch und Schneedruck sind nach den Beobachtungen in Schneebruchlagen auf den vorgreifend durchforsteten Flächen nicht stärker als auf den stark oder mäßig durchforsteten Flächen, weil keine Nesterbrüche entstehen und der Schnee durchfällt, auch die umlichteten Stämme nach einigen Jahren staubfest werden. Dagegen mangeln Erfahrungen über Beschädigungen durch Duftanhang (Rauhreif) in Hochlagen.

Die Waldbesitzer werden nach Durchlesung der Ausführungen in den vorhergehenden Abschnitten zugestehen, daß die Rentabilität des Forstbetriebes ausgiebig gesteigert werden würde, wenn durch diese Erziehungsart der Hochwaldbestände eine 20- bis 30jährige Herabsetzung der bisher eingehaltenen Hochwald-Umtriebszeiten ermöglicht werden könnte. Aber dieselben werden fragen, ob die bis jetzt vorliegenden Anhaltspunkte genügend sind, um die Anlage derartiger Versuchsbestände zu rechtfertigen. Man wird jedoch die Berechtigung dieser Anregung nicht bestreiten, wenn wir die Fragen kurz bezeichnen, welche nach dem derzeitigen Stande der Forstwissenschaft der Lösung hinsichtlich des Vornutzungsbetriebes harren:

1. Wird in den Hochwaldbeständen mit Kronenschluß die gesamte Holzproduktion durchschnittlich vom 40jährigen Alter bis zum 100- bis 120jährigen Alter (mit Einschluß der Vorerträge) mit 85 bis über 90% von der unbeträchtlichen Zahl der stärksten und höchsten Stämme hervorgebracht, welche in der Regel die 120jährigen Abtriebsbestände für die betreffende Standortsklasse bilden?

Man hat bis vor kurzer Zeit, wie gesagt, angenommen, daß für die höchsterreichbare Massenproduktion ein volles, blätter- und nadelreiches Kronendach herzustellen sei. Man hatte nicht untersucht, was die stärkeren und schwächeren Stammklassen innerhalb der normal geschlossenen Hochwaldbestände leisten.

Diese Untersuchungen hat der Verfasser zuerst 1878 hinsichtlich der Fichtenbestände, hierauf 1879 und 1882 hinsichtlich der Kiefernbestände und Rotbuchen-Hochwaldungen begonnen.*) Im Jahre 1887 hat Niniker, ein schweizerischer Fachgenosse, die Ergebnisse gleichartiger Untersuchungen veröffentlicht, und Professor Schwappach-Eberswalde hat die Erforschung der Zuwachsleistungen der Stammklassen in Normalbeständen fortgesetzt. Beachtenswerte Anhaltspunkte liefern ferner die Untersuchungen von Theodor und Robert Hartig und Wimmenauer. Übereinstimmend wurde gefunden, daß der den Vornutzungen zumeist zufallende Nebenbestand nur minimale Zuwachsleistungen hervorzubringen vermag. Es ist zu vermuten, daß der Wertzuwachs der kräftigen Stangen und Stämme, der Rekruten des späteren Abtriebsbestandes, die unbeträchtliche Produktion des nur vegetierenden Nebenbestandes weitaus übertreffen werden, wenn die Luft und Raum versperrenden Stangen und Stämme des letzteren rechtzeitig entfernt werden.

In der That wird die Anregung zu vergleichenden Untersuchungen über die Wirkungen der rechtzeitigen Umlichtung der späteren Abtriebsstämme schon durch die verschiedenartigen Wachstumsleistungen der Stammklassen, welche bisher konstatiert worden sind, hinreichend gerechtfertigt. Die Gesamtproduktion nach dem 40jährigen Alter inkl. Vornutzungen wird sich nach

---

*) Supplemente zur „Allgemeinen Forst- und Jagd-Zeitung", X 2 und Jahrgänge 1879 und 1882 der letzteren.

diesen Ermittelungen auf die Stämme des Abtriebs= und des Nebenbestandes annähernd wie folgt verteilen:

	Abtriebs= bestand %	Nebenbestand %
Fichtenbestände vom 60= bis 110= bis 140jährigen Alter bezw. 50= bis 100= bis 120jährigen Alter . . .	82—95	5—18
Kiefernbestände vom 29= bis 80jährigen Alter (R. Hartig)	78	22
Vom 50= bis 100jährigen Alter (Schwappach) . .	84—91	9—16
Rotbuchenbestände vom 60= bis 100= und 120jährigen Alter (Th. Hartig)	91	9
Vom 60= bis 145jährigen Alter (R. Hartig) . .	93	7
Vom 40= bis 85jährigen Alter (derselbe)	93	7
Vom 40= bis 110jährigen Alter (Wimmenauer) . .	82—83	17—18

Ähnliche Ergebnisse sind für die wiederholt aufgenommenen Versuchsflächen im Königreich Sachsen nachweisbar.

Auf diesen kleinen Probeflächen, die bisher zumeist untersucht wurden, hat eine Anschwemmung besonders humusreicher Bodenbestandteile im Wurzelbodenraum der stärksten und höchsten Stammklassen offenbar nicht stattgefunden. Kohlensäurehaltige Luftmassen waren überall vorhanden und anorganische Bodenbestandteile haben den schwächeren Stämmen in diesem geschonten Boden nicht gemangelt. Durch welche Triebkräfte ist also die größere Wurzelverbreitung und die hervorragende Massenbildung auf den nun stärkeren Baumkronen überschirmten Bodenteilen verursacht worden? Offenbar durch die verschiedenartige Lichtwirkung im Kronenraum, durch die bessere Beleuchtung der Baumkronen der hervorragenden Stämme.

Veranlaßt durch diese auffallenden Zuwachsleistungen derjenigen Stämme, welche in der Regel vom 40= bis 50jährigen Alter an ihre Kronen einige Meter emporgerückt haben über das dichte Blätterdach der mitwachsenden, in der Zahl beträchtlichen Nachbarn, hat der Verfasser zunächst den Wachsraum ermittelt, welcher diesen stärksten Stämmen die freie Kronenentwickelung für einen je zehnjährigen Wachstums=Zeitraum gestattet.

Es wurde gefunden, daß es für diese 10jährige Kronenentwickelung genügt, wenn im Umkreis der wuchskräftigsten und gut geformten Stämme, die man etwa mit einer mittleren (Quadrat=) Entfernung von 5 bis 7 m ansuchen kann, ein ringförmiger Wachsraum von im Mittel etwa 50 bis 70 cm durch Aushieb der gewöhnlich minder hohen und minder starken Nachbarstämme geöffnet wird (je nach der Bodengüte verschieden, bei Rotbuchen etwas weiter als bei Fichten und Kiefern). Diese Untersuchungen wurden vorwiegend an Nadelholz= und Rotbuchenstämmen vorgenommen, welche im Mittelwalde im durchschnittlich 30= bis 50jährigen Alter freien Kronenraum gefunden hatten. Nach Stellung der Lichtwuchsbestände in Fichten= und Buchenhochwaldungen, welche dieser Kronenentwickelung gleichfalls einen Wachsraum von durchschnittlich 50 bis 70 cm Kronenabstand öffnete, wurde jedoch genau die gleiche Durchmesser= und Höhenentwickelung gefunden, wie an den Freistämmen. Auf die Wertproduktion werden wir unten zurückkommen.

Indessen sind diese Zuwachsmessungen zumeist auf mittelgutem und gutem Boden (dritte bis zweite Standortsklasse des Rotbuchenhochwaldes) vorgenommen worden, und es ist hinsichtlich der trockenen und flachgründigen Standorte Vorsicht geboten, auch hinsichtlich der älteren Kiefernbestände.

2. Produzieren die Probebestände mit Lichtwuchsstellung eine größere oder geringere Holzrohmasse als die Probebestände mit Kronenschluß und kann eine nachstehende Rohmassenproduktion der ersteren ausgeglichen werden durch Steigerung des Gebrauchswertes?

Die Beantwortung dieser Frage durch die oben befürwortete Messung der Durchmesser 'an allen Stangen und Stämmen über 6 cm in Brusthöhe mit Fixierung des Meßpunkts, durch die Höhenmessung und die Berechnung der Holzrohmasse nach Formzahlen, des Gebrauchswertes nach den Stammstärken kann die örtliche Regelung des Forstbetriebs nicht umgehen, solange in der Forstwissenschaft Zweifel obwalten, ob die vorgreifende Beseitigung der abgestorbenen und dem Absterben nahen Stämme nutzbringend oder wegen des entstehenden Zuwachsausfalls oder wegen der Rückwirkung auf die nachhaltige Bodenthätigkeit unzulässig sein wird. Der oben dargelegte Wachstumsgang der Stammklassen ist offenbar maßgebend für die Regelung der gesamten Holzzucht. Die Erhaltung des dichten Kronenschlusses ist aber, wie wir gesehen haben, keineswegs auf Grund vergleichender Zuwachsuntersuchungen als produktiver nachgewiesen worden wie die vorgreifende Durchforstung, weder in den alten Forstordnungen, noch von Georg Ludwig Hartig.

In der Zwischenzeit ist zwar bei den Jahresversammlungen des Vereins der forstlichen Versuchsanstalten die Anlage vergleichender Probeflächen mit der vom Verfasser, vorläufig für Probeversuche befürworteten Abrückung der Kronen im Anschluß an die (S. 289 ff.) genannten Durchforstungsprobeflächen, auf denen höchsten Falls die im mittleren Kronenraum eingezwängten Stämme entfernt worden sind, beantragt worden. Aber die Anträge wurden abgelehnt als viel zu weit gehend, zeitraubend, kostspielig, Feuer- und Insektengefahr hervorrufend erachtet. Man hielt die Entfernung der zurückbleibenden Stämme in zweiter Etage des Kronenraums für genügend (Grad C). Erst 1891 wurden Durchforstungsflächen mit Unterbrechung des Kronenschlusses (für den Grad D) angereiht, nachdem Professor Boppe aus Nancy über die Erfolge des in Frankreich im großen erprobten „Eclairsier par le haute" genannten Durchforstungssystems in einer Jahresversammlung des genannten Vereins berichtet hatte. Die französische Bezeichnung wurde beibehalten. Jedoch ist die in Frankreich übliche Methode identisch mit dem vom Verfasser befürworteten Kronenfreihieben und der weiteren Bestandserziehung mittels des Lichtwuchsbetriebs, wenigstens kann man nach den bisherigen Veröffentlichungen bemerkenswerte Unterschiede nicht namhaft machen.*)

Die Ergebnisse der wiederholten Aufnahmen des verbliebenen Holzbestandes der

---

*) Der Hauptbestand wird in Frankreich mit Belassung der unterdrückten Stämme ausgelichtet. Beim Kronenfreihieb, den der Verfasser befürwortet hat, sollen gleichfalls, wenn derselbe vor der ersten Durchforstung vorgenommen wird, die Stämme des Abtriebsbestandes gelichtet werden, aber der Zwischen- oder Nebenbestand soll unberührt bleiben. Erfolgt der Kronenfreihieb gleichzeitig mit der ersten Durchforstung, so sind im Zwischenstand unter den frei gehauenen späteren Abtriebsstämmen „lediglich die unterdrückten, völlig übergipfelten, kränkelnden und absterbenden Gerten und Stangen zu entfernen" (Waldbau des Verfassers, S. 252), und diese trockenen und nahezu trockenen Stangen wird man in Frankreich wohl auch nicht konservieren.

D=Flächen sind meines Wissens nur für zwei württembergische Flächen (von Lorey) veröffentlicht worden. (Nach einer Äußerung des Professors Bühler, bisher in Zürich, auf der Versammlung der deutschen Forstwirte im Jahre 1897 hat der D=Grad eine Steigerung der absoluten Größe des Massenzuwachses (der geschlossenen Bestände) bewirkt und gezeigt, „daß 90% der Stämme und der Masse entfernt werden können, ohne daß eine Verringerung der Holzproduktion eintritt."*)

Die Waldbesitzer und die Forstwirte, welche die privatwirtschaftlich leistungs= fähige Erziehung der Waldbestände erstreben, werden jedoch fragen, welche Ergebnisse die bisherigen Ermittelungen der forstlichen Versuchs=Stationen für die Seite 289 und 290 genannten drei Durchforstungsgrade A, B und C zu Tage gefördert haben und ob insbesondere die maximale Rohstoffproduktion dem Grade B oder C zugefallen ist. Allerdings konnte die für die Entscheidung der gestellten Frage maßgebende Lichteinwirkung im oberen Kronenraum auch durch den Grad C nur unerheblich verstärkt werden, weil die hellen Lichtstrahlen, welche unmittelbar nach dem Aushieb der zurückgebliebenen Stämme in die zweite Etage des Kronen= raumes unberührt von Nebenkronen einfallen, nach zwei bis drei Jahren natur= gemäß nur zu den überragenden Kronenspitzen gelangen konnten. In überraschender Weise hat sich trotzdem fast durchweg eine meßbare Zuwachssteigerung für den Durchforstungsgrad C gegenüber den Durchforstungsgraden A und B ergeben.

In den sächsischen Versuchsbeständen hat sich die Gesamtproduktion in den nebeneinander liegenden Durchforstungs=Probeflächen wie folgt verhalten:

Fichten=Probeflächen, vom 41= bis 72 jährigen Alter.
a) schwach durchforstet . . . . 903,30 fm
b) mäßig   „   . . . . 934,81 „
c) stark   „   . . . . 973,76 „

Fichten=Probeflächen, vom 23= bis 55 jährigen Alter.
a) schwach durchforstet . . . . 641,56 fm
b) mäßig   „   . . . . 653,01 „
c) stark   „   . . . . 702,79 „

Für die Fichten=Probeflächen wurde die Güte des Holzes im Tharander Labora= torium untersucht. Ein Einfluß der verschiedenen Behandlungsweise auf das (für die Qualität maßgebende) specifische Gewicht war nicht nachweisbar.

Kiefern=Probeflächen, vom 20= bis 52 jährigen Alter in verschiedener Weise durchforstet:
a) schwach . . . . 421,08 fm
b) mäßig   . . . . 445,94 „
c) stark   . . . . 519,39 „

Buchen mit Weißtannen gemischte Probebestände, vom 50= bis 85 jährigen Alter in verschiedener Weise durchforstet:

	Buchen	Tannen
a) schwach	382,32 fm	162,42 fm
b) mäßig	374,26 „	163,88 „
c) stark	422,07 „	65,20 „

Die Buchen=Probeflächen waren wegen der Tannenbeimischung nicht völlig vergleichungsfähig. Munze hat deshalb die Zuwachsleistung der Mittelstämme besonders bestimmt. Hierbei ist der überwiegend günstige Einfluß der starken Durchforstung zweifellos hervorgetreten.

---

*) Bericht über die 25. Versammlung deutscher Forstmänner in Stuttgart. Berlin, 1898. Springer.

In Bayern sind zunächst nur 33- bis 43jährige Fichtenbestände erster Bonität untersucht worden. Die gesamte Massenproduktion zeigte in dieser Wachstumsperiode keine durchgreifenden Unterschiede nach dem Durchforstungsgrade. Die zehnjährige Produktion hat pro Hektar betragen:

Schwach durchforstet	. . . .	315 fm
Mäßig „	. . . .	327 „
Stark „	. . . .	327 „

Es wurde jedoch betont, daß der stärkste Durchforstungsgrad die Erstarkung der Stämme und damit die Wertproduktion wesentlich gefördert habe. Abgesehen von der ungenügenden Aushiebsmasse wird die gleichmäßige Massenproduktion durch das jugendliche Alter der untersuchten Bestände verursacht sein, in welchem infolge des lebhaften Höhenwuchses die Kronenspannung minder schädlich wird. Neuerdings sind Untersuchungsergebnisse für einen Fichtenbestand erster Klasse für die Wachstumsperiode vom 36- bis 59jährigen Alter veröffentlicht worden. Die Ermittelung ergiebt eine 23jährige Gesamtproduktion:

schwach durchforstet		. . 474 fm
mäßig „		. . 514 „
stark „		. 533 „
pro Hektar.		

Es wurde im Hinblick auf die erzielte körperliche Entwickelung der Stämme vermutet, daß schon durch die starke Durchforstung eine 15- bis 20jährige Abkürzung der Umtriebszeit ermöglicht werden könne.

Als weitere Beweise, daß die fortgesetzte Zuwachsmessung bei den befürworteten vergleichenden Untersuchungen in Probebeständen grundlegend für die einträgliche Nutzbarmachung des vorhandenen Waldeigentums werden wird, sollen zunächst die in erster Reihe beweisfähigen Ergebnisse dieser vergleichenden Untersuchungen auf kleinen Probeflächen nach dem Grade D (stark vorgreifende Durchforstung) in den für die Nutzholzproduktion maßgebenden Nadelholzwaldungen und hierauf die Zuwachsleistungen der Lichtwuchsstellung in ausgedehnten Laubholzwaldungen (im Solling, in Dänemark und im fränkischen Steigerwald) angeführt werden. (Ziffernmäßige Angaben über die Ergebnisse des französischen Durchforstungs-Systems mit Auslichtung des prädominierenden Bestandes liegen nicht vor.)

a) Zunächst sind die Untersuchungen beachtenswert, welche Professor Lorey schon vor nahezu 20 Jahren in Württemberg begonnen hat.

Lorey hat zwei Fichten-Versuchsflächen „sehr stark" (sogen. Grad D) durchforstet. Die eine 0,5 ha große Fläche im Forstbezirk Weingarten war 33½ Jahre alt und gehörte der ersten Standortsklasse an. Im Jahre 1879 wurden 22% der vorhandenen Holzmassen ausgehauen und die Messung nach sieben Jahren wiederholt. Die bleibenden 2364 Stämme mit 37,5 qm Stammgrundfläche und 376,4 fm Holzmasse pro Hektar hatten in den nächsten sieben Jahren einen laufend jährlichen Zuwachs von 24,2 fm durchschnittlich pro Hektar und Jahr = 6,44%, während die Vollbestände erster Klasse nach Loreys Fichten-Ertragstafeln einen Jahreszuwachs pro Hektar von 15,4 fm = 4,18%, haben. Der jährliche Durchschnittszuwachs hat bis zur Lichtung 13,6 fm pro Hektar betragen, nach sieben Jahren war derselbe mit Einrechnung der ausgehauenen 106 fm auf 15,3 fm gestiegen. Der Durchmesser des Mittelstammes hat vor der Lichtstellung 12,5 cm betragen, nach sieben Jahren 16,8 cm. Die Höhe des Mittelstammes vor der Lichtstellung 13,4 m, nach sieben Jahren hatte der bleibende Bestand eine Mittelhöhe von 18,3 m.

Die andere Probefläche, im Revier Dankolsweiler, Forst Ellwangen gehört dem Mittel der dritten und vierten Fichtenbonität an. 1879 wurden im 59 jährigen Bestand 29,3 % ausgehauen. Die verbliebenen 3164 Stämme mit 28,0 qm und 269 fm pro Hektar hatten nach 7½ Jahren einen laufend jährlichen Zuwachs von durchschnittlich 12,8 fm pro Hektar = 4,76 %, während geschlossene Fichtenbestände nach der Lorey'schen Ertragstafel einen laufend jährlichen Zuwachs vom 60. bis 65. Jahre von 7,7 fm pro Hektar = 2,80 % haben. Der durchschnittlich jährliche Zuwachs hat bis zum 59 jährigen Alter 6,45 fm betragen und ist in den nächsten 7½ Jahren unter Einrechnung der ausgehauenen 111 fm auf 7,16 fm pro Hektar gestiegen. Der mittlere Brusthöhen-Durchmesser des Mittelstammes hat 1879 vor der Annahme 8,0 cm, im Jahre 1887 12,2 cm betragen. Die mittlere Höhe des 1879 gebliebenen Bestandes hat 12,5 m betragen, und derselbe hatte Juni 1887 die Höhe von 14,0 m erreicht. Die entscheidende Wertproduktion wird für diese Flächen nicht nachgewiesen. Nach den günstigen Ergebnissen der Massenproduktion kann das Übergewicht der lichtgestellten Probefläche nicht zweifelhaft sein.

b) Ferner hat Forstmeister Borgmann in Oberaula, Provinz Hessen, beachtenswerte Ergebnisse durch Probeversuche erzielt.

Derselbe hatte 1888 in einem gutwüchsigen 48 jährigen Fichtenbestand dritter Standortsklasse 103 Stämme pro Hektar mittels des oben genannten Kronenfreihiebs umlichtet (auf der 0,107 ha großen Probefläche 11 Stück). Im Jahre 1896 stand der Bestand wieder im dichtesten Kronenschluß: es war nicht nur ein weiterer Kronenfreihieb vorzunehmen, die alsbaldige Durchforstung wird gänzlich abgestorbenes Material bringen. In den ersten drei Jahren hat der laufend jährliche Zuwachs durchschnittlich 15,0 fm Derbholz pro Hektar, in den weiteren fünf Jahren 14,3 fm Derbholz durchschnittlich pro Jahr und Hektar betragen. Die Lichtwuchsstämme hatten in den drei ersten Jahren durchschnittlich 12,4 % pro Jahr, in den weiteren fünf Jahren 10,3 % durchschnittlich pro Jahr zugewachsen. Dagegen der Füllbestand in den ersten drei Jahren 6,03 %, in den folgenden fünf Jahren 4,99 %.

Die Durchmesser-Zunahme der Lichtwuchsstämme hat im Mittel in diesen acht Jahren 5,1 cm jährlich betragen. Den besten Beweis für die Leistung der Lichtwuchs-bestände bringt die vorgenommene Vergleichung der 100 Lichtwuchsstämme mit den 100 stärksten Stämmen des zwischenliegenden geschlossenen Bestands. Es hatten

Jahr der Messung	die 100 Lichtwuchsstämme		die 100 stärksten Füllbestandsstämme	
	Stamm-grundfläche qm	Derbholz fm	Stamm-grundfläche qm	Derbholz fm
1891	3,15	33,92	3,18	32,66
1896	3,93	51,41	3,70	42,51
5 jährige Zunahme	0,78	17,49	0,52	9,85

Sonach hatten selbst die 100 stärksten Stämme im geschlossenen Bestand nur die Hälfte der Derbholzproduktion der Lichtwuchsstämme in den genannten fünf Jahren zu stande gebracht, weil die tiefer gehende Kronenbeleuchtung gemangelt hat.

Der Sohn des Genannten, Forstassessor Dr. Borgmann, welcher die Unter-suchungen von 1896 vorgenommen hatte, konstatiert weiter in einem 107 jährigen, be-reits seit 16 Jahren im Lichtwuchsbetrieb stehenden Fichtenbestand, Südwestbang, steinig, flachgründig, trocken, Heidelbeere, etwas Heide, Nadeln, starke Rohhumusschicht, IV. Standortsklasse, erfolglos unterbaut) überraschend hohe Zuwachsbeträge an sechs gefällten Probestämmen. Der Schaftmassen-Zuwachs vor der Lichtung war nach der

Lichtung während der gleichen Zeitdauer auf den 1,70=, 1,95=, 2,20=, 2,30=, 4,60= und 7,80fachen, durchschnittlich 2,18fachen Betrag gestiegen. Der Höhenzuwachs war bei drei Stämmen vor der Lichtstellung kleiner, bei drei Stämmen größer als nach derselben, im Durchschnitt mit dem höheren Alter nicht abnehmend, wie im Kronenschluß.*)

c) Die vergleichenden Untersuchungen des Verfassers mußten sich in Ermangelung größerer Hochwaldbestände**) auf kleine Versuchsflächen beschränken.

Während einer über 20jährigen Beobachtungszeit ergab sich auf den Probeflächen, auf denen der Kronenraum auf 50 bis 70 cm Abstand der Lichtwuchskronen geöffnet worden war, daß die alsbald eintretende Kronenannäherung keinen hellen Lichtstrahl zum Boden bringen läßt, daß in den oberen Kronenraum entstandenen, nicht beachtenswerten Lücken nach wenigen Jahren verwachsen waren und nach durchschnittlich acht Jahren so viele eingeklemmte Stangen und Stämme vorhanden waren, daß eine abermalige Lichtung erforderlich wurde. Der Zuwachs war in Fichten und Buchen auf gleicher Fläche ausnahmslos beträchtlich größer wie auf den anliegenden im Kronenschluß belassenen Kontrollflächen. Vor allem in die Augen fallend war aber der Unterschied in der Stammstärke zwischen den Lichtwuchs- und den Kontrollflächen und somit in der Wertproduktion. (Das Verhalten im Höhenwuchs und in der Schaftausformung und Astbildung wird unten mitgeteilt werden.) Allerdings war die Bodenbeschaffenheit den Standortsklassen mittelmäßig bis gut fast durchweg anzureihen. Unterbau hat sich für diese jüngeren Hochwaldbestände als unnötig erwiesen, in den Fichtenversuchsbeständen ist der Boden mit Moos und Nadeln völlig bedeckt geblieben, auf den Buchenprobeflächen mit einer Laubdecke.

Diese günstigen, 1886 veröffentlichten Erfolge konnten jedoch für die gelichteten Kiefernbestände nicht konstatiert werden, die allerdings den geringeren Bodenarten in höherer Gebirgslage angehörten, auch teilweise verhagelt wurden. Auffallenderweise leisteten die Lichtwuchsflächen lediglich den laufend jährlichen Zuwachs der nebenliegenden Kronenschlußflächen. Die Massen- und Wertproduktion dieser jüngeren Versuchsbestände blieb weit zurück hinter dem Zuwachsgang, auch ähnlichem, teils noch schlechterem Ergebnisse die freiwüchsigen Oberständer und die im Mittelwalde erwachsenen Oberständer für die gleichen Wachstumsperioden auf den zahlreichen Stammscheiben zeigten. Die Lichtwuchs- und die Kontrollflächen in den ersteren hatten im wesentlichen, wie gesagt, gleichen Zuwachs sowohl nach den Ergebnissen der Holzmassenaufnahme als nach den Stammscheiben. Für die Kronenfreihiebe in Kiefernbeständen werden Stämme auszusuchen sein, welche in den Jugendperioden volle Kronen ausgebildet haben.

d) Die Einführung eines übermäßig weitgehenden Lichtungsbetriebs in größere Buchenhochwaldungen hat schon vor 60 Jahren in den Buchenhochwaldungen des Sollings bei Uslar im damaligen Königreich Hannover stattgefunden.

Es waren nur 61= bis 80jährige Buchenbestände als älteste Klasse vorhanden mit einem Haubarkeits=Durchschnittszuwachs von 3 bis 4 fm pro Hektar, während eine

---

*) Die weitere Erörterung dieser Probeversuche (siehe Inaugural=Dissertation von Forstassessor Borgmann. Frankfurt, Sauerländer, 1897 und Juli= und Augustheft der „Allgemeinen Forst= und Jagdzeitung" von 1897) ist der forstlichen Journal-Litteratur vorzubehalten. namentlich die Befürchtung Borgmanns, daß die nach den Berechnungen des Verfassers frei zu hauenden Lichtwuchsstämme körperlich stark zunehmen, alsbald die gesamte Fläche überschirmen werden und eine weitgehende Herabsetzung der bisherigen Umtriebszeiten nicht zu vermeiden sei.

**) Die Ergebnisse des Lichtwuchsbetriebs in Mittelwaldungen, die mittels dieses Betriebs auf ausgedehnten Flächen zur Hochwaldbestockung übergeführt wurden werden unter ad f erörtert werden.

Berechtigungsabgabe von über 5 rm pro Hektar und Jahr zu decken war. In dieser Notlage ließ der Oberforstmeister von Seebach nicht etwa $^9/_{10}$ des vorhandenen Vorrats (wie es der vom Verfasser befürwortete Lichtwuchsbetrieb für zehnjährige Wachsraumöffnung bedingt), sondern $^6/_{10}$ der Bestandsmasse aushauen. Innerhalb der frei gestellten $^4/_{10}$ der letzteren stieg der Zuwachs in den nächsten 30 Jahren auf 5,6 bis 8,7 fm pro Hektar, also nahezu auf das Doppelte. Diese ungewöhnliche Zuwachsleistung der Buchenhochwaldungen — 8,0 bis 10,7 fm Gesamtmasse pro Hektar — wurde in allen gelichteten Beständen beobachtet. In 37 Jahren hatte sich (Probefläche Kugelberg) der Höhenwuchs von 19,4 auf 24,4 m, wie im geschlossenen Bestand, der Durchmesser von 21,9 cm auf 36,1 cm gefördert. Nachdem die Stammgrundfläche in 30 Jahren von 10,62 qm auf 23,37 qm angewachsen war, wurde mäßige Kronenspannung und Nachlassen des Lichtungszuwachses bemerkbar. „Die früheren wipfeldürren Bestände sind (nach) 30 bis 40 Jahren) wieder in die schönste und üppigste Lebensthätigkeit getreten und statt des verkrusteten, mit spärlicher Laubdecke und Moospolstern versehenen Bodens ist ein frischer Waldboden mit einer Laubdecke entstanden, wie man sie im geschlossenen Hochwalde bei den günstigsten Verhältnissen nicht besser findet." Die gelichteten Bestände sind 40 Jahre lang von allen Beschädigungen verschont geblieben.

e) Die Erziehung der Hochwaldungen, vorherrschend Buchenhochwaldungen, in Dänemark unterscheidet sich von der deutschen Durchforstungsart hauptsächlich dadurch, daß die in Deutschland besonders befürchtete Auslichtung der Buchenhochwaldbestände in früher Jugend in Dänemark principiell den Schwerpunkt der Erziehungsweise bildet. Das dänische Verfahren wird wie folgt beschrieben:*)

Schon frühzeitig, etwa im 20. Bestandsjahre bei einer durchschnittlichen Stammhöhe von 7 m wird der erste Durchforstungshieb vorgenommen und bis zum 40. Bestandsjahre alle drei Jahre wiederholt. Von Beginn an wird jeder Stamm gefällt, der seinen mehrwertigen, an Schaft und Krone besser veranlagten Nachbar beengt und schädigt. Durch diesen fortgesetzten Aushieb der schlechten, minderwertigen Stammformen wird bewirkt, daß sich die Kronen der starken und stärksten, besseren und besten Stämme schon in der Jugendzeit voll ausbreiten. Die körperliche Erstarkung dieser bevorzugten Stämme wird so weit gefördert, daß im 40. Jahre der Bestand durchweg aus geradwüchsigen und gut geformten Stämmen zusammengesetzt wird und der Zukunftsbestand deutlich in den stärksten Gliedern erkennbar ist. Vom 40. Jahre an werden die Durchforstungen in immer längeren Intervallen wiederholt, die im allgemeinen so viele Jahre auseinander liegen sollen, als das Bestandsalter Decennien zählt, also vom 40. bis 60. Jahre vier bis sechs Jahre u. s. f. Die Hauptaufgabe derselben ist die Entfernung der Stämme, welche die leistungsfähigeren Nachbarn in der Entwickelung der Krone beengen und schädigen — neben dem fortzusetzenden Aushieb der schlechteren Stammformen. Dagegen werden die unterständigen Stangen und Stämme, welche diese Rekruten des Abtriebsbestandes umgeben, ohne ihre Kronenentwickelung zu benachteiligen, belassen, damit dieselben die Astreinheit der dominierenden Stämme, etwa bis zu 15 m Schafthöhe, herbeiführen. Gegen das 60. Bestandsalter treten die zur Bildung des Abtriebsbestandes geeigneten Hauptstämme deutlich hervor: es werden 200 bis 300 Stück pro Hektar ausgesucht und durch Anstrich mit Kalkmilch oder Teer dauernd bezeichnet.

Im direkten Gegensatz zu den deutschen Wirtschaftsregeln, welche die strengste Schonung der Laubdecke bis zur Verjüngungszeit vorschreiben,

---

*) „Dänische Reisebilder" von Dr. Metzger in den „Mündener forstlichen Heften", 9. und 10. Band.

wird in Dänemark grundsätzlich die Begrünung des Bodens schon nach den ersten Durchforstungshieben herbeigeführt. Die massenhaft angesiedelten Regenwürmer vermischen erfahrungsgemäß das abfallende Laub mit dem mineralischen Boden und geben demselben die oben als am wirksamsten bezeichnete Krümelstruktur, welche die Durchlüftung vermittelt und die Humusbildung fördert.

Die Durchforstungsgrundsätze, welche man in Deutschland befolgt, sind in Dänemark längst aufgegeben worden, und zwar mit hervorragenden Erfolgen, wie die folgende Gegenüberstellung einer dänischen Ertragstafel für die zweite Buchen-Standortsklasse und der Schwappach'schen Normal-Ertragstafel für die zweite Buchenstandorts-klasse in Deutschland zeigt:

Land	Alters-jahr	Hauptbestand					Nebenbestand		Vor-ertrags-summe
		Stamm-zahl	Höhe m	Grund-fläche qm	Durch-messer cm	Masse fm	Stamm-zahl	Masse fm	
Deutschland . . .	60	1305	18,1	30,7	16,6	331	215	18	99
Dänemark . . .	62	621	21,9	29,5	24,7	356	136	49	353
Deutschland . . .	80	820	23,3	34,2	23,0	459	119	26	191
Dänemark . . .	82	353	26,0	31,5	33,5	471	76	61	516
Deutschland . . .	100	539	27,2	34,4	28,5	535	48	30	311
Dänemark . . .	100	235	28,0	32,5	41,9	532	53	71	653
Deutschland . . .	120	402	29,8	34,0	32,8	595	28	26	410
Dänemark . . .	120	167	28,6	33,5	50,8	595	30	66	787

Die Gesamtproduktion bis zum 120jährigen Alter beträgt sonach pro Hektar
    in Deutschland . . . . 1014 fm,
    „ Dänemark . . . . 1382 „
Bis zum 80jährigen, bezw. 82jährigen Alter beträgt die jährlich durchschnittliche Holz-produktion pro Hektar
    in Deutschland . . . . 8,1 fm,
    „ Dänemark . . . . 12,0 „
der Unterschied im Brusthöhen-Durchmesser 10,8 cm pro Mittelstamm.

In Dänemark sind die Schutzmaßnahmen gegen Bodenaustrocknung hoch entwickelt. Man kann nicht sagen, daß die heftig durchstreichenden Seewinde die Luft feucht und den Boden frisch erhalten. Vielmehr werden selbst bei mäßigem Windzutritt die vorhandenen Humusbildungen trocken, sie auf den Boden sich auflegenden Blattschichten bleiben unzersetzt, Pilzbildungen verfilzen die Blätter zu festem Torf, es bildet sich Bleisand, Roterde und selbst fester Ortstein. Bei unge-hindertem Zutritt des Windes verhagert der Boden immer mehr und wird völlig unzugänglich für jungen Baumwuchs. Die Heide verdrängt die Waldvegetation. Deshalb haben die dänischen Forstwirte an den Rändern der Waldparzellen durch sogen. Wallhecken oder Knicks, an breiten Wegen durch künstliche Hecken für Waldmantel-bildung gesorgt — aus Findlingsteinen und Erdreich bis zu 1½ m hohe Wälle errichtet und mit Haseln, Linden, Hainbuchen, Eschen, Ahorn und anderen leicht vom Stock ausschlagenden Holzarten bepflanzt. Man kann sonach nicht nachweisen, daß in Dänemark die schädlichen Wirkungen der frühzeitigen Kronenfreihiebe auf den Boden durch klimatische Einflüsse, insbesondere durch die feuchte Seeluft paralysiert werden. Jedenfalls werden Lichtwuchs-Probeflächen mit exponierten Lagen durch Waldmantel-Bildung in ähnlicher Weise wie in Dänemark zu schützen sein.

f) Endlich sind die Wirtschaftsergebnisse beachtenswert, welche der Verfasser in 27 Jahren bei der Überführung von Mittelwaldungen mit rückgängiger Produktion in den Hochwaldbetrieb in den Regierungsbezirken Unterfranken und Mittelfranken erzielt hat.

Die Mittelwaldbestockung entstammte zwar zumeist mittelmäßigem bis gutem Kalk- und sandigem Lehmboden, aus Muschelkalk, buntem Sandstein und Keuper hervorgegangen. Aber das Buchen- und Eichen-Oberholz, meistens von Stockausschlägen herrührend, war anbrüchig und rückgängig geworden und das aus Rotbuchen, Eichen, Aspen pp. bestehende Unterholz, durchschnittlich 35 bis 40 Jahre alt, war aus alten, in der Regenerationskraft geschwächten Wurzelstöcken hervorgegangen, lieferte geringe Reisholzerträge und nur schwaches Prügelholz. Nach dem Aushieb der Oberholzstämme, deren Wertzuwachs 2 % nicht erreichte, und der im Unterholz eingezwängten oder sonst unwüchsigen Stangen und Stämme wurden die Lichtwuchsbestände aus den gesunden Oberholzstämmen und aus den wüchsigsten und aus standfesten Unterholz-Stockausschlägen im Mittel mit 50 bis 70 cm Kronenabstand gebildet. Der Boden wurde vorsichtshalber teils mit Fichten bepflanzt, teils mit Buchen bebaut.

Nach den fortgesetzten Zuwachsmessungen, die mit der erreichbaren Genauigkeit*) ausgeführt wurden, hat der laufende Massen- und Wertzuwachs vor und nach der Lichtwuchsstellung den folgenden Gang im jährlichen Durchschnitt der Jahrzehnte eingehalten:

Gesamter Waldbesitz	Derbholz	Gebrauchswert
	pro Hektar und Jahr	
	fm	m
Herbst 1858/68 vor der Lichtung . .	2,09	22,4
Herbst 1868/78 nach der Lichtung . .	3,56	39,3
Herbst 1878/88 nach der Lichtung . .	3,71	46,2

Was die finanziellen Ergebnisse betrifft, so ist der Bruttoertrag durch diesen 20 jährigen Lichtungsbetrieb (mit Einrechnung der dreiprozentigen Zinsen und Zinseszinsen der durch den Lichtungsbetrieb herbeigeführten Erübrigungen gegenüber dem Etat) von 20,45 Mk. pro Hektar, der größtenteils von den herabgekommenen Mittelwaldungen und zum kleinsten Teil von jungen Nadelholzbeständen geliefert wurde und als nicht nachhaltig herabgesetzt werden sollte, auf 69,15 Mk. pro Hektar und Jahr, der Reinertrag von 8 Mk. 11 Pfg. pro Hektar und Jahr auf 56 Mk. 84 Pfg. pro Hektar und Jahr gestiegen (stets bei gleichen Holzpreisannahmen).

Diese Durchschnittserträge beziehen sich auf den gesamten Waldbesitz und umfassen auch die Waldflächen, in denen die Lichtstellung wegen Absatzmangels nicht rechtzeitig vorgenommen und erneuert werden konnte, und die jungen, hierzu noch nicht geeigneten Nadelholzbestände. Vergleichungsfähig im vollen Sinne des Worts sind jedoch nur die gelichteten und die nicht gelichteten früheren Mittelwaldungen und Nadelholzbestände mit gleicher Lage und gleicher Bodenbeschaffenheit.

---

*) Alle über 14 cm in Brusthöhe starken Stämme wurden schon anfänglich kluppiert und das schwächere Stangen- und Gertenholz nach Probeflächen eingeschätzt. Zur Ermittelung örtlicher Formzahlen wurden 3630 Mittelwaldstämme und 2885 Hochwaldstämme nach stammweiser Altersbestimmung sektionsweise vermessen. Die Baumhöhen wurden mittels des Faustmann'schen Spiegel-Hypsometers für die einzelnen Durchmesserstufen ermittelt.

	Laufend jährlicher Zuwachs pro Hektar		
	Derbholz fm	Reisholz fm	Gebrauchswert Mk.
Hochwaldbestände.			
a) Nadelholz (vorherrschend Kiefern), rein und fast rein, vor der Lichtung, 49- bis 59jähriges Alter	5,33	—	58,0
nach der Lichtung 59- bis 66jähriges Alter	6,48	—	73,1
b) Nadel- und Laubholz, hauptsächlich Kiefern und Rotbuchen, vor der Lichtung 40- bis 50jähriges Alter nach der Lichtung 50- bis 57jähriges	5,75	—	60,9
Alter	6,90	—	81,1
Derartige gemischte Bestände, geschlossen geblieben, vom 39- bis 49jährigen Alter	5,14	—	64,0
vom 49- bis 56jährigen Alter . .	4,50	—	65,6
Mittelwaldbestände.			
c) Mittelwaldungen auf lehmigem Sand (bunter Sandstein) vor der Lichtung (nur annähernd genau zu ermitteln)	1,49	0,85	23,0
nach der Lichtung, 1872/94	4,15	2,33	58,2
d) Mittelwaldungen auf bindendem Lehm (Keuper) vor der Lichtung (wie oben)	2,25	0,56	29,1
nach der Lichtung 1868/95	5,00	2,10	61,5

Der Aushieb bei jeder Lichtstellung divergiert zwischen 25 und 35% der vorhandenen Holzmasse.

Man kann sonach nicht sagen, daß die Ergebnisse der bisherigen vergleichenden Untersuchungen ungünstig für die Lockerung des Kronenschlusses durch vorgreifende Durchforstungen ausgefallen sind.

Die Ergebnisse ad d, e und f beziehen sich auf lange Wachstumszeiträume, und zudem ist der laufende Massen- und Wertzuwachs im Verwaltungsbezirk des Verfassers längstens alle zehn Jahre wiederholt durch Messung aller BrusthöhenDurchmesser und Berechnung mit den gleichen Formzahlen und Wertfaktoren ermittelt worden. Die Vermutung, daß durch den verstärkten Lichteinfall ein Aufflackern der Bodenthätigkeit verursacht werden könne, ist sonach durch die praktische Erfahrung keineswegs bestätigt worden. Auch hat der Boden eine hinreichende Laub-, Nadel- und Moosdecke behalten.

Bei der Anlage und der fortgesetzten Zuwachsmessung der Versuchsbestände darf jedoch nicht übersehen werden, daß der Hauptzweck dieser vergleichenden Untersuchungen die Bemessung der Durchmesserzunahme an den umlichteten Rekruten der späteren Abtriebsbestände ist, damit beurteilt werden kann, ob der nächste

Rundgang der Jahresnutzungen erheblich abgekürzt werden kann, ohne die Darbietung gebrauchsfähiger Nutzholzsorten nach Ablauf desselben in Frage zu stellen. Kann nicht bezweifelt werden, daß die umlichteten Abtriebsstämme, wenn dieselben etwa nach 70 bis 80 Jahren in lockeren Kronenschluß treten, den gleichen Wertertrag pro Jahr liefern werden, wie die im Kronenschluß erzogenen Hochwaldbestände nach 100- bis 120jähriger Wachstumszeit (siehe S. 303), so kann der Nutznießung nicht nur ohne Bedenken die erhöhte Rente zugebilligt werden, welche aus der verringerten Abnutzungszeit der vorhandenen Wertvorräte resultiert (aber stets durch höher rentierende Wiederanlage der Eingriffe in das ererbte Vorrats-Stammkapital dem Stammgut zu erhalten ist), sondern auch der Bezug der Mehrerträge, welche die vorgreifende anstatt der nachhinkenden Durchforstung jährlich liefert.

Sind außerhalb der Versuchsflächen Waldbäume zu finden, welche im 40- bis 50jährigen Alter freigestellt wurden, so wird der Wachstumsgang durch Messung der Stammgrundflächen auf den in Brusthöhe auszuschneidenden Stammscheiben und die Gipfelhöhe auf meterlangen Abschnitten des Gipfelstücks zu ermitteln sein. Nach den Untersuchungen des Verfassers halten die Lichtwuchsstämme in den größeren Nadelholzbeständen, wenn die Öffnung des Kronenraums rechtzeitig auf 60 bis 70 cm Kronenabstand erfolgt und vor wieder eintretendem Kronenschluß mit 50 bis 60 cm Kronenabstand erneuert wird, den Zuwachsgang der völlig freigestellten Mittelwaldstämme ein. In Rotbuchenhochwaldungen wird eine etwa 10 cm betragende Erweiterung des genannten Kronenabstands erforderlich werden.

3. Zeigt sich auf den Probeflächen mit Lichtwuchsstellung beachtenswerter Gras- und Unkrautwuchs?

Die schief einfallenden Sonnenstrahlen können während der Vegetationszeit selbstverständlich nur dann zum Boden dringen, wenn das unterständige Gehölz nicht belassen, sondern entfernt wird und im Kronenraum Lücken geöffnet werden, welche breiter als 50 bis 70 cm sind. Aber es ist im ersten Sommer nach der Lichtwuchsstellung zu beobachten, ob ein kräftiger Graswuchs im Entstehen begriffen ist, wie beispielsweise auf fetten Kalk- und Basaltböden, oder der Bodenzustand hergestellt worden ist, welchen die Bodenkunde wegen der Bodendurchlüftung ꝛc. als besonders ersprießlich für die Bodenthätigkeit erachtet (Siehe oben S. 276 und S. 282). Ist starker Graswuchs zu befürchten, so ist das unterständige Gehölz reichlich zu belassen, oder es hat Buchensaat oder Fichtenpflanzung der Lichtwuchsstellung auf dem Fuße im nächsten Frühjahr zu folgen.

Schon nach dem ersten Kronenfreihieb ist im früheren Verwaltungsbezirk des Verfassers in vielen größeren Beständen ein Unterwuchs teils von Buchen, teils von Fichten angesamt, teils in Buchenbeständen bald nach der Lichtwuchsstellung entstanden. Wenn der Boden frisch und nicht trocken und entkräftet war, so erhielt sich der Unterwuchs, aber nur kümmerlich vegetierend und ohne beachtenswerten Höhenwuchs, bis die zweite Lichtstellung demselben eine lebhaftere Entwickelung verlieh. Fast ausnahmslos blieb aber der Boden mit Laub, Nadeln und Moos bedeckt (von heidewüchsigem Boden mit kümmerlich wachsenden Kiefernbeständen abgesehen, für welchen eine durchgreifende Lichtwuchsstellung, wie gesagt, bedenklich ist). In den nicht unterbauten Buchen-Lichtwuchsbeständen konnten massenhafte Streuabgaben im strohzarmen Jahre 1893 gewährt werden.

Da aber bei den späteren Kronenfreihieben naturgemäß größere Bestands=
lücken entstehen, so sollte man niemals den Unterbau, und zwar durch Mischung
von Buchen mit einzelständigen Fichten versäumen, wenn der Boden frisch und
kräftig ist und die Erhaltung des Unterbaus auch nach der Wiederannäherung der
Kronen nicht aussichtslos ist. Nach dem zweiten Kronenfreihieb entwickelt sich auf
den größeren Lücken der bereits vorhandene Unterwuchs zum Bodenschutz*) viel
rascher als ohne vorherige Begründung desselben. In der Regel wird man aller=
dings finden, daß der Unterbau nach den ersten Kronenfreihieben zu stark beschattet
und erst dann wirksam wird, wenn die Lücken im Oberstand größer werden, als oben
angegeben, und unterbleiben kann, wenn der Boden nicht hervorragend gras= und
unkrautwüchsig ist. In Kiefernbeständen, für welche Verdrängung des Heidelbeer= und
Mooswuchses durch Heide zu befürchten ist, kann man einen Fichtenunterbau versuchen,
wenn die Lichtwuchsstellung bei dieser Bodenbeschaffenheit nicht bedenklich erscheint.

Eine Einwirkung der genannten Kronenlockerung auf die Temperatur der Wald=
luft und des Waldbodens wird ebenso ausgeschlossen sein wie die Abnahme des Wasser=
gehalts im Boden, da die atmosphärischen Niederschläge weniger im Kronenraum zurück=
gehalten werden, während die verdunstende Stammzahl verringert wird. Die ver=
mutete Erwärmung des Bodens und die behauptete Bildung von leichtem Frühjahrs=
holz infolge frühzeitig beginnender Assimilation ist nach den vergleichenden Beob=
achtungen des Verfassers nicht zu befürchten.**)

4. Kann auf den Flächen mit Lichtwuchsstellung die Astreinheit
und Vollholzigkeit der Nutzholzstämme verringert werden?

Nach den Vorschlägen des Verfassers sollen die Umlichtungshiebe erst dann
beginnen, wenn der untere Schaftteil auf Balkenlänge — etwa 8 bis 10 m —
möglichst astrein, im nicht unterbrochenen Kronenschluß ausgebildet worden ist
und die entstandenen Äste trocken werden. Diese Beginnzeit ist in der Forst=
litteratur vor Bekanntwerden des dänischen Durchforstungsverfahrens als zu früh im
Hinblick auf die Astreinheit und die Abholzigkeit des Schaftes erachtet worden. Man
habe die „Beendigung des Hauptlängenwuchses" abzuwarten. Jede Lichtung des dichten
Kronenschlusses sei vor dieser „Beendigung des Hauptlängenwuchses" bedenklich.

Bis jetzt wissen wir jedoch nicht, welche Einwirkung die schmale Kronen=
öffnung, welche zur Gewinnung eines 5= oder 10jährigen Wachstumsraumes
erforderlich ist (mit einer ringförmigen Breite von im Mittel 50 bis 70 cm) auf
die Entwickelung der Baumform und der Astbildung ausübt. Konstatiert ist nur,
daß die Stammform auf den mäßig und scharf durchforsteten Probeflächen
entweder keine Veränderungen zeigt oder verbessert worden ist.

---

*) Irrtümlich ist dem Verfasser die Absicht zugeschrieben worden, aus dem Unter=
wuchs die späteren Nutzholzbestände bilden zu wollen. Es handelt sich lediglich um
die Verhütung der Bodenaustrocknung.

**) Siehe in der „Allgemeinen Forst= und Jagdzeitung" von 1893, Aprilheft, die
Beobachtungen vom 9. bis 17. Mai 1892 in Buchenlichtwuchs=Beständen und in neben=
liegenden Buchenschluß=Beständen über den gleichzeitigen Laubausbruch. Überdies sind die
Pflanzenphysiologen noch nicht einig über die Frage, ob die anfängliche Dünnwandigkeit
des Frühjahrsholzes während der Vegetationsperiode bestehen bleibt. Ebensowenig
über die Bedingungen der Kernholzbildung.

Die Annahme, daß das in dicht geschlossenen Beständen erwachsene Nutzholz astreiner sei als von Eichen und Kiefern, die den größten Teil des Holzkörpers im Freistand ausgebildet haben, beruht auf Vermutungen und verdient noch näher untersucht zu werden. In den Hochwaldstämmen, die im normalen Kronenschluß aufwachsen, ziehen die Äste häufig, namentlich die vom Kern ausgehenden Äste, quer durch den ganzen Stamm hindurch und liefern bei der Aussonderung an den Sägewerken die völlig reinen Bretter (im Kleinhandel Tischlerbretter genannt) nur mit geringen Prozentsätzen, während die Hauptmassen den „halbreinen" Brettern zufallen. In den Mittelwaldstämmen findet man gleichfalls beim Zerschneiden reine Bretter mit erheblichen Anteilen, da die stärkeren Äste häufig nicht tief in den Stamm hineinziehen, sondern auf die Seitenbretter 2c. beschränkt bleiben. Zudem wird diese Astreinheit für die Schnittholzsorten, welche vom oberen Schaftteil geliefert werden, in der Regel nicht beansprucht, weil für die kurzen und schwächeren Bauhölzer, auch für Balkenhölzer die Ausnutzung bis zur Grenze der Tragkraft nicht stattfindet und Zopfbretter für Zwecke, die Astreinheit bedingen, seltener verbraucht werden.

Immerhin sind die Probeflächen mit Lichtwuchsstellung hinsichtlich der Astreinheit zu untersuchen und mit den Probestämmen und dem Kronenschluß zu vergleichen.

Derartige Untersuchungen hat der Verfasser vorgenommen. Es wurde konstatiert, daß die kräftigsten, den Abtriebsertrag im Kronenschluß hauptsächlich liefernden Stämme ganz gleiche Äste bilden — einerlei, ob der Kronenschluß erhalten bleibt oder der Wachsraum, welchen sich diese Stämme in den nächsten sechs bis zehn Jahren erkämpfen, vorzeitig geöffnet wird. Diese Untersuchungen (für Fichten) werden nächstens veröffentlicht werden und werden beweisen, daß sowohl die Astbasis dieselbe Fläche pro Festmeter Schaftholz in Lichtwuchs- und Schlußbeständen hat als die gleiche Reisholzmenge pro Festmeter Schaftholz hier wie dort produziert wird, und zwar nicht nur die gleiche Wellenzahl, sondern auch das gleiche Gewicht. Die Lichtstandsproduktion, welche bei 14 Jahren auf den Lichtwuchsprobeflächen weitaus beträchtlicher war als die Schlußstandsproduktion auf den nebenliegenden Kontrollflächen während der gleichen Zeit, scheint sonach auch ohne Verstärkung der Astmenge in Fichtenbeständen, wahrscheinlich auch in Buchen- und Weißtannenbeständen einzutreten, lediglich als Folge der verstärkten Lichtwirkung auf die im oberen Kronenraum bereits gebildeten Blätter und Nadeln. Bei allen diesen Holzarten tritt dieselbe sofort nach der Lichtwuchsstellung ohne Umbildung der Struktur der Blätter und Nadeln ein.

Ferner ist die Einwirkung der Lichtwuchsstellung auf die vollholzige Ausbildung der Baumschäfte auf den Versuchsflächen zu vergleichen. Wenn von früher Jugend an freiwüchsig erzogene Waldbäume kurzschäftig und kegelförmig infolge der Astverbreitung werden, so ist diese Erscheinung nicht maßgebend für die Stämme, denen lediglich der Kronenraum geöffnet wird, welchen sie sich im späteren Alter selbst erkämpfen. Zudem legt die Nutzholzverarbeitung der einige Millimeter größeren oder kleineren Abnahme der Durchmesser aufwärts am Baumschaft nicht den entscheidenden Wert bei. Dieser Unterschied wird höchstenfalls 3 bis 5 mm pro Längenmeter bei Schlußstämmen und Mittelwaldstämmen betragen, und die letzteren sind bisher nicht wegen der Schaftform beanstandet worden. Mit Ausnahme der Gerüsthölzer, Telegraphenstangen 2c. werden fast alle Bauhölzer in 3 bis 4 m, höchstens 10 bis 12 m lange Abschnitte zerschnitten, und die abfallenden Seitenbretter werden mit wenig ermäßigten Preisen verwertet.

Die Untersuchungen des Verfassers auf den obengenannten Fichtenprobeflächen haben bis 12 m Höhe die gleiche Abnahme der Brusthöhendurchmesser der Lichtwuchs-

und Schlußstämme, ziffermäßig völlig übereinstimmend, über 12 m hinaus sogar eine stärkere Abnahme für die letzteren ergeben.

5. Kann durch die Lichtwuchsstellung der Höhenwuchs, der im Kronenschluß erfolgt, verringert werden?

Man hat zu untersuchen, ob gleichalterige Lichtwuchsstämme nach etwa 5 oder 10 Jahren höher geworden sind als die gleichalterigen und gleichstarken Stämme auf den Probeflächen mit Kronenschluß. Die Behauptung, daß nach den Kronenfreihieben der Höhenwuchs nicht die Energie der Schlußstämme beibehalten werde, ist weder für den stärksten Durchforstungsgrad, noch für die mäßige Umlichtung der stärksten Stämme in den letzten Jahrzenten bestätigt worden. Nach den Beobachtungen des Verfassers eilen die Lichtwuchsstämme in ca. 4 bis 5 Jahren den stärksten Stämmen des Nebenbestandes im Höhenwuchs weit voran. Man hat, wie es scheint, die buschförmige Gestaltung der Vorwüchse in den Hochwaldverjüngungen und die Ast- und Schaftbildung der während der Jugendzeit völlig freiständigen Bäume generalisiert, ohne zu beachten, daß die schmale Kronenöffnung den umlichteten Stämmen keine weite Verzweigung gestattet und dieselben zwingt aufwärts zu streben.

6. Kann in Folge der Bildung etwas breiterer Jahrringe durch die Lichtwuchsstämme, als die Stämme im Kronenschluß anlegen, die Holzgüte verringert werden?

Zunächst wird zu ermitteln sein, ob auf den Lichtwuchsflächen die frühere Jahrringbildung, in den Jahrzehnten vor der Umlichtung, gleichmäßig fortgesetzt oder merklich verbreitert wird und ob die stärksten Stämme im Kronenschluß, welche die Abtriebsbestände vorherrschend bilden, bemerkenswert feinringiger sind als die stärksten Lichtwuchsstämme. Der Unterschied wird nach meinen Erfahrungen nicht beträchtlich sein.

Zudem ist die maßgebende Frage noch nicht entschieden, ob die Engringigkeit einen günstigen oder ungünstigen Einfluß auf die Dauer, Tragkraft ꝛc. ausüben wird. Nach den bisherigen Untersuchungen, die noch nicht abgeschlossen sind, ist es wahrscheinlich, daß das im Lichtstand erzeugte Holz schwerer und darum besser ist als das im Kronenschluß aufwachsende Holz. Nach den in neuerer Zeit vorgenommenen Untersuchungen ist „die Ansicht, daß die Ringbreite im umgekehrten Verhältnis zur Holzgüte (specifisches Gewicht) steht, nicht bestätigt worden. Die kleinsten Ringbreiten hatten häufig die geringsten specifischen Trockengewichte, jedoch konnte ein durchgreifender, gesetzmäßiger Unterschied zwischen Ringbreite und Holzgewicht bisher nicht nachgewiesen werden." Nördlinger und Ebermeyer behaupten, daß das im freien Stande gewachsene Holz härter, fester und schwerer ist als das Holz der im dichten Schluß erwachsenen Bäume, und hiermit stimmen die Erfahrungen der Holzhändler und Flößer überein. (Das hochwertige Kiefernholz im Hauptsmoor bei Bamberg hat den größten Teil des Holzkörpers im Lichtstand gebildet.)

7. Wie verhalten sich die verschiedenen Durchforstungsgrade gegen Schnee- und Duftdruck, Windwurf und Insektenfraß?

Es ist allerdings nach den bisherigen Beobachtungen kaum mehr zu bezweifeln, daß die Waldbäume nach der frühzeitigen Erstarkung, welche durch die Umlichtung, auch durch die Vermischung der Holzarten herbeigeführt wird, standfest und widerstandskräftig gegen Schnee, Wind und Insekten werden, auch im Höhenwuchs nicht zurückbleiben, sondern den Schlußstämmen voraneilen. Indessen ist immerhin zu prüfen, ob die folgenden Beobachtungen allgemein in ebenen, wie in gebirgigen Lagen bestätigt werden: Die Gefahr des Schneedrucks und Schneebruchs, insbesondere des Gipfelbruchs ist im Gebirge wie in der Ebene nicht größer für vorgreifend durchforstete als für mäßig durchforstete Bestände, aber im wesentlichen beendigt, wenn in den nächsten Jahren nach der vorgreifenden Durchforstung keine derartige Beschädigungen die Bestände durchlöchern. Durch die Umlichtung werden die Bestände widerstandskräftiger gegen Stürme und Insekten als nach Erhaltung des Kronenschlusses, weil die Stämme im ersteren Falle standfest und vollsaftig geworden sind.

8. Im übrigen können die Bedenken gleichfalls gewürdigt werden, welche in der Forstlitteratur dieser Umlichtung der späteren Abtriebsstämme entgegengestellt worden sind.

Der am eifrigsten und am heftigsten diskutierten Frage, ob der Unterbau nach den ersten Kronenfreihieben frohwüchsig werden oder infolge von Kronenannäherung des Oberstandes kümmerlich fortwachsen wird — dieser von vornherein minder wichtigen Frage wird man maßgebende Bedeutung bei der Beobachtung der Versuchsflächen nicht mehr beilegen, nachdem es durch die neueren Forschungen auf dem Gebiete der Bodenkunde und im Hinblick auf die Erfahrungen in Dänemark zweifelhaft geworden ist, ob der Unterbau dann ersprießlich werden wird, wenn nur eine leichte Bodenbegrünung eintritt und ein starker Gras- und Unkrautwuchs verhütet werden kann, wie oben (S. 318) erwähnt. Die Kosten des wiederholten Unterbaues nach stärkerer Lichtung des dominierenden Lichtwuchsbestandes fallen zudem nicht in die Wagschale gegenüber den finanziellen Nutzleistungen, welche die Herabsetzung der nächstmaligen Umlaufszeit der Jahresnutzungen im Gefolge hat.

Die weiteren Bedenken,*) daß beim Lichtwuchsbetrieb die Produktion hauptsächlich auf Sägenutzholz gerichtet werde, während auch schwächere Stämme und Stangen zu produzieren seien, während gleichzeitig befürchtet wird, daß der Markt mit schwächeren Stämmen und Stangen infolge der vorgreifenden Durchforstungen überlastet werde, werden nach ihrer örtlichen Bedeutung zu würdigen sein. Mißverständlich ist die Meinung, daß der Verkaufswert des normalen Vorrats durch diese vorgreifenden Durchforstungen herabgebracht werde, weil dem Vorratskapital des Schlußbetriebes die unterständigen Stangen und schwachen Stämme einzurechnen und die Herstellungskosten und Vorerträge der beiderseitigen Vorräte nicht zu berücksichtigen seien. Aus dem Unterbau soll, wie schon oben bemerkt wurde, kein Nutzholzbestand erzogen werden. Die Arbeitsvermehrung für das Forstverwaltungspersonal ist nicht so erheblich, als vermutet wird, sobald die Auszeichnung der Kronenfreihiebe dem die Durchforstungen überwachenden Forstschutzbeamten vorgezeigt worden ist.

*) „Zeitschrift für Forst- und Jagdwesen" von 1887, Seite 342.

Dreizehnter Abschnitt.

Die Auswahl der Holzgattungen für die Nachzucht der Hochwaldungen.

Wenn die einträglichste Bewirtschaftung der deutschen Waldungen nachhaltig sichergestellt werden soll, so hat die Verjüngung der erntereifen Waldbestände weitergehende Obliegenheiten zu erfüllen als die prüfungslose Fortpflanzung der örtlich eingebürgerten Holzarten, deren Wertproduktion in der Regel zu sehr verschiedenen Ernteerträgen hinführt.

In erster Linie ist die Produktion von Gebrauchswerten durch die nach Lage und Bodenbeschaffenheit anbaufähigen Waldbäume im Hinblick auf die Gewinnung der im Absatzbezirke tauglichsten Rundholzsorten vergleichend zu prüfen, und in zweiter Linie ist das Leistungsvermögen der Holzgattungen hinsichtlich der Brennstofflieferung für den Fall zu würdigen, daß der Nutzholzverbrauch im mittleren Europa rückgängig wird. Niemand wird die massenhafte Nachzucht von Holzgattungen, welche auf den untersten Stufen der quantitativen und qualitativen Nutzholzerzeugung stehen, befürworten wollen. Die Forstwirtschaft hat, wie gesagt, ein wohl assortiertes Lager der brauchbarsten Holzarten und Holzsorten zu unterhalten, weil sie mit langen Wachstumszeiten der Hochwaldbestände zu rechnen hat. Aber deshalb ist es keineswegs gestattet, die Hauptbestandteile der zukünftigen Hochwaldbestockung aus Waldbäumen zu bilden, die nicht nur quantitativ mit der Holzerzeugung zurückbleiben, sondern auch ein bald faulendes und minderwertiges Holzmaterial liefern.

Die Nutzholzproduktion hat in den deutschen Waldungen infolge der Lage unseres Landes in unmittelbarer Nähe der waldarmen und gewerbreichen Länder Mitteleuropas günstige Aussichten auf Nutzholzabsatz, wenn zur Erntezeit des jetzigen Holzanbaus die urwaldähnlichen Holzvorräte in den nördlichen und östlichen Ländern Europas herabgemindert und von den Wasserstraßen abgerückt sein werden.

Zu dieser nachhaltigen Nutzholzgewinnung gehört aber in vorderster Reihe die sorgsame Pflege und Beschützung der Eigenschaften des Waldbodens, welche die Produktionsthätigkeit desselben verursachen. Durch die Steigerung der Waldbodenkraft kann und soll die vaterländische Volkswohlfahrt noch nach Jahrhunderten eine ausgiebig fließende und andauernd befruchtende Quelle in der Nutzholzproduktion finden, welche in den heimischen Waldungen in rationeller Weise zu begründen ist. Nicht nur bei der Erziehung der Waldbestände, sondern auch bei der Auswahl der Holzgattungen für die Verjüngung der Waldungen hat die Forstwirtschaft die Erhaltung und Belebung der Nahrungsquellen, welche die Waldbäume im Waldboden finden, ebenso eingehend zu berücksichtigen wie die Wertproduktion der anbaufähigen Holzgattungen.

I. Die Auswahl der anzubauenden Holzarten nach den Standortseigenschaften, insbesondere nach der Beschaffenheit des Muttergesteins.

Im vorigen Abschnitt haben wir die Triebkräfte, welche die sogenannte Bodenthätigkeit verursachen, überblickt. Nach dem heutigen Stande der Forschung muß man annehmen, daß für das Gedeihen der Waldbäume ein zureichender Wassergehalt im Boden erforderlich ist und außerdem in erster Linie Bodeneigenschaften den größten Einfluß auf die Waldproduktion ausüben werden, welche die Durchlüftung bei entsprechender Bodenbedeckung und die Wurzelverbreitung begünstigen, die Lockerheit, Tiefgründigkeit und Humushaltigkeit des Waldbodens fördern.

Bleibt den Waldungen vor allem eine locker aufgelagerte, Luft und Wasser nicht abschließende Humusschicht erhalten, wird die übermäßige Streunutzung, welche durch die entstehende Verhärtung und Austrocknung des Bodens wie ein Krebsschaden am Marke des Waldes zehrt, beseitigt oder wenigstens auf ein erträgliches Maß zurückgeführt, so hat die Auswahl der anzubauenden Holzarten, die wir in diesem Abschnitt zu erörtern haben, die Ansprüche zu beachten, welche die einzelnen Holzgattungen nach ihrem Wurzelbau an die Tiefgründigkeit und nach ihrer Wasserverdunstung an den Feuchtigkeitsgehalt des Bodens erheben, damit auf allen Standorten die Produktion von Gebrauchswerten dem Höhepunkt entgegengeführt werden kann.

Man hat die Waldbäume nach den Ansprüchen, welche sie an den Boden stellen, in Gruppen gebracht:

1. Zu den genügsamen Holzarten werden gerechnet: Schwarzkiefern, gemeine Kiefern, Weymouthskiefern, Birken, Pappeln, Akazien.
2. Als Holzarten mittlerer Begehrlichkeit bezeichnet man: Fichten, Lärchen, Roterlen, Linden, Weiden, Roßkastanien, Hainbuchen, Spitzahorn.
3. Ungenügsame Holzarten werden genannt: Weißtannen, Rotbuchen, Traubeneichen, Bergahorn, Eschen, Ulmen, Edelkastanien, Stieleichen.

Diese Rangordnung ist jedoch nicht einwandsfrei, und es wird auch nicht möglich werden, einen allgemeingiltigen Gradmesser für die „Begehrlichkeit" der Holzarten aufzufinden.

Ebensowenig kann uns die geognostische Abstammung des Bodens und die Einteilung in Steinböden, Sandböden, Lehmböden, Thonböden, Kalkböden, Humusböden einen Maßstab für die Beurteilung der waldbaulichen Fruchtbarkeit der Bodenarten und der Abstufung der quantitativen Holzproduktivo gewähren.

Wenn ein Waldboden locker, tiefgründig, frisch und humusreich ist und in diesem Zustande erhalten wird, so verleiht demselben weder die geognostische Abstammung, noch die Zusammensetzung der Erdkrume aus verschiedenartigen Bodenpartikeln besondere Triebkräfte, die sich durch die Unterschiede in der Holzproduktion manifestieren. Einflußreich ist die Beschaffenheit der Bodenteile nur insofern, als dadurch die Lockerheit und die wasserhaltende Kraft verändert wird und die Verwitterung je nach der bodenbildenden Gesteinsart einen verschieden tiefen und verschieden lockeren Wurzelbodenraum hergestellt hat. Durch die in der Vergangenheit erzeugte Tiefgründigkeit, durch die Wasserkapacität, die Humushaltigkeit und die Durchlüftung des Bodens werden die Unterschiede in der waldbaulichen Bodenfruchtbarkeit bewirkt. Die Eigenschaft der Bodenpartikel, Wasser zu halten und sich dicht einzulagern oder locker zu erhalten, wird namentlich dann wirtschaftlich einflußreich, wenn die geschlossene Waldbestockung licht und lückig geworden oder abgeräumt worden ist — am erheblichsten, wenn die sofortige Wiederverjüngung durch eine schützende Holzbestockung mißlingt und der Kahlschlag an der Oberfläche verhärtet und durch Sonne und Wind, Gras- und Unkrautwuchs ausgetrocknet wird. Alsdann ist es oft schwer, die trockenen, armen Sandböden, die Kalkböden ohne Lehmbeimischung, die strengen Lehmböden und die Thonböden produktiv zu erhalten, und diese Aufgabe wird um so schwieriger, je weniger mächtig das lockere, krümelige Erdreich dem festen Boden oder dem festen Gestein aufgelagert ist. Derartige Bodenzustände hat die Forstwirtschaft mit allen Mitteln zu verhüten und stets ist alsbald nach der Verjüngung der Krümelzustand des beschatteten Bodens durch eine nicht zu hohe und nicht zu dichte Laub-, Nadel- und Moosdecke herzustellen und zu erhalten.

Einen sicheren Maßstab für die Beurteilung der Bodenkraft zum Zwecke der Auswahl unter den anbaufähigen Holzgattungen kann uns weder die bodenkundliche Forschung, noch die vergleichende Beobachtung der Wachstumsleistungen der Waldbäume bei verschiedenartiger Standortsbeschaffenheit darbieten — weder die sorgfältigste Bodenbeschreibung, noch die genaueste Bodenanalyse. Holzarten mit tiefgehendem Wurzelbau wird man selbstverständlich nicht bevorzugen, wenn flachgründige Bodenarten mit dünner Erdkrume anzubauen sind. Eschen und Erlen wird man nicht auf die trockenen, sondern die Eschen auf die frischen bis feuchten, die Erlen auf die feuchten bis nassen Böden bringen. Auf den trockenen Diluvialsand des Flachlands ohne Lehmbeimischung und ohne anstehendes Grundwasser und überhaupt auf den zur Trockenheit hinneigenden Standorten der Vorberge und der Mittelgebirge unterhalb der Schneebruch=Region wird man in erster Linie die gemeine Kiefer zur Bestandsbildung berufen und den Anbau der Weymouthskiefer, wenn die letztere nicht gedeiht, versuchen. Die trockenen Kuppen und Abhänge im Kalkgebiet mit festem und strengem Lehm= und Thonboden sucht man mittels Schwarzkiefern und Akazien der Holzkultur zu gewinnen, bis ein passender Wurzelbodenraum für etwas anspruchsvollere Nutzholz= arten geschaffen worden ist. Aber wir besitzen bis jetzt keinen aus wissenschaft= licher Forschung hervorgegangenen Gradmesser für die waldbauliche Bodenfrucht= barkeit, welcher die Ergebnisse der praktischen Beobachtung ergänzt und regelrecht ordnet, und es wird, wie aus den Ausführungen im vorigen Abschnitt hervor= geht, eine derartige Bodenbonitierung auf bodenkundlicher Grundlage vielleicht dann in Frage kommen, wenn das Optimum des wechselnden Kohlensäure= gehalts im Waldboden und die Einwirkung des letzteren und der Ortslage auf die sogenannte Bodenthätigkeit erforscht worden ist.

Überaus verschiedenartig ist die Bodenbildung der geognostischen Formationen. Im Gebiet der Massengesteine mit starkem Kieselsäuregehalt liefert die Ver= witterung des grobkörnigen Granits einen tiefgründigen, kräftigen Waldboden, dagegen die Verwitterung des feinkörnigen Granits einen flachgründigen, grandigen Boden, oft mit fast versiegender Produktionskraft. Die Hornstein= Porphyre liefern einen steinreichen, erdarmen, festen Boden, der das Eindringen des Wassers verhindert und das Ablaufen des Wassers in geneigten Lagen fördert. Die Feldstein=Porphyre liefern einen etwas besseren, aber auch noch steinreichen und erdarmen Boden, während die Thon=Porphyre und meistens auch die Porphyrite einen ausgezeichneten, tiefgründigen und kräftigen Boden liefern.

Die Massengesteine mit mittlerem Kieselsäuregehalt und die basischen Gesteine mit 40° bis 54°/₀ Kieselsäure haben nicht minder eine verschiedenartige Bodenbildung: während Syenit, Andesit, Diorit, Diabas, Melaphyr und vor allem die weit verbreiteten Basalte einen fruchtbaren Boden bilden, verwittern Quarz=Trachyt und Oligoklas=Trachyt zu einem flachgründigen, trockenen Boden.

In der Gruppe des Urthonschiefers und der metamorphischen Ge= steine ist die Schichtung und der dadurch bewirkte Wasserablauf von der größten Bedeutung. Der Gneisboden steht im Verhalten dem Granitboden nahe. Kali= glimmerschiefer liefert zumeist einen flachgründigen, geringwertigen Boden, dagegen Magnesia=Glimmerschiefer in der Regel einen wesentlich besseren Boden. Der quarz= reiche, dickschiefrige Urthonschiefer bildet strenge, erdarme Böden, vielfach durch Trockenheit leidend, während der quarzarme, dünnschiefrige Urthonschiefer einen besseren Boden hergestellt hat. Die Schieferthone und Thonschiefer liefern thonige, kräftige Waldböden, dem Holzwuchs mittelgut bis gut. Jedoch sind die in der Triasformation vielfach vorkommenden Lettenböden und Thonböden fast immer kalt und naß und tragen häufig Krüppelbestände.

Wenn die Kalkböden nur aus kohlensaurem Kalk ohne Beimischung thonhaltiger Bestandteile gebildet werden, so sind dieselben erdarm und trocken und die Aufforstung ist oft nur durch Schwarzkiefern und Akazien möglich, deren Fortkommen zweifelhaft ist. Dagegen ändert sich die Bodenkraft sehr wesentlich, wenn dem Kalkgestein Thonteile beigemischt sind. Derartige Kalkböden, durch pflegliche Waldwirtschaft vor Austrocknung und Gras= und Unkrautwuchs bewahrt, zählen zu den kräftigsten Waldböden. Die reinen Dolomite liefern einen erdarmen Boden mit dürftiger Produktionskraft. Aber auch hier bewirkt Thonbeimischung Gleichstellung mit den besten Kalkböden und über= trifft die letzteren sehr oft an Fruchtbarkeit. Auch die Mergelböden sind im hohen Maße fruchtbar, trocknen aber auch leicht aus und werden fest und hart.

Im Rotliegenden liefert die Verwitterung der Konglomerate meistens einen flachgründigen, steinreichen, oft reinen Geröllboden. Nagelflue, in den Alpen weit verbreitet, wird durch Kalkgehalt begünstigt, und der Boden zeigt, vom dichten Waldbestand geschützt, hervorragende Kraftleistungen. Die Grandböden sind von sehr verschiedenem Wert, in den Höhenlagen und Bergabhängen meistens trocken. Der quarzreiche Grauwackeboden ist zumeist flachgründig und wenig produktiv. Sind dagegen thonige Bindemittel beigemischt, so hat die Verwitterung einen tiefgründigen, steinfreien und kräftigen Boden geliefert, meist durchweg sogenannte Buchenböden. Ebenso verschieden ist der Buntsandsteinboden. Hat derselbe geringe Bindemittel und helle Färbung, so ist er in der Regel trocken und arm, bei gelber Färbung mittelgut, bei roter Färbung gut bis sehr gut. Der Keupersandstein bildet meistens tiefgründige, lehmhaltige Sandböden, günstig für die meisten Holzarten, sehr oft aber auch flachgründige, trockene Böden. Der Liassandstein erzeugt noch mehr produktive Böden als der Keupersandstein. Dagegen ist der lockere Sandboden des Quadersandsteins meistens trocken und wenig fruchtbar, oft vegetationslos. Sehr schlechten Boden liefert der schwer verwitterbare Quarzit, flachgründige und arme Sandböden. Die tertiären Quarzsande bilden gleichfalls einen armen Boden, der jedoch bei nahestehendem Grundwasser guten Holzwuchs besitzt. Etwas besser ist der Boden des tertiären Glimmersandes. Die selten vorkommenden vulkanischen Aschen haben, wenn sie zu vulkanischen Tuffen verkittet worden sind, gewöhnlich eine gute bis sehr gute Produktionskraft. Die vulkanischen Sande tragen dagegen zumeist dürftige Vegetation.

Die Bildungen des Diluviums, welche fast das gesamte norddeutsche Flachland bedecken, gehören zumeist dem „unteren Diluvium" an und bestehen im wesentlichen aus Sand, Thon und Mergel. Ein fein- bis grobkörniger Sand, aus gelblich gefärbten Quarzkörnern bestehend, enthält im unverwitterten Zustande Kalk, der aber durch die Verwitterung ausgelaugt wird. Es bildet sich eine obere Schicht von humosem Sand, dem eine Schicht von gelblichem Verwitterungssand unterlagert, nach unten in den festes Erdreich bildenden, gewöhnlichen Sand übergehend. Der Diluvialsand hat einen mittleren Waldboden geliefert, welcher den Standort ausgedehnter Kiefernwaldungen mit mittlerem, teilweise gutem Wuchs, vielfach mit Buchen als Unterholz bildet, auch mit den besten Bodenanteilen für Eichen anbaufähig ist. Eingelagert sind Diluvialthone, Diluvialmergel und Mergelsand. Die Diluvialmergel gehören zu den fruchtbarsten Bodenarten, gehen aber bei fortschreitender Verwitterung in lehmigen Sand über. Mergelsand bildet einen milden, tiefgründigen Lehmboden mit gutem bis vorzüglichem Holzwuchs. Die Diluvialthone haben meistens geringe Flächenausdehnung.

Das obere Diluvium wird vorherrschend vom oberen Diluvialmergel gebildet. Man unterscheidet Lehmböden, lehmige Sande mit unterlagerndem Lehm, oft nur nesterförmig, nach unten mit eingelagerten Steinen vorkommend, und drittens den oberen Diluvialsand mit schwachem Lehmgehalt, vielfach steinreich. Auf den höchsten Kuppen ist der Lehm fest aufgelagert, steinreich, von geringer Produktionskraft, nach unten in Diluvialsand mit schwacher Lehmbeimischung und mit mittlerer und guter Produktivität der Kiefernbestände übergehend, während die ausgesprochenen Lehmböden des oberen Diluvialmergels eine für den Ackerbau genügende Bodenkraft haben. Auch die Geschiebe im nordischen Diluvium mit Mergelbestandteilen zwischen Steinen haben einen guten Waldboden geliefert.

In den diluvialen Flußthälern, welche im nordischen Diluvium noch erkennbar sind, befindet sich Thalsand und Thalgeschiebesand. Ersterer bildet fein- bis mittelkörnige Sande und trägt zumeist minder gutwüchsige Kiefernbestände. Der Thalgeschiebesand ist grobkörniger und reichlich mit Steinen gemengt und bildet die geringen bis schlechten Kiefernstandorte.

Die übrigen Diluvialbildungen (Moränen, diluviale Nagelflue, Flußablagerungen, Löß) haben geringe Ausdehnung.

Ebenso die alluvialen Ablagerungen im Waldboden, Flußgrand, Flußsand, Auethon, der vorzügliche, aber fast nur landwirtschaftlich benutzte Marschboden, der Aueboden im Überschwemmungsgebiet der Flüsse, namentlich Saale und Elbe, mit prächtigem Wuchs der wertvollsten Laubholznutzhölzer, endlich der armselige Heidesand und Heidelehm.

Die wichtigsten Gesteinsarten kann man nach der Bildung des Waldbodens wie folgt abstufen (nach Grebe):

1. Sehr kräftige Böden bilden die basischen Eruptivgesteine:
   Basalt, Diabas, Melaphyr und ihre Tuffe;
   leicht zersetzbare Felsitporphyre;
   Kalkgesteine mit reichlichem Thongehalt;
   leicht zersetzbare Thonschiefer;
   Aue= und Marschboden.

2. Kräftige Böden bilden:
   Die leicht verwitternden Abänderungen von Granit, Gneis Felsitporphyr, Syenit;
   bindemittelreiche, nicht quarzitische Sandsteine:
   Grauwacke, Lias= und Keupersand, manche Buntsandsteine;
   Lettenschichten der Trias;
   Diluvialmergel und der daraus hervorgehende Lehm.

3. Mäßig kräftige Bodenarten bilden:
   Schwer verwitternde Granite und Gneise;
   Magnesia=Glimmerschiefer;
   bindemittelärmere, nicht quarzitische Sande: die meisten Sandsteine, Grauwacken;
   schwerer verwitternder Thonschiefer.

4. Schwache Bodenarten bilden:
   Sämtliche schwer verwitternde Silikatgesteine: manche Granite, Gneise, Felsitporphyre;
   Kaliglimmerschiefer;
   Sandsteine mit quarzigem Bindemittel;
   Sande: Diluvialsand;
   viele Konglomerate: Rotliegendes, Grauwacke.

5. Magere (arme) Bodenarten bilden:
   Sehr schwer verwitternde Gesteine, z. B. manche Quarzporphyre, Grauwacken, Rotliegendes;
   bindemittelarme oder stark quarzitische Sandsteine: Abänderungen der Grauwacke, des Quadersandsteins;
   Heide= und Flugsand, Dünensande; tertiärer Sand; Geschiebe und Geröllablagerungen;
   thonarme Kalkgesteine;
   zähe Thone und Letten.

Eine genaue Abstufung ist jedoch infolge der verschiedenartigen Faktoren der Bodengüte ungemein schwer.

Nach den vorherrschenden Bestandteilen hat man die vorstehend angeführten, mannigfachen Bodenarten in folgende Hauptgruppen zusammengefaßt.

a) Steinböden. Auf den großsteinigen Waldböden im Granit=, Basalt= Porphyrgebirge u. s. w. überziehen sich die Steine und Felsbrocken häufig mit Moos, die Baumwurzeln wachsen über die Oberfläche der Steine, bis sie Spalten zum Eindringen finden, und es entstehen zumeist geschlossene Fichten= und Tannenbestände.

Die Gruß= und Grandböden (Geröllböden) finden sich hauptsächlich im Granit, Syenit und Gneis, gutwüchsig, wenn feinerdige Bestandteile beigemengt worden sind oder das Grundwasser nahe steht, schlechtwüchsig auf trockenem Grandboden.

b) Die Sandböden kann man als humosen Sandboden (schwache, mittel und stark humosen Sandboden), der im Walde gewöhnlich die oberste Bodenschicht bildet, als gelben und braunen Verwitterungssand, der die zweite Bodenschicht bildet und als unterlagernden Rohbodensand unterscheiden. Enthält ein Sandboden keine beachtenswerten thonigen Beimengungen, so bezeichnet man denselben als reinen Sandboden, bei Zunahme der feinerdigen Bestandteile wird der Boden schwachlehmiger oder anlehmiger Sand genannt, und bei stärkerem Lehmgehalt lehmiger Sand. Die Lehmbeimischung erhöht die waldbauliche Ertragskraft, und außerdem wird der Holzwuchs dann gefördert, wenn die Baumwurzeln Grundwasser beziehen können.

c) Die Lehmböden kann man als sandigen Lehm, milden und strengen Lehm unterscheiden.

Der sandige Lehmboden bildet meistens guten, oft sehr guten Waldboden. Bei dem reinen Lehmboden wird die Tiefe der Krümelung entscheidend für die Produktion. Die strengen (schweren, festen) Lehmböden sind meistens geringwertig, infolge der dichten Lagerung wasserarm und nur oberflächlich von den Pflanzenwurzeln zu durchdringen.

d) Für die Thonböden ist die Krümelung und die Durchlüftung ebenso einflußreich auf die Fruchtbarkeit als bei den strengen Lehmböden. Die plastischen Thone sind schwer kultivierbar und auch die übrigen Thonböden (Schieferthone, Letten u. s. w.) besitzen nicht die Eigenschaften, welche dem Gedeihen der Waldbäume förderlich sind.

e) Die Kalkböden nennt man reine Kalkböden, wenn der kohlensaure Kalk einen trockenen, geringwertigen Boden bildet. Die Produktivität der Lehmböden und Thonböden auf Kalk wird durch den Krümelungsgrad und durch die Durchlässigkeit des unterlagernden Gesteins bestimmt. In der Regel sind die Eigenschaften des Kalkbodens für den Holzwuchs günstig, und die waldbauliche Bodenfruchtbarkeit ist hervorragend. Jedoch ist die Bodenbedeckung sorgfältig zu erhalten, der gewöhnlich üppige Gras- und Unkrautwuchs zu verhüten und der Austrocknung vorzubeugen. Trocken gewordene Kalkböden setzen der Wiederbestockung schwer zu beseitigende Hindernisse entgegen (Karst, Kalkberge in Thüringen).

f) Reichlichen Gehalt an humosen Stoffen haben die Humusböden. Der stark humose Sand, namentlich der diluviale Flußsand, bildet einen vorzüglichen, aber gegen Austrocknung und Auffrieren zu schützenden Boden. Die Grundlandmoore, die Hochmoortorfe, die Bruchböden rc. haben geringe Ausdehnung. Anbau von Erlen ist zumeist dann nicht lohnend, wenn das Wasser stagniert, sondern nur dann, wenn dasselbe fließend ist.

Die bisherigen Forschungsergebnisse auf dem Gebiete der forstlichen Bodenkunde gestatten uns, wie man sieht, noch nicht, die Waldbesitzer zureichend zu informieren über die Wechselbeziehungen zwischen den Bodenkräften und den Wachstums-Leistungen der Waldbäume — einerseits über die Förderung der Bodenthätigkeit durch die Beschattung und den Laubabfall der anbaufähigen Holzarten und andererseits über die Wachstumsleistungen der letzteren infolge der verschiedenartigen Triebkräfte im Granit-, Basalt-, Thonschiefer-, Kalkgebiet u. s. w., im Sand-, im Lehm-, im Kalkboden u. s. w. erschöpfenden Aufschluß zu erteilen. Eine Bemessung und Abstufung der Produktionsergebnisse für die anbaufähigen Holzgattungen nach der Abstammung vom Muttergestein und der vorherrschenden Bodenbestandteile ist nicht durchführbar, und die Waldbesitzer müssen die vergleichende Beobachtung und die Zuwachs-Messung in nebeneinander liegenden, von verschiedenen Holzarten gebildeten, reinen Beständen in der betreffenden Örtlichkeit zu Hilfe rufen.

II. Die Leistungsfähigkeit der deutschen Waldbäume auf den vorherrschenden Waldbodenarten im allgemeinen.

Welche Waldbaumgattungen sind zur Bildung des zukünftigen Ernteertrages durch die wertvollsten Nutzholzsorten zu berufen, wenn das vorhandene Waldeigentum andauernd am einträglichsten benutzt werden soll? Diese Frage ist schwer zu beantworten. Wir wissen zwar, daß bei gleicher Standortsgüte die Laubhölzer jährlich eine geringere Kubikmeterzahl an roher Holzmasse pro Hektar produzieren wie die Nadelhölzer und unter den Nadelhölzern die Massenproduktion der Fichte und Weißtanne größer ist als die Massenproduktion der gemeinen Kiefer, während wieder Lärchen und Weymouthskiefern die zuerst genannten Nadelhölzer in der Erzeugung von Holzrohmassen bei günstigen Produktionsfaktoren vielfach übertreffen. Aber wir wissen nicht anzugeben, welche Kubikmeterzahl an roher Holzmasse der Fichten- oder Kiefernanbau durchschnittlich pro Jahr auf einem Boden liefern wird, auf dem die Rotbuche 2, $2^1/_2$, 3, $3^1/_2$ ... fm pro Hektar und Jahr produziert. Die Vermutung, daß die durchschnittlich pro Jahr und Hektar produzierte Trockensubstanz dem Gewichte nach annähernd gleich sei, ist noch nicht genügend beglaubigt worden, steht im Widerspruch mit den Untersuchungen in nebeneinander liegenden Fichten- und Buchenbeständen und wird auch für nebeneinander liegende Fichten- und Kiefernbestände nicht zutreffend sein. Zudem ist das Trockengewicht nur bei ein und derselben Holzart als Anhaltspunkt für den Gebrauchswert des Rohstoffes zu benutzen, aber nicht zur Wertbemessung der Rohstoffproduktion verschiedener Holzgattungen, wie z. B. das schwere Buchenholz einen geringen Gebrauchswert für die Nutzholzverarbeitung hat. Die vergleichende Ermittelung derjenigen Eigenschaften der verschiedenen Holzarten, welche den Gebrauchswert hauptsächlich bestimmen, ist aber noch nicht so weit vorgeschritten, um die Auswahl der Holzsorten auf die Ergebnisse stützen zu können.

Durchgreifende Regel für den Holzsortenanbau bleibt, wie schon im vorigen Abschnitt erörtert wurde, die Bildung gemischter Bestände sobald die Standorts-Beschaffenheit mehrfachen Holzgattungen günstige Wachstumsverhältnisse gestattet. Wir haben die Vorzüge der gemischten Bestände gegenüber den reinen, von ein und derselben Holzart gebildeten Beständen schon im vorigen Abschnitt erwähnt. Vor allem wird die Bodenthätigkeit erhalten und gesteigert. Die Erwärmung des Bodens unter den Lichtholzbeständen durch die eindringenden Sonnenstrahlen wird ebenso verringert wie die Austrocknung durch den durchstreichenden Luftzug. Der Gras- und Unkrautwuchs nach der Auslichtung der

Lichtholzbestände, der die Bodenfeuchtigkeit stark verdunstet und das Eindringen des Regen- und Schneewassers hemmt, wird zurückgehalten.

Aber auch aus anderen Gründen ist die Bildung gemischter Bestände eine waldbauliche Grundregel, die immer mehr zum Durchbruch kommt. In der That haben die gemischten Bestände hervorragende Nutzleistungen für die Einträglichkeit der Holzzucht. Sie erhöhen vielfach die Massen- und Werterträge, welche man durch eine reine Bestockung, von ein und derselben Holzart gebildet, erzielen würde. Indem die lichtbedürftigen, zumeist raschwüchsigen Holzarten die Baumkronen emporschieben über den Kronenraum, in welchem die mitstrebenden, aber überflügelten Bestandsgenossen dichten Kronenschluß bilden, treten diese lichtfordernden Waldbäume in den Genuß der hellen Sonnenstrahlen. Sie erstarken schon frühzeitig, werden standfest und widerstandsfähig. Die lichtbedürftigen und auch die schattenertragenden Holzgattungen können selbstverständlich die verschiedenen Höhenschichten des Kronenraumes ausgiebiger für die Thätigkeit der Baumkronen benutzen, als dies in dem weniger hohen Wachsraum, in welchen die Baumkronen der reinen Bestände zusammengedrängt werden, möglich ist. Infolge der frühzeitigen Erstarkung der Baumkörper werden die Beschädigungen durch Schneebruch, Windwurf, Duftanhang ꝛc. vermindert. Vor allem werden aber in den Nadelholzbeständen die Verheerungen durch Insekten abgeschwächt. Die gefährlichsten Raupen und Käfer bevorzugen einzelne Holzgattungen, namentlich unter den Nadelhölzern. Die Vermehrung dieser Waldfeinde und die Gesamtwirkung des Fraßes wird aus den schon oben angegebenen Ursachen ermäßigt, wenn diese Holzarten mehr voneinander abgerückt worden sind als in reinen Beständen der Fichte, Kiefer ꝛc. Außerdem sind die wertvollsten Stämme der gemischten Bestände infolge vermehrten Lichtgenusses kräftiger und vollsaftiger geworden als die im Kronenraum beengten Stämme der reinen Bestände. Die meisten Forstinsekten bevorzugen das kränkelnde Holz und gehen in saftreichen Bäumen zu Grunde — die Nonne und auch andere Waldverderber leider ausgenommen.

Bei der Auswahl der Holzarten zur Bildung der gemischten Bestände ist allerdings Fürsorge zu treffen, daß im Abtriebsbestand die minderwertigen Holzarten nicht die hochwertigen Waldbäume verdrängen. Man kann jedoch den Zweck der gemischten Bestände erreichen, ohne den Wertertrag wesentlich zu verringern, weil es genügt, wenn die bodenschützenden Holzarten, wie namentlich Rotbuchen, bis in die späteren Perioden des Bestandslebens zwischen- und unterständig beibehalten werden. Bis dahin erfüllen dieselben ihre Funktionen hinsichtlich des Boden- und Bestandsschutzes. Der entstehende Ertragsausfall wird hauptsächlich das Material der Vornutzungen treffen und die Gewinnung der wertvollen Nutzhölzer im Abtriebsertrag nicht beträchtlich verringern.

Zudem darf man niemals vergessen, daß bei der Auswahl der Holzgattungen für die Bebauung unserer Waldungen die Bedürfnisse des Holzverbrauches in einer sehr fernen Zukunft zu berücksichtigen sind. Wenn auch die Dauer, die Tragkraft und die sonstigen, die Nutzholzgüte bestimmenden Eigenschaften unserer Waldbäume

fortdauernd bestehen bleiben und den Nutzholzwert auch zukünftig in
erster Linie bestimmen werden, so ist es doch unmöglich, die An=
forderungen der Nutzholzverarbeitung für die ferne Erntezeit mit
positiver Sicherheit zu bemessen. Vorsichtiger wird es jedenfalls sein,
Nutzhölzer verschiedener Gattung zur Bildung der zukünftigen Haupt=
bestockung zu berufen — wenn die Standortsverhältnisse Freiheit
in der Auswahl gestatten. Man kann es dann der Zukunft überlassen,
während der Erziehung dieser gemischten Bestände diejenigen Holz=
arten zu begünstigen, welche den höchsten Wert für die Befriedigung
der Verbrauchsanforderungen im Laufe der Zeit erlangt haben.

Mit der Einführung der einträglichsten Bewirtschaftung ist aber vor=
sorglich eine Musterung der auf den guten und auf den minderwertigen
Waldstandorten anbaufähigen Holzgattungen nach ihrem Leistungs=
vermögen für die maximale Gewinnung brauchbarer Waldprodukte
mit möglichster Verringerung der Erzeugungskosten, d. h. in der er=
reichbar kürzesten Zeit, zu verbinden, damit der deutsche Wald mit seinen
Nutzleistungen auch zukünftig die Volkswohlfahrt in unserem Vaterlande befruchtet.

Wir haben allerdings in Deutschland vielfach Waldstandorte mit
abnormer Beschaffenheit. Außer den hohen Regionen der Gebirge und Alpen=
länder, wo die Krummholzkiefer heimisch ist und die Fichte oft nur kümmerlich
vegetiert, finden sich nasse und sumpfige Lagen, Flugsandstrecken und
Ortsteinböden. In den Tiefländern, den Vor= und Mittelbergen und den
unteren Lagen der Hochgebirge sehen wir strichweise nicht nur trockene Sand=
ebenen, verödete Kalkberge, steinige und erdarme Abhänge, felsige
und flachgründige Bodenpartien, Ortsteinbildungen c., sondern auch
Waldflächen, die durch intensive Streunutzung verangert, vertrocknet
und verhärtet sind. An den Seeküsten und in einem weiten Streifen der
angrenzenden Länder finden die Nadelhölzer nicht überall günstigen Standort.
Lärchen und Weißtannen wahrscheinlich ausgenommen. Das Klima fördert die
Pilzbildungen, Trametes radiciperda, erzeugt Rotfäule und der Hallimasch
(Agaricus melleus) zerstört die jüngeren Fichten und Kiefern. Hier begegnet der
Nadelholzanbau oft Bedenken und wird nur da am Orte sein, wo die reinen
Eichen und Buchenbestände und die Eichenbestände mit Buchenbeimischung nicht
mehr gedeihen, wie auf dem Heideboden, dem Spatsand, bei Ortsteinunterlage u. s. w.

In den Länderstrichen Deutschlands mit diesen traurigen Bodenverhältnissen
tritt nicht nur die Tauglichkeit der Holzgattungen für die Bildung gemischter
Bestände, sondern auch die Leistungsfähigkeit derselben hinsichtlich der Wert=
produktion in den Hintergrund. Vor allem ist zu fragen: welche Holzgattung
ist überhaupt noch anbaufähig, wird noch, wenn auch kümmerlich, gedeihen?
Ist die Akazie oder die Schwarzkiefer zu bevorzugen, oder kann man den Anbau
der gemeinen Kiefer, der Weymouthskiefer, auch vielleicht der Birke noch riskieren?
Das muß erprobt werden und kann in Büchern nicht gelehrt werden.

Diese Bodenverhältnisse kommen jedoch in Deutschland in der
Regel nur strichweise vor, und es ist fraglich, ob dieselben mit

Ausnahme des Küstengebietes zusammenhängend einige 100000 ha in irgend einem Waldgebiet Deutschlands erreichen. Dagegen findet man in allen Gegenden Deutschlands Waldflächen weit verbreitet, welche weder sehr naß, noch sehr trocken sind, einen mäßigen Humusgehalt und eine mäßige Tiefgründigkeit und Lockerheit — mit einem Wort mittlere Bodengüte haben.

Entscheidend für das Gedeihen der Holzarten wird in erster Linie der Wasserverbrauch derselben und der verfügbare Wasservorrat im Boden, in der Umgebung der Wurzelspitzen, namentlich im Hochsommer, sein. Diejenigen Waldbäume, welche von Natur aus eine geringe Wasserverdunstung haben und sich mit ihrer Wurzelverbreitung der oft flachgründigen Bodenbeschaffenheit anpassen können, werden eine größere Holzproduktion bewirken, als Holzarten, deren Organisation eine gleiche Anspruchslosigkeit nicht gestattet. Zur Zeit kennen wir allerdings den Wasserverbrauch der Waldbäume noch nicht so genau, um eine Rangordnung hinsichtlich dieser Verdunstungsansprüche mit zweifelloser Sicherheit aufstellen zu können. Wir wissen nur, daß die Nadelhölzer infolge ihrer schmalen, nadelförmigen Blätter, die von einer dicken, stark kutikularisierten, harz- und wachsreichen Oberhaut bedeckt sind, an die Wasserverdunstung geringere Ansprüche machen als die meisten Laubhölzer. Man kann lediglich vermuten, daß die größere Bestände bildenden Waldbäume bei gemindertem Feuchtigkeitsgehalt des Waldbodens relativ noch am besten in der folgenden Reihenfolge gedeihen werden. In erster Linie steht die Schwarzkiefer, die gemeine Kiefer und der Stockausschlag der Traubeneiche. Hierauf folgt die Lärche (deren Verhalten in Flach- und Tiefländern jedoch noch nicht ausreichend beobachtet worden ist); alsdann die Fichte, die Weißtanne die Hainbuche (als Stockausschlag), die Rotbuche, die Traubeneiche (als Baumholz) und endlich die Stieleiche. Vollkommen unzureichend sind unsere Kenntnisse über die Ansprüche der meistens nur vereinzelt vorkommenden Holzarten an den Wassergehalt des Bodens. Auf den trockensten Böden gedeihen außer den schon genannten Schwarzkiefern relativ am besten: Akazien, Birken, Weymouthskiefern, Aspen (Birken und Aspen kommen auch auf feuchtem Boden fort). Die übrigen Holzarten werden ungefähr die folgende Rangordnung im Gedeihen von den trockenen zu den feuchten und nassen Standorten zeigen: Bergahorn, Spitzahorn, Ulmen, Eschen, Weiß- und Schwarzerlen.

Das Verhalten gegen die Bodentrockenheit wird jedoch vielfach abgeändert durch die Höhe und die Lockerheit des benutzbaren Wurzelbodenraumes. So gedeiht namentlich die Weißtanne in einem an der Oberfläche vertrockneten, aber nach unten kräftigen Boden besser als die flach wurzelnde Fichte. Auf einem flachgründigen Boden gedeiht bei gleichem Wassergehalt die Fichte relativ besser als die Kiefer, während bei einem in der Oberfläche trockenen, aber lockeren und tiefgründigen Boden (wie z. B. Diluvialsand ohne Grundwasser) das umgekehrte Verhalten eintritt. Auch der Lichtgenuß ist nicht ohne Einfluß. Wenn sonnige Lagen wasserhaltende Bodenbeschaffenheit haben, so wachsen die lichtbedürftigen Holzarten, wie Eichen, Kiefern ꝛc. rascher über Nachbarn anderer Gattung empor als auf Nord- und Ostseiten.

Die Maßnahmen der Forstwirtschaft zur Erhöhung der waldbaulichen Fruchtbarkeit des Bodens sind, abgesehen von der Erhaltung des Blätter- und Nadelabfalls, eng begrenzt. Das vorzüglichste Mittel, die Bodenthätigkeit zu erhöhen, würde zweifellos das Behacken der Bodenoberfläche mit 5- bis 6jähriger Wiederholung sein, welche die Boden- und Humusdecke mit den oben abgelagerten Mineralsubstanzen vermischen und in krümelige, die Durchlüftung fördernde Beschaffenheit bringen würde.

Bisher ist die allgemeine Einführung am Kostenpunkt gescheitert. Aber den Waldbesitzern, denen diese Blätter zugänglich werden und welche über die nötigen Arbeitskräfte verfügen, darf der Verfasser dieses Umhacken des Bodens auf Hackenschlagtiefe vor der Verjüngung als vorzügliches Mittel, die Bodenkraft zu erhalten und zu beleben, warm empfehlen. (Derselbe hat in den letzten 25 Jahren Tausende von Hektaren wiederholt behacken lassen.) Während der Verjüngung, nach der starken Lichtung der Waldbestände und vollends durch den Kahlschlagbetrieb wird unverkennbar die günstige Wirkung, welche die langjährige Ansammlung der verwesenden Bodendecke hervorgebracht hat, wesentlich beeinträchtigt. Die Blätter und Nadeln werden vom Winde entführt und die angesammelten Verwesungsprodukte werden nutzlos in die Atmosphäre verflüchtigt. Werden die Humusbestandteile unmittelbar vor oder mit der Lichtstellung durch die Verjüngungshiebe unter die Bodenoberfläche durch Umhacken untergebracht und der Wassergehalt des Bodens durch die Lockerung erhöht, wird die Verhärtung gemildert, wird gleichzeitig der Nachwuchs unter Schutzbestand durch Samenabwurf des Mutterbestandes oder durch künstliche Saat oder Pflanzung begründet, so wird offenbar die unvermeidliche Schädigung der Bodenthätigkeit während der Verjüngungszeit so weit eingeschränkt, als es dem forstlichen Betriebe möglich ist. Die Kahlschlagverjüngung ohne gleichzeitige Lockerung der Bodenoberfläche führt dagegen die Verflüchtigung der Humusteile durch Sonne und Wind jahrelang dem Gipfelpunkt entgegen. Dazu kommen andere Mißstände: Gras- und Unterwuchs, Engerlinge, Rüsselkäfer und Konsorten.

Wenn die Waldbesitzer die aus dem Gesichtspunkt der Bodenpflege gebotene Verbreitung der schattenertragenden Laub- und Nadelhölzer in den gemischten Beständen bevorzugen, wenn Fichten und Weißtannen und namentlich Rotbuchen (als Grundbestockung) weit vordringen in das Waldeigentum, wenn Streuentzüge möglichst vermieden werden und die Verjüngung mit Erhaltung der Bodenlockerheit möglichst beschleunigt wird, so können die Besitzer wegen der Erhaltung der Bodenkraft unbesorgt bleiben. Die Frage, wie weit die Bodenarten örtlich verbreitet sind, welche diesen schattenertragenden Holzarten eine ausreichende Massenproduktion gestatten — eine Massenproduktion, welche namentlich der anspruchslosen gemeinen Kiefer die Wagschale hält — diese Frage kann nur durch die örtliche Untersuchung der Bodenverhältnisse beantwortet werden. In allen Forstbezirken hat darum, wie gesagt, vor Auswahl der anzubauenden Holzarten eine Musterung der schattenertragenden Fichten, Tannen, Rotbuchen und der lichtbedürftigen Eichen, Lärchen, Kiefern, Eschen ꝛc. hinsichtlich der Leistungsfähigkeit für die Produktion gebrauchsfähiger Holzmassen maßgeblich der Bodenbeschaffenheit stattzufinden und hiernach ist den einzelnen Holzarten das am meisten geeignete Anbaugebiet anzuweisen. Es ist die Grenze zu bestimmen, bis zu welcher die Begründung des Eichenhochwaldes mit gleichalterigen oder unterständigen Buchen und des Mischwuchses aus Laubhölzern und Nadelhölzern vorzubringen hat, mit welchem Umfang minderwertige Bodenflächen dem reinen Kiefernwalde zuzuweisen sind u. s. w. Insbesondere für die innere Ausgestaltung der gemischten Bestände mit den gesuchten Nutzholzgattungen hat diese Musterung für alle Bodenarten, welche die nötige Frische, Lockerheit und Tiefgründigkeit für das Gedeihen schattenertragender Holzarten besitzen, die Beimischung der letzteren (auch für die Kiefernbestände) zu bevorzugen, insbesondere der Rotbuchen, wegen der günstigen Wirkung der abfallenden Belaubung und Benadelung auf die Erhaltung und Förderung der Bodenkraft, wenn auch die Rotbuchen, Hainbuchen ꝛc. nicht zur vorherrschenden Bestandsbildung berufen werden dürfen. Im weiteren sind zunächst die verschiedenartigen Leistungen der anbaufähigen Waldbäume in der Rohstoffproduktion zu vergleichen. Vor allem ist jedoch zu würdigen, welches gegenseitige Verhalten die Nutzholzgüte der produzierten rohen Holzmassen zeigt. Für die Anbauwürdigkeit der anbaufähigen Waldbäume ist die auf gleicher Fläche produzierte Zahl der Gebrauchswerteinheiten maßgebend, da die vermehrte Produktion der Rohstoffmenge ohne Berücksichtigung des Gebrauchswertes keinen erkennbaren Zweck haben würde — für die holzkonsumierende Bevölkerung ohne Nutzleistungen bleiben würde.

Gegen die vorwiegende Berücksichtigung der Nutzholzqualität des herzustellenden Ernteertrages kann man nicht einwenden, daß möglicherweise die Nachfrage nach den einzelnen Holzsorten wechseln kann. Wenn die Gewinnung des dauerhaftesten, tragfähigsten Holzmaterials mit den reichhaltigsten Ernteerträgen für unsere Nachkommen planmäßig erstrebt wird, so kann die derzeitigen Nutznießer kein Vorwurf wegen mangelhafter Pflichterfüllung treffen. Man kann auch nicht einwenden, daß möglicherweise der Nutzholzabsatz in der Zukunft rückgängig werden wird und zur Erntezeit der heutigen Aussaat die Heizwirkung der Holzrohmassen in erster Linie den Wert derselben bestimmen wird, wie jetzt in den Gegenden, welche weitab von den Kohlengruben liegen und mit Schienenwegen sparsam versehen sind. Man würde übersehen, daß die Umtriebszeiten, welche wegen der maximalen Nutzholzgewinnung zu bevorzugen sind, auch die maximale Brennstoffgewinnung entweder vollständig oder nahezu vollständig herbeiführen werden und insbesondere die Nadelhölzer dem Baum des Brennholzwaldes, der Rotbuche, in der Brennstoffproduktion auf gleichen Flächenteilen meistens überlegen sein werden.

Für die genannte Musterung wird der nachstehende Überblick über die Leistungsfähigkeit und über die Eigenschaften der in Deutschland anbaufähigen Holzarten einige Anhaltspunkte gewähren.

1. **Die Stiel- und Traubeneichen** (Quercus pedunculata *Ehrh.* und Quercus sessiflora *Smith*, oder Quercus robur *Roth*).

Seit alter Zeit verehrt die deutsche Nation, wie schon gesagt, die Eiche als die Königin des Waldes. Bei der Wertschätzung der ehrwürdigen Baumriesen, welche seit Jahrhunderten den deutschen Wald zieren, nimmt die Eiche den ersten Rang ein. In der That soll und darf die Anzucht und die Pflege schönwüchsiger, vollkroniger Eichen im deutschen Walde niemals vernachlässigt werden. Jedermann weiß, daß das Eichenholz wegen seiner Dauer und seiner sonstigen technischen Eigenschaften einen hohen Nutzwert hat und in der Regel mehr als doppelt so hoch verwertet wird als Nadelholz mit gleichen Dimensionen.

Die beiden Eichenarten*) sind nur insofern anspruchsvoll hinsichtlich des Bodens, als derselbe nicht trocken sein darf. Sie wachsen im schweren wie im leichten Boden, im fetten Marschland wie im lockeren Sandboden, wenn der Boden frisch ist. Obgleich sowohl Stiel- als Traubeneichen den frischen, tiefgründigen Bergboden besonders lieben, so können dieselben doch ihre Wurzelausdehnung der Unterlage des Bodens anpassen. Aber Bodenfrische ist, wie gesagt, stets erforderlich. Die Eiche erträgt sogar einen hohen Grad von Feuchtigkeit. Ein oberflächlich armer Sandboden hat guten Eichenwuchs, wenn Feuchtigkeit im Untergrund ist. Im Bergland liebt sie die Sonnenseiten und die unteren Bergabhänge. In der Ebene hat der Marschboden selbstverständlich den vorzüglichsten Eichenwuchs. Aber auch hier wie im Gebirge erzeugt der lockere Sandboden mit mäßiger Lehmbeimischung guten Eichenwuchs, selbst dann, wenn die Lehmbeimischung gering ist und nur die Feuchtigkeit durch eine Humusdecke erhalten wird. (Die berühmten Eichenbestände des Spessart wurzeln in einem nur wenig lehmhaltigen Sandboden der Buntsandstein-Formation.) Die geognostische Abstammung scheint für das Gedeihen dieser Holzart ohne Einfluß zu sein. Nur findet man zuweilen auf Kalkboden und vulkanischem Boden eine auffallende Schlechtwüchsigkeit mit Hinneigung zu Erkrankungen, deren Ursachen noch nicht näher erforscht worden sind.

Die Verbreitungsgrenzen und die Standortsansprüche der beiden Eichenarten sind im elften Abschnitt (Seite 261) angegeben worden.

Was die Anbauwürdigkeit der Eiche im Vergleiche mit anderen Holzarten, namentlich mit dem später zu betrachtenden Baume der Industrie, der Fichte, betrifft, so sind zwar die Massen- und Werterträge der Eiche, Fichte, Kiefer, Weißtanne u. s. w. bei ein und derselben Standortsgüte bis jetzt nicht genügend ermittelt worden. Aber es ist immerhin wahrscheinlich, daß die Eiche, im Lichtungsbetrieb behandelt, mindestens die Hälfte der Massenproduktion der Fichte hervorbringen wird, daß aber der Gebrauchswert der Eiche etwa doppelt so hoch sein wird als der Gebrauchswert der Fichte. Die Fichte wird unter den wählbaren Holzarten meistens die ertragreichste auf den mittleren und besseren Bodenarten sein und vielleicht nur von der Lärche (im Lichtungsbetrieb mit

---

*) Die Stieleiche hat längere Blattstiele, meistens über $1^1/_2$ cm lang, als die Traubeneiche, bei welcher dieselben kurz gestielt oder fast sitzend sind. Die Blattbasis ist bei der Stieleiche ohrförmig zurückgeschlagen; diese umgeschlagenen Öhrchen (Häkchen) mangeln der Traubeneiche. In ihrem forstlichen Verhalten stehen sich die beiden Eichenarten nahe; im ganzen ist die Traubeneiche genügsamer in ihren Ansprüchen an die Standortsbeschaffenheit als die Stieleiche, wie schon im elften Abschnitt bemerkt wurde.

Unterbau) übertroffen worden, die jedoch besondere Ansprüche an die Standorts=
beschaffenheit macht, und deren Anbau auf größeren Flächen häufig mit einem
Mißerfolg endet. In reinen Beständen wird die Fichte auf den feuchten und
fruchtbaren Standorten, auf denen die Eiche vorzügliches Gedeihen findet, vielfach
rotfaul. Man darf deshalb sagen, daß der Eichenanbau auf den
besseren Standorten, wenn die Eichenhochwaldungen im Lichtungs=
betrieb regelrecht erzogen werden, den Anbau aller anderen Holz=
gattungen auch hinsichtlich der Werterträge einholen wird.

Im elften Abschnitt sind die Massenerträge, welche diese Erziehungsart auf
gutem Boden hervorbringt, mitgeteilt worden, und man wird nach dem lokalen
Preisverhältnis zwischen 120= bis 160jährigen Eichenholz und 70= bis 90jährigen
Nadelholz die jährlichen Wertproduktionen der Eiche mit dem Wertertrag der
anbaufähigen Nadelhölzer vergleichen können.

Zur Eichenzucht sind nicht nur die besseren Buchenböden mit Thonbeimischung
— die Thon=, Lehm=, vor allem die humusreichen und frischen Bodenarten
geeignet —, auch die sandigen Böden mit Feuchtigkeit im Untergrund, die lehmigen
Sandböden, sandigen Lehmböden und die zahllosen Modifikationen in der Boden=
bildung, sobald der Waldboden humushaltig, feucht, tiefgründig, krümelig und
locker geworden ist. Aber im allgemeinen läßt sich schwer sagen, mit welchen
Bonitätsstufen der Eichenanbau minder einträglich werden wird, wie der Anbau
gemischter Bestände mit dominierender Nadelholzbestockung. Indessen wird es
rätlicher sein, den Eichenanbau hauptsächlich die Standorte anzuweisen, auf denen
die Rotbuche mehr als 3 fm Abtriebsertrag exkl. Reisholz durchschnittlich pro
Hektar und Jahr produziert.

Die Form des Eichenanbaues, einzelständig in gleichalterige oder nahezu
gleichalterige Buchengrundbestockung oder in großen Eichengruppen und Eichen=
horsten, die in großen Wirtschaftsbezirken zu kleinen Eichenbeständen mit 2 bis
3 ha Größe übergehen, haben wir schon im vorigen Abschnitt (S. 294) erörtert.
Wegen der Bodenpflege wird die einzelständige Begründung der Eichen in eine
Buchengrundbestockung auf den geeigneten Standorten stets dann zu bevorzugen
sein, wenn die Waldbesitzer die Kosten für rechtzeitig zu beginnende und öfters
zu wiederholende Freihiebe der Eichenkronen aufwenden können und über die
nötigen Arbeitskräfte verfügen. In größeren Forstrevieren, in denen diese Kronen=
freihiebe nicht durchführbar sind, hat die Feststellung der Flächengröße der an=
zubauenden Eichen=Bestockung, die in den bayerischen Staatswaldungen von
kleinen Gruppen und Horsten bis zu mehrere Hektar großen, reinen Eichenbeständen
vorgedrungen ist, besondere Bedeutung. Nach den Erfahrungen im Spessart und
Pfälzerwald hat die Eichenverjüngung in ausgedehnten Buchenwaldungen nur
dann Aussicht auf Gedeihen, wenn die besten Standorte mit der Größe von
einigen Hektaren hierzu ausgeschieden werden und der Anbau der Eichen der
Verjüngung des Gesamtbestandes längere Zeit vorausgeht. Die Regelung der
einträglichsten Waldbenutzung wird jedoch zu erwägen haben, ob kleine, reine
Eichenbestände mit hohen Rentenerträgen innerhalb großer Buchenwaldungen
die geringfügige Wertproduktion der letzteren und die Rente des gesamten

Buchenwaldbesitzes ausreichend erhöhen können. Wenn in der That kleinere Eichen=
horste infolge der näher gerückten Buchenbestockung besseren Bodenschutz durch das
eindringende Buchenlaub erhalten, wie 2 bis 3 ha große, reine Eichenbestände,*)
so ist zu erwägen, daß bis zum ersten Kronenfreihieb der Eichen die Aufgabe zu
lösen ist, im Innern der Eichenhorste eine zur Haubarkeitszeit ausreichende An=
zahl kräftiger Eichenstangen und Eichenstämme vor dem erdrückenden Schirm der
umringenden und oft vorwachsenden Buchen zu bewahren. Es wird zu beachten
sein, daß die mittlere Kronenausdehnung der Rotbuchen (Quadratseite des Wachs=
raumes) bis zu einem Brusthöhendurchmesser der Buchen von 25 cm selten 5 m
übersteigen wird. Sonach würde nach dieser Abrückung der Buchenbestockung
von den genannten Stangen und Stämmen im Innern der Eichenhorste (bei
der Bestandsbegründung der letzteren, bezw. bei den mehrmaligen Aus=
jätungshieben) der ausreichende Eichenwuchs auch ohne Freihiebe bis zum 60=
bis 70jährigen Alter der Eichenhorste erhalten bleiben, wenn die wertvolle
Eiche nicht nur auf die besten, sondern auch auf die besseren Bodenarten ver=
breitet wird.

Soll die Einmischung der Nadelhölzer bei der Verjüngung der Buchenhoch=
waldungen, die etwa über 3 bis 4 fm Haubarkeitsdurchschnitts=Zuwachs
pro Hektar und Jahr haben, vermieden werden, so wird eine hiernach bemessene
reichlichere Einmischung kleiner Eichenhorste als in Bayern zu erproben und nötigen=
falls frei zu hauen sein. Findet der Anbau durch Pflanzung statt, so wird nach
den bisherigen Erfahrungen die Verwendung 1= bis 2jähriger Eichenpflanzen
wirksamer werden wie die Verwendung von Heisterpflanzen.

Für die Verjüngung der Eiche in Kiefernbeständen hat man kleine Kahl=
schläge von 10 bis 12 a Größe eingehauen, den Boden rigolt und die Eichen=
pflanzen behackt (Mortzfeld'sche Löcher). Diese Verjüngungsmethode scheint sich
jedoch nicht immer auf den ärmeren Standorten bewährt zu haben. Auch mit dem
Einhieb von breiten Streifen und Gassen in die Kiefernbestände hat man Miß=
erfolge erzielt, Unkrautwuchs und Frostbeschädigung hervorgerufen.

Zur Verjüngung der Eiche wird die natürliche Besamung benutzt, für die
Gruppen, Horste und reinen, kleinen Bestände hauptsächlich Eichelsaat und
Pflanzung kleiner Saatbeetpflanzen gewählt.

Zur Eichenzucht ist in erster Reihe das deutsche Laubholzgebiet geeignet, und
für die fruchtbaren Bodenarten in diesem Gebiet ist der Anbau der Eiche schon
bei den heutigen Preisen zu befürworten. In der Zukunft wird der inländische
Verbrauch von Eisenbahnschwellen und Weichenhölzern enorme Eichenmassen
erfordern. Von dem bisherigen inländischen Eichenholzverbrauch ist ein großer
Teil vom Ausland, namentlich vom südlichen und östlichen Österreich geliefert
worden. Die Eichenvorräte sind in Cisleithanien gering und fallen nicht in die
Wagschale, und in den transleithanischen Ländern werden dieselben in absehbarer
Zeit zur Befriedigung des Eichenschwellen=Verbrauchs der Eisenbahnen in der

---

*) In der Forstlitteratur wird außerhalb Bayerns zumeist eine Größe von 3
bis 4 a für ausreichend erachtet, größere Horste über 20 a als bedenklich (nach den
Beobachtungen in Mittel= und Norddeutschland).

österreichisch-ungarischen Monarchie nicht mehr ausreichen.*) Der Eichenschwellenverbrauch wird aber voraussetzlich durch die Mitwerbung der Eisenindustrie nicht verdrängt werden.

2. Die Rotbuchen (Fagus Silvatica *L.*).

In Würdigung der herrlichen, bodenschützenden und bodenbessernden Eigenschaften der Rotbuche, ist diese Holzart, wie gesagt, die „Mutter des Waldes" genannt worden und wahrlich mit Recht. Die Rotbuche liefert durch den reichen Blattabfall einen nährstoffreichen, leicht zersetzbaren Humus, erhält den Boden im lockeren und krümeligen Zustand, das Wasser, die Luft und die Wärme erhalten Zutritt, die organischen Substanzen werden zersetzt und die Bodenthätigkeit wird erhöht. „In normalen, humushaltigen Buchenbeständen findet sich weitaus der größte Teil der Streich- und Saugwurzeln in der oberen, dunkel gefärbten, etwa 25 cm tiefen Bodenschicht, wo sie sich in horizontaler Richtung nach allen Seiten verbreiten und mit ihren korallenartig verzweigten Mikorrhizen ein den Boden völlig durchwucherndes Geflecht bilden, welches die Lockerung desselben bewirkt" (Ebermayer).

Wenn auch die bodenkundliche Forschung die Ursachen dieser bodenbessernden Wirkungen der Bedeckung mit Buchenlaub noch nicht genügend aufgeklärt hat, so wird es doch höchstwahrscheinlich die lockere, krümelige Beschaffenheit der vom Buchenlaub gebildeten Humusschicht sein, welche nicht nur die Bodenfeuchtigkeit erhält, sondern auch den Luftzutritt zum Boden gestattet — und die Durchlüftung des Bodens scheint unter den Faktoren der Bodenthätigkeit eine größere Wertschätzung zu verdienen, als derselben bisher zugebilligt worden ist. Der Kohlensäuregehalt der Bodenluft soll im allgemeinen, wie im vorigen Abschnitt erwähnt, einen Maßstab für die Fruchtbarkeit des Waldbodens bilden. Dieser Kohlensäuregehalt ist aber unter Buchenbeständen weitaus geringer als unter Fichtenbeständen mit Moosdecke. Wir wissen allerdings, daß die Mikroorganismen, welche die Bodenthätigkeit bewirken, dann am stärksten vermehrt werden, wenn sie am reichlichsten mit Luft in Berührung kommen. Andererseits kennen wir das Optimum des Kohlensäuregehalts im Waldboden noch nicht. Die bodenkundliche Forschung hat noch die Beziehungen zwischen Durchlüftung und Kohlensäure-Entwickelung, die durch den reichhaltigen Kohlensäure-Vorrat in den tieferen Bodenschichten gespeist werden wird, aufzuklären.

Schon im elften Abschnitt wurde erwähnt, daß die Rotbuche bis zu einer Meereshöhe von 600 bis 800 m in Norddeutschland und 1100 bis 1400 m in Süddeutschland gedeiht, sowohl auf frischem Sandboden mit Feuchtigkeit im Untergrund als auf Lehmboden und thonigem Boden, am besten auf den Verwitterungsböden

---

*) Die Eichenhochwaldungen in Ungarn bedecken eine Fläche von 239252 ha, und davon sind 31,7 % = 75 879 ha 81- bis über 120jährig und werden innerhalb der nächsten 20 Jahre als schlagbar erachtet. In den letzten Jahren wurden durchschnittlich 2230 ha pro Jahr ausgenutzt und dadurch 456 557 fm = 205 fm pro Hektar Holzausbringung erzielt. Davon sind jedoch 68 %, als Brennholz, 21 %, als Nutzholz und 11 % als Schwellenholz verwertet. Man hat berechnet, daß aus den gesamten ungarischen Eichenwaldungen in den nächsten 30 Jahren jährlich 926 500 Eichenschwellen gewonnen werden können. Ungarn hat aber einen jährlichen Bedarf von ca. 2 000 000 Schwellen. Man hat berechnet, daß nach 10 bis 12 Jahren alle haubaren Bestände in den Privateichenforsten Ungarns konsumiert sein werden.

kalkhaltiger Gesteine, wenn dieselben nicht wasserarm und verödet sind, nicht aber auf nassem und Überschwemmungsböden. Günstig wirkt feuchte Luft auf den Ost- und Nordseiten im Gebirge, an den Seeküsten ꝛc. Die Rotbuche ist namentlich im westlichen und südlichen Deutschland verbreitet, östlich durch Hannover und Braunschweig bis zur Provinz Sachsen vordringend.

Leider steht dieser bodenbessernden Eigenschaft der Rotbuche nicht die ergänzende Leistungsfähigkeit hinsichtlich der Wert- und namentlich der Nutzholzproduktion zur Seite. Auf den besseren Standorten, auf denen die anspruchsvolle Buche gedeiht und heimisch geworden ist, wird die Fichte durchschnittlich mindestens den doppelten Massenertrag der Rotbuche, wie schon oben erwähnt wurde, liefern, und jedenfalls wird auch die Kiefer den Massenertrag der Rotbuche wesentlich übersteigen, vielleicht bis zum $1\frac{1}{2}$ fachen Betrag, während die Weißtanne einen ähnlichen Massenertrag liefern wird wie die Fichte.

Robert Hartig ermittelte im braunschweigischen Unterharz die Massenproduktion der Buche und Fichte in nebeneinander liegenden Beständen. Die Buchenbestände hatten einen Haubarkeits-Durchschnittszuwachs von 4,6 fm im 80jährigen Alter und verhielten sich zur Fichtenproduktion wie folgt (inkl. Reisholz):

	Abtriebsertrag		Gesamtertrag	
	Buchen	Fichten	Buchen	Fichten
40. Jahr	1,00	3,58	1,00	3,77
60. „	1,00	2,00	1,00	2,42
80. „	1,00	1,91	1,00	2,28

Robert Hartig untersuchte ferner einen 61jährigen Rotbuchenbestand und einen 50jährigen Fichtenbestand im Revier Bruck bei München, dicht nebeneinander liegend. Der Rotbuchenbestand hatte eine Holzmasse von 291,17 cbm inkl. Reisholz, der Fichtenbestand eine Holzmasse von 651,14 fm inkl. Reisholz pro Hektar. Der Haubarkeits-Durchschnittszuwachs verhält sich sonach wie 1,00 : 2,73 — ähnlich, wie der Durchschnitt der Abtriebserträge im Harze. Wimmenauer fand in Oberhessen in nebeneinander liegenden 46 und 50 Jahre alten Buchenbeständen und 50- bis 54jährigen Fichtenbeständen für das mittlere Alter von 50 Jahren das Verhältnis der prädominierenden Holzmasse von Buchen : 1,00 zu Fichten : 2,99.

Für die Kiefer fand Wimmenauer fortgesetzt Mehrerträge gegenüber der Rotbuche, jedoch bleibt die ziffernmäßige Gegenüberstellung nicht völlig zweifelsfrei. Der Verfasser vermutet, daß die Kiefer mindestens den $1\frac{1}{2}$ fachen Materialertrag der Rotbuche liefern wird.

Die weiteren in der Litteratur enthaltenen Angaben beziehen sich nicht auf gleiche Standortsgüte. Eine sichere ziffernmäßige Vergleichung der Werterträge der genannten Holzarten bei gleicher Standortsgüte ist zur Zeit noch nicht ausführbar.

Als Heizmaterial verdient das Rotbuchenholz den Vorzug vor dem Nadelholz. Aber die Rotbuche kann infolge der zurückbleibenden Materiallieferung den Nadelhölzern auch hinsichtlich der Brennstoffgewinnung nicht als ebenbürtig erachtet werden. Bei der Verwendung als Nutzholz ist das Buchenholz, wie schon im vorigen Abschnitt bemerkt, mit wesentlichen Qualitätsmängeln behaftet. Das

Buchenholz hat geringe Dauer, kurze Fasern, großes Gewicht, leidet durch sogenanntes Werfen der Bohlen und Bretter und wird infolge seiner technischen Eigenschaften bei dem Vergleich mit dem Holz der anderen Waldbäume fast stets, abgesehen von der noch nicht genügend erforschten Tragkraft, zurückstehen. Man kann die Rotbuchenstämme, die namentlich bei wechselnder Feuchtigkeit und Trockenheit bald faulen, zwar imprägnieren und auslaugen; aber durch dieses Verfahren erhält das Buchenholz keinen höheren Wert als das imprägnierte Nadelholz, und sonach bleibt der Ausfall der Buche an Massenertrag ungeschwächt bestehen. Nach allgemeiner, durch die Geringwertigkeit der Buchen= produktion hervorgerufenen Überzeugung hat der reine, ungemischte Buchenhochwald aufgehört, ein forstliches Produktionsziel zu bilden. Aber damit hat die Rotbuche nicht ihre Bedeutung als bodenpflegende und bestandsschützende Grundbestockung der Nutzholzbestände verloren. In dieser Grundbestockung lassen sich die wertvollsten Nutzhölzer sowohl einzel= ständig (wenn sie vorwüchsig gegenüber der Rotbuche sind) als in Gruppen und Horsten (wenn sie nachwüchsig sind) erziehen. Aufgabe der Forsttechnik ist die zielbewußte Einmischung der Rotbuche in die Nutzholzbestände. Wenn die ertragreichsten Nutzholzgattungen vorherrschend den Abtriebsertrag liefern und die beigemischten Rotbuchen nach Erfüllung ihrer Funktionen (des Boden= und Bestandsschutzes) den Vornutzungserträgen zufallen, so wird einer= seits die gesamte Wertproduktion nicht wesentlich verringert, und anderer= seits gewinnt man die Beruhigung, daß nicht nur dem Boden die voll= kommenste Pflege gesichert worden ist, sondern auch die aufwachsenden Nutzholz= bestände, namentlich von Fichten und Kiefern, verhältnismäßig am wenigsten durch Schneedruck, Windwurf und namentlich durch Insektenfraß leiden werden. In diesem Mischwuchs erstarken die Nutzhölzer frühzeitig, werden stufig und wider= standskräftig, gesund und vollsaftig, und die gefährlichsten Forstinsekten finden erfahrungsgemäß in diesen gemischten Beständen ungünstigere Bedingungen für ihre Vermehrung wie in reinen Nadelholzbeständen.

Wird bei der Verjüngung der vorhandenen Buchenhochwaldungen die oben befürwortete Bildung gemischter Bestände bezweckt, so ist die richtig bemessene und nicht zu dichte Durchstellung der Buchenverjüngungen mit den wertvollsten Nutzholzgattungen besonders zu beachten. Die Rotbuchen dürfen nicht durch eine vorzeitige Kronenannäherung der eingemischten Nutzhölzer, insbesondere der „gewaltthätigen" Fichten und Weißtannen, herabgedrückt werden zu einem kraftlosen, hinsiechenden Gestänge mit kümmerlicher Belaubung, sondern sind bis zu den letzten Wachstumsperioden der Nutzholzbestände mit kräftigem Wuchs möglichst zu erhalten. Als Richtschnur für den bei der Einpflanzung einzuhaltenden Abstand wird für Fichten und Weißtannen und auch für Kiefern eine Quadratentfernung von etwa 5 bis 7 m im Durchschnitt angenommen werden können. Werden Eichen, Lärchen und lichtbedürftige Laubhölzer eingemischt, und zwar einzelständig und nicht gruppen= oder horstförmig, so wird erweiterter Abstand zu wählen sein, weil diese lichtbedürftigen Holzarten freie Kronen und größeren Wachsraum beim späteren Kronenschluß beanspruchen.

5. Die Lärche (Larix europaea *De Cand.*).

Gleichfalls lichtbedürftig wie die Eiche, besitzt die Lärche eine weitaus höher stehende Wachstumsenergie als fast alle anderen Holzarten, jedoch nur in Lagen, welche dieser mit besonderen Ansprüchen auftretenden Holzart zusagen. Sie liefert ein vortreffliches, dauerhaftes und harzreiches Nutzholz, welches nicht schwindet und wenig reißt. Dieser Gebirgsbaum produziert in reinen Beständen, jedoch nur auf den geeigneten Standorten, einen Massenertrag von 9 bis 16, durchschnittlich 11 bis 13 fm pro Hektar und Jahr, kann sonach den Wettbewerb mit allen anderen Waldbäumen aufnehmen. Die Lärche liefert das beste Nutzholz für Hoch-, Erd- und Wasserbauten, ein vorzügliches Tischler-, Böttcher- und Glaserholz (zu Thüren und Fensterrahmen besonders geeignet). Das Lärchenholz steht zwar dem Fichtenholz hinsichtlich der Biegsamkeit, der Tragkraft für längere Balken und Sparren nach, aber in der Dauer wetteifert das Lärchenholz mit dem Eichenholz.

Die Lärche beansprucht, wie die Eiche, Freiheit im Kronenraum, aber Deckung des Fußes durch schattenertragende Holzarten. Sie ist für die Erziehung in reinen, dicht geschlossenen Beständen nicht geeignet. Die zurückbleibenden, unterdrückten Stangen werden alsbald dürr, und schon mit 30- bis 40jährigem Alter stellen sich reine Lärchenbestände licht und sind zu unterbauen, wenn die Vermagerung und Verwilderung des Bodens verhütet werden soll. Die Anzucht in einer Buchen-Grundbestockung wird bessere Bedingungen für das Gedeihen der Lärche darbieten als die Anzucht in einer Grundbestockung von Nadelhölzern. Wird die Lärche von dicht stehenden Fichten umringt, so wird die vollständige Ausbildung der lichtbedürftigen, freien Raum beanspruchenden Lärche beeinträchtigt werden. Diese Holzart kann, wie schon früher bemerkt wurde, frohwüchsiges Fortkommen nur dann finden, wenn etwa zwei Dritteile des Schaftes mit lebenden Zweigen besetzt bleiben. Bleibt die Lärche nicht stark vorwüchsig, gelangt die nacheilende Fichte in die Äste der Lärche, so können die lichtbedürftigen Nadeln nicht mehr ausgiebig funktionieren. Ferner beansprucht die Lärche freie Lagen mit Windzug, während die feuchte Luft in Fichtenbeständen nur wenig dem Wechsel unterliegt. Buchenunterstand ist deshalb dem Fichten- und auch dem Tannenunterstand vorzuziehen. Noch weniger ratsam ist die Mischung mit Kiefern. Die Lärche wächst in der Regel schon mit dem zehnjährigen Alter vor, die Kiefer stirbt, wenn die Lärche stark und nicht nur vereinzelt beigemischt ist, ab und wird häufig vor dieser Zeit durch Schnee-, Duft- oder Eisanhang zusammengebrochen. Die verbleibenden Lärchen stehen vielfach lückig und licht; sie sind im dichten Schluß emporgewachsen, schlank und walzenförmig geworden und brechen oft bei Schneeanhang gleichfalls zusammen.

Überall ist die Lärche schon von Jugend auf mit freiem Wachsraum für die Krone zu erziehen. Der Stamm muß konisch und die Baumform muß pyramidalisch werden, die grüne Bezweigung muß, wie gesagt, bis zu $^2/_3$ des Schaftes herabgehen. Der Boden muß tiefgründig, locker, mäßig frisch und nicht durch

Streunutzung verarmt sein. Sehr trockene Böden sind der Lärche ebenso zuwider als feuchte Standorte, strenge, dichte und nasse Böden.

Vor allem ist aber zu beachten, daß Thäler und Einsenkungen, die zuglos und dunstig sind, überhaupt alle tiefen Lagen ohne Windzug, kein Standort für diesen Waldbaum sind, der in den Alpen seine Heimat hat. In den ungeeigneten Lagen treten sehr häufig Beschädigungen durch den Lärchen=Krebs=Pilz (Peziza Willkommii) auf, dessen Früchte nur in anhaltend feuchter Luft zur Reife gelangen, während die kleinen Fruchtpolster sehr empfindlich gegen Lufttrocknis und Luftzug sind, darum in stiller, feuchter Luft gedeihen, aber in den hohen Lagen mit Windzug minder gefährlich werden.

Hinsichtlich des Anbaues der Lärche ist dann, wenn diese Holzart örtlich noch nicht eingebürgert ist, Vorsicht anzuempfehlen. In den ungeeigneten Lagen leistet sie weniger als die Fichte und Kiefer, wird frühzeitig moosig und rückgängig. Es ist deshalb eine zu starke Beimischung der Lärche, falls der Anbau dieser Holzart erst erprobt werden soll, zu vermeiden, vielmehr den einzelständigen Lärchen lediglich eine Verbreitung zu geben, welche die volle Produktion der Bestände, falls die Lärchen eingehen sollten, nur wenig schädigt.

Ist die Lärche dagegen örtlich eingebürgert und zeigt sie die oben genannte Wuchskraft, so wird man diese Holzart auf den geeigneten Standorten einzel= ständig, überreichlich und frühzeitig einbringen, weil die Lärche vielfach windschief, auch von Rehböcken durch Fegen beschädigt wird und ein Übermaß von Lärchen bei den Ausläuterungen beseitigt werden kann. In gemischten Beständen und auf den besseren Böden werden 150 Lärchen pro Hektar im 80jährigen Alter einen reichlichen Nutzholz=Ertrag liefern. Kiefernbestände vertragen jedoch nur eine schwache Beimischung von Lärchen, und in Fichten= und Tannenbeständen ist gleich= falls eine zu starke Beimischung, wenn nicht vorher die höhere Leistungskraft der Lärche hinlänglich erprobt worden ist, bedenklich.

4. Die Fichte oder Rottanne (Abies excelsa *De Cand.*, Pinus picea *Du Roi*).

Die Fichte ist der „Baum der Industrie". Fichtenholz wird mit den größten Massen verbraucht für Hochbauten aller Art, für alle Holzgewerbe und für unzähl= bare Verwendungszwecke. Von besonderer Bedeutung ist die in den letzten Jahr= zehnten aufgeblühte chemische Zubereitung des Fichtenholzes zu Papierstoff. Die Fichte ist zugleich der Baum der Massenproduktion. In der ersten Jugend langsam wüchsig, bildet sie alsbald stammreiche Hochwaldbestände, welche durch eine dichte Nadel= und Moosdecke die Bodenkraft in vollkommen genügender Weise erhalten. Man nimmt, wie gesagt, an, daß die Fichte den doppelten Massenertrag der Rotbuche liefert und auch den Massenertrag der Kiefer bei gleicher Standortsbeschaffenheit wesentlich erhöht. Die Weißtanne wird der Fichte in der Massenproduktion nahe stehen, aber es ist fraglich, ob diese Holzart die Fichte übertrifft. Von anderen Holzarten wird auf den geeigneten Standorten die soeben behandelte Lärche und, nach den bisherigen Veröffentlichungen zu schließen, auch die Weymouthskiefer beträchtlich höhere Massenerträge liefern als die Fichte. Übereinstimmend wird der Jahreszuwachs der Weymouthskiefer auf 12 bis 13 fm pro Hektar angegeben, etwa der doppelten Produktion der Fichte entsprechend. Ob außereuropäische Holzarten die Fichte an Massenertrag übertreffen — darüber mangeln noch zureichende Erfahrungen. Zwar zeigt namentlich die Douglasfichte auch in Deutschland einen hervorragenden Wuchs, aber es ist noch nicht konstatiert, ob dieselbe in sehr strengen Wintern Ausdauer behalten und nachhaltig nicht nur die Massen-, sondern auch die Wertproduktion der Fichte übertreffen wird. Ältere Bestände der Nordmannstanne, der amerikanischen Ulme 2c. mangeln in Deutschland.

Eine genaue Abwägung der Wertproduktion der Fichte mit der Eiche, Rotbuche, Kiefer 2c. ist zur Zeit bei dem Mangel aller vergleichenden Untersuchungen nicht möglich.

Von den norddeutschen und ostdeutschen Tiefländern bis zur Baumgrenze im süddeutschen Hochgebirge tritt die Fichte Wälder bildend auf den frischen Bodenarten auf, meidet trockenen Boden und Überschwemmungsgebiete, kommt aber auf nassem Boden fort, wenn derselbe nicht sumpfartig geworden ist und der Feuchtigkeitsgehalt durch die Sommerwärme, ein durchziehendes Grabennetz 2c. verringert und später durch die starke Wasserverdunstung dieser Holzart hinreichend ausgetrocknet wird. In einem Gürtel von noch näher festzustellender Breite landeinwärts von der Nord- und Ostsee soll der Anbau der Fichte durch die an den Wurzeln beginnende Rotfäule, welche durch Trametes radiciperda *R. Htg.* erzeugt wird, und durch sogenanntes Harzsticken, erzeugt vom Hallimasch, Agaricus melleus *L.*, gefährdet werden. Die vollendete Ausbildung zu den massenreichsten Beständen erlangt die Fichte in der feuchten Gebirgsluft und auf tiefgründigem, kräftigem, lehmhaltigem, aber nicht zu bindigem und festem Boden. Auf den seichten, kalkreichen Bodenarten und bei Kronenschluß ist die oben genannte Rotfäule bisher häufiger als auf anderen Standorten aufgetreten, während bei der einzelständigen Erziehung die Verbreitung dieser Krankheit durch die genannten Pilzbildungen erschwert wird. Der Sturmgefahr unterliegt die Fichte gleichfalls bei ununterbrochenem Kronenschluß, während die Bewurzelung den stärksten Stürmen widersteht, wenn der Kronenentwickelung der Fichte frühzeitig freier Wachsraum geöffnet wird. Man kann mit ziemlicher Sicherheit auf das Gedeihen der Fichten rechnen, wenn der Boden nach der Freistellung Gras hervorsprießen läßt, während Heidewuchs schon dann bedenkenerregend ist, wenn der unterlagernde Boden trocken ist und nach Abräumung der Heide nicht frisch bleibt, sondern fest wird.

Hinsichtlich der Rückwirkung des Holzartenanbaus auf die Bodenkraft haben wir oben der Rotbuche den ersten Rang unter den deutschen Waldbäumen zuerkannt. Aber es wurde gleichzeitig eingeräumt, und es ist nicht zu bezweifeln, daß die Fichte der Buche nahesteht. Der dicht beschirmte Boden der Fichtenbestände wird in der Regel von einer gut geschlossenen, feuchten Moosdecke bedeckt, welche die Verdunstung der Bodenfeuchtigkeit hindert und durch die verwesenden unteren Stengel den Humus vermehrt. Die Bodenthätigkeit findet sonach unter den Fichtenbeständen gleichfalls günstige Bedingungen. Vor allem wird die wichtigste Triebkraft der Waldvegetation, die Wasserversorgung, in vorzüglicher Weise dauernd sicher gestellt. Nach oben wird die Verdunstung durch die Moosdecke gehemmt und nach unten läßt der Fichtenboden nach den neueren Untersuchungen weniger Wasser in die Tiefe absickern als der Buchenboden. Allerdings bleibt, wie bereits erwähnt wurde, der Boden dichter, als der lockere Buchenboden. Dadurch und durch die Moosdecke wird die Durchlüftung gehindert, deren Bedeutung für die Atmung der Wurzeln und die Thätigkeit der Schimmelpilze und anderer Mikroorganismen im vorigen Abschnitt erwähnt worden ist. Wenn aber auch hierdurch die Bodenthätigkeit unter der Moosdecke abgeschwächt werden sollte, obgleich ein reichhaltiger Wasservorrat vorhanden ist, so hat doch die Erfahrung gezeigt, daß die nachhaltige Wachstumskraft der Fichtenbestände nicht leidet und die Fichte nicht verhindert wird, eine ähnliche organische Substanz der Gewichtmenge nach in ihren Nadeln jährlich abzuwerfen als die Rotbuche. Der Abfall organischer Substanz ist nämlich für die normal geschlossenen Hochwaldbestände nicht sehr verschieden. Derselbe beträgt nach den Ebermayr'schen Untersuchungen von 1876 jährlich in

Buchenbeständen 4107 kg pro Hektar
Fichtenbeständen 3537 „ „ „
Kiefernbeständen 3706 „ „ „

Leider wird die Fichte von Stürmen und Insekten, von Schnee- und Duftdruck stärker beschädigt als die Laubhölzer, vom Sturm auch stärker als die übrigen Nadelhölzer. Man darf zwar diese Beschädigungen nicht überschätzen.

Der Verfasser hat schon früher (Waldbau, S. 123) nachgewiesen, daß in den 82 Jahren von 1800 bis 1882 in den von Stürmen, Insekten und Schneebrüchen verheerten Waldungen nur ca. 19 fm pro Hektar von dem 80 jährigen Zuwachs der Fichtenbestände, welcher durchschnittlich 350 bis 400 fm pro Hektar betragen wird, infolge dieser Beschädigungen gefällt worden sind und teilweise mit verminderten Erlösen verwertet werden mußten, dagegen in den Kiefern- und Laubholzbeständen nur 2 bis 3 fm pro Hektar. Die Nachweisungen lagen damals für 7 400 000 Hektar vor. Wenn man untersucht, wie weit die jüngsten Nonnenfraßbeschädigungen in Oberbayern, die als eine schreckenerregende Waldverwüstung in der Presse geschildert worden sind, den Ertrag der gesamten Nadelholzwaldungen im Besitz des bayerischen Staates verringert haben, so werden sich nur wenige Festmeter pro Hektar ergeben, für welche ein Mindererlös eingetreten ist.

Allein diese Verheerungen können immerhin einzelne Waldbesitzer empfindlich schädigen und sogar, wie der frühere Nonnen- und Borkenkäferfraß in Ostpreußen, größere Landesgebiete umfassen.

Erfahrungsgemäß werden die Beschädigungen durch Insektenfraß erheblich gemindert durch die Bildung gemischter Bestände, namentlich von Laub- und Nadelholz. Aber dazu ist, wie schon oben bei der Buche erwähnt wurde, eine planmäßige Ordnung der gegenseitigen Stellung der Holzarten schon bei der Begründung der Bestände erforderlich.

Die Beschützung der Fichte, dieses leistungsfähigen, aber leider durch Stürme, Insekten ꝛc. bedrohten Waldbaums durch die Beimischung der Rotbuche wird für einen großen Teil des deutschen Waldgebiets im nächsten Jahrhundert erfolgreicher einzurichten sein, um den

Verheerungen durch orkanartige Stürme, Insekten ꝛc. möglichst vorzubeugen. Deshalb werden wir nochmals auf die gegenseitige Stellung der Fichten und Buchen zurückkommen dürfen. Die Rotbuchen sollen auf allen Bodenarten, auf denen Buchen und Fichten gedeihen, die Fichten dicht umstehen, die letzteren astrein und vollholzig gestalten und zur vollen Höhenentwickelung emportreiben. Dieser Zweck wird nicht erreicht werden, wenn die Fichten sehr dicht in die Buchenverjüngungen eingemischt werden. Die schon oben als gewaltthätig bezeichnete Fichte, die alsbald im Höhenwuchs voraneilt und eine dunkel benadelte, verdämmende Krone bildet, läßt die Buche nur dann ihre Obliegenheiten hinsichtlich des Bodenschutzes erfüllen, wenn den Fichten schon bei der Begründung, wie gesagt, ein Abstand von etwa 5 bis 7 m angewiesen wird. Die Annäherung der Fichtenkronen, welche die Verdämmung der Buchen bewirkt, wird dann erst kurz vor der Verjüngungszeit eintreten, wenn auch die Fichten den Buchen im Höhenwuchs im höheren Alter etwa 4 bis 5 m voraneilen. Werden die Fichten dichter eingepflanzt, so entsteht nach längstens 30 bis 40 Jahren der reine Fichtenwald — die dünnen Gerten und Stangen der Rotbuche vegetieren kraftlos, werden vom Schnee umgebogen und zu Boden gedrückt. Allerdings erleiden die Waldbesitzer nicht selten einen Ausfall am Verkaufswert der Vornutzungserträge. Aber derselbe fällt nicht in die Wagschale gegenüber der Sicherstellung der wertvollen, den Angriffen der Waldverderber ausgesetzten Ernteerträge.

Demgemäß werden die Buchen-Besamungsschläge, wenn der Buchennachwuchs vollständig begründet worden ist, mit etwa dreijährigen Fichten in Abstand von etwa 5 bis 7 m (am zweckmäßigsten wegen der Pflege der Fichten reihenweise) zu durchpflanzen sein. Im bisherigen Buchengebiet wird die Fichte nicht als Lückenbüßer bleiben dürfen, wenn eine ausgiebige Nutzholzproduktion erstrebt werden soll. Selbstverständlich ist der Fichtenanbau für den späteren Ernteertrag auf Bodenarten auszuschließen, auf denen die Fichte nicht gedeiht (siehe oben) und auch in den höheren Gebirgslagen werden die reinen Fichtenbestände nur teilweise mit einer Grundbestockung von Rotbuchen versehen werden können.

Bei der Fichtendurchpflanzung wird jedoch zu beachten sein, daß nicht nur bei den ferneren Lichtungshieben und der Räumung der Schläge sehr viele Pflanzen infolge der Fällung und namentlich des Transports der Fällungsmassen beschädigt werden, sondern auch nicht alle Pflanzen gedeihen und bei einem reichlichen Buchenanschlag aufkommen. Innerhalb der Reihen wird man deshalb vorsichtshalber eine dichtere Stammstellung wählen und das Übermaß bei der Regulierung des Nachwuchses entfernen.

Auf diese Regulierung des Nachwuchses gelegentlich der Reinigungshiebe und auch vor und nach den letzteren ist bei einer derartigen Mischung von Buchen und Fichten besondere Aufmerksamkeit zu verwenden. Ist der Buchennachwuchs reichhaltig erschienen und sind die im ersten Jahrzehnt langsam wüchsigen Fichten unterständig geworden, so sind die Fichtenreihen oder bei anderen Kulturverfahren die wüchsigen Fichtenpflanzen in der oben genannten Entfernung durch Abhauen, Abschneiden, Köpfen ꝛc. der Buchen frei zu stellen, und diese Maßnahme ist, wenn erforderlich, zu wiederholen. Sind aber die Fichten acht bis zwölf Jahre alt geworden und beginnen dieselben die bekannten, langen Gipfeltriebe aus dem Buchenwuchs hervorzustrecken, so muß, wenn nicht der Zweck verfehlt werden soll, die Axt auch dann die Fichten auf das richtige Maß zurückführen, wenn dieselben infolge zu dichter Stellung die beigemischten Buchen unterdrücken würden, bevor dieselben ihren Beruf erfüllt haben. Es ist Sache der örtlichen Beurteilung, ob die oben genannte Stellung der Fichte gleich beim ersten Regulierungshieb herzustellen ist oder ob die Erstarkung der Fichten zu Hopfenstangen, Gruben- und Zellstoffholz abgewartet werden kann, falls die Befürchtung ausgeschlossen ist, daß bei dem späteren Aushieb Lücken in der Buchengrundbestockung bestehen bleiben.

Die vorstehenden Ausführungen beziehen sich auf die Auswahl der Fichte zur Bestandsbildung für die besseren Standorte, auf denen auch Rotbuchen gedeihen. Man findet jedoch häufig auch eine Bodenbeschaffenheit und Höhenlage, welche für das freudige Gedeihen der Rotbuchen und der schattenertragenden Laubhölzer nicht geeignet ist oder dasselbe wenigstens in Frage stellt, während die Fichten seit Jahrhunderten prosperieren. Bei dieser Standortsbeschaffenheit wird in den meisten Fällen nur die Begründung des reinen und unvermischten Fichten= Hochwaldes erübrigen. Diese dunkel schirmende und bald raschwüchsig werdende Holzart erträgt in ihrer Gesellschaft in den späteren Lebensperioden auf der= artigen Standorten keine andere Baumgattung. Die Weißtanne ist in der Jugend langsam wüchsiger als die Fichte und läßt sich nur dann andauernd erhalten, wenn derselben ein Altersvorsprung bei der Verjüngung gegeben wird. Immerhin ist die Beimischung der Weißtanne als Nebenbestand, wenn diese etwas anspruchsvollere Holzart gedeiht, erstrebenswert. Wenn auch die Nutz= leistungen der reinen Fichtenbestände dadurch nicht erhöht werden können, so wird doch die Standhaftigkeit der Bestände verbessert und die Windwurf= und Insekten= gefahr verringert. Dagegen ist, wenn die Fichte kräftig emporwächst, der Mit= anbau von Kiefern dann empfehlenswert, wenn die Standortsverhältnisse den Anbau reiner Fichtenbestände bedenklich erscheinen lassen. Ist die Lage rauh, der Boden heidewüchsig und mangelt demselben in heißen Sommern die Feuchtigkeit, welche den Untergrund frisch erhält, so gewinnt man durch den Anbau der rasch= wüchsigen Kiefern, etwa reihenweise mit den Fichten abwechselnd, alsbald Bestands= schluß und dadurch frühzeitigen Bodenschutz, und diese günstige Wirkung wird den Jugendwuchs der Bestände, insbesondere auf den Kahlschlägen, mehr fördern als die Beschränkung der Nachzucht auf die in der Jugend und besonders auf den ärmeren Bodenarten langsam wachsenden Fichten. Man kann alsdann die Entwickelung der beiden Holzarten abwarten. Auf Standorten mit genügender Bodenfrische werden die Kiefern allmählich wieder ausgehauen. Gedeiht dagegen die Kiefer besser als die Fichte, so wird die letztere Holzart immerhin unterständig zu erhalten sein, da dieselbe nicht schadet und bei natürlicher Auslichtung der Bestände oder nach Schneebruch re. nützlich werden kann.

Auf den Standorten, auf denen Rotbuchen nicht gedeihen, wird die Anzucht der Fichte in ständiger Untermischung mit Kiefern dauernd erhalten werden können, jedoch die ständige Mischung mit anderen Holzarten schwer halten. Selbst bei den minder frischen Bodenarten sollte der Anbau der Fichte mit der Kiefer stets erprobt werden, weil auch dann, wenn die Fichte unterständig bleibt, der Heidewuchs in den reinen Kiefernbeständen, welcher den Boden nach der Auslichtung der letzteren austrocknet, zurückgehalten wird. Die Beimischung der Eichen zu dem Fichtenanbau ist nicht ratsam. Ohne erheblichen, der Schaft= bildung nachteiligen Höhenvorsprung werden die Eichenkronen von den Fichten eingeklemmt, während die Eiche freies Haupt beansprucht. Buchen und Hainbuchen bleiben auf den hier betrachteten Standorten im Wuchs zurück, vegetieren kümmerlich und vergehen, wenn die Fichten in den Kronenschluß treten. Birken peitschen die Gipfeltriebe der Fichten ab und können sich auch in den

Fichtenbeständen nur bis zu den Vornutzungshieben erhalten, liefern aber, vorwüchsig erzogen, annehmbare Vorerträge. Die übrigen Laubhölzer — Eichen, Ahorn, Ulmen, Erlen u. s. w. — können ebenso wenig für einen belangreichen Einbau in Fichtenbeständen befürwortet werden; sie werden fast sämtlich von der Fichte, auch auf den besseren Bodenarten mit genügender Bodenfrische, überwachsen.

Die Beimischung der Lärche zur Fichte ist schon oben (ad 3) erörtert worden.

Die Fichten- und Weißtannen-Bestände nehmen zur Zeit nur 3 100 000 ha = 22,6 % von der gesamten Waldfläche des Deutschen Reiches ein. Wenn auch die Fichtenbestände hin und wieder durch Windwurf und Insektenfraß beschädigt werden, so bleibt doch eine weitaus überwiegende Produktions-Leistung gegenüber anderen Holzarten — vielleicht Eichen im Lichtungsbetrieb ausgenommen — bestehen, und es ist die ausgiebige Verbreitung der Fichte, namentlich in dem bisherigen Laubholzgebiet, dringend zu befürworten, zumal bei dem ansteigenden Verbrauch der Cellulose- und Holzschleifwerke, für die Zwecke des Papierverbrauchs*) und für andere Verwendungsarten. Ein mustergiltiges Vorbild für den Anbau der Holzgattungen gewährt uns die sächsische Staatsforst-Verwaltung. Hauptsächlich der Fichtenanbau, allerdings unterstützt durch die hoch entwickelte Industrie- und Gewerbethätigkeit in Sachsen, hat die Forstwirtschaft im Königreich Sachsen befähigt, mit ihren Massen- und Werterträgen an die Spitze der deutschen Staats-Forstverwaltungen zu treten. Wenn auch leider in dem großen deutschen Kiefern-Gebiet (5 900 000 ha = 42,6 % der gesamten deutschen Waldfläche) der Fichten-Anbau infolge der Standorts-Beschaffenheit vielfach nicht statthaft sein wird, so sollte doch vor allem die Privatforstwirtschaft den Fichtenanbau mit Beigabe einer Buchen-Grundbestockung in dem großen Laubholzgebiet in westlichen und südwestlichen Deutschland ins Auge fassen. (Die Anpflanzung der ertragsarmen Felder und Weideflächen mit Fichten werden wir im nächsten Abschnitt erörtern.) Gebrauchsfähiges Fichtenholz wird sicherlich im nächsten Jahrhundert keinem Absatzmangel bei der günstigen Lage Deutschlands in nächster Nähe der waldarmen und reichlich holzverbrauchenden, westeuropäischen Länder begegnen. Bis zur Erntezeit der jetzt angebauten Fichten wird voraussichtlich ein enges Netz von Wasser- und Eisenbahnstraßen, welches die Frachtkosten bis zu den nächsten Haupt-Verbrauchsorten und bis zur Nord- und Ostseeküste auf wenige Mark pro Festmeter verringert, auch die jetzt noch abgelegenen Waldproduktions-Gebiete durchziehen.

5. Die Weißtanne oder Edeltanne (Abies pectinata *De Cand.*).

Die wirtschaftliche Leistungsfähigkeit der Weißtanne gegenüber der Fichte ist bis jetzt noch nicht durch vergleichende Untersuchungen in nebeneinander liegenden Fichten- und Tannenbeständen mit gleicher Bodengüte und gleicher

---

*) Fichtenholz, mittels des sogenannten Sulfit-Verfahrens behandelt, liefert das schönste Fabrikat. Bei dem Niedergang der Preise für Cellulose kann vielfach die Zubereitung des Kiefern- und Buchenholzes mittels des Sulfat-Verfahrens nicht mehr konkurrieren.

Behandlungsweise klargestellt worden. Wir kennen nicht einmal die Wachstums=
leistungen der reinen Weißtannenbestände mit genügender Zuverlässigkeit.*)

Die Weißtanne ist ein schöner Waldbaum und erfreut sich der Vorliebe der
Forstwirte. In ihren Ansprüchen an die Bodenkraft nicht begehrlich, nur frischen
Boden, feuchte Luft, verhältnismäßig hohe Wärme bedingend, saure Böden und
stauende Nässe vermeidend, gedeiht sie bis zu einer Meereshöhe von 800 bis
1000 m überall, wo Buchen und Fichten gedeihen. Sie geht aber in den
Thälern nicht so weit hinab und in den Bergen nicht so hoch hinauf als die
Fichte. Ob die Tanne besser gedeiht wie die Fichte, wenn Streunutzung die
Bodenkraft merkbar heruntergebracht hat und ein Heidelbeer=Überzug den sonst
frischen Boden bedeckt, wie behauptet wird, ist noch näher zu konstatieren.

Die Weißtanne ist überaus zählebig und Weißtannenanflug, der viele Jahre
im Drucke gestanden hat, entwickelt sich gewöhnlich nach Freistellung kräftig
Diese Holzart heilt Rindenbeschädigungen gut aus, leidet aber vom Sonnenbrand
und von Spätfrösten.

Man hat die Tanne, wie es scheint, hauptsächlich bevorzugt, weil sie wider=
standskräftiger gegen Schneedruck und Stürme ist als die Fichte und von Insekten
weniger leidet wie die letztere. Standfester ist die Tanne jedoch nur auf tiefgründigem
Boden, auf dem die Bewurzelung der Tanne, die tiefer geht als die Bewurzelung der
Fichte, eingreifen kann. Auf flachgründigem Boden und bei sehr heftigen Stürmen
wie 1868 und 1876 wurde die Tanne stärker geworfen als die Fichte. Dagegen
ist die verminderte Beschädigung durch Insekten ein wesentlicher Vorzug dieser
Holzart. In Gebirgslagen mit Ausnahmen des Hochgebirges wird die Weiß=
tanne, wenn die Luft nicht trocken, der Boden genügend frisch ist und Spätfröste
selten auftreten, vielfach wegen dieser waldbaulichen Eigenschaft zu bevorzugen sein.

Leider ist das Weißtannenholz zum Verbrauch als Nutzholz
weniger beliebt als das Fichtenholz. Bei den meisten Rohholz= und Schnitt=
holz=Lieferungen wird das Tannenholz von den Käufern entweder ganz aus=
geschlossen oder nur mit geringen Prozentsätzen (in vielen Absatzgebieten bis zu
10% der Gesamtlieferung) zugelassen. Weißtannenholz ist in den meisten Gegenden
Deutschlands mit großen Massen schwer verkäuflich. Das Tannenholz ist hart
und, wie die Holzhändler sagen, „glasig", läßt sich schwer kehlen, die feinen Kehl=
stöße springen leicht ab, hat stärkere Rinde als das Fichtenholz, die Tannen über
40 cm Mittenstärke sind häufig kernschälig. Es wird noch näher festzustellen
sein, ob die Weißtanne durch quantitative Mehrproduktion diese qualitativen Nach=
teile ausgleichen kann.

6. Die gemeine Kiefer (Föhre, Forle, Forche, Furche, Weißkiefer), Pinus sylvestris *L.*

Diese Holzart, welche vorwiegend das norddeutsche Flachland bewohnt, ist
ein genügsamer Waldbaum, was die Ansprüche an die Produktionskraft des

---

*) Die Ertragstafeln von Schuberg und Lorey divergieren in den Angaben für
gleiche Bonitätsklassen beträchtlich.

Bodens betrifft, aber auf gutem Boden findet die Kiefer einen vorzüglichen Höhenwuchs, vollholzige Schaftbildung und eine reichliche Holz-Erzeugung, allerdings der Fichte und Weißtanne in geschlossenen Beständen nachstehend. Vom Flugsand in den norddeutschen Tiefländern beginnend, durchziehen die Kiefernbestände bis zu den Vorbergen das gesamte Deutschland, bis der Schnee- und Duftbruch ihrem Aufsteigen im Gebirge eine Grenze zieht. Tieflockere Sandböden mit Feuchtigkeit im Untergrund ist das günstigste Gebiet für den Kiefernanbau, aber sie steigert wie gesagt, ihre Leistungen auf frischem, lehmhaltigem Boden und versagt selbst auf feuchtem Boden keineswegs eine reichhaltige Massen- und Wertproduktion. Die Kiefernwaldungen sind in Deutschland auf der größten Fläche verbreitet — schon in den preußischen Provinzen Westpreußen, Posen, Brandenburg und Schlesien auf nahezu 3000000 ha, in der gesamten preußischen Monarchie auf 4500000 ha, in Bayern auf 734650 ha, im Königreich Sachsen auf 127584 ha, in Mecklenburg-Schwerin auf 123215 ha, in Hessen-Darmstadt auf 82469 ha u. s. w., im Deutschen Reiche auf 5921518 ha, im ganzen 42,6 % der gesamten Forstfläche einnehmend.

Wenn auch die Wachstumsleistungen der Kiefer nach der Bodengüte ungemein verschieden sind, so liefert diese Holzart stets für die minder produktiven Waldböden die erreichbar höchsten Werterträge. Aber leider läßt diese lichtbedürftige Holzart in reinen Beständen zu wünschen übrig hinsichtlich der Bewahrung und Verbesserung der Bodenkraft. Die reinen Kiefernbestände stellen sich frühzeitig licht, die Sonnenstrahlen bringen ausgiebiger zum Boden als in Buchen-, Fichten- und Tannenbeständen, der Nadelabwurf findet nicht die nötige Feuchtigkeit für die alsbaldige Verwesung, der Windzug entführt, im Baumholzalter die lichten Kiefernbestände durchstreichend, die Luftfeuchtigkeit. Trockenheit des Waldbodens und der Waldluft in der heißen Jahreszeit begleitet beständig die Kiefern-Wirtschaft. Zudem ist der Kiefernboden meistens heidewüchsig, und wir haben das Verhalten und die nachteiligen Folgen des Heidewuchses bereits früher dargelegt. Unkrautfrei läßt sich auch der bessere Boden unter Kiefernbeständen selten erhalten. Vom Standpunkt der Bodenpflege aus bietet deshalb der Anbau reiner Kiefernbestände ohne den schon im vorigen Abschnitt erörterten Unterbau in allen Standorten, auf denen auch Fichten anbaufähig sind, nicht die Vorzüge, wie der Anbau gemischter Bestände. Man kann nicht konstatieren, daß die reinen Kiefernbestände, welche die moderne Forsttechnik begründet und erzogen hat, eine stetige Verbesserung der Bodenkraft bewirkt und namentlich nach dem vielfach üblichen Kahlschlagbetrieb andauernd erhalten haben — im Hinblick auf die geringeren Erträge der Staatswaldungen mit vorherrschender Kiefernbestockung im östlichen Deutschland kann man es als fraglich bezeichnen, ob der Zuwachs der reinen Kiefernwaldungen in der zweiten Hälfte des laufenden Jahrhunderts wesentlich zugenommen hat.

Auf dem trockenen Boden der vierten und fünften Standortsklasse wird es im höheren Alter der Kiefernbestände schwer halten, die Bodenbedeckung mit Nadeln und Moos zu erhalten und den Heidebeer- und namentlich Heidewuchs zu bekämpfen. Jedenfalls wird Umhacken des Bodens kurz vor der Verjüngung (vielleicht auch früher mit Verschonung der Wurzeln) günstig wirken, wenn dem

Waldbesitzer billige Arbeitskräfte zur Verfügung stehen, namentlich in Maikäferflugjahren, mit nachfolgender Vollsaat oder Pflanzung unter Schutzbestand.

Wenn dagegen der Boden den besseren (etwa ersten bis dritten) Bodenklassen angehört und die Beimischung eines Bodenschutzholzes von Laubholz zulässig ist, so erscheint die Leistungsfähigkeit der Kiefer in einem besseren Lichte.

Im geschlossenen Hochwald rührt die Verminderung des Wertertrags der Kiefer gegenüber der Fichte und Weißtanne hauptsächlich davon her, daß die lichtbedürftige Kiefer die Stammzahl pro Hektar in stärkerem Maße verringert als die Fichte und Tanne. Werden dagegen die Nadelhölzer einzelständig in einer Laubholz-Grundbestockung erzogen werden, so fällt dieser Nachteil größtenteils hinweg. Sind Buchenbestände auf südlichen und westlichen Abdachungen oder auf den mehr trockenen Standorten in nicht zu hohen Lagen zu verjüngen, so wird auf die reichliche Einmischung von Kiefern besonderer Wert zu legen sein. Wenn es auch fraglich ist, ob die Kiefer in den letzten Abtriebsperioden vor der Hiebsreife die gleiche Stammgrundfläche ohne Verringerung des Lichtungszuwachses erträgt wie die Fichte und Tanne, so ersetzt diese raschwüchsige Holzart den Ausfall höchstwahrscheinlich durch größere Wertertragsleistungen. Man wird immerhin gut thun, die Kiefern etwa im Abstand von 5 bis 7 m durchgreifend den Buchenbeständen beizumischen. Wenn auch die Kiefern im jugendlichen Alter der Buche weiter voraneilen als Fichten und Tannen, so wird doch durch die mitwachsenden Laubhölzer die Sperrwüchsigkeit vermindert, und die aufwachsenden Kiefern entwickeln sich erfahrungsgemäß zu prächtigen, vollholzigen Baumschäften mit schmalen, dünnen, lichten Baumkronen, unter denen die Buchen im Wuchs wenig beeinträchtigt werden. Stärkeres Kiefernholz wird in der Regel als Sägeholz höher bezahlt als Fichten- und Tannenholz, namentlich von Standorten, welche Kernholzbildung bewirken. Kiefernholz wird im imprägnierten Zustande als Eisenbahnschwellenholz massenhaft verwendet. Allerdings hat das jugendliche Kiefernholz geringeren Nutzholzwert als jüngeres Fichtenholz, weil das erstere brüchiger ist, und auch für die Zellstofffabrikation wird in erster Linie Fichtenholz benutzt, weil das Kiefernholz, wie gesagt, ein minder schönes Fabrikat liefert und das Sulfatverfahren bedingt, während das Sulfitverfahren mit Fichtenholz zukünftig immer mehr bevorzugt werden wird. Hinsichtlich der Verwendung zu Grubenholz sind die Ansprüche der einzelnen Grubenbezirke verschieden. In den sächsischen Steinkohlengruben wird die Annahme von Kiefernholz verweigert, in den Ruhr- und Saargruben verwendet man massenhaft Kiefernholz zu Stempeln ꝛc., auch sollen viele Braunkohlengruben in der Provinz Sachsen Kiefernholz verwenden.

Jedenfalls wird die Kiefer in der genannten Buchengrundbestockung dem Fichten- und Tannenanbau den Rang vielfach streitig machen können, wenn die Kiefer örtlich gutes Gedeihen zeigt. Außerdem kann man, wie im elften Abschnitt ausführlich erörtert wurde, beim Abtrieb jüngerer Kiefernbestände zahlreiche Kiefernoberständer mit dem Nachwuchs aufwachsen lassen, wenn die Kiefer durch frühzeitige Kronenfreihiebe zur Bildung einer vollen Krone veranlaßt worden ist und eine erhöhte Standfestigkeit erlangt hat. Im genannten Abschnitt ist ausführlich dargelegt worden, daß die Wuchsverringerung, die im nachwachsenden Kiefernbestand durch Beschattung eintritt, in der Regel weitaus geringer ist als der Wertzuwachs des Oberstandes. Die Starkholzzucht auf Kiefernboden wird vielfach nur durch Belassung zahlreicher Oberständer möglich werden. In den vorhandenen Kiefernbeständen hat auf besseren Bodenarten der Laubholz-, insbesondere Rotbuchenunterbau rechtzeitig einzutreten.

7. Die übrigen Holzarten.

Die Hainbuche leistet nur als Stockausschlag gute Dienste und liefert hier ein gutes Brennholz. Im Baumholzalter stellt sie sich räumlich, wächst langsamer als die Rotbuche und wird bald rückgängig. Unempfindlich gegen Spätfröste verlangt sie humosen, kräftigen, frischen Boden und gedeiht selbst auf feuchtem Boden, die Thäler und unteren Abhänge in den Bergen mit Vorliebe aufsuchend. Als Stockausschlag ist sie überaus ausdauernd und leistet vielfach als Bodenschutzholz vortreffliche Dienste, namentlich in Frostlagen. Stark beschädigt wird sie mitunter durch Mäusefraß.

Die Ahornarten (Bergahorn, Acer pseudoplatanus *L*., Spitzahorn, Acer platanoides *L*. und Feldahorn oder Maßholder, Acer campestre *L*.) passen nicht für reine Bestände. Sie stellen sich frühzeitig licht und sinken im Wachstum, verlangen dabei kräftigen Boden und sind deshalb nur zur Einsprengung im Buchenwalde geeignet. Das Nutzholz wird an manchen Orten gesucht, meistens wird jedoch das Eschennutzholz bevorzugt. Immerhin hat das Ahornnutzholz, sowohl vom Bergahorn als vom Spitzahorn, vielfache Verwendungsfähigkeit zu Möbeln, Parkettböden, Holzschnitzarbeiten 2c., und die vereinzelte Einmischung in eine mitwachsende Buchenbestockung ist deshalb nicht zu versäumen, wenn auch die hochstämmig werdenden beiden Ahornarten weder im Wuchs noch im Massenverbrauch mit Fichten, Eichen, Tannen, Lärchen und Kiefern konkurrieren können. Maßholder werden zu Peitschenstielen gebraucht, liefern aber geringe Ausbeute.

Von den Ulmenarten ist die Feldulme (Ulmus campestris *L*.) in Deutschland am meisten verbreitet. Aber es ist vorläufig noch fraglich, ob diese Holzart eine weitere Verbreitung verdient. Das Holz wirft sich selbst nach langer Ablagerung und stockt leicht, und die Wachstumsleistungen sind, namentlich im Vergleich mit der Esche, keineswegs hervorragend. Die Feldulme paßt nicht zu reinen Beständen, in denen sie sich räumlich stellt und rückgängig wird. Sie verlangt kräftigen, lockeren, tiefgründigen Boden und gedeiht selbst noch auf feuchtem Boden. Vorhandene Ulmen sind selbstverständlich bis zur Hiebsreife zu erhalten, aber bei der Wahl der Holzarten für den Anbau wird es rätlicher sein, Eichen und Eschen zu bevorzugen.

Die Korkrüster (Rotulme, Ulmus suberosa *L*.) liefert zwar ein vorzügliches, rotbraunes Kernholz von schöner Textur, welches dem Eichenholz in Dauer gleichkommt und nicht nur zu Kanonenlafetten, sondern auch zu Möbelholz verbraucht wird. Jedoch ist diese Ulmenart überaus anspruchsvoll hinsichtlich der Bodenbeschaffenheit; sie gedeiht nur auf dem Überschwemmungsboden bester Güte. Das Holz der Flatterrüster (Ulmus effusa *L*.) hat ganz geringen Nutzwert.

Dagegen ist der Anbau der Esche (Fraxinus excelsior *L*.) sehr beachtenswert, wenn der Boden kräftig, humusreich, frisch bis feucht, aber nicht zu naß ist. Diese Holzart meidet trockenen, mageren Boden, den feuchten Lettenboden, gedeiht aber sowohl auf feuchtem, lockerem Sandboden als auf bindigem Lehmboden. Ihr Gebiet ist der gute Buchenboden im Hügel= und Bergland und der kräftige, aufgeschwemmte Boden in den Flußniederungen und im Küstengebiet. Die raschwüchsige Esche liefert in kurzer Zeit vorzügliche, zu Möbelholz gesuchte Nutzholzstämme, auf gutem, frischem Boden im 80= bis 90jährigen Alter im Durchschnitt 22 bis 25 m lange, 40 bis 50 cm in Brusthöhe messende Stämme. Aber diese lichtbedürftige Holzart verträgt ebenso wenig wie Ahorn und Ulmen reine Bestockung, sondern nur vereinzelte Einsprengung mit unbeschränktem Kronenraum. Selbst in feuchten, tiefen Lagen stellt sich die Esche licht, die reinen Bestandspartien werden lückig, und der Boden geht, wenn er nicht sehr wasserhaltig ist, allmählich in der Leistungskraft zurück. Die einzelständige Erziehung mit Buchen= oder Hainbuchen=Beimischung hat deshalb die Regel zu bilden und vorhandene reine Eschenpartien sind ähnlich zu behandeln wie Eichenhorste, d. h. zu lichten und mit Rotbuchen, Hainbuchen oder sonstigen, dem Standort angemessenen schattenertragenden Holzarten zu unterbauen. Eschen bilden auch im Mittelwalde leistungsfähigen Ober=
stand und werden hier in der Regel durch Heisterpflanzung rekrutiert.

Die Birke steht als Waldbaum im schlechten Rufe. Sie stellt sich früh licht, ist zur Beschirmung des Bodens unfähig und der geringe, fast ohne Humusbildung rasch vertrocknende Blattabfall läßt den Boden veröden. In reinen Beständen bringt die Birke, wenn die Bestände älter als 40 bis 50 Jahre werden, unfehlbar selbst zu den besten Boden zum alsbaldigen Rückgang. Dagegen kann diese Holzart bei entsprechender Benutzung immerhin gute Dienste leisten. Man trifft sehr häufig vereinzelt stehende Birken in Mischung mit Buchen und Kiefern. Die Birke ist hinsichtlich der Bodengüte sehr anspruchslos und siedelt sich sowohl auf trockenen Böden, als in den höheren Partien des Bruchbodens leicht an, wächst auch auf ärmeren Böden recht gut und versagt nur auf armem Sandboden oder bindigem Lehmboden freudigen Wuchs. In Buchenbeständen vermehrt diese licht=
bedürftige Holzart, welche vorzügliches Brennholz und auch Kleinnutzholz liefert, den Ertrag der Zwischennutzungen, wenn man dieselbe in mäßiger Beimischung so lange beibehält, bis sie rückgängig wird. Jedenfalls ist der oft beliebte radikale Birkenaushieb in Rotbuchenbeständen nicht immer nutzbringend. Dagegen wird die Beibehaltung einer beachtenswerten Birkenbeimischung für Kiefernbestände nicht rätlich sein, weil Birken und Kiefern lichtbedürftig sind und, im Wuchs verhalten, sich gegenseitig beeinträchtigen, während der Kiefer ein höherer Rang hinsichtlich der Wertproduktion gebührt als der Birke. Fichten werden häufig von Birken durch Abpeitschen der Triebe beschädigt; sind dagegen die Birken stark vorwüchsig, so schadet ihre vorübergehende Beibehaltung weder in Fichten= noch in Tannenbeständen, während dieselbe für Eichen und Kiefern bedenklicher ist.

Die Schwarzerle ist die Bewohnerin des Bruchbodens und ist hier, je nach dem Untergrund, in ihrem Wuchsverhalten außerordentlich verschieden. Zum

Hochwaldbetriebe wenig geeignet, wird diese Holzart hauptsächlich als Ausschlagwald bewirtschaftet, wobei Laßreidel stehen bleiben.

Die Weißerle kommt selten beim Holzanbau im Walde in Betracht. Ebenso wenig ist der Anbau der **Linden, Aspen, Pappeln, Weiden, Akazien, Kastanien, Platanen, Walnußbäume** ꝛc. hier zu erörtern, denn die Würdigung des Anbaues dieser Holzarten in **größerem Umfang** wird selten in Frage kommen. Vorzügliche Dienste leistet die bezüglich der Bodenkraft anspruchslose Akazie auf verödetem Boden, wenn derselbe beim Anbau oder vor demselben gründlich gelockert wird, vielleicht auch zur Anzucht von Grubenstempeln ꝛc. im Niederwaldbetrieb. Hinsichtlich der Anbaufähigkeit der **Weymouthskiefer** (Pinus Strobus *L.*), **Douglastanne** (Abies Douglasii *Ldl.*), **Nordmannstanne** (Abies Nordmannia *Lk.*), der **amerikanischen Ulme** (Ulmus americana *L.*) und anderer außereuropäischer Holzarten mangeln Erfahrungen, welche eine vergleichende Würdigung der Leistungsfähigkeit ermöglichen. Beachtenswert ist jedenfalls die Weymouthskiefer und die Erprobung des Anbaues in allen Teilen des Deutschen Reiches bringend zu befürworten. Diese Holzart ist hinsichtlich der Bodengüte ziemlich anspruchslos und produziert überall, wo sie Gedeihen gefunden hat, große Holzmassen (cf. S. 344). Zwar ist das Holz leicht, aber für sehr viele Verwendungszwecke, welche keine Tragfähigkeit bedingen, vollständig brauchbar.

Der Verfasser hat 80jährige Weymouthskiefern zu Brettern verarbeiten lassen und im Großhandel mit denselben Preisen verwertet wie das beste Kiefern-Blochholz.

Aber die Weymouthskiefer begegnet im Wuchs, namentlich in den Jugendperioden, unaufgeklärten Störungen. Vorläufig kann der verbreitete Anbau dieser Holzart, namentlich in größeren reinen Beständen, noch nicht befürwortet werden, sondern nur die vereinzelte und darum nicht gefahrbringende Einmischung. Jedoch ist zu beachten, daß die Weymouthskiefer in vereinzelter oder auch reihenweiser Vermischung mit langsam wachsenden Holzarten in der Regel sperrwüchsig wird. Kann dem Gedeihen der Weymouthskiefer nicht völlig vertraut werden, so werden die Reihen dieser Holzart mit gemeinen Kiefern zu umstellen sein.

Für die Aufforstung öde liegender, trockener Böden, besonders in Kalkbergen, wird vielfach die **Schwarzkiefer** (Pinus Laricio *Poir.*) ausgezeichnete Dienste leisten. Diese Holzart verbessert durch ihren Nadelabfall bis zum Stangenholzalter, in welchem häufig der Wuchs nachläßt, den Boden, und es wird die Verjüngung mit ertragreicheren Holzarten durch den Vorbau der Schwarzkiefer ermöglicht.

III. Die Form, die Art und die Zeitdauer der Bestandsbegründung.

In den vorstehenden Ausführungen haben wir in erster Reihe die Bildung gemischter Bestände befürwortet. In einer Grundbestockung von schattenertragenden, bodenbessernden Holzarten, vornehmlich Rotbuchen, sollen die lichtbedürftigen Holzarten in der Regel einzelständig erwachsen.

In den vorhergehenden Abschnitten sind die Gründe, welche die einzelständige Erziehung der Lichthölzer und die Bevorzugung der gemischten Bestände, die Umstellung der lichtbedürftigen Holzarten mit schattenertragenden Laub- und Nadelhölzern rechtfertigen, ausführlich erörtert worden — vor allem im Hinblick auf die Bodenpflege und auf die Verringerung der Windwurf- und Insekten-Beschädigungen.

In neuerer Zeit ist jedoch die Zerlegung der größeren gleichalterigen und gleichwüchsigen Hochwaldbestände in ungleichalterige Bestandsteile, in Gruppen, Horste und Kleinbestände in der Forstlitteratur angeregt worden. Man will dadurch die gleichalterige und gleichartige Bestandsform, die hauptsächlich dem Kahlschlagbetrieb entstammt, beseitigen. Im Innern dieser ungleichalterigen Gruppen, Horste und Kleinbestände soll die gleichalterige und gleichwüchsige Beschaffenheit erhalten bleiben, wie in den bisherigen reinen Beständen auf größeren Bestandsflächen. Dieser Vorschlag ist bisher hauptsächlich mit dem Hinweis auf den Widerstand begründet worden, welche eine ungleich hohe Bestockung der durchströmenden Luftbewegung entgegenstellt.*) Man hat gesagt: wenn die Baumkronen im höheren Alter der Bestände hoch über den Boden erhoben werden, so wird der öftere Wechsel der feuchten mit der trockenen Waldluft durch den Windzug wesentlich gefördert. Dieser Vorgang wird die Trockenheit der Waldluft erhöhen, der Erhaltung der Bodenfeuchtigkeit entgegenwirken und die Wasserversorgung der Baumkronen schmälern.

Bis jetzt ist jedoch nicht durch vergleichende Beobachtungen erwiesen worden, daß die Hemmung der Luftbewegung einen erheblichen Einfluß auf den Feuchtigkeitsgehalt der Waldluft ausüben wird. Der Wechsel zwischen trockener und feuchter Luft durchdringt bekanntlich infolge der physikalischen Gesetze selbst bei scheinbar ruhiger Luft in kurzer Zeit alle Lufträume, auch die Wohnräume der Menschen.

Die Frage, ob die natürliche Verjüngung der Bestände durch diese löcherförmigen (ring- und schachbrettförmigen) Angriffshiebe wesentlich erleichtert und gefördert wird, ist bisher nicht durch eine genügende Zahl vergleichender

---

*) Außerdem wurden als Vorzüge der Horstform erwähnt, daß der Kostenaufwand für das Freihauen der langsam wachsenden Holzarten beseitigt wird, weil die letzteren nicht mehr durch die raschwüchsigen Nachbarn überholt werden, daß die einzelnen Holzgattungen sichtbarer gemacht werden und daß in den Horsten eine größere Stammzahl erzogen werden könne als im Einzelstand (Kasseler Versammlung der Deutschen Forstmänner von 1890).

Beobachtungen zweifelsfrei beantwortet worden. In sehr vielen Fällen ist dieselbe mißlungen und nur auf den beschatteten Teilen dieser Löcher haben die Pflanzen Gedeihen gefunden.*) Wenn die minder guten Bodenarten frisch, locker und empfänglich erhalten worden sind, so gelingt bei regelrechter Schlagstellung die Verjüngung ebenso gut, wenn nicht besser, wie bei Freihieb von Löchern. Ist aber der Boden vertrocknet und verhärtet, so werden auch die Löcher ohne Bodenbearbeitung und Saat und Pflanzung wenig helfen und keine vollständige natürliche Besamung hervorbringen.

Viel wirksamer gegen austrocknende Luftströmungen werden buschförmige Waldmäntel sein, die man in Dänemark mit hervorragenden Erfolgen anzuwenden pflegt (siehe im vorigen Abschnitt S. 315).

Jedenfalls würde durch die Zerlegung größerer Bestände in ein Konglomerat von verschiedenalterigen, aber im Innern gleichalterigen und reinen Duodezbeständen der Zweck verfehlt werden, welcher mit der Bildung gemischter Bestände erreicht werden soll. Im Innern der Gruppen, Horste und Kleinbestände würden die Schattenseiten der Bestandsbildung mit lediglich lichtbedürftigen Holzarten, die wir oben erörtert haben, wiederkehren, sobald dieselben nur Bruchteile der Fläche unvermischt mit schattenertragenden Holzarten bedecken. An den zahlreichen Randstämmen würde excentrischer Wuchs entstehen, der treibende Schnee würde aufgelagert werden und Bruch- und Druckbeschädigungen veranlassen, wie man überall beobachten kann und längst beobachtet hat.

Man würde den lichtbedürftigen Holzarten nicht die freie, überragende Kronenstellung geben können, welche ungehinderte Kronenentfaltung bewirkt und damit die alsbaldige Erstarkung zu nutzfähigen Stämmen herbeiführt, während der Bodenschutz durch die mitwachsenden, aber im Höhenwuchs zurückbleibenden Schattenhölzer übernommen wird.

Man wird deshalb abwarten dürfen, ob dieser aus Bayern kommende Vorschlag, wenn derselbe in diesem Lande, namentlich auf den minderwertigen Standorten in vergleichungsfähigen Verjüngungsschlägen praktisch verwirklicht werden wird, zu überzeugenden Erfolgen führen wird.

Was zweitens die Art und Zeitdauer der Bestandsbegründung betrifft, so wird im allgemeinen maßgebend werden, ob schattenertragende oder lichtbedürftige Holzarten angebaut werden sollen, und es wird auch zu unterscheiden sein, ob die Bodenbeschaffenheit die Verjüngung unter Schutzbestand gestattet und der letztere einen wertvollen Lichtungszuwachs produziert oder ob die Bodenfrische und Bodentrockenheit so weit herabgekommen ist, daß die jungen Pflanzen ohne den Taugenuß alsbald wieder vertrocknen. Wenn bei der Nachzucht von Eichen, Kiefern, Lärchen, Eschen ꝛc. der dunkle Oberstand alsbald nach der Besamung stark gelichtet oder geräumt werden muß, so hat die natürliche Verjüngung und

---

*) In der Nähe von Eberswalde wurde folgender prozentischer Wassergehalt des Bodens der Löcher durchschnittlich vom 10. Mai bis 23. August 1885 gefunden:

	Oberfläche	15 cm	26 cm	50 cm
Besonnte Seite	7,52	7,05	4,95	3,41
Beschattete Seite	11,73	8,37	7,05	5,53

die Ansaat oder Anpflanzung unter Schutzbestand ungleich geringere Nutzleistungen als bei der Begründung schattenertragender Fichten=, Buchen= und Tannen=Verjüngungen. Können dagegen die weiteren Auslichtungshiebe und Räumungshiebe, welche auf die Vorbereitungs= und Besamungs=Schlagstellungen folgen, langsam und allmählich nach dem vorschreitenden Lichtbedarf der Pflanzen vorgenommen werden, so dürfte in der Regel die Verjüngung unter Schutzbestand der Saat und Pflanzung auf Kahlschlägen vorzuziehen sein — selbst der modern gewordenen künstlichen Aufforstung schmaler Saumschläge. Damit ist nicht gesagt, daß das langjährige Zuwarten auf genügenden natürlichen Samenabfall Regel werden soll. Wenn die natürliche Besamung der Fläche bei ausbleibenden Samenjahren nicht alsbald nach der Besamungsschlagstellung eintritt, so sollte man mit der Besäung und Unterpflanzung der Schirmbestände nicht säumen. Wir haben in den früheren Abschnitten den Wert der jährlichen Holzproduktion kennen gelernt, und auf dem empfänglichen Boden der Besamungsschläge lassen sich die billigen Saat= und Pflanzmethoden anwenden, deren Kosten oft kaum die Hälfte der jährlichen Wertproduktion des Nachwuchses ausmachen werden. Bei verzögerter Verjüngung wird aber der Boden nicht besser, zumal bei graswüchsiger oder heidewüchsiger Beschaffenheit.

Auch für die ärmeren, nicht vollends trockenen und verhärteten Waldböden wird sorgsam zu untersuchen sein, ob natürliche Besamung mit ausgedehnter Zuhilfenahme von Saat und Pflanzung unter Schutzbestand minder erfolgreich ist als Saat und Pflanzung auf Kahlschlägen. Zu Gunsten der letzteren kann man anführen, daß der Nachwuchs in der Regel einige Jahre früher in Kronenschluß tritt und den Bodenschutz und die Humusansammlung übernimmt als bei der Verjüngung unter Schirmbestand, daß der einfallende Regen nicht vom Oberstand gehemmt und teilweise verdunstet wird und die jungen Pflanzen zur heißen Sommerszeit vom Tau befeuchtet werden. Aber diesen Vorzügen stehen auch Nachteile gegenüber. Die pflegliche Waldbehandlung sammelt viele Jahrzehnte lang die Verwesungsprodukte des Laub= und Nadelabfalles und erhält die Moosdecke, um die Humusschicht vor Austrocknung zu bewahren. Werden hierauf die Waldbestände reif für die Verjüngung, so ist es offenbar wünschenswert, daß dieser konservierende Bodenschutz nicht länger und nicht intensiver unterbrochen wird, als es für die Begründung eines jungen Bestandes örtlich erforderlich ist. Wenn nun der Boden auf den Kahlschlägen gras= und unkrautfrei bleiben und die wohlthätige Humushaltigkeit und Lockerheit behalten würde, so würden die Vorteile, die frühere Bodenbedeckung durch den Nachwuchs und der reichlichere Regenniederschlag, die Wagschale zu Gunsten des Kahlschlagbetriebes senken. Aber auf den Bodenteilen, auf denen Gras= und Unkrautwuchs entsteht, bewirkt die starke Wasserverdunstung Bodenaustrocknung, und auf den kahl bleibenden Bodenflächen haben nicht nur Sonne und Wind die gleiche Wirkung, der Boden wird auch durch den einfallenden Regen hart und fest, und die frühere Durchlüftung und Humusbildung wird zerstört. Hierzu kommen die Beschädigungen durch Engerlinge, Rüsselkäfer u. s. w., die in vielen Gegenden eine wahre Landplage oder vielmehr Waldplage geworden sind.

Sind Kahlschläge nicht zu vermeiden, so sind schmale Absäumungen, etwa so breit, als der angrenzende Bestand hoch ist, mit alsbaldiger Bepflanzung und Nachbesserung am meisten empfehlenswert. Während für den empfänglichen Boden der Schutzbestände kleine Saatschulpflanzen ohne Bodenbearbeitung oder auch die billigen Saatmethoden anwendbar sein werden, erzielt man auf den Kahlschlägen durch Löcherpflanzungen mit sogenannten verschulten Pflanzen alsbaldigen Kronen= schluß des Nachwuchses.*)

---

*) Die ausführliche Darstellung der Verjüngungsverfahren, d. h. die Stellung der Vorbereitungs=, Besamungs=, Auslichtungsschläge bis zu der Räumung, die Vollsaat, Streifen=, Rinnen=, Rillen=, Furchen=, Platten=, Löcher= und Stocksaat, die Ballen= pflanzung in Löchern mittels Bohrer und Hacke, die Pflanzung ballenloser, verschulter und unverschulter Pflanzen in Löchern oder Erdspalten mittels Hacke, Bohrer, Pflanz= eisen von Buttler, Pflanzbeil, Stieleisen von Wartenberg, Keilspaten von, Allemann, die Hügelpflanzung von Manteuffel, Rabattenpflanzung, Sattelpflanzung die Büschelpflanzung, Stummel= oder Stutzerpflanzung u. s. w. ist in dieser Schrift nicht durchführbar. Dieselbe ist in den Seite 35 des dritten Abschnitts angeführten Lehrbüchern des Waldbaus enthalten, die Pflanzenerziehung besonders ausführlich in Fürsts „Pflanzenzucht im Walde". (Berlin, 1897.)

Vierzehnter Abschnitt.

Die Einträglichkeit der Nutzholzproduktion auf ertragsarmem Feldboden.

Der Niedergang der landwirtschaftlichen Reinerträge, verursacht durch die Verbilligung der Masseneinfuhr von Getreide aus Ländern mit tief stehenden Bodenwerten, Arbeitslöhnen und Frachtkosten, wird voraussichtlich in der nächsten Zukunft manchem Grundbesitzer die Erwägung näher rücken, ob die Fortsetzung des Körnerbaues auf denjenigen Grundstücken lohnend bleiben wird, welche im Fruchtertrag minder ergiebig sind und nur geringe Bodenrenten nach Abzug der Bestellungs- und Düngungskosten gewähren. Man wird vielfach fragen, ob die Ansaat und Anpflanzung dieser Feldflächen mit den ertragreichsten Nutzholzgattungen eine bessere Verwertung des Bodens bewirken wird als der Feldbau. Man kann nicht glaubwürdig nachweisen, daß der Niedergang der Körnerpreise, der den Wohlstand der staatserhaltenden Landwirtschaft zu erschüttern droht, alsbald überwunden werden wird und Quellen erschlossen werden, welche ergiebige Abhilfe gewähren, und es ist nicht einmal sicher, ob die zunehmende Bodenverschuldung wirksam eingedämmt werden wird — eine ausgiebige Befreiung des deutschen Bodens von der drückenden Schuldenbelastung wird in absehbarer Zeit nicht herbeigeführt werden können.

In vielen Gegenden Deutschlands wird die Ermittelung vorzunehmen sein, ob die selbstbewirtschafteten oder verpachteten Feldgüter im Reinertrag beträchtlich verringert werden, wenn die schlechten Felder, die Ödungen und die wenig ergiebigen Weideflächen behufs Holzzucht abgetrennt werden und die landwirtschaftliche Benutzung auf die besseren Felder, die Wiesen und die zur Viehzucht erforderlichen Weideflächen konzentriert wird. Es wird sehr oft konstatiert werden, daß die Gutsrenten nur unbeträchtliche Ausfälle erleiden, nachdem die genannte Abtrennung vollzogen worden ist.

Nach dem Anbau der ertragsreichsten Nutzholzgattungen auf dem bisherigen Feldboden werden allerdings zumeist 30 bis 40 Jahre vergehen, bevor die

Vornutzungen beachtenswerte Erträge liefern, und die eigentlichen Ernteerträge zur Verjüngungszeit der Waldbestände werden nur bei vorzüglicher Bodenkraft nach 50- bis 60jähriger Wachstumszeit der Nadelholzbestände, in der Regel erst nach 60- bis 80jähriger Wachstumszeit unseren Nachkommen zufließen. Allein es ist zu fragen, ob die deutschen Grundbesitzer, die doch sicherlich mit überwiegender Mehrzahl für das Wohlergehen ihrer Nachkommen besorgt sind, auf anderen, rascher fördernden Wegen eine ebenso weitgehende Schuldenentlastung anbahnen oder eine reichlichere Kapitalanlage ermöglichen können, und zwar mit gleicher Sicherheit und mit der gleichen Ausgiebigkeit wie durch die Nutzholzproduktion. Die minderwertigen, mit den ertragreichsten Nutzholzgattungen bebauten Felder werden in der Zukunft — ich möchte sagen: eine Sparbüchse mit selbstthätigen Einlagen bis zur Erntezeit bilden.

Wir haben in einem früheren Abschnitt die Wahrscheinlichkeit nachgewiesen, daß bei Fortdauer der inländischen volkswirtschaftlichen Entwickelung der Grubenholzverbrauch und der Holzverbrauch der Zellstofffabriken eine weitgehende Vermehrung des Angebots von Kleinnutzholz absorbieren wird, und vor allem eignet sich der Feldboden zur Gewinnung der Gruben- und Zellstoffhölzer. Schon im Hinblick auf den dermaligen und unausgesetzt steigenden Nutzholzverbrauch der Westländer Europas kann nicht bewiesen werden, daß eine Überproduktion in Deutschland zu befürchten ist.

Nach den Ausführungen im zweiten Abschnitt (S. 32 ff.) kann die Frage, ob die Vermehrung der Bewaldung Deutschlands von jetzt 25,8 % auf etwa 30 bis 32 % der Gesamtfläche eine ungünstige Wirkung auf Boden und Luft haben wird, keinenfalls bejaht werden.

Über 35 % der Landesfläche waren schon 1893 mit Wald bedeckt:

Schwarzburg-Rudolstadt mit . . . . . . 44,12 %,
Sachsen-Meiningen mit . . . . . 41,93 „
Provinz Hessen-Nassau mit . . . . . 39,74 „
Waldeck mit . . . . 38,35 „
Reuß jüngere Linie mit . . . . 37,70 „
Baden mit . . . . 37,54 „
Reuß ältere Linie mit . . . . 36,08 „

Von der gesamten Bodenfläche des Deutschen Reichs mit 54 049 000 ha wurden 1893 13 957 000 ha als Wald benutzt. Lediglich in Königreich Preußen sind aber nach der amtlichen Darstellung der forstlichen Verhältnisse (Berlin 1894, Springer) an Ödländereien und Ackerflächen, welche höchstens mit 30 Pfg. Reinertrag pro Morgen (0,255 ha) bei der Grundsteuerregulierung eingeschätzt sind und zu angemessener Rentabilität nur durch forstlichen Anbau gebracht werden könne, etwa 25 000 qkm vorhanden. Die geringen Weiden und Hütungen unter durchschnittlich 30 Centner Heuweidewert pro Hektar oder mindestens einer Kuhweide pro Hektar haben nach der statistischen Aufnahme von 1893 im Deutschen Reich 2 124 000 ha, das Öd- und Unland (einschließlich der reinen Heideländereien und der weder zu Ackerland noch als Grünland benutzten Moore, sowie der

Steinbrüche, Lehm=, Thongruben und dergleichen, soweit diese nicht bei den Forsten gerechnet sind) hat 2 061 000 ha betragen.

Die Erwerbung derartiger Flächen durch die Staatsforstverwaltung wird nicht zureichend werden, wenn die sinkenden Körnerpreise zu einem Massen=angebot führen sollten. In Preußen wurden 1867 bis 1892/93 = 134 633 ha zur Aufforstung angekauft — eine kaum beachtenswerte Fläche gegenüber den oben angeführten Ziffern. Wenn die Großgrundbesitzer die Feldflächen mit geringwertigem Boden ausscheiden zur Waldkultur und die Kleingrundbesitzer die Zusammenlegung der ertragsarmen Bodenflächen zum Zweck der Aufforstung vereinbaren, so wird der späteren Nutznießung eine weitaus beträchtlichere Ver=mehrung ihres Vermögens zufließen als durch den derzeitigen Verkauf mit einem Erlös von wenigen hundert Mark pro Hektar. Es ist jedoch ungemein schwer, ziffermäßig zutreffende Richtpunkte namhaft zu machen für die Vergleichung der Ackerwirtschaft mit dem Anbau der ertragreichsten Nutzholzbestände hinsichtlich der nachhaltigen Rentabilität. Der Verfasser muß sich auch hier auf Anregungen beschränken.

I. Die Auswahl der Holzarten für die zukünftige Waldbestockung

ist im vorigen Abschnitt dieser Schrift ausführlich erörtert worden. Es wird an dieser Stelle genügen, wenn wir die Leistungsfähigkeit der Holzgattungen speciell für die Bebauung des minder kräftigen Feldbodens kurz überblicken.

Wenn der Ackerboden lehmhaltig ist, die Feuchtigkeit bewahrt, wenn die Waldbäume im Wurzelraum nicht durch undurchlassende Bodenschichten (anstehende Felsen, Ortsteinbildungen, Thonschichten rc.) beeinträchtigt werden und vor dem Holzanbau keine Verhärtung und Austrocknung des Bodens belassen, sondern eine tiefgehende Bodenlockerung nicht versäumt wird, so wird in erster Linie Fichtenanbau zu befürworten sein wegen der im genannten Abschnitt dar=gelegten Leistungskraft dieser Holzart. Namentlich für den Anbau der bis=herigen Ackerflächen bietet die Fichte besondere Vorzüge nicht nur durch die hohen Massenerträge und die hervorragende Holzqualität, sondern auch durch die baldige Eingangszeit der Vornutzungen, die mit den Bohnenstecken und Hopfenstangen beginnen.

Wird aber das Gedeihen der Fichte durch die Bodenbeschaffenheit, namentlich durch die Hinneigung zur Bodentrockenheit in Frage gestellt, so ist es stets rat=sam, die Kiefer durch Saat oder Pflanzung beizumischen. Schon in den Jugend=perioden der Nachzucht kann man erkennen, wie sich die Holzarten in ihrem ferneren Wachstum verhalten werden. Prosperieren unzweifelhaft die Fichten, so können die Kiefern, soweit sie nicht gleichfalls durch schlanken Wuchs und geringe Astbildung zur Nutzholzzucht tauglich erscheinen, allmählich ausgehauen werden.

Der Anbau von Weißtannen an Stelle der Fichten kann aus den oben dargelegten Gründen nicht befürwortet werden. Dagegen lohnt namentlich im Gebirge die Lärche, wenn sie gedeiht, den Anbau am reichlichsten, nicht nur durch ihre Raschwüchsigkeit, sondern auch durch die vortreffliche Holzqualität. Der Anbau der Lärchen in reinen Beständen ist allerdings nicht ratsam, sondern vor allem die einzelständige Beimischung. Kann die Lärche auf gutem, frischem, nicht flachgründigem Boden in hohen, vom Windzug andauernd berührten Lagen erzogen werden, ohne im Höhenwuchs zu stocken, von Moos und Flechten überzogen oder krebskrank zu werden, so bildet dieselbe, in Ermangelung von Rotbuchen den Fichtenbeständen reichlich beigemischt, die ertragreichste Nachzucht. Aber die Lärche muß beständig, wie erwähnt, bis herab zum untersten Drittel der Baumlänge freien Raum für ihre Kronenentwickelung behalten.

In ausgedehnten Gebieten des Deutschen Reichs ist die Kiefer heimisch geworden, und der Anbau dieser Holzart wird meistens für die mehr trockenen Feldlagen in den Ebenen und den Vorbergen zu bevorzugen sein und häufig, wenn die Kiefernbestände nicht krüppelhaft werden und vorherrschend Nutzholz liefern, eine bessere Bodenverwertung bewirken wie der Körner- und Knollenbau. Wenn die Kiefer im Wurzelboden lockeren, nicht zu trockenen und vermagerten Boden vorfindet, so liefert dieselbe in der Regel höhere Erträge auf den bis zum Holzanbau beackerten Boden als auf den benachbarten Waldböden gleicher Güte. Günstig wirkt eine tiefe Bodenbearbeitung, welche dem Holzanbau unmittelbar vorausgeht. Jedoch ist die Aufforstung mittels Kiefernanbau dann nicht unbedenklich, wenn sich unterhalb der Ackerkrume eine feste Bodenschicht befindet oder der reine Quarzsandboden längere Zeit der Verödung preisgegeben war und anzubauen ist. Vielfach versagt die Kiefer bei einer derartigen Bodenbeschaffenheit schon im Stangenholzalter das fernere Wachstum, wird krank und rückgängig. Auch auf beackertem Boden ist eine Wachstumsstockung nicht selten eingetreten, wenn die Wurzeln die gelockerte Ackerkrume durchwachsen haben und auf die feste Ackersohle gelangen. Gründliche Bodenuntersuchung sollte deshalb dem Holzanbau vorausgehen. Eine Beimischung von Laubholz (Eichen, Birken, Akazien) soll die Kiefern erfahrungsgemäß gesund erhalten. Das wirksamste Mittel wird immer tiefgehende Bodenlockerung bleiben. Eine Ortsteinschicht muß selbstverständlich durchbrochen werden.

Wenn der Boden nicht zu trocken ist und auf demselben die Fichte im Unterstand aushält, so sollte man die Untermischung der Kiefernbestände mit Fichten nicht versäumen, sobald der Boden heidewüchsig ist. Allerdings ist ein dichter, die wässerigen Niederschläge zurückhaltender Stand des Fichtenunterwuchses zu vermeiden. Die Kiefer stellt sich frühzeitig licht, und gegenüber dem bald erscheinenden Heidekraut ist Bodenschutz erforderlich, den die mitwachsenden Fichten schon dann übernehmen, wenn dieselben den Boden so weit beschatten, daß wuchernder Heidewuchs zurückgehalten wird. Der gefährlichste Feind der Kiefernbestände ist der Heidewuchs, der den Boden anstrocknet, die wässerigen Niederschläge aufsaugt und die Winterfeuchtigkeit stärker verdunstet als der Fichtenunterwuchs. In reinen Kiefernbeständen mit starkem Heidewuchs, der im höheren

Alter in der Regel den minder schädlichen Heidelbeerüberzug verdrängt, wird die nachhaltige Bodenverbesserung nur geringe Fortschritte machen. Erscheint der erstere in bedenklichem Maße in den Kiefernkulturen (oder auch) in den Fichten= kulturen), so ist die alsbaldige Entfernung, bevor der Heidewuchs erstarkt und die Beseitigung kostspieliger wird, geboten.

Die Weymouthskiefer (Pinus Strobus *L.*) liefert in der Regel höhere Massenerträge als die gemeine Kiefer (Pinus silvestris *L.*), und das Holz hat für manche Zwecke der Holzverarbeitung volle Gebrauchsfähigkeit. Das Verhalten der Weymouthskiefer in Deutschland ist jedoch noch nicht völlig aufgeklärt. Der Anbau dieser Holzart in weitständigem Verband ist zu vermeiden, wie schon oben bemerkt wurde. Der Vollanbau von Laubhölzern wird seltener für die Auf= forstung von Feldern gewählt werden. Rotbuchen werden auszuschließen, Eschen und Erlen nur für feuchte bis nasse Flächenteile zu wählen sein. Die beiden Eichenarten gebrauchen bis zu ihrer Reife eine ungewöhnlich lange Wachstums= zeit. Wenn der Boden die Eichenzucht gestattet, so werden auch Fichten gedeihen. Da nun in der Regel Eichen erst nach 120 bis 150 Jahren die geeigneten Nutz= hölzer liefern, so kann man die Fichten= und auch die Kiefern=Vor= und Haupt= erträge während dieser Wachstumszeit zweimal beziehen. Wenn auch der Eichen= ertrag wertvoller ist, so wird doch oft die Wagschale hinsichtlich der Einträglichkeit hin und her schwanken, und es wird ausschlaggebend sein, daß bei der Aufforstung von Feldern der baldige Eintritt der Holzernte wünschenswert ist. Immerhin kann man Eichen auf den guten Bodenarten vorwüchsig zu Gruben= und Schwellenholz erziehen.

2. Die Rentabilität des Fichtenanbaus auf geringwertigem Feldboden.

Wenn ein Landwirt untersuchen will, ob ein Teil seines Ackerlandes durch die Anzucht von Fichtenbeständen eine bessere Verwertung finden wird wie durch den Körnerbau, so wird zunächst zu bestimmen sein, welcher Reinertrag für die in Frage kommende Fläche nach Abzug der Beackerungs=, Düngungskosten ꝛc. bisher pro Hektar erübrigt worden ist und in welchem Verhältnis der thatsächlich erreichte Reinertrag zum Reinertrag der gesamten Gutswirtschaft steht. Dabei wird zu beachten sein, daß fast in allen Fällen der Ertrag des verbleibenden Ackerlandes gesteigert werden kann, wenn dem letzteren die verfügbare Düngung insgesamt zugeführt wird.

Dem erfahrenen Landwirt wird die annähernd genaue Bemessung des ent= stehenden Ertragsausfalls pro Hektar und Jahr nach Maßgabe der letzten zehn= jährigen Durchschnittspreise für die Ernteerträge nicht schwer fallen. Bei der Ver= pachtung größerer Feldgüter wird dieser Ausfall leicht zu konstatieren sein und in der Regel, wenn der Wiesenbesitz bei den Gütern verbleibt, nicht sehr beträchtlich werden.

Dagegen wird die Bestimmung, welchen Massen= und Wertertrag die anbau= fähigen Holzarten zu liefern versprechen, für den Landwirt ohne Waldbesitz größere Schwierigkeiten darbieten. Zwar wird die Ermittelung der ortsüblichen Fichtenholz=

preise — und zwar in erster Linie für Zellstoffholz, d. h. für Röller von 8 cm
Zopfstärke und 2 m Länge aufwärts bis 20 bis 25 cm Mittendurchmesser —
in den meisten Gegenden Deutschlands ermöglicht werden können. Allein die
genaue Einschätzung des Massenertrags an Derbholz und Reisholz und die Er=
mittelung der Nutz= und Brennholzsorten für die Vornutzungen, die oft schon
nach 25 bis 30 Jahren beginnen werden, und für die Abtriebsnutzungen nach
50=, 60=, 70jähriger Wachstumszeit ist selbst für die ortskundigen Forstwirte in
der Regel keine leichte Aufgabe. Immerhin werden die letzteren Auskunft geben
können, ob nach Lage und Boden ein Haubarkeits=Durchschnittszuwachs von 3,
4, 5, ... fm Derb= und Reisholz pro Hektar und Jahr anzunehmen ist. Für
den Fichtenanbau wird es genügen, wenn hierauf annähernd genau bestimmt wird,
mit welcher Wachstumszeit die heranwachsenden Bestände Zellstoffholz und Gruben=
holz mit 70 bis 80% der Derbholzmasse liefern und welche Waldreinerlöse für den
Festmeter und für das verbleibende Brennderbholz und Reisholz anzunehmen sind.
Die Wachstumsdauer wird in der Regel bei sehr gutem Holzboden auf 50 Jahre,
bei mittelgutem Fichtenboden auf 60 Jahre und bei minder produktivem Fichten=
boden auf 70 Jahre zu erstrecken sein. Subtile Rentabilitäts=Vergleichungen, um
zu untersuchen, ob die Verlängerung der Abtriebszeit von den Wirtschaftsnach=
folgern nach 50 oder 60 . . . . Jahren einträglicher befunden werden wird als
die Abholzung, haben keinen Zweck, da wir gegenwärtig nicht bemessen können,
ob die derzeitige Wertsteigerung von den schwächeren zu den stärkeren Nutzholz=
sorten nach 50 bis 70 Jahren fortbestehen wird. Man wird die Rentabilität
der Nutzholzzucht genügend beurteilen können, wenn die nach der durchschnittlichen
Jahresproduktion eingeschätzte Festmeterzahl des Abtriebsertrags mit den Jahren
der Wachstumszeit und hierauf mit dem Preis pro Festmeter multipliziert und
die Vorerträge nach Prozentsätzen zugesetzt werden, und hierbei werden die Ertrags=
tafeln dieser Schrift aushilfsweise benutzt werden können.

Man kann mit diesem Endwert des waldbaulichen Ertrags den Endwert des
landwirtschaftlichen Ertrags vergleichen.

Bei den Entschließungen der Grundbesitzer wird auch hier, wie überhaupt, die
Forderung seltener gestellt werden, daß der entstehende Ausfall im Feldertrag mit
Zinsen und Zinseszinsen, der im vierten Abschnitt bezifferten Vervielfältigung gemäß,
nach 50 bis 70 Jahren zu ersetzen ist. Dauert der Körnerbau ꝛc. fort, so wird die
Kapitalanlage des auf die abzutrennende Fläche treffenden Reinertrags der Guts=
wirtschaft mit Zinsenzuschlag zum Kapital sicherlich nicht die Regel bilden, sondern
die jährliche Vereinnahmung der gesamten Gutsrente. Wenn hierbei Erübrigungen
erzielt werden, so wird nur in seltenen Ausnahmefällen der jährliche Zinsenertrag
der Kapitalanlage aufgespeichert werden, bis dieser Zinsenzuschlag zum Kapital,
etwa nach 60 bis 70 Jahren, den Nutznießern zufällt. Vielmehr wird in der Regel
zu würdigen sein, daß der Waldbau lediglich die Vervielfältigung des
Ertragsausfalls zu ersetzen hat, welchen die derzeitigen Grund=
eigentümer und ihre Wirtschaftsnachfolger in den nächsten 60 bis
70 Jahren zu entbehren haben, wenn die Aufforstung vollzogen wird.
Außerdem wird die Vervielfältigung der Zinsen des waldbaulichen

Kulturaufwandes und der jährlichen Forstschutzkosten ꝛc. die Rück=
ersatz=Forderung zu bilden haben.

Die Größe und die Bedeutung des entstehenden Ertragsausfalls kann selbst=
verständlich an dieser Stelle für die wechselvollen landwirtschaftlichen Verhältnisse
im Deutschen Reich nicht bemessen werden. Zu vermuten ist allerdings, daß der
Ausfall für die Nutznießung nicht beträchtlich werden wird, wenn lediglich die
ertragsarmen Ackerfelder von der Gutswirtschaft abgetrennt, dagegen die zwischen
liegenden Wiesen und die besseren Weideflächen beibehalten werden. Nach den
Erfahrungen des Verfassers, die sich allerdings auf die öffentliche Verpachtung
größerer Meierhöfe beziehen, fällt es den ortskundigen Landwirten nicht schwer,
den Ausfall an landwirtschaftlicher Rente zu bemessen. Die zu erreichenden Wald=
erträge nach Abzug der Zinsen der Kulturkosten und der Summe der etwa not=
wendig werdenden Jahresausgaben für Forstschutz werden ortskundige Forstwirte
mit hinlänglicher Zuverlässigkeit zu ermitteln und gegenüberzustellen vermögen.

Für eine kleine, nur 169,42 ha große Gutswirtschaft war die Abtrennung der
minder produktiven Felder, zunächst mit einer Fläche von 26,58 ha, zum Fichten=
anbau hinsichtlich der landwirtschaftlichen und forstwirtschaftlichen Reinerträge zu
untersuchen. Für den gesamten Gutskomplex war eine jährliche Pacht von 3000 Mk.
geboten. Nach der oben genannten Abtrennung wurde ein jährlicher Pachtertrag von
2800 Mk. erzielt, demgemäß würden die abgetrennten Felder in der nächsten Pacht=
periode einen jährlichen Reinertrag von 7,52 Mk. pro Hektar geliefert haben. Die
Kulturkosten haben insgesamt 797 Mk. erfordert. Verwaltungs= und Forstschutzkosten
kamen nicht in Betracht, weil der Kostenaufwand im angrenzenden Forstbezirk nicht
vermehrt wurde. Obgleich weder der obige Verlust von 200 Mk. pro Jahr noch die
jährlichen Zinsen dieser Kulturkostenausgabe mit 27,9 Mk. à 3½ % bei dem Einkommen
des Besitzers beachtenswert werden konnten und eine Kapitalaufnahme zur Bestreitung
des Rentenausfalls ausgeschlossen war, so wurde die Rentabilität des Holzzucht auch
mittels der Zinseszinsrechnung geprüft, indem der Endertrag des Rentenentganges für
eine 60 jährige Wachstumszeit der angebauten Fichtenbestände ermittelt und dem letzteren
gegenübergestellt wurde, und zwar sowohl für die Voraussetzung, daß Zinsenzuschlag
zum Kapital nicht erforderlich wird, als auch für die Annahme, daß jährlich Darlehen
bei Bodenkreditbanken zur Deckung der Rentenausfälle und zur Verzinsung der Kultur=
ausgaben erforderlich werden und die Anhäufung der Zinsen und Zinseszinsen mit
3½ % bis zur Abtriebszeit der Fichtenbestände seitens der Darleiher gestattet wird.

a) Wird der Zinsenzuschlag nicht erforderlich, so beträgt nach
60 Jahren der jährliche Pachtausfall . . . . 12 000 Mk.
Die 60 jährigen Zinsen der Kulturkosten von 797 Mk. betragen . . 1 674 „
Ferner Rückersatz der letzteren . . . . 797 „

           Zusammen Rückersatz . . 14 471 Mk.

Dagegen sind die Einnahmen in den nächsten 60 Jahren wie folgt pro
Hektar zu veranschlagen:
Durchforstung im 35jährigen Alter, 15 fm à 4,5 Mk. . . . . . . 67 Mk.
desgleichen im 45jährigen Alter 18 fm à 5,0 Mk. . . . . 90 „
 „ „ 55jährigen „ 21 „ 6,0 „ . . . . . 126 „
Abtriebsertrag im 60jährigen Alter 350 fm à 10,0 Mk. . . . . . 3 500 „

          pro Hektar . . . 3 783 „
für 26,58 ha . . . . 100 552 „
hiervon ab obige . . . . 14 471 „

         Bleibt Mehreinnahme . . . 86 081 Mk.

Durchschnittlich pro Jahr 1435 Mk., welche der oben angegebenen jährlichen Mindereinnahme von 228 Mk. (mit den Jahreszinsen der Kulturausgabe) gegenüberstehen.

b) Wird vorausgesetzt, daß der jährliche Einnahmeausfall und die Begründungskosten durch Kapitalaufnahme zu bestreiten sind und die Zinsen nicht bezahlt, sondern 60 Jahre lang addiert werden, so beträgt die 60jährige Endsumme der Forderungen für den Zinsfuß von $3\frac{1}{2}\,^0/_0$.

$$\frac{200 \cdot 1{,}035^{60} - 1}{0{,}035} = \qquad 39\,303 \text{ Mk.}$$

$$797 \cdot 1{,}03^{60} = \qquad\qquad\quad 6\,279 \text{ „}$$

Zusammen Rückersatz ... 45 582 Mk.

Dagegen betragen die oben bezifferten Einnahmen mit Zinsen und Zinseszinsen der Vornutzungen pro Hektar bei $3\frac{1}{2}\,^0/_0$:

$67 \cdot 1{,}035^{25}$ \qquad\qquad 158,34 Mk.

$90 \cdot 1{,}035^{15}$ \qquad\qquad 150,78 „

$126 \cdot 1{,}035^{5}$ \qquad\qquad 149,65 „

$3500 \cdot 1{,}000$ . . . . 3500,00 „

Summa pro Hektar . 3958,77 Mk.

für 26,58 ha . . . . 105 224 Mk.
Hiervon ab obigen Rückersatz \qquad\qquad\qquad\qquad 45 582 „

Bleibt Überschuß . . . 59 642 Mk.

Dieser Überschuß würde später mit 60jähriger Wiederholung eingehen und nach 60 Jahren einen Vorwert von 8672 Mk. dem Gewinn hinzuzufügen.

In den „Landwirtschaftlichen Jahrbüchern" pro 1890 hat der Professor der Landwirtschaft in Gießen, Dr. Thaer, eine Vergleichung des sogenannten „Weizen-Haferbodens" (thonig, etwas Humus, schwer zu bearbeiten, aber von einer höheren Ertragsfähigkeit bei fleißiger Bearbeitung und reichlicher Düngung, wie Sandboden) mit den Erträgen des Fichtenanbaues auf Grund der Zinseszinsrechnung vorgenommen.

Als landwirtschaftlichen Reinertrag, der bei Verpachtung größerer Güter (preußischer Domänen) als Hof mit Gebäuden, nach Abzug der Amortisations- und Verzinsungsquote für die Gebäude ꝛc., erzielt werde, rechnet Thaer 18 Mk. pro Hektar. Derselbe stellt die Fichtenerträge der zweiten Waldstandortsklasse nach den Geldertragstafeln von Burckhardt diesem landwirtschaftlichen Reinertrag gegenüber (für das 70jährige Alter 6,66 fm durchschnittlichen Haubarkeitszuwachs pro Hektar und Jahr mit Einschluß des Reisholzes, einen Preis von 13,6 Mk. pro Festmeter und einen Gesamtertrag inkl. Vornutzungen von 7107 Mark bis zum 70jährigen Alter) und findet für die Zinsforderung von $3\,^0/_0$, daß der 70jährige Abtrieb des Fichtenbestandes eine Bodenrente von 31 Mk. (nach Abzug einer Kulturkostenausgabe von 48 Mk. pro Hektar) mit Zinseszinsen zurücksetzt (statt 18 Mk. Feldrente). Jedoch wird ein Reinerlös von 13,6 Mk. für den 70jährigen Abtriebsertrag mit Einschluß des Reisholzes nicht überall zu erreichen sein.

3. Die Rentabilität des Kiefernanbaus auf geringwertigem Feldboden.

Die Frage, ob Fichten- oder Kiefernanbau auf ertragsarmem Feldboden vorzuziehen ist, läßt sich ohne Kenntnis der örtlichen Bodenverhältnisse nicht beantworten. Auf landwirtschaftlich ausgebauten, mehr trockenen Böden erübrigt in der Regel nur der Anbau der Kiefer. Die Aufforstung wird bei dürftiger Standortskraft eine beachtenswerte, waldwirtschaftliche Rente schon dann bewirken können, wenn die Kiefer geradschaftig wächst und nicht schief und krüppelhaft bleibt und die Verwertung zu Grubenholz in Aussicht zu nehmen ist und wenn die landwirtschaftlichen Reinerträge 15 bis 20 Mk. pro Hektar nicht übersteigen. Ist der Boden frisch, tiefgründig und locker, wie beispielsweise der lehmhaltige Sandboden, so findet die Kiefer namentlich auf dem früheren Ackerboden einen vortrefflichen Höhenwuchs und eine vollholzige Schaftbildung und liefert schon mit dem 60jährigen Alter nicht nur Grubenholz, sondern auch vollkommen gebrauchsfähiges Bauholz. Der Kiefernanbau hat jedoch der letzten landwirtschaftlichen Bestellung auf dem Fuße zu folgen; der Boden darf nicht verhärten und verangern, und besonders nützlich ist die Lockerung mit dem Untergrundspflug beim letzten Fruchtanbau und die reichliche Düngung mit Thomasschlackenmehl. Allerdings werden die stammreichen Fichtenbestände in der Regel einen höheren Massenertrag auf den besseren Böden liefern als die bald licht werdenden Kiefernbestände, und das Holz der Fichte wird auch in den Gegenden, welche von den Steinkohlengruben weiter entfernt sind, für den Verbrauch der Zellstofffabriken höher verwertet werden können als bei dem Transport der Kieferngrubenhölzer nach Rheinland und Westfalen, Oberschlesien, Belgien u. s. w. Für die besseren Bodenarten dürfte deshalb im allgemeinen der Fichtenanbau den Vorzug verdienen oder wenigstens die Fichte den Kiefernkulturen in der oben erörterten Weise beizumischen sein.

Wir haben jedoch in Deutschland ausgedehnte, bisher landwirtschaftlich benutzte Flächen, welche sich nicht für die Fichte, sondern zumeist für den Anbau der genügsamen Kiefer auch dann eignen werden, wenn der Boden durch den Ackerbau gelockert worden ist.

Die Ursachen der oben genannten Wuchsstockung der Kiefernbestände auf früherem Ackerboden sind noch nicht genügend aufgeklärt worden. Es wird vermutet, daß die Durchlüftung des Bodens, wenn die Wurzeln in die frühere Ackersohle oder auch tiefer in undurchlassende Bodenschichten eindringen, unzureichend wird. Man hat auch die Beimischung von Laubhölzern, Eichen, Birken, Akazien ꝛc. vorgeschlagen und behauptet, daß diese Mischung die Kiefer gesund erhalten werde.

Eine allgemeine Bemessung der Kiefernerträge ist nicht durchführbar. Indessen werden die Grundbesitzer die Beurteilung ermöglichen können, ob eine Produktion von 3, 4, 5 ... fm Derbholz dem Haubarkeitsertrag pro Hektar entspricht, auch erfahren können, welche Waldpreise derzeitig in der betreffenden Gegend für das 60-, 70-, 80jährige ... Kiefernholz erzielt werden, und die Rentabilitätsberechnung und -Vergleichung des Kiefernanbaues nach den Ausführungen in den früheren Abschnitten dieser Schrift (bezw. mit Benutzung der Ertragstafeln im Anhang derselben) sowohl für die Unterstellung des jährlichen Zinsenverbrauchs als mittels der Zinseszinsrechnung ausführen können (cf. S. 148).

Auf Grund der Zinseszinsrechnung hat Professor Thaer in dem oben genannten landwirtschaftlichen Jahrbuche auch eine Vergleichung zwischen der land- und forstwirtschaftlichen Rente für den Sandboden, welcher landwirtschaftlich als sechsjähriges Roggenland bezeichnet wird, vorgenommen, wiederum auf Grund der Zinseszinsrechnung mit 3 %. In diesem Boden gedeihe bei feuchter Lage die Kiefer noch leidlich, besser jedoch in einem sogenannten dreijährigen Roggenland. Thaer hat hierauf, um eine Vergleichung mit dem Kiefernertrag der ersten Standortsklasse (nach Burckhardt) zu ermöglichen, den Roggen-Haferboden, welcher bei der alten Dreifelderwirtschaft als „Haferland" bezeichnet wurde, herausgegriffen.

Für einen derartigen Boden werde bei Verpachtung der preußischen Domänen eine Jahrespacht von 12 bis 20 Mk. pro Hektar erzielt. Davon sei jedoch der Aufwand für Gebäude zc. abzurechnen. Thaer veranschlagt den jährlichen Aufwand für Verzinsung und Amortisation der Gebäude auf 8 Mk. pro Hektar, indem er für 100 ha ein Baukapital von 20000 Mk. (für ein Wohnhaus 9000 Mk., für Stallung 6750 Mk. und für Scheunen 4200 Mk.) rechnet und eine dreiprozentige Verzinsung und einprozentige Amortisation = 800 Mk. pro Jahr unterstellt. Für den kahlen Feldboden sei sonach ein jährlicher Ertrag von 8 Mk. pro Hektar anzunehmen. Für die 70jährige Umtriebszeit, die wegen der vollen Gebrauchsfähigkeit des Nutzholzertrags zu befürworten sein wird, findet Thaer auf Grund der Burckhardt'schen Angaben über den Massen- und Wertertrag eine dreiprozentige Zinseszinsverzinsung für eine Bodenrente von 16,1 Mk. pro Hektar durch den Kiefernanbau nach Abzug von 36 Mk. pro Hektar für Kulturkosten.

Fünfzehnter Abschnitt.

Die Streunutzung und ihre Wirkungen auf den Holzwuchs.

Wir haben bei den bisherigen Ausführungen vorausgesetzt, daß die Bodendecke dem Walde erhalten bleibt. In Deutschland bestehen jedoch noch zahlreiche Waldstreuberechtigungen, und in stroharmen Jahren sind die Besitzer von Waldparzellen und kleineren Waldungen, die in Verbindung mit Gutswirtschaften benutzt werden, zumeist genötigt, Waldstreu zu benutzen, um das Vieh trocken zu lagern und den Dünger transportfähig zu machen.*) Diese Waldbesitzer werden zu wissen wünschen, in welchen Holzbeständen die Entnahme der Waldstreu am wenigsten schädlich werden wird und welche Zeitdauer für die Wiederholung der Streunutzung einzuhalten ist, um die Verringerung des Holzwuchses auf ein erträgliches Maß zurückzuführen.

Es kann darüber kein Zweifel obwalten, daß der Düngerwert der Waldstreu geringfügig ist und daß das Einstreuen von Baumlaub, Moos und Nadeln nur als Lückenbüßer in Betracht kommen sollte, wenn das naturgemäße Material, das Stroh, mangelt.**) Stets ist der Verlust, den sich der Waldbesitzer durch

---

*) Die ausgiebige Streunutzung datiert erst von der Mitte des vorigen Jahrhunderts, als der am Anfang desselben eingeführte Kartoffelbau in rasch steigendem Maße auf Kosten des Halmfruchtbaues vermehrt wurde. Seit dieser Zeit ist auf großen Waldflächen die Produktionskraft des Waldbodens zurückgegangen und hat zu der Bebauung der früheren Laubholzbestände mit Kiefern genötigt.

**) Näheres in den Besonderschriften über die Streunutzung, u. a. Ebermayer, „Lehre der Waldstreu". Berlin 1876. Ramann, „Waldstreu". Berlin 1890. Geyer, „Forstbenutzung". Neueste Auflage. Berlin Parey. Ferner sind in früherer Zeit erschienen: Hundeshagen, „Waldweide und Waldstreu". Tübingen 1830. — G. von Schultes, „Streuwald". Koburg und Leipzig 1849. — Hanstein, „Bedeutung der Waldstreu für den Wald". Berlin 1863. — Krohn, Fraas und Hanstein, „Wert der Waldstreu für den Wald". Berlin 1864. — Karl von Fischbach, „Beseitigung der Waldstreunutzung". Frankfurt a. M. 1864. — L. Heiß, „Waldstreufrage". Neustadt a. H. 1866. — Wilhelm Bonhausen, „Raubwirtschaft in den Waldungen". Frankfurt a. M. 1867. — E. Ney, „Natürliche Bestimmung des Waldes und die Streunutzung". Dürkheim 1869. — Schuberg, „Waldstreufrage und die Mittel zu ihrer Lösung" (Monatsschrift für Forst- und Jagdwesen, 2. Supplementsheft, 1869). — Gustav Walz, „Über den Dünger und die Waldstreu". Stuttgart 1870. — H. Zeeb, „Waldstreufrage". Ravensburg 1871.

Abschwächung des Holzwuchses zufügt, weitaus beträchtlicher als der Preis der Ersatzmittel, welche für die entzogenen Pflanzennährstoffe verwendet werden können.

Nach den Ermittelungen von Ernst Ebermayer braucht man, um einen Centner Kali auf das Feld zu bringen, beiläufig:

3 Centner dreifach konzentrierten Staßfurter Kalidünger
10 Centner Laubholzasche,
16 „ Nadelholzasche,
112 „ Roggenstroh (trocken),
180 „ Waldmoos (do.),
330 „ Buchen- und Eichenlaub (do.),
620 „ Fichtennadeln (do.),
660 „ Kiefernnadeln.

Ferner braucht man, um einen Centner Phosphorsäure auf das Feld zu bringen, beiläufig:

4 bis 5 Centner Knochenmehl, dagegen
318 Centner trockene Laubstreu,
337 „ trockenes Waldmoos,
416 „ „ Roggenstroh,
466 „ trockene Fichtennadeln,
861 „ „ Kiefernnadeln.

Man nimmt an, daß für den Düngerwert der Waldstreu der Gehalt an Phosphorsäure und Kali entscheidend ist. Über die Wirksamkeit des Stickstoffgehalts — in der Buchenstreu im Mittel 1,34 %, in der Fichtenstreu 1,06 % und in der Kiefernstreu 0,8 bis 1,0 % — sind die Untersuchungen noch nicht abgeschlossen, jedenfalls läßt sich aber dieselbe durch stickstoffhaltigen Beidünger mit geringen Kosten ausgleichen.

Der Landwirt kann sonach leicht bemessen, daß der Düngerwert, welcher seinen Feldern durch die Waldstreu zugeführt wird, in der Regel teuer erkauft werden muß. Allerdings mangeln den ärmeren Landwirten zumeist die benötigten Geldmittel für den Strohankauf, der in trockenen Jahren in erster Linie erforderlich wird und die vorgeschlagene Verwendung von Erdstreu, Torfstreu u. s. w., ist seither in der praktischen Verbreitung zurückgeblieben. Aber der waldbesitzende Landwirt muß sich bewußt werden, daß er fortgesetzt mit der Ausübung der Waldstreunutzung die Verarmung seiner Familie und seiner Kinder fördert und deshalb namentlich auf die Vermehrung des Stroh- und Körnerertrags durch Verwendung künstlicher Düngemittel innerhalb der Grenzen seiner finanziellen Leistungsfähigkeit hinzuwirken hat. „Laub macht den Boden taub" und niemals wird die Düngung mit Waldstreu wesentlich reichere Strohernten herbeiführen, den Landwirt aus der Misere des Waldstreubedarfs hinausführen. Wenige Centner künstlicher Düngemittel, deren nachhaltige Beschaffung auch der ärmere Grundbesitzer erschwingen kann, wirken in ganz anderer Weise wie zahlreiche Fuhren Waldstreu.

In den deutschen Ländern, in denen nach Einstellung der Streu=
nutzung künstliche Düngemittel einige Jahrzehnte lang allgemein
verwendet wurden, haben sich reichliche Stroherndten eingestellt, und
auch in trockenen Jahren regt sich kein Verlangen nach Waldstreu.*)

Seit Jahrzehnten betonen die Forstwirte und auch die Vorkämpfer des
landwirtschaftlichen Fortschritts, daß die Waldstreunutzung, wenn sie intensiv aus=
geübt und nach wenigen Jahren wiederholt wird, namentlich in den bäuerlichen
Privatwaldungen und den Gemeinde= und Genossenschaftswaldungen ein Krebs=
übel der Bodenwirtschaft bildet. In der That wird im Laufe der Zeit die
Waldbodenkraft dem Erlöschen immer näher geführt werden, während anderer=
seits diese Grundbesitzer einen Feldboden mit kümmerlichen Erträgen übrig be=
halten werden.

Die nachteiligen Wirkungen der Streunutzung auf die Waldboden=
kraft haben verschiedene Ursachen. In erster Linie wird die Verhärtung,
Aushagerung und Austrocknung des Bodens in Betracht kommen. Durch
die Gewalt des fallenden Regens und durch die Auswaschung der lös=
lichen Mineralstoffe verliert der Waldboden seine krümelige Beschaffen=
heit, die für die Aufnahme der Pflanzennahrung dringend erforderlich
ist, wird fest und hart, die Poren des Erdreichs werden verschlemmt und
sowohl das Eindringen des atmosphärischen Wassers als auch der
Luftwechsel im Boden wird verhindert. Der Boden wird in seiner Thätig=
keit, der Humusbildung und der Kohlensäure=Entwickelung lahm gelegt, während
das Wasser aus dem festen Boden leichter als aus lockerem Boden an die Ober=
fläche geleitet und hier durch die austrocknenden Winde und die heißen Sonnen=
strahlen verdunstet wird. Bleiben Humussubstanzen und Pflanzennährstoffe zurück,
so können sie nicht aufgeschlossen werden. Wird hierauf das Material für die
Humusbildung jährlich oder mit zwei= oder vierjährigem Turnus entfernt, so
kann eine erhebliche Zufuhr von Humussubstanzen nicht stattfinden, auch nicht, wenn
dieselbe in untergeordnetem Maße eintritt, vom festen Boden aufgenommen werden.
Hand in Hand geht hiermit der stetige Entzug der Mineralstoffe und Stickstoff=
Verbindungen, welche die fortwachsenden Waldbäume für ihre Ernährung brauchen.
In geschonten Beständen gelangen dieselben, da sie zumeist mit den Blättern und
Nadeln abgeworfen werden, wieder zum Boden, während die Streunutzung sich
dieselben aneignet. Wenn man auch einwenden wollte, daß bei dem geringen
Verbrauch dieser Nährstoffe durch die Blätter und das Holz unserer Waldbäume

---

*) Im Königreich Sachsen sind auf Grund des Ablösungs=Gesetzes vom 17. März
1832 die beträchtlichen Streuberechtigungen in den Staatswaldungen abgelöst worden.
Diese Ablösung hat zur Hebung der sächsischen Landwirtschaft wesentlich beigetragen.
Eine Zunahme der Streufrevel hat in der Zeit nach der Ablösung nicht stattgefunden,
auch nicht 1848, und dieselben waren bis 1856 völlig verschwunden. Die Bauern halfen
sich zuerst durch eine sorgfältigere Benutzung der Jauche, durch Komposthaufen, eine
bessere Behandlung des Düngers und später durch eine ausgiebige Verwendung
künstlicher Düngemittel, anfänglich Guano und Knochenmehl.

Auch in anderen Gegenden Deutschlands ist die Streunutzung durch landwirt=
schaftliche Verbesserungen auf ein unschädliches Maß zurückgedrängt worden.

eine Erschöpfung des Bodens erst durch langjährige Streunutzung herbeigeführt werden könne, so wird doch nicht zu bestreiten sein, daß schon viel früher die noch vorhandenen Bodennährsalze 2c. mehr oder minder unwirksam werden, weil der Übergang in die Baumwurzeln durch die zurückbleibende Wasseraufnahme aus dem trockenen Boden vermindert wird. Wenn zudem auf steilen Bergabhängen das Wasser, ungehemmt durch die Bodendecke, rasch in die Tiefe abfließt und das fruchtbare Erdreich abschwemmt, wenn Sonne und Wind namentlich auf West- und Südseiten und in licht stehenden Beständen den Boden austrocknen, so ist klar, daß der Boden naturgemäß immer mehr seiner Verödung zueilen muß — von anderen Nachteilen (Überschwemmung, Verringerung der wasserhaltenden Kraft, welche den toten Laubblättern und der Moosdecke innewohnt, Eindringen von Kälte und Hitze u. s. w.) abgesehen.

Nützlich kann die einmalige Streunutzung vor dem Laubabfall nach den neueren Forschungsergebnissen auf dem Gebiete der Bodenkunde möglicherweise werden, wenn durch dieselbe die Bildung von Rohhumus verhindert wird, da die letztere höchstwahrscheinlich die Bodenthätigkeit erheblich benachteiligt. Die Entfernung einer hohen Laubschicht in Buchenbeständen und anderen Laubholzbeständen mit Kronenschluß, wenn eine dünne Bodenbedeckung erhalten bleibt oder alsbald wiederhergestellt wird, ist am wenigsten bedenklich. In Fichtenbeständen mit dichtem Moospolster als Bodenbedeckung wird die Durchrupfung auf Streifen gleichfalls ungefährlich werden. Jedoch sind in beiden Fällen die Nord- und Ostseiten zuerst in Angriff zu nehmen, während die Süd- und Westseiten der Berge möglichst lange von dieser Streunutzung, wenn irgend möglich, auszuschließen sind. Die Entfernung eines hohen und dichten Heidewuchses, den man nicht selten in älteren, vom Schneedrucke gelichteten Kiefernbeständen findet, kann wegen der verminderten Austrocknung des Bodens möglicherweise die sonstigen Nachteile der Streunutzung mehr oder minder paralysieren. Immerhin ist die Entblößung des Bodens ohne nachfolgenden Unterbau in Kiefernbeständen mit unterbrochenem und lockerem Kronenschluß nicht unbedenklich, zumal in den trockenen und sonnigen Lagen wegen Verhärtung des Bodens.

Nach den neueren Untersuchungen auf dem Gebiete der forstlichen Bodenkunde werden die nachteiligen Folgen der Streunutzung wesentlich vermindert werden, wenn eine Bedeckung des Bodens mit einer dünnen Laubschicht in den Nadelholzbeständen und mit einer dünnen Moosschicht oder Nadelschicht in den Laubholzbeständen erhalten oder bald wiederhergestellt wird und zu diesem Zwecke hölzerne, weitzinkige Rechen bei der Gewinnung verwendet werden.

Nach diesen Untersuchungen ist es wahrscheinlich, daß der Rückgang der Bodenkraft langsamer fortschreiten und in den nächsten 15 bis 20 Jahren nur unbeträchtlich auf die Verringerung der Holzproduktion einwirken wird, wenn die Streunutzung

a) frühestens alle sechs Jahre wiederkehrt,
b) beschränkt wird auf die guten, frischen und feuchten Böden, auf kalkhaltige Lehmböden, auf frische und feuchte Fluß- und Seegebiete, auf Tieflagen,

Einbeugungen, Schluchten und Thäler, auf Örtlichkeiten, auf welchen der Wind das Laub ungehindert entführt, wenn ferner die Streunutzung

c) niemals in den geschlossenen Beständen stattfindet, bevor dieselben das 40= bis 50jährige Altersjahr erreicht haben,*) und in den herabgekommenen Beständen, die sich stark gelichtet haben oder sonst schlechten Wuchs zeigen, gleichfalls ausgeschlossen wird,

d) vor der Verjüngung die Streunutzung etwa zehn Jahre unterbleibt, während

e) unmittelbar vor der Verjüngung, in dicht geschlossenen Buchenwaldungen schon bei der Stellung des Vorbereitungsschlages, die Entfernung einer dichten Laubschicht, eines Heide= und Beerkraut=Überzuges, auch einer Moos= decke stattfinden kann, die möglichst mit Lockerung des Bodens (Kurzhacken, Ausrupfen der Heide ꝛc.) zu verbinden ist, dagegen

f) in fortwachsenden Nadelholzbeständen die Moosdecke nur streifenweise entfernt wird,

g) zur Gewinnung der Streu lediglich weitzinkige, hölzerne Rechen benutzt werden, dieselbe nur auf die obersten, noch nicht zersetzten Laubschichten beschränkt und die Beseitigung der Humusdecke vermieden wird und endlich

h) die Streunutzung kurz vor dem Laubabfall stattfindet.

Minder schädlich ist die Entfernung der Streudecke im Hochgebirge und auf Nord= und Ostseiten, in kälteren und feuchteren Ländern, in Hochwaldungen als im Mittelgebirge, im Hügellande und den warmen Tieflagen, den Süd= und Westseiten, in warmen Ländern, im Mittel= und Niederwaldbetriebe. Auf den stärker geneigten Abhängen im Hochgebirge ist indessen die Erhaltung der Boden= bedeckung wegen ihrer mechanischen Einwirkung auf den Abfluß des Wassers von Wichtigkeit.

Andererseits ist es nach den vorgenommenen Untersuchungen nicht zweifelhaft, daß bei jährlicher Streunutzung in jüngeren, unter 40 bis 50 Jahre alten Beständen auf den meisten Böden schon nach 20 Jahren ein beträchtlicher Rückgang der Holzproduktion eintritt, selbst auf Mittelboden bis über 50 % derjenigen Produktion, welche auf geschontem Boden gleicher Beschaffenheit konstatiert wurde. Diese jährliche, im jugendlichen Alter begonnene Streunutzung läßt die völlige Verödung des Bodens bei Fortsetzung derselben befürchten, während die alle zwei Jahre oder alle vier Jahre wiederholte Streunutzung diesen Rück= gang zwar gewöhnlich bis zu 30 bezw. 20 % verringert, aber immerhin, wenn sie im jugendlichen Alter begonnen wird, für die Zukunft einen die Nutzholz= produktion wesentlich beeinträchtigenden Holzwuchs herbeiführen kann. Bedenkt man nun, daß diese Untersuchungen auf den besseren Bodenarten und keineswegs in den Beständen vorgenommen worden sind, welche häufig die bäuerlichen Privat= waldungen und auch die längere Zeit von größeren Gutswirtschaften auf Streu genutzten Waldungen zeigen, und erwägt man vor allem, daß die Streunutzung auf den untersuchten Flächen selten länger als 20 Jahre stattgefunden hat, so wird man annehmen dürfen, daß selbst der Mittelboden, wenn die Streunutzung

---

*) Die Beginnzeit sollte, wenn irgend möglich, über das höhere Stangenholz= alter hinausgerückt und in das angehende Baumholzalter verlegt werden.

etwa in 30- bis 40jährigem Bestandsalter beginnt, zu Werterträgen herabgedrückt wird, welche nach 30 bis 40 Jahren einen empfindlichen Ertragsausfall herbeiführen. Auf den minder kräftigen und namentlich trockenen Bodenarten wird aber ein armseliger Brennholzertrag das Endergebnis dieser Streunutzung sein und die ausgiebige Produktion selbst von Kleinnutzholz, deren hervorragende Nutzleistung wir oben kennen gelernt haben, wird für die verarmten Waldbesitzer ein frommer Wunsch bleiben. Die ungemein schwierige Aufforstung wird eine schlechte, lückige Bestockung erzeugen, mit dem krüppelhaften Holzwuchs wird der Streuertrag immer mehr sinken und im Laufe der Zeit aufhören.

Es ist deshalb den Waldbesitzern dringend zu raten:

a) Die jährliche Streunutzung, wenn irgend möglich, völlig einzustellen oder wenigstens, wenn diese Einstellung nicht möglich ist, auf stroharme Jahre und auf die älteren Bestände mit feuchtem, tiefgründigem Boden und in nördlichen und östlichen Lagen zu beschränken und hier die Waldstreu mittels weitzinkiger, hölzerner Rechen zu gewinnen und demgemäß

b) alle trockenen, armen und schlechten Böden, also vorzugsweise die Quarzsande und Kalksande, die Kies- und Geröllböden, dann aber auch die seichtgründigen und alle jene Bodenarten, die sich durch große Kalkarmut auszeichnen, die Süd- und Westseiten, die steilen Gebirgsabdachungen, frei liegenden Gebirgsrücken und Gebirgskämme von der Streunutzung auszuschließen, ferner

c) licht stehende, schlecht geschlossene Holzbestände, in denen die Sonne zum Boden gelangen kann und denselben austrocknet und verhärtet, die Mittel- und Niederwaldungen, namentlich die Eichenschälwaldungen von der Streunutzung gleichfalls auszuschließen.

Es ist möglich, daß die ungünstigen Wirkungen der Streunutzung, wenn dieselbe auf ältere Bestände, die besseren Bodenarten und einen sechsjährigen Wechsel beschränkt bleibt, durch das Umhacken des Bodens auf Hackenschlagtiefe alsbald nach der Streunutzung wesentlich verringert werden können. Selbstverständlich muß dabei eine Beschädigung der Wurzeln vermieden werden, und deshalb sind junge Bestände für diese Maßnahme nicht zugänglich. Die Wirkung dieser Bodenlockerung ist noch nicht genügend untersucht worden. Der Verfasser hat die Streuabgabe mit nachfolgendem Umhacken des Bodens durch die Streuempfänger seit 25 Jahren praktisch erprobt. Zuwachsverluste sind bis jetzt nicht wahrzunehmen.

Über die Streuerträge hat die preußische forstliche Versuchsanstalt Ermittelungen vorgenommen, und durch Hinzufügung der in anderen Ländern, namentlich Bayern, vorgenommenen Untersuchungen hat Landforstmeister Dr. Danckelmann die folgenden Streuertragstafeln aufgestellt.

Die einmalige Streunutzung, welche mit den unten angegebenen Ziffern zu vervielfältigen ist, wenn die Streunutzung in 2, 4, 6 Jahren wiederkehrt oder sich auf den gesamten, noch unbenutzten Streuvorrat erstreckt, beträgt pro Hektar nach Doppel-Centnern à 100 kg (dz).

1. Kiefern-Normalbestände.

1. Guter und mittlerer Boden, Bodenklasse I bis III, 421, 328 und 231 fm Derbholzertrag (exkl. Reis- und Stockholz) pro Hektar im 60jährigen Alter, im wesentlichen moos- und graswüchsig:

21- bis 40jährige Altersklasse	33 dz pro Hektar
41- „ 60 „	32 „ „ „
61- „ 80 „	32 „ „ „
81- „ 100 „	31 „ „ „
über 100 „	30 „ „ „

2. Unter mittelmäßigem bis geringer Boden, Ertragsklassen IV bis V, 183 und 131 fm Derbholz (exkl. Reis- und Stockholz) pro Hektar im 60jährigen Alter, im wesentlichen mit einem Bodenüberzug von Heide, Astmoos rc.:

21- bis 40jähriges Altersjahr	24 dz pro Hektar
41- „ 60 „	23 „ „ „
61- „ 80 „	22 „ „ „
81- „ 100 „	20 „ „ „
über 100 „	19 „ „ „

Von dem jährlichen Streuertrage bei jährlicher Nutzung betragen die Streuerträge

bei 2jährigem Streurechen	rund das 1,7 fache
„ 4 „ „	„ „ 2,4 „
„ 6 „ „	„ „ 3,1 „
auf geschontem Boden	„ „ 4,4 „

2. Rotbuchen-Normalbestände.

1. Auf gutem und mittelmäßigem Boden, Bodenklasse I bis III, mit einem 60jährigen Abtriebsertrag von 354, 273 und 209 fm Derbholz (exkl. Reis- und Stockholz) pro Hektar:

21- bis 40jährige Altersklasse	35 dz pro Hektar
41- „ 60 „	42 „ „ „
61- „ 80 „	46 „ „ „
81- „ 100 „	50 „ „
über 100 „	45 „ „

2. Auch unter mittelmäßigem bis geringem Boden, Klasse III bis V, mit 209, 128 und 65 fm Derbholzertrag pro Hektar im 60jährigen Alter:

41- bis 60jährige Altersklasse	35 dz pro Hektar
61- „ 80 „	39 „ „ „
81- „ 100 „	42 „ „ „

Von diesem Streuertrage bei jährlicher Nutzung betragen die Streuerträge

bei 2jähriger Nutzung	das 1,65 fache
„ 4 „ „	„ 1,77 „
„ 6 „ „	„ 2,06 „
„ erstmaliger Nutzung	„ 2,31 „

3. Fichtenbestände.

Ohne Ausscheidung von Bodenklassen.

21= bis 40jährige Altersklasse . . . . 31 dz pro Hektar
41= „ 60 „ „ . . . . 37 „ „ „
61= „ 80 „ „ . . . . 38 „ „ „
81= „ 100 „ „ . . . . 36 „ „ „
über 100 „ „ . . . . 34 „ „ „

Von diesen Streuerträgen bei jährlicher Nutzung betragen die Streuerträge
   bei 3jähriger Nutzung das 2,34 fache
    „ 6 „ „ „ 2,94 „
    „ erstmaliger „ „ 4,20 „

 Die Aststreunutzung an stehenden, noch längere Zeit fortwachsenden Bäumen ist stets verderblich und sollte, wenn nicht entbehrlich, auf die in der nächsten Zeit zur Fällung kommenden Stangen und Stämme beschränkt werden.

Anhang.

Wertertragstafeln für größere Fichten-, Kiefern- und Buchenbestände mit mittlerem Kronenschluß.

Vorbemerkung: Die folgenden Wertertragstafeln sind für die Ermittelung der Holzmassen- und Werterträge in denjenigen Wirtschaftsbezirken beigegeben worden, in welchen das Untersuchungsmaterial für die Aufstellung örtlicher Wertertragstafeln unzureichend ist. Stets ist jedoch zu prüfen, wie weit in den betreffenden Waldungen die Entwickelung der Bestandsderbmassen, die Bildung der Rundholzsorten und vor allem die für die Rentabilitätsvergleichung maßgebende Abstufung der Gebrauchswerte (für welche das bisherige Verhältnis der 10jährigen, bezw. 20jährigen Durchschnittspreise vorläufig als Maßstab anzunehmen sein wird) den Annahmen in diesen Wertertragstafeln nahe kommt, und nach dem Ergebnis dieser Untersuchung sind die letzteren zu berichtigen und umzurechnen. Die Verkaufserlöse stützen sich auf das folgende Wertverhältnis der Rundholzsorten (Fichten- oder Kiefernnutzholz von 0,51 bis 1,00 fm pro Stamm, für Buchenprügel- oder Knüppelholz = 1,00) und der beigesetzten Waldpreise nach Abzug der Gewinnungskosten für zwei Absatzlagen mit unbeschränkter und mit beschränkter Holzverwertung:

	Absatzlage A		Absatzlage B	
	Wertverhältnis	Waldpreise exkl. Hauerlohn Mk. pro Festmeter	Wertverhältnis	Waldpreise exkl. Hauerlohn Mk. pro Festmeter
Fichtennutzholz über 3,00 fm pro Stamm	1,44	18,0	1,70	17,0
„ von 2,01–3,00 „ „ „	1,36	17,0	1,50	15,0
„ „ 1,01–2,00 „ „ „	1,20	15,0	1,30	13,0
„ „ 0,51–1,00 „ „ „	1,00	12,5	1,00	10,0
Kleinnutzholz und Brennholz erster Klasse bis 0,50 fm pro Hektar	0,64	8,0	0,70	7,0
Brennholz zweiter Klasse	0,32	4,0	0,30	3,0
Kiefernnutzholz über 2,00 fm pro Stamm	2,00	22,0	2,00	16,0
„ von 1,51–2,00 „ „ „	1,73	19,0	1,75	14,0
„ „ 1,01–1,50 „ „ „	1,36	15,0	1,37	11,0
„ „ 0,51–1,00 „ „ „	1,00	11,0	1,00	8,0
Kleinnutzholz und Brennholz erster Klasse bis 0,50 fm pro Stamm	0,64	7,0	0,62	5,0
Kiefern-Brennholz zweiter Klasse	0,36	4,0	0,37	3,0
Buchen-Scheitholz (Klobenholz)	1,29	9,0	1,50	6,0
„ Prügelholz (Knüppelholz)	1,00	7,0	1,00	4,0
„ Reisholz	0,43	3,0	0,25	1,0

— 378 —

Wenn für das Nadelholz-Reisholz beachtenswerte Verkaufserlöse örtlich anzunehmen sind, so sind dieselben zu ermitteln und zuzusetzen. Allgemeine Sätze für die im Gebirge und den Ebenen verschiedene Reisholz-Verwertung waren nicht zu ermitteln.

Die mit *) bezeichneten Verkaufserlöse sind mittels Interpellation berichtigt worden.

Auf Grund der im siebenten und elften Abschnitt erörterten Holzmassen-Aufnahmen, Probeholzfällungen ꝛc. (Seite 92, 177 ff.) wird die Bildung örtlicher Standortsklassen und die Einreihung der konkreten Bestände vollzogen werden können.

Wachstumszeit	Abtriebserträge pro Hektar						Verkaufserlös			Vornutzungen pro Hektar		
	Sägeholz mit Festmeter pro Stamm			Kleinnutzholz u. Brennholz I. Kl.	Brennholz II. Kl.	Zusammen Derbholz	Absatzlage A	Absatzlage B		Derbholz	Verkaufserlös	
	über 3,00	2,01 bis 3,00	1,01 bis 2,00	0,51 bis 1,00							Absatzlage A	Absatzlage B
Jahr	Festmeter Derbholz						Mk.			fm	Mk.	

I. Fichtenbestände.

1. Erste Standortsklasse (80jähriger Abtriebsertrag 550 fm Derbholz pro Hektar).

30	—	—	17	69	51	137	968	806	—	—	—
40	—	—	23	96	92	46	257	2465	2041	9	36	27
50	—	—	97	158	63	29	347	4050	3369	22	110	88
60	—	—	169	199	46	15	429	5450	4554	31	186	155
70	—	—	247	224	12	11	494	6645	5568	40	280	240
80	—	68	294	182	—	6	550	7865	6680	37	296	259
90	26	133	326	106	—	6	597	8968	7753	34	306	272
100	113	190	329	—	—	7	639	10125*)	8875*)	30	300	270
110	208	217	246	—	—	7	678	11151	9997*)	24	253	240
120	341	233	131	—	—	8	713	12096	11019	19	228	209

2. Zweite Standortsklasse (80jähriger Abtriebsertrag 450 fm Derbholz pro Hektar).

30	—	—	—	36	44	80	464	384	—	—	—
40	—	—	13	100	66	179	1226	1028	7	28	21
50	—	—	80	139	46	265	2296	1911	17	80	61
60	—	—	40	152	125	20	337	3580	2975	25	135	105
70	—	—	116	190	79	13	398	4799	4000	32	195	154
80	—	—	192	207	41	10	450	5835	4883	30	204	162
90	—	23	259	203	—	11	496	6857	5775	28	210	168
100	30	84	289	127	—	6	536	7914	6815	25	205	165
110	95	127	293	51	—	6	572	8925	7875	21	187	151
120	162	176	263	—	—	6	607	9577	8531	16	154	123

3. Dritte Standortsklasse (80jähriger Abtriebsertrag 350 fm Derbholz pro Hektar).

30	—	—	—	—	32	32	128	96	—	—	—
40	—	—	—	—	39	62	101	560	459	4	16	12
50	—	—	—	102	74	176	1112	936	11	49	37
60	—	—	38	154	50	242	1907	1608	18	90	68
70	—	—	119	167	14	300	2779*)	2300*)	24	132	101
80	—	21	168	148	13	350	3651	3028	23	138	106
90	—	91	174	119	9	393	4528	3783	22	143	110
100	—	172	173	74	10	429	5374	4514	20	140	108
110	—	36	257	136	21	10	460	6375	5418	16	120	93
120	22	99	291	72	—	5	489	7364	6377	13	104	81

— 379 —

Nachhaltungszeit	Abtriebserträge pro Hektar								Vornutzungen pro Hektar		
	Sägeholz mit Festmeter pro Stamm			Klein- nutz- holz u. Brenn- holz I. Kl.	Brenn- holz II. Kl.	Zusammen	Derbholz	Verkaufserlös		Derbholz	Verkaufs- erlös	
	über 3,00	2,01 bis 3,00	1,01 bis 2,00	0,51 bis 1,00				Absatz- lage A	Absatz- lage B		Absatz- lage A	Absatz- lage B
Jahr	Festmeter Derbholz							Mk.		fm	Mk.	

4. Vierte Standortsklasse (80jähriger Abtriebsertrag 250 fm Derbholz pro Hektar).

30	—	—	—	—	—	8	8	32	24	—	—	—
40	—	—	—	—	—	41	41	164	123	—	—	—
50	—	—	—	—	24	75	99	492	403	6	24	18
60	—	—	—	—	83	74	157	960	803	11	45	36
70	—	—	—	18	141	48	207	1545	1311	17	82	61
80	—	—	—	71	164	15	250	2100*)	1786*)	17	88	66
90	—	—	—	109	160	17	286	2655*)	2261	16	90	67
100	—	—	18	138	145	15	316	3215	2674	15	90	68
110	—	—	60	156	113	12	341	3802	3167	12	77	58

5. Fünfte Standortsklasse (80jähriger Abtriebsertrag 150 fm Derbholz pro Hektar).

40	—	—	—	—	—	15	15	60	45	—	—	—
50	—	—	—	—	—	41	41	164	123	3	12	9
60	—	—	—	—	9	70	79	352	273	6	25	19
70	—	—	—	—	48	69	117	664	543	9	40	31
80	—	—	—	—	102	48	150	1008	858	10	46	36
90	—	—	—	29	134	13	176	1486	1170*)	10	48	38
100	—	—	—	53	131	12	196	1758	1453	9	45	36

Nachhaltungszeit	Abtriebserträge pro Hektar								Vornutzungen pro Hektar		
	Sägeholz mit Festmeter pro Stamm			Klein- nutz- holz u. Brenn- holz I. Kl.	Brenn- holz II. Kl.	Zusammen	Derbholz	Verkaufserlös		Derbholz	Verkaufs- erlös	
	über 2,00	1,51 bis 2,00	1,01 bis 1,50	0,51 bis 1,00				Absatz- lage A	Absatz- lage B		Absatz- lage A	Absatz- lage B
Jahr	Festmeter Derbholz							Mk.		fm	Mk.	

II. Kiefernbestände.

1. Erste Standortsklasse (80jähriger Abtriebsertrag 350 fm Derbholz pro Hektar).

30	—	—	—	—	31	83	114	549	404	—	—	—
40	—	—	—	—	91	92	183	1005	731	6	24	18
50	—	—	—	40	127	69	236	1605	1162	16	80	61
60	—	—	23	100	113	43	279	2408	1747	23	158	106
70	—	—	55	145	72	39	317	3158	2299	22	154	111
80	—	15	100	179	28	28	350	4062	2966	22	176	136
90	—	63	133	159	—	21	376	5025	3679	19	171	133
100	22	114	149	97	—	15	397	6012	4408	15	150	115
110	69	171	138	28	—	11	417	7189	5273	12	132	101
120	114	204	104	—	—	10	432	7954	5854	11	132	99

— 380 —

Wachstumszeit	Abtriebserträge pro Hektar						Verkaufserlös		Vornutzungen pro Hektar		
	Sägeholz mit Festmeter pro Stamm				Kleinnutzholz u. Brennholz I. Kl.	Brennholz II. Kl.	Zusammen Derbholz	Absatzlage A	Absatzlage B	Derbholz	Verkaufserlös
	über 2,00	1,51 bis 2,00	1,01 bis 1,50	0,51 bis 1,00							Absatzlage A / Absatzlage B
Jahr	Festmeter Derbholz							Mk.		fm	Mk.

2. Zweite Standortsklasse (80jähriger Abtriebsertrag 300 fm Derbholz pro Hektar).

30	—	—	—	—	—	87	87	348	261	—	—	—
40	—	—	—	—	44	99	143	704	517	4	16	12
50	—	—	—	—	100	94	194	1076	782	12	55	43
60	—	—	—	39	131	66	236	1610	1165	19	99	80
70	—	—	18	86	117	49	270	2231	1618	21	122	101
80	—	—	58	129	78	35	300	2900*)	2100*)	20	128	108
90	—	—	97	155	43	27	322	3569	2603	16	112	96
100	—	34	130	144	11	21	340	4341	3176	13	99	86
110	28	75	143	95	—	15	356	5291	3876	11	91	80
120	75	107	128	49	—	13	372	6194	4537	9	81	72

3. Dritte Standortsklasse (80jähriger Abtriebsertrag 250 fm Derbholz pro Hektar).

30	—	—	—	—	—	68	68	272	204	—	—	—
40	—	—	—	—	—	119	119	476	357	—	—	—
50	—	—	—	—	52	109	161	770*)	587	5	20	15
60	—	—	—	—	99	98	197	1085	850*)	12	54	41
70	—	—	—	42	127	57	226	1540*)	1142	15	76	57
80	—	—	—	87	118	45	250	1963	1421	15	85	63
90	—	—	12	124	103	33	272	2397	1738	14	88	64
100	—	—	53	134	79	24	290	3000*)	2114*)	12	83	60
110	—	31	96	105	51	21	304	3625	2648	9	67	49
120	—	60	133	74	35	14	316	4250	3112	7	56	42

4. Vierte Standortsklasse (80jähriger Abtriebsertrag 200 fm Derbholz pro Hektar).

30	—	—	—	—	—	38	38	152	114	—	—	—
40	—	—	—	—	—	78	78	312	234	—	—	—
50	—	—	—	—	—	122	122	488	366	3	12	9
60	—	—	—	—	37	120	157	739	545	6	26	20
70	—	—	—	—	88	93	181	988	719	9	43	23
80	—	—	—	14	119	67	200	1255	908	10	52	39
90	—	—	—	52	119	46	217	1525*)	1149	10	56	42
100	—	—	—	82	108	37	227	1806	1307	9	54	40
110	—	—	5	107	95	27	234	2065*)	1500*)	8	51	38
120	—	—	19	129	75	19	242	2305	1673	3	20	15

5. Fünfte Standortsklasse (80jähriger Abtriebsertrag 150 fm Derbholz pro Hektar).

30	—	—	—	—	—	14	14	56	42	—	—	—
40	—	—	—	—	—	44	44	176	132	—	—	—
50	—	—	—	—	—	79	79	316	237	2	8	6
60	—	—	—	—	—	108	108	432	324	5	21	16
70	—	—	—	—	11	121	132	561	418	6	26	20
80	—	—	—	—	41	109	150	723	532	6	28	22
90	—	—	—	—	72	90	162	864	630	5	24	19
100	—	—	—	26	91	56	173	1040*)	730*)	4	20	16

— 381 —

Nachhaltungszeit	Abtriebserträge pro Hektar						Vornutzungen pro Hektar		
	Derb- und Reisholz			Gebrauchswert			Derb- und Reis- holz	Gebrauchswert	
	Scheit- holz (Kloben- holz)	Prügel- holz (Knüppel- holz)	Reisholz	Ober- irdische (Gesamt- masse)	Absatz- lage A	Absatz- lage B		Absatz- lage A	Absatz- lage B
Jahr	fm				Mk.		fm	Mk.	

III. Rotbuchenbestände.

1. Erste Standortsklasse (80jähriger Abtriebsertrag 300 fm Derbholz pro Hektar).

20	—	—	—	—	—	—	7	21	7
30	—	30	40	70	330	160	12	36	12
40	19	66	46	131	771	424	17	68	35
50	81	63	50	194	1320	788	27	112	61
60	154	46	55	255	1873	1163	24	149	82
70	222	30	58	310	2382	1510	24	156	93
80	275	25	60	360	2830	1816	22	149	93
90	320	23	61	404	3224	2073	17	121	73
100	360	26	62	448	3608	2324	15	111	72
110	394	29	63	486	3938	2543	12	90	61
120	423	34	65	522	4240	2737	11	89	57

2. Zweite Standortsklasse (80jähriger Abtriebsertrag 250 fm Derbholz pro Hektar).

20	—	—	—	—	—	—	7	21	7
30	—	16	39	55	229	103	11	33	11
40	8	57	41	106	594	317	15	60	15
50	42	75	43	160	1032	595	17	85	47
60	103	63	45	211	1503	915	19	114	68
70	161	49	47	257	1933	1209	19	120	77
80	215	35	48	298	2334	1478	18	119	75
90	261	25	50	336	2674	1716	15	103	65
100	297	22	51	370	2980	1921	14	101	63
110	327	21	52	400	3246	2098	11	82	59
120	355	20	54	429	3497	2264	10	79	51

3. Dritte Standortsklasse (80jähriger Abtriebsertrag 200 fm Derbholz pro Hektar).

20	—	—	—	—	—	—	6	18	6
30	—	4	36	40	136	52	9	27	9
40	—	43	38	81	415	210	12	43	12
50	20	70	39	129	787	439	13	56	22
60	57	75	40	172	1158	652	15	75	45
70	94	74	43	211	1493	905	17	92	60
80	146	54	44	244	1826	1136	15	87	54
90	182	46	44	272	2092	1320	13	81	51
100	216	35	45	296	2324	1481	11	73	46
110	246	27	46	319	2541	1630	9	65	43
120	265	23	46	337	2711	1746	8	60	39

Nachhaltszeit	Abtriebsertrag pro Hektar						Vornutzungen pro Hektar		
	Derb- und Reisholz			Gebrauchswert			Derb- und Reis- holz	Gebrauchswert	
	Scheit- holz (Kloben- holz)	Prügel- holz (Knüppel- holz)	Reisholz	Ober- irdische Gesamt- masse	Absatz- lage A	Absatz- lage B		Absatz- lage A	Absatz- lage B
Jahr	fm				Mk.		fm	Mk.	

4. Vierte Standortsklasse (80jähriger Abtriebsertrag 150 fm Derbholz pro Hektar).

20	—	—	—	—	—	—	5	15	5
30	—	—	26	26	78	26	7	21	7
40	—	28	28	56	280	140	8	27	8
50	8	56	29	93	551	301	10	38	10
60	29	68	33	130	836	479	11	46	20
70	54	71	35	160	1088	643	12	54	36
80	84	66	36	186	1326	804	11	53	35
90	105	64	37	206	1504	923	9	47	29
100	134	49	38	221	1663	1038	7	41	24
110	151	45	38	234	1758	1124	5	31	16
120	173	35	39	247	1919	1217	3	20	11

5. Fünfte Standortsklasse (80jähriger Abtriebsertrag 100 fm Derbholz pro Hektar).

20	—	—	—	—	—	—	3	9	3
30	—	—	—	—	—	—	5	15	5
40	—	17	18	35	173	86	7	21	7
50	—	38	24	62	338	176	8	24	8
60	8	55	26	89	535	294	9	27	13
70	18	66	27	111	705	399	10	35	22
80	36	64	28	128	856	500	9	36	24
90	47	63	29	139	951	563	8	36	26
100	58	60	30	148	1032	618	7	35	25
110	69	54	30	153	1089	660	4	22	13
120	79	48	31	158	1140	697	2	12	5

Druck: J. Neumann, Neudamm.

www.ingramcontent.com/pod-product-compliance
Lightning Source LLC
Chambersburg PA
CBHW032012220426
43664CB00006B/217